現場で役立つ

Excel & Access データ連携・活用ガイド

2013/2010/2007対応

立山秀利 著
Hidetoshi Tateyama

SE
SHOEISHA

はじめに

企業や官公庁、教育機関をはじめ、さまざまな組織、および個人事業主のほとんどは日常業務のなかで、数値や文字列、日付などのさまざまなデータを多かれ少なかれ取り扱っています。それらのデータを個人でパソコンにて管理したり加工したり際、たいていの人はマイクロソフト社の表計算ソフトウェアであるExcelを用いていることでしょう。

一方、中小規模の組織や個人事業主の中には、受発注や財務会計など重要なデータの管理や加工に、同じくマイクロソフト社のデータベースソフトウェアであるAccessを用いるケースは少なくありません。また、大規模な組織でも、部門内のみで使うようなデータの管理にAccessを利用している場合も多々あります。

ExcelとAccessは、大きな視点ではデータの管理や加工といった同じ目的のためのソフトウェアになりますが、実は得意不得意があります。たとえば、Excelは分析やグラフ化が得意、Accessは複雑で大量のデータを効率よく管理するのが得意などです。

業務をより効率化し、精度や質をより向上するには、そのようなExcelとAccessの特性を認識し、適切に使い分けることが大切です。さらには、両者をうまく連携させれば、お互いの長所を活かすようにすれば、業務のレベルをより高い次元へと誘えるでしょう。

本書では、そのようなExcelとAccessの連携を基礎から学べる内容となっています。架空の酒類販売業を想定したシチュエーションにて、まずはもともとExcelで行っていた注文データの入力・管理、および納品書発行業務をAccessに移行します。そして、AccessのデータをExcelに取り出し、データ分析などの活用を行います。そのようなストーリーのなかで、一連のサンプルを実際に順を追って作成していただくことで、ExcelとAccessの連携の基礎を習得していただきます。

なお、本書で学ぶうえで、あらかじめ身に付けておいていただきたい知識・スキルは、Excelについてはセルの数式や関数、グラフの基礎を把握していることです。Accessについては全くの初心者でも構いません。また、5章からはExcel VBAが登場します。必要な基礎知識はP215を参照願います。

読者の皆さんが本書でExcelとAccessの連携の基礎を学び、ご自分の業務をさらに効率化したり、精度や質を向上をしたりできることに、少しでもお役に立てれば幸甚です。

2015年1月吉日
立山秀利

contents

Chapter 6

ExcelからAccessのデータを追加・更新・削除する … 257

本書のサンプルについて

ダウンロードページ

本書は、例として架空の酒店の注文管理業務を例に、Excel と Access の連携を解説していきます。実際のサンプル作成は 3 章以降で行います。各章の主な内容は次の通りです。

・3 章：注文データを一元管理する Access データベースの作成
・4 章：Access データベースから Excel へデータを取り込んで、分析や加工を行う
・5 章：4 章の操作の一部を Excel VBA で自動化する
・6 章：Access データベースのデータを Excel から追加 / 更新 / 削除する

このサンプルファイルは、弊社のダウンロードサイトの右記の URL からダウンロードできるので、本書を理解する上での参考にお使いください（シリーズのサイトからダウンロードすることもできます）。

なお、本書では 4 章以降、Access ファイルを便宜上 C ドライブ直下にあると仮定して解説を進めますが、Windows のセキュリティ上、C ドライブ直下に作ることはおすすめできません。実際に Access ファイルを作成する際は、C ドライブ直下以外の場所にしてください。Excel ファイルも C ドライブ直下以外の場所にし、連携する Access ファイルのある場所を絶対パスでご指定ください。詳細は P.152、153 をご覧ください。

URL
http://www.shoeisha.co.jp/book/download/

URL
http://www.shoeisha.co.jp/book/sbs/

サンプルファイルの構成

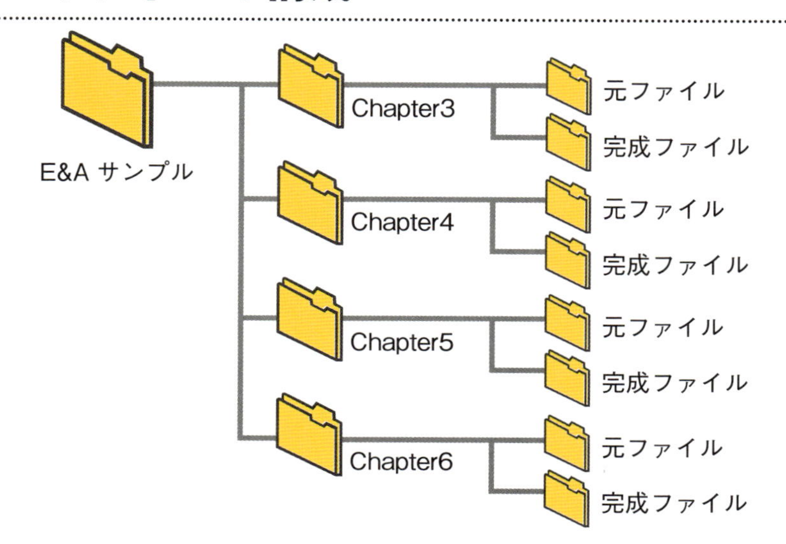

本書内容に関するお問い合わせについて

本書に関するご質問、正誤表については、下記のWebサイトをご参照ください。

正誤表　http://www.shoeisha.co.jp/book/errata/
刊行物Q&A　http://www.shoeisha.co.jp/book/qa/

インターネットをご利用でない場合は、FAX または郵便で、下記にお問い合わせください。

〒160-0006　東京都新宿区舟町5
（株）翔泳社 愛読者サービスセンター
FAX番号：03-5362-3818

電話でのご質問は、お受けしておりません。

※本書に記載された URL 等は予告なく変更される場合があります。
※本書の出版にあたっては正確な記述につとめましたが、著者や出版社などのいずれも、本書の内容に対してなんらかの保証をするものではなく、内容やサンプルに基づくいかなる運用結果に関してもいっさいの責任を負いません。
※本書に掲載されているサンプルプログラムやスクリプト、および実行結果を記した画面イメージなどは、特定の設定に基づいた環境にて再現される一例です。
※本書に記載されている会社名、製品名はそれぞれ各社の商標および登録商標です。
※本書の内容は 2015 年 1 月執筆時点のものです。

Chapter 1

Excel&Access データ連携の前提

Excel と Access を連携して、 仕事のデータをより効率的に管理し、有効活用しましょう。 本章ではオリエンテーションとして、Excel と Access それぞれの得意／不得意を整理した後、 両者を連携させるメリットを解説します。

01 ExcelとAccessの得意／不得意

本書の大きなテーマである「ExcelとAccessの連携」。まずは両者の連携や使い分けの前提として、ExcelとAccessそれぞれの得意なこと、不得意なことを整理します。

■ Excelの得意／不得意

マイクロソフト社の表計算ソフト「Excel」は業種や職種、規模を問わず多くの組織や個人事業主に導入されており、ビジネスパーソンは日々の業務に活用していることでしょう。個人商店など小規模な組織では、顧客や売上、在庫などの管理といったコアの業務をExcelで行っているケースも見受けられます。

一般的にExcelの得意なことやメリットには、次のようなことが挙げられます。

Excelの得意なこと

●シンプルでわかりやすい

Excelは基本的にワークシート（以下シート）上のセルによって、表ベースでデータをシンプルにわかりやすく管理できます。罫線の設定なども直感的に行えます。

●多彩なグラフが作成可能

さまざまな種類のグラフが用意されており、少ない操作手順で簡単に作成できます。見栄えもよく、目盛りの表示単位など細かいカスタマイズもできます。

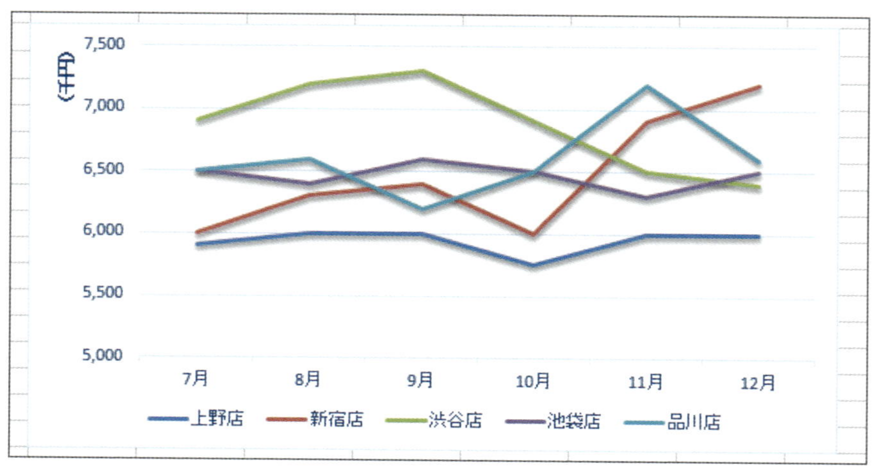

Excelのグラフ機能

●充実した関数

多様な関数が揃っており、ちょっとした集計から加工、はたまた本格的な財務分析などまで、複雑な処理でも関数で行えます。

●強力な分析機能

ピボットテーブルやピボットグラフに代表される強力な分析機能を備えています。ピボットテーブルを使えば、クロス集計をはじめ、データの分析が自在に行えます。その分析結果はピボットグラフで視覚化できます。

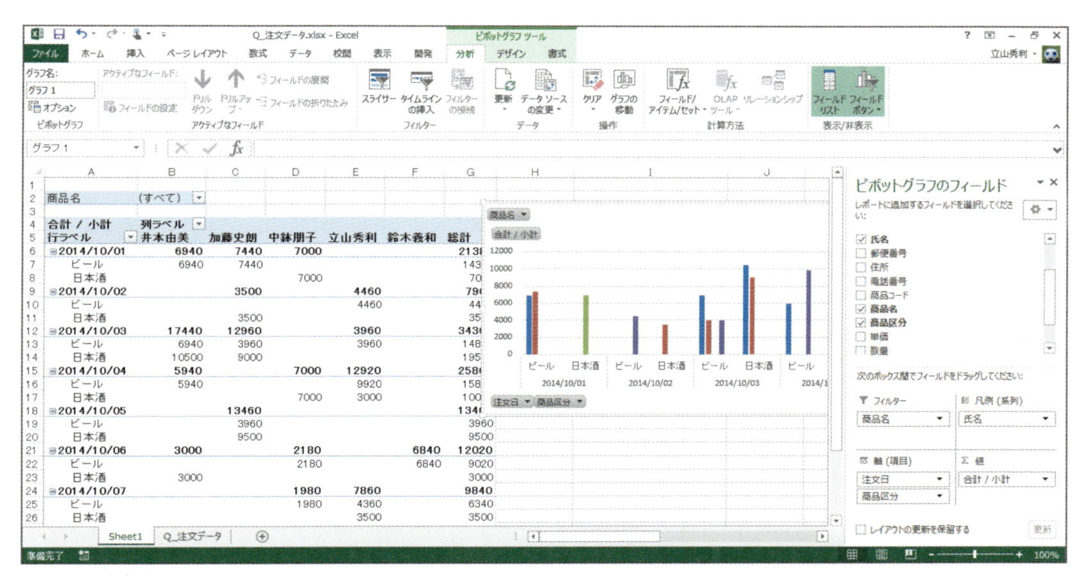

Excel の分析機能

●普及率の高さ

Excel はほとんどのパソコンに導入されており、使い慣れているユーザーが多いのもメリットです。

一方、Excel にも不得意なことやデメリットがあります。特に管理するデータの規模や複雑性が増すほど、如実に表れてきます。

Excelの不得意なこと

●複雑で大量なデータの管理

Excel はシンプルな表ベースでの管理ゆえ、複雑なデータの管理にあまり向いていません。たとえば、複数の表を VLOOKUP 関数などで連動させる場合、対象となるセルや表の数が増えると、どのシートのどのデータが連動しているのか、把握しづらくなってしまいます。数式の入力やメンテナンスにも、相当の時間と労力を費やします。

大量のデータ管理についても、Excel はシートあたりの行は最大で 1,048,576 行です。1 件のデータを1行に格納して管理する場合、ある程度の量があるデータだと、すぐにシートが埋まってしまいます。しかも、シートあたりのデータ数が多いと、業務に支障をきたすほど動作が重くなってしまい、100万行ほどのデータの管理は非現実的と言えるでしょう。

また、手軽さゆえにブックやシートを新たに作成したり、既存の表を分離したりしがちです。他にも、基幹システムからCSVでエクスポートするなどが加わると、複数のシートやブックにデータが散在しがちであり、管理が大変になります。

●単純な検索や更新しかできない

Excelの検索機能は基本的に、ひとつのキーワードでしか検索できません。検索のオプションによって、大文字小文字の区別をつけるかどうかなどを設定できますが、それでも単純な検索しかできません。フィルター機能を使えば、データを絞り込んで抽出できますが、いちいちフィルターを設定するのは面倒なものです。データの更新についても、置換機能で単純なデータの置き換えしかできません。

●帳票やフォームの作成に手間がかかる

Excelで帳票を作成したい場合、宛名や日付や各種データなどをシート上の各セルに入力し、罫線などの見た目を設定するなど、ゼロの状態から作っていかなければなりません。

データ入力用のフォームを作成するには、7章で改めて解説しますが、「VBA」(Visual Basic for Application)というプログラミング言語が必要となり、初心者には手に負えません。

■ Accessの得意／不得意

「Access」はマイクロソフト社のデータベースソフトです。受注管理などの本格的なシステムが構築できるソフトです。個人商店やクリニックなどのような小規模な組織のみならず、大企業などの大きな組織でも、部署内のみで使うような、ちょっとしたデータの管理などの業務に用いられている例も多々あります。

ExcelではなくAccessを用いると、より本格的なデータ管理が可能となります。Excelと比較した場合、Accessの得意とするのは主に次の点です。

Accessの得意なこと

●複雑で大量なデータを効率よく管理できる

Excelのように行数の制限がなく、100万件以上のデータを管理しても動作はそれほど重くなりません。また、2章で改めて解説しますが、複雑なデータでも「テーブル」と「リレーションシップ」という仕組みによって、ひとつのファイルで効率よく管理できます。

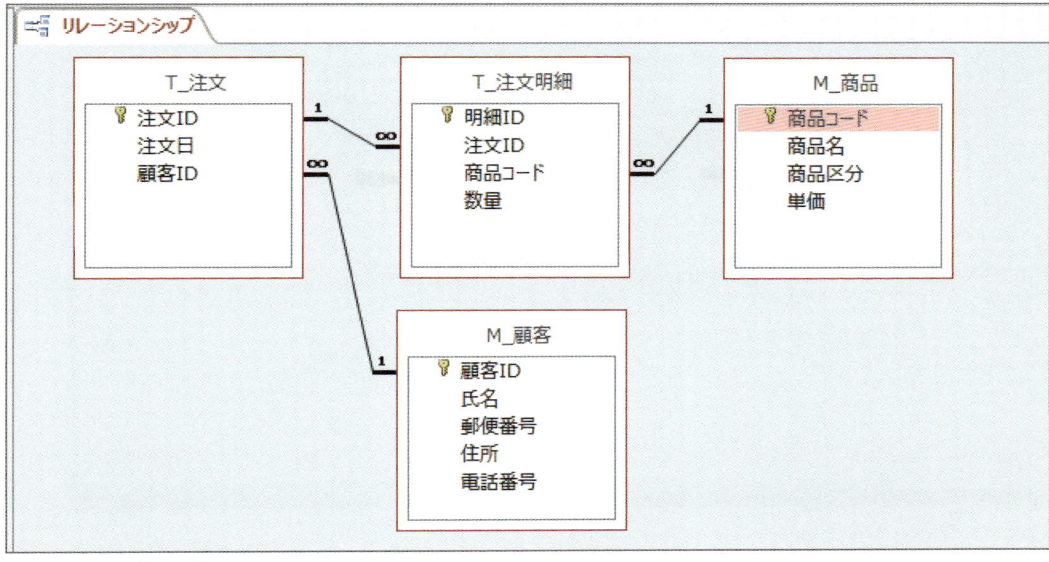

複雑なデータを効率よく管理

●強力な検索機能

3章で改めて紹介しますが、Accessには「クエリ」という機能が用意されており、データの複雑な検索や更新なども柔軟かつ効率的に行えます。

●帳票やフォームが簡単に作成できる

帳票やフォームはベーシックなものなら、ウィザードによって誰でもすばやく簡単に作成できます。もちろん、ExcelのVBAのようなプログラミング言語は一切不要です。見た目の調整も、GUIで直感的に行えます。こちらも3章で改めて紹介します。

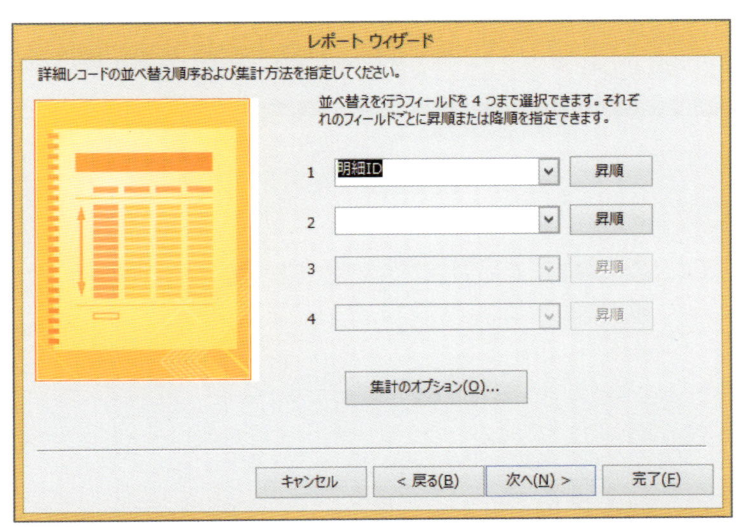

帳票を簡単に作成

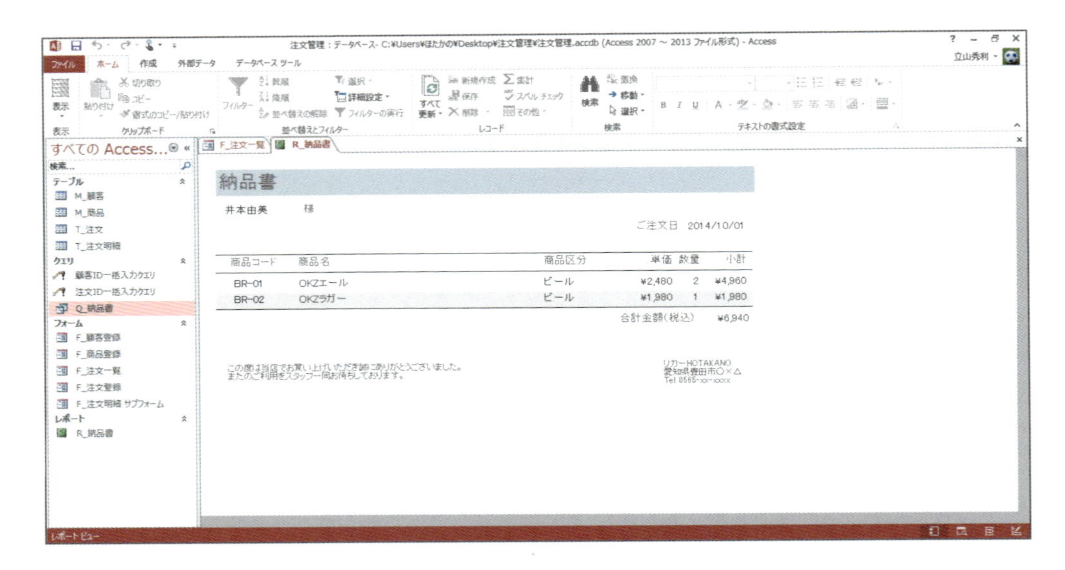

注文管理：データベース- C:¥Users¥ほたかの¥Desktop¥注文管理¥注文管理.accdb (Access 2007 ~ 2013 ファイル形式) - Access
立山秀利
ファイル
ホーム
作成
外部データ
データベース ツール
すべての Access...
テーブル
M_顧客
M_商品
T_注文
T_注文明細
クエリ
顧客ID一括入力クエリ
注文ID一括入力クエリ
Q_納品書
フォーム
F_顧客登録
F_商品登録
F_注文一覧
F_注文登録
F_注文明細 サブフォーム
レポート
R_納品書
納品書
井本由美 様
ご注文日 2014/10/01
商品コード
商品名
商品区分
単価
数量
小計
BR-01 OKZエール ビール ¥2,480 2 ¥4,960
BR-02 OKZラガー ビール ¥1,980 1 ¥1,980
合計金額(税込) ¥6,940
レポート ビュー

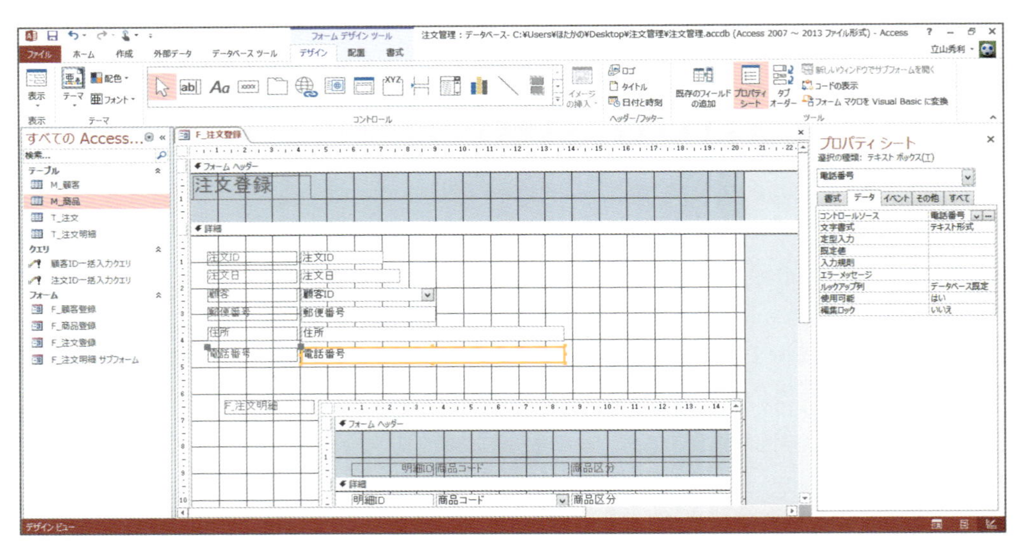

フォーム デザイン ツール
注文管理：データベース- C:¥Users¥ほたかの¥Desktop¥注文管理¥注文管理.accdb (Access 2007 ~ 2013 ファイル形式) - Access
ファイル
ホーム
作成
外部データ
データベース ツール
デザイン
配置
書式
すべての Access...
テーブル
M_顧客
M_商品
T_注文
T_注文明細
クエリ
顧客ID一括入力クエリ
注文ID一括入力クエリ
フォーム
F_顧客登録
F_商品登録
F_注文登録
F_注文明細 サブフォーム
F_注文登録
フォーム ヘッダー
注文登録
詳細
注文ID
注文日
顧客
顧客ID
郵便番号
住所
電話番号
F_注文明細
明細ID
商品コード
商品区分
プロパティ シート
選択の種類: テキスト ボックス(T)
書式
データ
イベント
その他
すべて
コントロールソース
文字書式
テキスト形式
定型入力
既定値
入力規則
エラーメッセージ
使用可能
はい
編集ロック
いいえ
デザイン ビュー

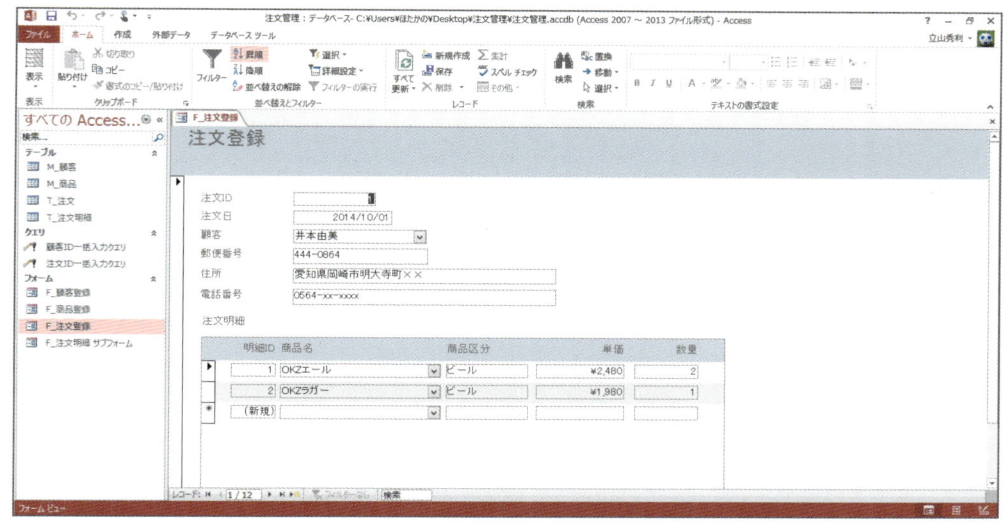

フォームを簡単に作成

一方、Accessにも不得意なことやデメリットがあります。Excelと比較すると、主に下記が挙げられます。

Accessの不得意なこと

●使いこなすのが難しい

Accessのデータベースは、よくある業務用のものならテンプレートが用意されていますが、原則、ゼロの状態から構築することになります。その際、単にAccessの各種機能や操作方法とともに、データベースの知識も必要となります。データベースの知識はシステム開発を専門としている人以外には、少々敷居が高い内容です。また、先述のクエリも機能が強力な反面、使い方が難しくなっています。

●データの単純な加工や分析しかできない

Accessにも関数やピボットテーブルのような機能は搭載されていますが、Excelほど充実していません。データの加工や分析は単純なことしかできません（最新バージョンのAccess 2013では、ピボットテーブルの機能が廃止されました）。

●帳票の自由度の低さ

帳票は手軽に作成できる反面、レイアウトはある程度限られてしまいます。独自性の高いレイアウトやデザインの帳票をどうしても使いたい場合、不可能になるか、相当な苦労を強いられることになります。入力用のフォームも帳票ほどではありませんが、Excelに比べると自由度は多少落ちます。

●普及率の低さ

Accessが導入されているパソコンはごく限られています。難しさもあわさり、使い慣れているユーザーが少なく、組織内に導入しようとすると、ユーザー教育だけでも一苦労です。

02 ExcelとAccessを連携しよう

ExcelとAccessを連携させると、不得意な点やデメリットをお互いカバーしつつ、それぞれ得意とすることやメリットを活かせるようになります。

■ ExcelとAccessを連携するメリット

前節で挙げたように、ExcelとAccessにはそれぞれ得意／不得意やメリット／デメリットがあります。業務にExcelとAccessのどちらを用いるにせよ、どちらかの不得意やデメリットはついて回ることになり悩むところです。

その有効な解決策が、ExcelとAccessの連携です。いずれか片方ではなく、両者を適材適所で用いつつ、ひとつのデータを管理します。すると、両者の得意とすることやメリットを活かす“いいとこ取り”ができます。なおかつ、両者の不得意やデメリットのほとんどは、お互いが補うことで解消できます。ExcelとAccessのいずれか片方のみよりも、より最適なかたちで業務を行えるようになるでしょう。

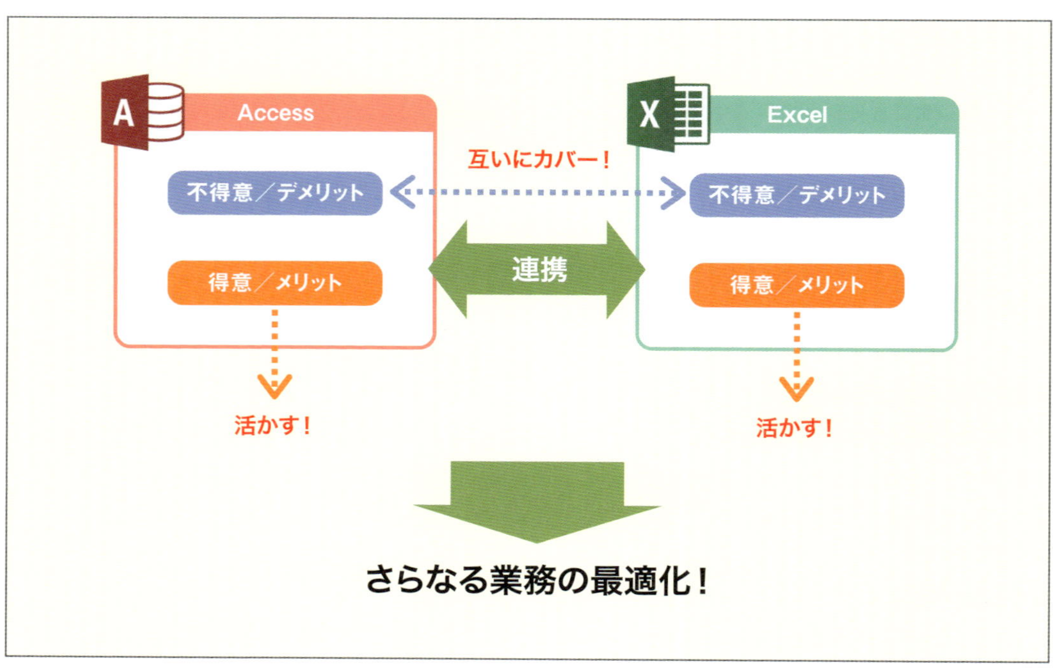

ExcelとAccessの連携

■ Excel ／ Access 連携のひとつのパターン

Excel と Access を連携して“いいとこ取り”と一口に言っても、いくつかパターンが考えられます。本書では、前節で挙げた両者の得意／不得意やメリット／デメリットを踏まえ、次のようなパターンの連携の具体的な方法をこれから 6 章にかけて解説していきます。

連携パターンの原則は以下の①と②です。大まかには、データは Access で管理し、Access の不得意な点を Excel でカバーしていく、という方針になります。

①データはAccessで一元管理

複数のブックやシートに散在する Excel のデータを Access に統合して一元管理します。複雑化して管理が困難になっていた複数の表も、Access で効率よく管理できます。データの検索や更新なども Access のクエリで行います。入力用のフォームや帳票も、基本的には Access で作成します。

②データの分析はExcelで行う

Access に格納されている必要なデータを Excel から参照する、または Excel に切り出した後、ピボットテーブルやピボットグラフといった Excel の強力な機能を使って分析します。

この①と②に加え、「Access は導入しているパソコンも使い慣れている人も少ない」という前提のもと、次の③と④の連携も行います。

③Accessのデータを使いExcelで帳票を作成

どうしても Excel でしか作れないレイアウトの帳票があるという仮定のもと、Access から必要なデータを抽出し、Excel の帳票に貼り付けます。

④ExcelからAccessのデータを追加・更新

データの入力・更新業務はどうしても使い慣れた Excel で行いたいという仮定のもと、Excel のワークシートから Access のデータを追加・更新できるようにします。

他にもいくつか連携パターンが考えられますが、上記①～④のパターンは多くの企業や部署であてはまる普遍的な連携と言えるでしょう。本書では、①を 3 章、②～④を 4 章以降で解説します。

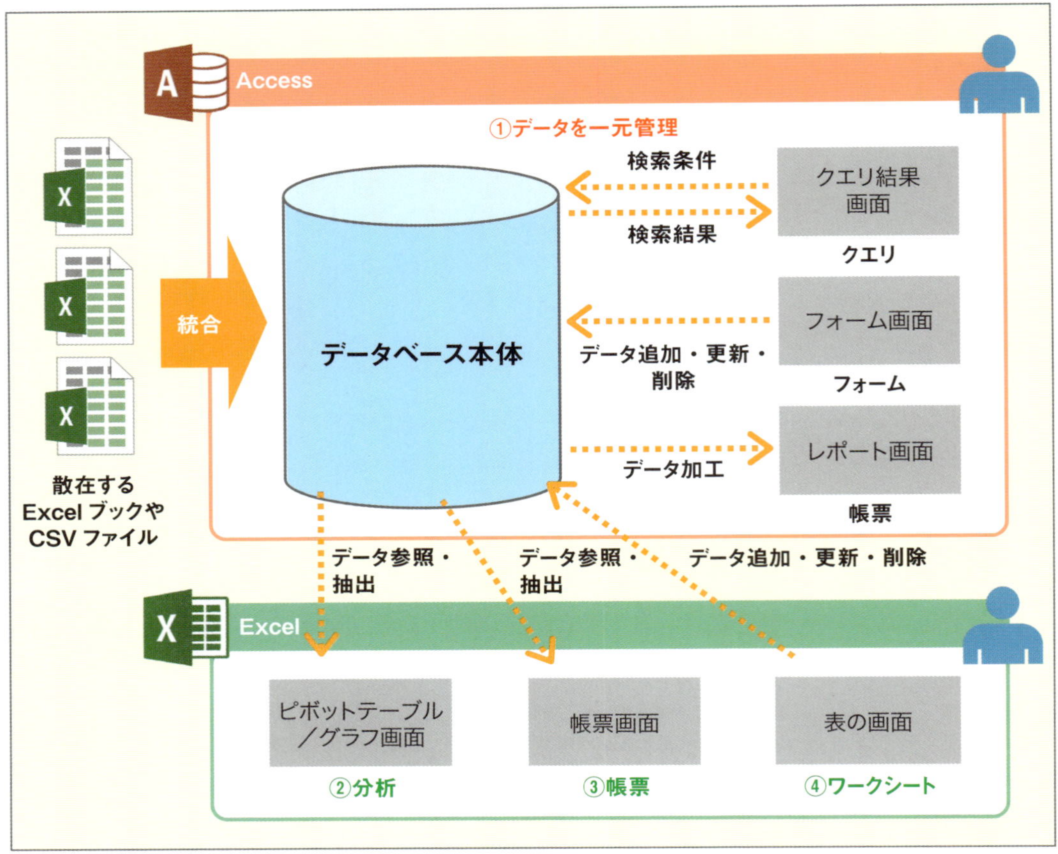

本書で取り上げるExcelとAccessの連携

■ ExcelのVBAは必要?

①〜④の連携の中で、①は主にAccessでの手動による操作で行います。②と③は原則、ExcelとAccessの両方を手動で操作しますが、ExcelのVBAを使うと自動化によって作業を効率化できます。手動でも可能だが、VBAで自動化するとベターということです。本書では、ExcelのVBAによる自動化の例も、5章以降でいくつか解説します。

④はVBAを使わなければ実質的には不可能です。その具体的な内容と方法の一例は、6章で改めて解説します。

Chapter 2

Excel&Access連携のための基礎知識

本章ではExcelとAccessの連携を行う上で必要となる基礎を学びます。特に01で学ぶデータベースの基本的な知識については、ここでしっかりと身に付けましょう。

01 データベースの基礎

本節では、Accessの前提となるデータベースの基礎を解説します。Accessでのデータベース構築に不可欠な土台となる重要な知識になります。

■ Accessにはデータベースの基礎知識が不可欠

Accessは1章でも述べたように、データベースソフトです。データベースソフトとは、データベースを構築するためのソフトウェアです。そのようなソフトウェアは一般的に「DBMS」(Database Management System)と呼ばれます。

Accessでデータベースを構築するには、データベースそのものの知識が不可欠です。AccessはDBMSの一種であり、あくまでもデータベースを作るための"道具"です。"道具"の使い方だけを習得していても、データベースの構造などの基礎知識がなければ、どう構築すればよいのかわからなくなってしまいます。

まずは本節にて、本書におけるAccess活用に必要最小限となるデータベースの基礎知識を学びましょう。

■ データベースとは

データベースとは、データを適切に管理するための仕組みです。データベースはインターネットのショッピングサイト、銀行のATM、飛行機や電車の予約システムをはじめ、世の中のさまざまなシーンで利用されています。

データベースの柱は、データを蓄積するための"入れ物"です。さまざまな種類のデータを一箇所に集約して蓄積します。その際、ただ雑然と蓄積していては、あとから必要なデータが探しづらいなど、データを活用しにくくなってしまいます。そこでデータベースでは、データの並び方を統一したり、同じ種類のデータをまとめたりするなどして、データを整理します。データが整理され、あとからスムーズに活用できるよう蓄積されていてこそ、データベースと言えるのです。

そして、データベースは"入れ物"にデータを入力して、適宜追加できる仕組みも備えています。あわせてデータの変更(更新)や削除も行えます。

さらには、必要なときに必要なデータをすばやく検索して取り出せる仕組みも備えています。取り出す際は必要に応じて、データの並べ替えや加工なども行えます。他にも、データ管理に必要な各種機能を備えています。

■ データは表の形式で管理

データベースでは、データの“入れ物”は表の形式になります。行と列からなる表にデータを格納するのです。

表の列には、データが項目ごとに並びます。そして、その列の数だけ項目がある複数のデータをひとつのまとまりとして扱います。行には、データのまとまりが1行につき1件というかたちで並びます。言い換えると、1件のデータのまとまりは複数の列の項目で構成されることになります。

たとえば、職場の社員名簿をデータベースとして作りたいとします。1人につき管理したい項目は氏名、役職名、内線、携帯番号、メールアドレス、生年月日などが挙げられます。データの“入れ物”となる表では、これらの項目が列に並び、1人ごとのデータが行に並ぶイメージになります。

POINT データベースはデータを表の形式で管理する

この表のことをデータベースの専門用語で「テーブル」と呼びます。そして、列に並ぶ項目のことを「フィールド」と呼びます。行に並ぶデータのまとまりのことを「レコード」と呼びます。つまり、1件のレコードは複数のフィールドで構成されることになります。レコードが複数集まった表がテーブルになります。

テーブルは通常、名前を付けて管理します。その名前のことを一般的に「テーブル名」と呼びます。列の項目の種類（フィールドの種類）も、それぞれ名前を付けて管理します。たとえば、先ほどの社員名簿なら「氏名」や「役職名」などです。そのような項目名のことを一般的に「フィールド名」と呼びます。一方、レコードは名前を付けて管理しません。

POINT
表 …… テーブル
列 …… フィールド
行 …… レコード

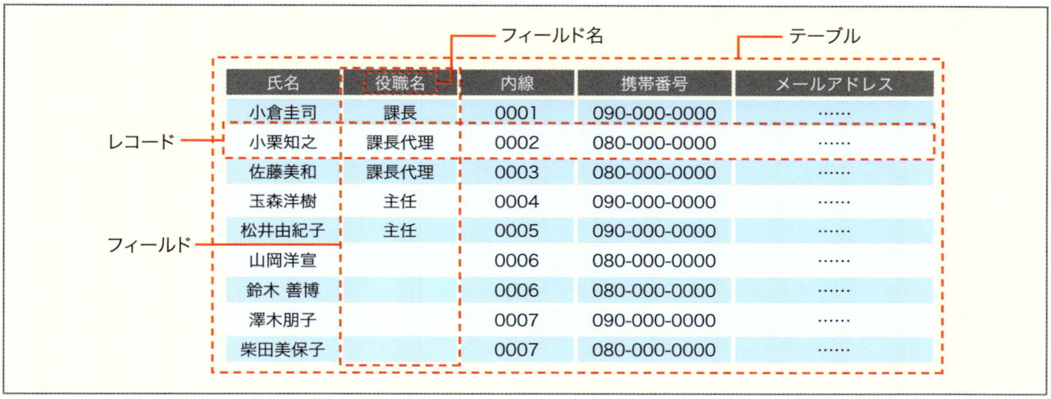

氏名	役職名	内線	携帯番号	メールアドレス
小倉圭司	課長	0001	090-000-0000	……
小栗知之	課長代理	0002	080-000-0000	……
佐藤美和	課長代理	0003	080-000-0000	……
玉森洋樹	主任	0004	090-000-0000	……
松井由紀子	主任	0005	090-000-0000	……
山岡洋宣		0006	080-000-0000	……
鈴木 善博		0006	080-000-0000	……
澤木朋子		0007	090-000-0000	……
柴田美保子		0007	080-000-0000	……

テーブルの構造

■ レコードを特定する「主キー」

レコードは名前を付けないなら、どのように管理すればよいのでしょうか？　そこで登場する仕組みが「主キー」です。「主キー」とは、レコードを特定するための特別なフィールドになります。たとえば、社員名簿なら、目的の社員を氏名から探そうとした場合、同姓同名の社員がいたら、役職名で判別しなければならないなど、探すのが困難になってしまうでしょう。

そこで、どの社員か特定するために主キーを利用します。主キーはテーブルにフィールドのひとつとして用意します。そして、重複しないデータを格納することで、レコードの特定を可能とします。

たとえば、社員名簿のデータベースなら、「社員番号」というフィールドを主キーとして別途用意します。あらかじめ各社員に社員番号を重複しないかたちで割り当てておき、そのデータを各社員のレコードのフィールド「社員番号」に格納します。これで、社員番号さえわかれば、社員のレコードを迅速・確実に特定できます。

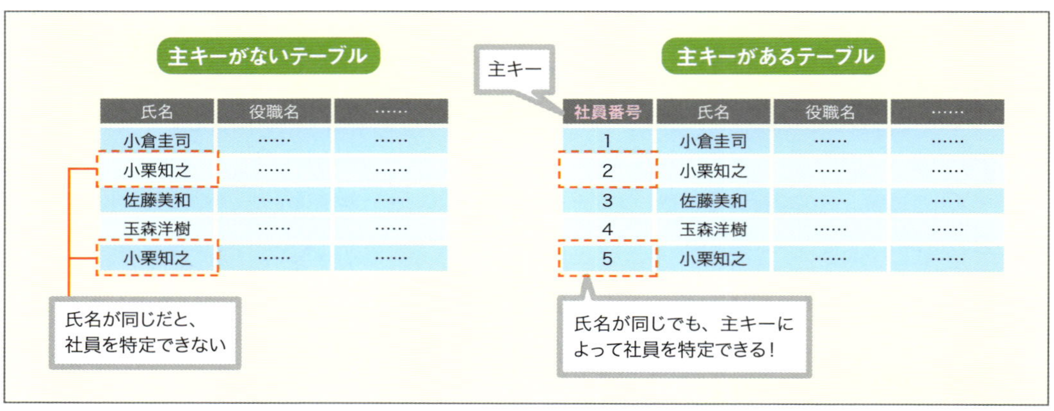

主キーの仕組み

■「リレーション」で複数のテーブルを連携

前述の通りデータはテーブルで管理するのですが、大抵のデータベースでは、テーブルは複数用いることになります。なぜ複数のテーブルを用いるのか、例を挙げて解説します。

例として、酒類の注文管理をデータベースで行いたいと仮定します。ひとつの商品の注文につき、1件のレコードとして管理するとします。フィールドは「注文ID」「日付」「顧客名」「商品名」「商品区分」「単価」「数量」の7項目とします（先頭の注文IDを主キーとします）。

すると、実際のテーブルは次のようになります。テーブル名は「注文」とします。

注文ID	日付	顧客名	商品名	商品区分	単価	数量
1	2014/10/01	立山秀利	OKZエール	ビール	¥4,980	2
2	2014/10/01	加藤史朗	OKZエール	ビール	¥4,980	5
3	2014/10/01	井本由美	三河桜	日本酒	¥2,500	1
4	2014/10/02	宮治英夫	三河桜	日本酒	¥2,500	2
5	2014/10/02	鈴木義和	OKZエール	ビール	¥4,980	3
6	2014/10/03	井上俊彦	三河桜	日本酒	¥2,500	1
7	2014/10/03	山下育郎	OKZエール	ビール	¥4,980	4
8	2014/10/03	中鉢朋子	OKZエール	ビール	¥4,980	1

テーブル「注文」

このテーブルをよく見ると、フィールド「商品名」と「商品区分」と「単価」には、同じデータが何度も登場しているのがわかります。同じ商品なら商品区分と単価は決まっているため、フィールド「商品区分」とフィールド「単価」には必ず同じデータが入ることになります。

このようにデータが重複していると、データ量が増えて管理が大変になります。しかも、もし単価などが変更されたら、該当フィールドのデータをすべて変更しなければならず、作業の手間やミスのリスクも増えてしまうでしょう。

このようなデータの重複による問題を解決するため、テーブルを2つに分離します。商品そのものに関係するデータだけを別のテーブルに抜き出します。具体的にはフィールド「商品名」と「商品区分」と「単価」の3項目です。商品そのものに関係するデータは変化しないので、それらを別のテーブルにくくり出します。テーブル名は「商品マスタ」とします。テーブル「注文」からフィールド「商品名」と「商品区分」と「単価」を抜き出し、重複を排除すると、テーブル名「商品マスタ」は次のようになります。レコード数は2種類の取扱商品ぶんの2件だけとなります。

商品名	商品区分	単価
OKZエール	ビール	¥4,980
三河桜	日本酒	¥2,500

テーブル「商品マスタ」

一方、テーブル「注文」には、フィールド「注文ID」と「顧客名」「日付」「数量」の4項目が残ることになります。

注文ID	日付	顧客名	数量
1	2014/10/01	立山秀利	2
2	2014/10/01	加藤史朗	5
3	2014/10/01	井本由美	1
4	2014/10/02	宮治英夫	2
5	2014/10/02	鈴木義和	3
6	2014/10/03	井上俊彦	1
7	2014/10/03	山下育郎	4
8	2014/10/03	中鉢朋子	1

テーブル「注文」

テーブルを2つに分離しましたが、テーブル「注文」はこのままでは、どの商品が売れたのかがわかりません。そのため、どの商品が売れたのかがわかるフィールドを追加する必要があります。

商品名のフィールドでもできないことはないのですが、データベースの定石としては、次の方法がよく用いられます。

2つのテーブルに共通するフィールドを設け、関連付ける

共通するフィールドを設けるのは今回の例の場合、具体的には次のようになります。

テーブル「商品マスタ」

主キーのフィールドを追加

テーブル「注文」

テーブル「商品マスタ」の主キーを格納するフィールドを追加

まずはテーブル「商品マスタ」に主キーを設けることで、商品を特定可能とします。その主キーの値を使い、テーブル「注文」にて、どの商品が売れたのかのデータを記録します。

テーブル「商品マスタ」の主キーのフィールド名を「商品ID」とします。フィールド「商品ID」のデータはそれぞれ次のように入れたとします。

商品ID	商品名	商品区分	単価
BR-1	OKZエール	ビール	¥4,980
NS-1	三河桜	日本酒	¥2,500

テーブル「商品マスタ」

次に、テーブル「注文」にも、このフィールド「商品ID」を追加します。分離前に商品関係のフィールドがあった箇所に挿入します。すると、どの商品が売れたのか、このフィールド「商品ID」のデータでわかるようになります。

注文ID	日付	顧客名	商品ID	数量
1	2014/10/01	立山秀利	BR-1	2
2	2014/10/01	加藤史朗	BR-1	5
3	2014/10/01	井本由美	NS-1	1
4	2014/10/02	宮治英夫	NS-1	2
5	2014/10/02	鈴木義和	BR-1	3
6	2014/10/03	井上俊彦	NS-1	1
7	2014/10/03	山下育郎	BR-1	4
8	2014/10/03	中鉢朋子	BR-1	1

テーブル「注文」

これで、テーブル「注文」では、フィールド「商品ID」のデータから、どの商品が売れたのかが特定できます。テーブル「商品マスタ」のフィールド「商品ID」と照らし合わせ、一致する商品IDの

レコードを見れば、商品名や区分や単価のデータがわかります。

テーブル「注文」に設けたフィールド「商品 ID」のように、他のテーブルの主キーのフィールドと関連付けることで、他のテーブルのデータを参照可能とするために用意するフィールドのことは「外部キー」と呼ばれます。

これで、商品関係のデータが重複する状態が、分離することにより解消されました。また、もし単価などが変更されても、テーブル「商品マスタ」のデータ1箇所を変更するだけで済むようになりました。

POINT 他のテーブルの主キーを外部キーで参照して関連付ける。

テーブル「注文」

注文 ID	日付	顧客名	商品名	商品区分	単価	数量
1	2014/10/1	立山秀利	OKZ エール	ビール	¥4,980	2
2	2014/10/1	加藤史朗	OKZ エール	ビール	¥4,980	5
3	2014/10/1	井本由美	三河桜	日本酒	¥2,500	1
4	2014/10/2	宮治英夫	三河桜	日本酒	¥2,500	2
5	2014/10/2	鈴木義和	OKZ エール	ビール	¥4,980	3
6	2014/10/3	井上俊彦	三河桜	日本酒	¥2,500	1
7	2014/10/3	山下育郎	OKZ エール	ビール	¥4,980	4
8	2014/10/3	中鉢朋子	OKZ エール	ビール	¥4,980	1

テーブル「注文」

注文 ID	日付	顧客名	商品 ID	数量
1	2014/10/1	立山秀利	BR-01	
2	2014/10/1	加藤史朗	BR-01	5
3	2014/10/1	井本由美	NS-01	1
4	2014/10/2	宮治英夫	NS-01	2
5	2014/10/2	鈴木義和	BR-01	3
6	2014/10/3	井上俊彦	NS-01	1
7	2014/10/3	山下育郎	BR-01	4
8	2014/10/3	中鉢朋子	BR-01	1

テーブル「商品マスタ」

商品 ID	商品名	商品区分	単価
BR-01	OKZ エール	ビール	¥4,980
NS-01	三河桜	日本酒	¥2,500

テーブルを２つに分離し、フィールド「商品 ID」で関連付ける

以上のように、複数のテーブルに共通するフィールドをそれぞれ設けて、それらを関連付けることで、重複が解消されるなど、データを効率的に管理できるようになります。このようなテーブル同士を連携させる関連付けのことを、データベースの世界では「リレーション」と呼びます。

POINT
- 「リレーション」はテーブル同士の関連付け
- リレーションを利用すると、データを効率よく管理できる

リレーションの仕組みを利用したデータベースのことを「リレーショナルデータベース」と呼びます。リレーショナルデータベースを構築するためのソフトウェアは一般的に「RDBMS」(Relational Database Management System) と呼ばれます。

RDBMSは現在さまざまな製品が提供されており、Accessはそのひとつです。他に有名どころだと、オラクル社「Oracle」やマイクロソフト社の「SQL Server」などの商用ソフトウェア、「MySQL」や「PostgreSQL」などのオープンソース・ソフトウェア（OSS）が挙げられます。

なお、Accessではリレーションではなく、「リレーションシップ」という言葉が用いられています。同じ意味の言葉と捉えていただいて問題ありません。

また、今回の例では、商品関係のデータのみ別テーブルに分離しましたが、もしメールアドレスや住所など顧客関係のデータも注文のデータに含めたいなら、顧客関係データ用のテーブルを別途設けて、リレーションによって関連付ければよいことになります。

■ クエリ

「クエリ」とは、データベースに格納されたデータを操作するための命令です。操作とは具体的には、データの抽出（検索）や追加、更新（変更)、削除などです。

一般的なRDBMSでは、クエリによる操作には「SQL」(Structured Query Language) という問い合わせ用の言語が用いられます。SQLは技術者向けの難易度が高い言語です。Accessもデータ抽出などのクエリ操作にSQLを用いることができますが、それとは別に、GUIベースでクエリを作成して使う機能がちゃんと用意されているので、初心者でも比較的容易に使えるようになります。

以上が本書におけるAccess活用に最小限必要となるデータベースの基礎知識です。

Access の基礎

本節では、本書で Excel と Access の連携を行うにあたり、最小限必要となる Access の基礎について学びます。

■ Access の「オブジェクト」

Access でデータベースを構築するには、まずはデータベースのファイルを新規作成した後、テーブルを作成することが第一歩となります。そして、作成したテーブルをベースに、クエリなどを作成していきます。

それらテーブルなど、データベースを構成する要素や機能のことを Access では「Access オブジェクト」と呼びます。「オブジェクト」や「データベースオブジェクト」とも呼ばれることがあります。本書では以降、「オブジェクト」と呼ぶことにします。

本書で登場するオブジェクトは以下の５種類です。

- テーブル
- クエリ
- フォーム
- レポート
- マクロ

テーブルとクエリは前節で解説した通りです。「フォーム」はデータの入力や表示に用いるオブジェクトです。レポートは納品書や宛名ラベルなど、データの体裁を整えて印刷などを行うためのオブジェクトです。フォームやレポートで扱うデータは、主にテーブルです。加えて、クエリの検索結果も扱えます。マクロは操作や処理の自動化に用いるオブジェクトです。たとえば、ボタンのクリックで納品書のレポートを印刷するなどの機能はマクロで作成します。

Access でデータベースを構築するには、これら５種類のオブジェクトを必要なぶんだけ作成し、適宜連携させます。その上で、実際に管理したいデータをテーブルに入力します。入力にはフォームを使うケースも多々あります。その後、データを適宜追加・更新・削除しつつ、クエリやフォームやレポートによってデータを活用します。その操作にはマクロも適宜交えます。

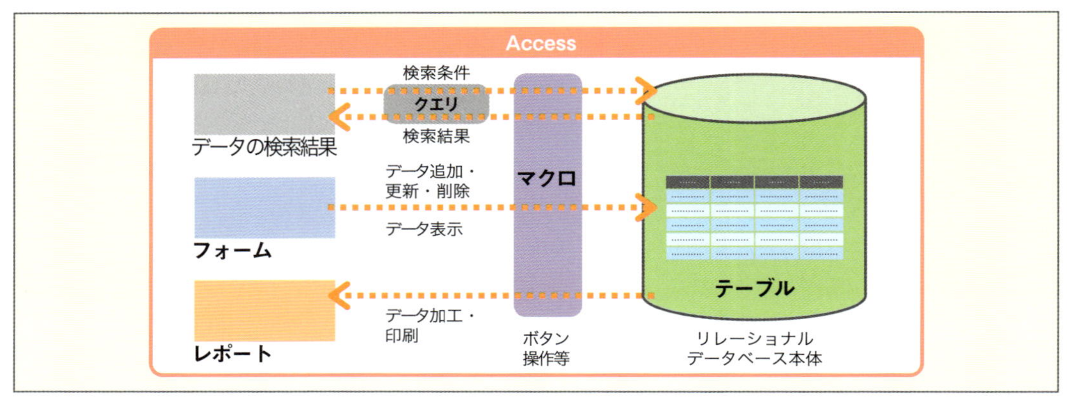

5種類のオブジェクトの関係

■ オブジェクト作成の全体像

ここでは、オブジェクト作成の全体像のみを解説します。各種オブジェクトのより具体的な作成方法は、次章以降にてサンプル作成の中で解説します。

オブジェクトの新規作成はリボンの［作成］タブの各コマンドで行います。各オブジェクトとも、ボタンをクリックするだけで、ベースとなるオブジェクトを新規作成できます。また、ウィザードでも作成可能となっています。

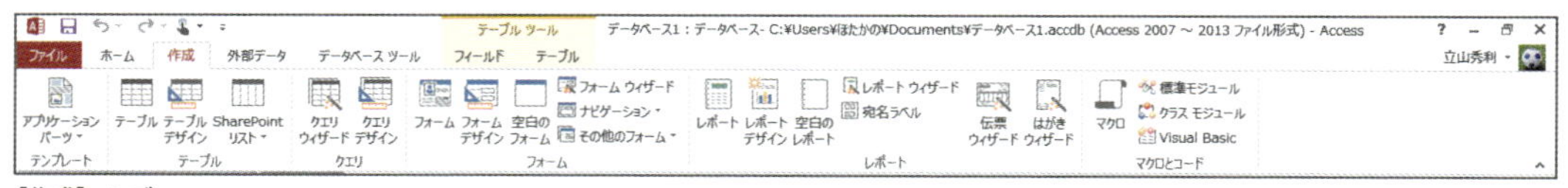

［作成］タブ

作成したオブジェクトは画面左側の「ナビゲーションウィンドウ」にアイコンが一覧表示されます。アイコンをダブルクリックするなどして開くと、リボンの下にある大きなエリアに表示されます。このエリアのことを「ドキュメントウィンドウ」と呼びます。オブジェクトの各種設定やデザイン、データの入力などメインの作業は、ドキュメントウィンドウで行います。

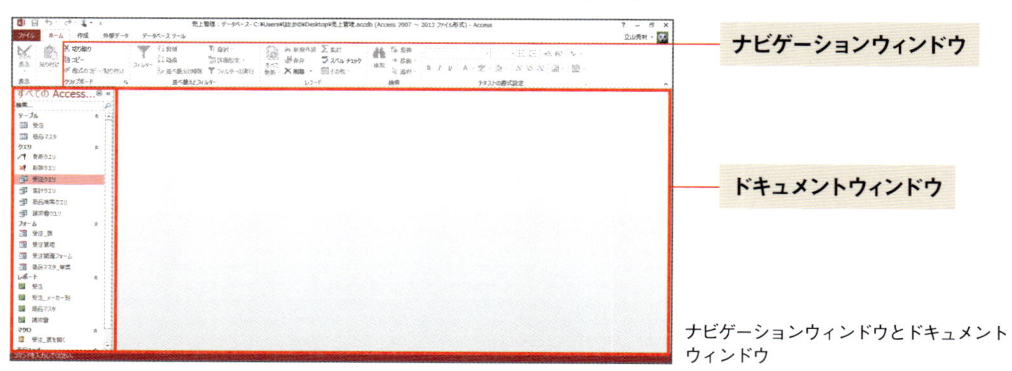

ナビゲーションウィンドウとドキュメントウィンドウ

ドキュメントウィンドウでは、オブジェクトの表示形式を切り替えて作業を行います。表示形式は「ビュー」と呼ばれます。ビューはオブジェクトの種類ごとに複数用意されています。たとえばテーブルなら、テーブルの大まかな作成およびデータ入力・表示が行える「データシートビュー」と、テーブルを細かく作り込める「デザインビュー」の２種類があります。

ビューの切り替えは［ホーム］タブの左端にあるボタンで行います。目的のビューをクリックすれば、そのビューに切り替わります。

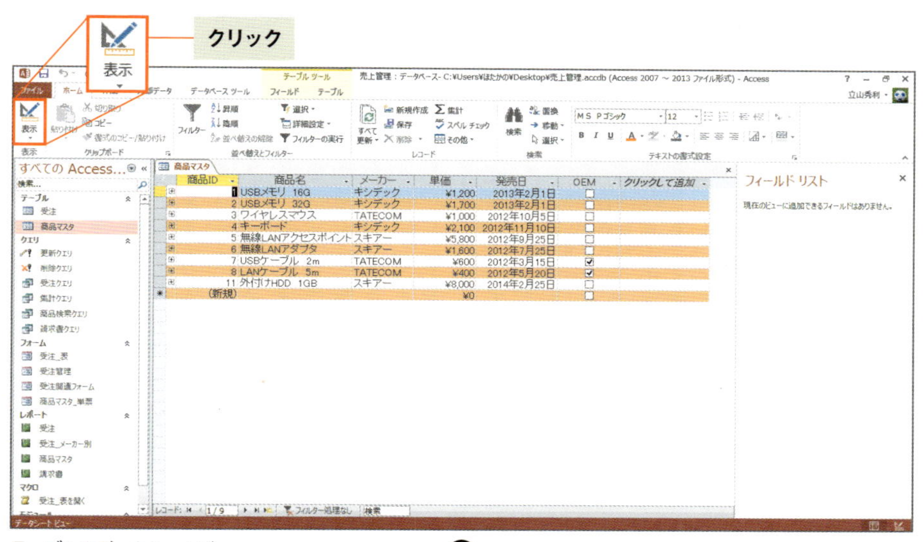

テーブルのデータシートビュー

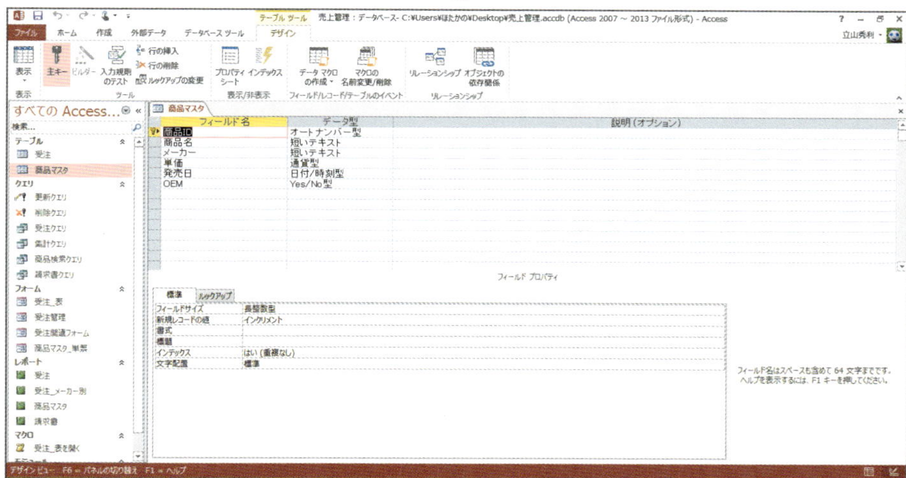
テーブルのデザインビュー

また、開いているオブジェクトの種類やビューの種類に応じて、リボンに専用のタブが追加で表示されます。たとえば、テーブルをデータシートビューで開けば、［テーブルツール］タブの下に［フィールド］タブと［テーブル］タブの２つが表示されます。一方、デザインビューで開くと、［テーブルツール］タブの下に［デザイン］タブのみが表示されます。これらのタブも適宜利用して、オブジェクトを作成・活用します。

Memo データベースアプリケーション

狭義のデータベースはテーブルとクエリ、および整合性を取るなどデータ管理機能しか備えていません。データ入力・表示用のフォームや納品書のようなレポートを作成する機能も備えたデータベースのことは、「データベースアプリケーション」と呼ばれます。本書ではデータベースアプリケーションの意味も含め、「データベース」と呼ぶことにします。

■ テーブル作成の基本

テーブルの作成は基本的に次の流れで行います。

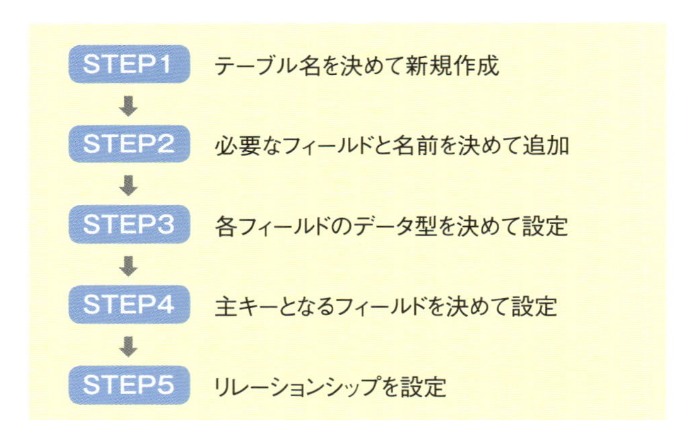

【STEP1】は基本的に、［作成］タブの［テーブル］ボタンをクリックします。テーブル名にはアルファベットに加え、日本語も使えます。記号は「_」（アンダースコア）などが使えます。ただし、ひとつのデータベースで同じテーブル名は付けられません。

【STEP2】と【STEP3】の作業は、データシートビューでもデザインビューでも行えます。【STEP2】では、フィールド名もテーブル名と同様に日本語や記号も使えます。ただし、ひとつのテーブルで同じフィールド名は付けられません。また、半角で64文字以内などのルールもあります。

【STEP3】の「データ型」とは、フィールドに格納するデータの種類のことです。データの種類とはたとえば、数値や文字列などです。Accessで利用できるフィールドのデータ型は主に次表の通りです。

データ型	意味
短いテキスト	文字列(255文字まで)
長いテキスト	文字列(255文字以上も可)
数値型	数値
日付／時刻型	日付・時刻
通貨型	通貨用の数値
オートナンバー型	連番の整数
Yes／No型	YesかNoいずれの値

主なデータ型

Access 2007／2010では、「短いテキスト」は「テキスト型」、「長いテキスト」は「メモ型」という名称です。

オートナンバー型は1から始まり、レコードが増えるごとに1ずつ自動で増える数値です。ひとつのテーブルにひとつしか設けることができません。後ほどサンプルで実例を提示しますが、主キーのフィールドによく用いられます。

Yes／No型は二者一択のデータに利用します。または、レコードの選択用フィールドとして用いられるケースもあります。

【STEP4】の主キー設定はデザインビューで行います。主キーに設定したいフィールドを選択して、[テーブルツール][デザイン]タブの[主キー]ボタンをクリックします。主キーのフィールドには、先頭に鍵のアイコンが表示されます。

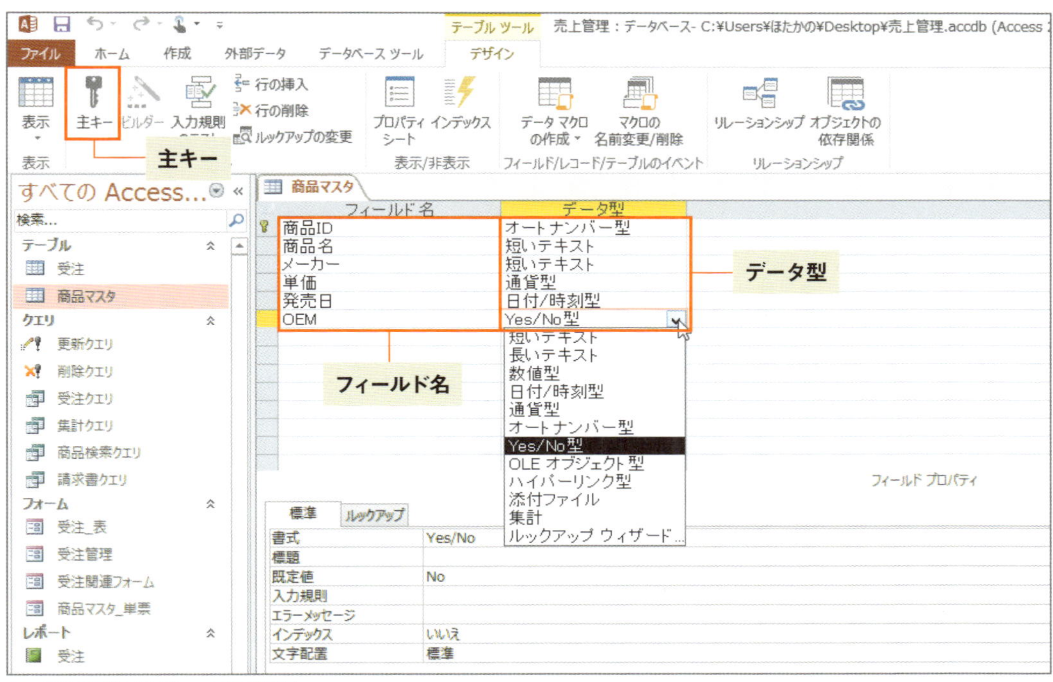

テーブルのデザインビューで各種設定

【STEP4】のリレーションシップの設定は「リレーションシップ」画面で行います。同画面を開くには、[テーブルツール][デザイン]タブの[リレーションシップ]ボタンをクリックします。具体的な設定方法は次章のサンプル作成の中で解説します。

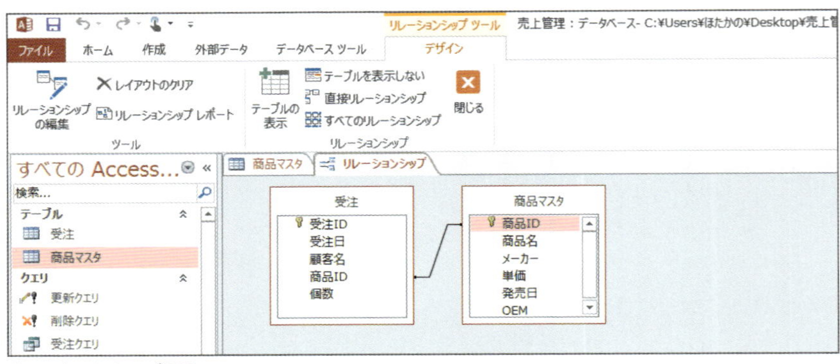

リレーションシップ画面

Memo 数値型はさらに細かく分類される

数値型はデザインビューの「フィールドサイズ」によって、取り得る値の範囲や整数か小数かなどによって、データ型がさらに細かく分類されます。本書サンプルでは、フィールドサイズは「長整数型」のみ利用します。長整数型は－2,147,483,648～2,147,483,647の整数です。

■ テーブルへのデータ入力

作成したテーブルへのデータ入力は、基本的にはデータシートビューで行います。Excelなどの表計算ソフトと同じ感覚で入力できます。加えて、フォームから入力することも可能です。

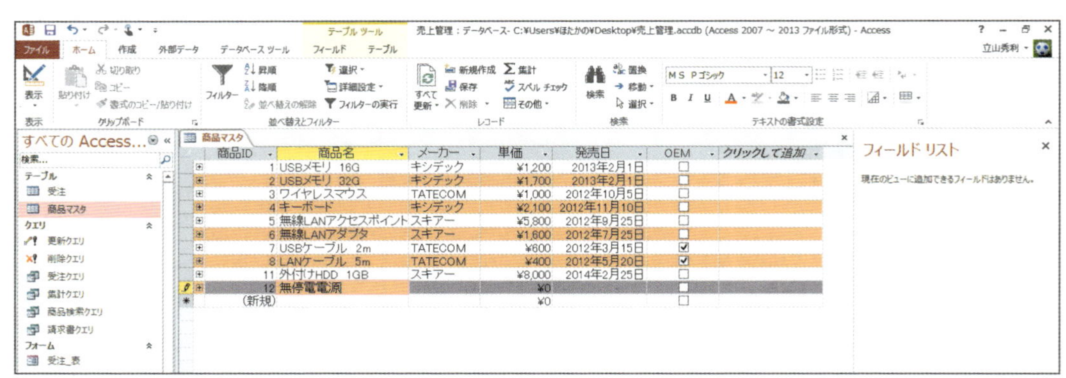

データシートビューでテーブルにデータ入力

また、Excelの表からデータをインポートすることも可能です。さらにはExcelの表から、Accessのテーブルそのものを作成することも可能です。具体的な設定方法は次章以降のサンプル作成の中で解説します。

■ クエリの種類と作成の基本

Accessには複数種類のクエリが用意されています。本書で主に用いるのは「選択クエリ」です。レコードの検索（抽出）を行うクエリです。検索の際、各フィールドのデータを用いて並べ替えや計算などを行うことも可能です。

選択クエリと並びよく使われるのが「アクションクエリ」です。レコードの追加・更新・削除を行うクエリです。他にテーブル作成も行えます。

クエリは主にデザインビューで作成します。選択クエリなら、検索条件を設定します。リレーションシップが設定されていれば、複数のテーブルから検索することも可能です。クエリはウィザードでも作成できますが、本書では、より柔軟な検索条件が設定できるデザインビューで作成します。具体的な作成方法は次章以降のサンプル作成の中で解説します。

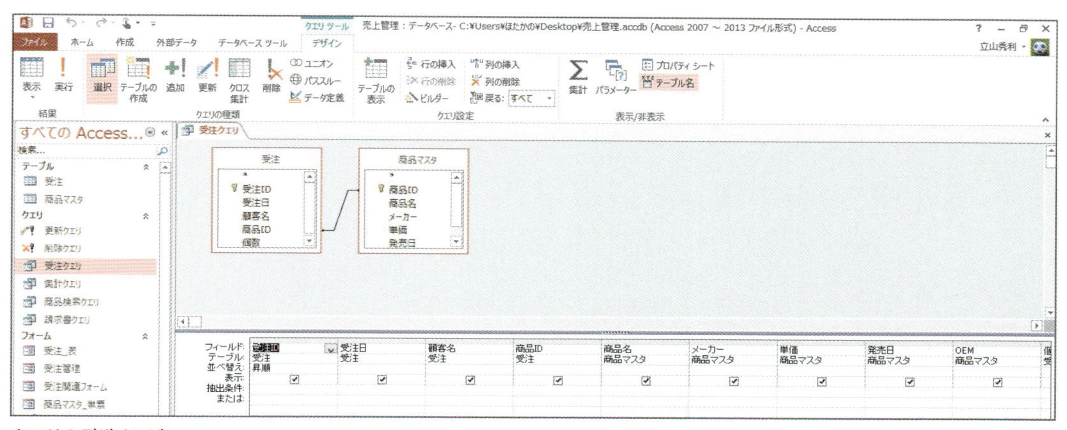

クエリのデザインビュー

作成したクエリは、同タブの［実行］ボタンをクリックすると実行できます。選択クエリなら実行結果として、検索されたレコードが一覧表示されます。この選択クエリからフォームやレポートを作成することも可能です。

受注ID	受注日	顧客名	商品ID	商品名	メーカー	単価	発売日	OEM	個数
1	2013年4月8日	立秀工務店	3	ワイヤレスマウス	TATECOM	¥1,000	2012年10月5日	☐	2
2	2013年4月8日	立秀工務店	8	LANケーブル 5m	TATECOM	¥400	2012年5月20日	☑	2
3	2013年4月8日	MVファーム	2	USBメモリ 32G	キシデック	¥1,700	2013年2月1日	☐	4
4	2013年4月9日	明日来企画	4	キーボード	キシデック	¥2,100	2012年11月10日	☐	2
5	2013年4月9日	MVファーム	1	USBメモリ 16G	キシデック	¥1,200	2013年2月1日	☐	3
6	2013年4月10日	明日来企画	7	USBケーブル 2m	TATECOM	¥600	2012年3月15日	☑	4
7	2013年4月10日	明日来企画	1	USBメモリ 16G	キシデック	¥1,200	2013年2月1日	☐	2
8	2013年4月10日	立秀工務店	2	USBメモリ 32G	キシデック	¥1,700	2013年2月1日	☐	2
9	2013年4月11日	MVファーム	5	無線LANアクセスポイント	スキアー	¥5,800	2012年9月25日	☐	1
10	2013年4月11日	MVファーム	6	無線LANアダプタ	スキアー	¥1,600	2012年7月25日	☐	3
11	2013年4月12日	立秀工務店	11	外付けHDD 1GB	スキアー	¥8,000	2014年2月25日	☐	1
12	2013年4月12日	明日来企画	8	LANケーブル 5m	TATECOM	¥400	2012年5月20日	☑	3
（新規）								■	

選択クエリの実行結果

■ フォームとレポートの作成の基本

フォームとレポートはテーブルまたは選択クエリから、［作成］タブのボタンまたはウィザードによって、ベースとなるものを作成できます。細かいデザインや構成などは、完成形とほぼ同じ体裁で編集できる「レイアウトビュー」、またはデザインビューなどで作り込みます。具体的な作成方法やレイアウトビューとデザインビューの使い分けなどは、次章以降のサンプル作成の中で解説します。

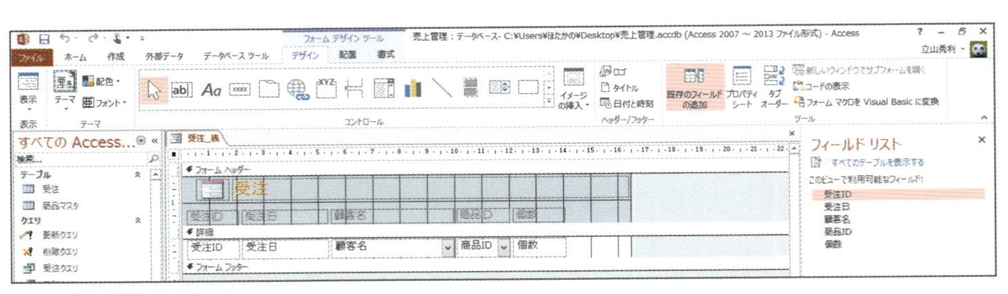

フォームのデザインビュー

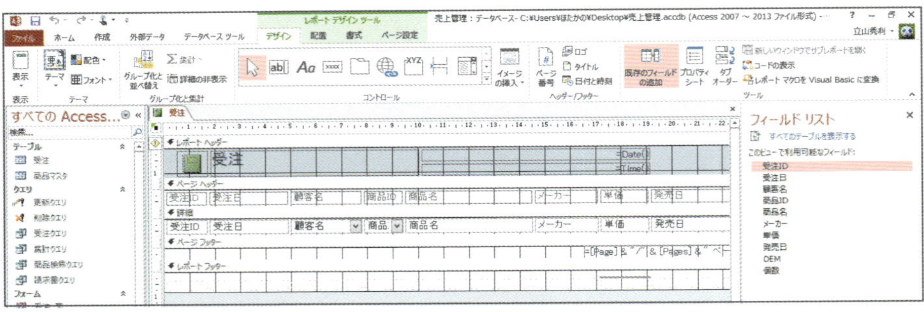

レポートのデザインビュー

作成したフォームでデータを入力・表示するには、「フォームビュー」で行います。

受注ID	受注日	顧客名	商品ID	個数
1	2013年4月8日	立秀工務店	3	2
2	2013年4月8日	立秀工務店	8	2
3	2013年4月8日	MVファーム	2	4
4	2013年4月9日	明日来企画	4	2
5	2013年4月9日	MVファーム	1	3
6	2013年4月10日	明日来企画	7	4
7	2013年4月10日	明日来企画	1	2
8	2013年4月10日	立秀工務店	2	2
9	2013年4月11日	MVファーム	5	1
10	2013年4月11日	MVファーム	6	3
11	2013年4月12日	立秀工務店	11	1
12	2013年4月12日	明日来企画	8	3
(新規)				0

フォームのフォームビュー

作成したレポートを表示するには「レポートビュー」で行います。

受注

2014年10月14日
13:30:41

受注ID	受注日	顧客名	商品ID	商品名	メーカー	単価	発売日	OEM	個数
1	2013年4月8日	立秀工務店	3	ワイヤレスマウス	TATECOM	¥1,000	2012年10月5日	☐	2
2	2013年4月8日	立秀工務店	8	LANケーブル 5m	TATECOM	¥400	2012年5月20日	☑	2
3	2013年4月8日	MVファーム	2	USBメモリ 32G	キシデック	¥1,700	2013年2月1日	☐	4
4	2013年4月9日	明日来企画	4	キーボード	キシデック	¥2,100	2012年11月10日	☐	2
5	2013年4月9日	MVファーム	1	USBメモリ 16G	キシデック	¥1,200	2013年2月1日	☐	3
6	2013年4月10日	明日来企画	7	USBケーブル 2m	TATECOM	¥600	2012年3月15日	☑	4
7	2013年4月10日	明日来企画	1	USBメモリ 16G	キシデック	¥1,200	2013年2月1日	☐	2
8	2013年4月10日	立秀工務店	2	USBメモリ 32G	キシデック	¥1,700	2013年2月1日	☐	2
9	2013年4月11日	MVファーム	5	無線LANアクセスポイント	スキアー	¥5,800	2012年9月25日	☐	1
10	2013年4月11日	MVファーム	6	無線LANアダプタ	スキアー	¥1,600	2012年7月25日	☐	3
11	2013年4月12日	立秀工務店	11	外付けHDD 1GB	スキアー	¥8,000	2014年2月25日	☐	1
12	2013年4月12日	明日来企画	8	LANケーブル 5m	TATECOM	¥400	2012年5月20日	☑	3

1/1 ページ

レポートのレポートビュー

■ マクロの作成の基本

マクロは［作成］タブで新規作成した後、［マクロツール］［デザイン］タブにて、具体的な処理の内容を設定します。プログラミングする必要はなく、自動化したい処理を一覧から選び、細かい設定を行うだけで作成できます。具体的な作成方法は次章以降のサンプル作成の中で解説します。作成したマクロは、同タブの［実行］ボタンをクリックすると実行できます。

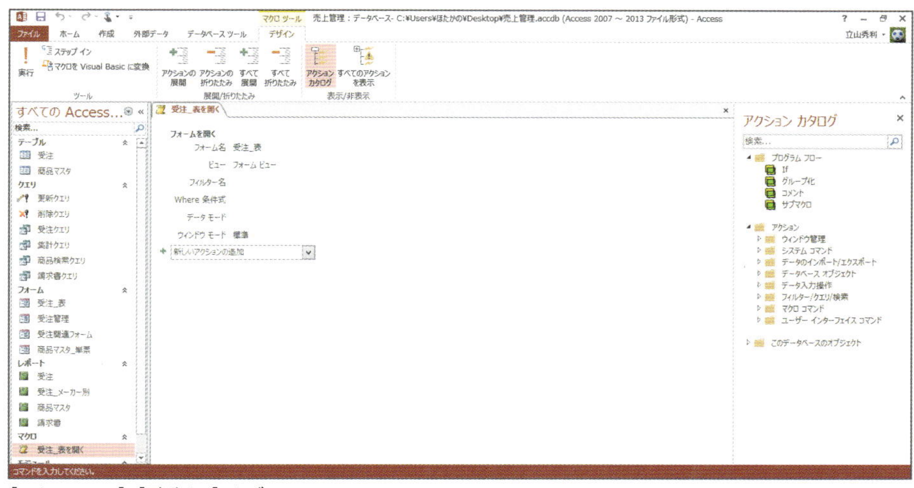

［マクロツール］［デザイン］タブ

03 Excel の基礎

本節では、本書で Excel と Access の連携を行うにあたり、最小限必要となる Excel の基礎について学びます。

■ Excel の表とグラフ

Excel は表計算ソフトであり、データをワークシート上のセルに表の形式で格納します。データを表で扱う点においては、Access と本質は同じです。表のデータをもとに、グラフを作成できます。

グラフの作成は［挿入］タブの［グラフ］ボタンで行います。作成したグラフは［グラフツール］の［デザイン］タブや［書式］タブなどで、多彩なデザインを設定できます。軸の単位など、きめ細やかな設定も可能です。また、図形と組み合わせ、分析内容をグラフ上に記すことも容易にできます。図形は［挿入］タブの［図形］ボタンから追加します。

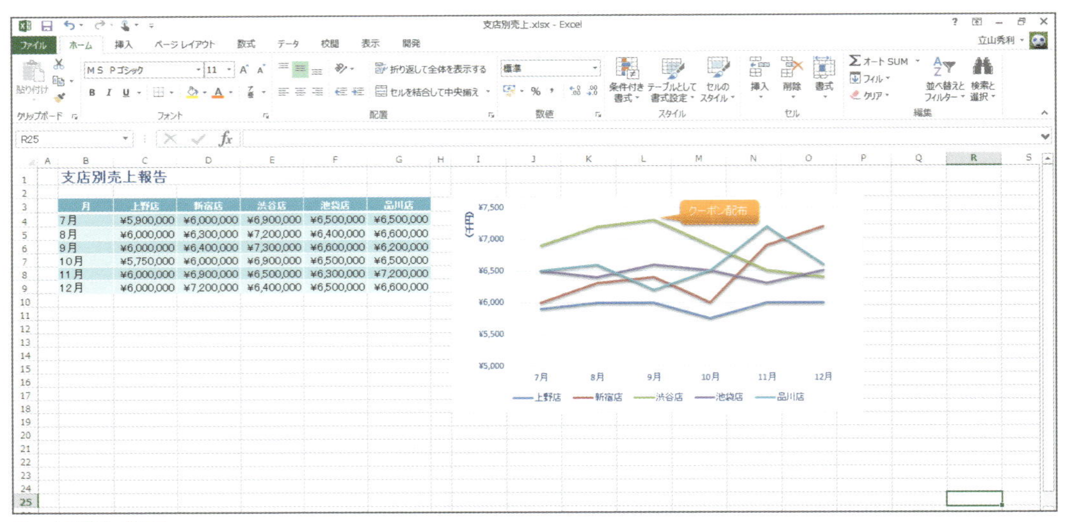

Excel の表とグラフ

ワークシート上の表では、さまざまな「関数」によって、集計や分析などが手軽に行えます。たとえば、データの中央値は MEDIAN 関数、度数分布表は FREQUENCY 関数で求めることができます。

関数は主に［数式］タブの［関数ライブラリ］から挿入します。挿入したセルを選択した状態で、目的の関数を選び、各引数を適宜指定します。

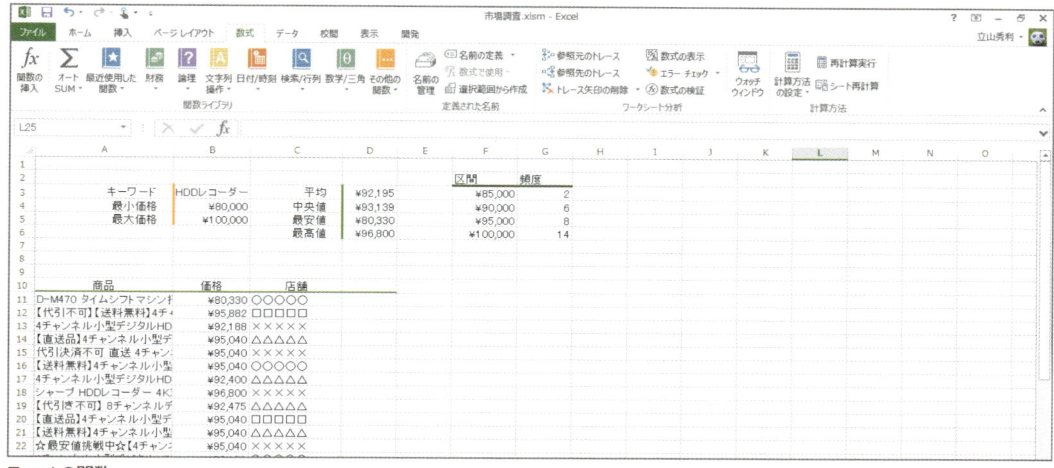

Excel の関数

また、「条件付き書式」機能を使えば、セル上にデータの分析結果を視覚的に表すことができます。条件付き書式にはさまざまな種類のルールが用意されており、たとえば「データバー」なら、値の大小をバーによって各セルに表示できます。

条件付き書式を設定するには、目的のセル範囲を選択した状態で、［ホーム］タブの［条件付き書式］から目的のルールを選びます。

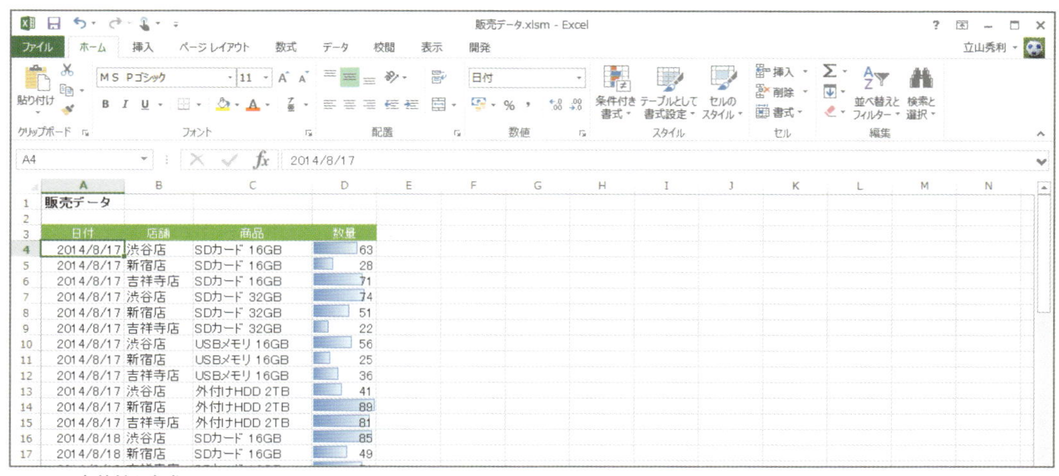

Excel の条件付き書式

Excel では他にも、並べ替えやデータを絞り込むフィルターなど、さまざまな機能が利用できます。

■ Excel のピボットテーブル

Excel によるデータ分析で最も使われる機能が「ピボットテーブル」です。各種データをさまざまな視点で切り替えながら集計することで、傾向などを分析できる表になります。ここで言う視点の切り替えとは、複数種類のデータがあり、どのデータを行、列、集計対象とするか切り替えることを意味します。ピボットテーブルでは、視点の変更はドラッグ操作で可能となっており、ダイス分析が手軽に行えます。

さらに、ピボットテーブルはフィルター機能も備えており、指定したデータのみを切り出す（絞り込む）ことができ、スライス分析も行えるようになっています。

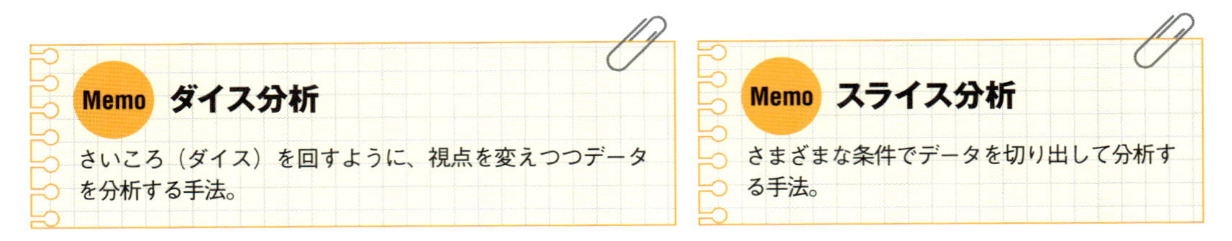

たとえば、次のように日付、店舗、商品、数量といった項目が列方向にあり、1行1件でデータが並んでいる販売データの表があるとします。

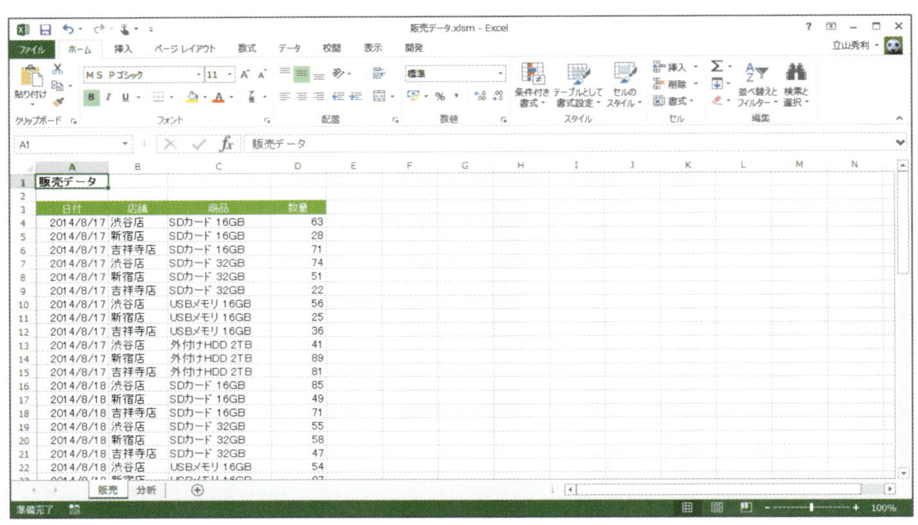

販売データ

日付	店舗	商品	数量
2014/8/17	渋谷店	SDカード 16GB	63
2014/8/17	新宿店	SDカード 16GB	28
2014/8/17	吉祥寺店	SDカード 16GB	71
2014/8/17	渋谷店	SDカード 32GB	74
2014/8/17	新宿店	SDカード 32GB	51
2014/8/17	吉祥寺店	SDカード 32GB	22
2014/8/17	渋谷店	USBメモリ 16GB	56
2014/8/17	新宿店	USBメモリ 16GB	25
2014/8/17	吉祥寺店	USBメモリ 16GB	36
2014/8/17	渋谷店	外付けHDD 2TB	41
2014/8/17	新宿店	外付けHDD 2TB	89
2014/8/17	吉祥寺店	外付けHDD 2TB	81
2014/8/18	渋谷店	SDカード 16GB	85
2014/8/18	新宿店	SDカード 16GB	49
2014/8/18	吉祥寺店	SDカード 16GB	71
2014/8/18	渋谷店	SDカード 32GB	55
2014/8/18	新宿店	SDカード 32GB	58
2014/8/18	吉祥寺店	SDカード 32GB	47
2014/8/18	渋谷店	USBメモリ 16GB	54

元データの例

ピボットテーブルを使い、次のように行／列／値を設定すると、日付／店舗ごとの販売数を集計して分析できます。

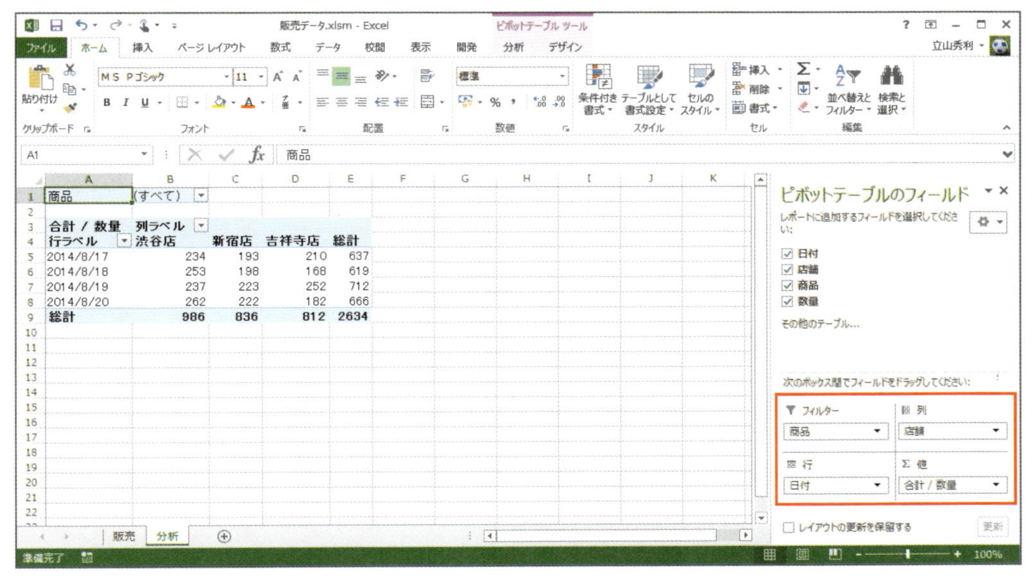

【ダイス分析の例1】日付／店舗ごとの販売数を集計

視点を変えてダイス分析を行うには、画面右側の「ピボットテーブルのフィールド」作業ウィンドウにて、行と列と集計する値に目的のデータをドラッグしてあてはめるだけです。たとえば、行を商品に変更すれば、商品／店舗ごとの販売数を集計できます。このようにダイス分析が容易に行えます。

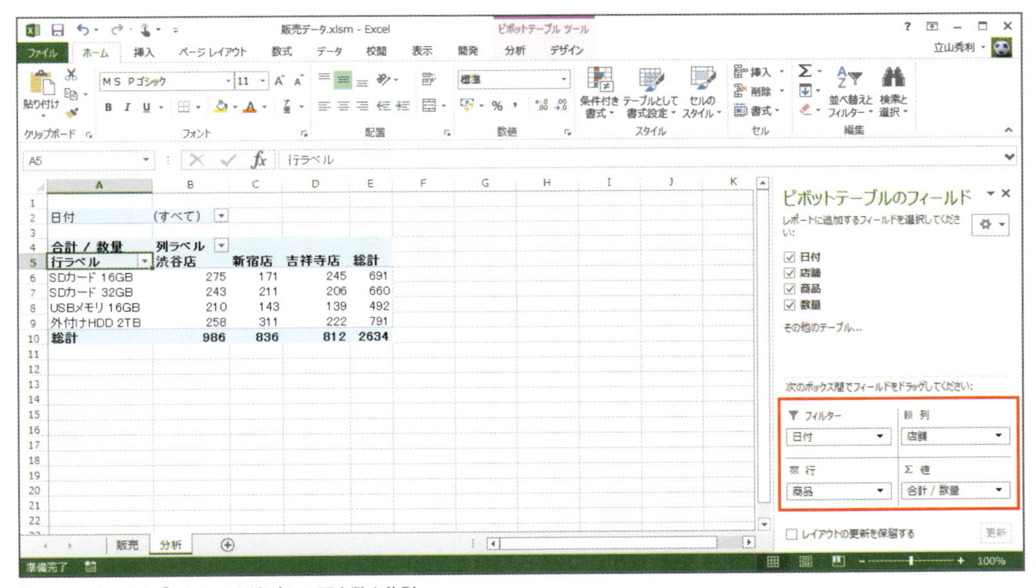

【ダイス分析の例2】商品／店舗ごとの販売数を集計

スライス分析を行うには、表の左上などにあるフィルターの［▼］ボタンをクリックし、切り出したいデータのみにチェックを入れます。

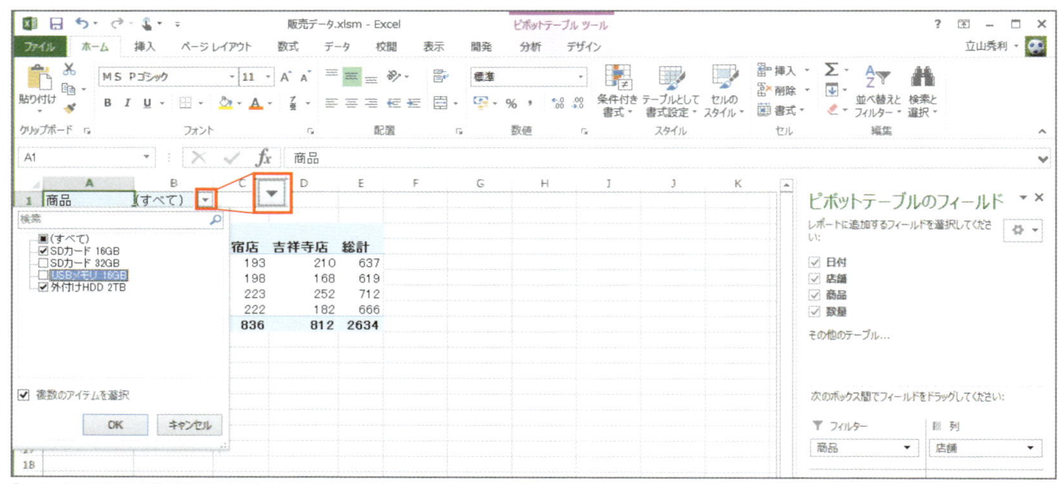
【スライス分析の例】指定したデータのみ切り出し

以下に、ダイス分析、スライス分析の各例の手順を説明します。

ピボットテーブルを作成するには、[挿入] タブの [ピボットテーブル] をクリックします❶。「ピボットテーブルの作成」ダイアログボックスが表示されるので、「テーブル／範囲」に元データのセル範囲を指定します❷。作成先として、新規ワークシートか既存のワークシートを選び（画面の例では [新規ワークシート] を選択）❸、[OK] をクリックします❹。

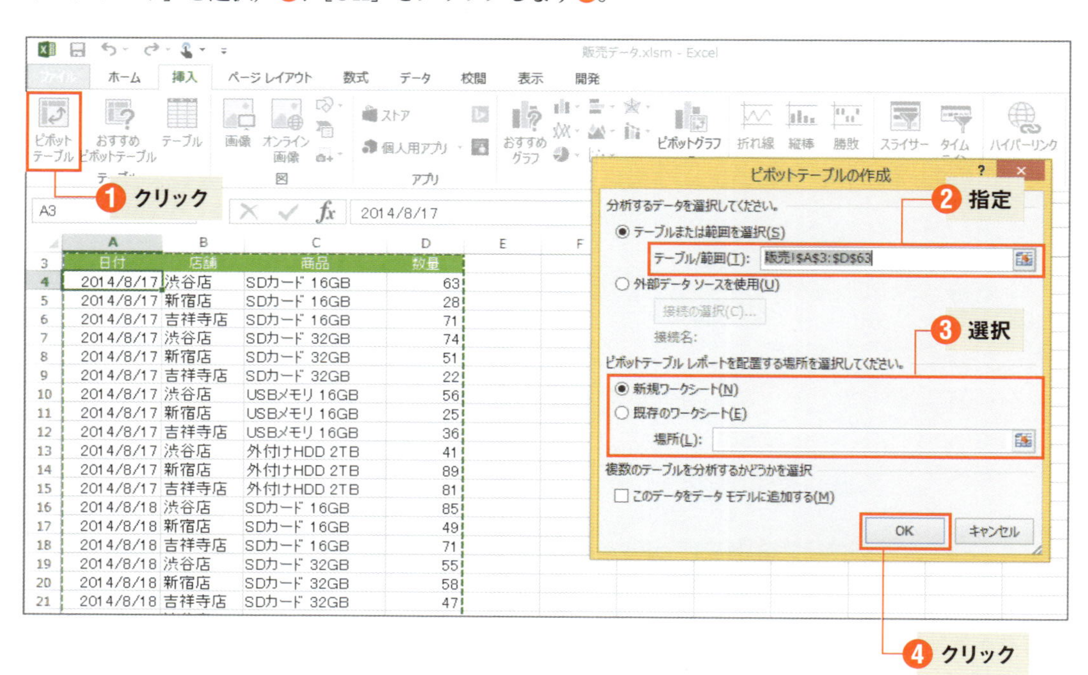

すると、ピボットテーブルが作成されます❺。

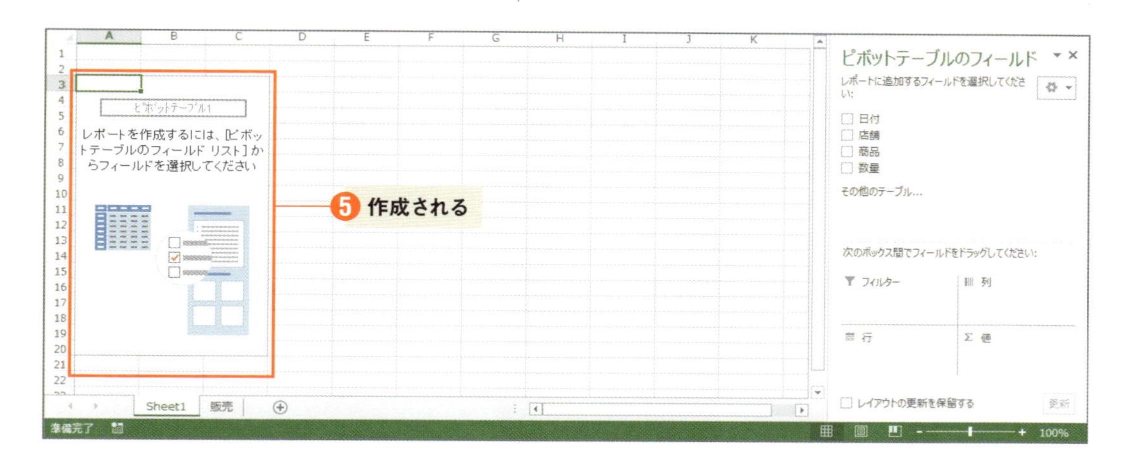

画面右側の「ピボットテーブルのフィールド」作業ウィンドウにて、フィールド（列名）の一覧から分析に用いたいフィールドを、その下にある「行」「列」「値」「フィルター」のボックスにそれぞれドラッグして設定します❻。すると、その設定内容に応じてデータが集計されます❼。

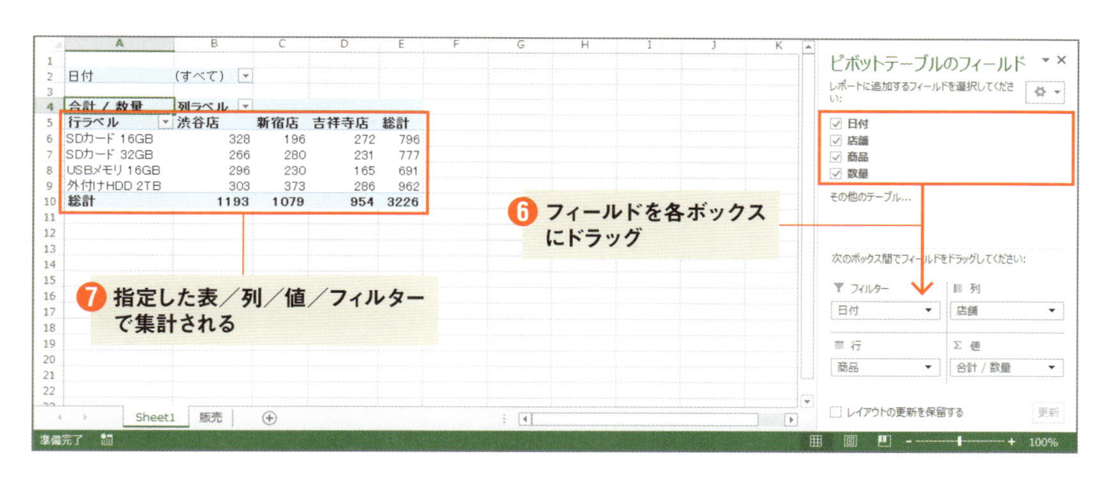

ダイス分析で視点を変えるには、「ピボットテーブルのフィールド」作業ウィンドウにて、「行」「列」「値」「フィルター」のボックスに設定するフィールドをそれぞれドラッグして変更します❽。

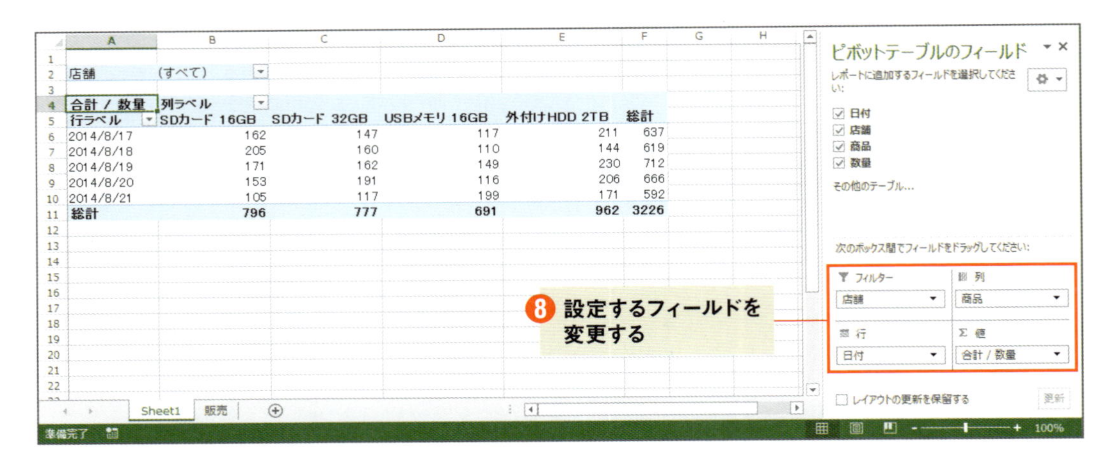

スライス分析で指定した列のデータを切り出すには、列のフィルターの［▼］ボタンをクリックし❾、目的のデータのみにチェックを入れます❿。

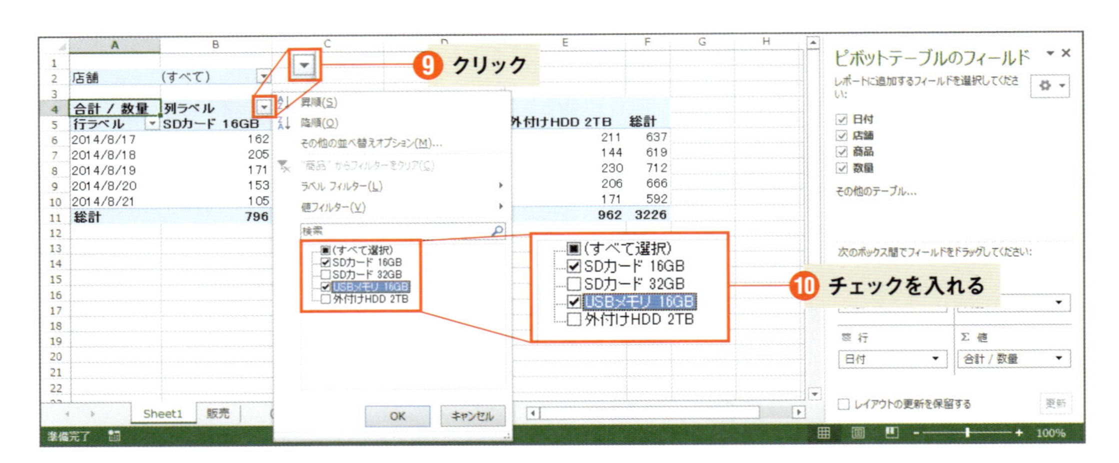

すると、チェックを入れた列のデータのみに表示が絞り込まれます⓫。

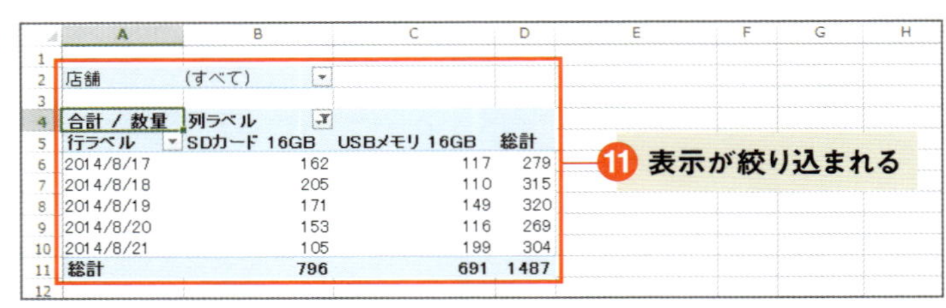

■ Excel のピボットグラフ

ピボットテーブルの分析結果をグラフによって視覚化できる機能が「ピボットテーブル」です。

ピボットグラフを作成するには、元となるピボットテーブルを開いた状態で❶、［ピボットテーブルツール］［分析］タブの［ピボットグラフ］ボタンをクリックします❷。

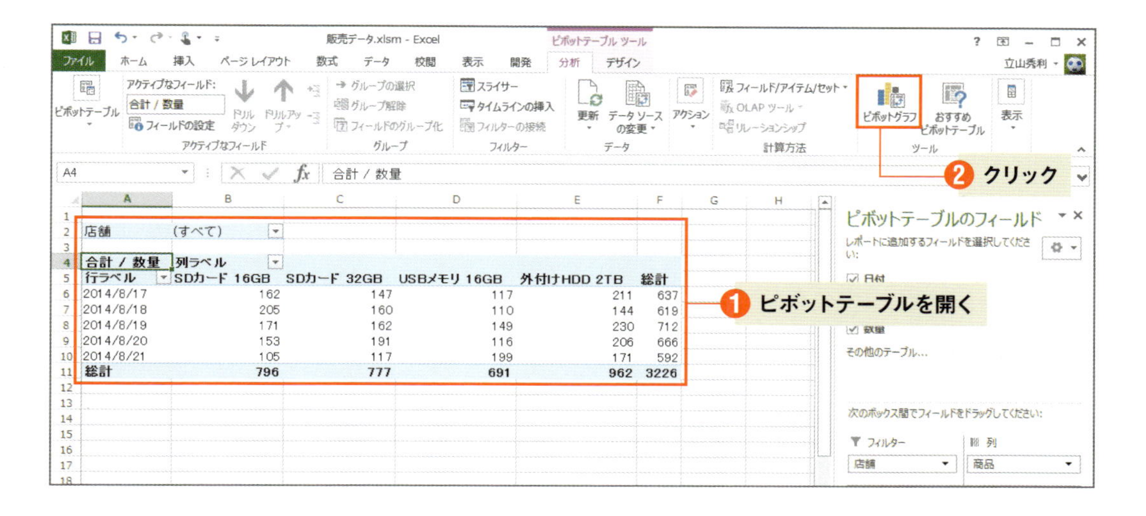

「グラフの挿入」ダイアログボックスが表示されるので、目的のグラフの種類を選び❸、[OK]をクリックします❹。

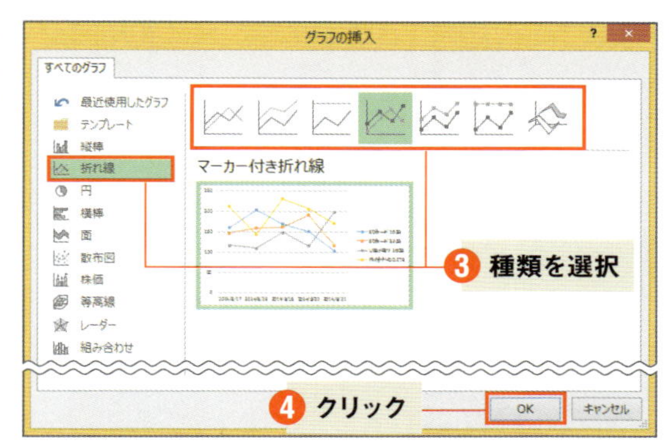

すると、ピボットグラフが作成されます❺。

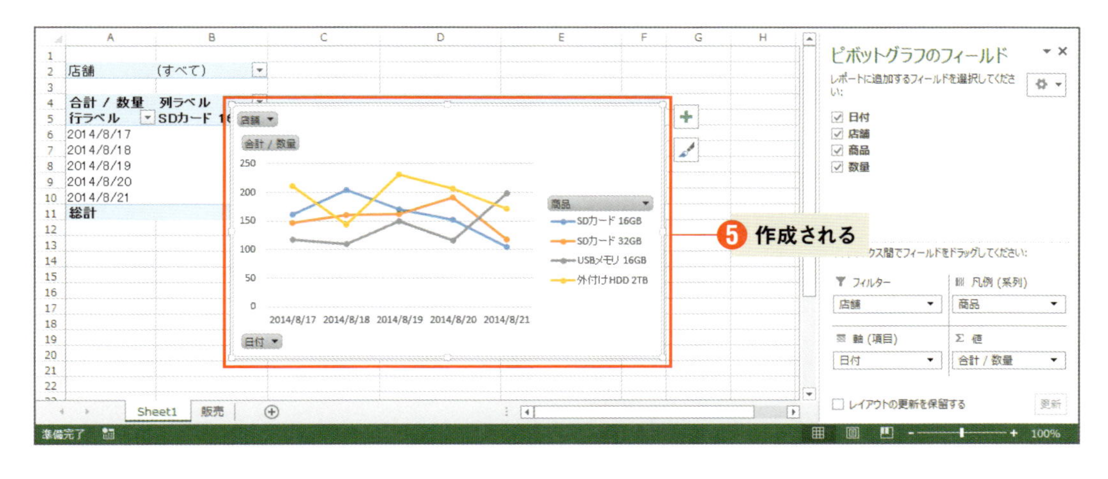

ダイス分析で視点を変えるには、ピボットテーブルと同じ手順で行えます。「ピボットテーブルのフィールド」作業ウィンドウにて、「行」「列」「値」「フィルター」のボックスに設定するフィールドをそれぞれドラッグして変更します❻。その際、ピボットテーブルも同時に視点が変わります。

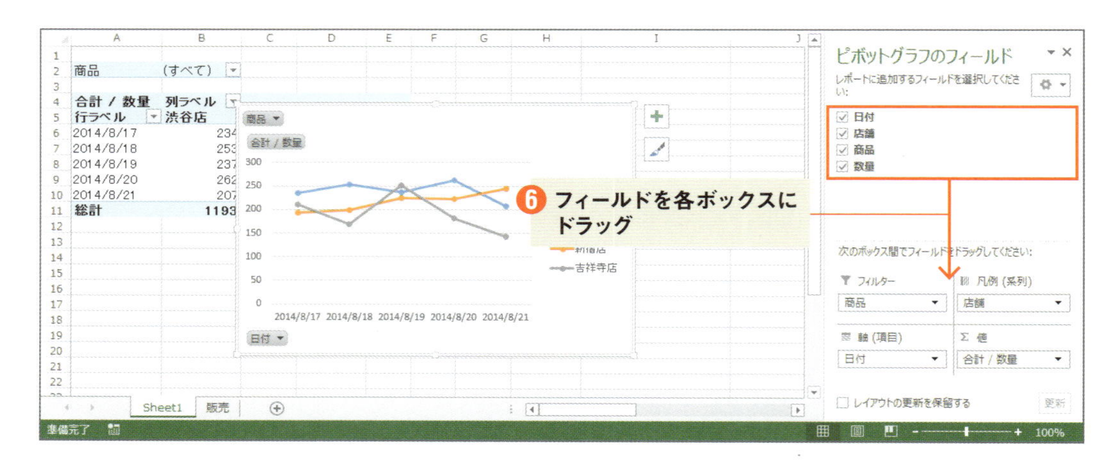

スライス分析でデータを切り出すには、グラフ上にあるフィルターの［▼］ボタンをクリックし❼、目的のデータのみにチェックを入れます❽。

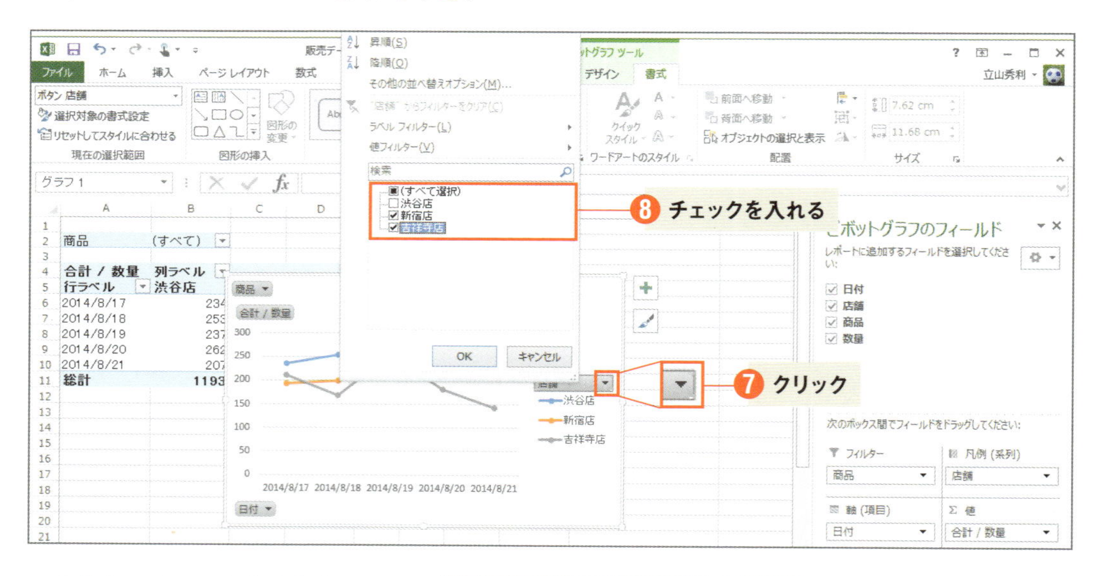

すると、チェックを入れたデータのみが表示されます❾。

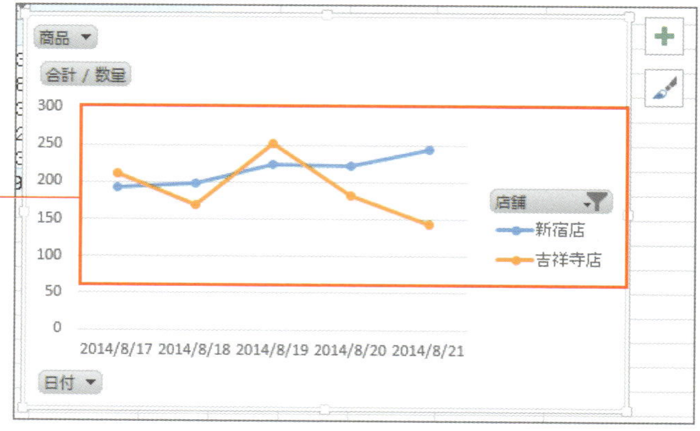

また、分析の視点に応じてグラフの種類を変更するには、[ピボットテーブルツール][デザイン]タブの[グラフの種類の変更]ボタンをクリックして⑩、目的のグラフの種類を選びます⑪。

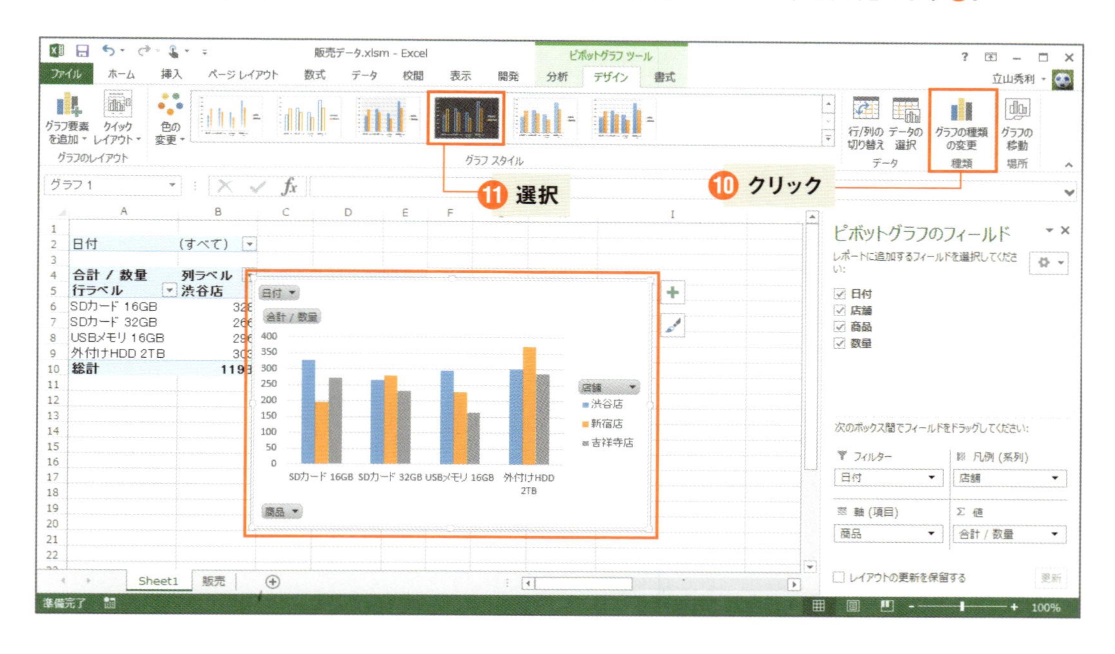

■ ピボットグラフとピボットテーブルを同時に作成

ピボットグラフを新規作成すると、ピボットテーブルも同時に作成されます。

[挿入]タブの[ピボットグラフ]をクリックすると❶、「ピボットグラフの作成」ダイアログボックスが表示されます。「テーブル/範囲」などを設定したら❷、[OK]をクリックします❸。

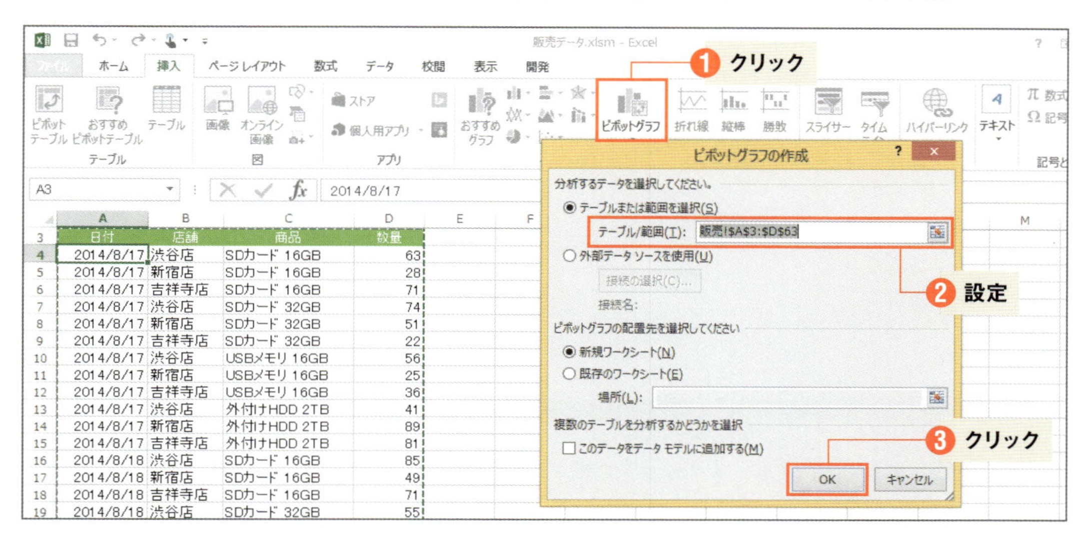

すると、ピボットテーブルとピボットグラフが同時に作成されます❹。

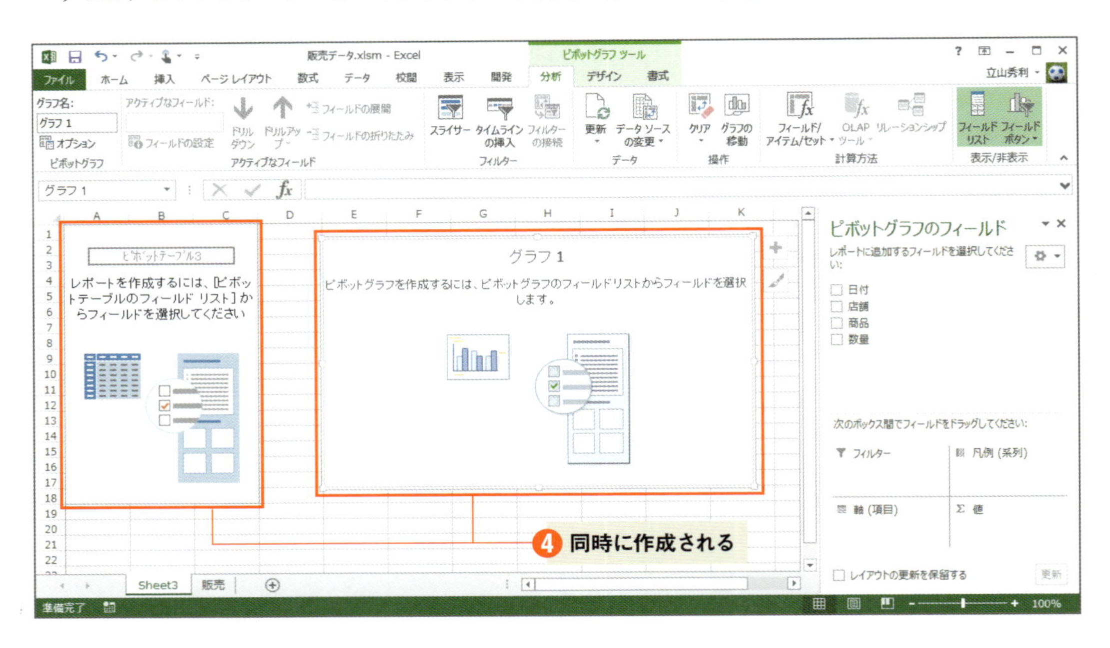

「ピボットグラフのフィールド」作業ウィンドウでフィールドを設定した後❺、グラフの種類など体裁を整えます❻。

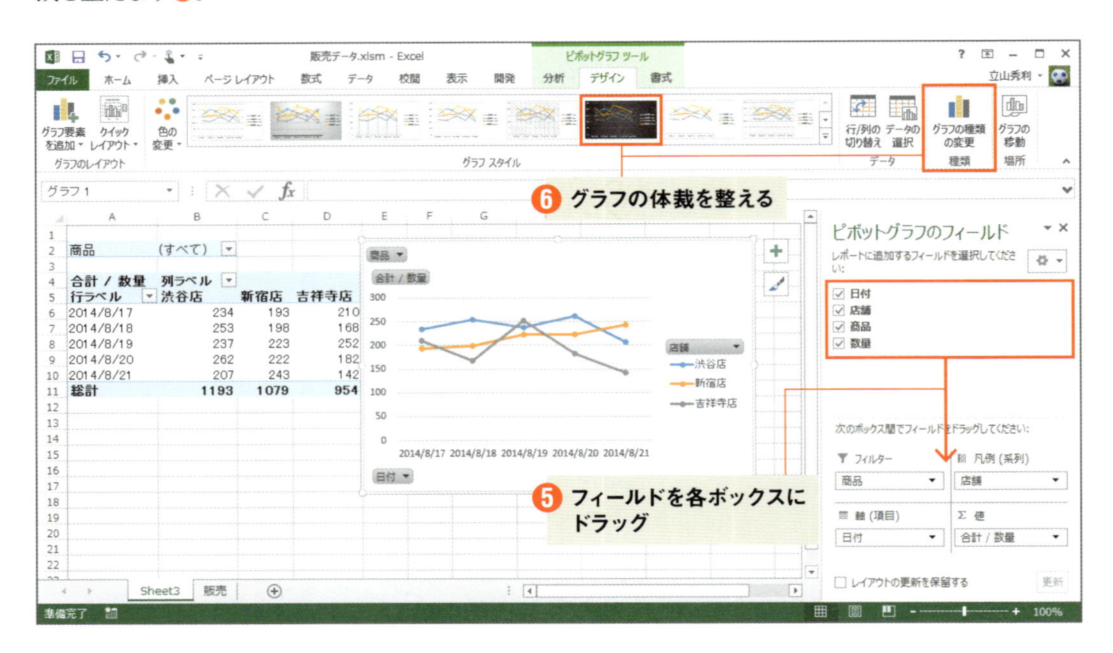

3章以降では基本的に、ピボットグラフとピボットテーブルを同時に作成していきます。

Chapter

ExcelからAccessへデータを移行する

3章から6章にかけて、ひとつのサンプルを用いて、ExcelとAccessの連携の学習を進めていきます。本章では、複数のExcelファイルで管理していたデータをAccessデータベースに統合する方法を解説します。そのなかで、Accessによるデータベース構築を学びましょう。

01 サンプルの概要

本節では、サンプルの概要を紹介します。

■ シチュエーション

サンプルのシチュエーションとしては、酒類の販売を営んでいる個人経営の小さな店を想定し、店頭販売に加え、通信販売も行っていることとしました。

通信販売の対象は個人顧客のみであり、メールや自店 Web サイトのフォーム、電話、FAX などで注文を受け、振り込みなどによる入金を確認後、商品を発送します。その際、注文内容をまとめた納品書も添付します。以上が業務の概要になります。

この通販業務の管理を、パソコンを使って次のようなスタイルで行っていたこととします。具体的なデータは後ほど提示します。

- 顧客のデータ
  宛名印刷ソフトで管理。
- 注文のデータと商品のデータ
  Excelの表で管理。注文を受けるごとに、注文日、氏名や住所などの顧客のデータ、商品名や単価など商品のデータ、注文の数量、小計（単価×数量）を表の形式で手入力。注文データの中に商品データが含まれるかたち。顧客のデータは宛名印刷ソフトから適宜コピー。また、商品は区分を設けて分類しており、商品区分ごとにブックを分けていたとします。
- 納品書
  Excelで作成。別のブックにテンプレートを用意しておき、注文データから必要なデータをコピーして作成・印刷。

■ サンプルのデータ

本サンプルは本章の段階では、以下のデータを扱うものとします。実際の通販業務では顧客数や商品の種類、注文件数などはもっと多いのですが、本サンプルはわかりやすさを優先し、極力シンプルにしました。

顧客のデータ

項目は 4 つ、4 名分のデータとします。

●項目

氏名、郵便番号、住所、電話番号

●データ

氏名	郵便番号	住所	電話番号
加藤史朗	448-0029	愛知県刈谷市昭和町○○	0566-xx-xxxx
井本由美	444-0864	愛知県岡崎市明大寺町××	0564-xx-xxxx
立山秀利	471-8501	愛知県豊田市西町△△	0565-**-****
中鉢朋子	446-8501	愛知県安城市桜町□□	0566-**-****

宛名印刷ソフトからCSVファイルにエクスポートしてあるとします。ファイル名は「顧客リスト.csv」とします。Excelで開いた画面は次の通りです。

	A	B	C	D	E	F
1	氏名	郵便番号	住所	電話番号		
2	加藤史朗	448-0029	愛知県刈谷	0566-xx-xxxx		
3	井本由美	444-0864	愛知県岡崎	0564-xx-xxxx		
4	立山秀利	471-8501	愛知県豊田	0565-**-****		
5	中鉢朋子	446-8501	愛知県安城	0566-**-****		
6						

これらのデータは注文のデータの表にコピーされるため、そちらにも含まれることになります。

商品のデータ

実際のデータは、注文のデータの表に含まれるとします。

●商品区分

「ビール」と「日本酒」の２種類

●項目

商品コード、商品名、単価

商品コードは商品ごとに割り振った固有のコードとします。英数字記号からなる文字列とします。

●データ

商品コード	商品名	単価
BR-01	OKZエール	¥2,480
BR-02	OKZラガー	¥1,980

商品区分：ビール

商品コード	商品名	単価
NS-01	三河桜	¥3,500
NS-02	康生霞	¥3,000

商品区分：日本酒

注文のデータ

●項目

注文日、氏名、郵便番号、住所、電話番号、商品コード、商品名、単価、数量、小計

●ブック名

商品区分「ビール」の商品の注文　　注文_ビール.xlsx
商品区分「日本酒」の商品の注文　　注文_日本酒.xlsx

●データ　注文_ビール.xlsx

	A	B	C	D	E	F	G	H	I	J
1	注文日	氏名	郵便番号	住所	電話番号	商品コード	商品名	単価	数量	小計
2	2014/10/1	井本由美	444-0864	愛知県岡崎市明大寺町××	0564-xx-xxxx	BR-01	OKZエール	¥2,480	2	¥4,960
3	2014/10/1	井本由美	444-0864	愛知県岡崎市明大寺町××	0564-xx-xxxx	BR-02	OKZラガー	¥1,980	1	¥1,980
4	2014/10/1	加藤史朗	448-0029	愛知県刈谷市昭和町○○	0566-xx-xxxx	BR-01	OKZエール	¥2,480	3	¥7,440
5	2014/10/2	立山秀利	471-8501	愛知県豊田市西町△△	0565-**-****	BR-01	OKZエール	¥2,480	1	¥2,480
6	2014/10/2	立山秀利	471-8501	愛知県豊田市西町△△	0565-**-****	BR-02	OKZラガー	¥1,980	1	¥1,980
7	2014/10/3	加藤史朗	448-0029	愛知県刈谷市昭和町○○	0566-xx-xxxx	BR-02	OKZラガー	¥1,980	2	¥3,960
8	2014/10/3	立山秀利	471-8501	愛知県豊田市西町△△	0565-**-****	BR-02	OKZラガー	¥1,980	2	¥3,960
9	2014/10/3	井本由美	444-0864	愛知県岡崎市明大寺町××	0564-xx-xxxx	BR-01	OKZエール	¥2,480	2	¥4,960
10	2014/10/3	井本由美	444-0864	愛知県岡崎市明大寺町××	0564-xx-xxxx	BR-02	OKZラガー	¥1,980	1	¥1,980
11	2014/10/4	立山秀利	471-8501	愛知県豊田市西町△△	0565-**-****	BR-01	OKZエール	¥2,480	4	¥9,920
12	2014/10/4	井本由美	444-0864	愛知県岡崎市明大寺町××	0564-xx-xxxx	BR-02	OKZラガー	¥1,980	3	¥5,940
13	2014/10/5	加藤史朗	448-0029	愛知県刈谷市昭和町○○	0566-xx-xxxx	BR-02	OKZラガー	¥1,980	2	¥3,960
14										

●データ　注文_日本酒.xlsx

	A	B	C	D	E	F	G	H	I	J
1	注文日	氏名	郵便番号	住所	電話番号	商品コード	商品名	単価	数量	小計
2	2014/10/1	中鉢朋子	446-8501	愛知県安城市桜町□□	0566-**-****	NS-01	三河桜	¥3,500	2	¥7,000
3	2014/10/2	加藤史朗	448-0029	愛知県刈谷市昭和町○○	0566-xx-xxxx	NS-01	三河桜	¥3,500	1	¥3,500
4	2014/10/3	加藤史朗	448-0029	愛知県刈谷市昭和町○○	0566-xx-xxxx	NS-02	康生霞	¥3,000	3	¥9,000
5	2014/10/3	井本由美	444-0864	愛知県岡崎市明大寺町××	0564-xx-xxxx	NS-01	三河桜	¥3,500	3	¥10,500
6	2014/10/4	中鉢朋子	446-8501	愛知県安城市桜町□□	0566-**-****	NS-01	三河桜	¥3,500	2	¥7,000
7	2014/10/4	立山秀利	471-8501	愛知県豊田市西町△△	0565-**-****	NS-02	康生霞	¥3,000	1	¥3,000
8	2014/10/5	加藤史朗	448-0029	愛知県刈谷市昭和町○○	0566-xx-xxxx	NS-01	三河桜	¥3,500	1	¥3,500
9	2014/10/5	加藤史朗	448-0029	愛知県刈谷市昭和町○○	0566-xx-xxxx	NS-02	康生霞	¥3,000	2	¥6,000
10										

納品書

以下の構成とします。

- A4セル　顧客名
- F5セル　注文日
- A8～F17　注文データ。項目は商品コード、商品名、商品区分、単価、数量、小計
- F18　合計金額。小計を合計した値をSUM関数で算出

	A	B	C	D	E	F
4	井本由美	様				
5					ご注文日	2014/10/1
6						
7	商品コード	商品名	商品区分	単価	数量	小計（税込）
8	BR-01	OKZエール	ビール	¥2,480	2	¥4,960
9	BR-02	OKZラガー	ビール	¥1,980	1	¥1,980
10						
11						
12						
13						
14						
15						
16						
17						
18					合計金額（税込）	¥6,940
19						
20	この度は当店でお買い上げいただき誠にありがとうございました。				リカーHOTAKANO	
21	またのご利用をスタッフ一同お待ちしております。				愛知県豊田市○×△	
22					Tel 0565-xx-xxxx	

Memo CSV ファイル

フィールドをカンマ、レコードを改行で区切った形式のテキストファイル。拡張子は「.csv」。Excel でも開くことができ、データが表のかたちで表示されます。

■ データの格納形式と前提

一般的に通販では、1人の顧客の1回の注文で1種類の商品だけでなく、複数種類の商品が注文されるケースも多々あります。本サンプルの注文データではその場合、Excel の表へ商品ごとに1行の形式で格納することとします。

従って、たとえば1人の顧客の1回の注文で2種類の商品の注文があれば、Excel の表に2行ぶんのデータが追加されることになります。たとえば、注文_ビール.xlsx の1件目と2件目のデータは、ともに日付が2014/10/1、氏名が「井本由美」なので、「井本由美」という1人の顧客が1回の注文で「OKZ エール」と「OKZ ラガー」の2種類の商品を注文したことになります。また、注文_ビール.xlsx の最後1件と注文_日本酒.xlsx の最後2件は、いずれも日付が2014/10/5、氏名が「加藤史朗」なので、同じ顧客が1回の注文でビール2種類と日本酒1種類を注文したことになります。

そして、1人の顧客の1回の注文ごとに、納品書を作成しています。そのため納品書の表（A8～F17 セル）には、複数種類の商品の注文があれば、複数行にわたってデータが記載されることになります。たとえば納品書のサンプル画像は、日付が2014/10/1、氏名が「井本由美」の注文であり、2種類のビールを注文したものになります。

なお、今回はデータをよりシンプルにするため、同じ日に同じ顧客が2回以上注文しないという前提とします。また、送料および割引は考慮せず、価格は税込みとします。

サンプルの紹介は以上です。現時点では、データが複数の Excel のブックや宛名印刷ソフトに散在しているので、データ入力・管理など通販業務に手間と時間がかかっています。また、誤ってデータを紛失したり、取り違えたりするなどのリスクも多く孕んでいます。それらの問題は注文数や顧客数や商品の種類が増えるに従い、もっと深刻化するでしょう。

本章にて、これら散在していたデータを Access に一元化することで、問題を解決します。そして、次章以降で、Access から必要なデータを切り出して Excel で分析するなど、Excel と Access の強みをそれぞれ活かした本格的な連携を行っていきます。

02 サンプルのデータ整理とテーブル設計

本節では、前節で紹介したサンプルの注文データを、いったんひとつに統合した後、複数の表に分割し重複を取り除いて整理します。その結果をもとに、テーブルを設計します。

■ サンプルのデータを整理しよう

前節で紹介したサンプルのデータは、注文のデータが2つのブックに分かれていたり、顧客や商品のデータが重複していたりするなど、管理するには不適切なかたちになっているので整理します。実際の整理作業は次節にExcel上で行いますので、ここではどのように整理すべきか考えましょう。

まずは注文のデータを整理します。現時点ではビールと日本酒の商品区分ごとに表が分かれていますが、ともに同じ用途のデータなので、ひとつの表に統合します。その際、商品区分を表に列（フィールド）を設けて組み込みます。フィールドの位置は今回、商品名の後とします。

ビールの注文データの下に日本酒の注文データを追加し、フィールド「商品区分」を商品名の後に追加して、それぞれ「ビール」「日本酒」とデータを入れます。

注文日を最優先のキーとし、氏名もキーに追加して、ともに昇順で並べ替えると、次のようになります。

注文日	氏名	郵便番号	住所	電話番号	商品コード	商品名	商品区分	単価	数量	小計
2014/10/1	井本由美	444-0864	愛知県岡崎市明大寺町××	0564-xx-xxxx	BR-01	OKZエール	ビール	¥2,480	2	¥4,960
2014/10/1	井本由美	444-0864	愛知県岡崎市明大寺町××	0564-xx-xxxx	BR-02	OKZラガー	ビール	¥1,980	1	¥1,980
2014/10/1	加藤史朗	448-0029	愛知県刈谷市昭和町○○	0566-xx-xxxx	BR-01	OKZエール	ビール	¥2,480	3	¥7,440
2014/10/1	中鉢朋子	446-8501	愛知県安城市桜町□□	0566-**-****	NS-01	三河桜	日本酒	¥3,500	2	¥7,000
2014/10/2	加藤史朗	448-0029	愛知県刈谷市昭和町○○	0566-xx-xxxx	NS-01	三河桜	日本酒	¥3,500	1	¥3,500
2014/10/2	立山秀利	471-8501	愛知県豊田市西町△△	0565-**-****	BR-01	OKZエール	ビール	¥2,480	1	¥2,480
2014/10/2	立山秀利	471-8501	愛知県豊田市西町△△	0565-**-****	BR-02	OKZラガー	ビール	¥1,980	1	¥1,980
2014/10/3	井本由美	444-0864	愛知県岡崎市明大寺町××	0564-xx-xxxx	BR-01	OKZエール	ビール	¥2,480	2	¥4,960
2014/10/3	井本由美	444-0864	愛知県岡崎市明大寺町××	0564-xx-xxxx	BR-02	OKZラガー	ビール	¥1,980	1	¥1,980
2014/10/3	井本由美	444-0864	愛知県岡崎市明大寺町××	0564-xx-xxxx	NS-01	三河桜	日本酒	¥3,500	3	¥10,500
2014/10/3	加藤史朗	448-0029	愛知県刈谷市昭和町○○	0566-xx-xxxx	NS-02	康生霞	日本酒	¥3,000	3	¥9,000

注文日	氏名	郵便番号	住所	電話番号	商品コード	商品名	商品区分	単価	数量	小計
2014/10/3	加藤史朗	448-0029	愛知県刈谷市昭和町○○	0566-xx-xxxx	BR-02	OKZラガー	ビール	¥1,980	2	¥3,960
2014/10/3	立山秀利	471-8501	愛知県豊田市西町△△	0565-**-****	BR-02	OKZラガー	ビール	¥1,980	2	¥3,960
2014/10/4	井本由美	444-0864	愛知県岡崎市明大寺町××	0564-xx-xxxx	BR-02	OKZラガー	ビール	¥1,980	3	¥5,940
2014/10/4	中鉢朋子	446-8501	愛知県安城市桜町□□	0566-**-****	NS-01	三河桜	日本酒	¥3,500	2	¥7,000
2014/10/4	立山秀利	471-8501	愛知県豊田市西町△△	0565-**-****	NS-02	康生霞	日本酒	¥3,000	1	¥3,000
2014/10/4	立山秀利	471-8501	愛知県豊田市西町△△	0565-**-****	BR-01	OKZエール	ビール	¥2,480	4	¥9,920
2014/10/5	加藤史朗	448-0029	愛知県刈谷市昭和町○○	0566-xx-xxxx	BR-02	OKZラガー	ビール	¥1,980	2	¥3,960
2014/10/5	加藤史朗	448-0029	愛知県刈谷市昭和町○○	0566-xx-xxxx	NS-01	三河桜	日本酒	¥3,500	1	¥3,500
2014/10/5	加藤史朗	448-0029	愛知県刈谷市昭和町○○	0566-xx-xxxx	NS-02	康生霞	日本酒	¥3,000	2	¥6,000

注文日の日付順、および顧客の氏名ごとにまとめて並べ替えた表

このひとつの表を2章01で学んだ考え方に従って整理します。重複しているのは顧客に関連したデータ（フィールド「氏名」「郵便番号」「住所」「電話番号」）と、商品に関連したデータ（フィールド「商品コード」「商品名」「商品区分」「単価」）です。それらを別々の表に分離し、重複を排除すると、次のようになります。顧客のデータは結果的に、「顧客リスト.csv」と全く同じ表になります。

氏名	郵便番号	住所	電話番号
加藤史朗	448-0029	愛知県刈谷市昭和町○○	0566-xx-xxxx
井本由美	444-0864	愛知県岡崎市明大寺町××	0564-xx-xxxx
立山秀利	471-8501	愛知県豊田市西町△△	0565-**-****
中鉢朋子	446-8501	愛知県安城市桜町□□	0566-**-****

表1　顧客のデータ

商品コード	商品名	商品区分	単価
BR-01	OKZエール	ビール	¥2,480
BR-02	OKZラガー	ビール	¥1,980
NS-01	三河桜	日本酒	¥3,500
NS-02	康生霞	日本酒	¥3,000

表2　商品のデータ

これら2つの表に分離すると、元の注文の表に残ったフィールドは「注文日」と「数量」と「小計」の3つだけです。2章01で学んだように、各注文について、どの顧客がどの商品を注文したのかわかるよう、共通するフィールドを外部キーとして設けます。顧客については「氏名」、商品については「商品コード」のフィールドで関連付けられそうです（実は「氏名」は関連付けに最適ではないので、後ほどテーブル設計の際に変更します）。

注文日	氏名	商品コード	数量	小計
2014/10/1	井本由美	BR-01	2	¥4,960
2014/10/1	井本由美	BR-02	1	¥1,980
2014/10/1	加藤史朗	BR-01	3	¥7,440
2014/10/1	中鉢朋子	NS-01	2	¥7,000
2014/10/2	加藤史朗	NS-01	1	¥3,500
2014/10/2	立山秀利	BR-01	1	¥2,480
2014/10/2	立山秀利	BR-02	1	¥1,980
2014/10/3	井本由美	BR-01	2	¥4,960
2014/10/3	井本由美	BR-02	1	¥1,980
2014/10/3	井本由美	NS-01	3	¥10,500
2014/10/3	加藤史朗	NS-02	3	¥9,000
2014/10/3	加藤史朗	BR-02	2	¥3,960
2014/10/3	立山秀利	BR-02	2	¥3,960
2014/10/4	井本由美	BR-02	3	¥5,940
2014/10/4	中鉢朋子	NS-01	2	¥7,000
2014/10/4	立山秀利	NS-02	1	¥3,000
2014/10/4	立山秀利	BR-01	4	¥9,920
2014/10/5	加藤史朗	BR-02	2	¥3,960
2014/10/5	加藤史朗	NS-01	1	¥3,500
2014/10/5	加藤史朗	NS-02	2	¥6,000

表３　注文の表に氏名と商品コードを外部キーとして追加

■ テーブルを設計しよう

先ほど分離した3つの表を元に、Accessのテーブルを設計しましょう。テーブル名を決めたら、必要なフィールドを列挙してフィールド名とデータ型を決めます。あわせて主キーも決めます。

顧客のデータ

テーブル名は何でもよいのですが、今回は「M_顧客」とします。「M_」については本節末コラムを参照願います。

フィールドは<表1>の4つ「氏名」、「郵便番号」、「住所」、「電話番号」が必要です。フィールド名にそのまま使えそうです。すべて文字列なので、データ型は短いテキスト（Access 2007／2010ではテキスト型。以下同様）が適切でしょう。

さて、2章01で学んだように、テーブルには主キーを設けます。既存の4つのフィールドはどれもレコードを特定できるものではありません。表3では「氏名」を外部キーとしましたが、同姓同名の顧客の可能性もあるので、特定できるとは限りません。そこで、主キー用のフィールドを追加します。フィールド名は何でもよいのですが、今回は「顧客ID」とします。データ型はオートナンバー型とします。

●テーブル名

M_顧客

●フィールド

フィールド名	データ型
顧客ID	オートナンバー型
氏名	短いテキスト
郵便番号	短いテキスト
住所	短いテキスト
電話番号	短いテキスト

●主キー

顧客 ID

商品のデータ

テーブル名も何でもよいのですが、今回は「M_商品」とします。フィールドは < 表2> の4つ「商品コード」「商品名」「商品区分」「単価」が必要です。フィールド名にそのまま使えそうです。データ型は、「単価」は金額なので通貨型にします。残りはすべて文字列なので、データ型は短いテキストにします。主キーは商品ごとに付けられた固有のコードである「商品コード」が利用できます。

●テーブル名

M_商品

●フィールド

フィールド名	データ型
商品コード	短いテキスト
商品名	短いテキスト
商品区分	短いテキスト
単価	通貨型

●主キー

商品コード

注文のデータ

注文のデータのテーブルですが、< 表3> は実はまだ整理できます。フィールドは現時点で「注文日」「氏名」「商品コード」「数量」「小計」の5つです。顧客のデータとの関連付けは、テーブル「M_顧客」に主キーのフィールド「顧客ID」を設けたので、「氏名」から「顧客ID」に変更します。また、小計は単価と数量から計算できるので、今回はフィールドは設けません。

以上を踏まえると、注文のデータの表は右のようになります。フィールド「顧客ID」の値はひとまず右記のようにしておきます。

この < 表4> をよく見ると、フィールド「注文日」および「顧客ID」のデータが重複しているレコードがいくつかあります。たとえば、1件目と2件目、6件目と7件目、8件目と9件目と10件目のレコードなどです。これら重複しているデータは、1人の顧客が1回の注文で複数の商

注文日	顧客 ID	商品コード	数量
2014/10/1	※井本由美の顧客ID	BR-01	2
2014/10/1	※井本由美の顧客ID	BR-02	1
2014/10/1	※加藤史朗の顧客ID	BR-01	3
2014/10/1	※中鉢朋子の顧客ID	NS-01	2
2014/10/2	※加藤史朗の顧客ID	NS-01	1
2014/10/2	※立山秀利の顧客ID	BR-01	1
2014/10/2	※立山秀利の顧客ID	BR-02	1
2014/10/3	※井本由美の顧客ID	BR-01	2
2014/10/3	※井本由美の顧客ID	BR-02	1
2014/10/3	※井本由美の顧客ID	NS-01	3
2014/10/3	※加藤史朗の顧客ID	NS-02	3
2014/10/3	※加藤史朗の顧客ID	BR-02	2
2014/10/3	※立山秀利の顧客ID	BR-02	2
2014/10/4	※井本由美の顧客ID	BR-02	3
2014/10/4	※中鉢朋子の顧客ID	NS-01	2
2014/10/4	※立山秀利の顧客ID	NS-02	1
2014/10/4	※立山秀利の顧客ID	BR-01	4
2014/10/5	※加藤史朗の顧客ID	BR-02	2
2014/10/5	※加藤史朗の顧客ID	NS-01	1
2014/10/5	※加藤史朗の顧客ID	NS-02	2

表4　氏名を顧客 ID に置き換え、小計を取り除いた注文の表

品を注文している際に発生していることがわかります。

このことは納品書の構成にも関係しています。納品書は注文ごとに発行するものであり、顧客の氏名と注文日が一度だけ登場します。これらは1回の注文全体に関するデータと言えます。一方、商品名や単価や数量などは1枚の納品書に複数登場します。これらは注文商品ごとのデータと言え、注文した商品の種類に応じて登場回数が変わります。

このように一度だけ登場する注文全体に関するデータと、登場回数が変化する注文商品ごとのデータは、別のテーブルに分けて管理するのがリレーショナルデータベースの定石です。今回、前者のテーブル名は「T_注文」、後者は「T_注文明細」とします(「T_」については本節末コラムを参照願います)。

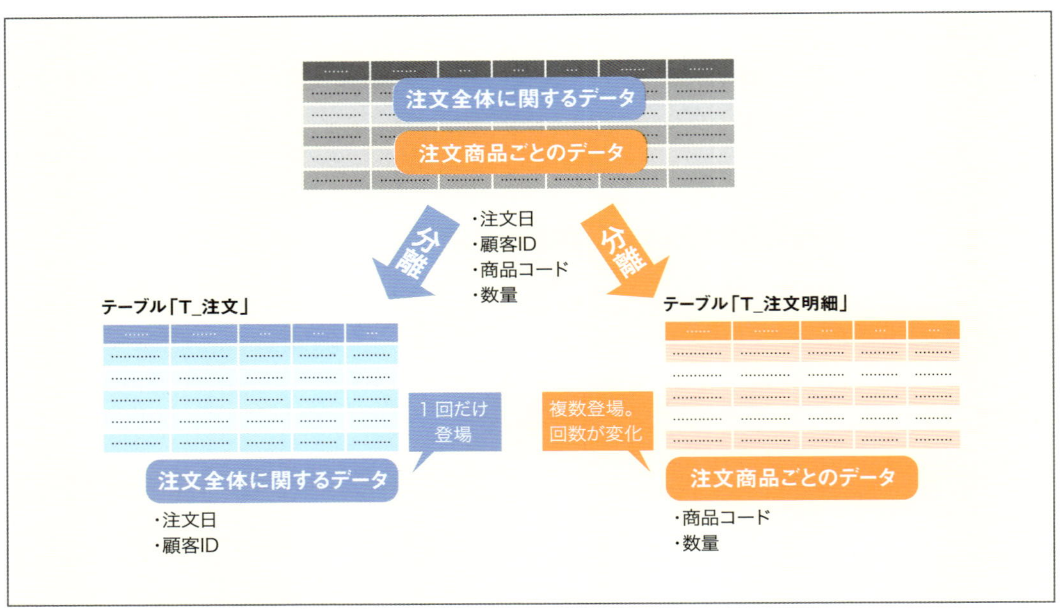

テーブル「T_注文」と「T_注文明細」に分割

テーブル「T_注文」に必要なフィールドは、一度だけ登場する注文全体に関するデータなので、フィールド「注文日」と「顧客ID」が該当します。データ型はフィールド「注文日」は日付/時刻型、フィールド「顧客ID」は数値型とします。

フィールド「顧客ID」はテーブル「M_顧客」との関連付けに用いるのでした。従って、このテーブル「T_注文」のフィールド「顧客ID」は外部キーになります。

この外部キーであるフィールド「顧客ID」のデータ型ですが、関連付ける対象のテーブル「M_顧客」のフィールド「顧客ID」はオートナンバー型です。その場合、テーブル「T_注文」のフィールド「顧客ID」は数値型にします。フィールドサイズは長整数型にします。実はオートナンバー型の正体は長整数型の数値型であり、それに自動で連番をふる機能を付けたデータ型になります。それゆえ、関連付けの相手のフィールドは長整数型の数値型にするのです。

主キーですが、両フィールドともレコードを特定できないので別途設けます。今回はフィールド名は「注文ID」、データ型はオートナンバー型とします。

●テーブル名

T_ 注文

●フィールド

フィールド名	データ型
注文ID	オートナンバー型
注文日	日付／時刻型
顧客ID	長整数型の数値型

●主キー

注文 ID

一方、テーブル「T_ 注文明細」に必要なフィールドは、登場回数が変化する注文商品ごとのデータなので、フィールド「商品コード」と「数量」が該当します。データ型は前者を短いテキスト、後者を数値型にします。

主キーは両フィールドともレコードを特定できないので別途設けます。今回はフィールド名は「明細 ID」、データ型はオートナンバー型とします。

さらに、注文商品ごとのデータがどの注文のものかを示すフィールドも必要です。どの注文なのかはテーブル「T_ 注文」のフィールド「注文 ID」で特定できます。よって、テーブル「T_ 注文明細」にも外部キーとして、フィールド「注文 ID」を設けて関連付けます。これで、どの注文でどの商品がどれだけ注文されたのかがわかるようになります。テーブル「T_ 注文」のフィールド「注文 ID」は主キーであり、データ型はオートナンバー型なので、テーブル「T_ 注文明細」のフィールド「注文 ID」のデータ型は長整数型の数値型にします。

●テーブル名

T_ 注文明細

●フィールド

フィールド名	データ型
明細ID	オートナンバー型
注文ID	長整数型の数値型
商品コード	短いテキスト
数量	数値型

●主キー

明細 ID

テーブル「T_ 注文」に格納するデータは、< 表 4> から該当するレコードを抜き出し、主キーのフィールド「注文 ID」を追加すると、次のようになります。フィールド「注文 ID」はオートナンバー型なので、連番が入ることになります。

レコードの件数は注文商品の数ではなく、注文の数になります。よって、1 回の注文で複数の商品を注文しているデータを、ひとつにまとめることになります。

注文 ID	注文日	顧客 ID
1	2014/10/1	※井本由美の顧客ID
2	2014/10/1	※加藤史朗の顧客ID
3	2014/10/1	※中鉢朋子の顧客ID
4	2014/10/2	※加藤史朗の顧客ID
5	2014/10/2	※立山秀利の顧客ID
6	2014/10/3	※井本由美の顧客ID
7	2014/10/3	※加藤史朗の顧客ID
8	2014/10/3	※立山秀利の顧客ID
9	2014/10/4	※井本由美の顧客ID
10	2014/10/4	※中鉢朋子の顧客ID
11	2014/10/4	※立山秀利の顧客ID
12	2014/10/5	※加藤史朗の顧客ID

表 5　テーブル「T_ 注文」に格納するデータ

「T_注文明細」に格納するデータは、<表4>から該当するレコードを抜き出き、主キーのフィールド「明細ID」を追加すると、次のようになります。フィールド「明細ID」オートナンバー型なので、連番が入ることになります。

フィールド「注文ID」の値はひとまず下記のようにしておきます。レコードの件数は注文商品の数になるので、<表4>と同じになります。

明細 ID	注文 ID	商品コード	数量
1	※該当する注文ID	BR-01	2
2	※該当する注文ID	BR-02	1
3	※該当する注文ID	BR-01	3
4	※該当する注文ID	NS-01	2
5	※該当する注文ID	NS-01	1
6	※該当する注文ID	BR-01	1
7	※該当する注文ID	BR-02	1
8	※該当する注文ID	BR-01	2
9	※該当する注文ID	BR-02	1
10	※該当する注文ID	NS-01	3
11	※該当する注文ID	NS-02	3
12	※該当する注文ID	BR-02	2
13	※該当する注文ID	BR-02	2
14	※該当する注文ID	BR-02	3
15	※該当する注文ID	NS-01	2
16	※該当する注文ID	NS-02	1
17	※該当する注文ID	BR-01	4
18	※該当する注文ID	BR-02	2
19	※該当する注文ID	NS-01	1
20	※該当する注文ID	NS-02	2

表6　テーブル「T_注文明細」に格納するデータ

これでデータの整理とテーブルの設計が終わりました。次節から、Excel のデータを Access へ移行する作業に取りかかります。

COLUMN

マスタテーブルとトランザクションテーブル

リレーショナルデータベースでは、テーブルは「マスタテーブル」と「トランザクションテーブル」の2種類に大きく分類されます。マスタテーブルは商品や顧客の情報など、業務の基礎となるデータを管理するテーブルです。トランザクションテーブルは注文や見積もりの情報など、業務を行うたびに積み重なっていくデータを管理するテーブルです。

本書では Access のテーブル名において、マスタテーブルに該当するテーブルは「M_」、トランザクションテーブルに該当するテーブルは「T_」を名前の先頭に付けることで、テーブル名を見ただけで種類がわかるようにしています。

この命名規則はリレーショナルデータベースや Access で決められたルールではなく、設計する人が自分で決めるルールです。種類の違いがわかりやすければ、別の命名規則を用いても構いません。

03 Excel のデータを Access へ移行する準備をしよう

本節では、Excel のデータを Access に移行するため、前節でデータを整理しテーブルを設計した結果を踏まえ、Excel のファイルを事前に整える作業を行います。

Excel のデータを Access へ移行する方法

Excel のデータを Access へ移行するにはいくつかの方法があります。主な方法は以下の通りです。

1. Accessでテーブルを事前に作成しておき、Excelのデータを手動でコピー
2. Accessのインポート機能を使い、Excelのデータから自動でテーブルを新規作成してデータをインポート
3. Accessでテーブルを事前に作成しておき、インポート機能でExcelのデータをインポート

1の方法でももちろんデータは移行できますが、手動でコピーしていては膨大な手間と時間を要してしまいます。2と3の方法は Access のインポート機能を利用することで、データ移行を非常に効率よく行えます。

本書のサンプルでは、3の方法でも可能ですが、2の方法を利用します。また、次節で改めて解説しますが、2の方法はインポート時に主キーを設定または追加することも可能なので、より効率的にデータ移行ができます。

Excel のデータを事前に整えておく

それでは、サンプルの Excel データを Access にインポートしてみましょう。事前に本書サポート Web ページから、サンプルファイル一式をダウンロードしておいてください。サンプルファイルに含まれる「Excel 元データ」フォルダーを任意の場所にコピーしてください。本書では、デスクトップ上の「注文管理」フォルダーにコピーしたとして説明します。

「Excel 元データ」フォルダーには、3 章 01 で紹介した 3 つの Excel ブックとひとつの CSV ファイルが含まれています。この中でインポートの対象となるのは「顧客リスト.csv」「注文_ビール.xlsx」「注文_日本酒.xlsx」の 3 つです。この 3 つのファイルから適宜、3 章 02 で設計した 4 つのテーブルを Access で新規作成し、データをインポートしていきます。

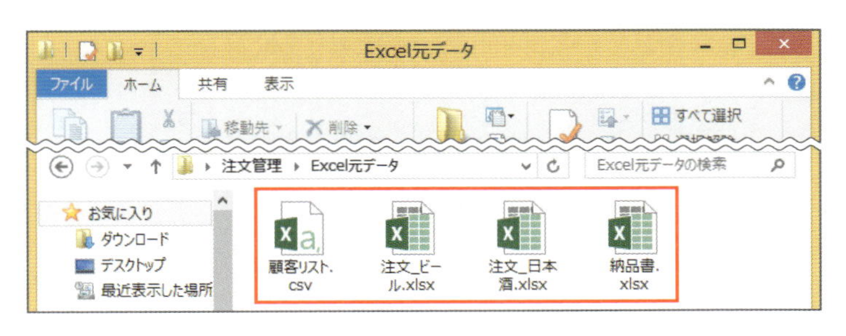

2の方法によってExcelのデータからAccessで自動でテーブルを新規作成してデータをインポートする際、必要に応じてExcelのデータを事前にある程度整えておくと、比較的スムーズに作業できます。では、3つのファイルを順に確認して、必要なら整えます。

テーブル「M_顧客」のデータ

顧客のデータは「顧客リスト.csv」にあります。データはすでに目的のテーブルに適した表（3章02の<表1>）になっています。主キーはありませんが、インポート時に追加できるので、このファイルは現状のままで使えます。

テーブル「M_商品」のデータ

3章02で設計したテーブルにインポートするには、3章02の<表2>のかたちのデータを用意しておく必要があります。インポート用のExcelブックを別途作成し、そこに用意します。ブック名は「移行用データ.xlsx」として、「Excel元データ」フォルダー内に新規作成しておきます。

「注文_ビール.xlsx」「注文_日本酒.xlsx」を開き、「移行用データ.xlsx」のSheet1へ必要な商品のデータを抜き出してコピーし、3章02の<表2>のかたちのデータを作成してください。

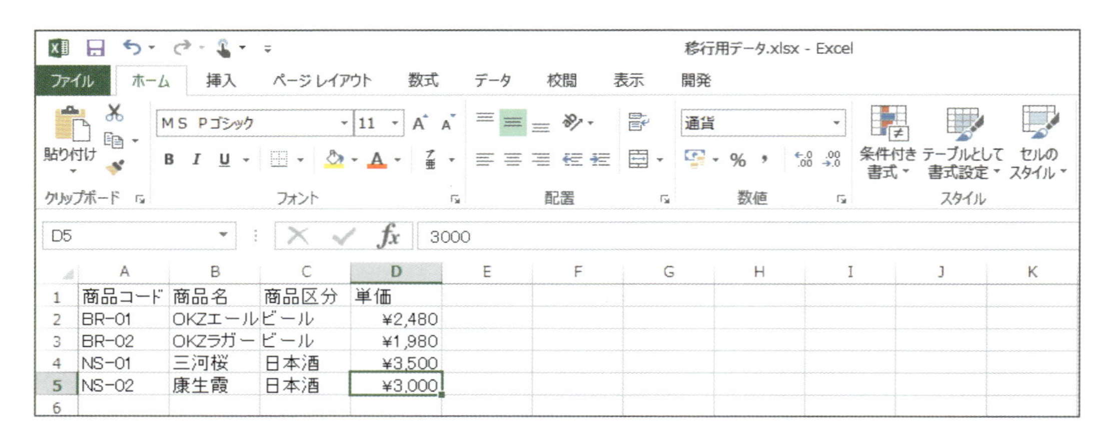

	A	B	C	D
1	商品コード	商品名	商品区分	単価
2	BR-01	OKZエール	ビール	¥2,480
3	BR-02	OKZラガー	ビール	¥1,980
4	NS-01	三河桜	日本酒	¥3,500
5	NS-02	康生霞	日本酒	¥3,000
6				

テーブル「T_注文」のデータ

テーブル「T_注文」のデータは「移行用データ.xlsx」のSheet2に用意します。Sheet2がなければ追加しておいてください。

まずは「注文_ビール.xlsx」の「注文_日本酒.xlsx」のすべてのデータをひとつの表にいったん統合します。統合したら日付の昇順で並べ替えます。同じ日付のレコードは氏名の昇順で並べ替えます。その後、必要なフィールドのみに表を整理します。

以下に具体的な手順を示します。

1 データをコピーして統合

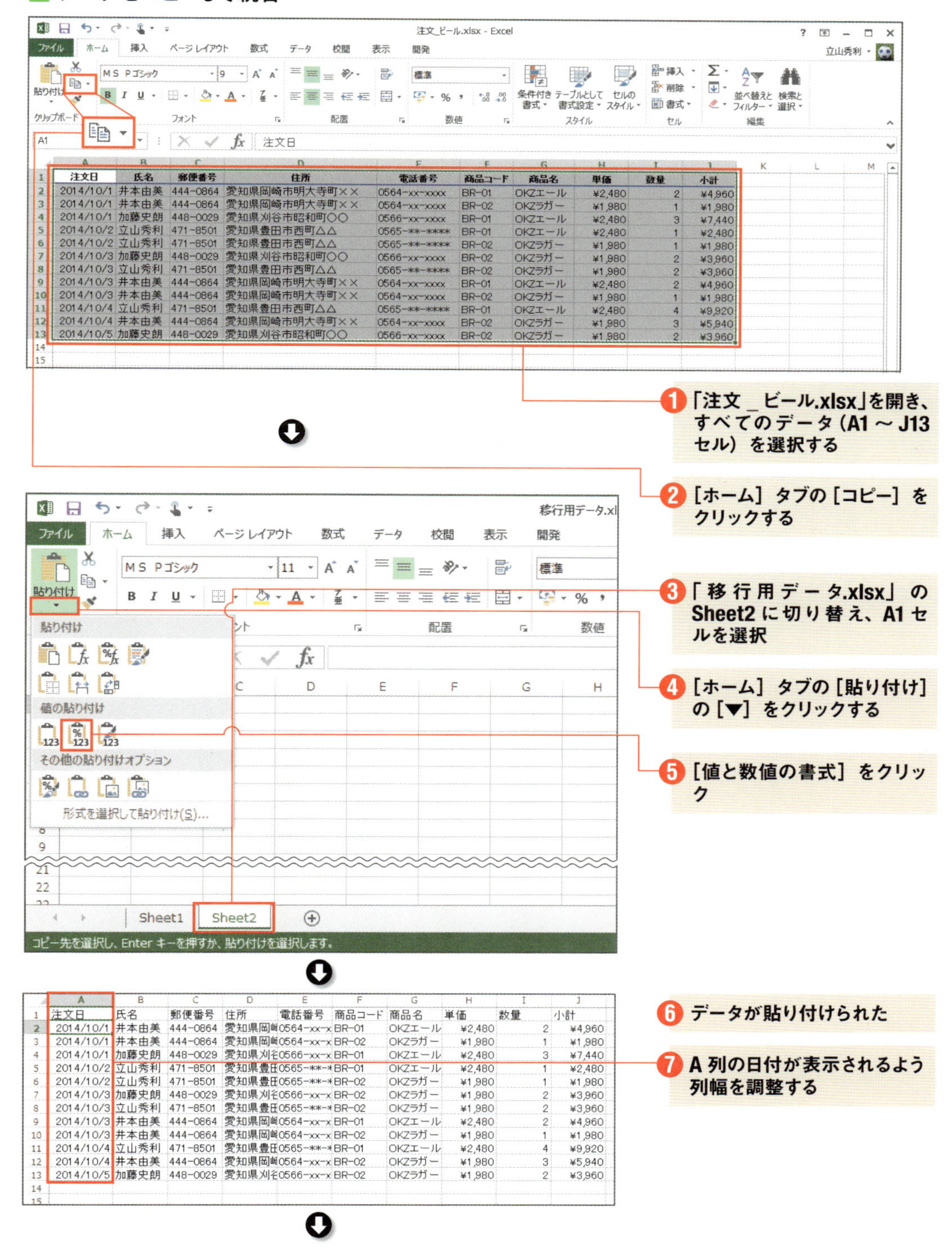

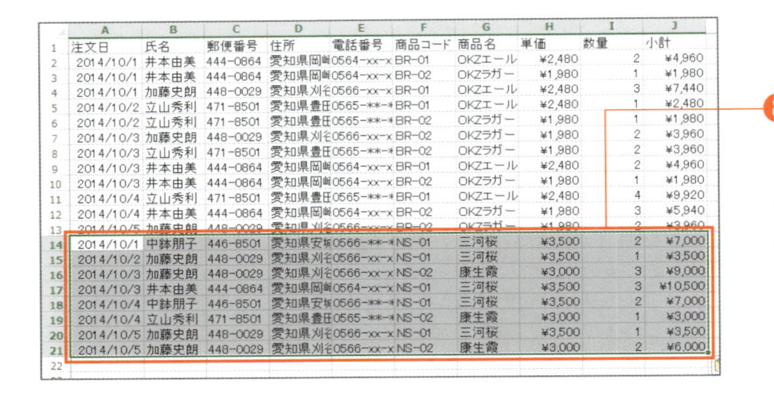

	A	B	C	D	E	F	G	H	I	J
1	注文日	氏名	郵便番号	住所	電話番号	商品コード	商品名	単価	数量	小計
2	2014/10/1	井本由美	444-0864	愛知県岡崎	0564-xx-x	BR-01	OKZエール	¥2,480	2	¥4,960
3	2014/10/1	井本由美	444-0864	愛知県岡崎	0564-xx-x	BR-02	OKZラガー	¥1,980	1	¥1,980
4	2014/10/1	加藤史朗	448-0029	愛知県刈谷	0566-xx-x	BR-01	OKZエール	¥2,480	3	¥7,440
5	2014/10/2	立山秀利	471-8501	愛知県豊田	0565-**-*	BR-01	OKZエール	¥2,480	1	¥2,480
6	2014/10/2	立山秀利	471-8501	愛知県豊田	0565-**-*	BR-02	OKZラガー	¥1,980	1	¥1,980
7	2014/10/3	加藤史朗	448-0029	愛知県刈谷	0566-xx-x	BR-02	OKZラガー	¥1,980	2	¥3,960
8	2014/10/3	立山秀利	471-8501	愛知県豊田	0565-**-*	BR-02	OKZラガー	¥1,980	2	¥3,960
9	2014/10/3	井本由美	444-0864	愛知県岡崎	0564-xx-x	BR-01	OKZエール	¥2,480	2	¥4,960
10	2014/10/3	井本由美	444-0864	愛知県岡崎	0564-xx-x	BR-02	OKZラガー	¥1,980	1	¥1,980
11	2014/10/4	立山秀利	471-8501	愛知県豊田	0565-**-*	BR-01	OKZエール	¥2,480	4	¥9,920
12	2014/10/4	井本由美	444-0864	愛知県岡崎	0564-xx-x	BR-02	OKZラガー	¥1,980	3	¥5,940
13	2014/10/5	加藤史朗	448-0029	愛知県刈谷	0566-xx-x	BR-02	OKZラガー	¥1,980	2	¥3,960
14	2014/10/1	中鉢朋子	446-8501	愛知県安城	0566-**-*	NS-01	三河桜	¥3,500	2	¥7,000
15	2014/10/2	加藤史朗	448-0029	愛知県刈谷	0566-xx-x	NS-01	三河桜	¥3,500	1	¥3,500
16	2014/10/3	加藤史朗	448-0029	愛知県刈谷	0566-xx-x	NS-02	康生霞	¥3,000	3	¥9,000
17	2014/10/3	井本由美	444-0864	愛知県岡崎	0564-xx-x	NS-01	三河桜	¥3,500	3	¥10,500
18	2014/10/4	中鉢朋子	446-8501	愛知県安城	0566-**-*	NS-01	三河桜	¥3,500	2	¥7,000
19	2014/10/4	立山秀利	471-8501	愛知県豊田	0565-**-*	NS-02	康生霞	¥3,000	1	¥3,000
20	2014/10/5	加藤史朗	448-0029	愛知県刈谷	0566-xx-x	NS-01	三河桜	¥3,500	1	¥3,500
21	2014/10/5	加藤史朗	448-0029	愛知県刈谷	0566-xx-x	NS-02	康生霞	¥3,000	2	¥6,000

8 同様の手順で、「注文_日本酒.xlsx」のデータを、「移行用データ.xlsx」のSheet2の表の続きにコピーする。ただし、1行目の列見出しは含めない

2 データを日付および氏名の昇順で並べ替える

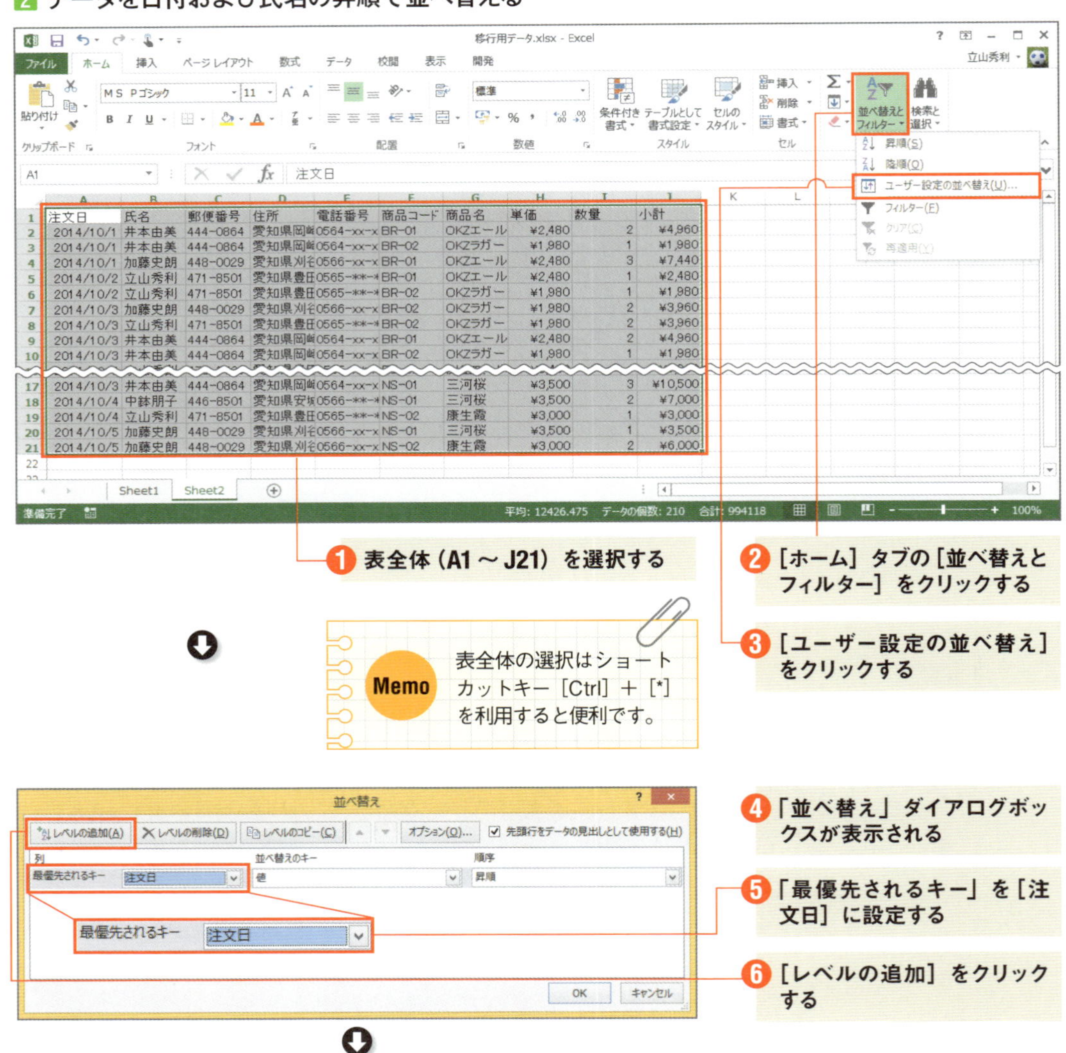

1 表全体（A1～J21）を選択する

2 ［ホーム］タブの［並べ替えとフィルター］をクリックする

3 ［ユーザー設定の並べ替え］をクリックする

Memo 表全体の選択はショートカットキー［Ctrl］＋［*］を利用すると便利です。

4 「並べ替え」ダイアログボックスが表示される

5 「最優先されるキー」を［注文日］に設定する

6 ［レベルの追加］をクリックする

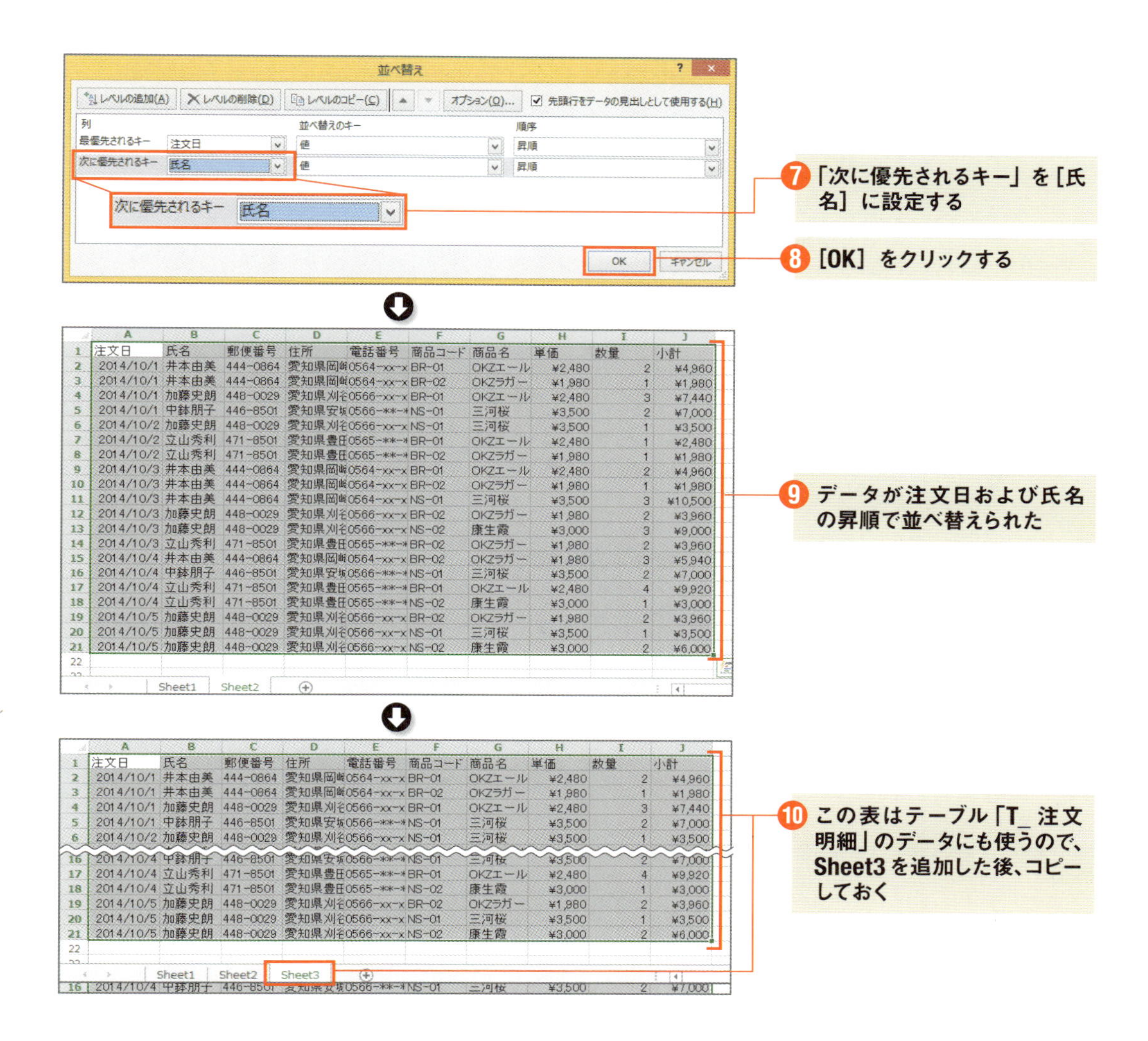

3 テーブル「T_注文」のデータに整える

Sheet2の表のデータを、前節で設計したテーブル「T_注文」のフィールド構成に整えます。

まずは必要なフィールドのみに絞り込みます。テーブル「T_注文」のデータは3章02の<表5>でした。フィールドは「注文ID」「注文日」「顧客ID」の3つです。主キーのオートナンバー型フィールド「注文ID」は、Accessへのインポート時に追加できるので、ここでは作成しません。

フィールド「顧客ID」は、テーブル「M_顧客」のデータを参照するために設ける外部キーのフィールドです。このフィールド「顧客ID」は現在のSheet2の表にないので、列を追加します。追加場所はフィールド「注文日」の次とします。表の残りのフィールドはテーブル「T_注文」には不要なのですが、フィールド「氏名」だけは残します。外部キーであるフィールド「顧客ID」のデータを一括入力するためです。

フィールド「顧客ID」は列を追加しただけでは空なので、フィールド「氏名」に対応する顧客IDのデータを入力しなければなりません。「顧客リスト.csv」の顧客のデータを見ながら手入力してもよいのですが、あまりにも非効率です。下記のいずれかの方法を使えば、フィールド「氏名」のデータを元に一括入力することができます。

- インポート前にExcelで関数を利用して入力
- Accessにインポート後、クエリを利用して入力

今回はAccessにインポート後、クエリで入力します。従って、フィールド「顧客ID」のデータは空のままにして、かつ、フィールド「氏名」のみ残します。

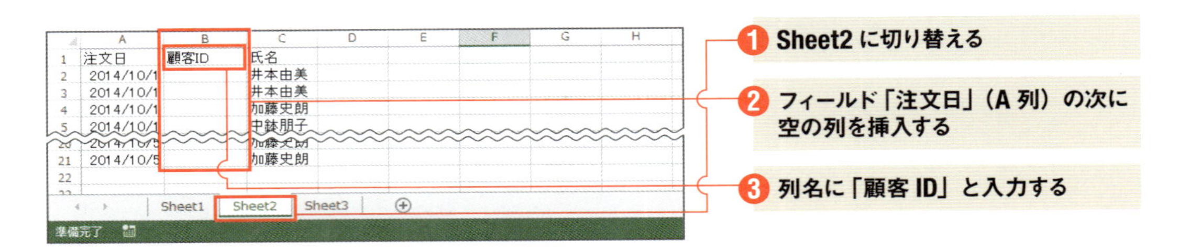

次は重複しているレコードを削除します。現在のデータは同じ注文(同じ注文日で同じ顧客)のレコードが注文商品の数だけ重複しています。この重複を解消し、レコード数を注文商品の数から注文の数にしなければなりません。

重複するレコードの削除は、目視や検索機能などで重複を見つけ、手作業で削除してもよいのですが、あまりにも非効率です。Excelには重複データを一括削除する機能があるので、それを利用します。

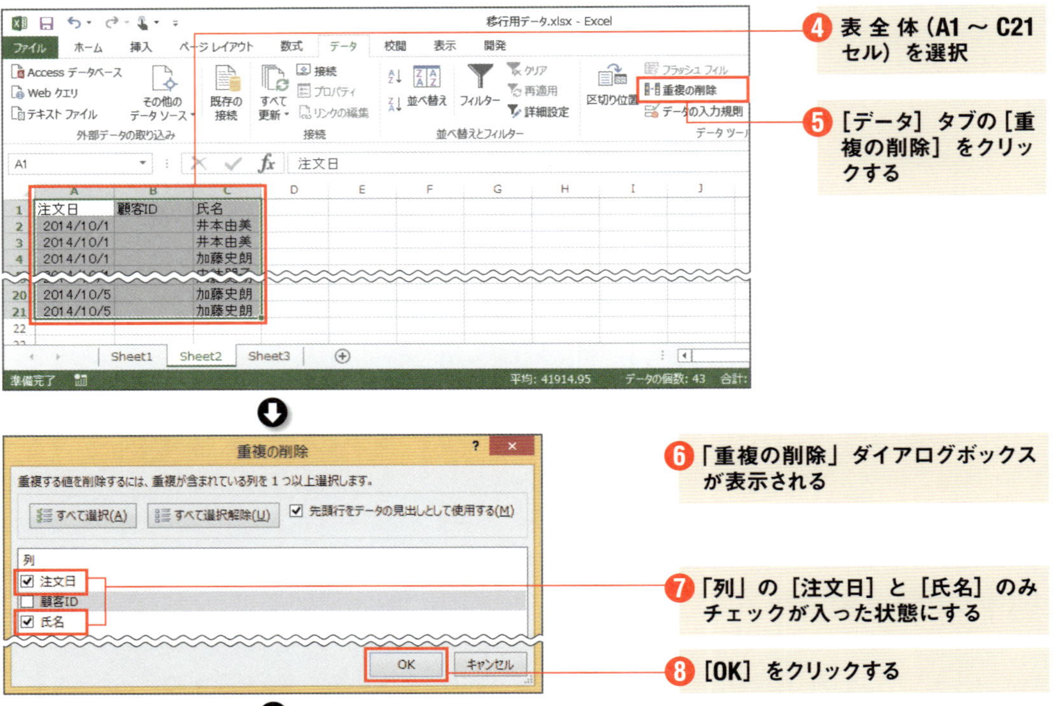

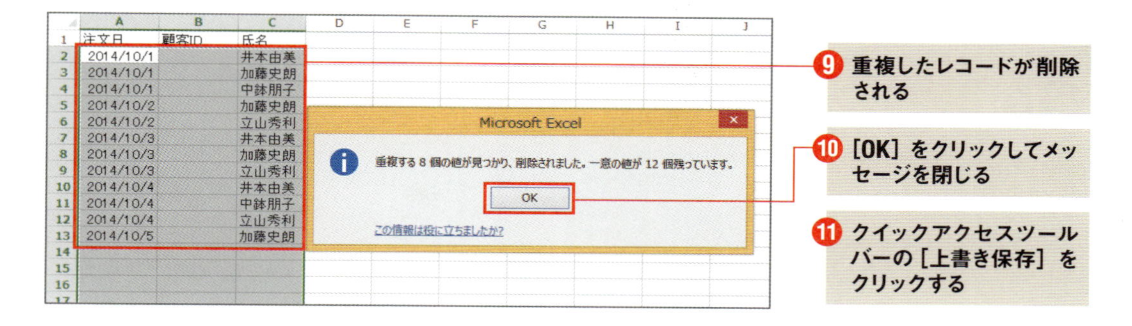

テーブル「T_注文明細」のデータ

テーブル「T_注文明細」のデータはSheet3にコピーしておいた表です。前節で設計したテーブル「T_注文明細」のフィールド構成に整えます。まずは、どのように整えればよいか考えてみましょう。フィールドは「明細ID」「注文ID」「商品コード」「数量」の4つです。データは3章02の＜表6＞でした。

主キーのオートナンバー型フィールド「明細ID」は、Accessへのインポート時に追加できるので、ここでは作成しません。

フィールド「注文ID」は、テーブル「T_注文」のデータを参照するために設ける外部キーのフィールドです。このフィールド「注文ID」は現在Sheet3の表にないので、列を追加する必要があります。追加場所はフィールド「明細ID」の次が適当でしょう。

フィールド「商品コード」と「数量」以外はテーブル「T_注文明細」には不要なのですが、フィールド「注文日」と「氏名」だけは残します。Accessにインポート後、外部キーのフィールド「注文ID」のデータをクエリで一括入力するためです。同じ顧客が同じ日に注文することはないこととしたから、フィールド「注文ID」はフィールド「注文日」と「氏名」がわかれば特定できるので、この2つをそのためだけに残します。

さて、Sheet3にあるテーブル「T_注文明細」の表も、テーブル「T_注文」のデータと同様に、フィールド「注文ID」を追加し、不要なフィールドを削除して整理する作業を行いたいところですが、ここでは行いません。実はAccessのインポート機能では、Excelの表の指定した列のみインポートすることもできます。そして、インポート後に任意のフィールドを追加することも可能です。今回はその練習として、テーブル「T_注文明細」の表はAccessにインポートする際に、必要なフィールドに整理します。Sheet3の表はそのままにしておいてください。

Excelのデータを事前に整えておく作業は以上です。これら「顧客リスト.csv」および「移行用データ.xlsx」のSheet1〜Sheet3の表のデータを、Accessにてテーブルを新規作成してインポートします。

04 Excel のデータを Access にインポートしよう

本節では、前節で整理した Excel のデータを Access にインポートします。そのなかで、Access のデータベース新規作成、インポートとテーブル新規作成、フィールドの追加などテーブル操作を学びます。

Access のデータベースを新規作成

最初に Access を起動し、データベースを新規作成します。Access ではデータベースを拡張子「.accdb」のファイルとして作成・保存します。ファイル名は今回「注文管理.accdb」とします。保存場所は今回、デスクトップ上の「注文管理」フォルダーとします。「注文管理」フォルダーをデスクトップ上にあらかじめ作成しておいてください。

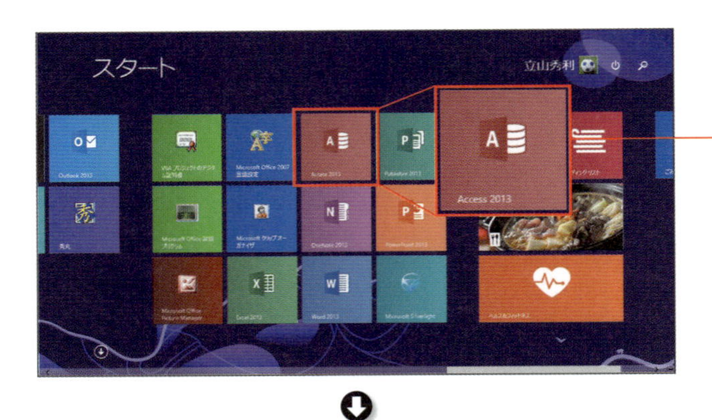

❶「スタート」画面または「アプリ」画面を開く

❷［Access］をクリックする

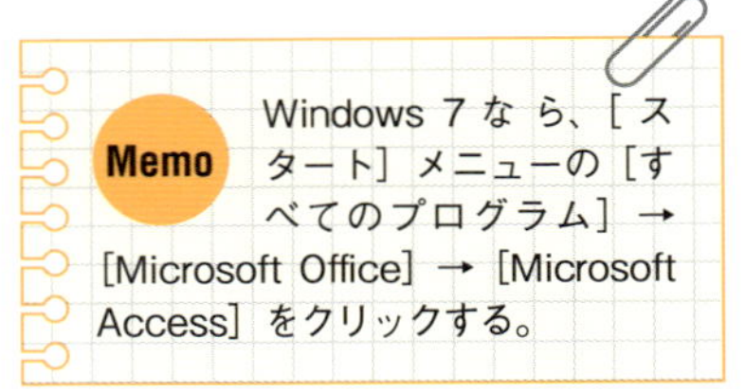

Memo Windows 7 なら、［スタート］メニューの［すべてのプログラム］→［Microsoft Office］→［Microsoft Access］をクリックする。

❸［空のデスクトップデータベース］をクリックする

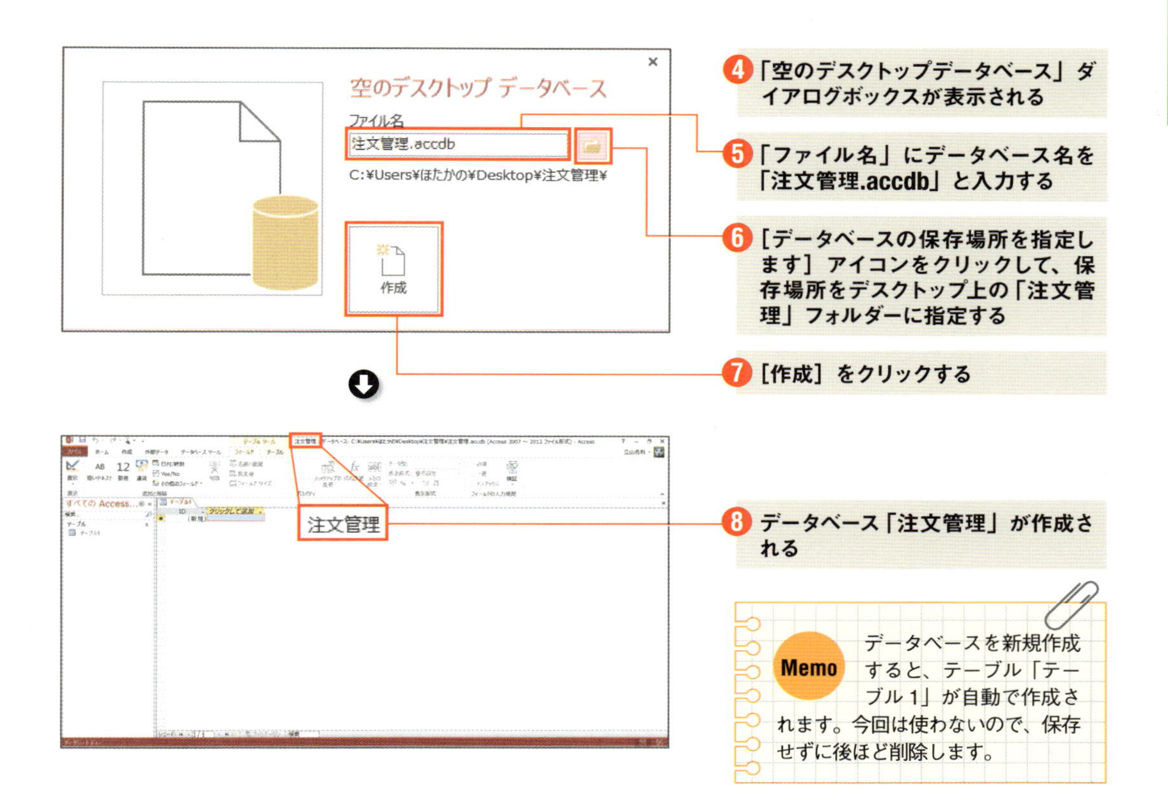

Memo データベースを新規作成すると、テーブル「テーブル1」が自動で作成されます。今回は使わないので、保存せずに後ほど削除します。

テーブル「M_商品」をインポート

では、Excel データのインポートを始めます。先に「移行用データ.xlsx」に作成した3つのテーブル用のExcelデータをインポートします。「顧客リスト.csv」は最後にします。最初は商品のデータです。テーブル「M_商品」を新規作成しつつ、「移行用データ.xlsx」のSheet1からデータをインポートします。

Excel データのインポートは［外部データ］タブの［Excel］ボタンから、ウィザードによって行えます。その過程でテーブルを新規作成したり、テーブル名やフィールド名やデータ型や主キーを設定したりすることもできます。

主キーの設定のパターンは、Excel データの既存のフィールドに設定するか、またはインポート時に主キー用フィールドを追加するかのいずれかになりますが、テーブル「M_商品」では前者になります。

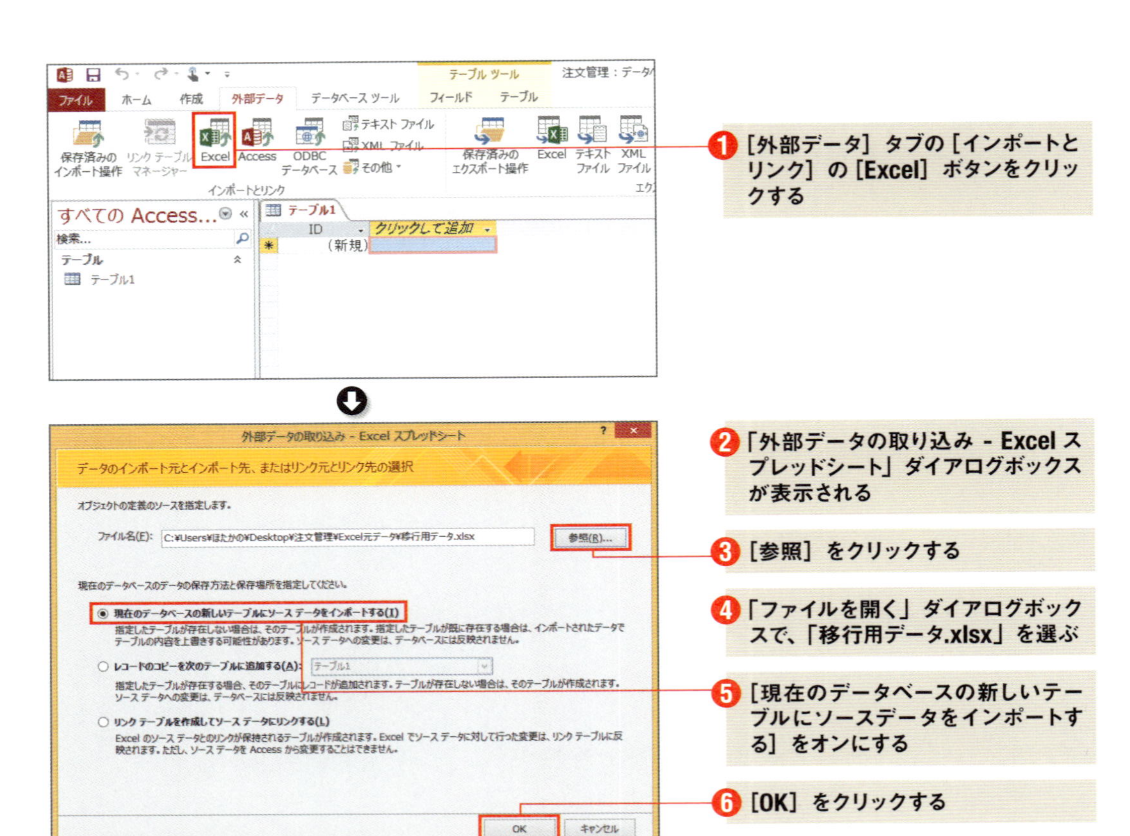

POINT インポートの際にテーブルを新規作成するには

［現在のデータベースの新しいテーブルにソースデータをインポートする］をオンにします。

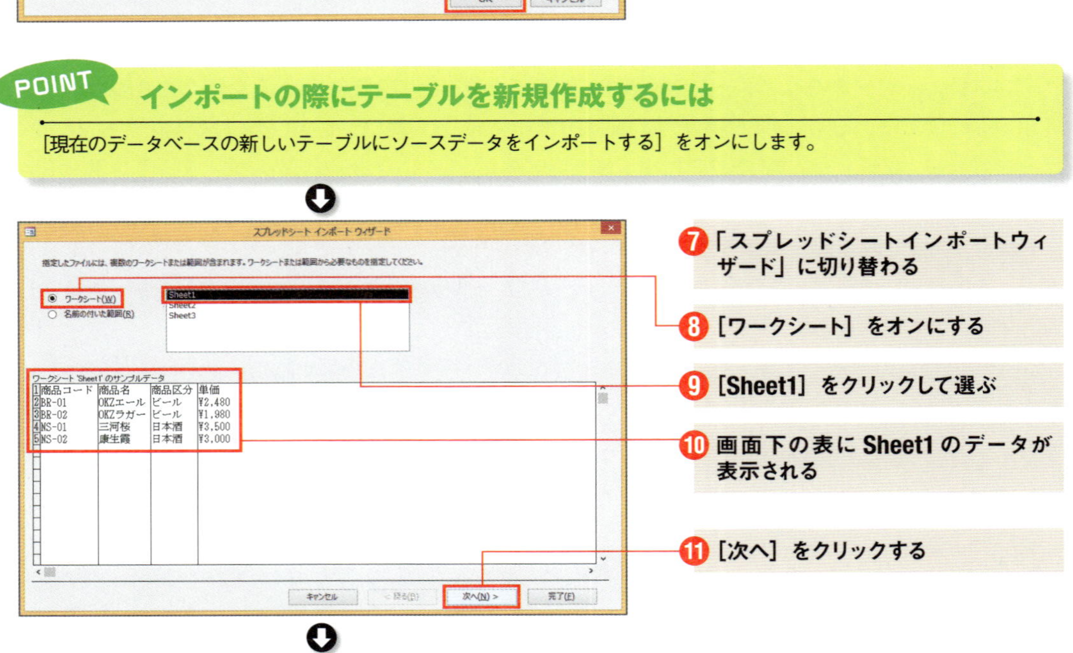

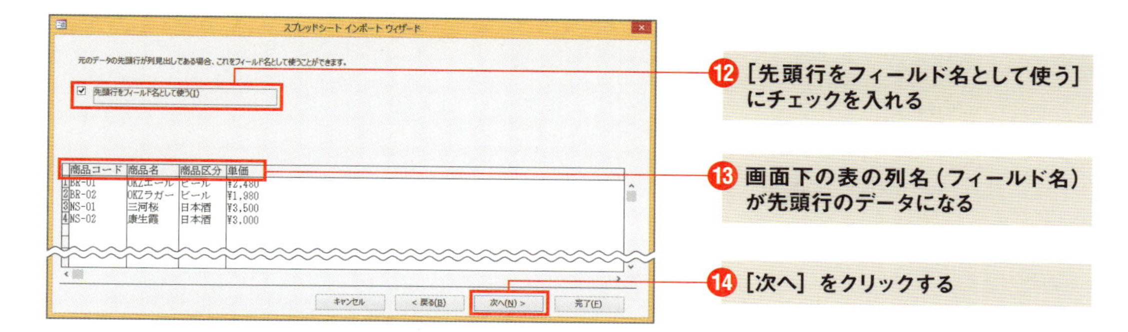

POINT

先頭行をフィールド名にできる

［先頭行をフィールド名として使う］にチェックを入れると、Excel の表の先頭行の各列が Access のテーブルの各フィールド名になります。

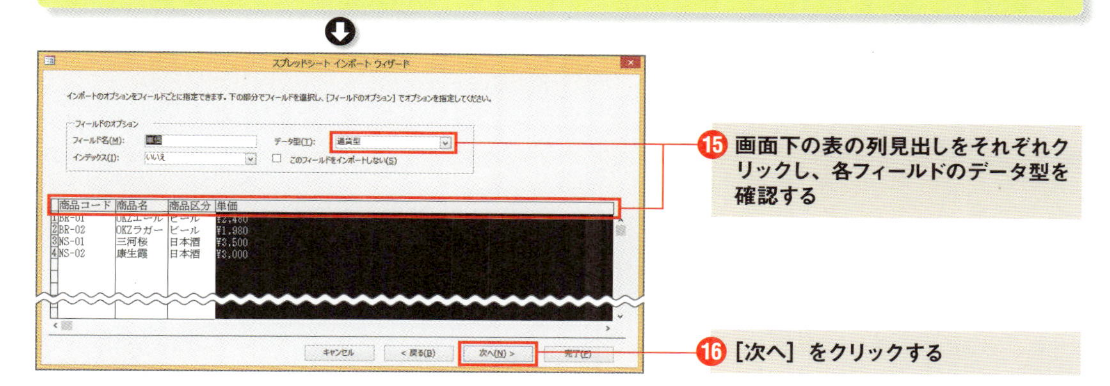

POINT

フィールド名とデータ型は変更できる

フィールド名は Excel データの列名が使われますが、「フィールドのオプション」の「フィールド名」で変更できます。データ型は Excel の表に格納されているデータから自動で判断されて設定されます。意図しないデータ型なら、「フィールドのオプション」の「データ型」のドロップダウンから変更できます。

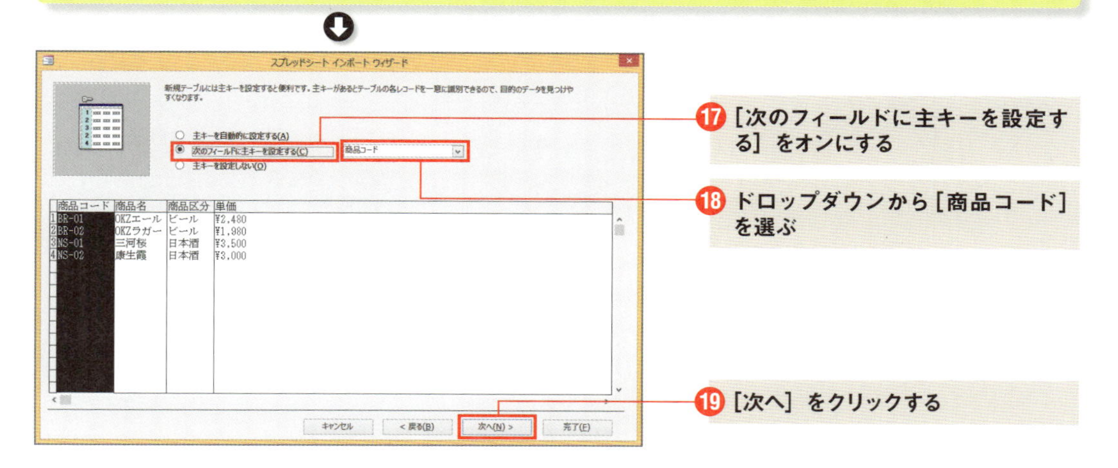

POINT 既存のフィールドに主キーを設定する

Excelデータの列のフィールドに主キーを設定するには、[次のフィールドに主キーを設定する] をオンにした後、目的のフィールドをドロップダウンの一覧から指定します。

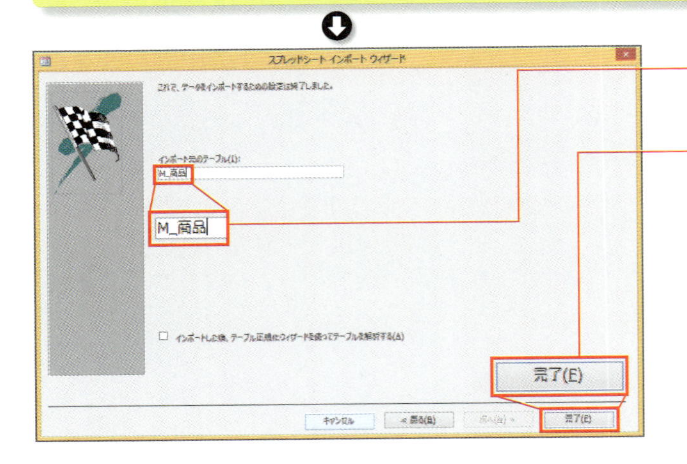

⑳「インポート先のテーブル」にテーブル名の「M_商品」を入力する

㉑ [完了] をクリックする

㉒「外部データの取り込み - Excel スプレッドシート」ダイアログボックスに戻る

㉓ [閉じる] をクリックする

POINT テーブル名の設定

テーブル名はシート名が自動で設定されます。変更するには、「インポート先のテーブル」に目的のテーブル名を入力します。

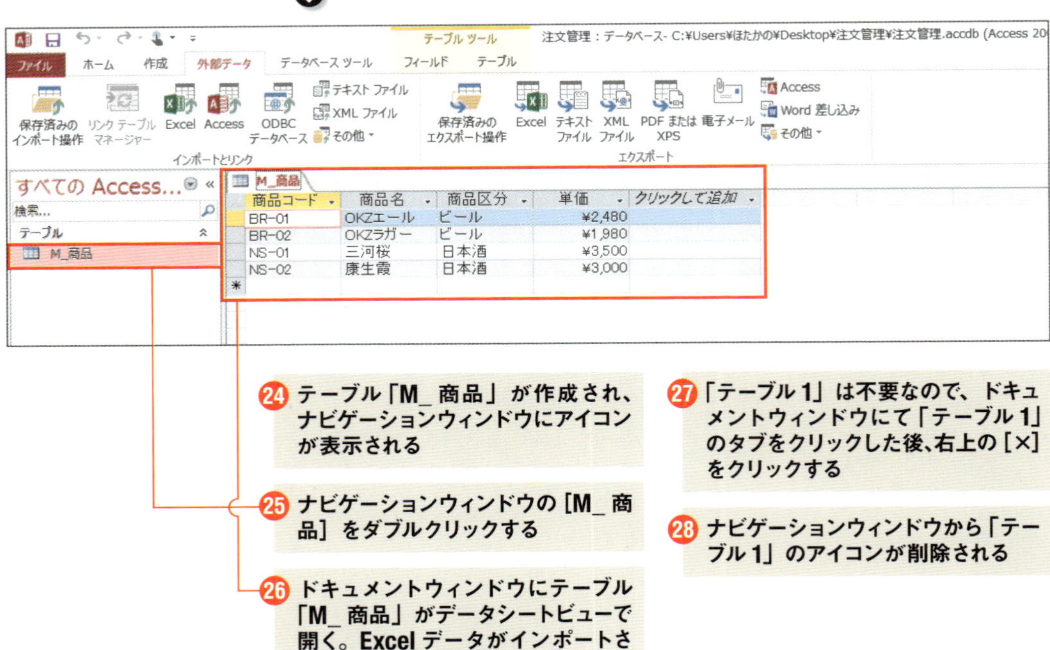

㉔ テーブル「M_商品」が作成され、ナビゲーションウィンドウにアイコンが表示される

㉕ ナビゲーションウィンドウの [M_商品] をダブルクリックする

㉖ ドキュメントウィンドウにテーブル「M_商品」がデータシートビューで開く。Excelデータがインポートされていることを確認する

㉗「テーブル1」は不要なので、ドキュメントウィンドウにて「テーブル1」のタブをクリックした後、右上の [×] をクリックする

㉘ ナビゲーションウィンドウから「テーブル1」のアイコンが削除される

テーブル「T_ 注文」をインポート

次はテーブル「T_ 注文」をインポートしましょう。Excel データは「移行用データ.xlsx」の Sheet2 です。主キーについては、インポート時に主キー用フィールドを追加します。

1 Sheet2のExcelデータをインポート

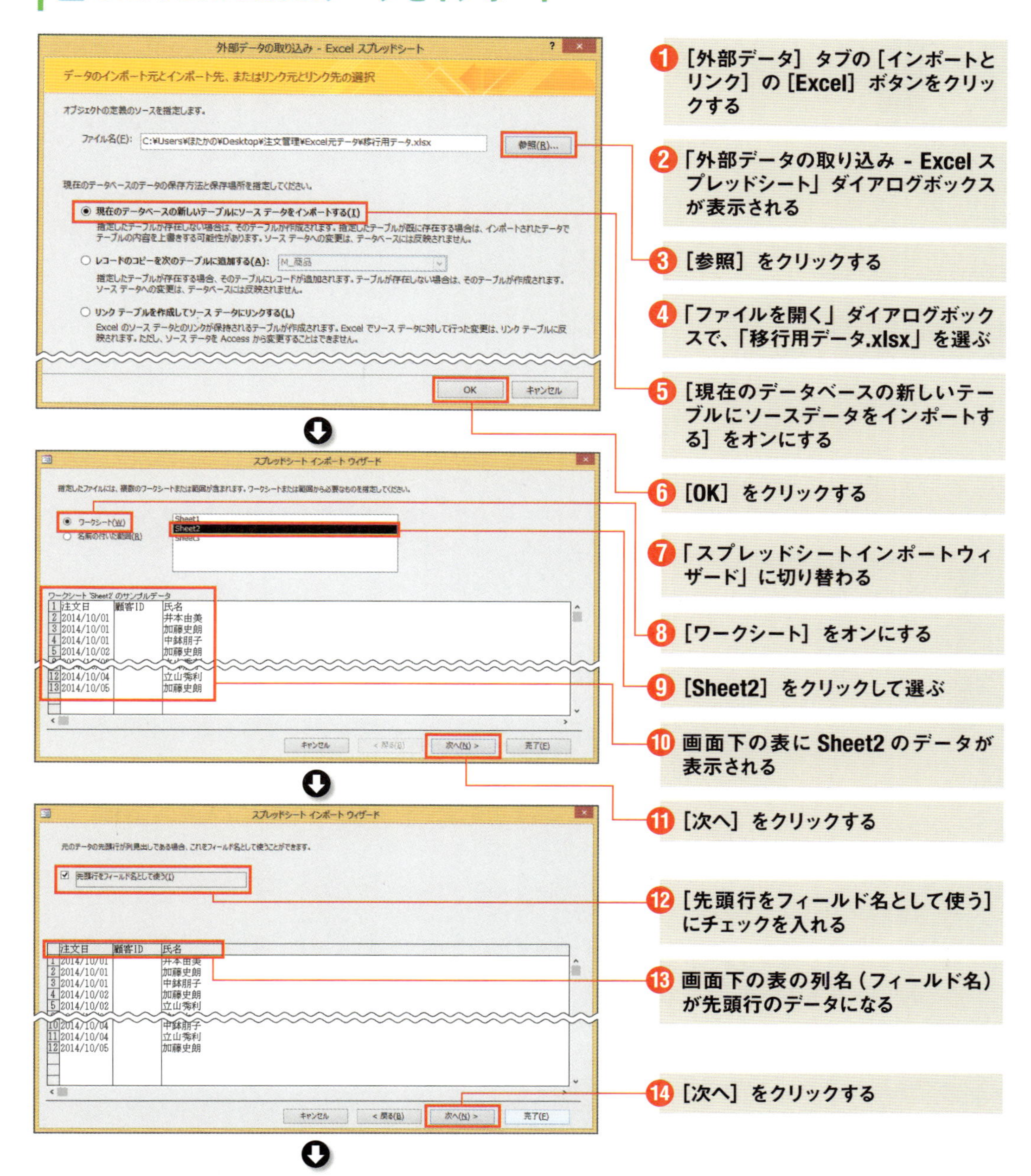

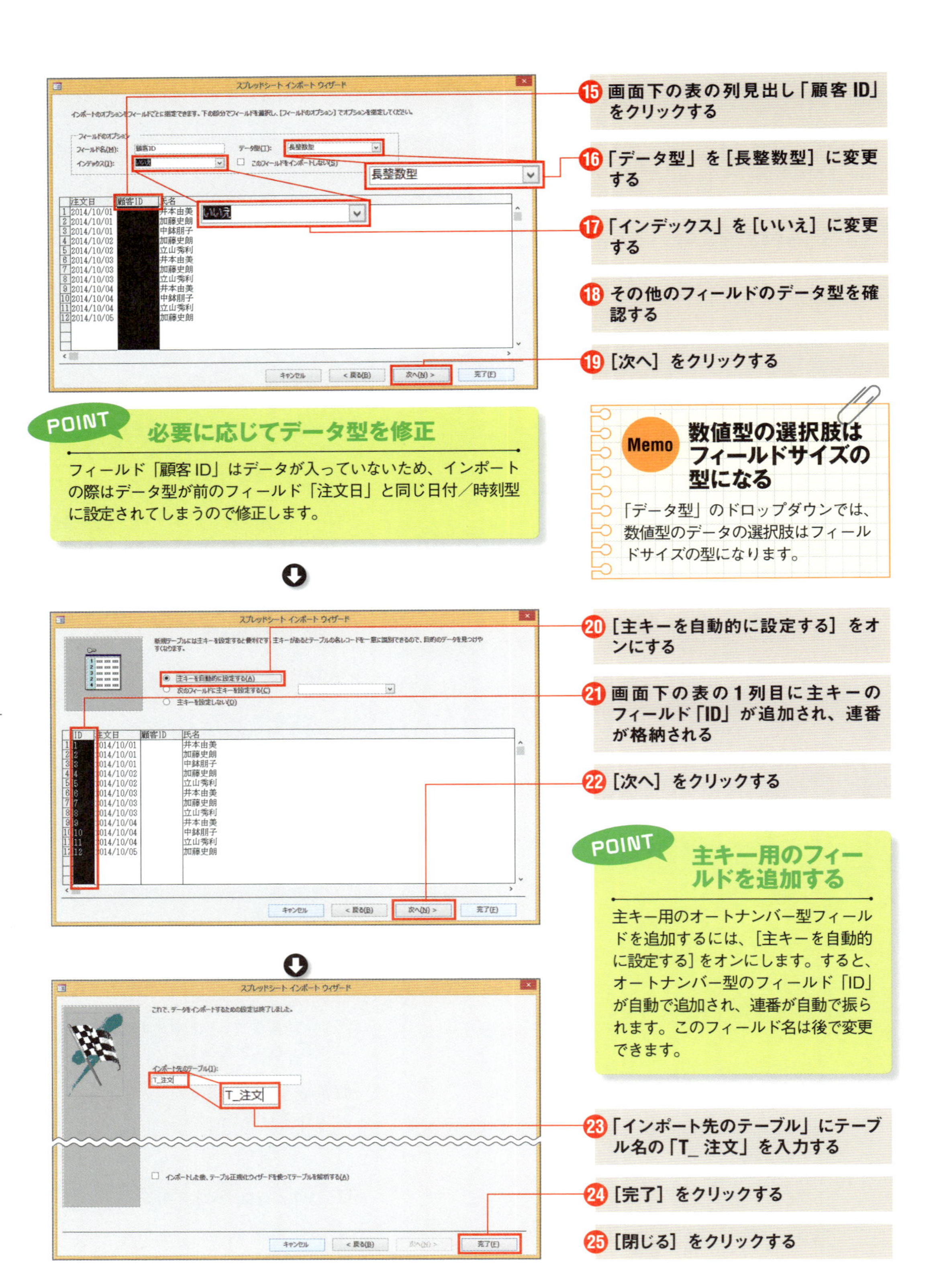

15 画面下の表の列見出し「顧客ID」をクリックする

16 「データ型」を［長整数型］に変更する

17 「インデックス」を［いいえ］に変更する

18 その他のフィールドのデータ型を確認する

19 ［次へ］をクリックする

POINT 必要に応じてデータ型を修正

フィールド「顧客ID」はデータが入っていないため、インポートの際はデータ型が前のフィールド「注文日」と同じ日付／時刻型に設定されてしまうので修正します。

Memo 数値型の選択肢はフィールドサイズの型になる

「データ型」のドロップダウンでは、数値型のデータの選択肢はフィールドサイズの型になります。

20 ［主キーを自動的に設定する］をオンにする

21 画面下の表の1列目に主キーのフィールド「ID」が追加され、連番が格納される

22 ［次へ］をクリックする

POINT 主キー用のフィールドを追加する

主キー用のオートナンバー型フィールドを追加するには、［主キーを自動的に設定する］をオンにします。すると、オートナンバー型のフィールド「ID」が自動で追加され、連番が自動で振られます。このフィールド名は後で変更できます。

23 「インポート先のテーブル」にテーブル名の「T_注文」を入力する

24 ［完了］をクリックする

25 ［閉じる］をクリックする

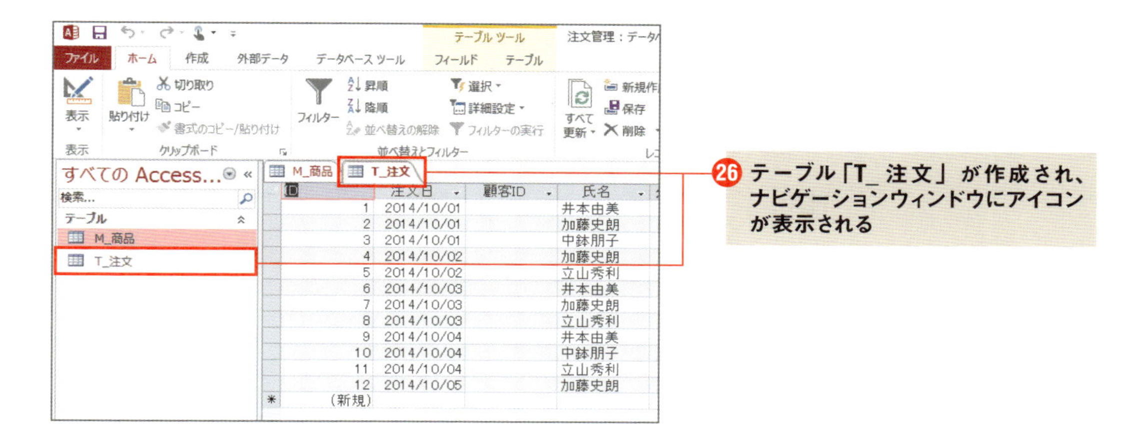

2 主キーのフィールド名を変更

これでSheet2のExcelデータをテーブル「T_注文」としてインポートできました。ただ、主キーのフィールド名が自動設定された「ID」になっているので、目的のフィールド名「注文ID」に変更します。

また、フィールド「氏名」はフィールド「顧客ID」のデータを一括入力するためだけのフィールドであり、本来は不要なので、次節で一括入力した後に削除します。

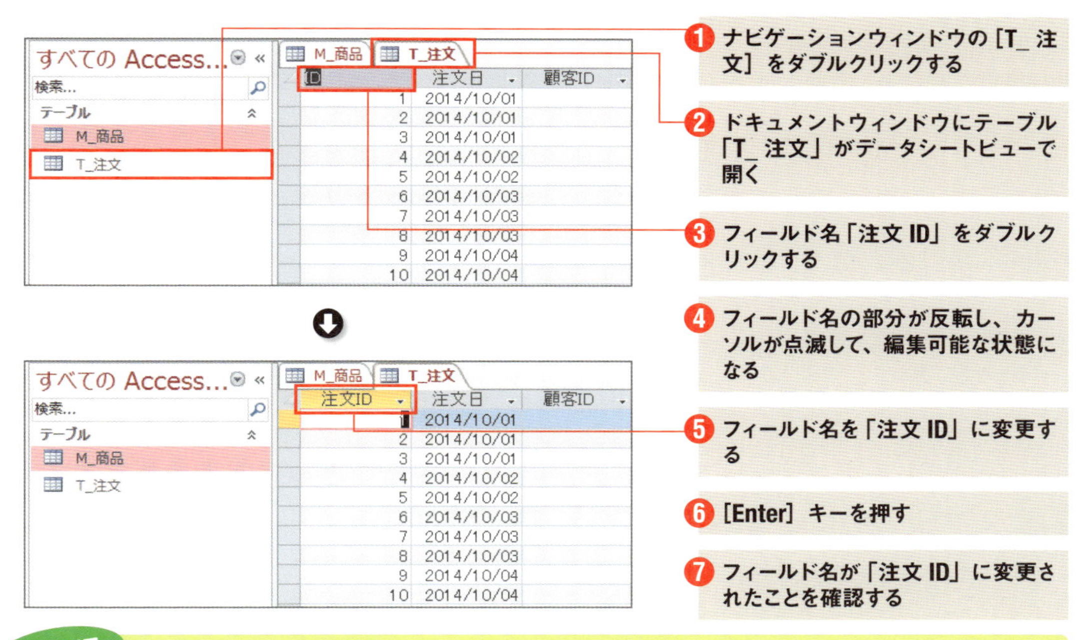

POINT

フィールド名の変更

インポートしたテーブルのフィールド名を変更するには、データシートビューにて、フィールド名の部分をダブルクリックして編集します。

3 フィールド「顧客ID」の書式を修正

フィールド「顧客 ID」はインポートの際、データ型が前のフィールド「注文日」と同じ日付／時刻型に設定されたので、先ほど修正しました。さらに書式も日付／時刻型に設定されてしまっているので修正します。修正はデザインビューで行います。

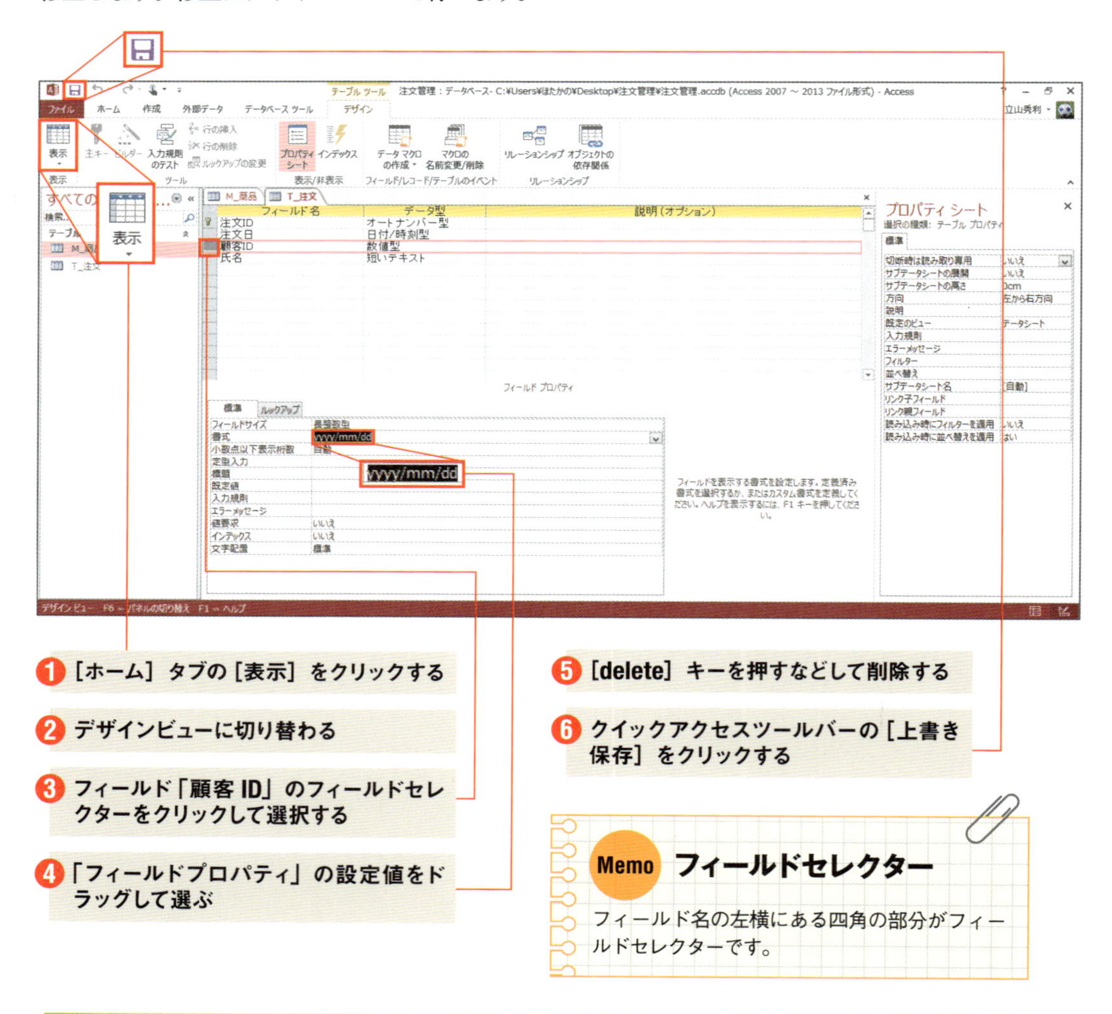

1 ［ホーム］タブの［表示］をクリックする

2 デザインビューに切り替わる

3 フィールド「顧客 ID」のフィールドセレクターをクリックして選択する

4 「フィールドプロパティ」の設定値をドラッグして選ぶ

5 ［delete］キーを押すなどして削除する

6 クイックアクセスツールバーの［上書き保存］をクリックする

Memo フィールドセレクター

フィールド名の左横にある四角の部分がフィールドセレクターです。

テーブル「T_注文明細」をインポート

続いて Excel データ「移行用データ.xlsx」の Sheet3 から、テーブル「T_注文明細」をインポートしましょう。主キーはインポート時にオートナンバー型のフィールドを追加します。そのため、インポート後にフィールド名を「ID」から「明細 ID」に変更する必要があります。

そして、「移行用データ.xlsx」の Sheet3 では、Sheet1 や Sheet2 と異なり、不要なフィールドを削除していません。その状態から必要なフィールドのみを選んでインポートします。

1 Sheet3のExcelデータをインポート

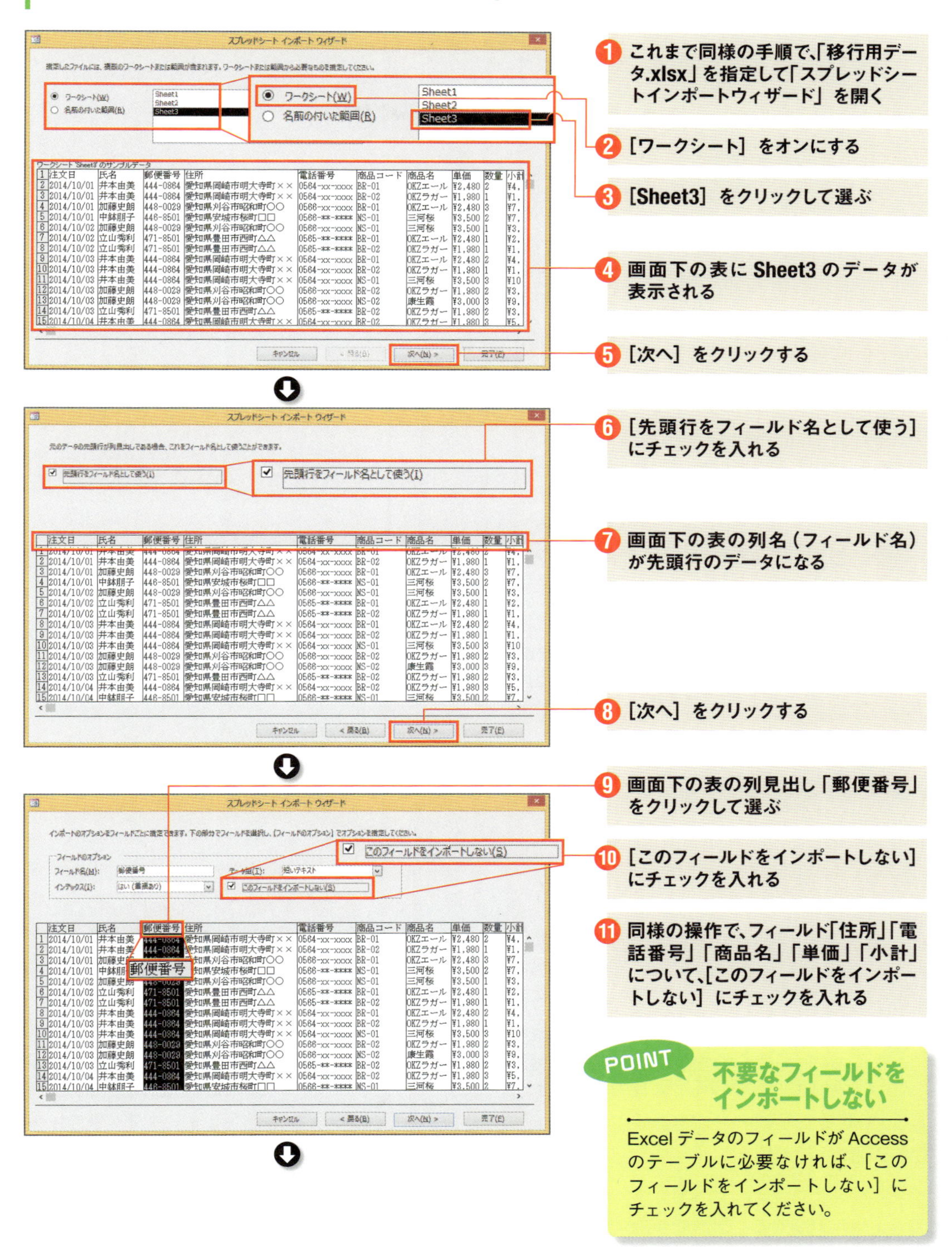

❶ これまで同様の手順で、「移行用データ.xlsx」を指定して「スプレッドシートインポートウィザード」を開く

❷ [ワークシート] をオンにする

❸ [Sheet3] をクリックして選ぶ

❹ 画面下の表に Sheet3 のデータが表示される

❺ [次へ] をクリックする

❻ [先頭行をフィールド名として使う] にチェックを入れる

❼ 画面下の表の列名（フィールド名）が先頭行のデータになる

❽ [次へ] をクリックする

❾ 画面下の表の列見出し「郵便番号」をクリックして選ぶ

❿ [このフィールドをインポートしない] にチェックを入れる

⓫ 同様の操作で、フィールド「住所」「電話番号」「商品名」「単価」「小計」について、[このフィールドをインポートしない] にチェックを入れる

POINT 不要なフィールドをインポートしない

Excel データのフィールドが Access のテーブルに必要なければ、[このフィールドをインポートしない] にチェックを入れてください。

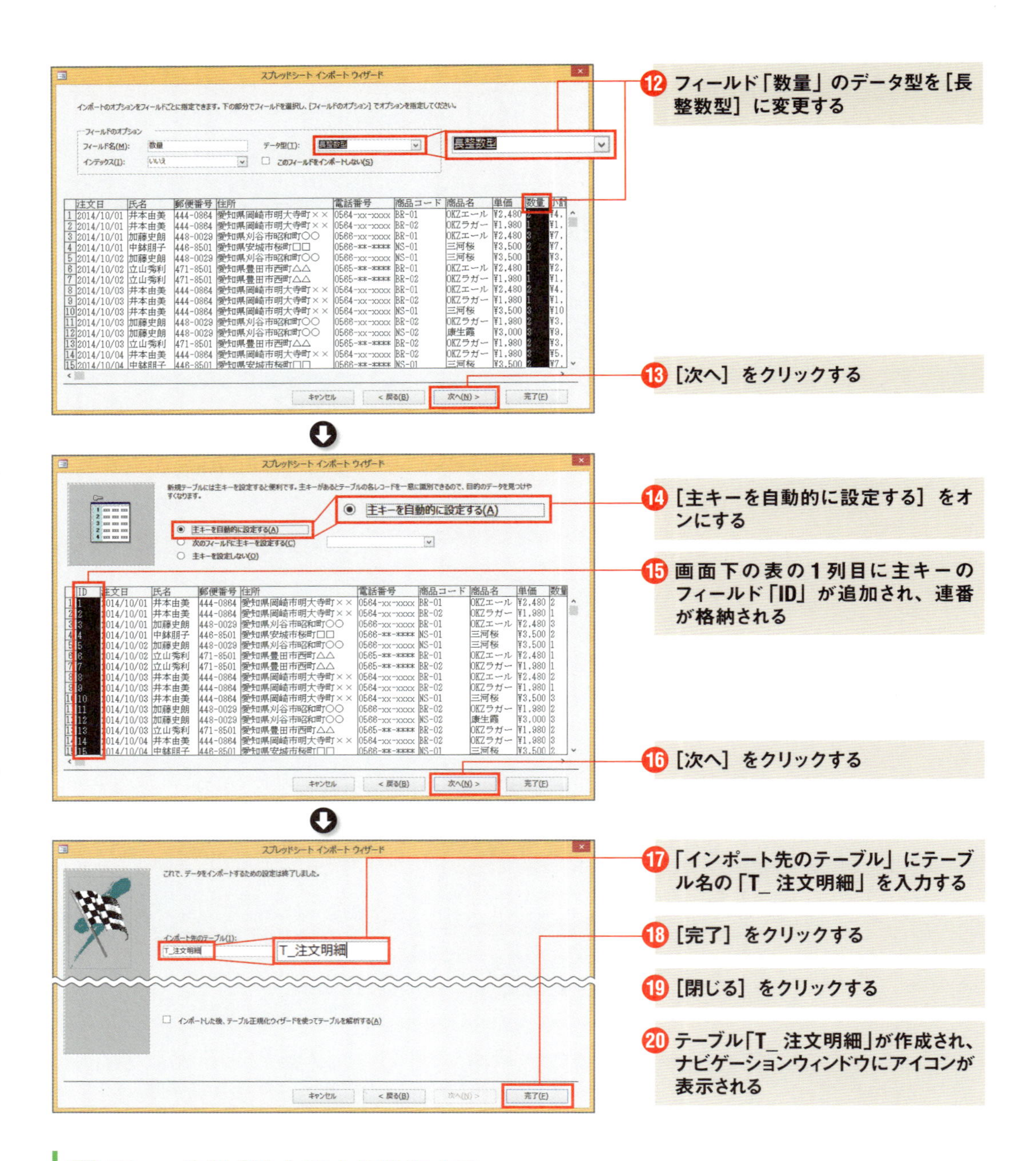

2 フィールド「注文ID」を追加する

テーブル「T_注文明細」は主キーのフィールド名が「ID」になっているので「明細ID」に変更します。あわせて、外部キーであるフィールド「注文ID」がないので追加します。追加作業はデザインビューで行います。

また、フィールド「注文日」と「氏名」はフィールド「注文ID」のデータを一括入力するためだけのフィールドなので、次節で一括入力した後に削除します。

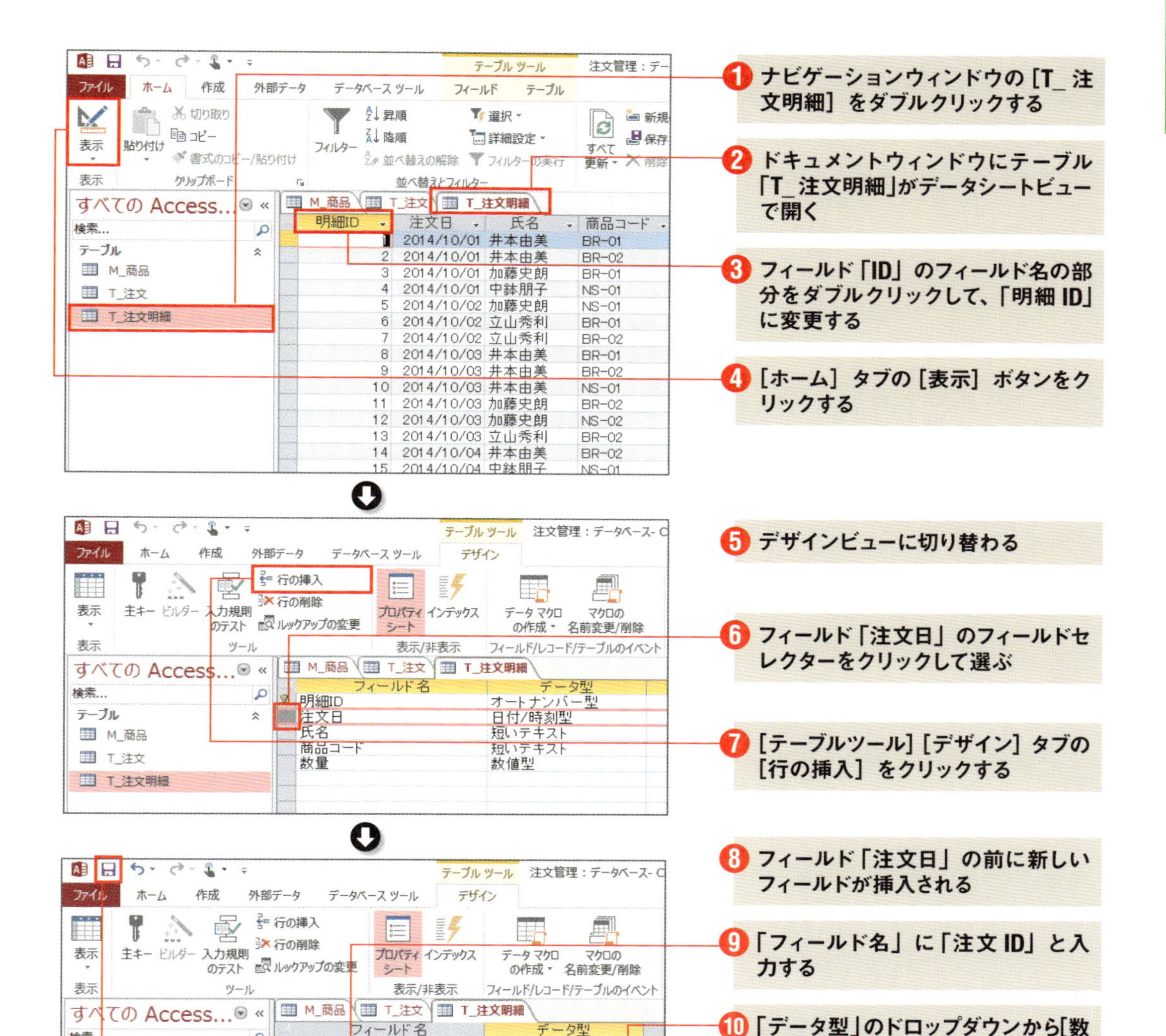

POINT フィールドを追加

デザインビューでテーブルにフィールドを追加するには、［テーブルツール］［デザイン］タブの［行の挿入］をクリックします。また、データシートビューの［クリックして追加］からも追加することができます。

Memo 数値型のフィールドサイズ

フィールド「注文日」のフィールドサイズは、デザインビューの画面下側の「フィールドプロパティ」の表にある「フィールドサイズ」の欄で確認・変更できます。

テーブル「M_顧客」をインポート

最後に、「顧客リスト.csv」のデータをテーブル「M_顧客」としてインポートします。インポート時に主キーを追加し、フィールド名を「顧客ID」に変更します。

1 CSVファイルのデータをインポート

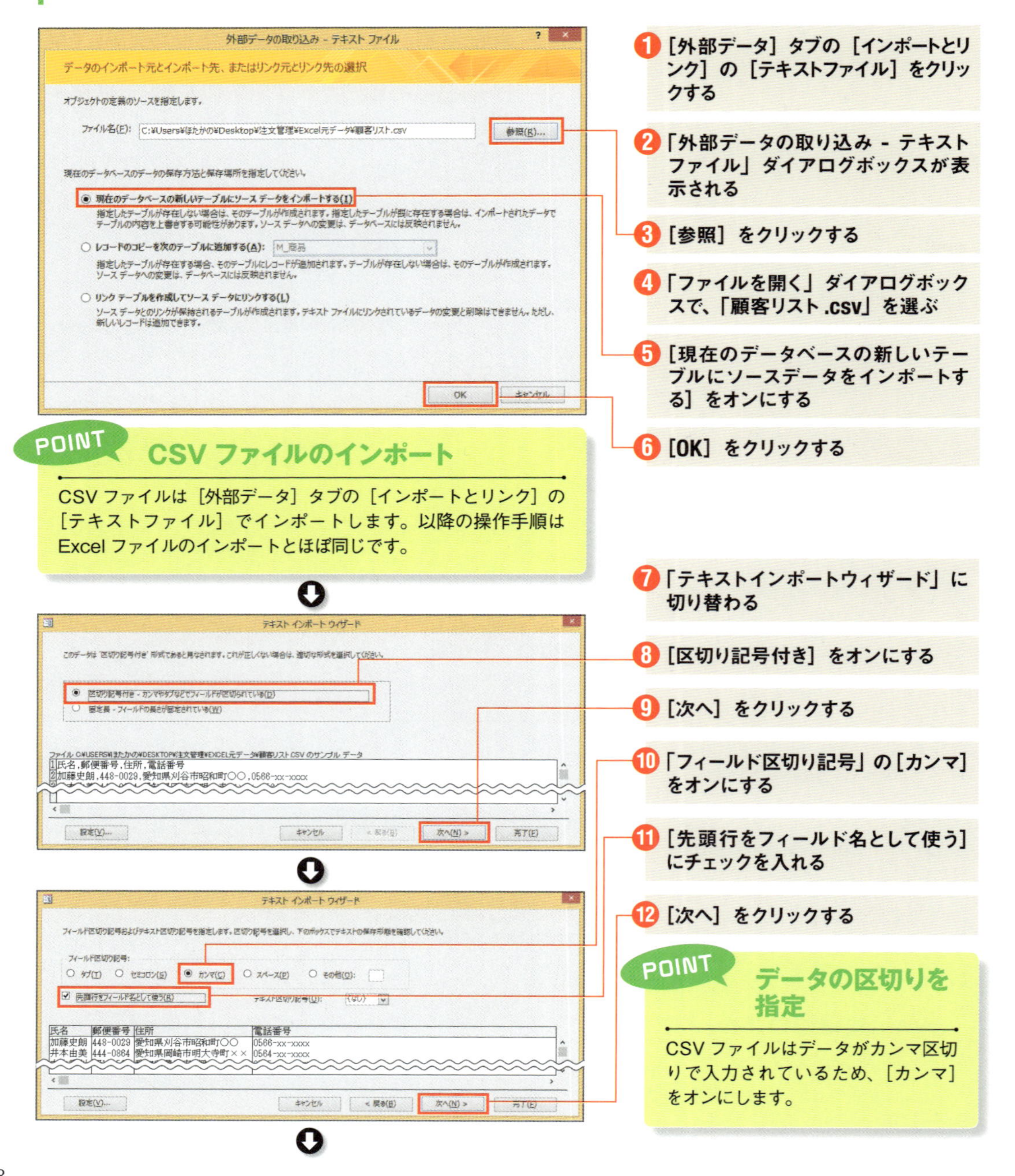

1 ［外部データ］タブの［インポートとリンク］の［テキストファイル］をクリックする
2 「外部データの取り込み - テキストファイル」ダイアログボックスが表示される
3 ［参照］をクリックする
4 「ファイルを開く」ダイアログボックスで、「顧客リスト.csv」を選ぶ
5 ［現在のデータベースの新しいテーブルにソースデータをインポートする］をオンにする
6 ［OK］をクリックする

POINT CSVファイルのインポート

CSVファイルは［外部データ］タブの［インポートとリンク］の［テキストファイル］でインポートします。以降の操作手順はExcelファイルのインポートとほぼ同じです。

7 「テキストインポートウィザード」に切り替わる
8 ［区切り記号付き］をオンにする
9 ［次へ］をクリックする
10 「フィールド区切り記号」の［カンマ］をオンにする
11 ［先頭行をフィールド名として使う］にチェックを入れる
12 ［次へ］をクリックする

POINT データの区切りを指定

CSVファイルはデータがカンマ区切りで入力されているため、［カンマ］をオンにします。

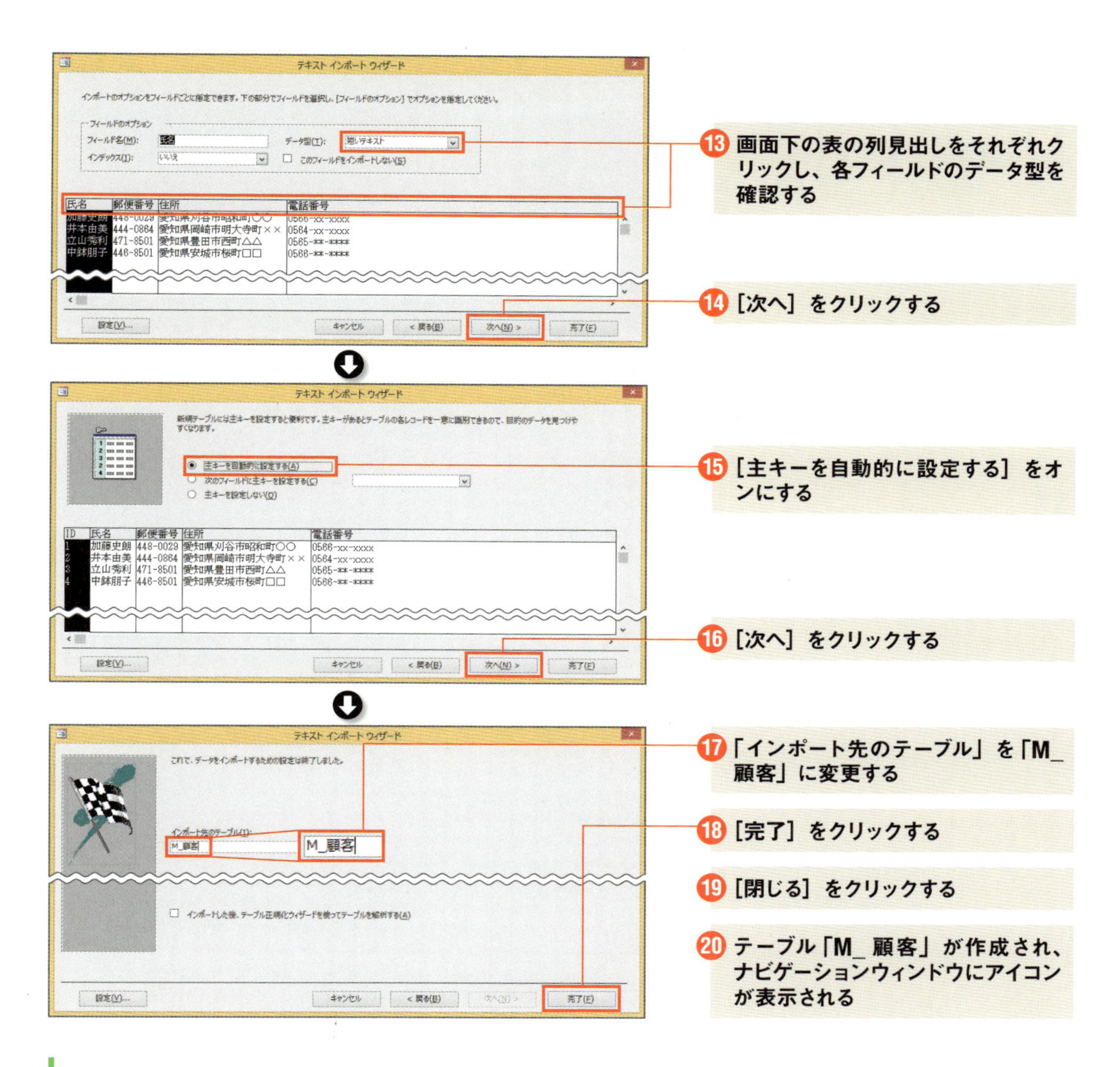

⑬ 画面下の表の列見出しをそれぞれクリックし、各フィールドのデータ型を確認する

⑭［次へ］をクリックする

⑮［主キーを自動的に設定する］をオンにする

⑯［次へ］をクリックする

⑰「インポート先のテーブル」を「M_顧客」に変更する

⑱［完了］をクリックする

⑲［閉じる］をクリックする

⑳ テーブル「M_顧客」が作成され、ナビゲーションウィンドウにアイコンが表示される

2 主キーのフィールド名を変更

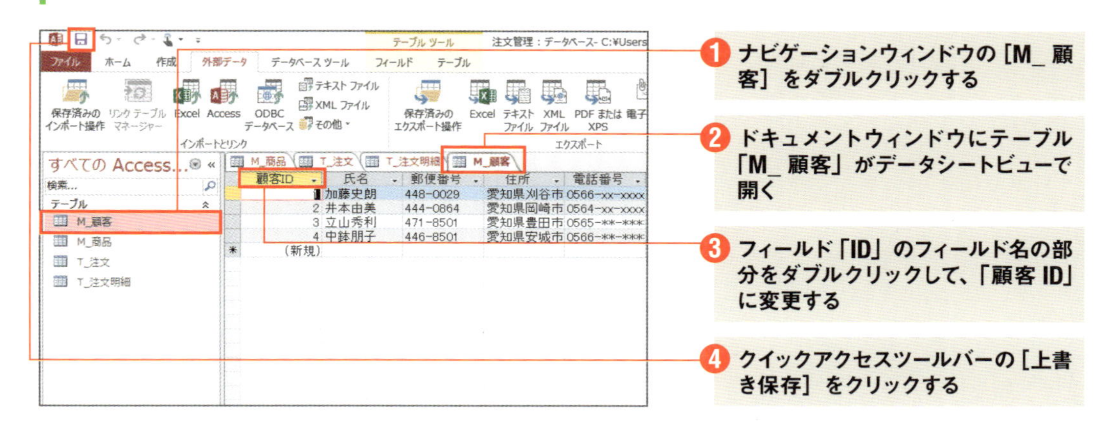

❶ ナビゲーションウィンドウの［M_顧客］をダブルクリックする

❷ ドキュメントウィンドウにテーブル「M_顧客」がデータシートビューで開く

❸ フィールド「ID」のフィールド名の部分をダブルクリックして、「顧客ID」に変更する

❹ クイックアクセスツールバーの［上書き保存］をクリックする

05 外部キーにデータをクエリで一括入力しよう

本節では、テーブル「T_注文」の外部キーのフィールド「顧客 ID」のデータをクエリで一括入力します。テーブル「T_注文明細」外部キーのフィールド「注文 ID」のデータも、同様にクエリで一括入力します。

テーブル「T_注文」のフィールド「顧客 ID」を一括入力

テーブル「T_注文」の内容は現在、データシートビューで開いて確認すると、次のようになっています。

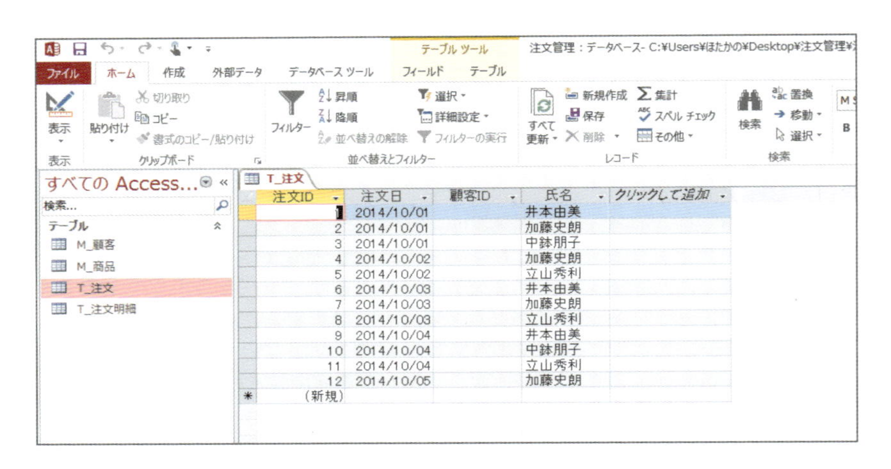

注文ID	注文日	顧客ID	氏名	クリックして追加
1	2014/10/01		井本由美	
2	2014/10/01		加藤史朗	
3	2014/10/01		中鉢朋子	
4	2014/10/02		加藤史朗	
5	2014/10/02		立山秀利	
6	2014/10/03		井本由美	
7	2014/10/03		加藤史朗	
8	2014/10/03		立山秀利	
9	2014/10/04		井本由美	
10	2014/10/04		中鉢朋子	
11	2014/10/04		立山秀利	
12	2014/10/05		加藤史朗	
(新規)				

外部キーのフィールド「顧客 ID」は空の状態です。そして、フィールド「顧客 ID」のデータを一括入力するためだけに、本来は不要なフィールドであるフィールド「氏名」を残していました。

一方、テーブル「M_顧客」の内容は次のようになっています。

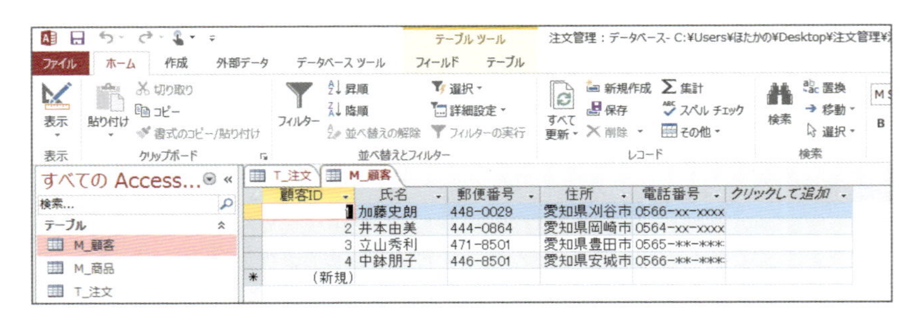

顧客ID	氏名	郵便番号	住所	電話番号	クリックして追加
1	加藤史朗	448-0029	愛知県刈谷市	0566-xx-xxxx	
2	井本由美	444-0864	愛知県岡崎市	0564-xx-xxxx	
3	立山秀利	471-8501	愛知県豊田市	0565-**-***	
4	中鉢朋子	446-8501	愛知県安城市	0566-**-***	
(新規)					

テーブル「T_注文」のフィールド「氏名」のデータを用い、テーブル「M_顧客」のフィールド「氏名」と照らし合わせ、対応するフィールド「顧客 ID」のデータを一括入力します。

その操作にはアクションクエリの一種である「更新クエリ」を使います。指定したフィールドを指定したデータに一括更新するクエリです。アクションクエリには「追加クエリ」もありますが、そちらは新規レコードを追加するクエリです。今回やりたいことはフィールド「顧客」一括入力なのですが、テーブル「T_注文」にはすでに必要なレコードは存在しており、空になっているフィールド「顧客ID」を適切なデータに変更（更新）する操作になるので、更新クエリを使うことになります。

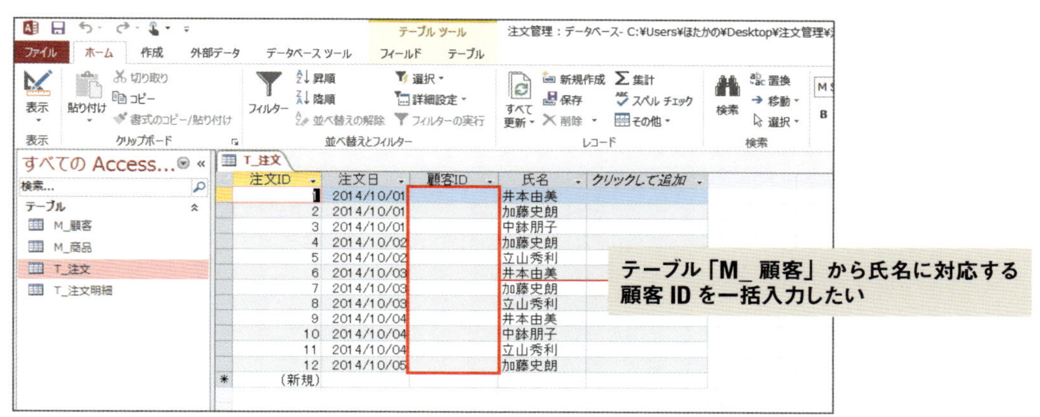

氏名に対応する顧客 ID を更新クエリで入力

なお、ここで注意していただきたいのは、本節で解説する方法はあくまでも同姓同名の顧客がいない場合のみです。同姓同名の顧客がいると、フィールド「氏名」から対応するフィールド「顧客ID」を特定できないからです。もし、同姓同名の顧客がいるなら、テーブル「T_注文」のフィールド「顧客ID」のデータは、Excelの元データ整理の段階で入れておくか、Accessへインポート後に手入力する必要があります。今回は更新クエリの練習も兼ねて、更新クエリによる方法を用います。

また、テーブル「T_注文」のフィールド「氏名」は、テーブル「T_注文」のフィールド「顧客ID」の一括入力が終わった後も、テーブル「注文明細」の外部キーのフィールド「注文ID」の一括入力に必要なので、残しておきます。その後に削除します。

Memo 同姓同名の顧客への対応

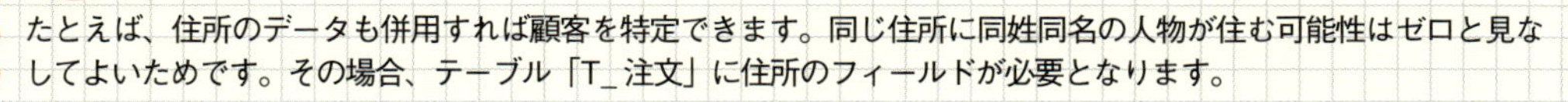

たとえば、住所のデータも併用すれば顧客を特定できます。同じ住所に同姓同名の人物が住む可能性はゼロと見なしてよいためです。その場合、テーブル「T_注文」に住所のフィールドが必要となります。

それでは、目的の更新クエリを作成し、テーブル「T_注文」のフィールド「顧客ID」を一括入力します。テーブル「T_注文」とテーブル「M_顧客」は閉じておいてください。

クエリは2章02で解説したように、主にデザインビューで作成します。クエリのデザインビューのドキュメントウィンドウは上半分が「デザインワークスペース」、下半分が「デザイングリッド」と呼ばれます。デザインワークスペースには、クエリに用いるテーブルが表示されます。デザイングリッドでは、クエリの設定内容を設定します。デザインワークスペースにあるテーブルから必要なフィールドをデザイングリッドに追加した後、どのフィールドをどのような条件でどのようにデータを更新するかを指定します。

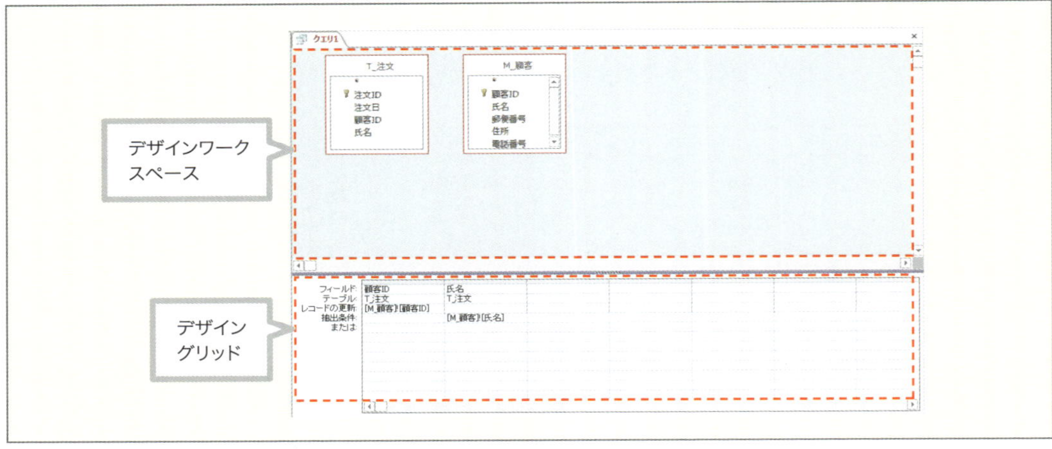

デザインワークスペースとデザイングリッド

それでは更新クエリを作成します。テーブルはすべて閉じておいてください。特に更新対象のテーブル「T_注文」は、開いたままだと更新できないので注意してください。

1 更新クエリを作成

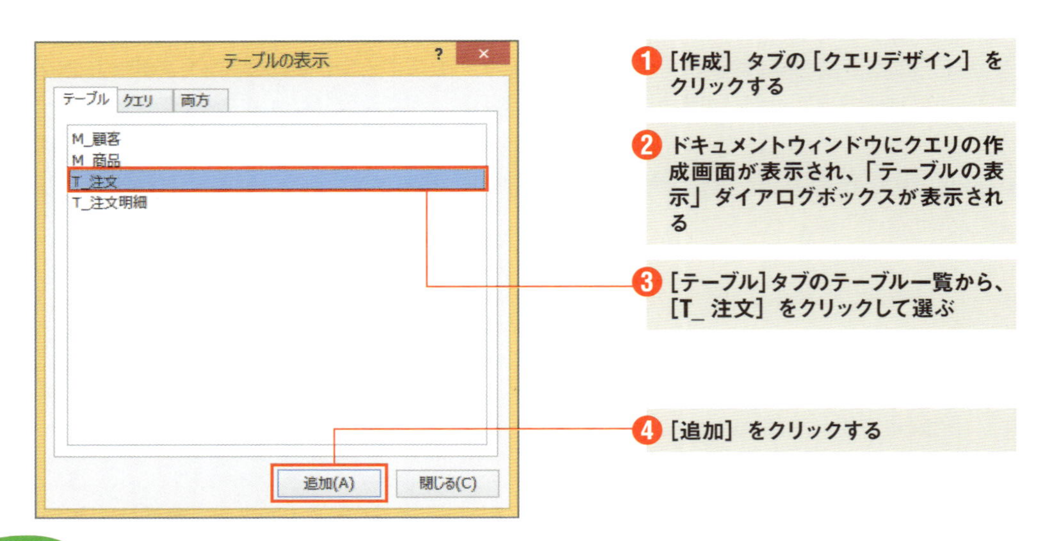

POINT まずは必要なテーブルを追加

基本的にはどのクエリも、まずは「テーブルの表示」ダイアログボックスから、クエリに用いるテーブルをデザインワークスペースに追加します。

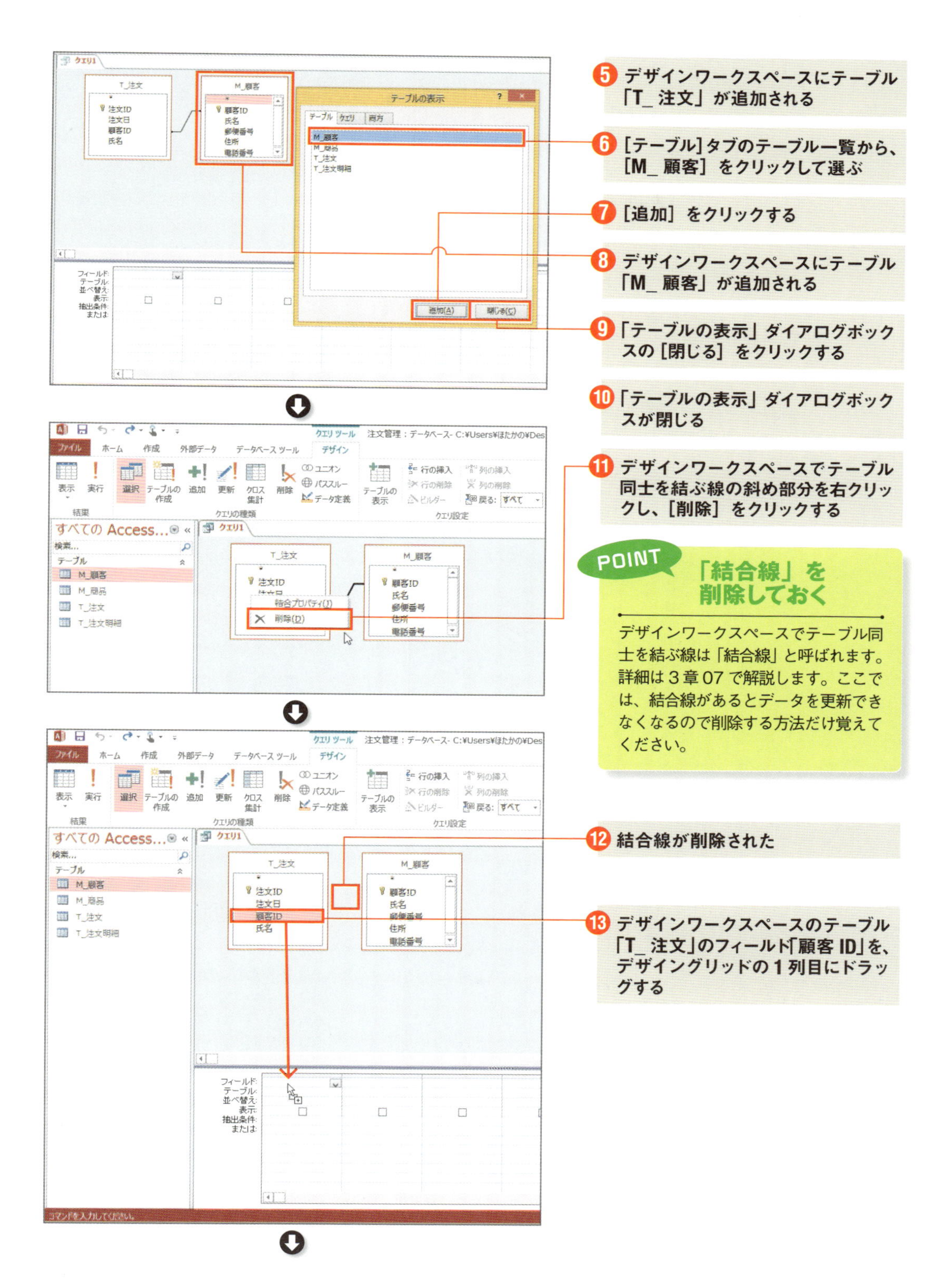

5 デザインワークスペースにテーブル「T_ 注文」が追加される

6 [テーブル] タブのテーブル一覧から、[M_ 顧客] をクリックして選ぶ

7 [追加] をクリックする

8 デザインワークスペースにテーブル「M_ 顧客」が追加される

9 「テーブルの表示」ダイアログボックスの [閉じる] をクリックする

10 「テーブルの表示」ダイアログボックスが閉じる

11 デザインワークスペースでテーブル同士を結ぶ線の斜め部分を右クリックし、[削除] をクリックする

12 結合線が削除された

13 デザインワークスペースのテーブル「T_ 注文」のフィールド「顧客 ID」を、デザイングリッドの 1 列目にドラッグする

POINT

「結合線」を削除しておく

デザインワークスペースでテーブル同士を結ぶ線は「結合線」と呼ばれます。詳細は 3 章 07 で解説します。ここでは、結合線があるとデータを更新できなくなるので削除する方法だけ覚えてください。

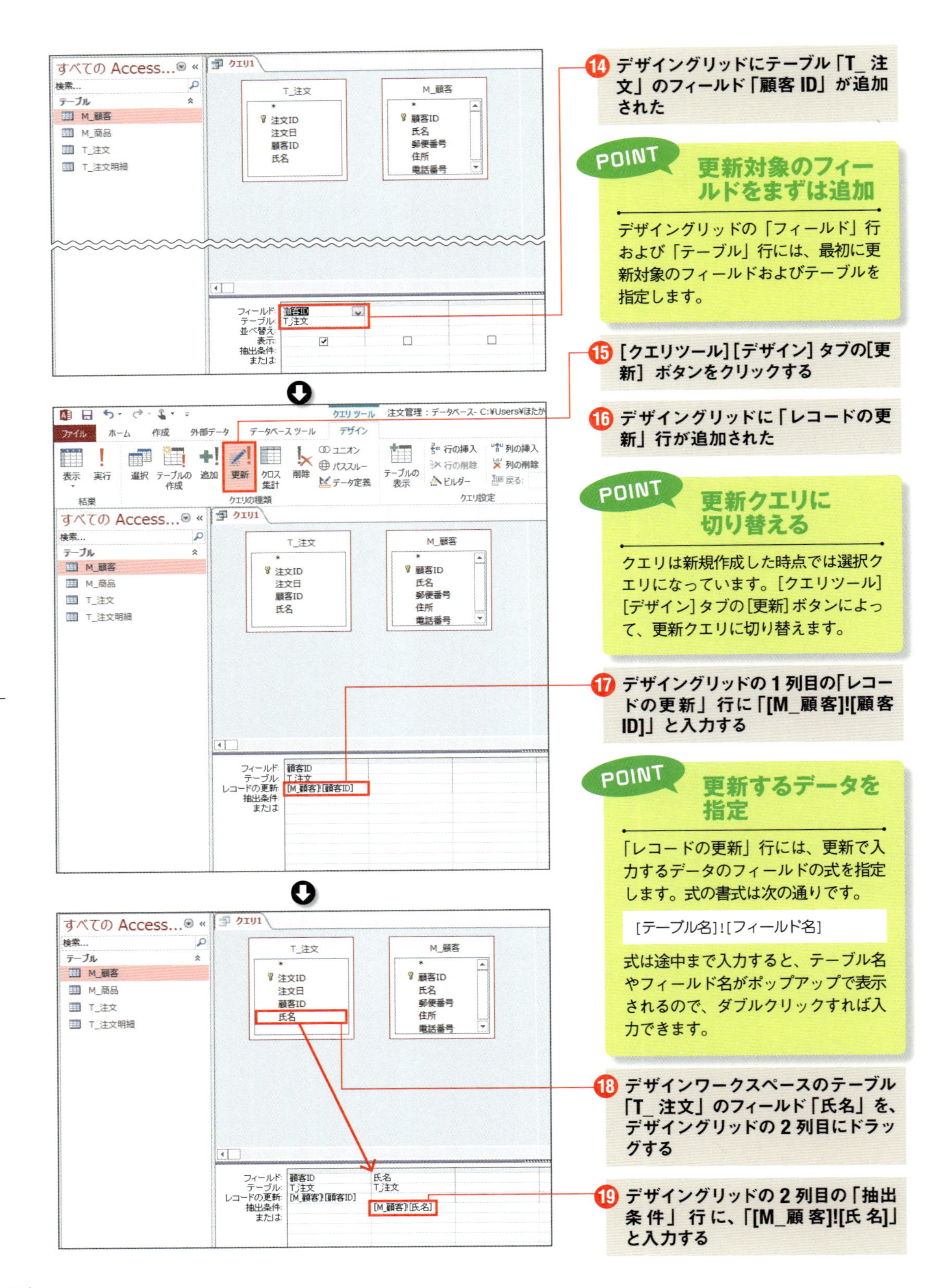

⑭ デザイングリッドにテーブル「T_注文」のフィールド「顧客 ID」が追加された

POINT 更新対象のフィールドをまずは追加

デザイングリッドの「フィールド」行および「テーブル」行には、最初に更新対象のフィールドおよびテーブルを指定します。

⑮ [クエリツール][デザイン]タブの[更新]ボタンをクリックする

⑯ デザイングリッドに「レコードの更新」行が追加された

POINT 更新クエリに切り替える

クエリは新規作成した時点では選択クエリになっています。[クエリツール][デザイン]タブの[更新]ボタンによって、更新クエリに切り替えます。

⑰ デザイングリッドの1列目の「レコードの更新」行に「[M_顧客]![顧客ID]」と入力する

POINT 更新するデータを指定

「レコードの更新」行には、更新で入力するデータのフィールドの式を指定します。式の書式は次の通りです。

[テーブル名]![フィールド名]

式は途中まで入力すると、テーブル名やフィールド名がポップアップで表示されるので、ダブルクリックすれば入力できます。

⑱ デザインワークスペースのテーブル「T_注文」のフィールド「氏名」を、デザイングリッドの2列目にドラッグする

⑲ デザイングリッドの2列目の「抽出条件」行に、「[M_顧客]![氏名]」と入力する

一方、テーブル「T_注文」の内容は次のようになっています。外部キーであるフィールド「顧客ID」のデータは先ほど一括入力しました。フィールド「氏名」は本来不要ですが、テーブル「T_注文明細」のフィールド「注文ID」の一括入力のために残しておいたのでした。

注文ID	注文日	顧客ID	氏名
1	2014/10/01	2	井本由美
2	2014/10/01	1	加藤史朗
3	2014/10/01	4	中鉢朋子
4	2014/10/02	1	加藤史朗
5	2014/10/02	3	立山秀利
6	2014/10/03	2	井本由美
7	2014/10/03	1	加藤史朗
8	2014/10/03	3	立山秀利
9	2014/10/04	2	井本由美
10	2014/10/04	4	中鉢朋子
11	2014/10/04	3	立山秀利
12	2014/10/05	1	加藤史朗
(新規)			

テーブル「T_注文明細」のフィールド「注文日」および「データ」を、テーブル「T_注文」のフィールド「注文日」および「氏名」と照らし合わせ、対応するフィールド「注文ID」のデータを「T_注文明細」に一括入力します。その操作には先ほどと同じく、更新クエリを使います。

一括入力が終わったら、テーブル「T_注文明細」には本来不要なフィールド「注文日」と「氏名」を削除します。

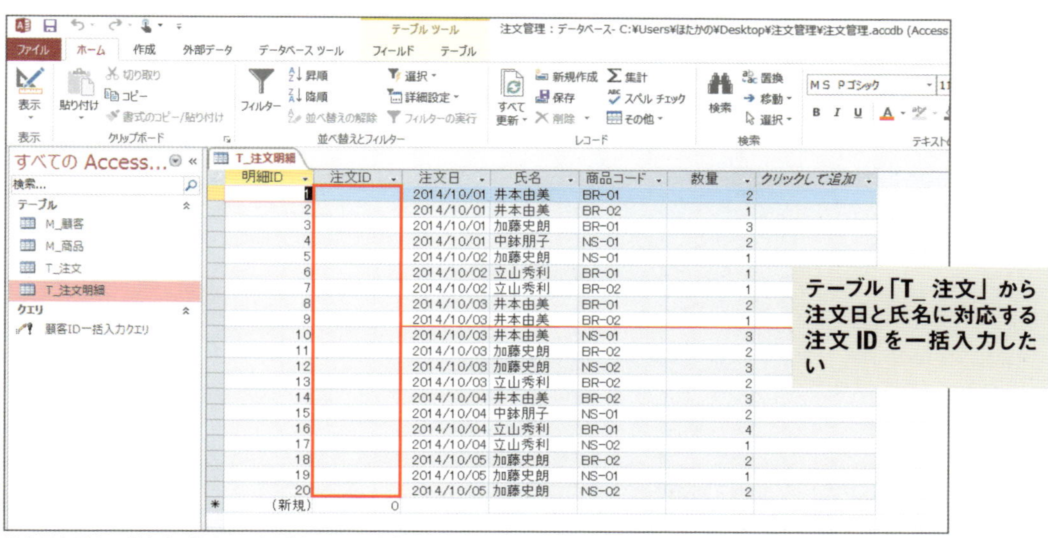

明細ID	注文ID	注文日	氏名	商品コード	数量
1		2014/10/01	井本由美	BR-01	2
2		2014/10/01	井本由美	BR-02	1
3		2014/10/01	加藤史朗	BR-01	3
4		2014/10/01	中鉢朋子	NS-01	2
5		2014/10/02	加藤史朗	NS-01	1
6		2014/10/02	立山秀利	BR-01	1
7		2014/10/02	立山秀利	BR-02	1
8		2014/10/03	井本由美	BR-01	2
9		2014/10/03	井本由美	BR-02	1
10		2014/10/03	井本由美	NS-01	3
11		2014/10/03	加藤史朗	BR-02	2
12		2014/10/03	加藤史朗	NS-02	3
13		2014/10/03	立山秀利	BR-02	2
14		2014/10/04	井本由美	BR-02	3
15		2014/10/04	中鉢朋子	NS-01	2
16		2014/10/04	立山秀利	BR-01	4
17		2014/10/04	立山秀利	NS-02	1
18		2014/10/05	加藤史朗	BR-02	2
19		2014/10/05	加藤史朗	NS-01	1
20		2014/10/05	加藤史朗	NS-02	2
(新規)	0				

注文日と氏名に対応する注文IDを更新クエリで入力

なお、ここで注意していただきたいのは、本節で解説する方法はあくまでも同じ日に同じ顧客の注文は1件しかない場合にのみ使えるということです。同じ日に同じ顧客の注文が複数あると、フィールド「注文日」と「氏名」から対応するフィールド「注文ID」を特定できないからです。もし、同じ日に同じ顧客の注文が複数あれば、テーブル「T_注文明細」のフィールド「注文ID」のデータは、Excelの元データ整理の段階で入れておくか、Accessへインポート後に手入力する必要があります。今回は練習も兼ねて、更新クエリによる方法を用います。

Memo 同じ日に同じ顧客の注文が複数ある場合への対応

もし、同じ日に同じ顧客の注文が複数ある場合に対応するなら、注文の日付に加え時刻も管理する必要があります。

それでは更新クエリを作成します。テーブルはすべて閉じておいてください。特に更新対象のテーブル「T_注文明細」は、開いたままだと更新できないので注意してください。

1 目的の更新クエリを作成

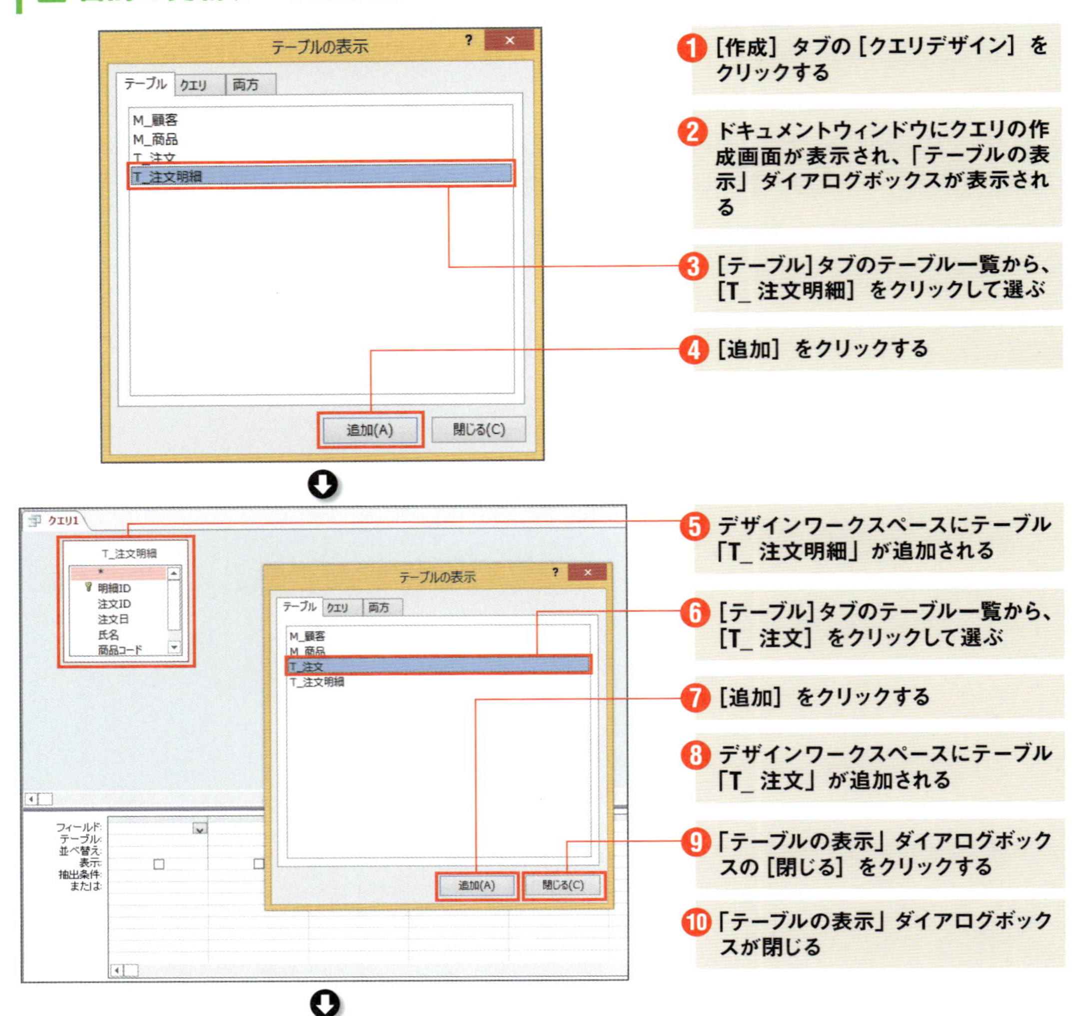

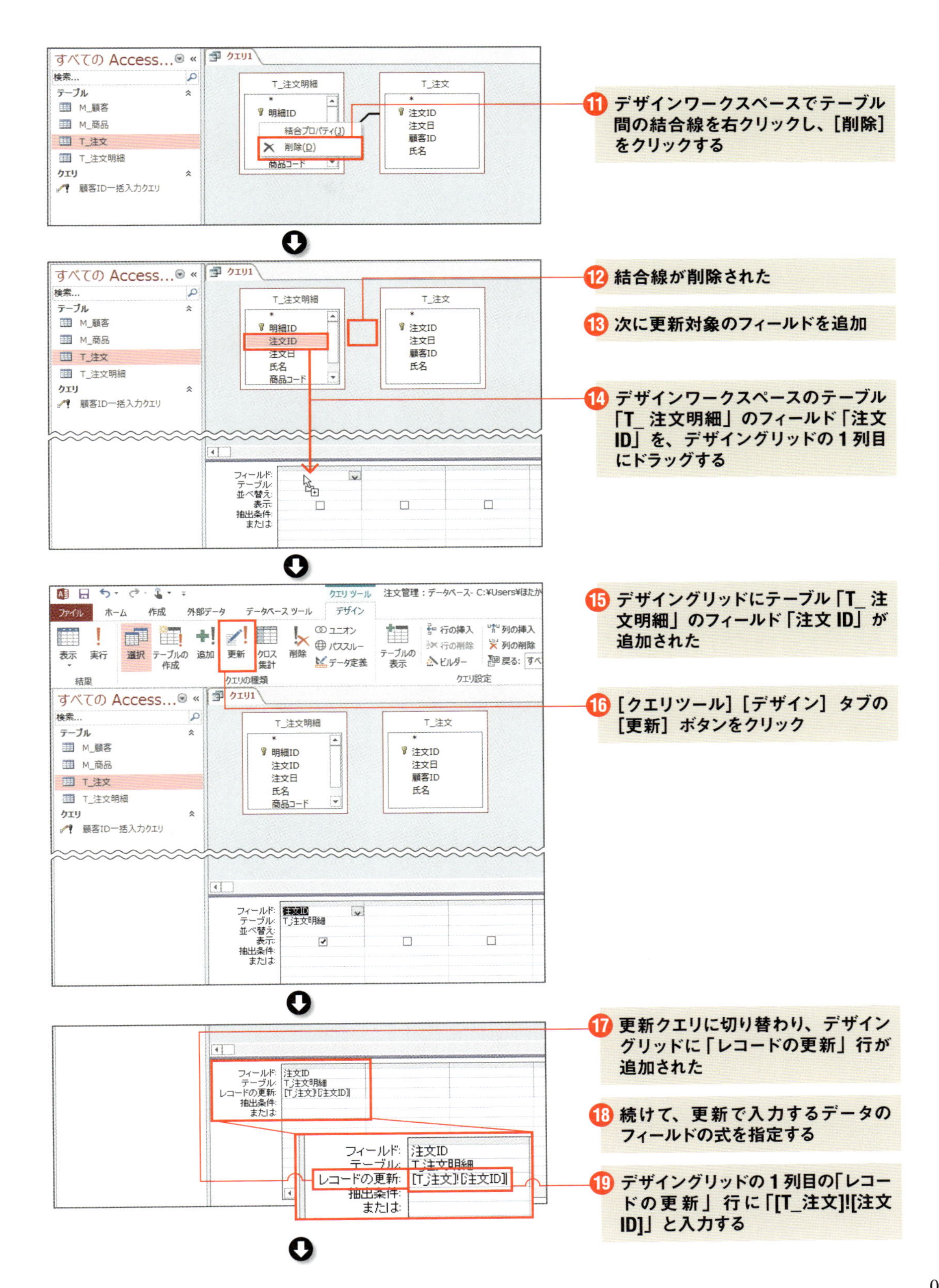
⑪ デザインワークスペースでテーブル間の結合線を右クリックし、[削除]をクリックする
⑫ 結合線が削除された
⑬ 次に更新対象のフィールドを追加
⑭ デザインワークスペースのテーブル「T_注文明細」のフィールド「注文ID」を、デザイングリッドの1列目にドラッグする
⑮ デザイングリッドにテーブル「T_注文明細」のフィールド「注文ID」が追加された
⑯ [クエリツール][デザイン]タブの[更新]ボタンをクリック
⑰ 更新クエリに切り替わり、デザイングリッドに「レコードの更新」行が追加された
⑱ 続けて、更新で入力するデータのフィールドの式を指定する
⑲ デザイングリッドの1列目の「レコードの更新」行に「[T_注文]![注文ID]」と入力する
フィールド:
注文ID
テーブル:
T_注文明細
レコードの更新:
[T_注文]![注文ID]
抽出条件:
または:

2 更新の条件を指定する

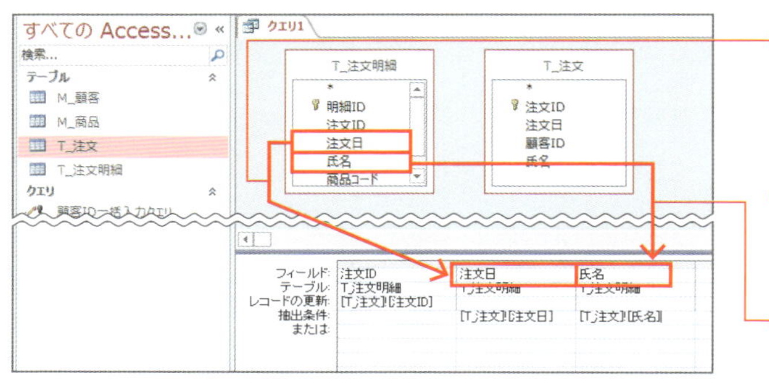

❶ デザインワークスペースのテーブル「T_注文明細」のフィールド「注文日」を、デザイングリッドの2列目にドラッグ

❷ デザイングリッドの2列目の「抽出条件」行に、「[T_注文]![注文日]」と入力する

❸ デザインワークスペースのテーブル「T_注文明細」のフィールド「氏名」を、デザイングリッドの3列目にドラッグ

❹ デザイングリッドの3列目の「抽出条件」行に、「[T_注文]![氏名]」と入力する

POINT 複数フィールドでの条件を指定

今回の更新の条件は両テーブルで、フィールド「注文日」とフィールド「氏名」がともに合致しているどうかです。このように条件のフィールドが複数ある場合は、必要なフィールドを必要な数だけデザイングリッドの列に追加します。複数列に条件を指定した場合、すべての列の条件が同時に成立した場合のみ更新が行われます。いずれかひとつしか成立しない場合は更新されません。

3 更新クエリを実行してデータを一括入力

これで目的の更新クエリを作成できました。さっそく実行してみましょう。

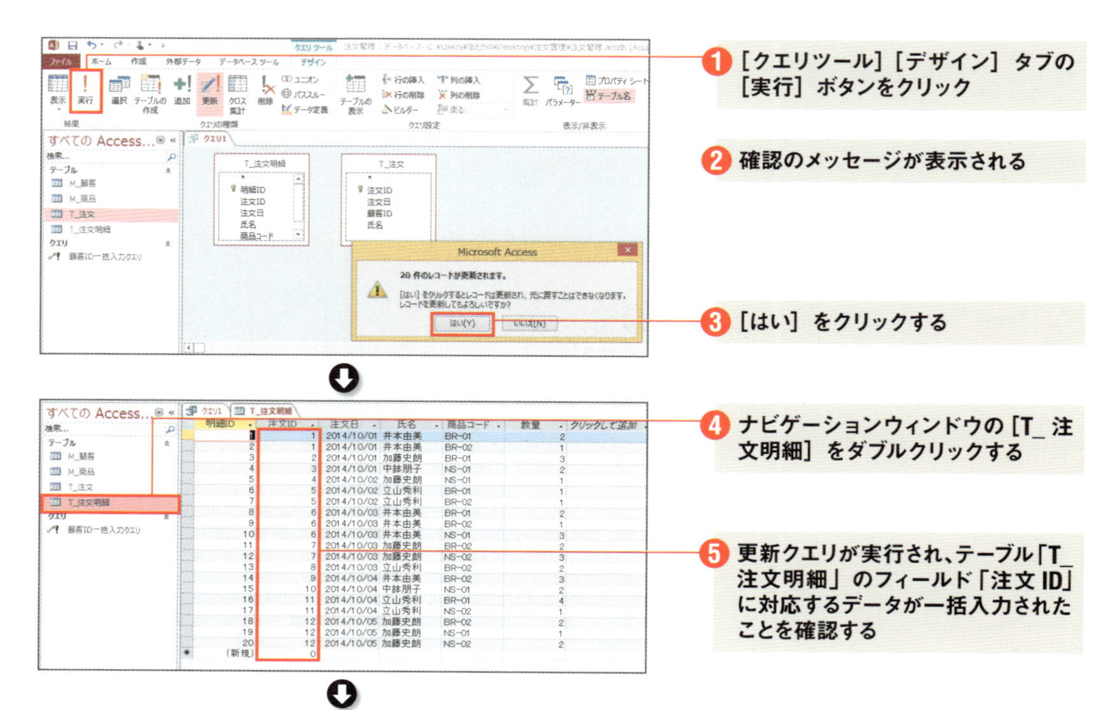

❶ [クエリツール][デザイン]タブの[実行]ボタンをクリック

❷ 確認のメッセージが表示される

❸ [はい]をクリックする

❹ ナビゲーションウィンドウの[T_注文明細]をダブルクリックする

❺ 更新クエリが実行され、テーブル「T_注文明細」のフィールド「注文ID」に対応するデータが一括入力されたことを確認する

4 更新クエリを保存する

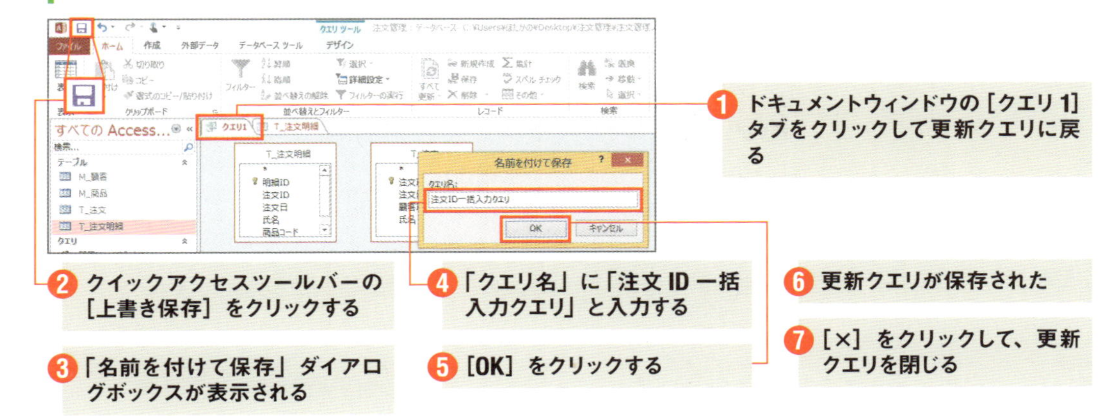

不要なフィールドを削除

テーブル「T_注文」のフィールド「顧客ID」と「T_注文明細」のフィールド「注文ID」への一括入力が終わったので、不要なフィールドを削除しましょう。

1 テーブル「T_注文」のフィールド「氏名」を削除

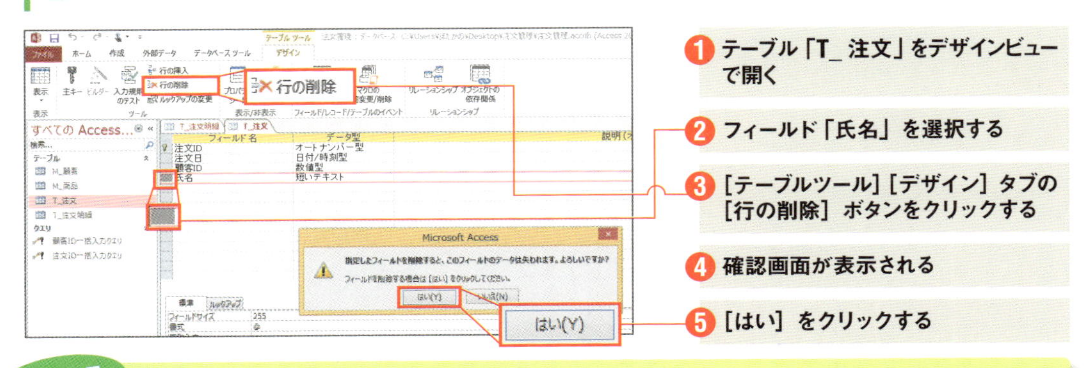

POINT テーブルのフィールドの削除

フィールドの削除は、デザインビューの［テーブルツール］［デザイン］タブの［行の削除］ボタンで行います。確認画面にも表示されるように、そのフィールドのデータはすべて失われるので、削除は慎重に行いましょう。

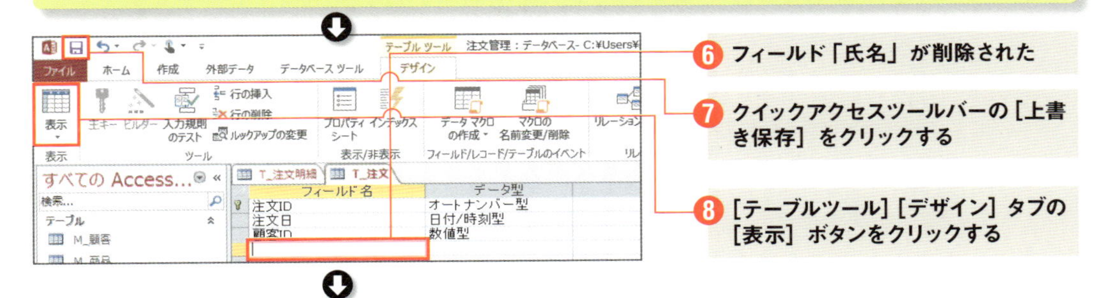

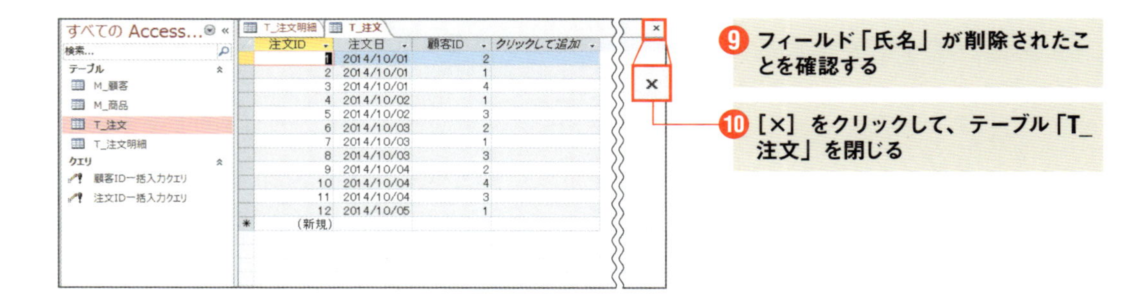

9 フィールド「氏名」が削除されたことを確認する

10 [×] をクリックして、テーブル「T_注文」を閉じる

2 テーブル「T_注文明細」フィールド「注文日」と「氏名」を削除

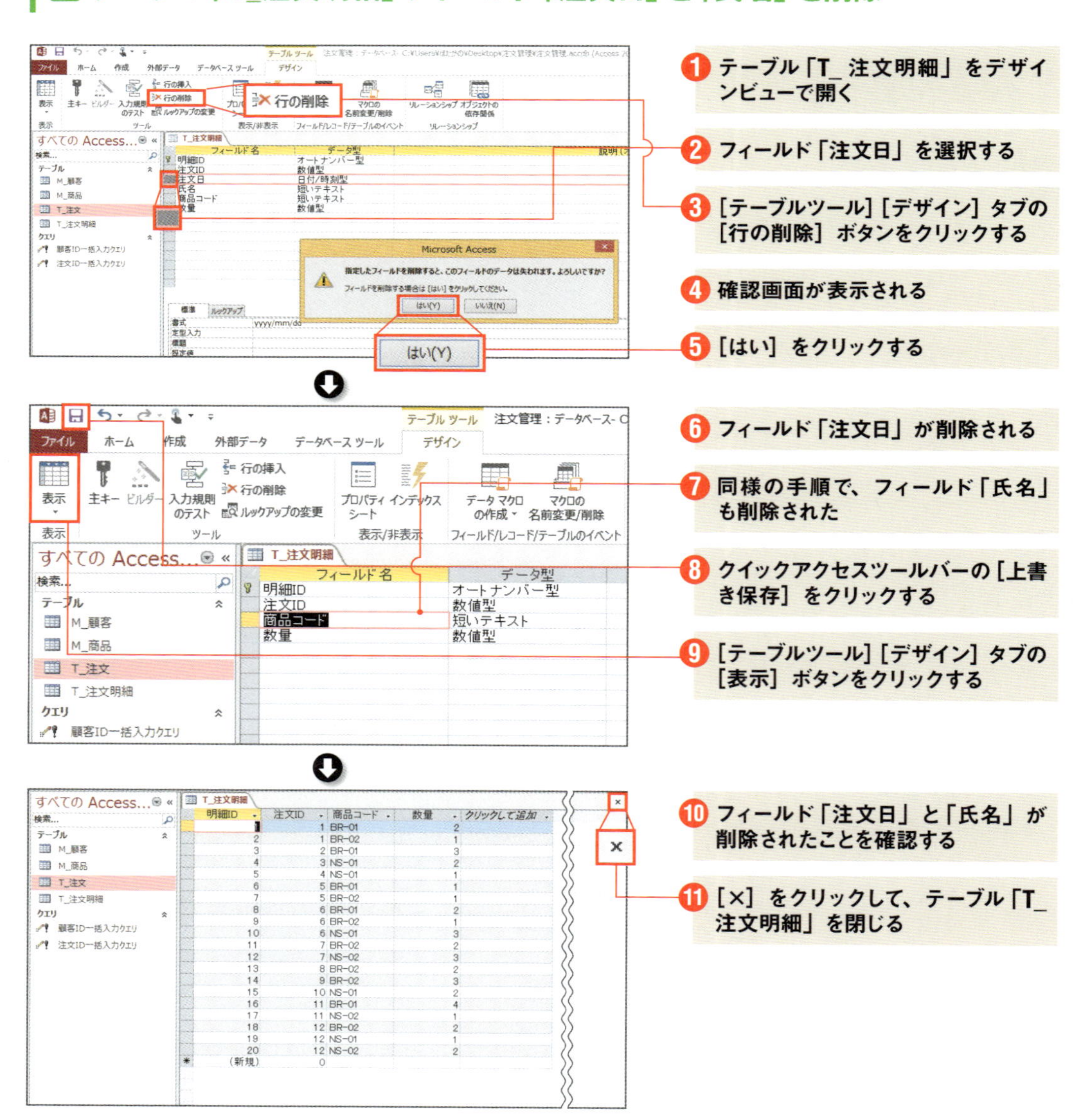

1 テーブル「T_注文明細」をデザインビューで開く

2 フィールド「注文日」を選択する

3 [テーブルツール] [デザイン] タブの [行の削除] ボタンをクリックする

4 確認画面が表示される

5 [はい] をクリックする

6 フィールド「注文日」が削除される

7 同様の手順で、フィールド「氏名」も削除された

8 クイックアクセスツールバーの [上書き保存] をクリックする

9 [テーブルツール] [デザイン] タブの [表示] ボタンをクリックする

10 フィールド「注文日」と「氏名」が削除されたことを確認する

11 [×] をクリックして、テーブル「T_注文明細」を閉じる

06 顧客と商品をドロップダウンから入力可能にしよう

より入力しやすいデータベースにするため、顧客と商品のデータをドロップダウンから選んで入力できるようにします。その仕組みには、「ルックアップ」という機能を使います。

テーブル「T_注文」で顧客のドロップダウン入力を設定する

ここまでの設定では、テーブル「T_注文」に購入した顧客の情報を入力する際、フィールド「顧客ID」に数値を入力するようになっています。これでは、入力したい顧客の顧客IDをいちいち照らし合わせる必要があり、使いづらいと言えます。

そこで、「ルックアップ」機能を用いて、フィールド「顧客ID」を顧客の氏名のドロップダウンから選んで入力できるようにします。ルックアップはウィザードで設定できます。

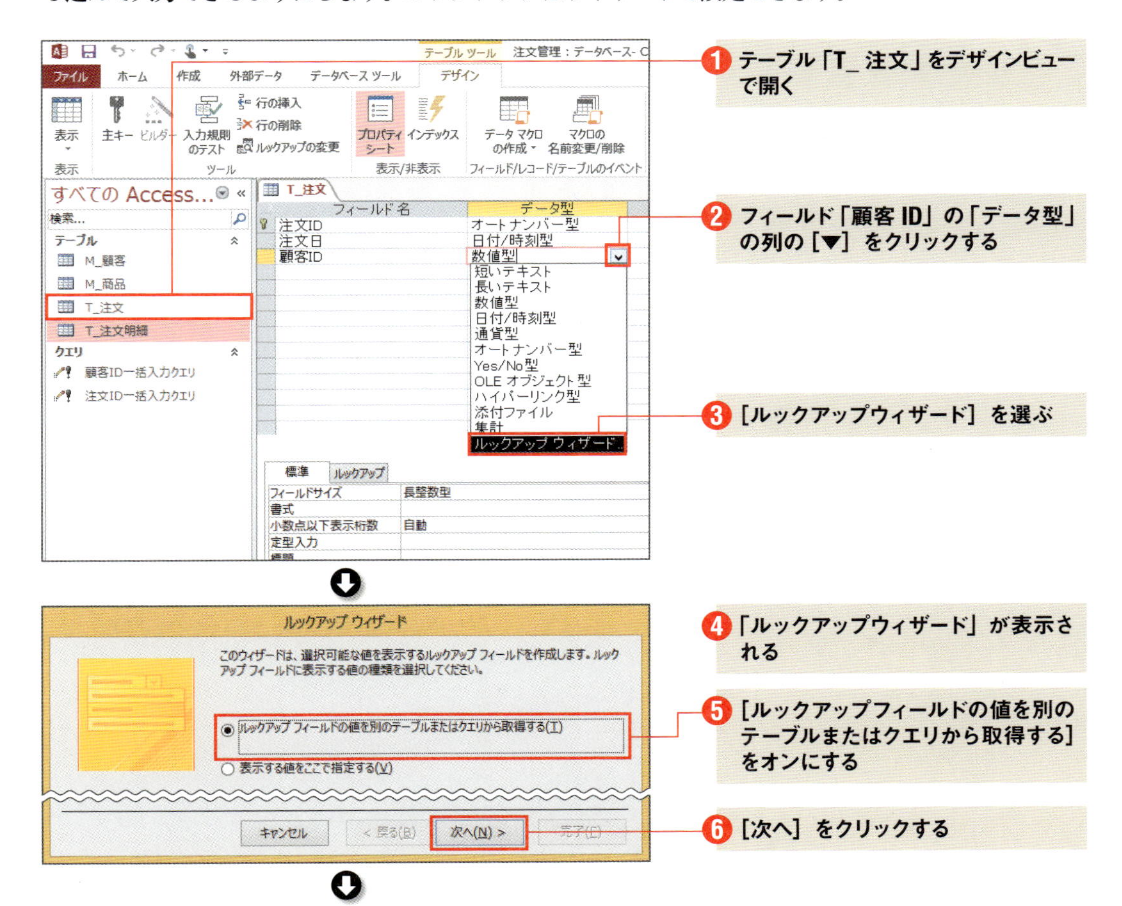

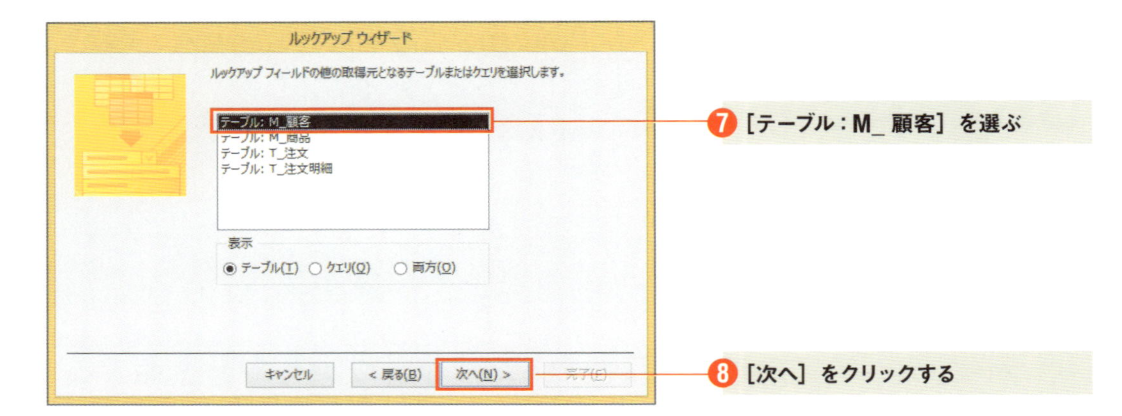

POINT

選択肢の元となるテーブルを指定

ドロップダウンの選択肢に表示したいデータが格納されているテーブルを指定します。今回は顧客の氏名を選択肢として表示したいので、氏名のデータが格納されているテーブル「M_顧客」を指定します。

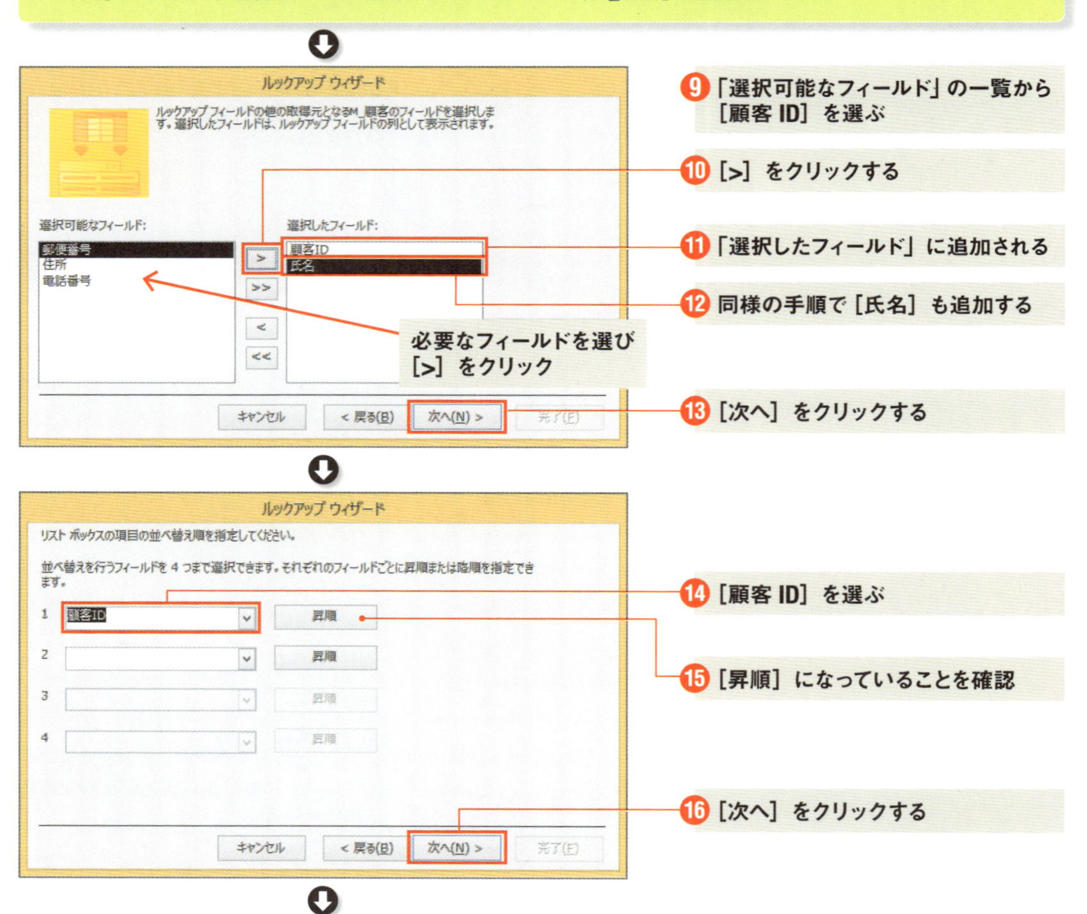

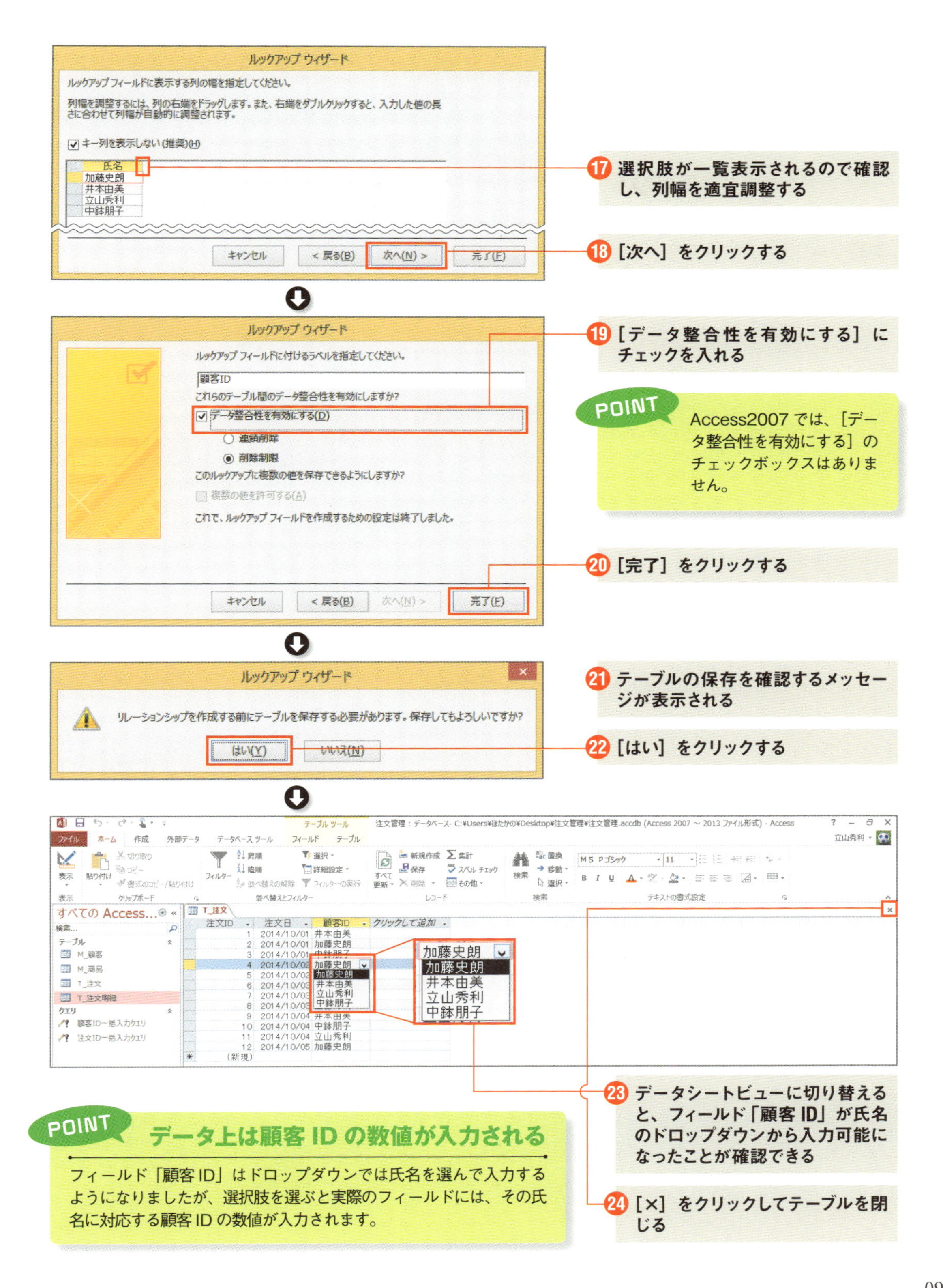

17 選択肢が一覧表示されるので確認し、列幅を適宜調整する

18 [次へ] をクリックする

19 [データ整合性を有効にする] にチェックを入れる

POINT

Access2007 では、[データ整合性を有効にする] のチェックボックスはありません。

20 [完了] をクリックする

21 テーブルの保存を確認するメッセージが表示される

22 [はい] をクリックする

23 データシートビューに切り替えると、フィールド「顧客 ID」が氏名のドロップダウンから入力可能になったことが確認できる

24 [×] をクリックしてテーブルを閉じる

POINT

データ上は顧客 ID の数値が入力される

フィールド「顧客 ID」はドロップダウンでは氏名を選んで入力するようになりましたが、選択肢を選ぶと実際のフィールドには、その氏名に対応する顧客 ID の数値が入力されます。

テーブル「T_注文明細」で商品のドロップダウン入力を設定する

ここまでの設定では、テーブル「T_注文明細」に購入した商品の情報を入力する際、フィールド「商品コード」に目的の商品の商品コードを英数字記号の文字列で入力するようになっています。同様にルックアップを設定し、商品名のドロップダウンから入力可能とします。

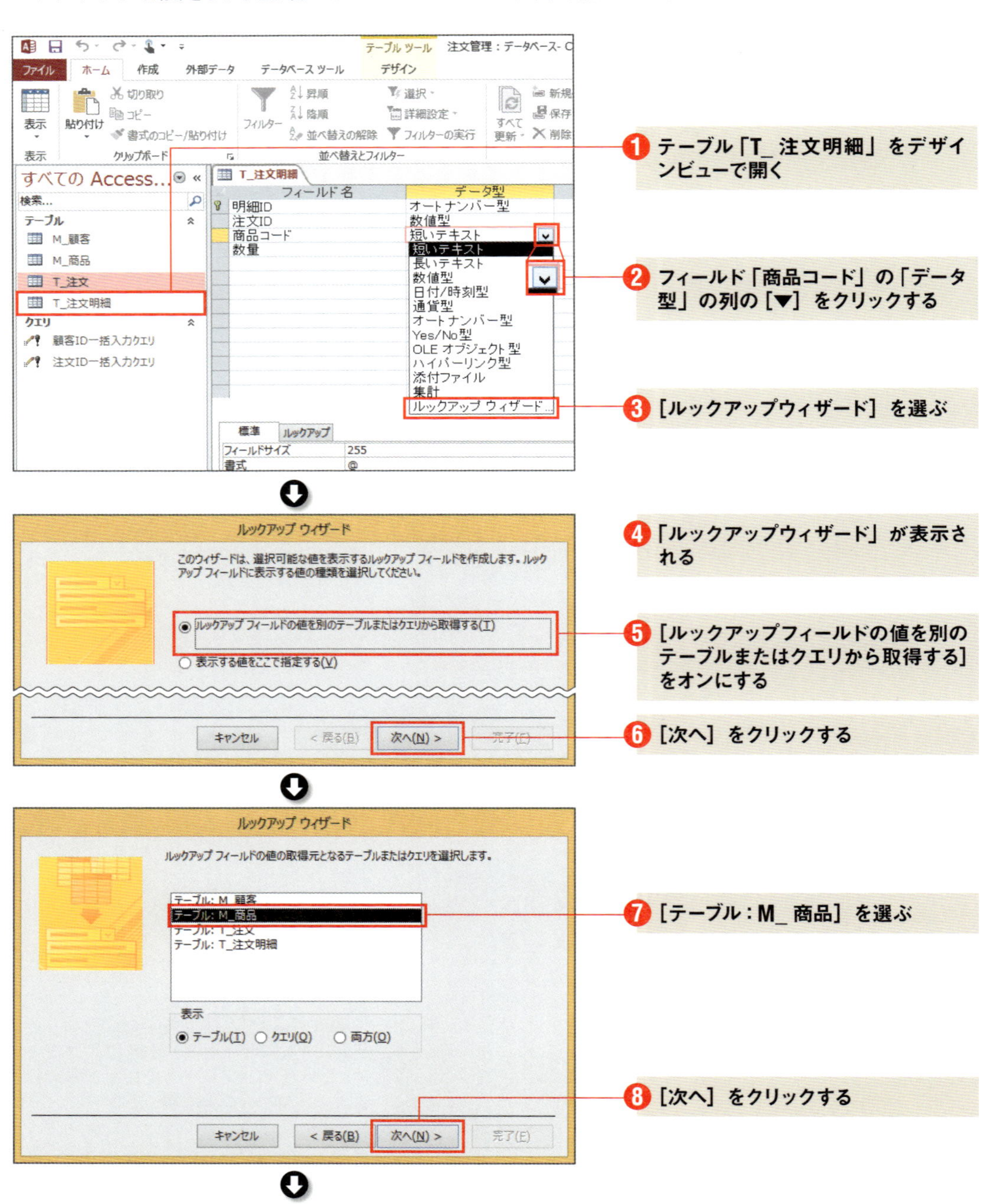

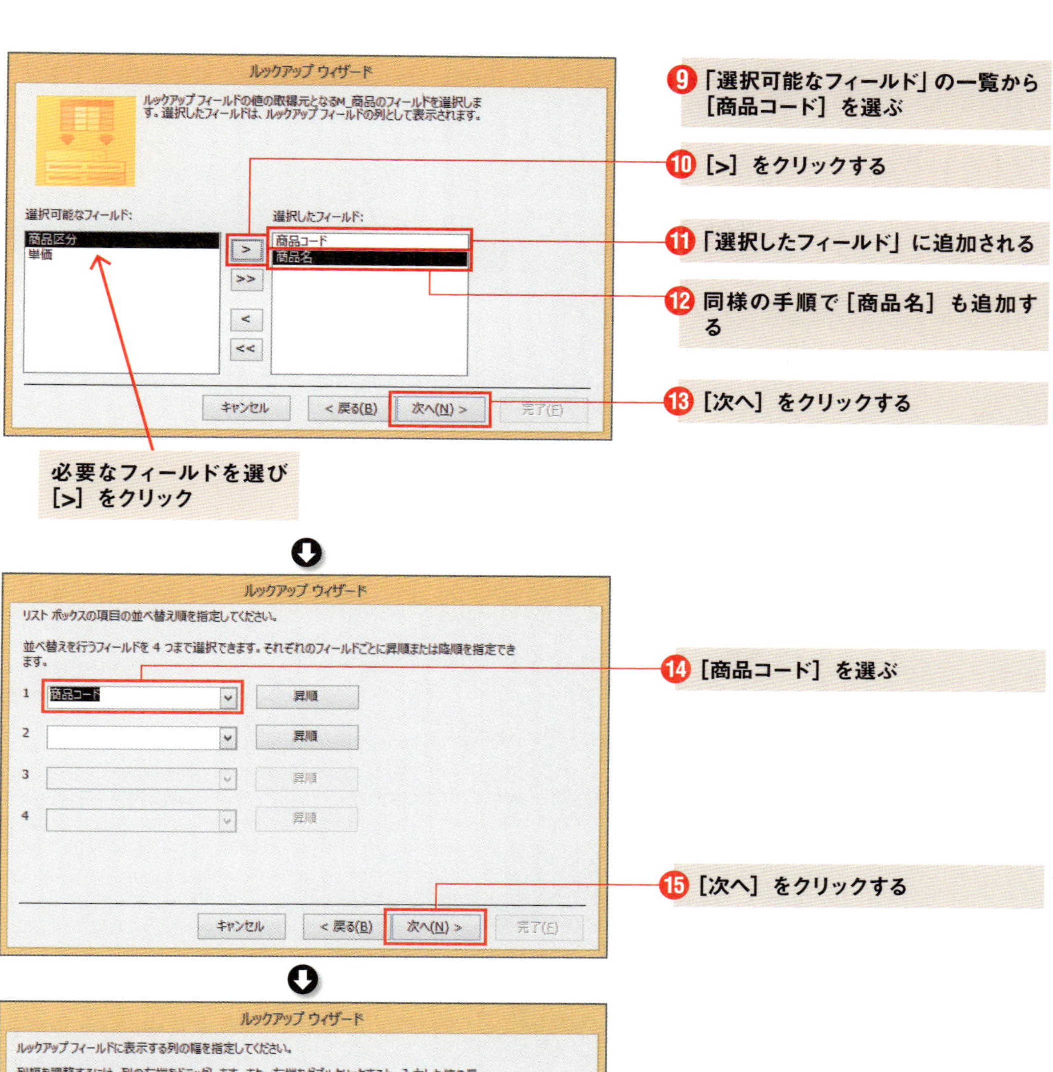
ルックアップ ウィザード
ルックアップ フィールドの値の取得元となるM_商品のフィールドを選択します。選択したフィールドは、ルックアップ フィールドの列として表示されます。
選択可能なフィールド:
商品区分
単価
選択したフィールド:
商品コード
商品名
キャンセル
< 戻る(B)
次へ(N) >
完了(F)
❾「選択可能なフィールド」の一覧から［商品コード］を選ぶ
❿［>］をクリックする
⓫「選択したフィールド」に追加される
⓬同様の手順で［商品名］も追加する
⓭［次へ］をクリックする
必要なフィールドを選び［>］をクリック
ルックアップ ウィザード
リスト ボックスの項目の並べ替え順を指定してください。
並べ替えを行うフィールドを 4 つまで選択できます。それぞれのフィールドごとに昇順または降順を指定できます。
商品コード
昇順
⓮［商品コード］を選ぶ
⓯［次へ］をクリックする

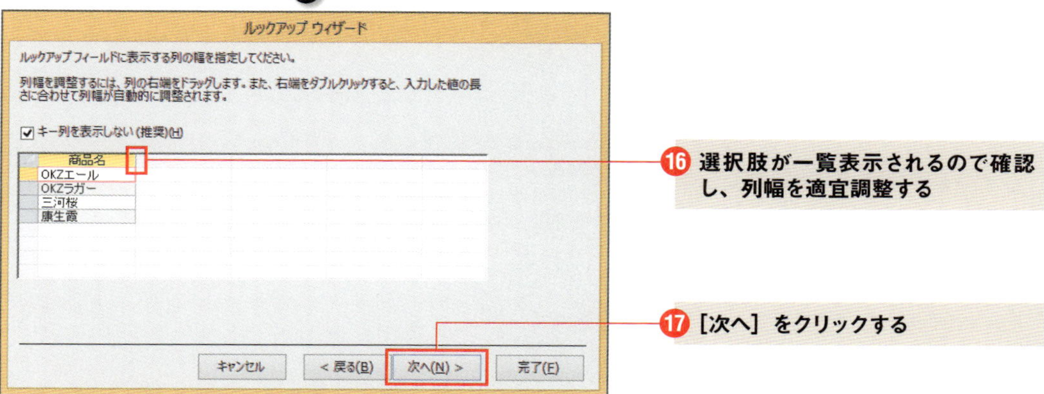
ルックアップ ウィザード
ルックアップ フィールドに表示する列の幅を指定してください。
列幅を調整するには、列の右端をドラッグします。また、右端をダブルクリックすると、入力した値の長さに合わせて列幅が自動的に調整されます。
キー列を表示しない (推奨)(H)
商品名
OKZエール
OKZラガー
三河桜
康生霞
キャンセル
< 戻る(B)
次へ(N) >
完了(F)
⓰選択肢が一覧表示されるので確認し、列幅を適宜調整する
⓱［次へ］をクリックする

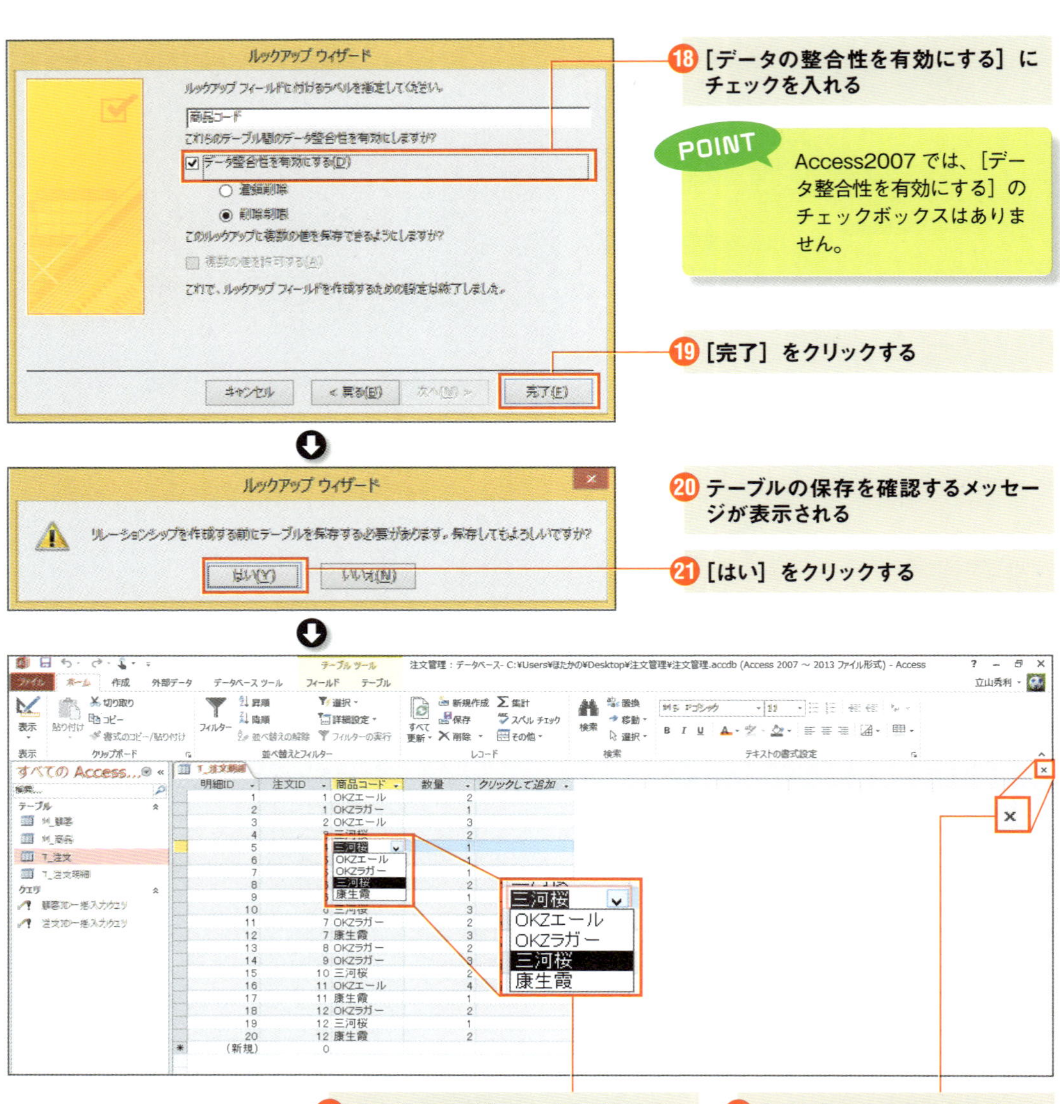

⑱［データの整合性を有効にする］にチェックを入れる

POINT
Access2007では、［データ整合性を有効にする］のチェックボックスはありません。

⑲［完了］をクリックする

⑳テーブルの保存を確認するメッセージが表示される

㉑［はい］をクリックする

㉒データシートビューに切り替えると、フィールド「商品コード」が商品名のドロップダウンから入力可能になったことを確認できる

㉓［×］をクリックしてテーブルを閉じる

07 リレーションシップを設定しよう

ここまでに4つのテーブルを作成しました。本節では、それら4つのテーブルが連携できるよう、リレーションシップを設定します。

リレーションシップの設定

複数のテーブルにリレーションシップを設定すると、テーブル同士を連携でき、あたかもひとつのテーブルのようにデータを扱えるようになります。たとえば本サンプルでは、どの顧客がいつ購入したかという注文に関する情報は、テーブル「T_注文」と「M_顧客」にデータを分けて管理しています。この2つのテーブルにリレーションシップを設定すれば、テーブル「T_注文」のフィールド「顧客ID」に対応するテーブル「M_顧客」の氏名などのデータがわかるようになり、セットで扱えるようになります。

それでは、4つのテーブルにリレーションシップを設定しましょう。3章02で設計したように、次の（A）～（C）の3つのリレーションシップを設定します。

	主キー		外部キー	
	テーブル	フィールド	テーブル	フィールド
(A)	M_顧客	顧客ID	T_注文	顧客ID
(B)	M_商品	商品コード	T_注文明細	商品コード
(C)	T_注文	注文ID	T_注文明細	注文ID

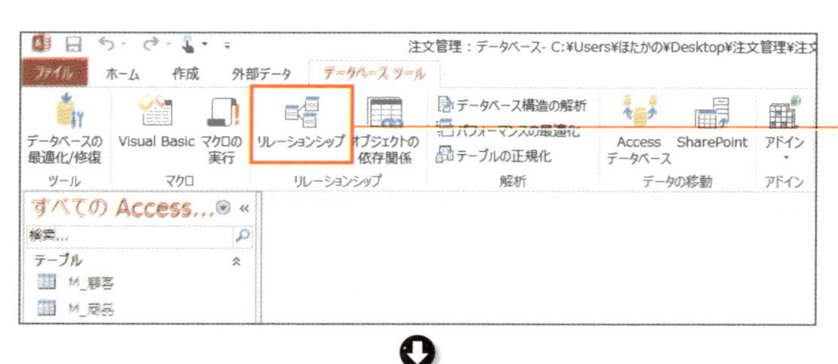

❶［データベースツール］タブの［リレーションシップ］をクリックする

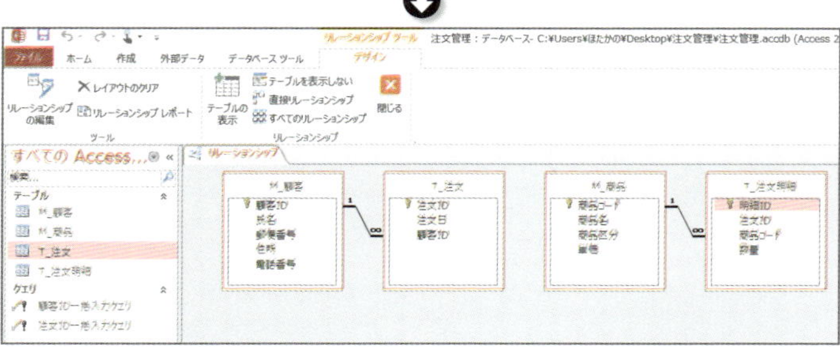

❷ドキュメントウィンドウに「リレーションシップ」画面が開く

POINT リレーションシップ

「リレーションシップ」画面にはテーブルが表示され、テーブル同士を結ぶ線が表示されます。この線は「結合線」と呼ばれ、関連付けられているフィールド同士が結ばれます。結合線の「1」側のフィールドが主キー、「∞」側のフィールドが外部キーになります。前ページの画面を見ると、(A) と (B) はすでにリレーションシップが設定されています。実は前節のルックアップを設定すると、対象となる２つのテーブルのフィールドにリレーションシップが自動で設定されるようになっています。もし前節のルックアップを設定していなければ、(A) と (B) のリレーションシップを自分で設定する必要があります。

(C) のリレーションシップを設定する

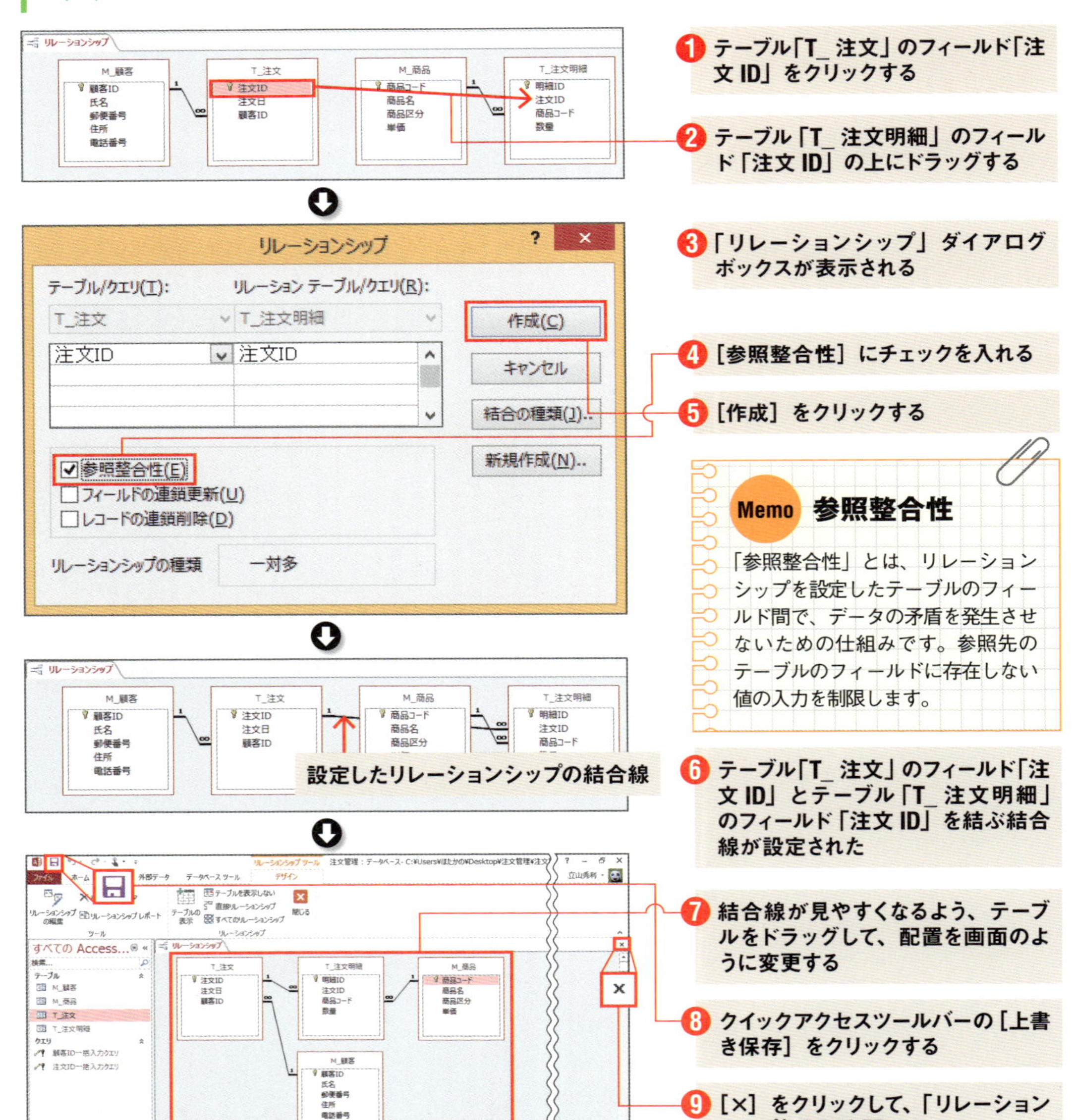

❶ テーブル「T_注文」のフィールド「注文 ID」をクリックする

❷ テーブル「T_注文明細」のフィールド「注文 ID」の上にドラッグする

❸「リレーションシップ」ダイアログボックスが表示される

❹ [参照整合性] にチェックを入れる

❺ [作成] をクリックする

Memo 参照整合性

「参照整合性」とは、リレーションシップを設定したテーブルのフィールド間で、データの矛盾を発生させないための仕組みです。参照先のテーブルのフィールドに存在しない値の入力を制限します。

❻ テーブル「T_注文」のフィールド「注文 ID」とテーブル「T_注文明細」のフィールド「注文 ID」を結ぶ結合線が設定された

❼ 結合線が見やすくなるよう、テーブルをドラッグして、配置を画面のように変更する

❽ クイックアクセスツールバーの [上書き保存] をクリックする

❾ [×] をクリックして、「リレーションシップ」画面を閉じる

COLUMN

テーブルの追加

今回、「リレーションシップ」画面に4つのテーブルが表示されていたのは、ルックアップを設定していたからです。もしルックアップを設定していなければ、最初は表示されません。その場合、「テーブルの追加」ダイアログボックスが表示されるので、必要なテーブルを選んで［追加］をクリックしてください。もし「テーブルの追加」ダイアログボックスが表示されていなければ、［リレーションシップツール］［デザイン］タブの［テーブルの表示］をクリックすれば表示できます。

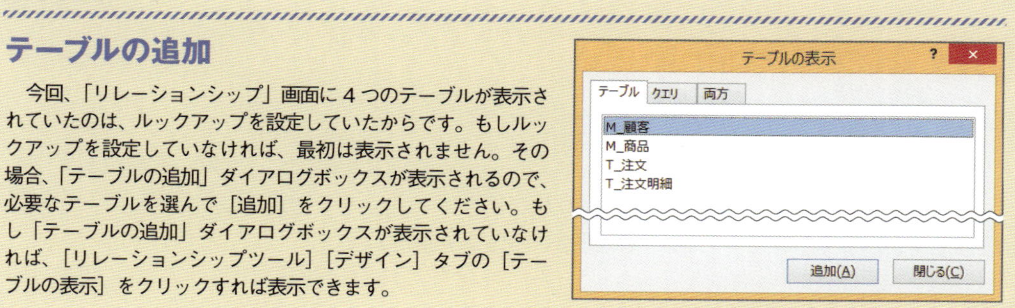

リレーションシップを設定したテーブルを確認

リレーションシップを設定したテーブルのフィールドがどうなるか確認してみましょう。今回はテーブル「T_注文」のみ確認します。

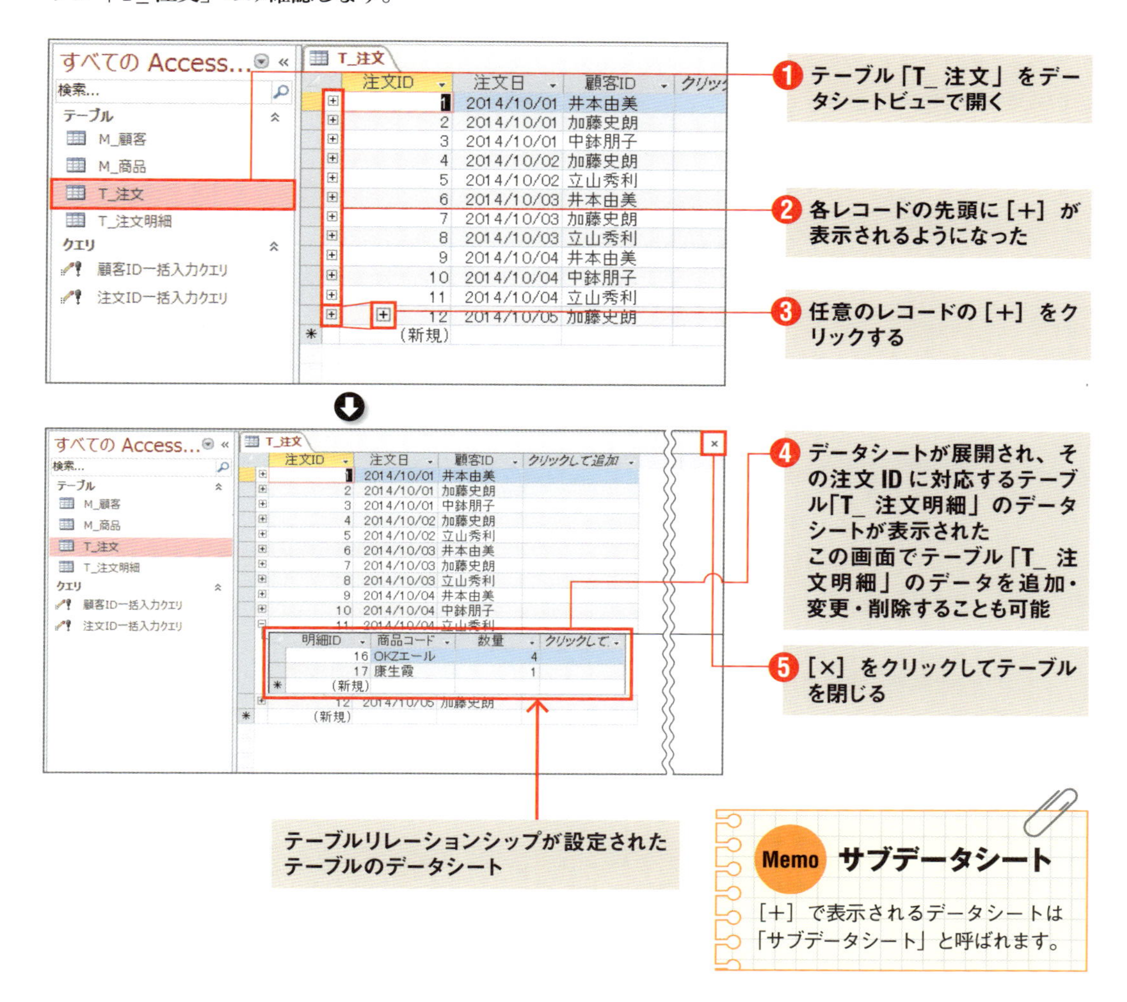

Memo サブデータシート

［+］で表示されるデータシートは「サブデータシート」と呼ばれます。

郵便番号と住所の入力を半自動化しよう

フィールドには、3章06で設定したルックアップ以外にも、データ入力を効率化する仕組みが用意されています。ここではその代表例として、「定型入力」と「住所入力支援」を取り上げます。

フィールド「郵便番号」に「定型入力」を設定する

郵便番号は「123-4567」など、3桁の数字とハイフンと4桁の数字を結んだ形式になります。テーブル「M_顧客」のフィールド「郵便番号」は現在、ユーザーが自分でハイフンを入力するなどして、決められた形式に従って入力しなければならないため手間がかかります。また、桁数などを誤って入力しがちです。

Accessのフィールドでは、郵便番号など決められた形式のデータの入力を半自動化する「定型入力」という機能を利用できます。郵便番号なら、ハイフンが最初から用意され、ユーザーは単に3桁の数字と4桁の数字を続けて入力すれば、郵便番号の形式で入力できます。そのため、入力の手間を最小化し、桁数などの誤りを防ぐことができます。

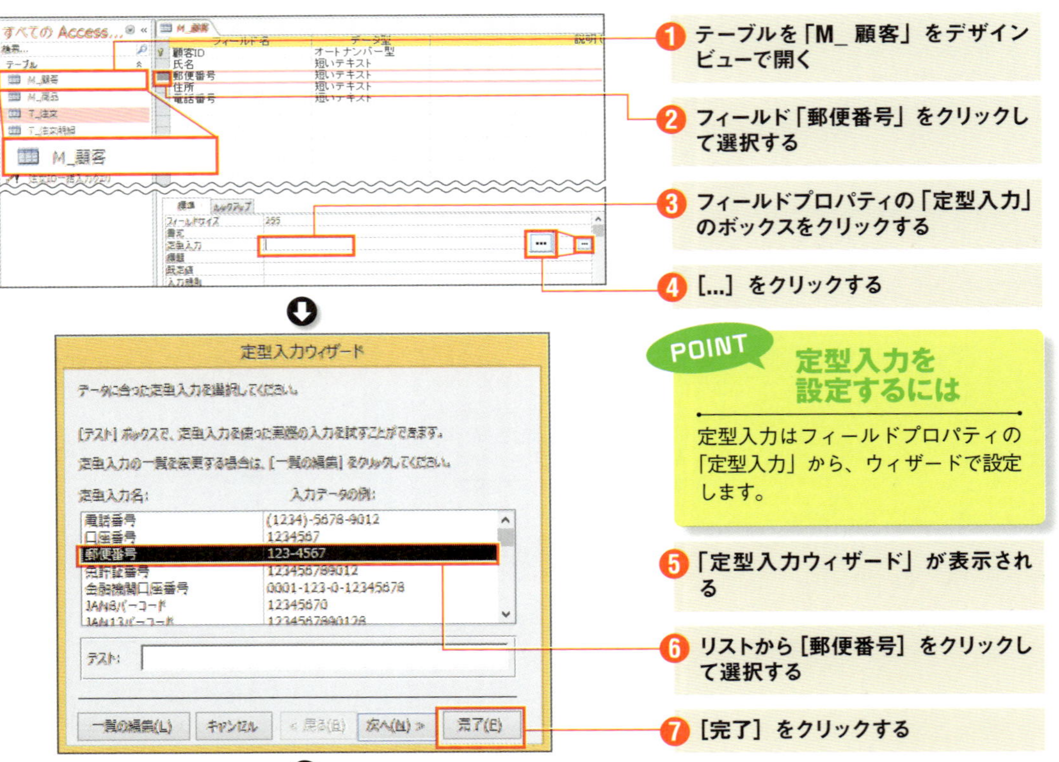

1 テーブルを「M_顧客」をデザインビューで開く

2 フィールド「郵便番号」をクリックして選択する

3 フィールドプロパティの「定型入力」のボックスをクリックする

4 [...] をクリックする

5 「定型入力ウィザード」が表示される

6 リストから[郵便番号]をクリックして選択する

7 [完了] をクリックする

POINT　定型入力を設定するには

定型入力はフィールドプロパティの「定型入力」から、ウィザードで設定します。

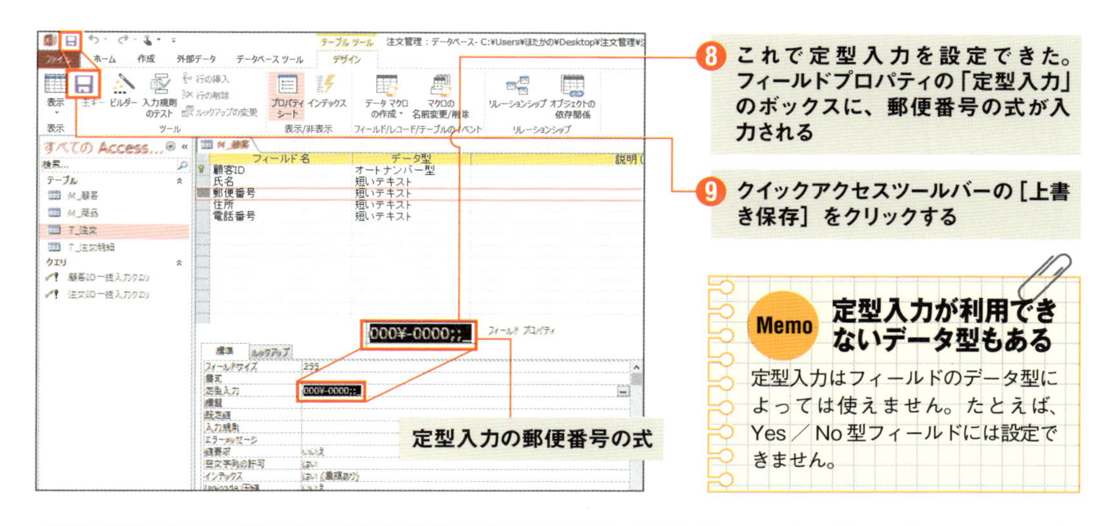

Memo 定型入力が利用できないデータ型もある

定型入力はフィールドのデータ型によっては使えません。たとえば、Yes／No型フィールドには設定できません。

フィールド「住所」に「住所入力支援」を設定する

続けて、フィールド「住所」に「住所入力支援」を設定しましょう。住所入力支援とは、郵便番号のデータが格納された別のフィールドから、該当する住所の途中まで（町まで）自動で入力する機能です。ユーザーは番地以降や集合住宅名・部屋番号など、住所の残りを入力するだけで済むようになります。

テーブル「M_顧客」の場合、住所入力支援で郵便番号に用いるフィールドは、フィールド「郵便番号」になります。

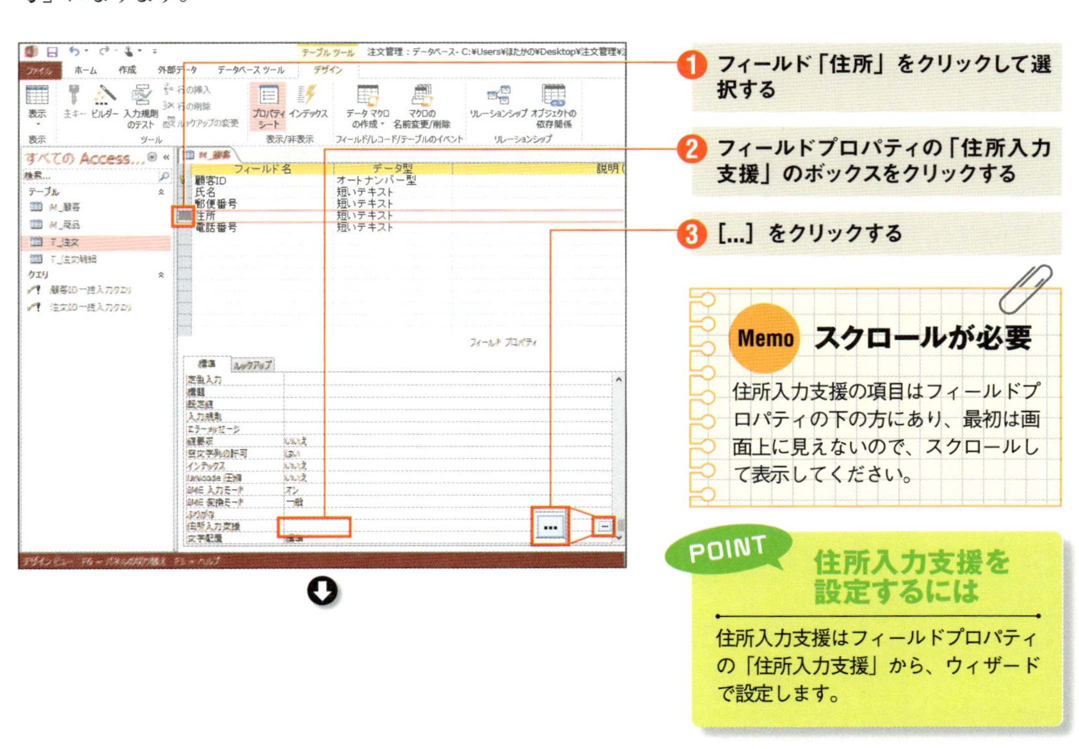

Memo スクロールが必要

住所入力支援の項目はフィールドプロパティの下の方にあり、最初は画面上に見えないので、スクロールして表示してください。

POINT 住所入力支援を設定するには

住所入力支援はフィールドプロパティの「住所入力支援」から、ウィザードで設定します。

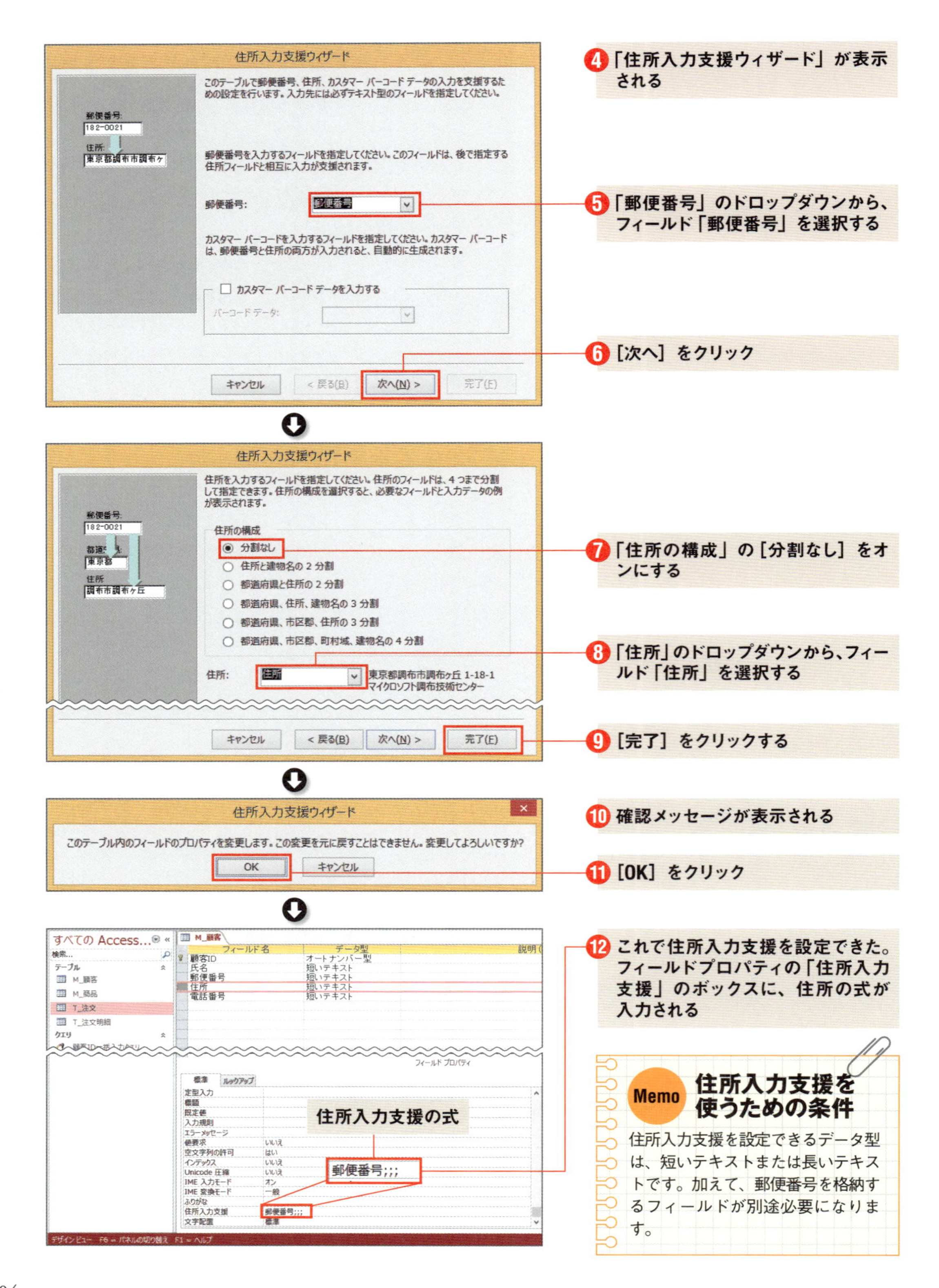
Chapter 3
Excel から Access へデータを移行する
住所入力支援ウィザード
このテーブルで郵便番号、住所、カスタマー バーコード データの入力を支援するための設定を行います。入力先には必ずテキスト型のフィールドを指定してください。
郵便番号を入力するフィールドを指定してください。このフィールドは、後で指定する住所フィールドと相互に入力が支援されます。
郵便番号:
カスタマー バーコードを入力するフィールドを指定してください。カスタマー バーコードは、郵便番号と住所の両方が入力されると、自動的に生成されます。
カスタマー バーコード データを入力する
キャンセル
< 戻る(B)
次へ(N) >
完了(F)
❹「住所入力支援ウィザード」が表示される
❺「郵便番号」のドロップダウンから、フィールド「郵便番号」を選択する
❻［次へ］をクリック
住所を入力するフィールドを指定してください。住所のフィールドは、4 つまで分割して指定できます。住所の構成を選択すると、必要なフィールドと入力データの例が表示されます。
住所の構成
分割なし
住所と建物名の 2 分割
都道府県と住所の 2 分割
都道府県、住所、建物名の 3 分割
都道府県、市区郡、住所の 3 分割
都道府県、市区郡、町村域、建物名の 4 分割
住所:
東京都調布市調布ヶ丘 1-18-1
マイクロソフト調布技術センター
❼「住所の構成」の［分割なし］をオンにする
❽「住所」のドロップダウンから、フィールド「住所」を選択する
❾［完了］をクリックする
このテーブル内のフィールドのプロパティを変更します。この変更を元に戻すことはできません。変更してよろしいですか?
OK
キャンセル
❿確認メッセージが表示される
⓫［OK］をクリック
住所入力支援の式
郵便番号;;;
⓬これで住所入力支援を設定できた。フィールドプロパティの「住所入力支援」のボックスに、住所の式が入力される
Memo
住所入力支援を使うための条件
住所入力支援を設定できるデータ型は、短いテキストまたは長いテキストです。加えて、郵便番号を格納するフィールドが別途必要になります。

定型入力と住所入力支援でデータを入力

それでは、設定した定型入力と住所入力支援を試してみましょう。テーブル「M_顧客」へ、次のデータ１件を追加します。また、入力前に、住所がすべて表示されるよう列幅を広げます。

顧客ID	氏名	郵便番号	住所	電話番号
5	鈴木義和	470-0221	愛知県みよし市西陣取山●●	0561-xx-xxxx

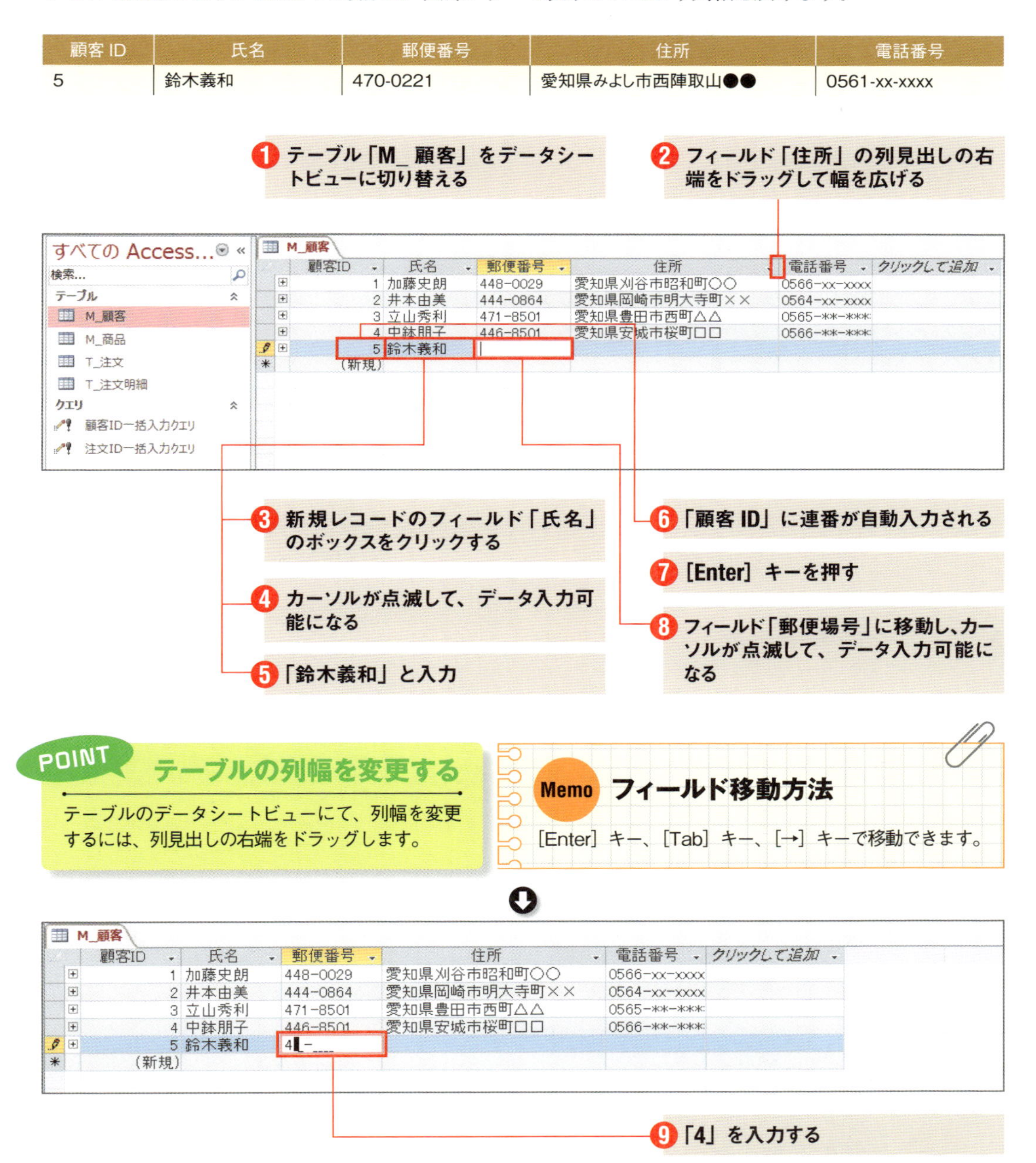

POINT テーブルの列幅を変更する

テーブルのデータシートビューにて、列幅を変更するには、列見出しの右端をドラッグします。

Memo フィールド移動方法

[Enter] キー、[Tab] キー、[→] キーで移動できます。

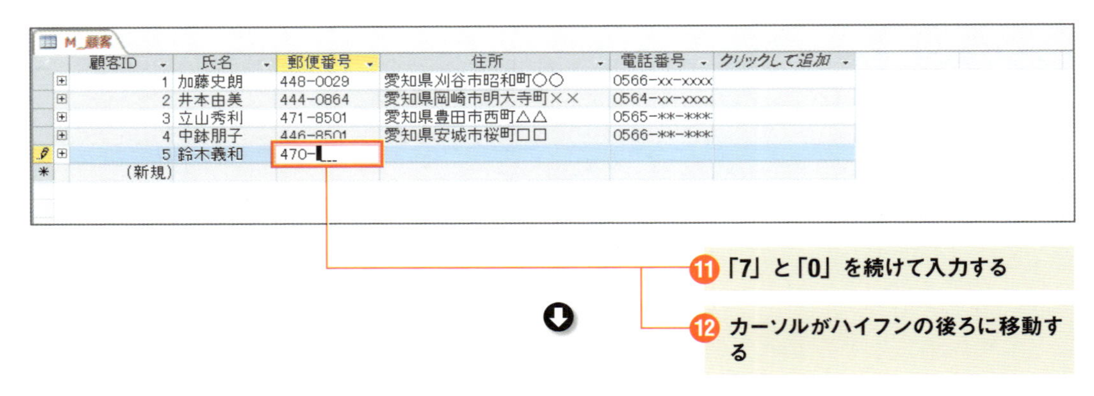

⑪「7」と「0」を続けて入力する

⑫カーソルがハイフンの後ろに移動する

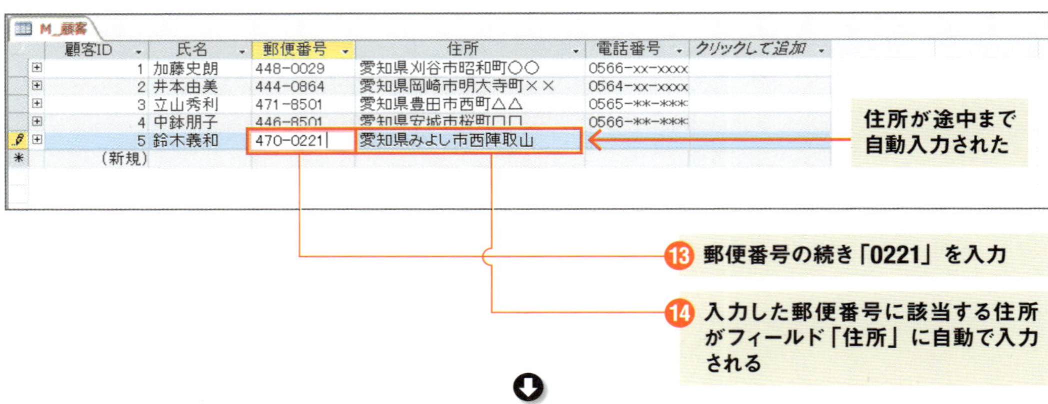

⑬郵便番号の続き「0221」を入力

⑭入力した郵便番号に該当する住所がフィールド「住所」に自動で入力される

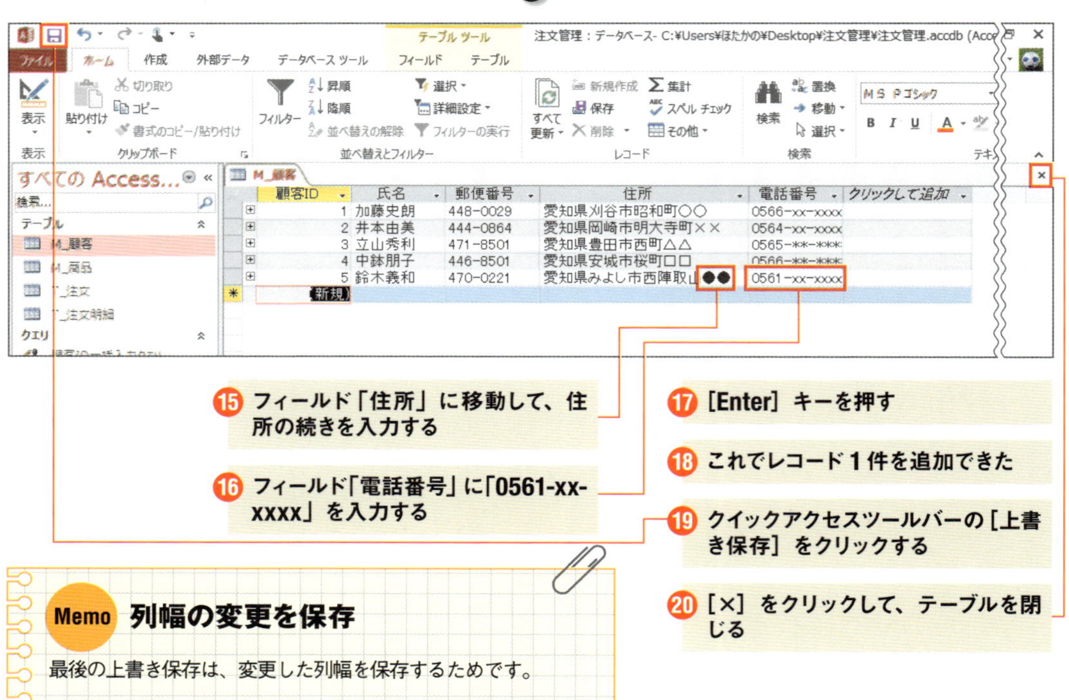

⑮フィールド「住所」に移動して、住所の続きを入力する

⑯フィールド「電話番号」に「0561-xx-xxxx」を入力する

⑰[Enter] キーを押す

⑱これでレコード1件を追加できた

⑲クイックアクセスツールバーの[上書き保存]をクリックする

⑳[×] をクリックして、テーブルを閉じる

Memo 列幅の変更を保存

最後の上書き保存は、変更した列幅を保存するためです。

09 フォームを作成してデータを入力しよう

Access には、データを入力するための機能として、「フォーム」が用意されています。本節では、フォームをいくつか作成して、データを追加で入力します。

フォームのキホン

Access の「フォーム」は2章02で紹介したように、テーブルへデータを入力するための専用画面です。入力に加え、データの表示にも用いられます。テーブルでもデータの入力や表示はできますが、フォームの方が多彩な入力方法が使え、データの表示も柔軟に行えるため、より効率的にデータを入力・表示できます。

フォームはテーブルまたはクエリを元に作成します。[作成] タブの「フォーム」グループの各ボタンから作成します。どのボタンを用いるかは、作成したいフォームによって変わります。また、単一のテーブル／クエリのみならず、複数のテーブル／クエリから作成することも可能です。

顧客データ用の単票形式のフォーム作成

まずはテーブル「M_顧客」にデータを入力するフォームを作成します。

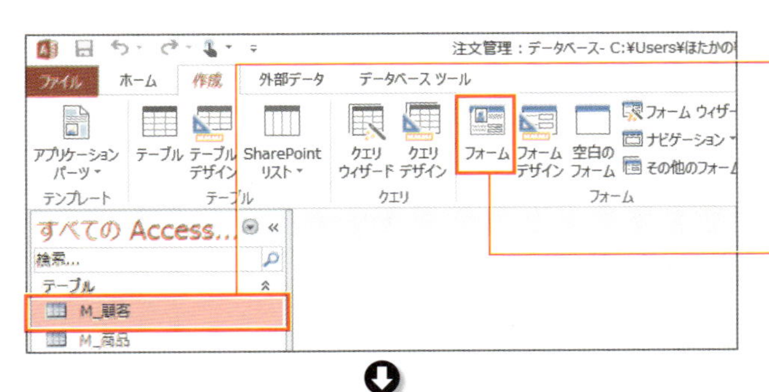

❶ ナビゲーションウィンドウの [M_顧客] をクリックして選択する

❷ [作成] タブの [フォーム] ボタンをクリックする

❸ フォームが作成され、レイアウトビューで表示される

POINT　単票形式のフォーム

ここで作成したような、ひとつの画面で1件のレコードのデータを入力／表示できる形式のフォームは「単票形式」と呼ばれます。［作成］タブの［フォーム］ボタンは、単票形式のフォームを作成します。他の形式には、ひとつの画面で複数のレコードのデータを入力／表示できる「表形式」などがあります。

サブデータシートを削除する

リレーションシップが設定されているテーブルから単票形式のフォームを作成すると、関連付けられているテーブルのサブデータシートも設けられます。今回は使用しないので削除しましょう。

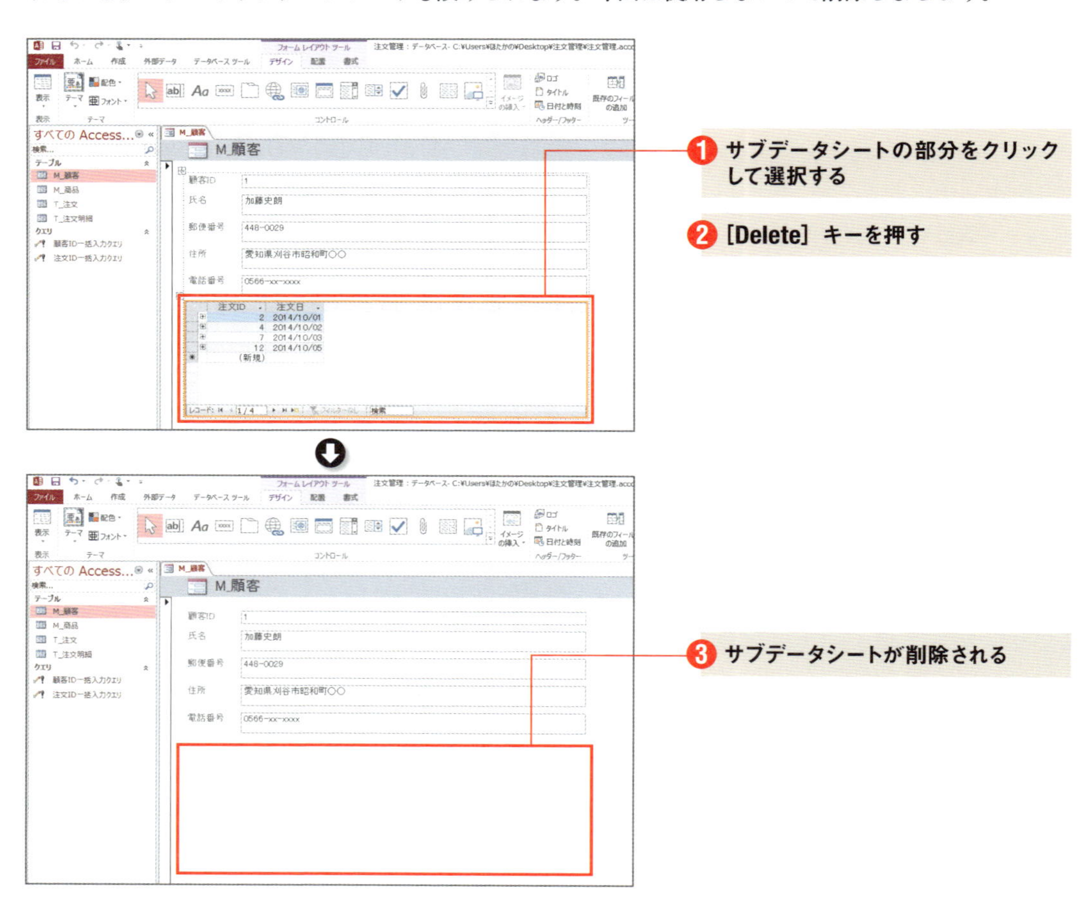

顧客フォームのデザインを編集する

作成したフォームはレイアウトビューまたはデザインビューにて、デザインやレイアウトを編集できます。たとえば、タイトルの文言やフォントサイズ、データ入力用のテキストボックスのサイズや場所、ラベルの文言などを変更できます。

今回はレイアウトビューにて、タイトルの文言を「M_顧客」から「顧客登録」に変更します。

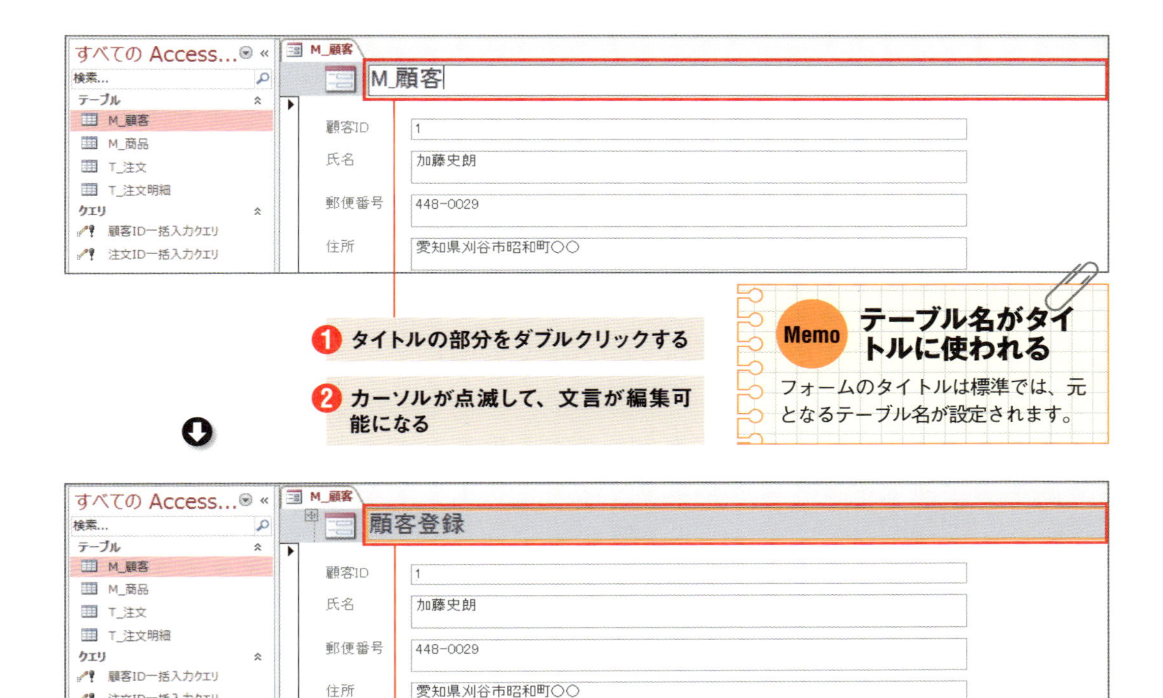

Memo テーブル名がタイトルに使われる

フォームのタイトルは標準では、元となるテーブル名が設定されます。

フォームを保存する

フォームを作成したら保存しましょう。保存すると、そのフォームのオブジェクトのアイコンがナビゲーションウィンドウに表示されます。フォーム名は今回、「F_顧客登録」とします。

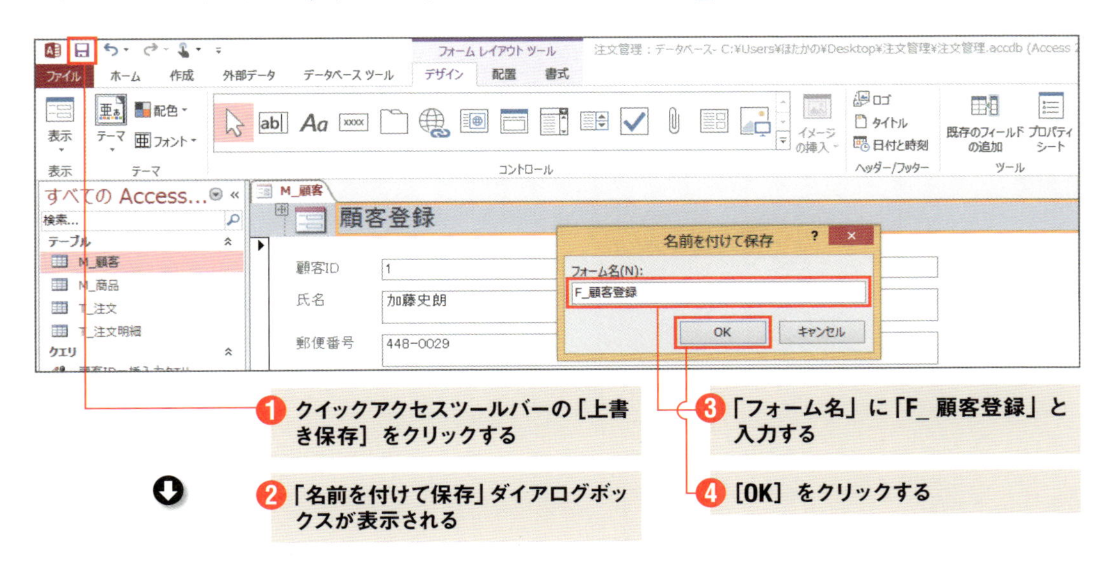

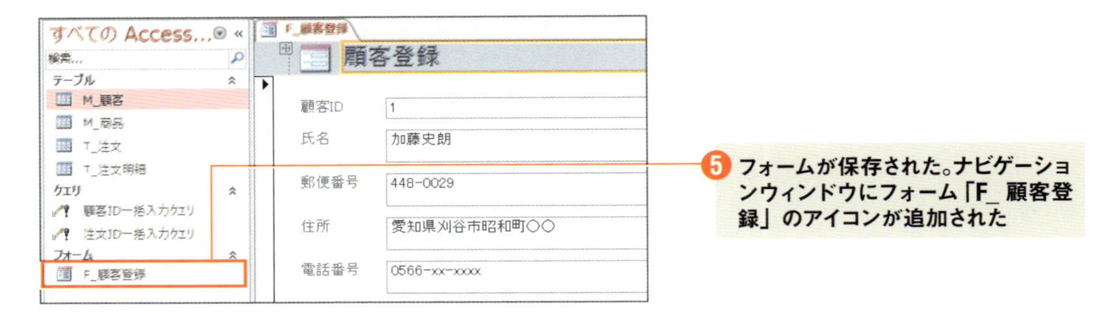

フォームを確認する

フォームを作成して保存したら、フォームビューに切り替えて、データを確認しましょう。

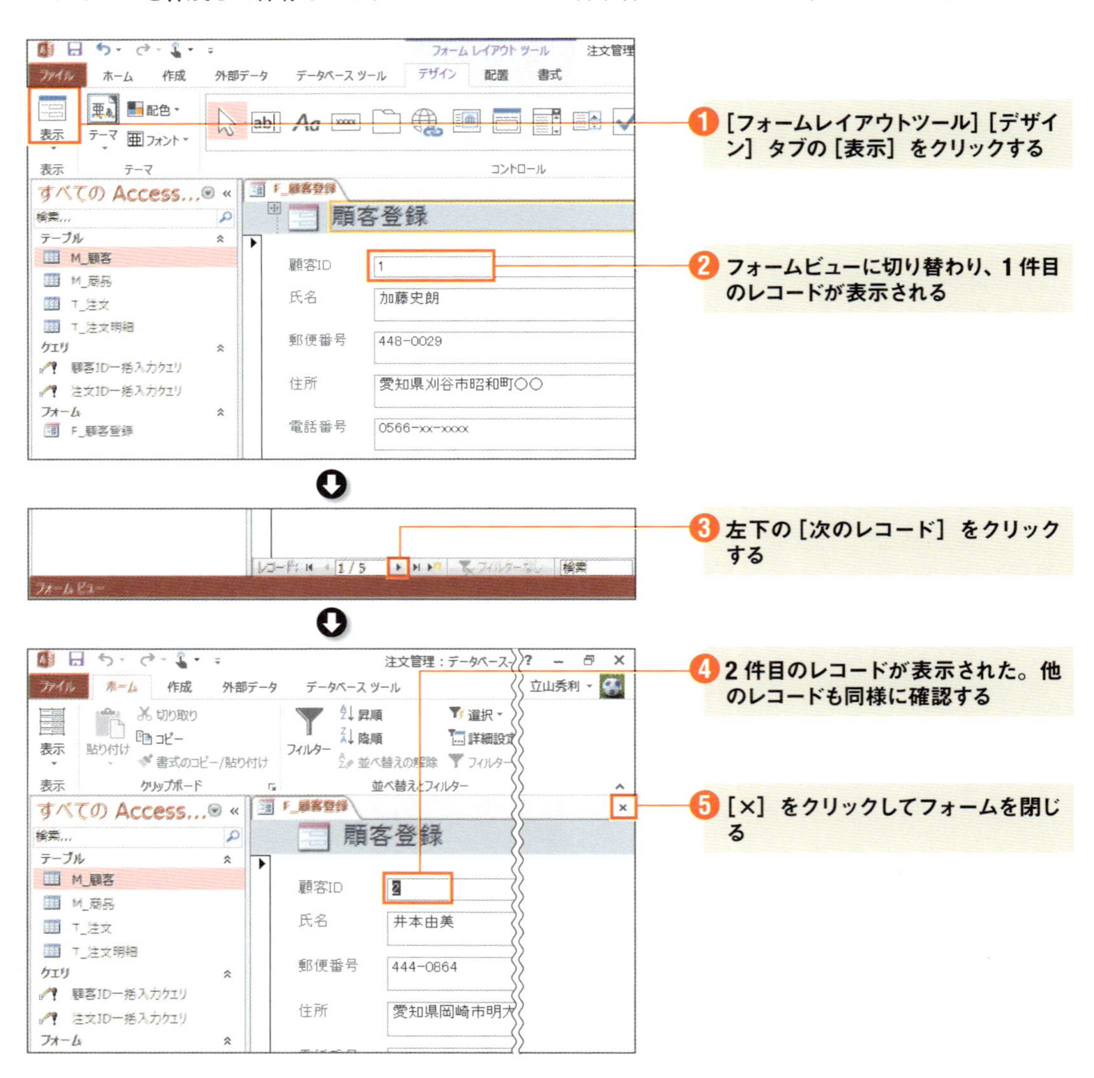

POINT

レコード移動ボタン

フォームビューの左下に表示されるボタン群は「レコード移動ボタン」と呼ばれます。各ボタンの機能は次の通りです。

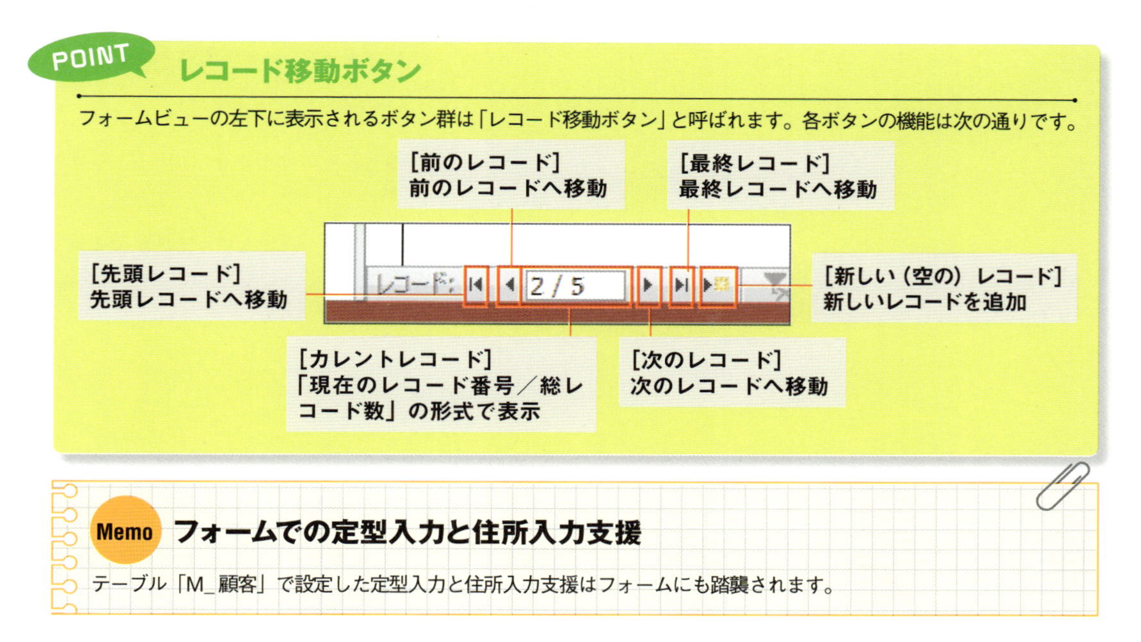

Memo **フォームでの定型入力と住所入力支援**

テーブル「M_顧客」で設定した定型入力と住所入力支援はフォームにも踏襲されます。

商品データ用のフォームを作成

同様の手順で、テーブル「M_商品」にデータを入力するフォームを作成します。タイトルは「商品登録」、保存時のフォーム名は「F_商品登録」とします。

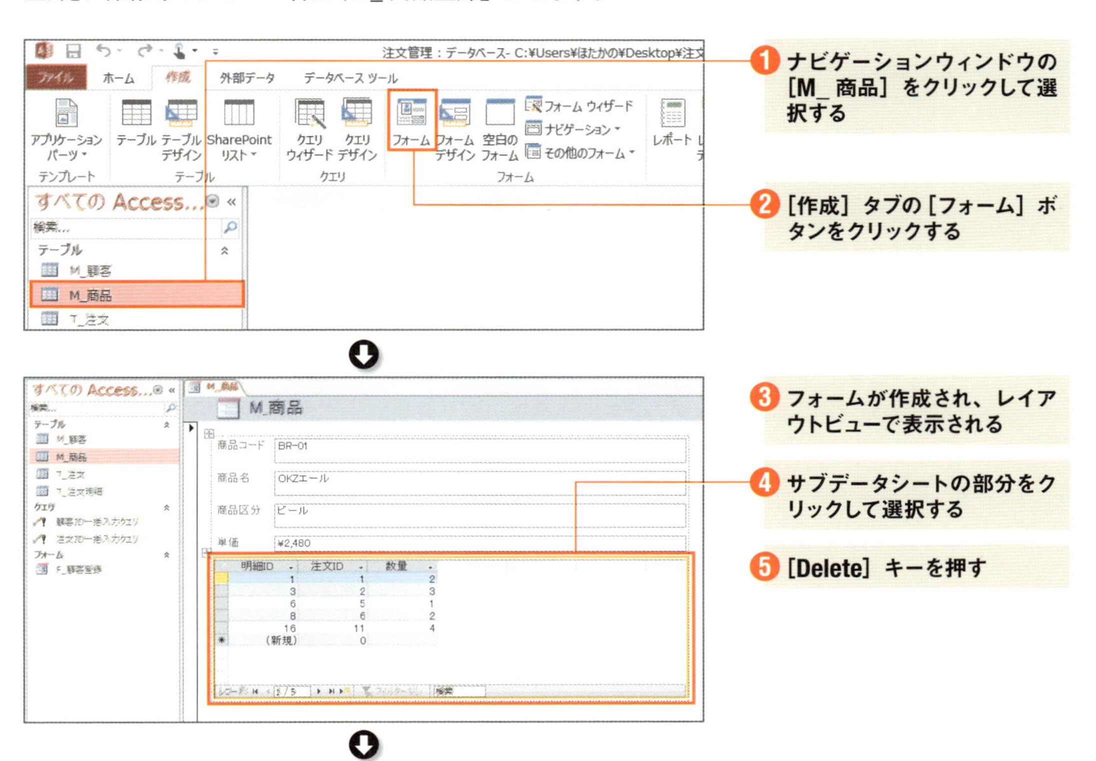

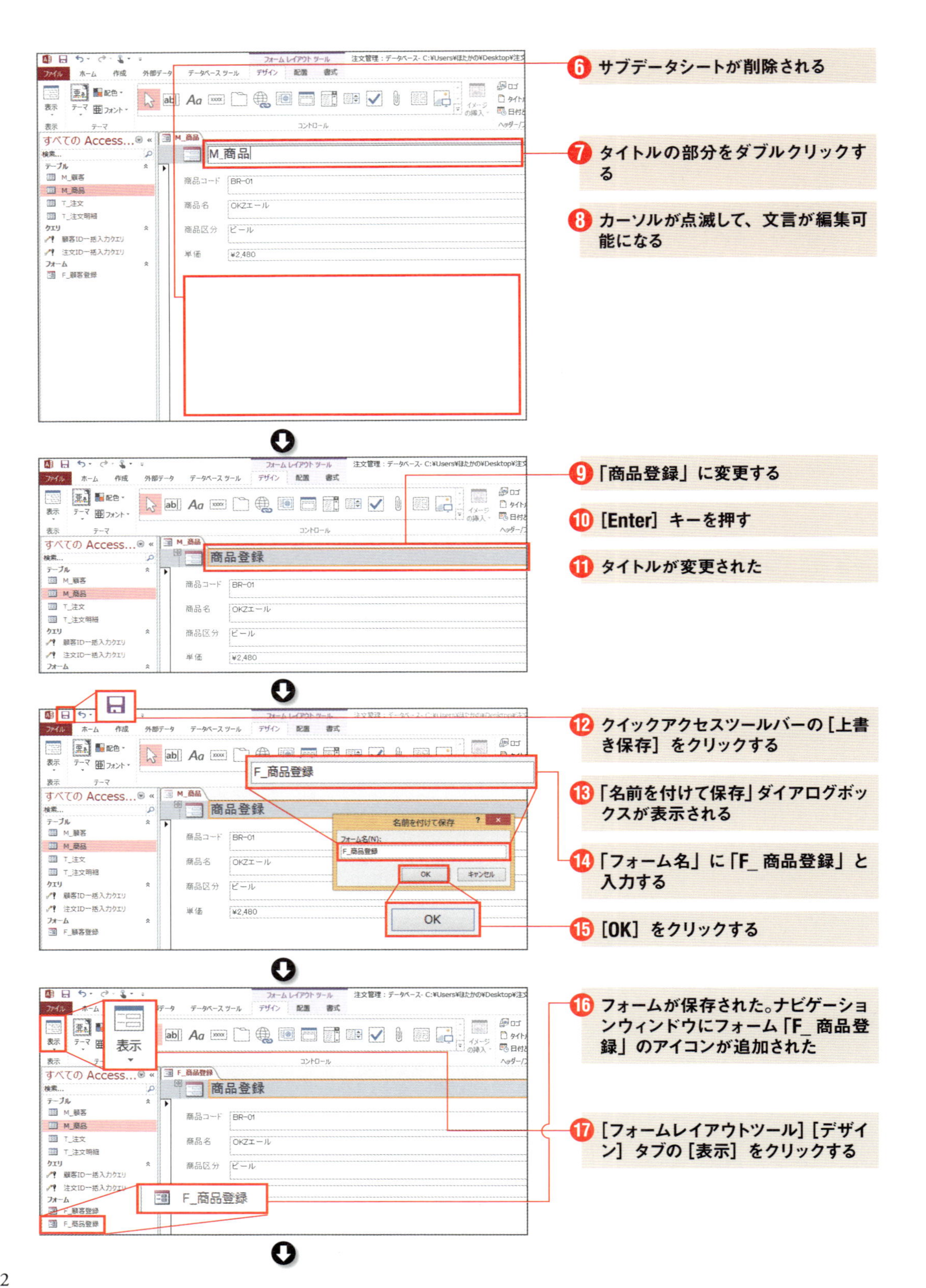
M_商品
⑥ サブデータシートが削除される
⑦ タイトルの部分をダブルクリックする
⑧ カーソルが点滅して、文言が編集可能になる
商品登録
⑨「商品登録」に変更する
⑩ [Enter] キーを押す
⑪ タイトルが変更された
F_商品登録
名前を付けて保存
フォーム名(N):
OK
キャンセル
⑫ クイックアクセスツールバーの［上書き保存］をクリックする
⑬「名前を付けて保存」ダイアログボックスが表示される
⑭「フォーム名」に「F_ 商品登録」と入力する
⑮ [OK] をクリックする
表示
⑯ フォームが保存された。ナビゲーションウィンドウにフォーム「F_ 商品登録」のアイコンが追加された
⑰［フォームレイアウトツール］［デザイン］タブの［表示］をクリックする

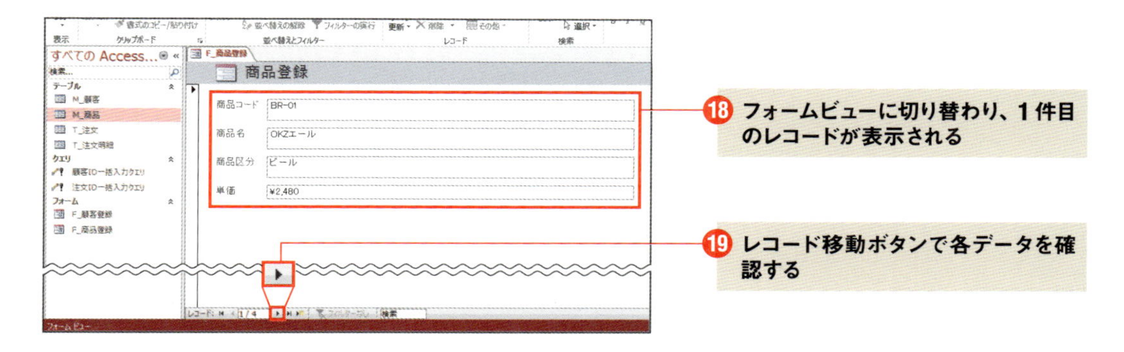

商品のデータをフォームから入力

先ほど作成したフォーム「F_商品登録」を使って、商品のデータを新たに登録してみましょう。テーブル「M_商品」には現在4件のレコードがあります。今回は次の1件のレコードを追加で入力します。

商品コード	商品名	商品区分	単価
BR-03	OKZピルスナー	ビール	¥2,180

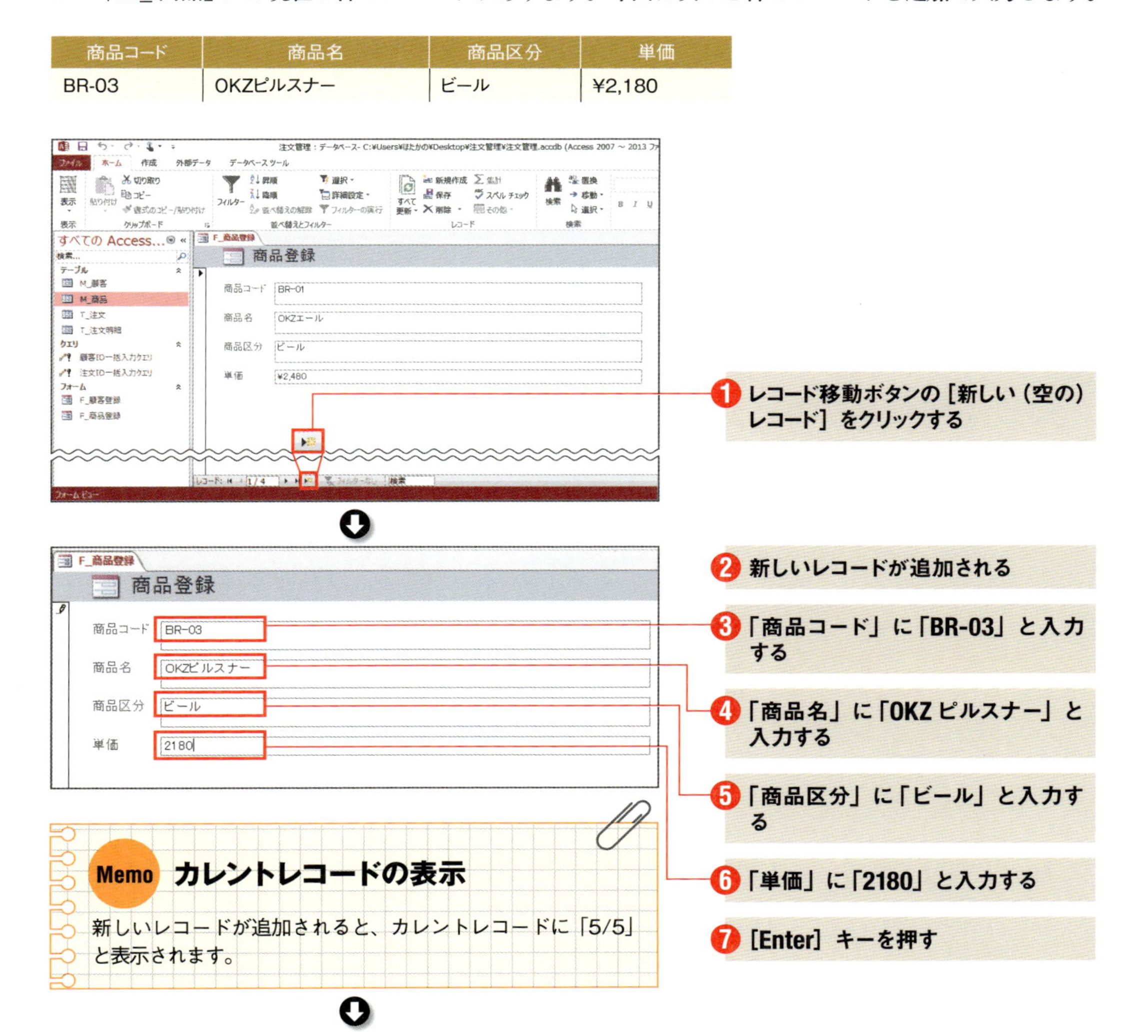

Memo カレントレコードの表示

新しいレコードが追加されると、カレントレコードに「5/5」と表示されます。

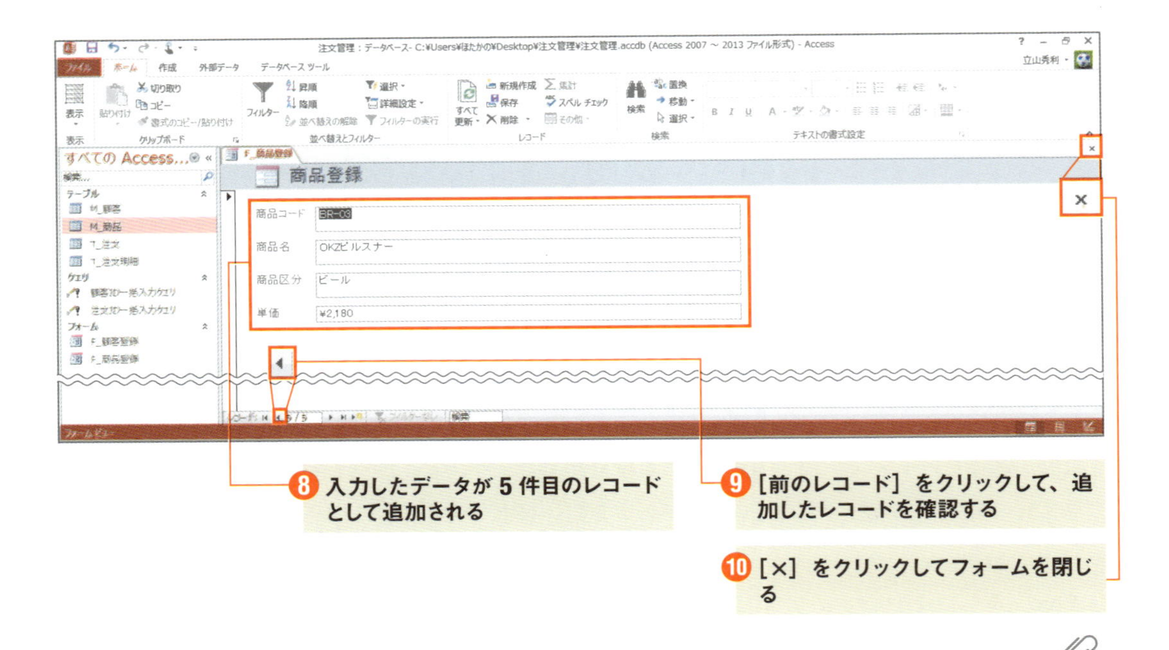

Memo レコード追加の確定

追加したレコードは [Enter] キーを押した時点で確定されます。確定されると、6件目のレコードの追加画面が表示されます。追加した5件目のレコードを表示するには、[前のレコード] をクリックします。

テーブル「M_商品」で確認

フォームから追加登録したレコードをテーブル「M_商品」でも確認してみましょう。

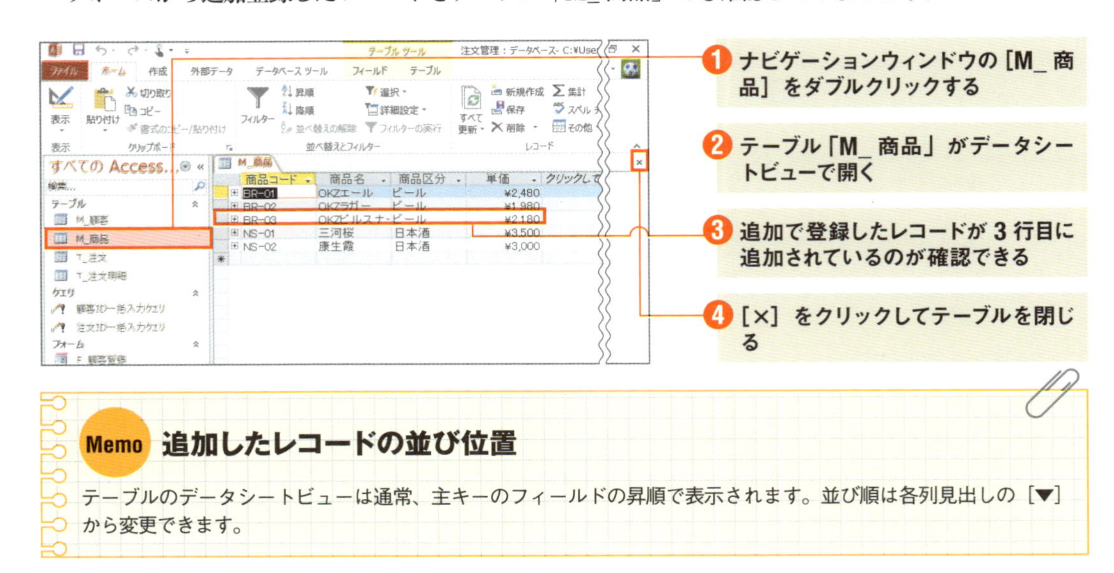

Memo 追加したレコードの並び位置

テーブルのデータシートビューは通常、主キーのフィールドの昇順で表示されます。並び順は各列見出しの [▼] から変更できます。

10 複数のテーブルにデータを入力するフォームを作ろう

Accessでは、多彩なフォームを作成できます。本節では、ひとつの画面でテーブル「T_注文」と「T_注文明細」へ注文データを入力できるフォームを作成します。

注文データのフォーム作成

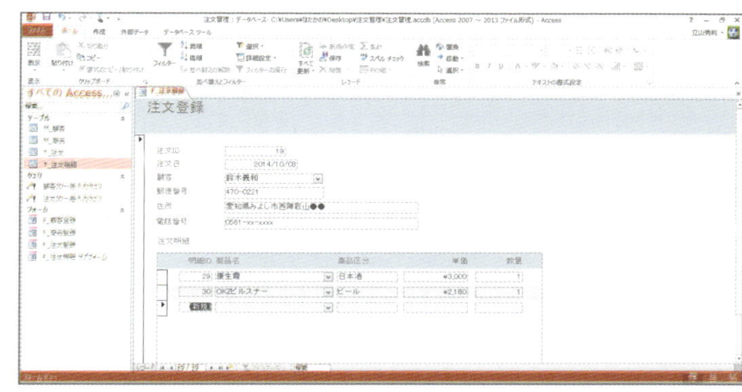
サブフォームありで複数のテーブルから作成したフォーム

Accessでは、前節で作成したような単一のテーブルに加えて、複数のテーブルからフォームを作成することもできます。そのようなフォームでは、メインとなるテーブルのフォームと、サブとなるテーブルのフォームの2つをひとつの画面に同居させられます。サブのテーブル用のフォームは「サブフォーム」と呼ばれます。

また、フォームの元となる複数のテーブルにリレーションシップを設定していれば、参照される側の主キーのデータを入力すると、関連付けられているテーブルから、参照する側の外部キーのフィールドのデータが自動で入力されます。

本節では、注文データをまとめて登録できるフォームを作成します。テーブル「T_注文」をメインフォーム、「T_注文明細」をサブフォームとします。さらにテーブル「M_顧客」と「M_商品」のデータも表示するようにします。これら4つのテーブルからフォームに設けるフィールド、並び順は下記とします。

テーブル	フィールド
T_注文	注文ID
	注文日
	顧客ID
M_顧客	郵便番号
	住所
	電話番号

テーブル	フィールド
T_注文明細	明細ID
	商品コード
M_商品	商品区分
	単価
T_注文明細	数量

テーブル「T_注文」がベースとなります。その他のテーブルで、2つのテーブルで関連付けられているフィールドは基本的に、外部キーのフィールドの方を設けています。テーブル「T_注文明細」では、フィールド「数量」のみ最後に設けます。

また、フィールド「氏名」と「商品名」は含めません。フィールド「顧客ID」およびフィールド「商品コード」に、3-7でフォームにルックアップを設定しているため、氏名および商品名が表示されるからです。

フォーム名は「F_注文登録」、サブフォームは「F_注文明細 サブフォーム」とします。

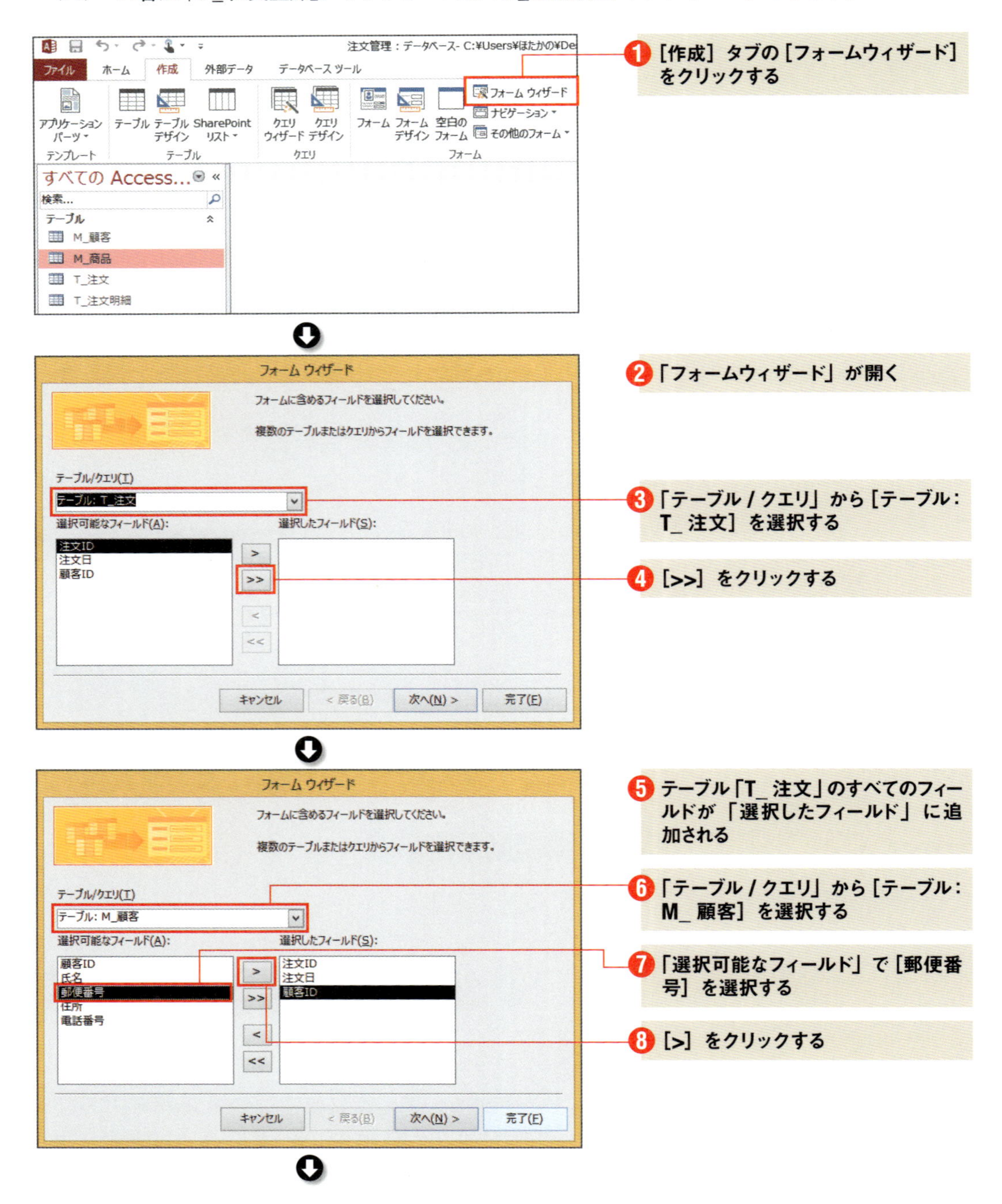

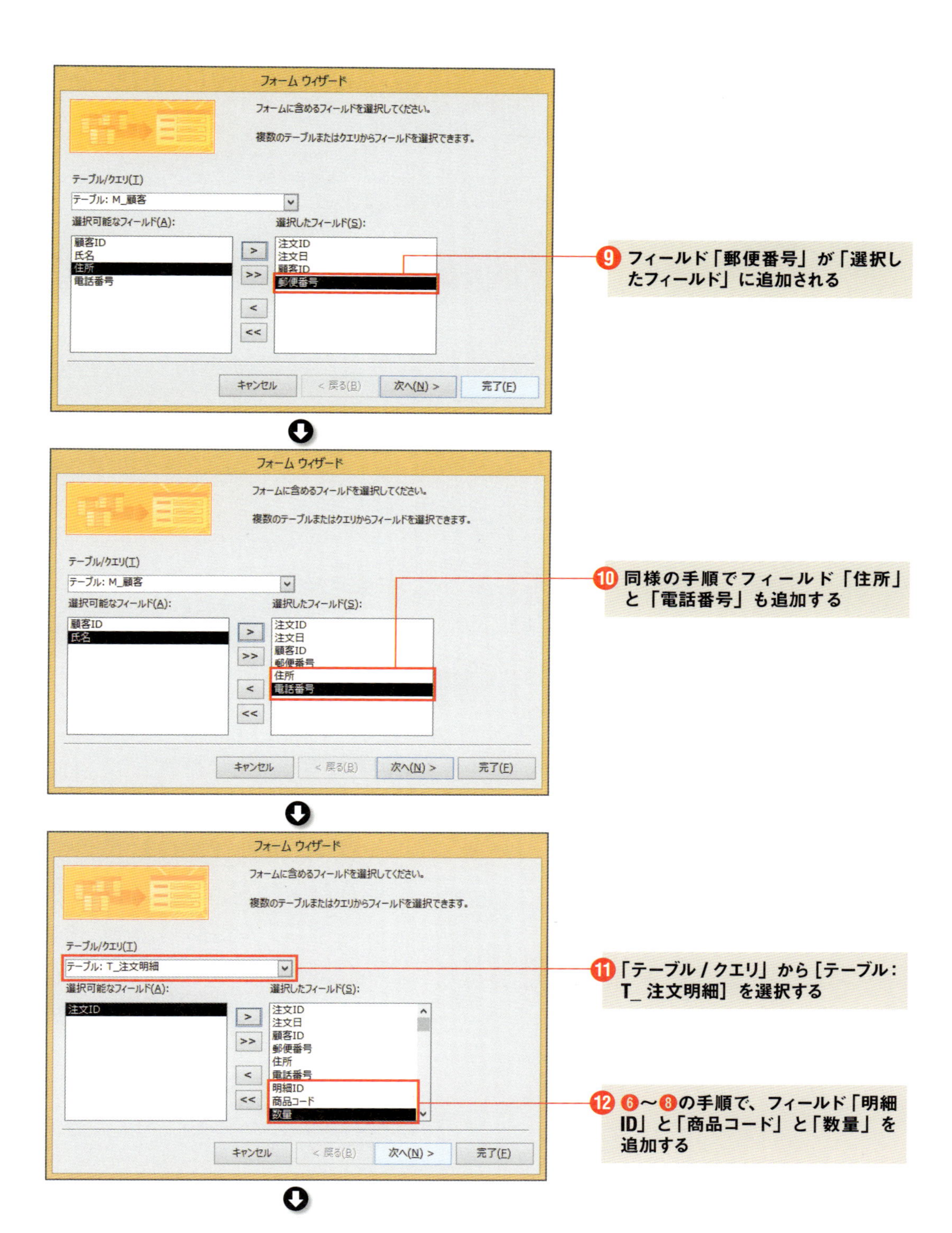
フォーム ウィザード
フォームに含めるフィールドを選択してください。
複数のテーブルまたはクエリからフィールドを選択できます。
テーブル/クエリ(T)
テーブル: M_顧客
選択可能なフィールド(A):
顧客ID
氏名
住所
電話番号
選択したフィールド(S):
注文ID
注文日
顧客ID
郵便番号
キャンセル
< 戻る(B)
次へ(N) >
完了(F)
❾ フィールド「郵便番号」が「選択したフィールド」に追加される
フォーム ウィザード
テーブル: M_顧客
顧客ID
氏名
注文ID
注文日
顧客ID
郵便番号
住所
電話番号
❿ 同様の手順でフィールド「住所」と「電話番号」も追加する
フォーム ウィザード
テーブル: T_注文明細
注文ID
注文ID
注文日
顧客ID
郵便番号
住所
電話番号
明細ID
商品コード
数量
⓫ 「テーブル / クエリ」から [テーブル：T_注文明細] を選択する
⓬ ❻～❽の手順で、フィールド「明細ID」と「商品コード」と「数量」を追加する

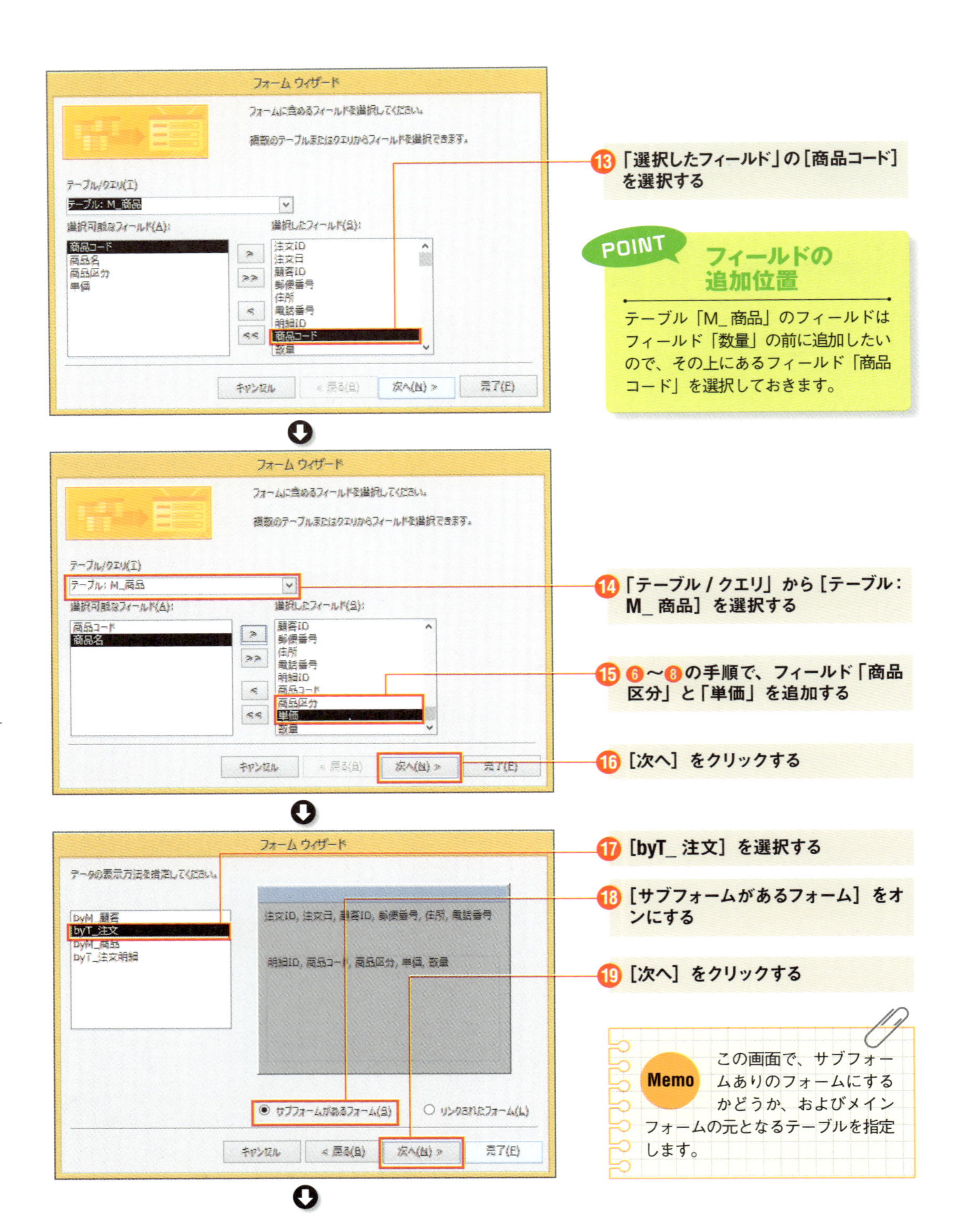
フォーム ウィザード
フォームに含めるフィールドを選択してください。
複数のテーブルまたはクエリからフィールドを選択できます。
⑬「選択したフィールド」の［商品コード］を選択する
POINT
フィールドの追加位置
テーブル「M_商品」のフィールドはフィールド「数量」の前に追加したいので、その上にあるフィールド「商品コード」を選択しておきます。
⑭「テーブル / クエリ」から［テーブル：M_商品］を選択する
⑮ ⑥～⑧の手順で、フィールド「商品区分」と「単価」を追加する
⑯［次へ］をクリックする
⑰［byT_注文］を選択する
⑱［サブフォームがあるフォーム］をオンにする
⑲［次へ］をクリックする
Memo
この画面で、サブフォームありのフォームにするかどうか、およびメインフォームの元となるテーブルを指定します。

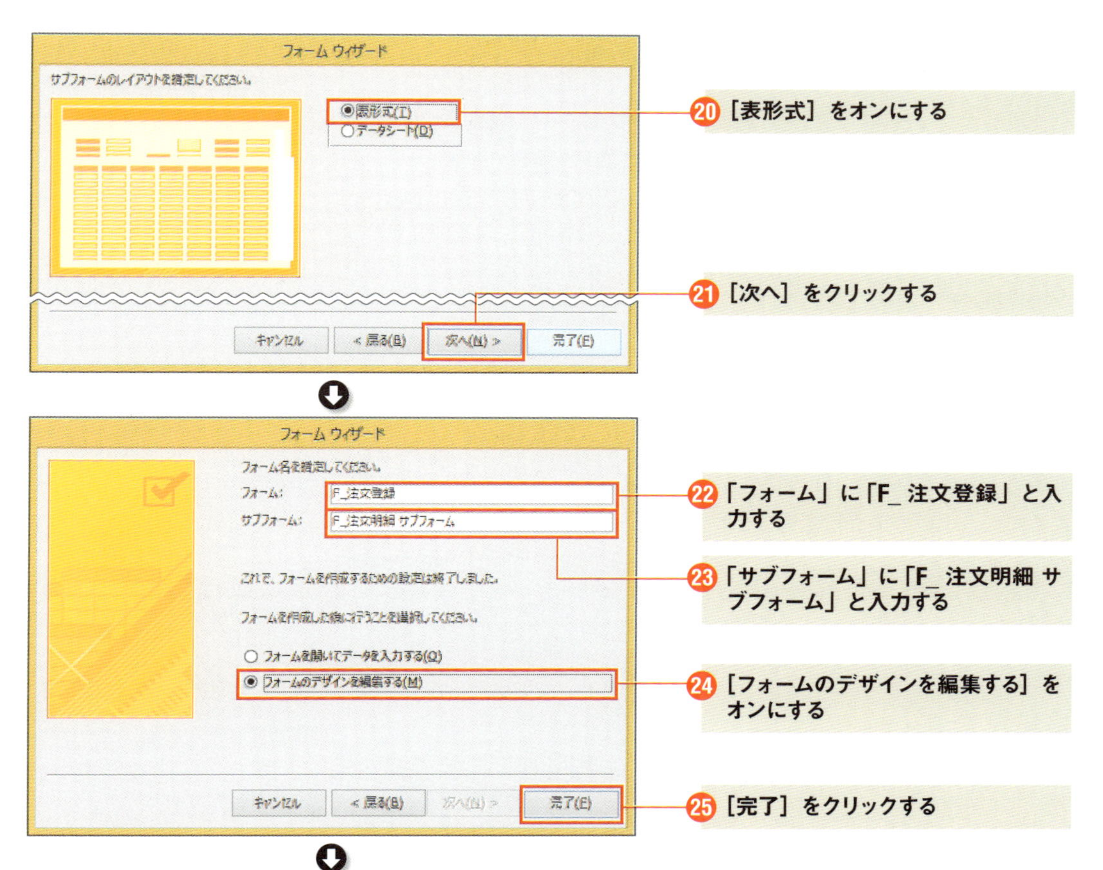

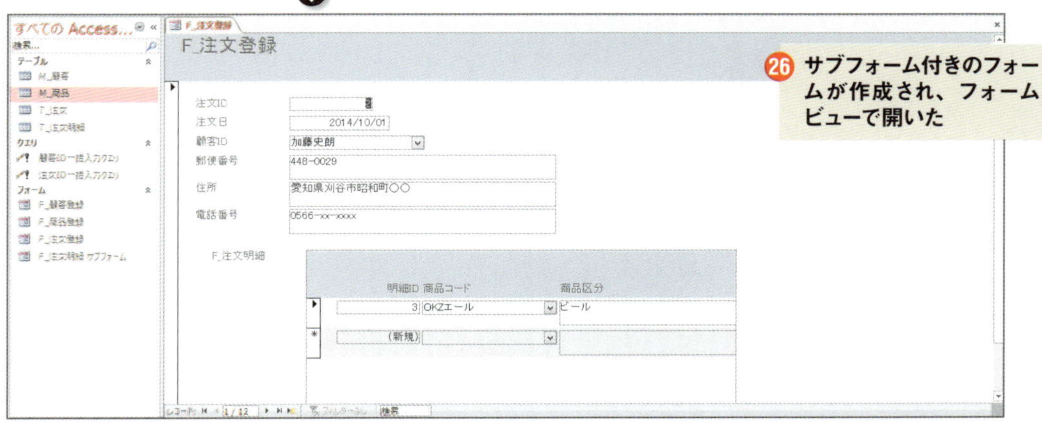

Memo フォーム名について

今回、「F_」の「F」はフォームを意味し、フォーム名の先頭に付けるものとしています。この命名規則はAccessやリレーショナルデータベースのルールではなく、筆者が定めたものです。オブジェクトの種類がひとめでわかれば、どのような命名規則でも構いません。

注文のフォームのレイアウト

作成したフォーム「F_注文登録」は、サブフォームの右端が切れているなど、レイアウトや文言を修正すべき箇所がいくつかあります。今回は以下を修正します。

・メインフォームのタイトルを「注文登録」に変更
・サブフォームのタイトルを「注文明細」に変更
・顧客IDのラベルの文言を「氏名」に変更
・商品IDのラベルの文言を「商品名」に変更
・各テキストボックスのサイズと配置を調整
・フォームヘッダーの高さを調整

顧客IDおよび商品IDのラベルの文言は、ルックアップによって顧客の氏名および商品名が表示されるため、上記のように変更します。

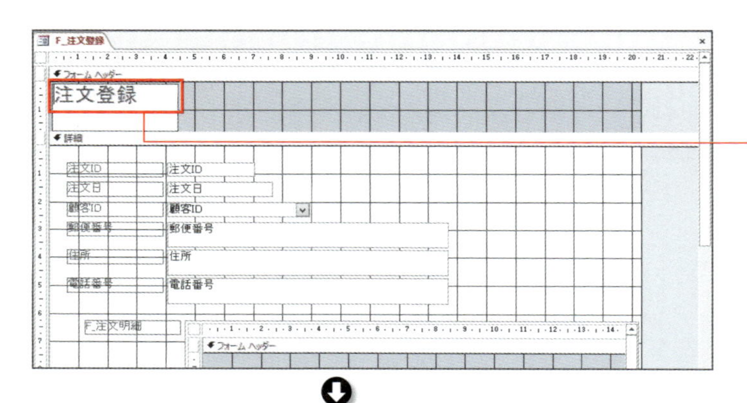

❶ フォーム「F_注文登録」をデザインビューで開く

❷ タイトルをダブルクリックして、タイトルを「注文登録」に変更する

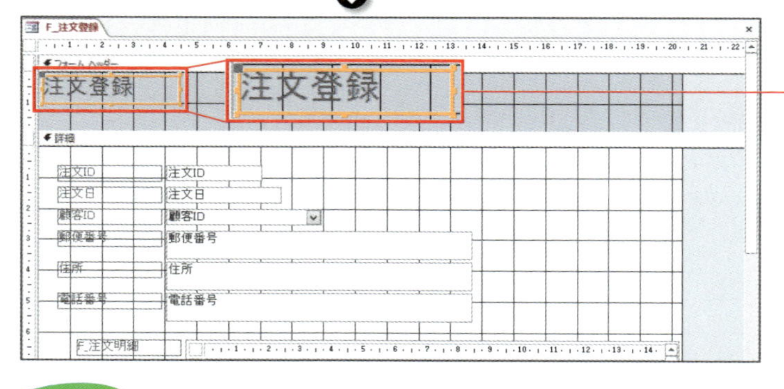

❸ タイトルをクリックして、周囲のハンドルをドラッグしてサイズを調整する

POINT
コントロールのサイズの変更方法

タイトルのテキストボックスなど、フォームを構成する要素は「コントロール」と呼ばれます。コントロールのサイズを変更するには、まずは目的のコントロールをクリックして選択します。すると、周囲にはオレンジ色の枠線とともに、「■」(ハンドル)が表示されるので、そのハンドルをドラッグします。

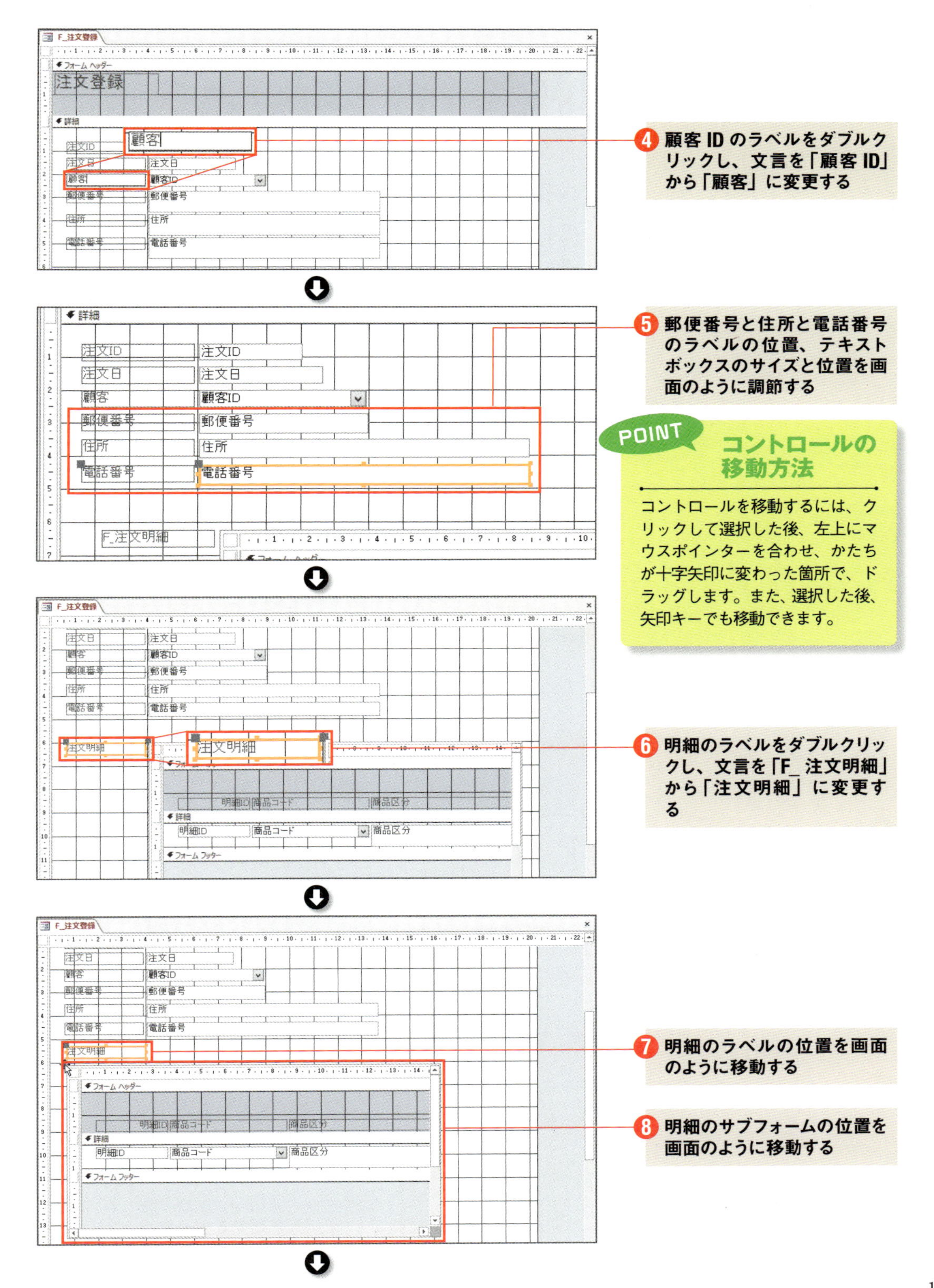

POINT
コントロールの移動方法

コントロールを移動するには、クリックして選択した後、左上にマウスポインターを合わせ、かたちが十字矢印に変わった箇所で、ドラッグします。また、選択した後、矢印キーでも移動できます。

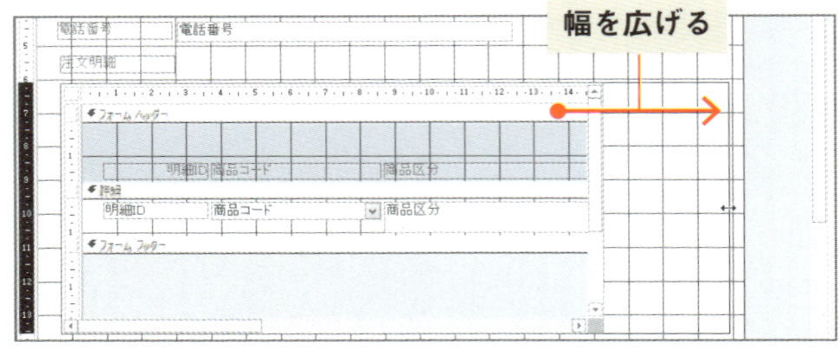

9 明細のサブフォームの幅を画面のように広げる

POINT サブフォームの幅を広げる方法

サブフォームを選択し、左側のハンドルをドラッグすれば、幅を広げられます。

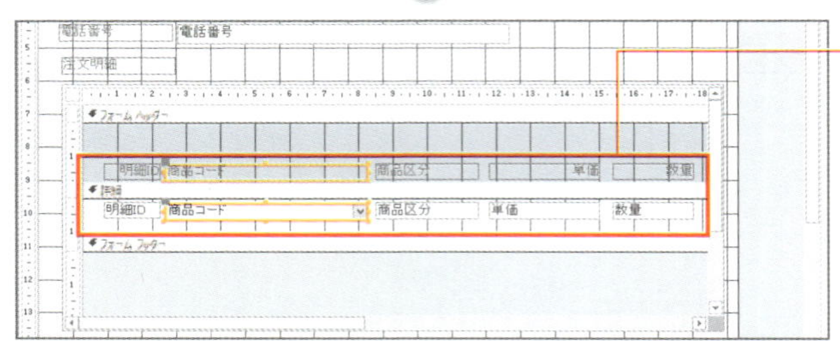

10 明細のサブフォームの中にある明細ID、商品コード、商品区分、単価、数量のラベルとテキストボックスのサイズと位置を画面のように調節する

POINT 調節のコツ

[Shift] キーを押しながらラベルとテキストボックスを続けてクリックすると、同時に選択できます。その上でサイズ変更や移動をすると、揃ったかたちでサイズ変更や移動ができます。また、横方向への平行移動は、矢印キーを使うと効率的です。

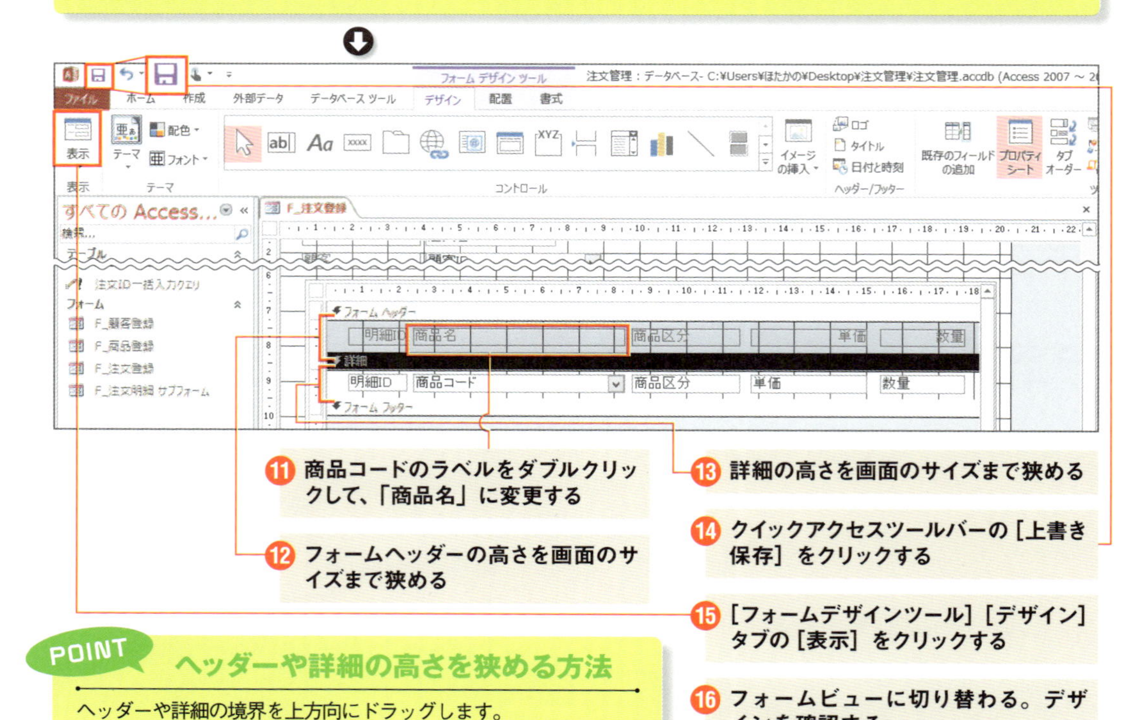

11 商品コードのラベルをダブルクリックして、「商品名」に変更する

12 フォームヘッダーの高さを画面のサイズまで狭める

13 詳細の高さを画面のサイズまで狭める

14 クイックアクセスツールバーの［上書き保存］をクリックする

15 ［フォームデザインツール］［デザイン］タブの［表示］をクリックする

16 フォームビューに切り替わる。デザインを確認する

POINT ヘッダーや詳細の高さを狭める方法

ヘッダーや詳細の境界を上方向にドラッグします。

レコードを注文IDの昇順に並べ替える

フォーム「F_注文登録」のレコードは、作成直後は主キーであるフィールド「注文ID」の昇順で並んでいないので、並べ替えます。

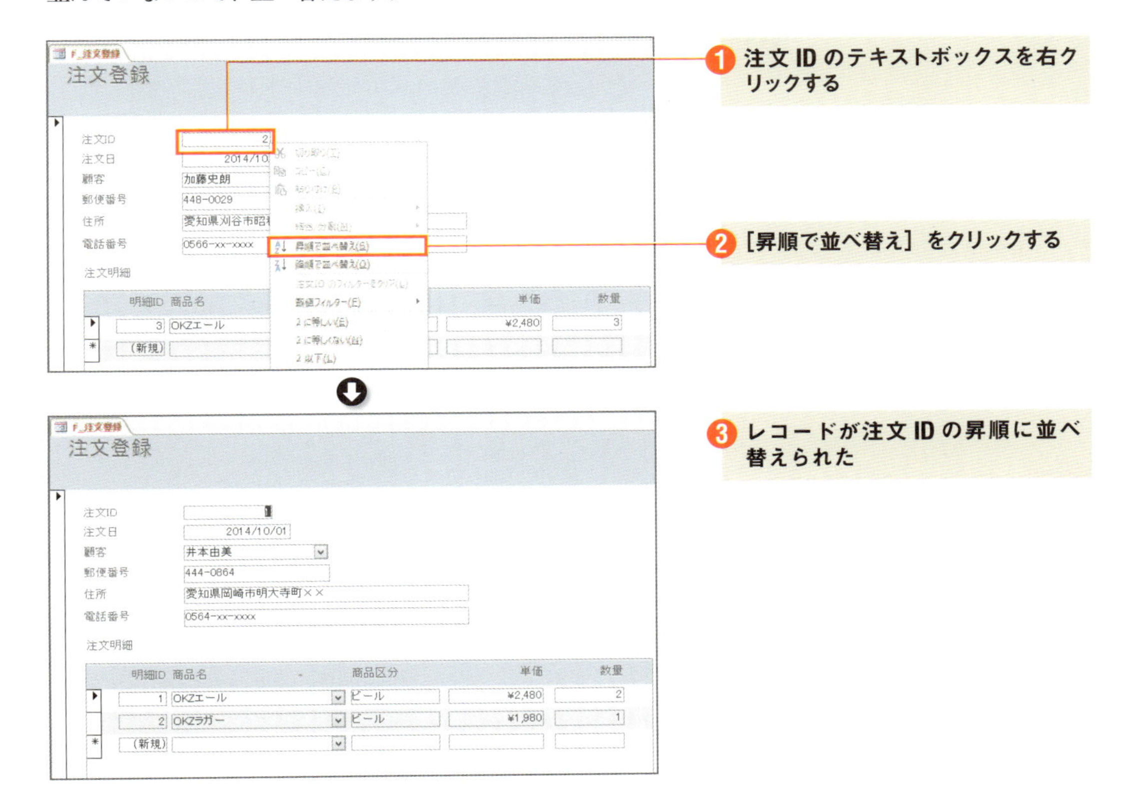

フォーム「F_注文登録」で注文をデータ入力

作成したフォーム「F_注文登録」を利用して、以下の10件の注文データを追加します。追加レコードの3～4件目と5～6件目と9～10件目は、1回の注文で複数の商品を注文していることになります。そのようなデータはサブフォームを使いつつ効率よく入力できます。

注文日	氏名	商品名	数量
2014/10/6	中鉢朋子	OKZピルスナー	1
2014/10/6	井本由美	康生霞	1
2014/10/6	鈴木義和	OKZエール	1
2014/10/6	鈴木義和	OKZピルスナー	2
2014/10/7	立山秀利	OKZピルスナー	2
2014/10/7	立山秀利	三河桜	1
2014/10/7	中鉢朋子	OKZラガー	1
2014/10/8	加藤史朗	OKZピルスナー	3
2014/10/8	鈴木義和	康生霞	1
2014/10/8	鈴木義和	OKZピルスナー	1

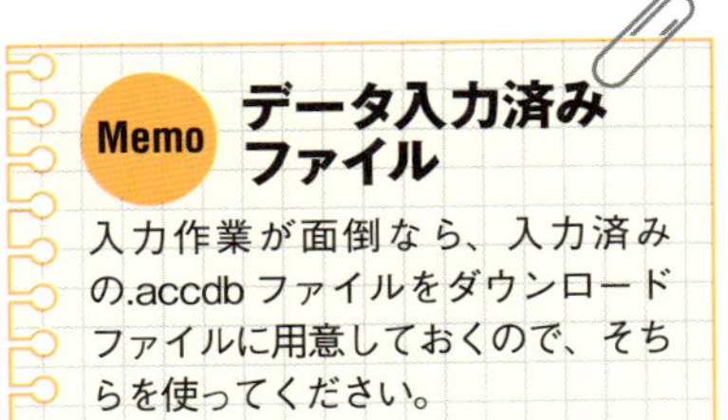

Memo データ入力済みファイル

入力作業が面倒なら、入力済みの.accdbファイルをダウンロードファイルに用意しておくので、そちらを使ってください。

追加1件目の注文のデータを入力

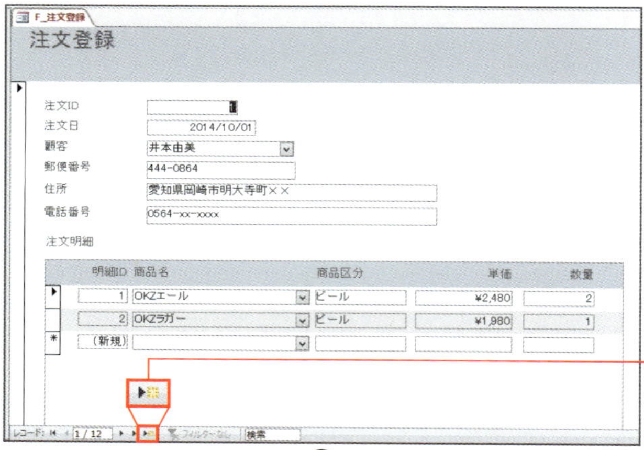
F_注文登録
注文登録
注文ID
注文日
2014/10/01
顧客
井本由美
郵便番号
444-0864
住所
愛知県岡崎市明大寺町××
電話番号
0564-xx-xxxx
注文明細
明細ID 商品名 商品区分 単価 数量
1 OKZエール ビール ¥2,480 2
2 OKZラガー ビール ¥1,980 1
(新規)
レコード: 1 / 12
検索

❶ メインのフォームの［新しい（空の）レコード］をクリックする

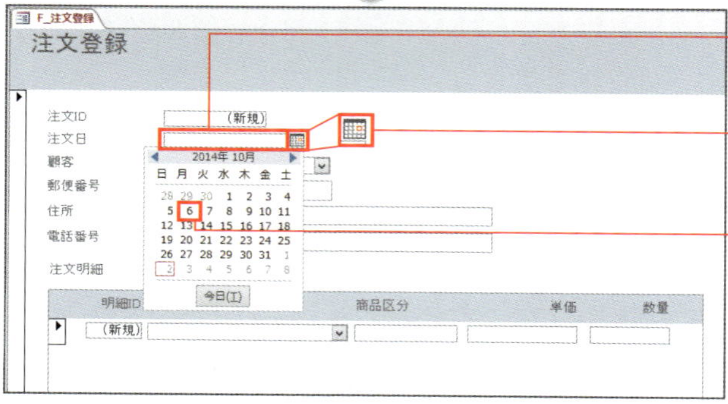
F_注文登録
注文登録
注文ID
(新規)
注文日
顧客
郵便番号
住所
電話番号
注文明細
2014年 10月
日 月 火 水 木 金 土
今日(T)
明細ID 商品区分 単価 数量
(新規)

❷「注文日」のテキストボックスをクリックする

❸ 右側にカレンダーのアイコンが表示される

❹ カレンダー上で2014/10/6の日付をクリックする

❺「注文日」のテキストボックスにその日付が入力される。「注文ID」のテキストボックスに連番が自動入力される

❻［Enter］キーを押す

POINT カレンダーで入力できる

日付／時刻型のフィールドは、日付をキーボードで直接打ち込む以外に、カレンダーから入力することもできます。月を切り替えるには、左右の三角ボタンをクリックします。

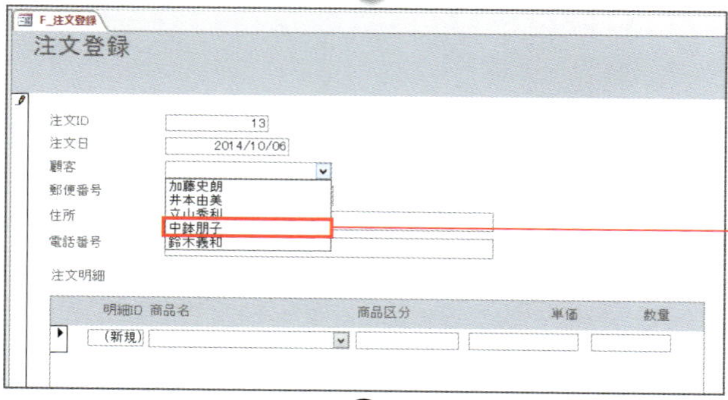
F_注文登録
注文登録
注文ID
13
注文日
2014/10/06
顧客
郵便番号
住所
電話番号
加藤史朗
井本由美
立山秀利
中鉢朋子
鈴木義和
注文明細
明細ID 商品名 商品区分 単価 数量
(新規)

❼「顧客」のドロップダウンから［中鉢朋子］を選択する

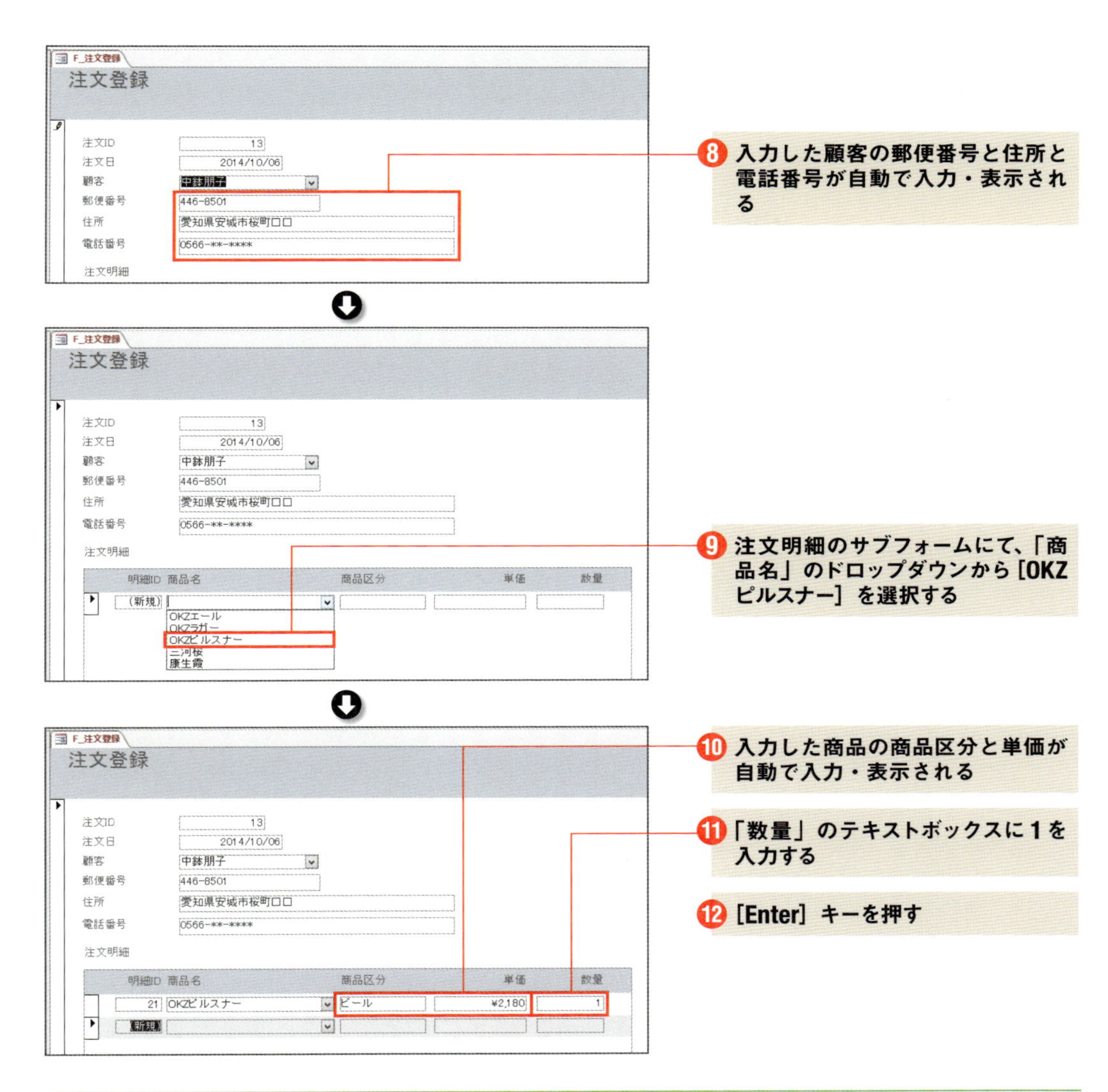

❽ 入力した顧客の郵便番号と住所と電話番号が自動で入力・表示される

❾ 注文明細のサブフォームにて、「商品名」のドロップダウンから［OKZピルスナー］を選択する

❿ 入力した商品の商品区分と単価が自動で入力・表示される

⓫「数量」のテキストボックスに**1**を入力する

⓬［Enter］キーを押す

追加2件目の注文のデータを入力

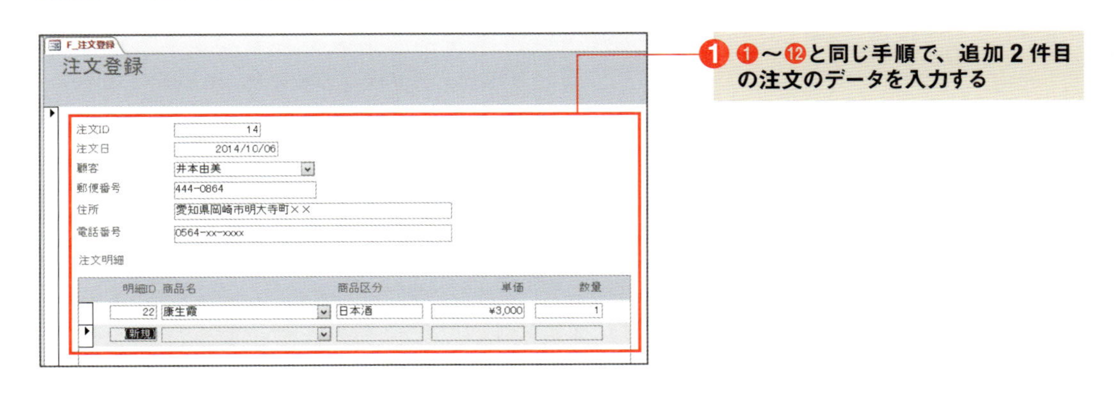

❶ ❶～⓬と同じ手順で、追加2件目の注文のデータを入力する

追加 3 ～ 4 件目の注文のデータを入力

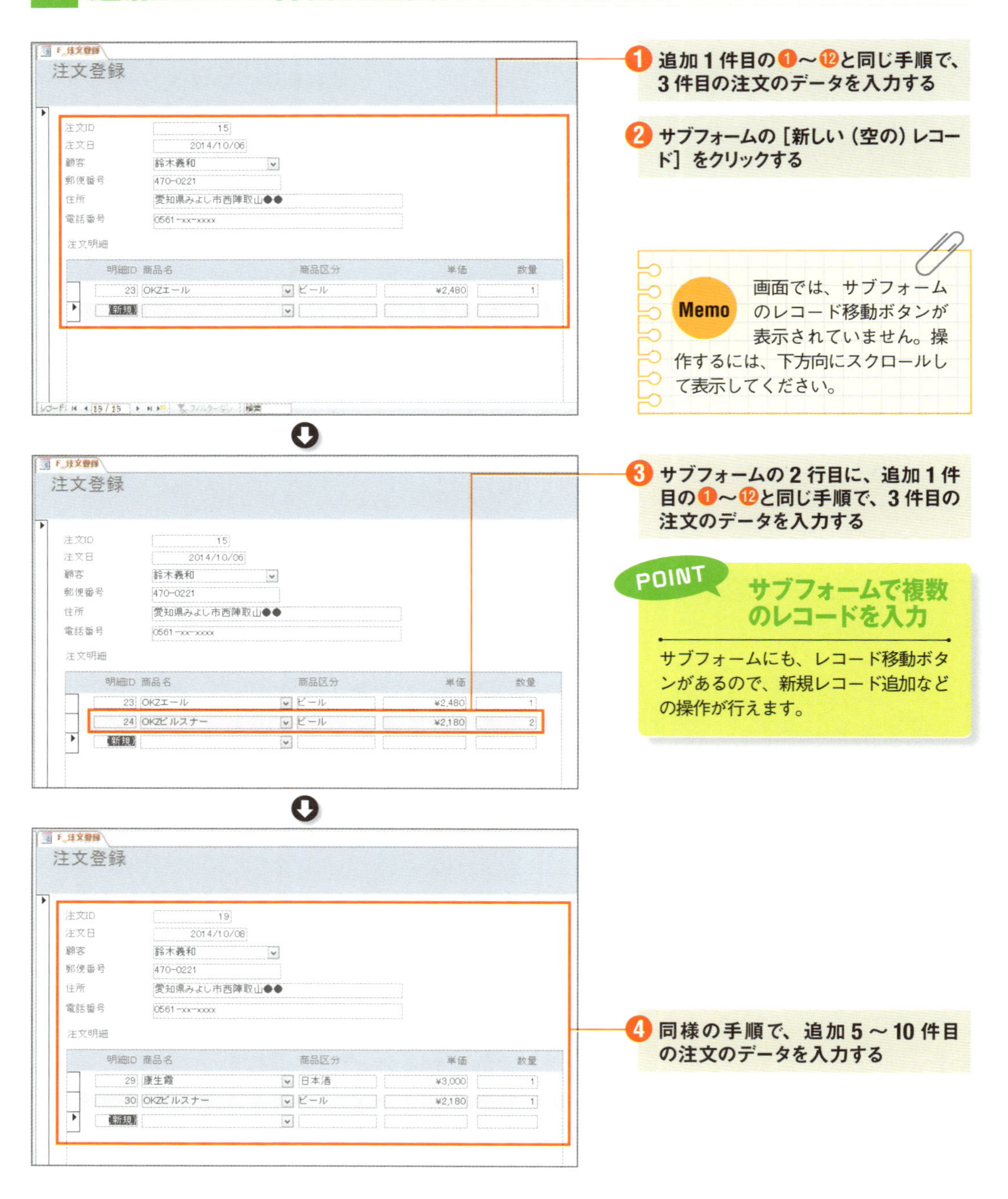

以上で追加データをすべてフォーム「F_注文」から入力できました。テーブル「T_注文」と「T_注文明細」をデータシートビューで開くと、データが入力されたことが確認できます。

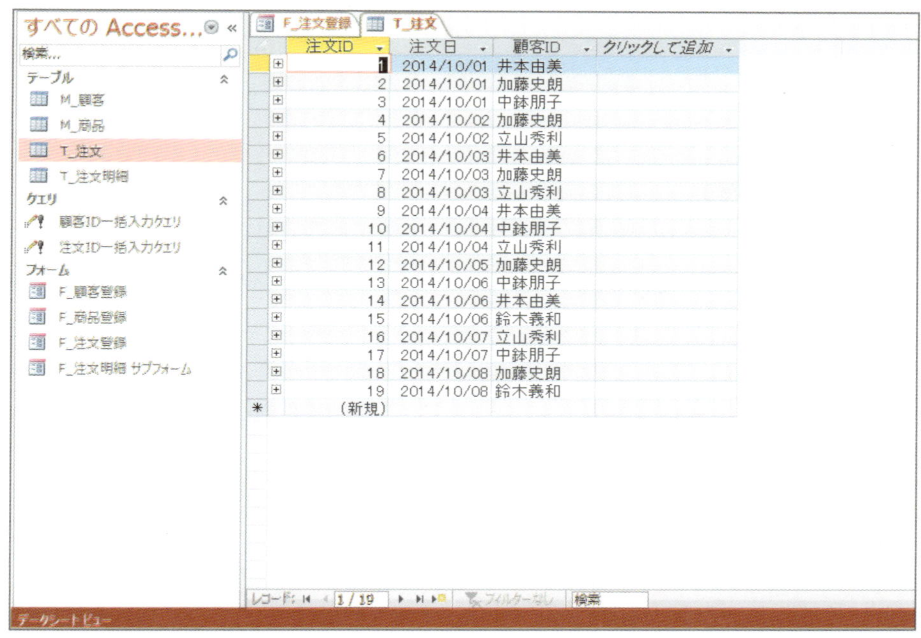

注文ID	注文日	顧客ID	クリックして追加
1	2014/10/01	井本由美	
2	2014/10/01	加藤史朗	
3	2014/10/01	中鉢朋子	
4	2014/10/02	加藤史朗	
5	2014/10/02	立山秀利	
6	2014/10/03	井本由美	
7	2014/10/03	加藤史朗	
8	2014/10/03	立山秀利	
9	2014/10/04	井本由美	
10	2014/10/04	中鉢朋子	
11	2014/10/04	立山秀利	
12	2014/10/05	加藤史朗	
13	2014/10/06	中鉢朋子	
14	2014/10/06	井本由美	
15	2014/10/06	鈴木義和	
16	2014/10/07	立山秀利	
17	2014/10/07	中鉢朋子	
18	2014/10/08	加藤史朗	
19	2014/10/08	鈴木義和	
(新規)			

テーブル「T_注文」

明細ID	注文ID	商品コード	数量	クリックして追加
1	1	OKZエール	2	
2	1	OKZラガー	1	
3	2	OKZエール	3	
4	3	三河桜	2	
5	4	三河桜	1	
6	5	OKZエール	1	
7	5	OKZラガー	1	
8	6	OKZエール	2	
9	6	OKZラガー	1	
10	6	三河桜	3	
11	7	OKZラガー	2	
12	7	康生霞	3	
13	8	OKZラガー	2	
14	9	OKZラガー	3	
15	10	三河桜	2	
16	11	OKZエール	4	
17	11	康生霞	1	
18	12	OKZラガー	2	
19	12	三河桜	1	
20	12	康生霞	2	
21	13	OKZビルスナ-	1	
22	14	康生霞	1	
23	15	OKZエール	1	
24	15	OKZビルスナ-	2	
25	16	OKZビルスナ-	2	
26	16	三河桜	1	
27	17	OKZラガー	1	
28	18	OKZビルスナ-	3	
29	19	康生霞	1	

テーブル「T_注文明細」

11 納品書を作成しよう

本節では、Accessのレポート機能を利用して、納品書を作成します。あわせて、注文一覧を表示するフォームも作成し、ボタンのクリックにより納品書を開く機能も作成します。

まずは納品書用の選択クエリを作成

Accessでレポートを作成する方法は何通りかありますが、ここでは選択クエリから作成します。納品書に載せるデータを各テーブルから抽出する選択クエリを作成しておき、その選択クエリから納品書のレポートを作成するというステップを踏みます。レポートに載せたいデータが複数のテーブルに散在している場合に便利な方法です。

納品書に載せるデータは3章01で紹介したExcelによる納品書と同じとします。そのワークシートの構成は次の通りでした。

・A4セル　顧客名
・F5セル　注文日
・A4～F17　注文データ。項目は商品コード、商品名、商品区分、単価、数量、小計
・F18　合計金額。小計を合計した値をSUM関数で算出

これらのデータに該当するAccessのテーブルのフィールドをレポートに載せます。さらに、本サンプルでは、納品書は最終的に注文ごとに作成できるようにします。そのため、注文を特定できるフィールド「注文ID」も選択クエリに含めます。あわせて、注文データの並べ替え用に、フィールド「明細ID」も含めます。

以上を踏まえると、納品書用の選択クエリに必要なフィールドは以下になります。抽出する際のフィールドの並び順も以下とします。

テーブル	フィールド
T_注文	注文ID 注文日
M_顧客	氏名
T_注文明細	明細ID 商品コード
M_商品	商品名 商品区分 単価
T_注文明細	数量

表1　納品書用の選択クエリに必要なフィールド

納品書には小計も必要ですが、フィールド「単価」と「数量」から算出します。また、合計は後か

らすべての小計を足し合わせて算出します。

それでは、納品書用の選択クエリを作成します。保存時のクエリ名は「Q_納品書」とします。

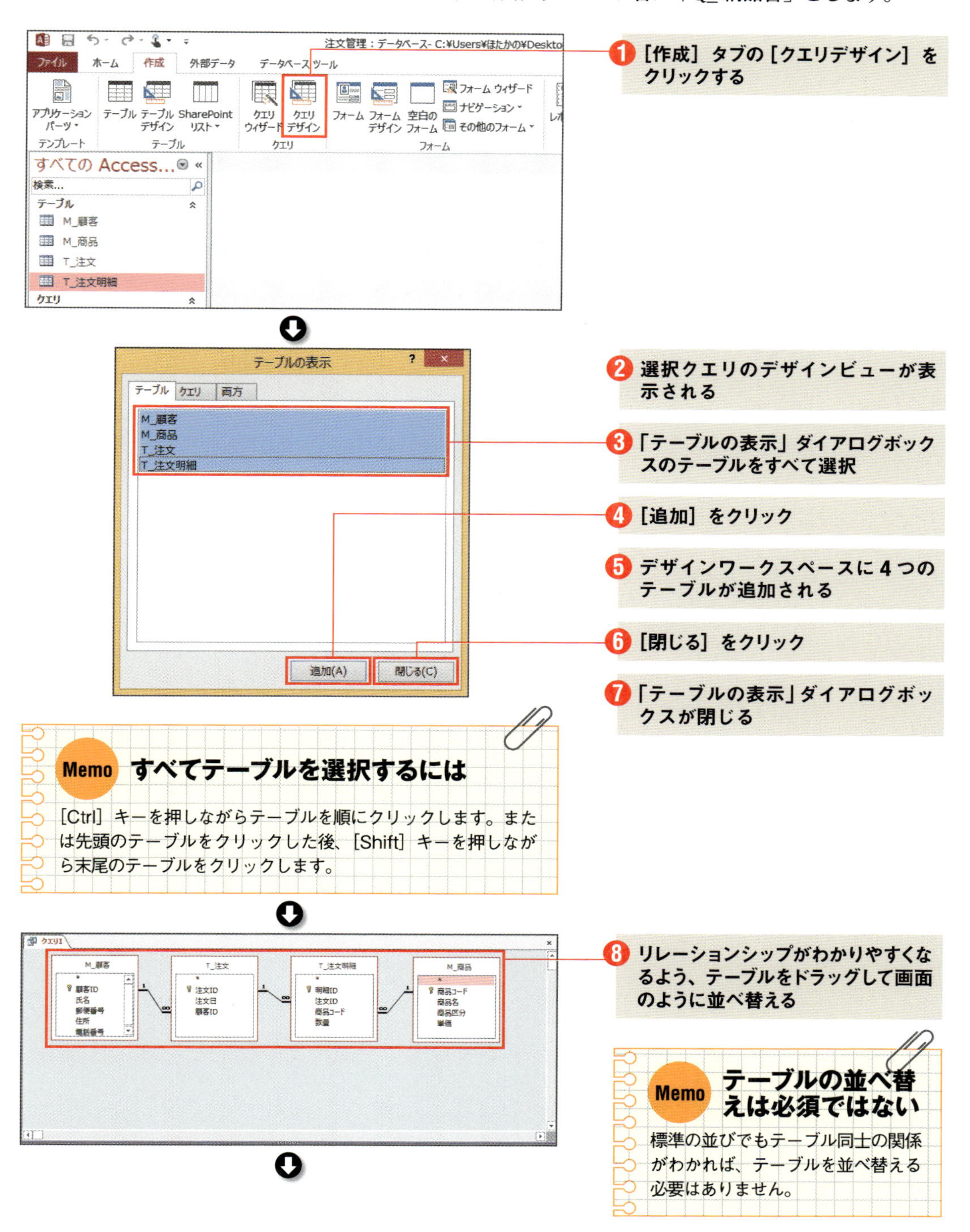

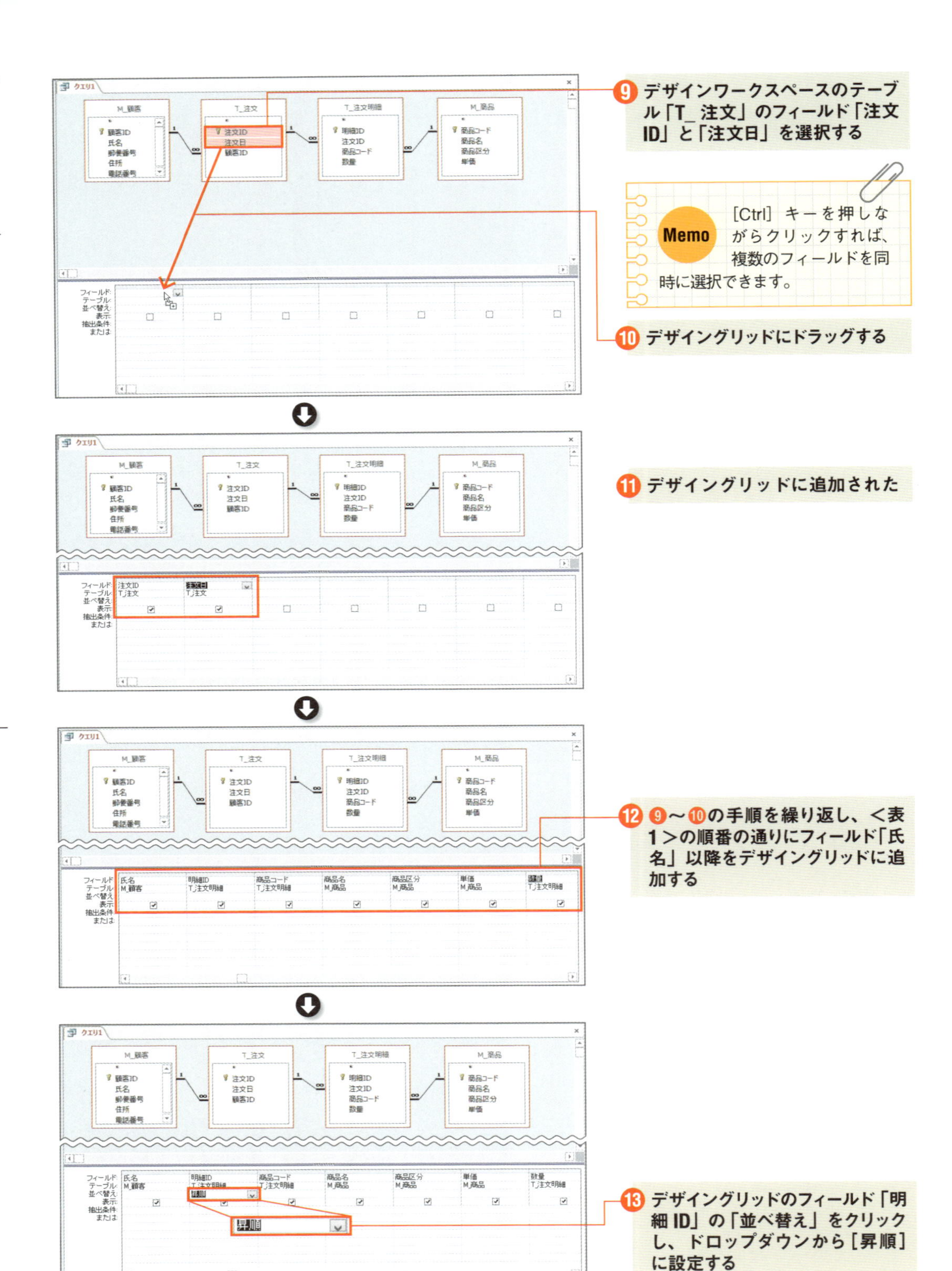
⑨ デザインワークスペースのテーブル「T_注文」のフィールド「注文ID」と「注文日」を選択する
Memo [Ctrl] キーを押しながらクリックすれば、複数のフィールドを同時に選択できます。
⑩ デザイングリッドにドラッグする
⑪ デザイングリッドに追加された
⑫ ⑨～⑩の手順を繰り返し、<表1>の順番の通りにフィールド「氏名」以降をデザイングリッドに追加する
⑬ デザイングリッドのフィールド「明細ID」の「並べ替え」をクリックし、ドロップダウンから[昇順]に設定する
昇順

POINT 抽出したレコードを並べ替えるには

選択クエリでは、抽出したレコードを指定したフィールドの昇順または降順で並べ替えることができます。デザイングリッドにて目的のフィールドの「並べ替え」を［昇順］または［降順］に設定します。

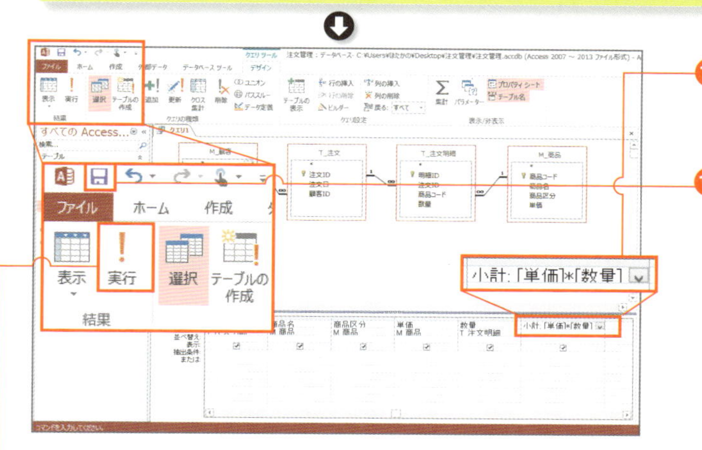

14 デザイングリッドの「フィールド」で、「数量」の右隣に「小計:[単価]*[数量]」と入力する

15 クイックアクセスツールバーの［上書き保存］をクリックする

Memo 「フィールド」の列幅を広げる

デザイングリッドの「フィールド」の幅が狭くて入力しづらければ、境界線をドラッグして幅を広げてください。

POINT 演算フィールド

選択クエリでは、指定したフィールドを使って計算した結果を別のフィールドに表示することができます。そのようなフィールドを「演算フィールド」と呼びます。演算フィールドはデザイングリッドの「フィールド」に次の書式で指定します。演算フィールド名と「:」（コロン）に続けて式を記述します。

```
演算フィールド名:式
```

式に用いるフィールドは「[フィールド名]」の書式で指定します。計算は主に右記の演算子で行います。また、Excelのような先頭の「=」は不要です。
以上を踏まえると、小計を求める式は次のようになります。

```
[単価]*[数量]
```

演算子	内容
＋	足し算
－	引き算
＊	掛け算
/	割り算

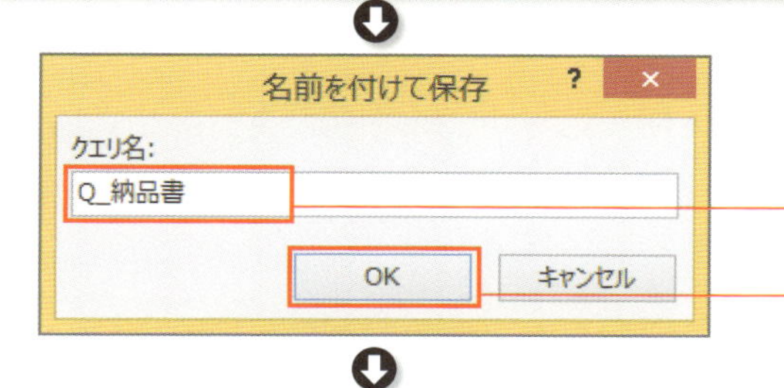

16「名前を付けて保存」ダイアログボックスが表示される

17「クエリ名」に「Q_納品書」と入力

18［OK］をクリック

19 クエリが保存される

20［クエリツール］［デザイン］タブの［実行］をクリックして選択クエリを確認

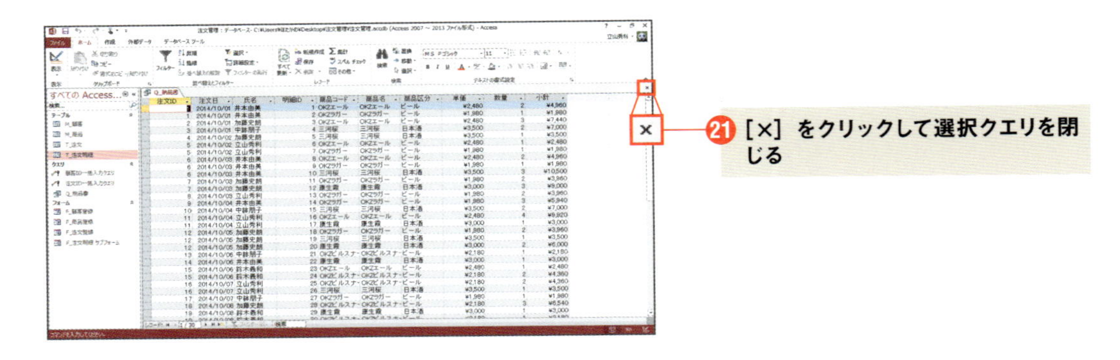

レポートの構成

レポートは「セクション」という単位で構成されます。デザインビューで表示すると、セクションが表示されます。セクションは種類がいくつかあり、表示される場所や回数がそれぞれ異なります。基本となるのは次の5種類です。

- レポートヘッダー
  レポートの上部に1回だけ表示される
- ページヘッダー
  複数ページにわたって印刷されるレポートの場合、各ページの上部に表示される
- 詳細
  データの数だけ複数回表示される。デザインビューでは1回だけ表示される
- ページフッター
  複数ページにわたって印刷されるレポートの場合、各ページの下部に表示される
- レポートフッター
  レポートの下部に1回だけ表示される

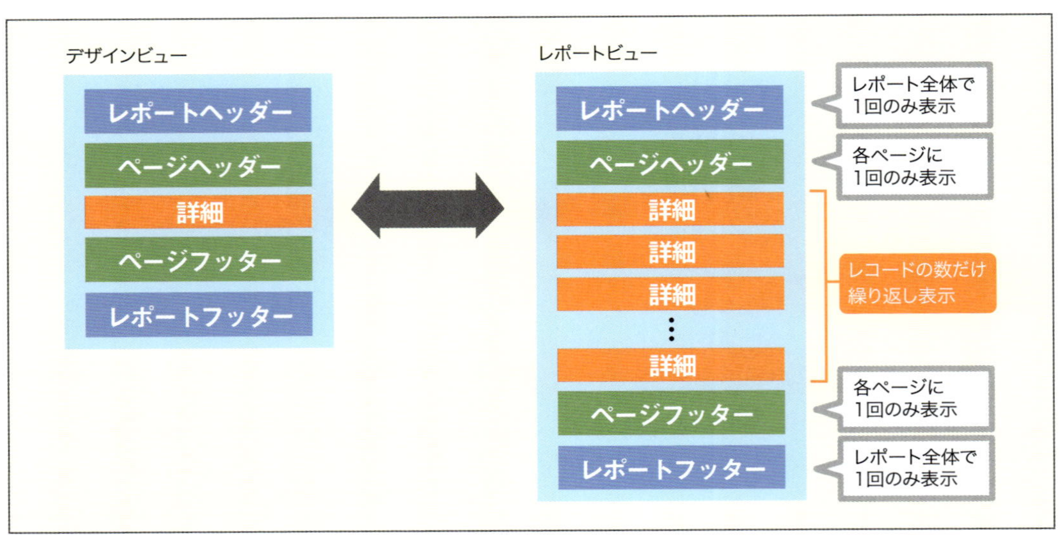

レポートの構成

さらにグループによるセクションも利用できます。そのセクションによって、指定したフィールドの値に応じてデータをグループ化し、1枚ずつのレポートに分割することができます。たとえば本サンプルなら、注文IDごとにグループ化して分割できます。

その際、グループのヘッダー、詳細、フッターのセクションも利用可能となります。グループのヘッダーはグループごとに上部に1回だけ表示されます。グループの詳細はグループごとにデータの数だけ複数回表示されます。グループのフッターはグループごとに下部に1回だけ表示されます。

選択クエリからレポートを作成

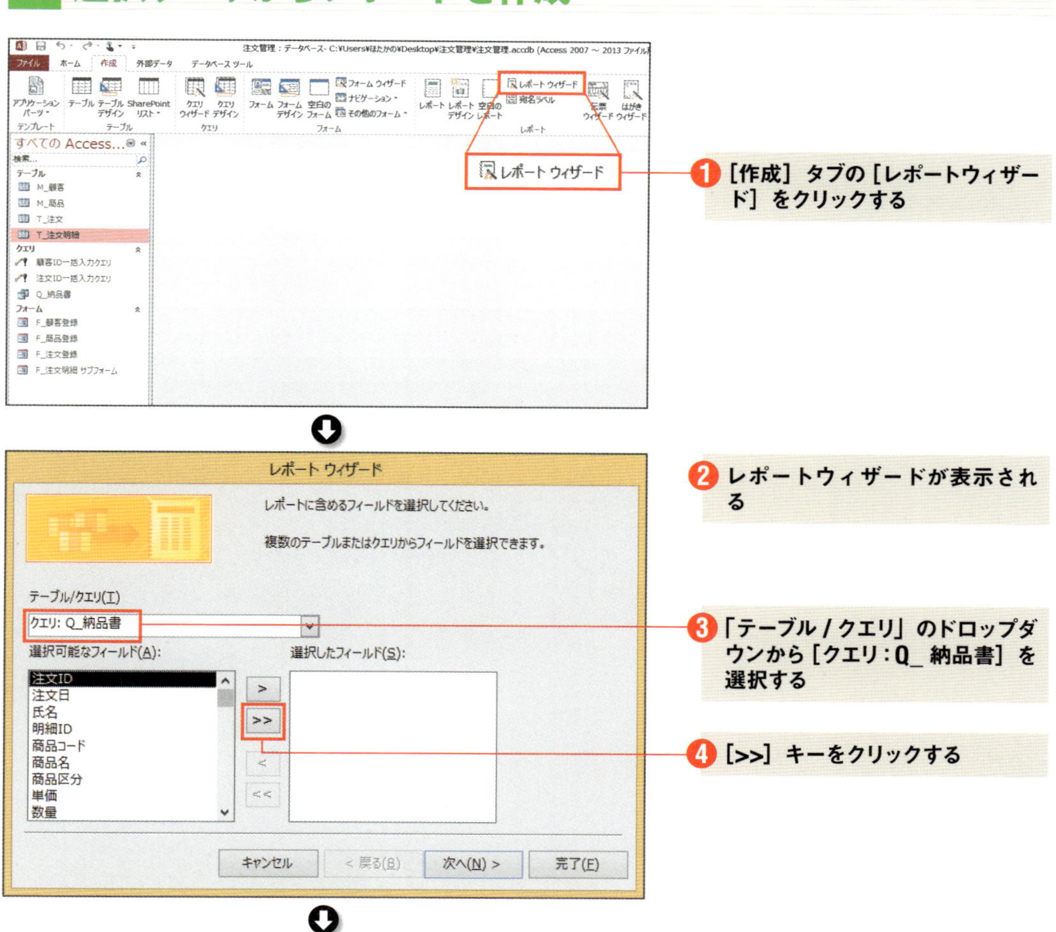

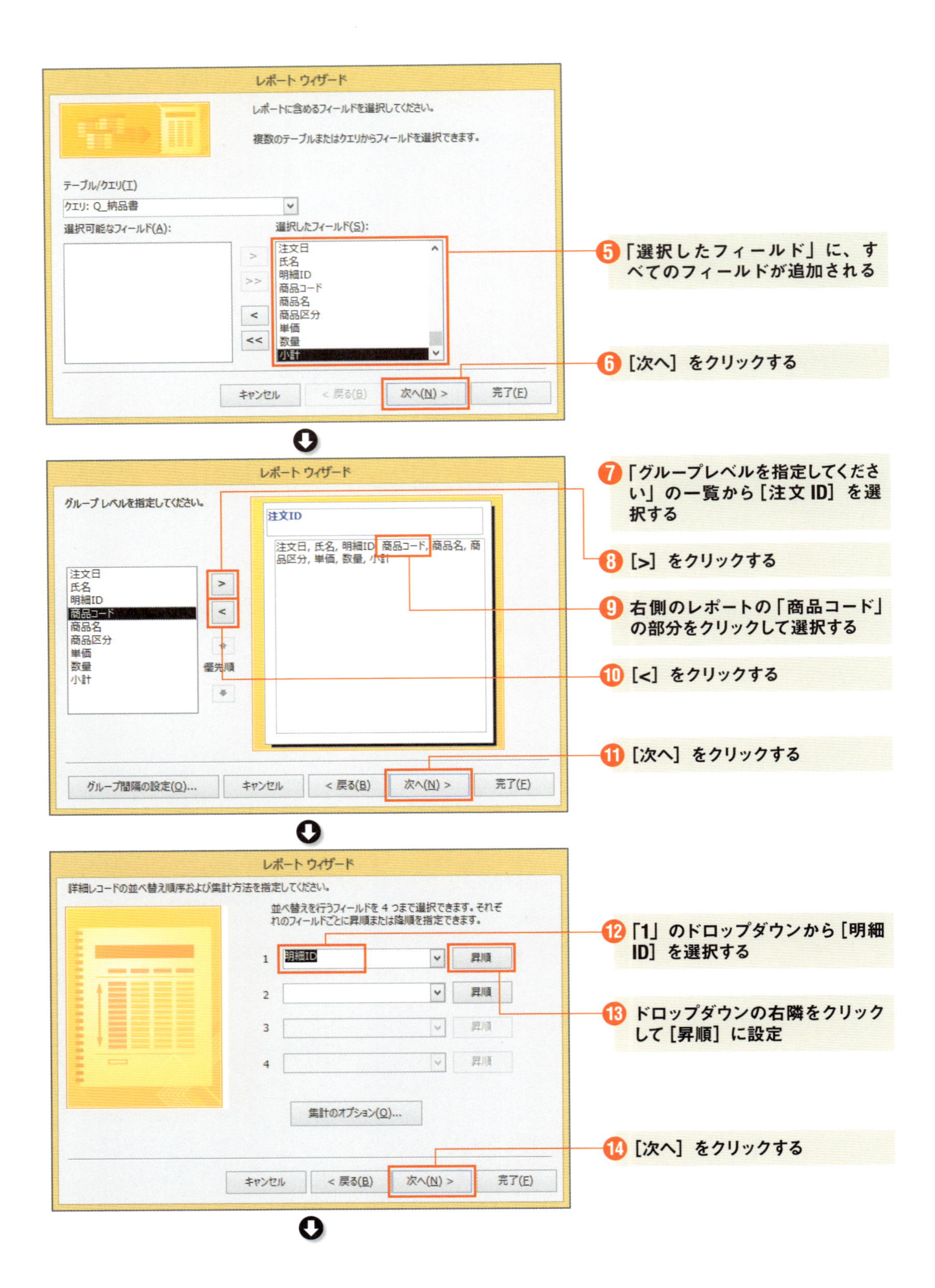
レポート ウィザード
レポートに含めるフィールドを選択してください。
複数のテーブルまたはクエリからフィールドを選択できます。
テーブル/クエリ(T)
クエリ: Q_納品書
選択可能なフィールド(A):
選択したフィールド(S):
注文日
氏名
明細ID
商品コード
商品名
商品区分
単価
数量
小計
キャンセル
< 戻る(B)
次へ(N) >
完了(F)
5「選択したフィールド」に、すべてのフィールドが追加される
6[次へ]をクリックする
レポート ウィザード
グループ レベルを指定してください。
注文ID
注文日, 氏名, 明細ID, 商品コード, 商品名, 商品区分, 単価, 数量, 小計
優先順
グループ間隔の設定(O)...
7「グループレベルを指定してください」の一覧から[注文ID]を選択する
8[>]をクリックする
9右側のレポートの「商品コード」の部分をクリックして選択する
10[<]をクリックする
11[次へ]をクリックする
レポート ウィザード
詳細レコードの並べ替え順序および集計方法を指定してください。
並べ替えを行うフィールドを 4 つまで選択できます。それぞれのフィールドごとに昇順または降順を指定できます。
明細ID
昇順
集計のオプション(O)...
12「1」のドロップダウンから[明細ID]を選択する
13ドロップダウンの右隣をクリックして[昇順]に設定
14[次へ]をクリックする

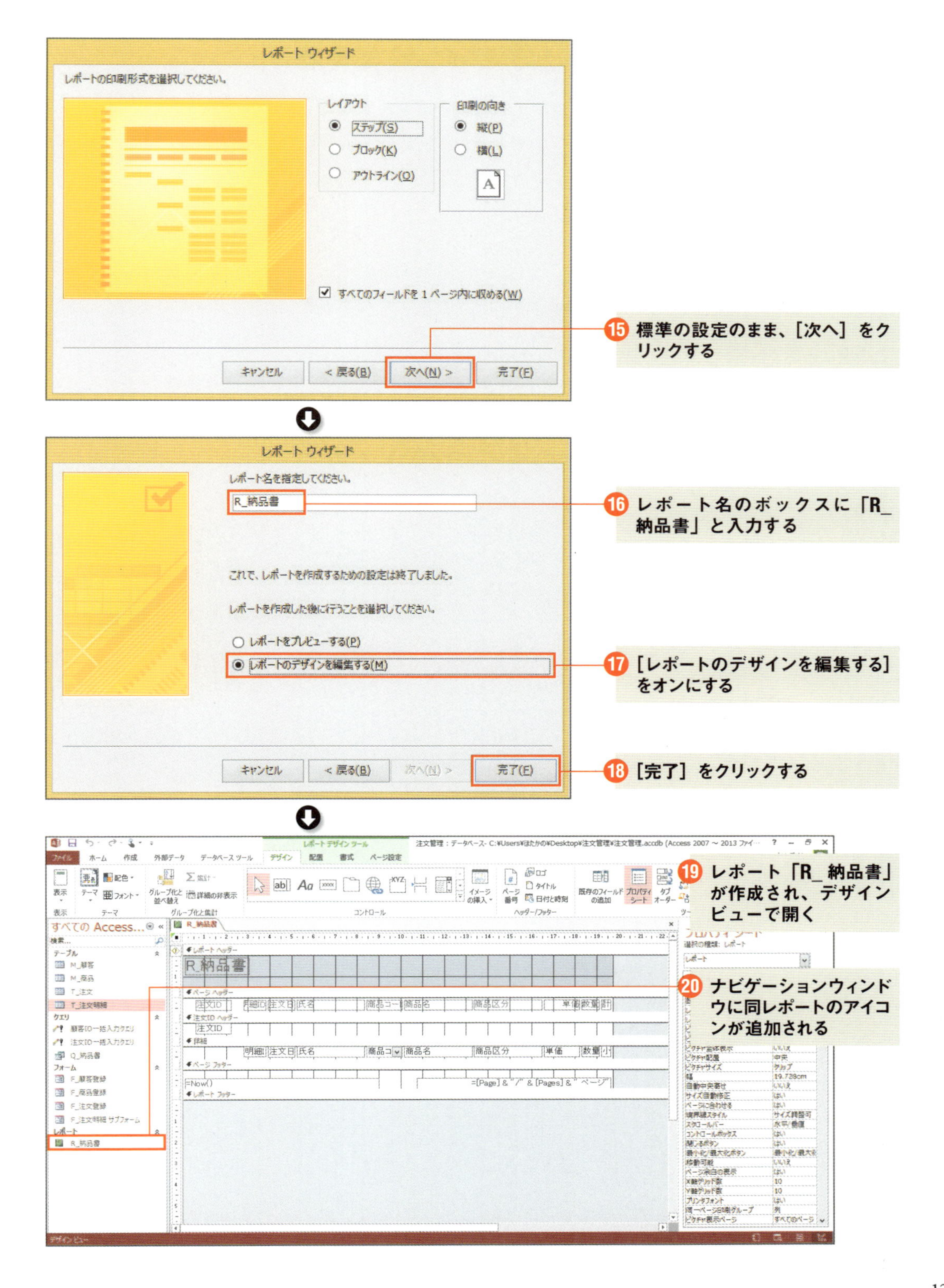
レポート ウィザード
レポートの印刷形式を選択してください。
レイアウト
ステップ(S)
ブロック(K)
アウトライン(O)
印刷の向き
縦(P)
横(L)
すべてのフィールドを 1 ページ内に収める(W)
キャンセル
< 戻る(B)
次へ(N) >
完了(F)
15 標準の設定のまま、[次へ] をクリックする
レポート ウィザード
レポート名を指定してください。
R_納品書
16 レポート名のボックスに「R_納品書」と入力する
これで、レポートを作成するための設定は終了しました。
レポートを作成した後に行うことを選択してください。
レポートをプレビューする(P)
レポートのデザインを編集する(M)
17 [レポートのデザインを編集する] をオンにする
キャンセル
< 戻る(B)
次へ(N) >
完了(F)
18 [完了] をクリックする
19 レポート「R_納品書」が作成され、デザインビューで開く
20 ナビゲーションウィンドウに同レポートのアイコンが追加される

レポートのレイアウトとデザインを整える

全体のレイアウトや各ラベルの文言やサイズなどのデザインを適宜整えます。また、合計の下にショップデータとして下記を載せます。フォントサイズは9ポイントとします。

リカーHOTAKANO
愛知県豊田市〇×△
Tel 0565-xx-xxxx

その左側には、挨拶文として下記を載せます。フォントサイズは9ポイントとします。

この度は当店でお買い上げいただき誠にありがとうございました。
またのご利用をスタッフ一同お待ちしております。

レポートヘッダーセクションの作り込み

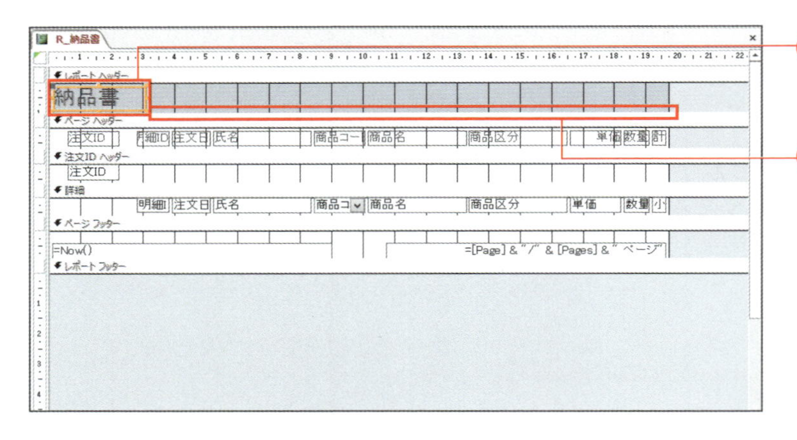

❶ タイトルをダブルクリックして、「納品書」に変更する

❷ レポートヘッダーセクションの下端を上方向にドラッグして、高さを縮める

不要なラベルとテキストボックスを削除

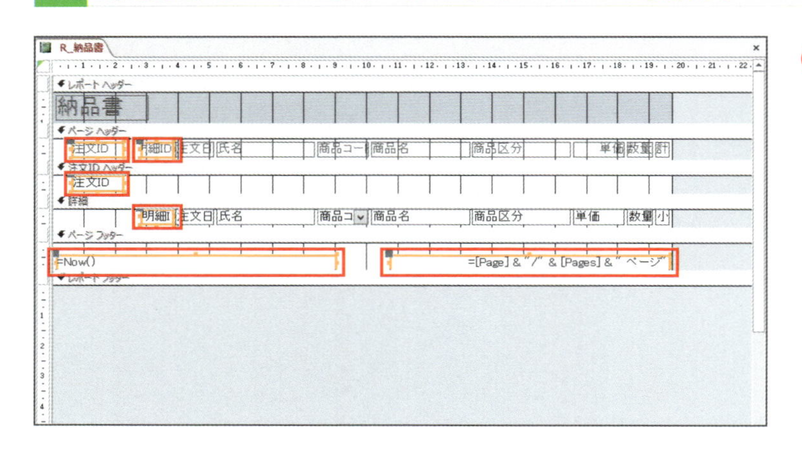

❶ 注文IDと明細IDのラベルとテキストボックス、ページフッターセクション内のすべてを選択し、[Delete] キーを押して削除する

注文IDヘッダーセクションの作り込み

1 注文IDヘッダーセクションの下端をドラッグし、画面のように高さを広げる

2 氏名のテキストボックスを画面のようなサイズと位置に配置する

3 氏名のラベルの文言を「様」に変更し、氏名のテキストボックスの後ろの配置する

4 日付のラベルの文言を「ご注文日」に変更し、画面のようなサイズと位置に配置する

5 日付のテキストボックスを画面のようなサイズと位置に配置する

6 商品コード、商品名、商品区分、単価、数量、小計のラベルを画面のようなサイズと位置に配置

Memo ラベルの文言を変更するには

選択した後、再度クリックすると編集可能な状態になるので、目的の文言に変更してください。

POINT 商品コード～小計のラベルの配置場所

商品コード、商品名、商品区分、単価、数量、小計のラベルは注文ごとに1回のみ表示したいので、注文IDヘッダーセクションに配置します。配置を揃える作業は、[レポートデザインツール][配置]タブの「サイズ変更と並べ替え」グループの各種コマンドを利用すると効率的です。

詳細セクションの作り込み

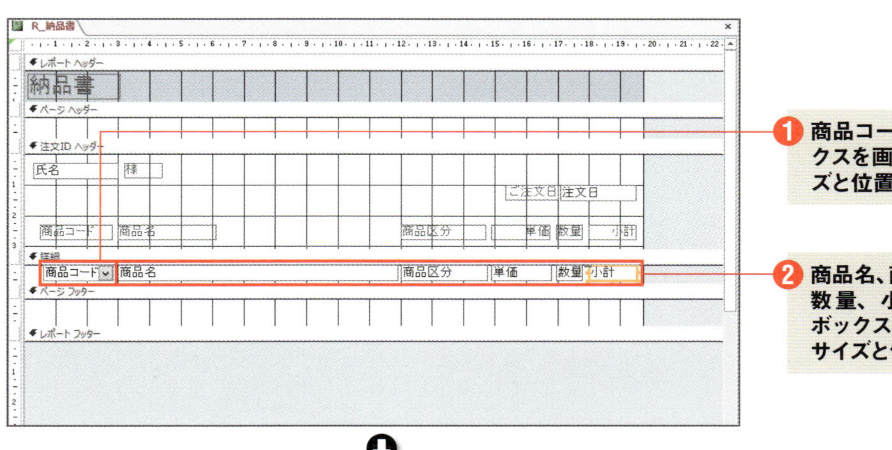

1 商品コードのコンボボックスを画面のようなサイズと位置に配置

2 商品名、商品区分、単価、数量、小計のテキストボックスを画面のようなサイズと位置に配置

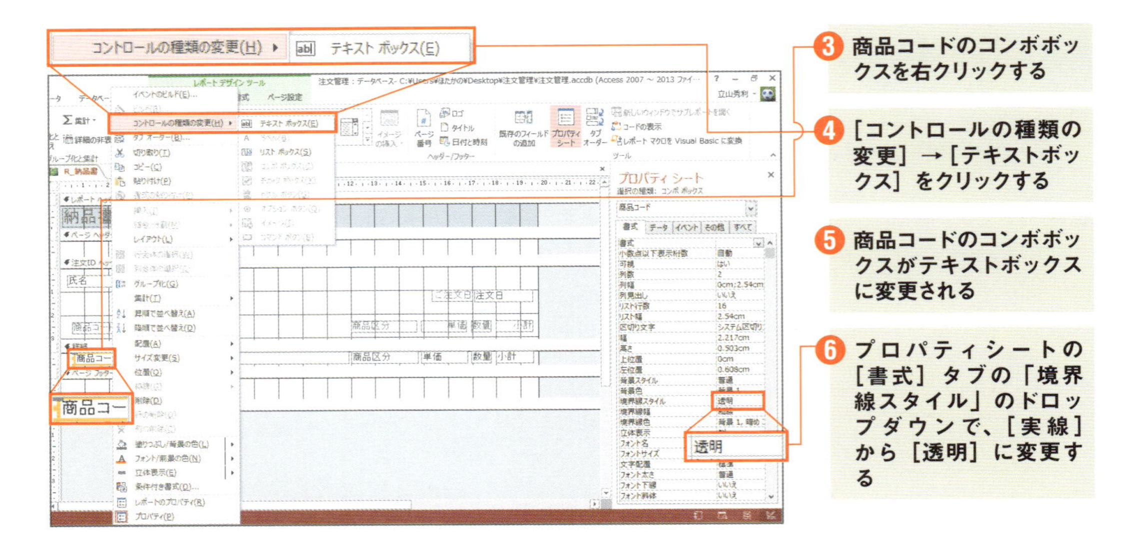

POINT 商品コードをテキストボックスに変更

商品コードは元のフィールドにルックアップを設定しているため、レポートを作成するとコンボボックス（ドロップダウンのコントロール）になります。このままでは商品コードではなく、ルックアップで関連付けられている商品名が表示されてしまうので、コントロールの種類をテキストボックスに変更する必要があります。

注文 ID フッターセクションの追加

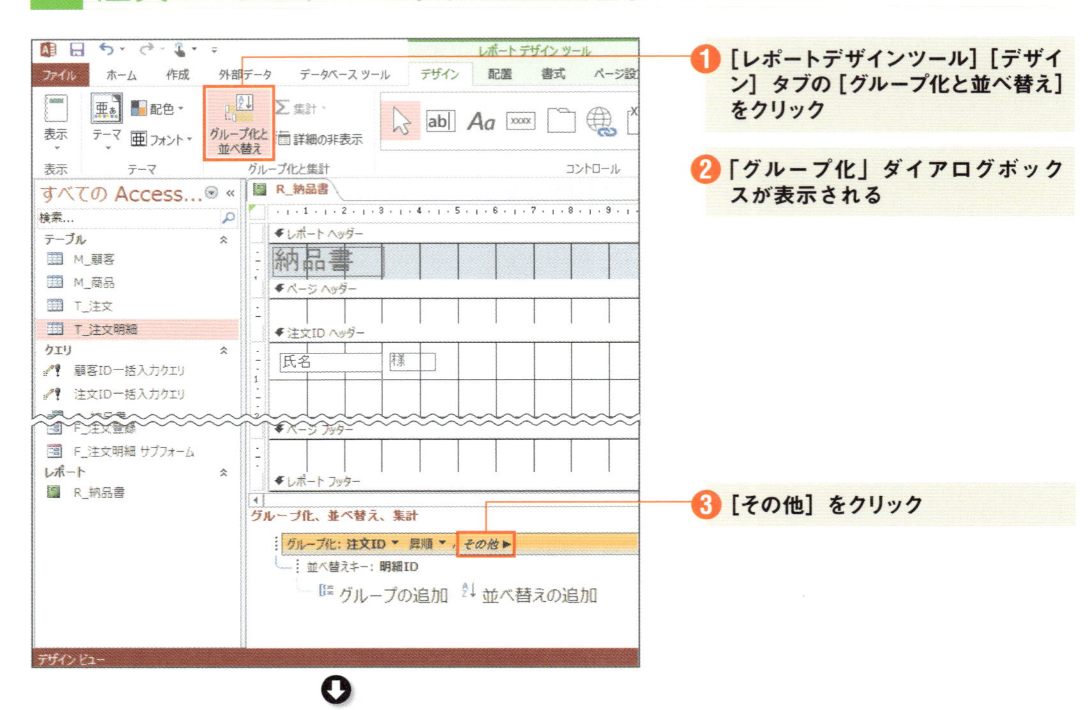

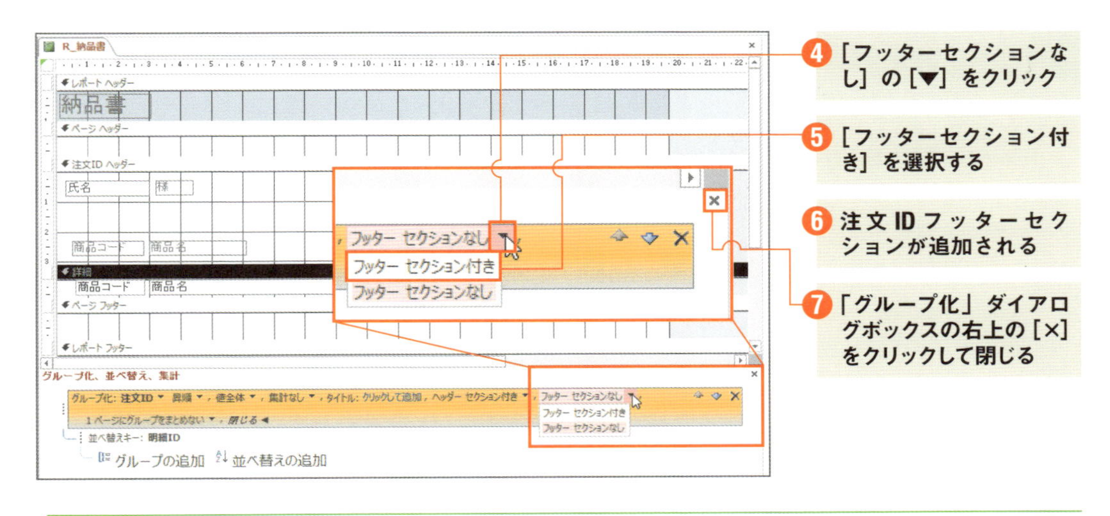
4 [フッターセクションなし] の [▼] をクリック
5 [フッターセクション付き] を選択する
6 注文IDフッターセクションが追加される
7 「グループ化」ダイアログボックスの右上の [×] をクリックして閉じる
フッター セクションなし
フッター セクション付き
グループ化、並べ替え、集計
グループの追加
並べ替えの追加

合計を追加

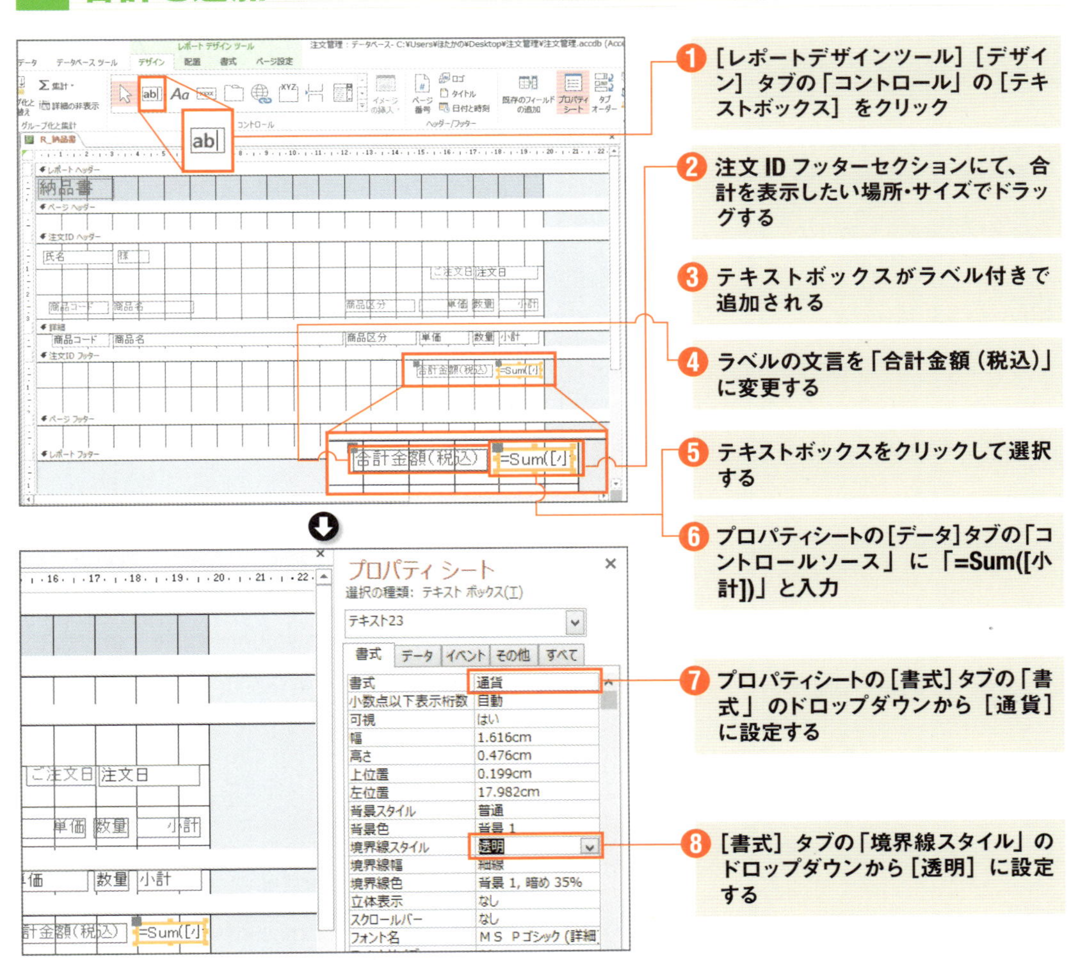
1 [レポートデザインツール] [デザイン] タブの「コントロール」の [テキストボックス] をクリック
2 注文IDフッターセクションにて、合計を表示したい場所・サイズでドラッグする
3 テキストボックスがラベル付きで追加される
4 ラベルの文言を「合計金額（税込）」に変更する
5 テキストボックスをクリックして選択する
6 プロパティシートの [データ] タブの「コントロールソース」に「=Sum([小計])」と入力
7 プロパティシートの [書式] タブの「書式」のドロップダウンから [通貨] に設定する
8 [書式] タブの「境界線スタイル」のドロップダウンから [透明] に設定する
合計金額(税込)
=Sum([小
プロパティ シート
選択の種類: テキスト ボックス(T)
テキスト23
書式
データ
イベント
その他
すべて
通貨
透明

ショップ情報と挨拶文を追加

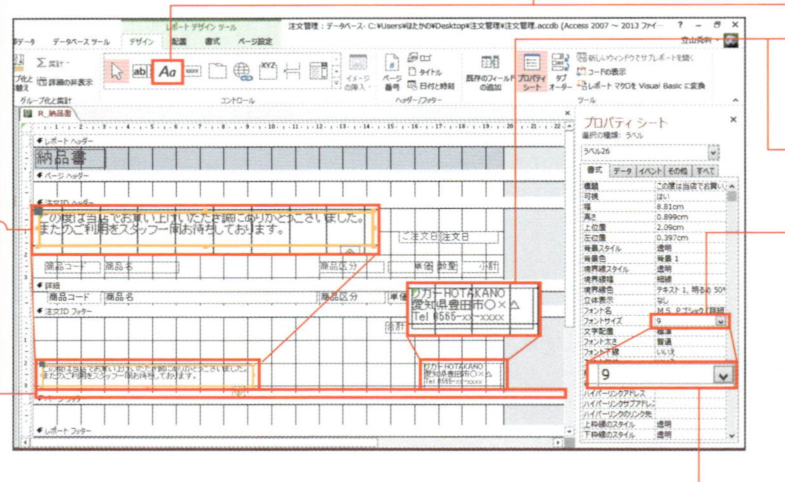

❶ 注文 ID フッターセクションの下端をドラッグして高さを広げる

❷ [レポートデザインツール] [デザイン] タブの「コントロール」の [ラベル] をクリック

❸ 合計の下あたりをドラッグして、ラベルを挿入する

❹ ラベルの文言をショップ情報に設定する

❺ プロパティシートの [書式] タブの「フォントサイズ」のドロップダウンから [9] に設定する

❻ [レポートデザインツール] [デザイン] タブの「コントロール」の [ラベル] をクリック

❼ 合計の左側をドラッグして、ラベルを挿入する

❽ ラベルの文言を挨拶文に設定する

❾ プロパティシートの [書式] タブの「フォントサイズ」のドロップダウンから [9] に設定する

罫線を引く

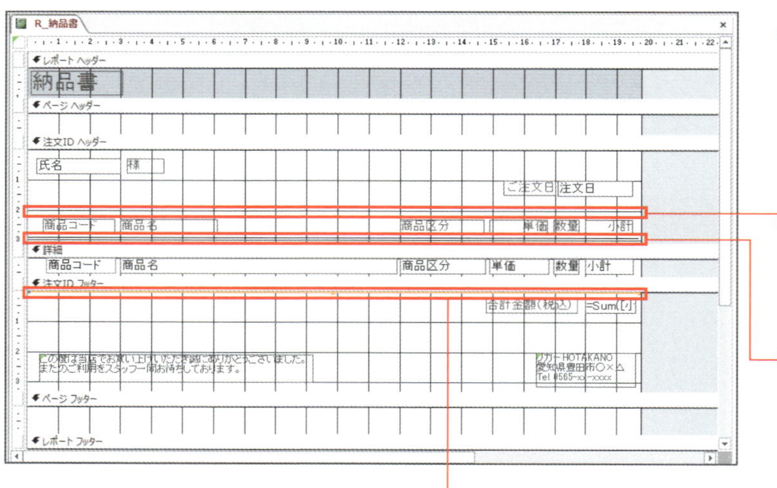

❶ [レポートデザインツール] [デザイン] タブの「コントロール」の [直線] をクリック（画面はクリック後であり、表示されていません）

❷ 注文 ID ヘッダーセクションの列見出しのラベルの上をドラッグして画面のように線を引く

❸ 注文 ID ヘッダーセクションの列見出しの下をドラッグして画面のように線を引く

❹ 注文 ID フッターセクション合計の上をドラッグして画面のように線を引く

不要なセクションを非表示にする

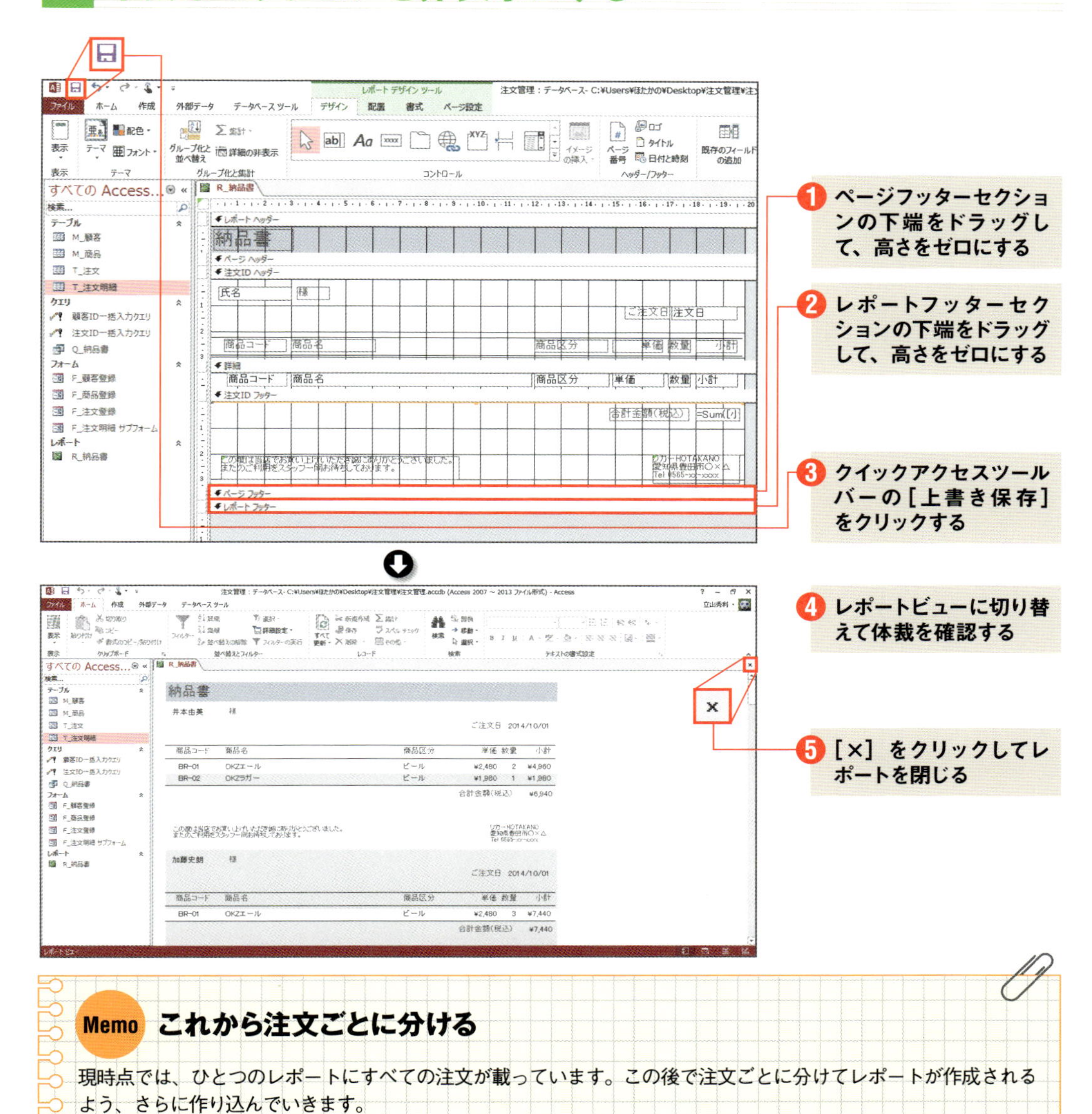

Memo これから注文ごとに分ける

現時点では、ひとつのレポートにすべての注文が載っています。この後で注文ごとに分けてレポートが作成されるよう、さらに作り込んでいきます。

注文一覧のフォームを作成し、ボタンで納品書を表示する

注文を一覧表示するフォームをフォームウィザードで作成します。フォームに含めるフィールドは右記の3つとします。フォームは表形式として、タイトルは「注文一覧」、フォーム名は「F_注文一覧」とします。

テーブル	フィールド
T_注文	注文ID
T_注文	注文日
M_顧客	氏名

フォーム「F_注文一覧」フィールド

フォームを作成

フォーム ウィザード
フォームに含めるフィールドを選択してください。
複数のテーブルまたはクエリからフィールドを選択できます。
テーブル/クエリ(T)
テーブル: T_注文
選択可能なフィールド(A):
選択したフィールド(S):
テーブル: M_顧客
キャンセル
< 戻る(B)
次へ(N) >
完了(F)
1 [作成] タブの [フォームウィザード] をクリックする
2 フォームウィザードが表示される
3 「テーブル / クエリ」 のドロップダウンから [テーブル : T_ 注文] を選択する
4 「選択可能なフィールド」 の [注文ID] をクリックする
5 [>] をクリックする
6 「選択可能なフィールド」 の [注文日] をクリックする
7 [>] をクリックする
8 「テーブル / クエリ」 のドロップダウンから [テーブル : M_ 顧客] を選択する
9 「選択可能なフィールド」 の [氏名] をクリックする
10 [>] をクリックする
11 [次へ] をクリックする

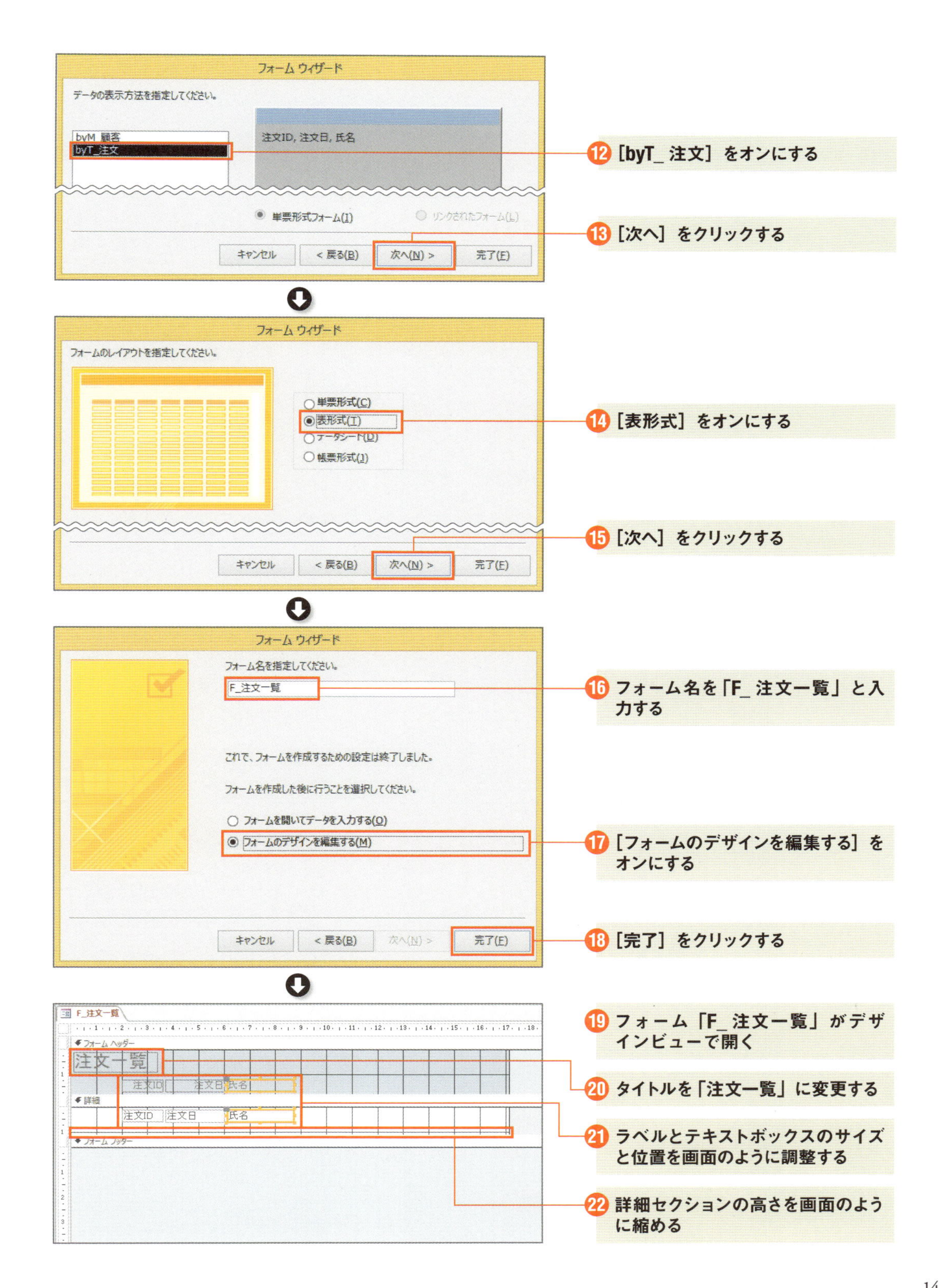
フォーム ウィザード
データの表示方法を指定してください。
byM_顧客
byT_注文
注文ID, 注文日, 氏名
単票形式フォーム(I)
リンクされたフォーム(L)
キャンセル
< 戻る(B)
次へ(N) >
完了(F)
12 [byT_注文] をオンにする
13 [次へ] をクリックする
フォーム ウィザード
フォームのレイアウトを指定してください。
単票形式(C)
表形式(T)
データシート(D)
帳票形式(J)
キャンセル
< 戻る(B)
次へ(N) >
完了(F)
14 [表形式] をオンにする
15 [次へ] をクリックする
フォーム ウィザード
フォーム名を指定してください。
F_注文一覧
これで、フォームを作成するための設定は終了しました。
フォームを作成した後に行うことを選択してください。
フォームを開いてデータを入力する(O)
フォームのデザインを編集する(M)
キャンセル
< 戻る(B)
次へ(N) >
完了(F)
16 フォーム名を「F_注文一覧」と入力する
17 [フォームのデザインを編集する] をオンにする
18 [完了] をクリックする
F_注文一覧
フォーム ヘッダー
注文一覧
注文ID
注文日
氏名
詳細
注文ID
注文日
氏名
フォーム フッター
19 フォーム「F_注文一覧」がデザインビューで開く
20 タイトルを「注文一覧」に変更する
21 ラベルとテキストボックスのサイズと位置を画面のように調整する
22 詳細セクションの高さを画面のように縮める

ボタンを配置

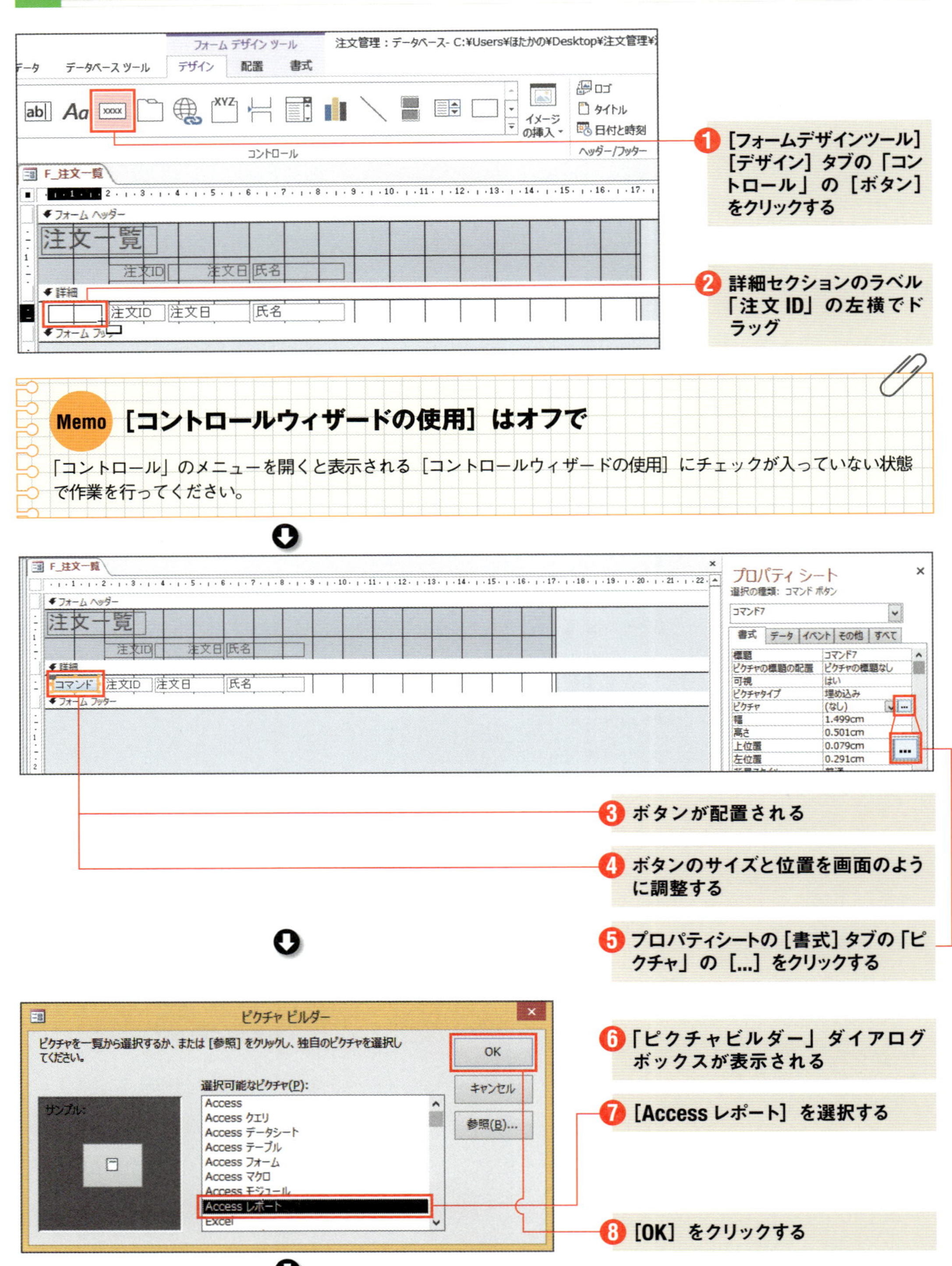

Memo ［コントロールウィザードの使用］はオフで

「コントロール」のメニューを開くと表示される［コントロールウィザードの使用］にチェックが入っていない状態で作業を行ってください。

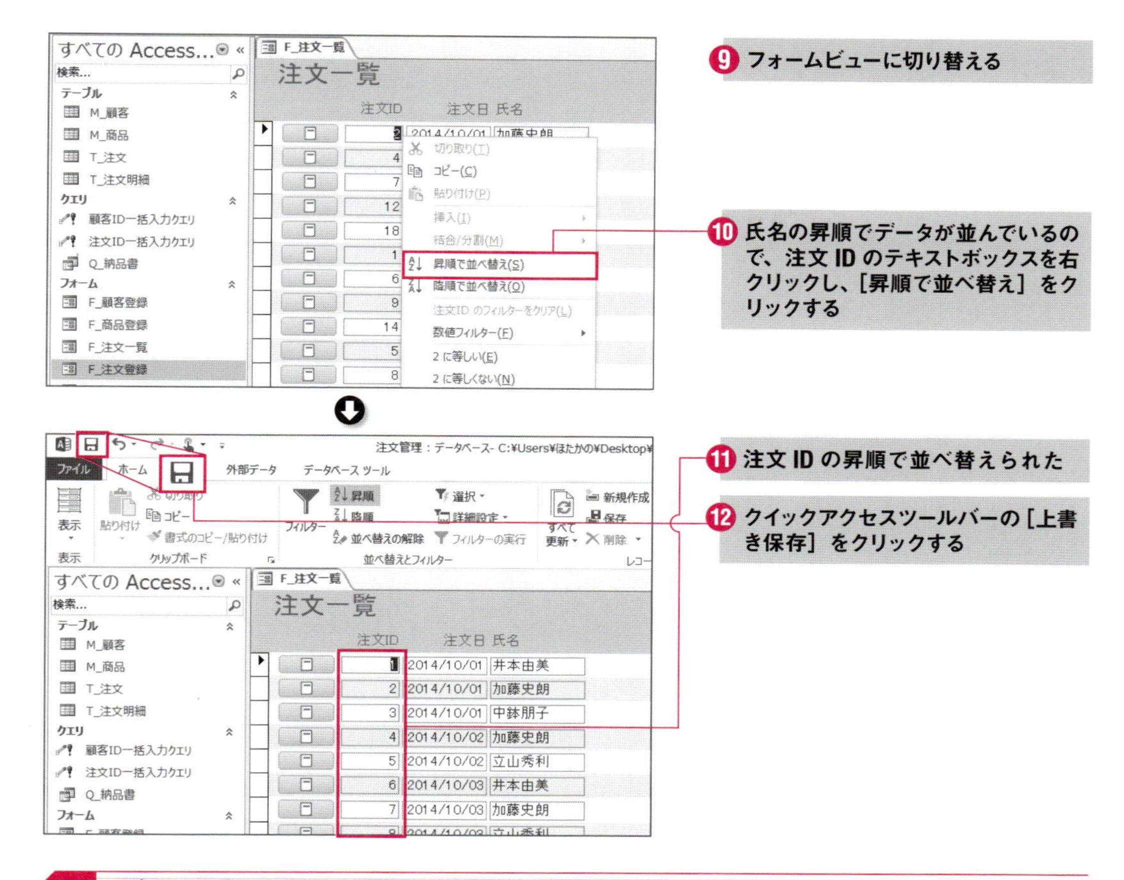

ボタンをクリックでレポートを開くようにする

フォームのボタンをクリックしたら、レポート「R_納品書」を開くようにします。その機能の作成にはマクロを利用します。マクロの作成には「マクロビルダー」を利用します。

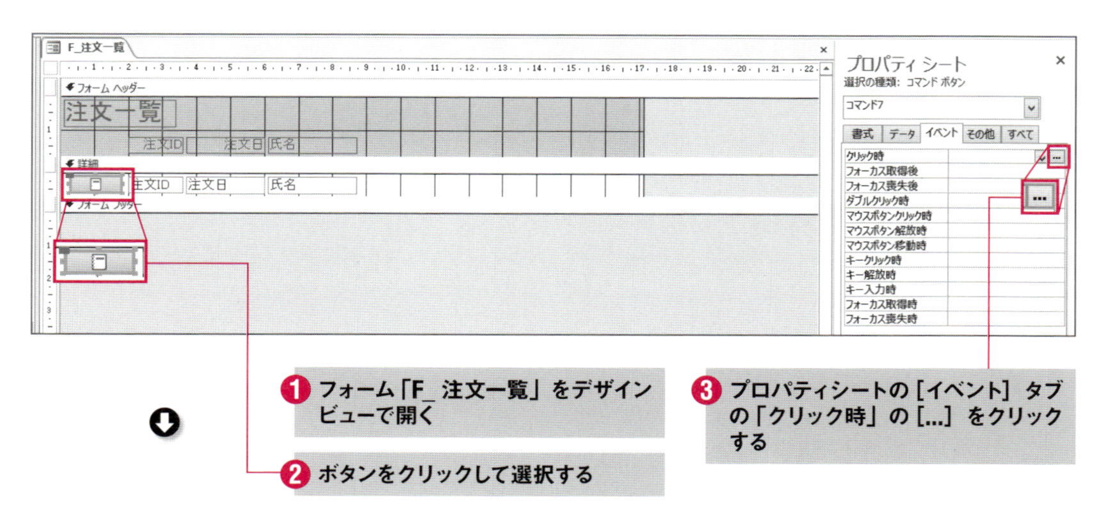

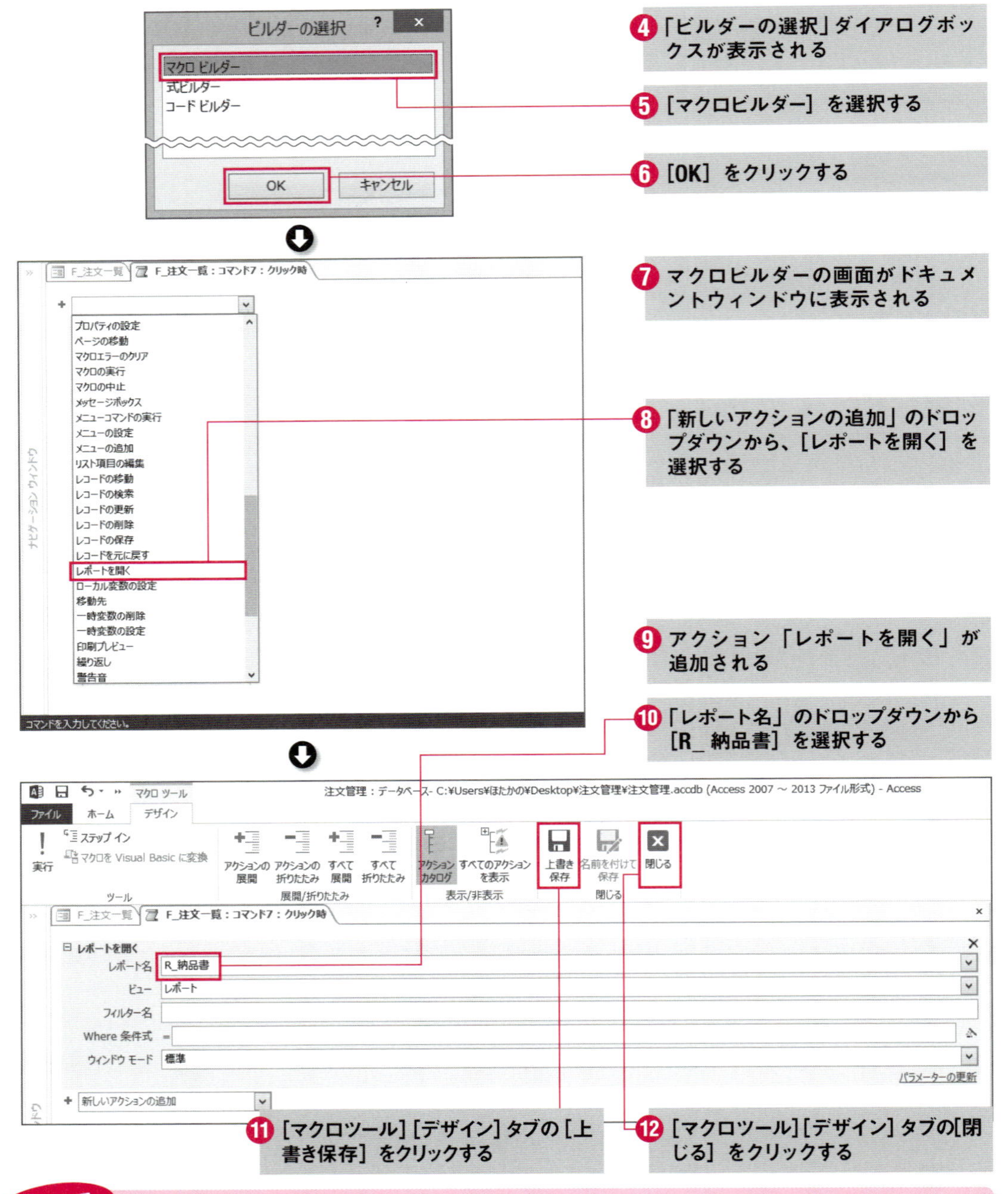

POINT
マクロの作り方の基本

「アクション」とは、マクロによってAccessに実行させたい処理の単位です。「新しいアクションの追加」から目的のアクションを追加し、そのアクションの細かい設定を行うことで作成します。今回はアクション「レポートを開く」を追加し、開く対象のレポートとしてレポート「R_納品書」を指定しました。実行させたい処理が複数あるなら、アクションを必要な数だけ追加していきます。

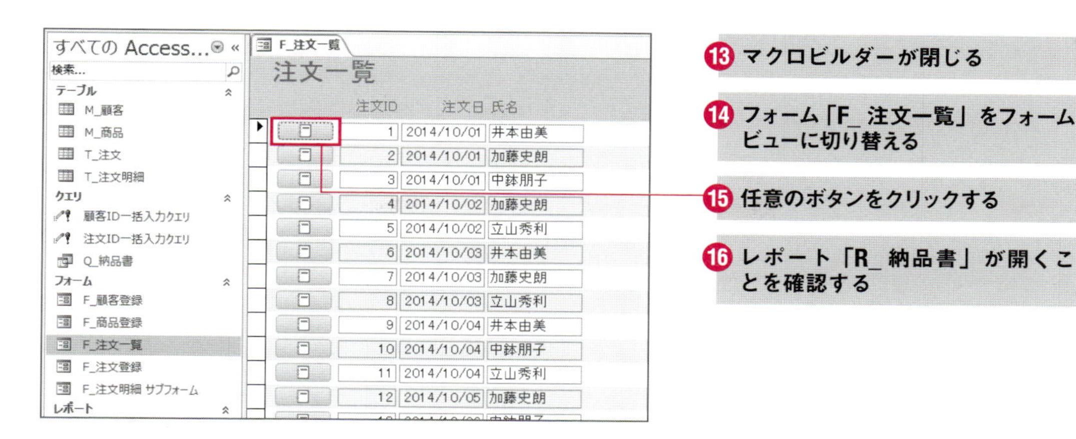

この時点では、どのボタンをクリックしても、レポート「R_納品書」はすべての注文が含まれている状態で開きます。この後で、クリックした注文のデータのみを含むよう機能を作成します。

クリックしたボタンの注文データでレポートを開くようにする

ボタンをクリックした注文についてのみのレポートを表示させるには、レポートの元になっている選択クエリ「Q_納品書」を、ボタンがクリックされた注文のテキストボックス「注文ID」のデータで抽出するよう変更します。具体的には、選択クエリの抽出条件に、クリックされた注文の注文IDを指定します。

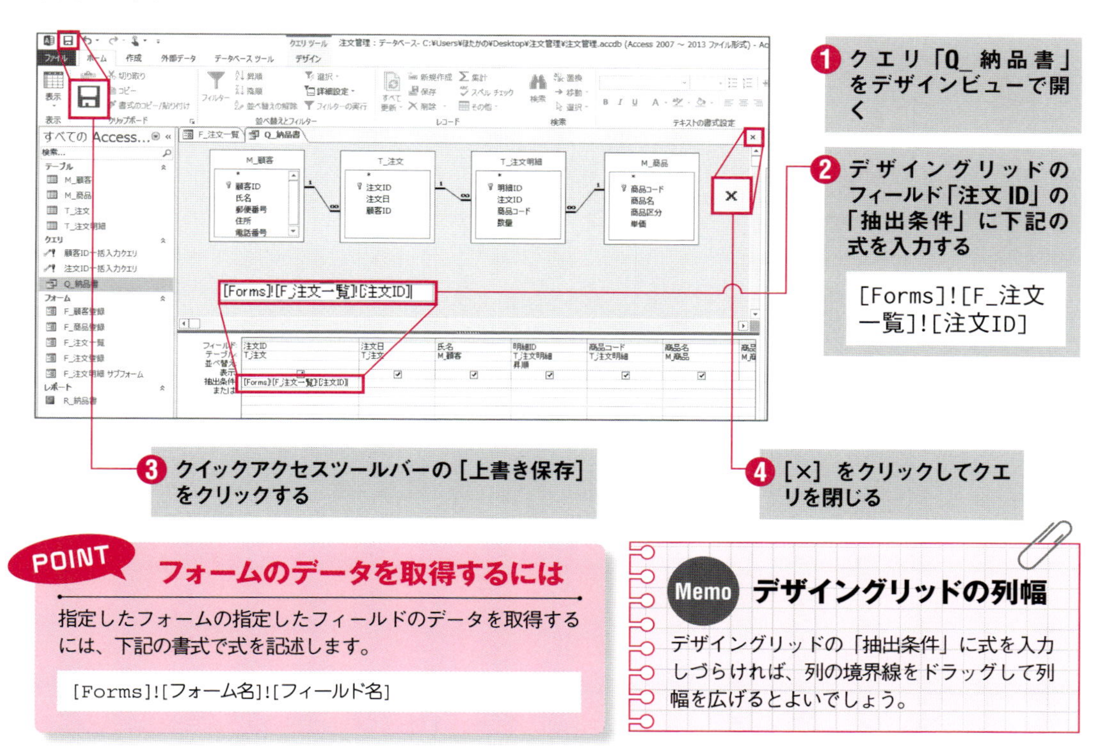

POINT フォームのデータを取得するには

指定したフォームの指定したフィールドのデータを取得するには、下記の書式で式を記述します。

```
[Forms]![フォーム名]![フィールド名]
```

Memo デザイングリッドの列幅

デザイングリッドの「抽出条件」に式を入力しづらければ、列の境界線をドラッグして列幅を広げるとよいでしょう。

これで完成です。クリックしたボタンの注文のデータのみレポートが表示されるようになりました。

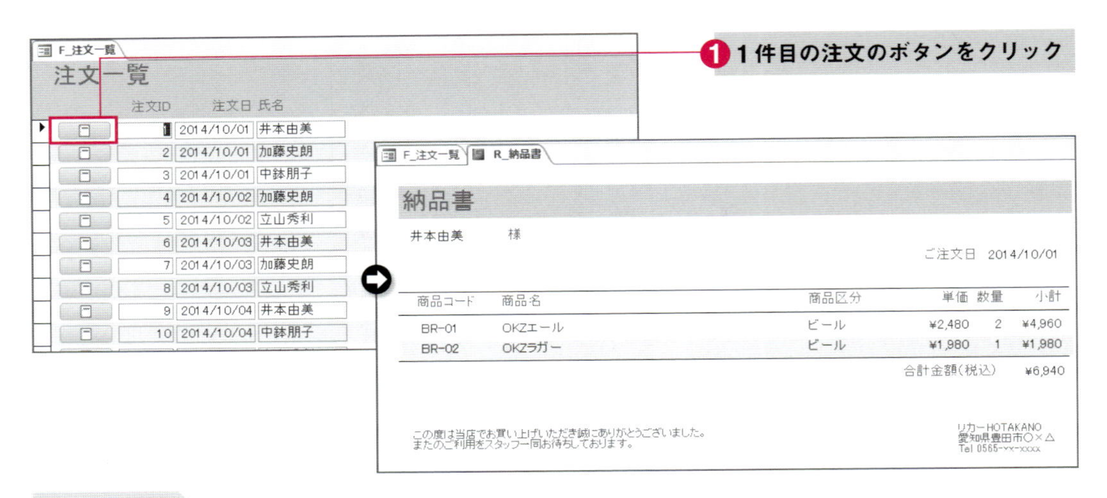

COLUMN

「ズーム」や「式ビルダー」を使って式をより効率的に入力しよう

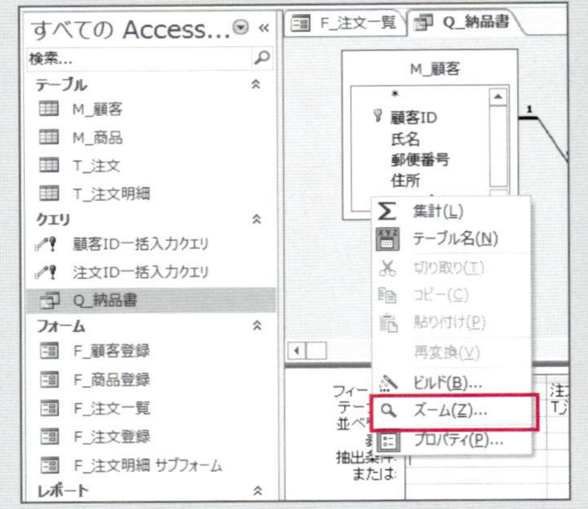

デザイングリッドの「抽出条件」は、式がある程度長くなると、列幅を広げても入力しづらいものです。その際は「ズーム」機能を利用するとよいでしょう。

ズーム機能を利用するには、目的の「抽出条件」を右クリックし、[ズーム]をクリックします。

すると、「ズーム」ダイアログボックスが表示されます。目的の式を入力したら[OK]をクリックすれば、その式が「抽出条件」に入力されます。

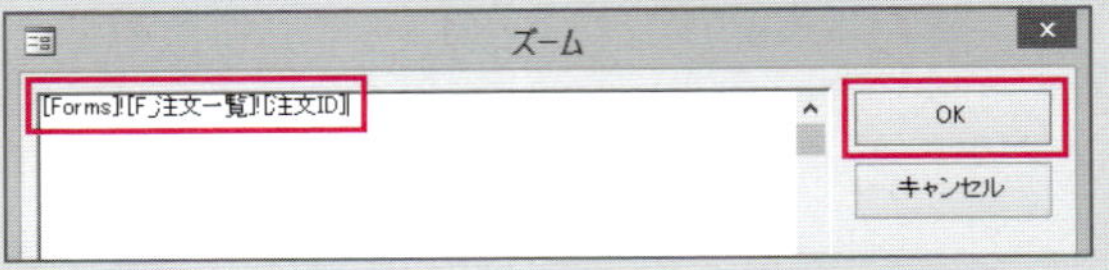

加えて、「式ビルダー」機能も利用できます。「抽出条件」を右クリックし、[ビルド]をクリックすると、「式ビルダー」ダイアログボックスが表示されます。「式の要素」のツリー図を展開しつつ目的のフォームを選択すると、そのフォームに含まれるフィールドが「式のカテゴリ」に一覧表示されます。その中から目的のフィールドをダブルクリックすると、そのフォームのフィールドを表す式が上の欄に入力されます。最後に[OK]をクリックすれば、その式が「抽出条件」に入力されます。

式ビルダーはフォームのみならず、クエリやレポートのフィールドなど、さまざまな要素を扱えます。また、ズーム機能や式ビルダーは、デザイングリッドの他の箇所でも大抵は使えます。また、プロパティシートでも何箇所かで使うことができます。

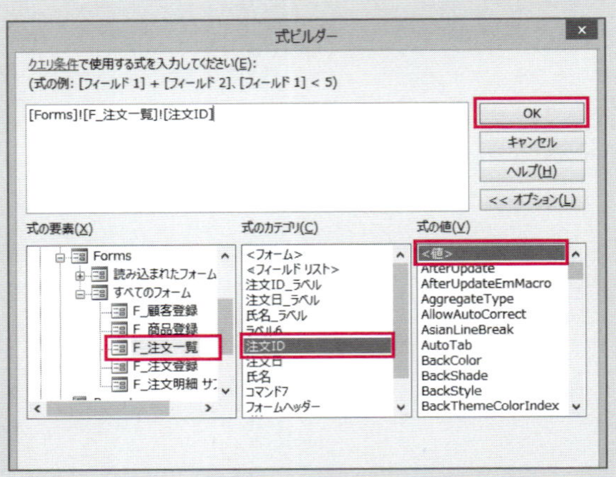

AccessのデータをExcelで活用する

3章までに、複数のExcelブックに散在していたデータをAccessのデータベース「注文管理.accdb」に統合しました。本章では、Accessに蓄積している注文データをExcelに取り込み、分析などの活用を行っていきます。

01 Access のデータを Excel に取り込んで分析しよう

本節では、Excel による Access データ活用の典型例として、ピボットテーブル／グラフによるデータ分析の全体像を紹介します。その準備として、Excel の取り込むデータを選択クエリでまとめる作業も行います。

■ Access のデータを Excel で分析

本書サンプルの Access のデータベース「注文管理.accdb」は、リレーションシップによって連携した4つのテーブルを用意し、複数の Excel ブックのデータを統合して一元管理可能としました。そして、注文データなどを入力できるフォームを作成しました。また、レポート機能を利用し、注文一覧からボタンひとつで納品書を発行できる機能も作成しました。これらは Access の得意とするところです。

しかし、注文データの傾向を分析したいとなると、Access の苦手なところになってしまいます。Access には「クロス集計クエリ」機能やピボットテーブルやピボットグラフ機能があるのですが、簡単な分析しかできません。また、使い勝手もいまひとつです。

一方、ピボットテーブル／グラフによる分析は Excel の得意とするところです。機能が豊富で表現力が多彩であり、使い勝手も十分です。そこで本章ではこれから、Access のデータベース「注文管理.accdb」のデータを Excel に取り込み、Excel のピボットテーブル／グラフで分析します。

Memo Access のピボットテーブル／グラフ

ピボットテーブル／グラフ機能を利用できるのは Access 2010 までです。Access 2013 では、同機能はなくなりました。

Accessのデータを Excelに取り込む4つの方法

Excel では、Access のテーブルのデータに加えて、選択クエリの実行結果を取り込むことができます。Access のテーブル／選択クエリのデータを Excel に取り込む方法は何通りかあります。主に次の4通りになります。

1. テーブル／選択クエリをエクスポート
2. Accessに接続して、テーブル／選択クエリを丸ごと取り込む
3. Accessに接続して、テーブル／選択クエリを指定した条件で切り出す
4. Accessに接続して、テーブル／選択クエリを、条件を変えつつ動的に切り出す

1はテーブル／選択クエリをExcelのブックとして、表の形式でエクスポートする方法です。次節4章02で実際に体験していただきます。

1の方法と2～4の方法の大きな違いは、ExcelからAccessに接続しているかいないかです。ここで言う「接続」とは、AccessからExcelへのデータ連携が行えることを意味します。2～4の方法は接続しているため、Access側でデータが追加・更新・削除されれば、Excel側に反映できます。1は接続しておらず、Access側でデータが追加・更新・削除されても、Excel側に反映されず、エクスポートし直すしかありません。ExcelとAccessのデータは完全に分断されています。

2～4の方法の違いですが、2の方法は指定したテーブル／クエリをExcelのワークシートに丸ごと取り込みます。4章03で体験していただきます。3の方法は指定したテーブル／クエリのデータを、指定した条件によって必要なフィールドやレコードだけ取り込む方法です。4章04で体験していただきます。4の方法は3の発展系です。データを取り込んだ後も条件を変更でき、その新たな条件で再度取り込めます。4章05で体験していただきます。

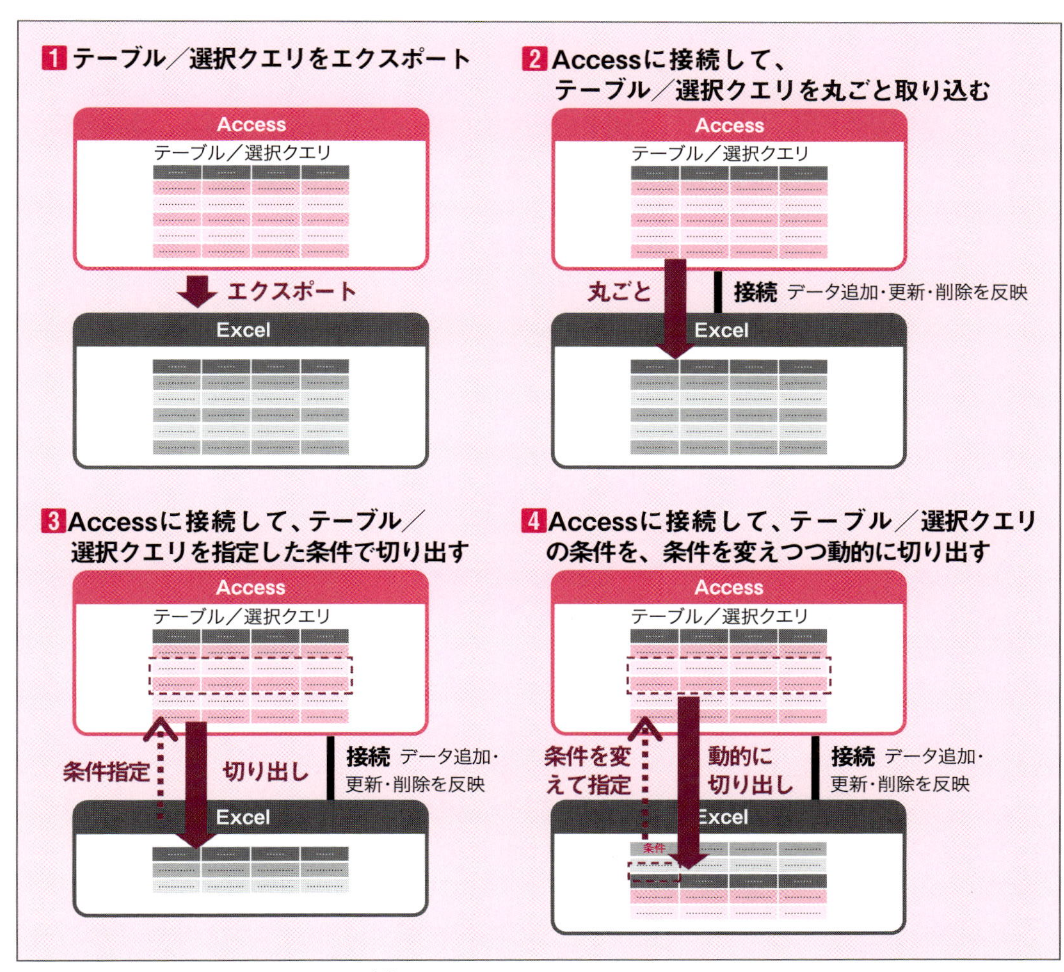

Accessのデータを Excelに取り込む4つの方法

ここで注意していただきたいのが、❷~❹の方法はAccessに接続してデータ連携できますが、あくまでも可能なのはAccessのデータの取り込みだけということです。言い換えると、Excelから行えるのはAccessデータの参照だけです。ExcelからAccessのデータを追加・更新・削除することはできません。追加・更新・削除を行うには、Excel側でVBAによるプログラミングが別途必要となります。その方法は6章で解説します。

Accessのデータベースファイルの保存場所について

サンプルのAccessデータベースファイル「注文管理.accdb」を保存する「注文管理」フォルダーの場所は、3章までは任意で構わず、解説上ではデスクトップに置いていました。

本章からは、「注文管理」フォルダーの場所を原則、変更しないようにしてください。なぜなら、❷~❹の方法におけるExcelからAccessへの接続に影響するからです。4章03以降で改めて解説しますが、ExcelからAccessへ接続する際、接続先となるAccessデータベースファイルの場所を絶対パス（下記Memo参照）で管理しています。そのため、データベースファイルの保存場所が変わると、接続できなくなってしまいます。同時に、ファイル名を変更しても接続できなくなります。

もし、Accessデータベースファイルを移動または名前変更した場合、❷の方法なら、接続の設定を変更することで、再び接続できるようになります。❸と❹の方法では、接続の設定変更が難しく、再び接続することは非常に困難です。本章末のコラムでもう少々詳しく解説します。

一方、Excelブックは移動または名前変更しても問題なくAccessに接続できます。あくまでも接続できなくなるのは、Accessデータベースファイルを移動または名前変更した場合です。

なお、本章で登場する画面では、解説の便宜上、「注文管理」フォルダーの保存場所はCドライブ直下に置いてあります。読者の皆さんはデスクトップなど、Cドライブ直下以外の場所のままで作業を続けてください。

また、Cドライブ直下に「注文管理」フォルダーを移動して使おうとすると、Windowsの「ユーザーアカウントの制御」の設定変更が必要となる場合があり、セキュリティ上あまりおすすめできません。

Memo 絶対パス

ドライブ名から表記する方法で、ファイルやフォルダーの場所を示す文字列。ドライブはアルファベットと「:」で表します。フォルダーの階層は「¥」で表します。たとえば、Cドライブ直下の「注文管理」フォルダーにあるファイル「注文管理.accdb」なら、絶対パスは「C:¥注文管理¥注文管理.accdb」になります。また、フォルダーのアドレスバーをクリックすると、そのフォルダーの絶対パスが表示されます。

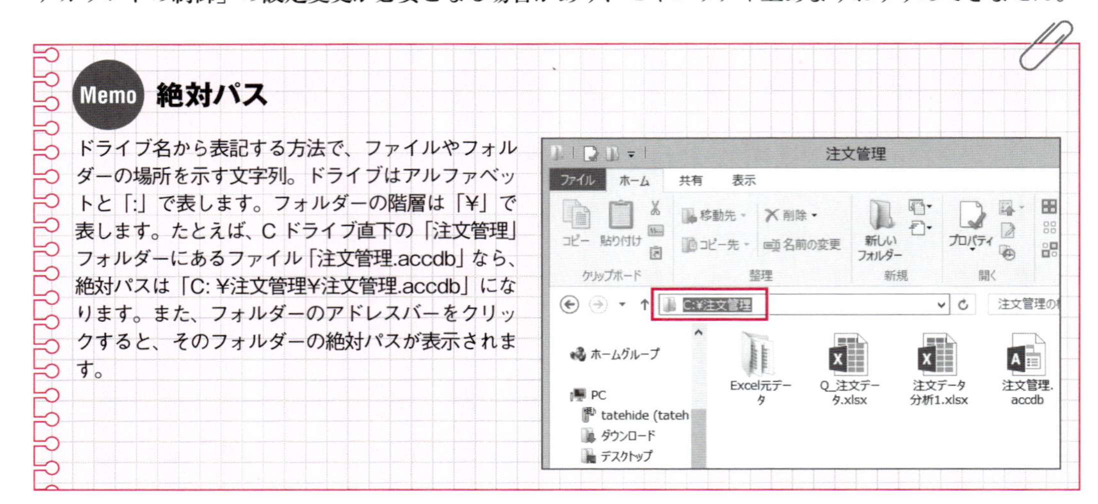

本書サポートWebページからダウンロードできる本章のExcelブック完成版では、Accessデータベースファイルの保存先は、筆者の環境におけるデスクトップ以下の「注文管理」フォルダーで作成してあります。そのため、絶対パスに筆者のユーザー名が含まれています。読者の皆さんがご自分の環境で動作させる場合、ユーザー名の部分をご自分のユーザー名に変更する必要があります。

■ 分析用データを選択クエリでまとめておこう

最初に、分析に必要なデータを用意しましょう。

Excelのピボットテーブル／グラフで分析するには、注文データがひとつの表になっている必要があります。ちょうど3章02の最初の表（P.052～053）のような形式になります。このような表を「注文管理.accdb」の4つのテーブルから作成します。今回は下表のフィールドおよび並び順で作成します。

テーブル	フィールド
T_注文明細	明細ID
T_ 注文	注文ID 注文日 顧客ID
M_顧客	氏名 郵便番号 住所 電話番号
T_注文明細	商品コード
M_商品	商品名 商品区分 単価
T_注文明細	数量

レコードの並び順はフィールド「明細ID」の昇順とします。このフィールド「明細ID」のように、主キーの一部は分析対象のデータではありませんが、データの並べ替えや4章03以降の条件による切り出しに用いるので必要になります。今回はすべてのフィールドを含めます。加えて、「小計」（単価に数量をかけた値）のフィールドも別途作成します。

このような分析用データの作成は、ExcelでもAccessでも可能です。ただ、Excelの場合、Accessの4つのテーブルをそれぞれ取り込んだ後、関連付けたいすべての列のセルにVLOOKUP関数を設定しなければならないなど、相当の手間がかかってしまいます。Accessならその点、リレーションシップと選択クエリを利用すれば、はるかに効率的に作成できます。

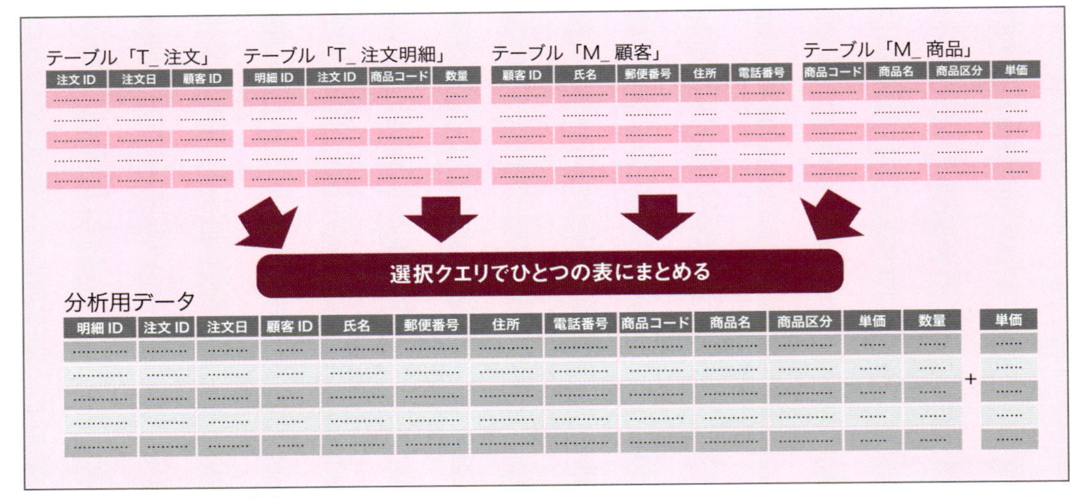

分析用データを選択クエリで作成

このようにAccessが得意なことは、Accessに任せるのが得策です。では、Accessの選択クエリを使って、分析用データを作成しましょう。選択クエリ名は今回、「Q_注文データ」とします。

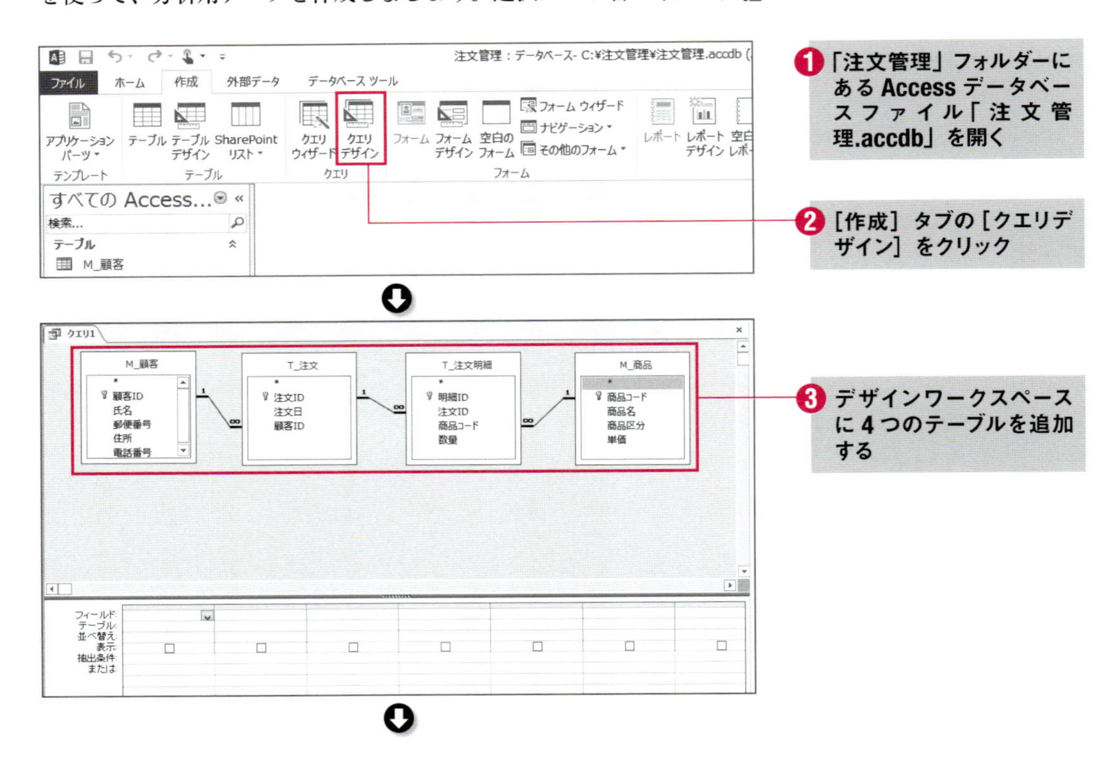

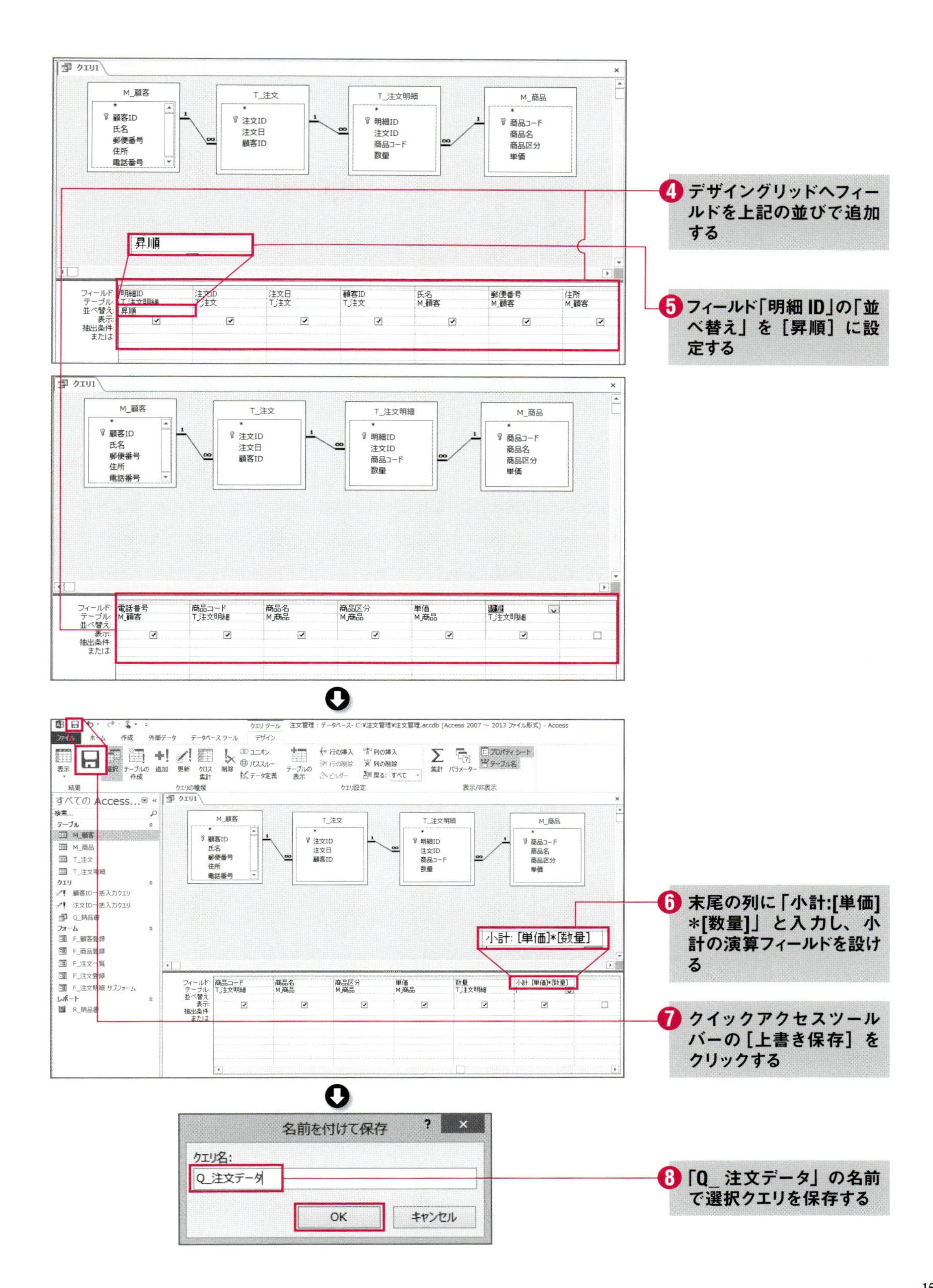
昇順
4 デザイングリッドへフィールドを上記の並びで追加する
5 フィールド「明細 ID」の「並べ替え」を［昇順］に設定する
小計: [単価]*[数量]
6 末尾の列に「小計:[単価]*[数量]」と入力し、小計の演算フィールドを設ける
7 クイックアクセスツールバーの［上書き保存］をクリックする
名前を付けて保存
クエリ名:
Q_注文データ
OK
キャンセル
8 「Q_ 注文データ」の名前で選択クエリを保存する

これで分析用データを作成する選択クエリ「Q_注文データ」は完成です。［クエリツール］［デザイン］タブの［実行］をクリックしてクエリを実行して確認しておきましょう。全部で30件のレコードになります。

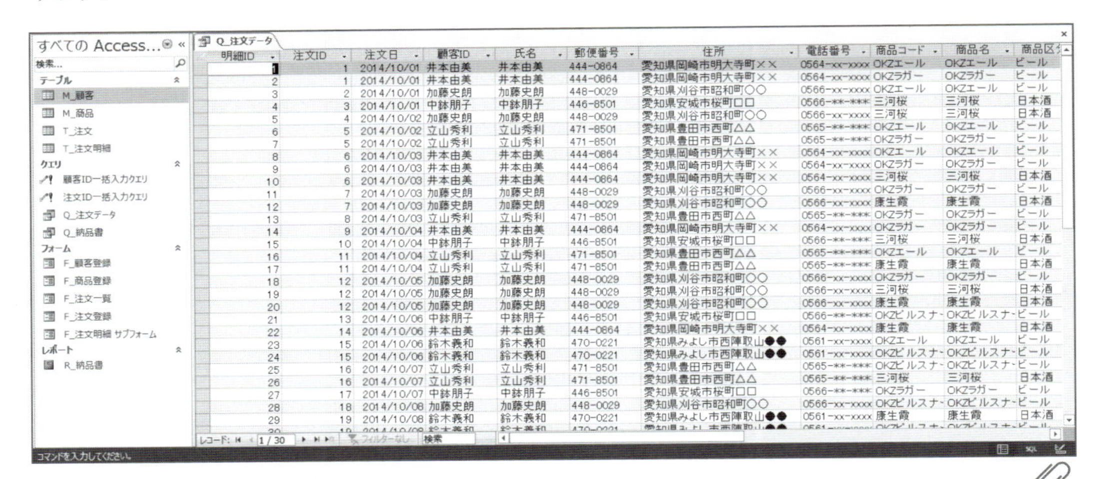

明細ID	注文ID	注文日	顧客ID	氏名	郵便番号	住所	電話番号	商品コード	商品名	商品区
1	1	2014/10/01	井本由美	井本由美	444-0864	愛知県岡崎市明大寺町××	0564-xx-xxxx	OKZエール	OKZエール	ビール
2	1	2014/10/01	井本由美	井本由美	444-0864	愛知県岡崎市明大寺町××	0564-xx-xxxx	OKZラガー	OKZラガー	ビール
3	2	2014/10/01	加藤史朗	加藤史朗	448-0029	愛知県刈谷市昭和町○○	0566-xx-xxxx	OKZエール	OKZエール	ビール
4	3	2014/10/01	中鉢朋子	中鉢朋子	446-8501	愛知県安城市桜町□□	0566-**-***	三河桜	三河桜	日本酒
5	4	2014/10/02	加藤史朗	加藤史朗	448-0029	愛知県刈谷市昭和町○○	0566-xx-xxxx	三河桜	三河桜	日本酒
6	5	2014/10/02	立山秀利	立山秀利	471-8501	愛知県豊田市西町△△	0565-**-***	OKZエール	OKZエール	ビール
7	5	2014/10/02	立山秀利	立山秀利	471-8501	愛知県豊田市西町△△	0565-**-***	OKZラガー	OKZラガー	ビール
8	6	2014/10/03	井本由美	井本由美	444-0864	愛知県岡崎市明大寺町××	0564-xx-xxxx	OKZエール	OKZエール	ビール
9	6	2014/10/03	井本由美	井本由美	444-0864	愛知県岡崎市明大寺町××	0564-xx-xxxx	OKZラガー	OKZラガー	ビール
10	6	2014/10/03	井本由美	井本由美	444-0864	愛知県岡崎市明大寺町××	0564-xx-xxxx	三河桜	三河桜	日本酒
11	7	2014/10/03	加藤史朗	加藤史朗	448-0029	愛知県刈谷市昭和町○○	0566-xx-xxxx	OKZラガー	OKZラガー	ビール
12	7	2014/10/03	加藤史朗	加藤史朗	448-0029	愛知県刈谷市昭和町○○	0566-xx-xxxx	康生霞	康生霞	日本酒
13	8	2014/10/03	立山秀利	立山秀利	471-8501	愛知県豊田市西町△△	0565-**-***	OKZラガー	OKZラガー	ビール
14	9	2014/10/04	井本由美	井本由美	444-0864	愛知県岡崎市明大寺町××	0564-xx-xxxx	OKZラガー	OKZラガー	ビール
15	10	2014/10/04	中鉢朋子	中鉢朋子	446-8501	愛知県安城市桜町□□	0566-**-***	三河桜	三河桜	日本酒
16	11	2014/10/04	立山秀利	立山秀利	471-8501	愛知県豊田市西町△△	0565-**-***	OKZエール	OKZエール	ビール
17	11	2014/10/04	立山秀利	立山秀利	471-8501	愛知県豊田市西町△△	0565-**-***	康生霞	康生霞	日本酒
18	12	2014/10/05	加藤史朗	加藤史朗	448-0029	愛知県刈谷市昭和町○○	0566-xx-xxxx	OKZラガー	OKZラガー	ビール
19	12	2014/10/05	加藤史朗	加藤史朗	448-0029	愛知県刈谷市昭和町○○	0566-xx-xxxx	三河桜	三河桜	日本酒
20	12	2014/10/05	加藤史朗	加藤史朗	448-0029	愛知県刈谷市昭和町○○	0566-xx-xxxx	康生霞	康生霞	日本酒
21	13	2014/10/06	中鉢朋子	中鉢朋子	446-8501	愛知県安城市桜町□□	0566-**-***	OKZピルスナ-	OKZピルスナ-	ビール
22	14	2014/10/06	井本由美	井本由美	444-0864	愛知県岡崎市明大寺町××	0564-xx-xxxx	康生霞	康生霞	日本酒
23	15	2014/10/06	鈴木義和	鈴木義和	470-0221	愛知県みよし市西陣取山●●	0561-xx-xxxx	OKZエール	OKZエール	ビール
24	15	2014/10/06	鈴木義和	鈴木義和	470-0221	愛知県みよし市西陣取山●●	0561-xx-xxxx	OKZピルスナ-	OKZピルスナ-	ビール
25	16	2014/10/07	立山秀利	立山秀利	471-8501	愛知県豊田市西町△△	0565-**-***	OKZピルスナ-	OKZピルスナ-	ビール
26	16	2014/10/07	立山秀利	立山秀利	471-8501	愛知県豊田市西町△△	0565-**-***	三河桜	三河桜	日本酒
27	17	2014/10/07	中鉢朋子	中鉢朋子	446-8501	愛知県安城市桜町□□	0566-**-***	OKZラガー	OKZラガー	ビール
28	18	2014/10/08	加藤史朗	加藤史朗	448-0029	愛知県刈谷市昭和町○○	0566-xx-xxxx	OKZピルスナ-	OKZピルスナ-	ビール
29	19	2014/10/08	鈴木義和	鈴木義和	470-0221	愛知県みよし市西陣取山●●	0561-xx-xxxx	康生霞	康生霞	日本酒

Memo フィールド「顧客ID」と「商品コード」

選択クエリの実行結果では、フィールド「顧客ID」の列には、対応する顧客の氏名が表示されています。フィールド「商品コード」も対応する商品名が表示されています。このように表示されるのは、ルックアップを設定しているためです。Excelには本来の顧客IDや商品コードのデータが取り込まれます。

02 Accessのエクスポート機能でデータをExcelに取り込む

本節では、前節で作成した「注文管理.accdb」の選択クエリ「Q_注文データ」をExcel形式のファイル（ブック）としてエクスポートします。あわせて、ピボットテーブル／グラフも作成します。

Accessの選択クエリをExcel形式でエクスポートしよう

Accessにはエクスポート機能が用意されており、テーブルまたはクエリをさまざまな形式でエクスポートできます。エクスポートできる形式はExcelのブック、テキストファイルなどです。

AccessのデータをExcelで取り込んで活用する手段で、最も手軽なのがAccessのエクスポート機能を利用した方法です。手軽な反面、前節でも触れたように、Access側でデータが追加・更新・削除されても、Excel側に反映されない点がデメリットです。

それでは、「注文管理.accdb」の選択クエリ「Q_注文データ」をExcelブックにエクスポートしてみましょう。エクスポートは［外部データ］タブの「エクスポート」グループのボタンから行います。保存するブック名は今回、選択クエリ名をそのまま使います。保存先は「注文管理.accdb」と同じフォルダーとします。

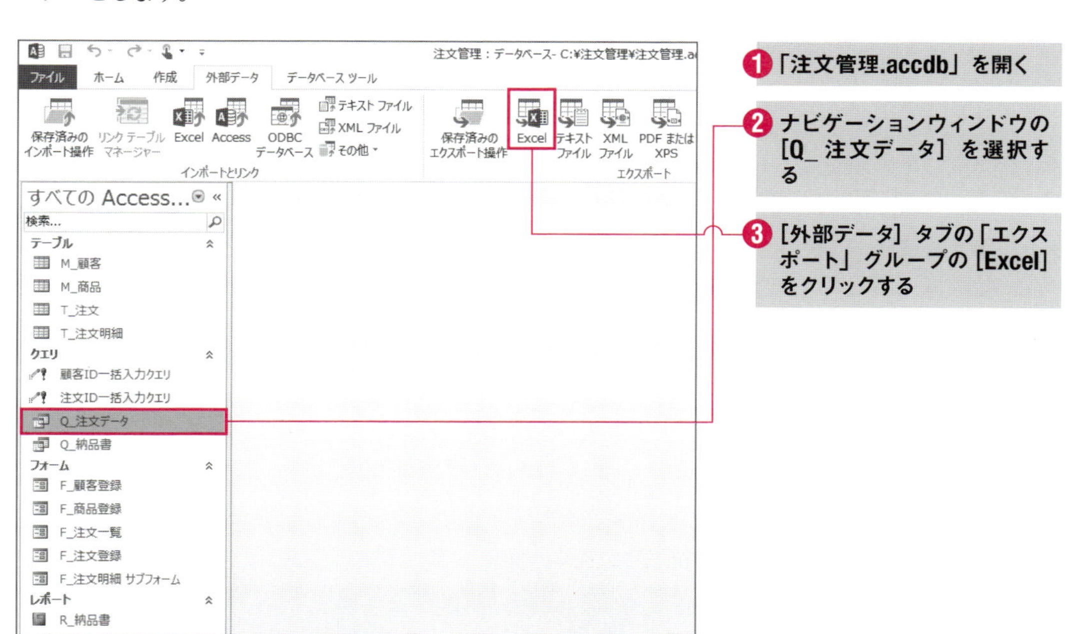

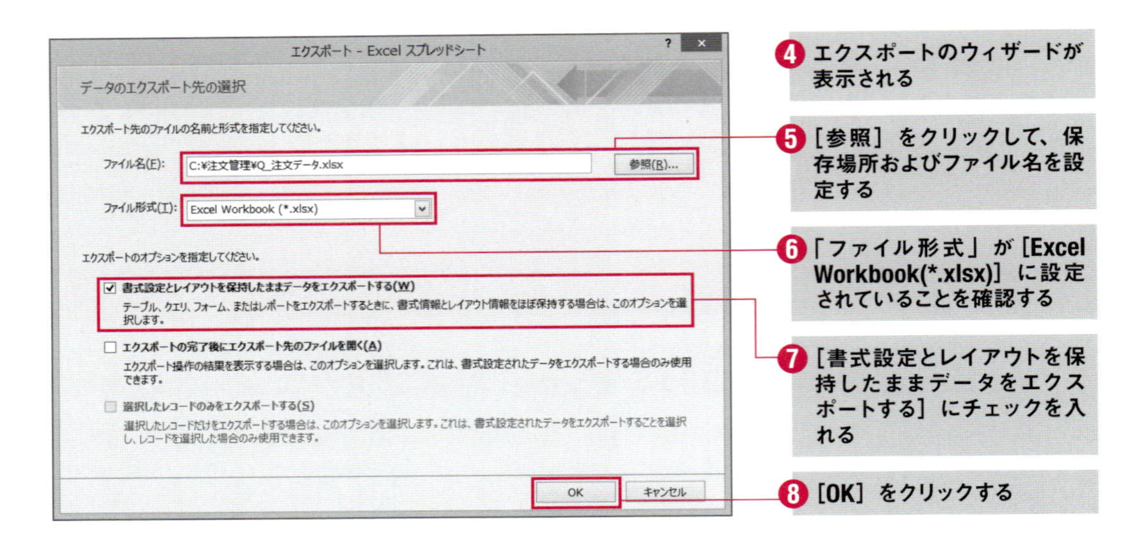

POINT Excel のファイル形式を選ぶ

エクスポートの形式は「ファイル形式」のドロップダウンで設定します。[外部データ] タブの「エクスポート」グループの [Excel] をクリックすると、自動的に [Excel Workbook(*.xlsx)] に設定されます。

Memo エクスポートのオプション

[書式設定とレイアウトを保持したままデータをエクスポートする] にチェックを入れると、日付や通貨などの書式、列幅などのレイアウトを保ったままエクスポートできます。

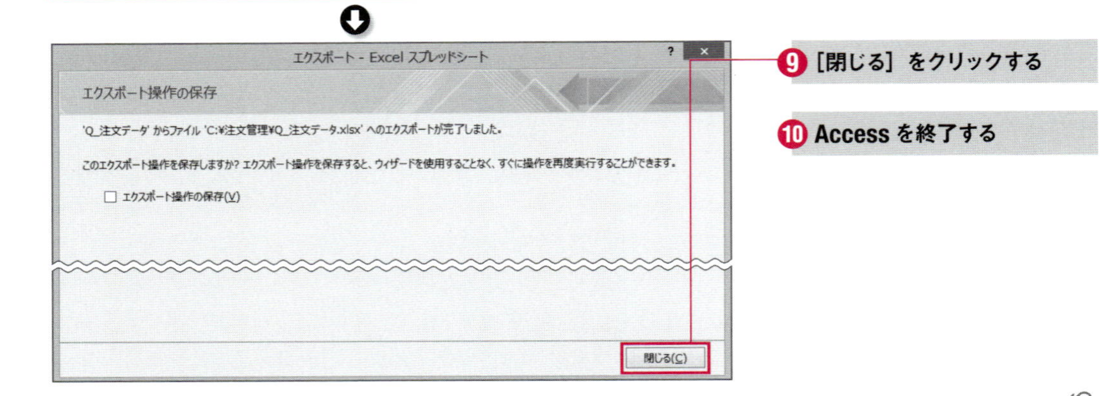

Memo エクスポート操作の保存

エクスポートを行うと、その操作を保存するか聞かれます。今回は保存しないので、[エクスポート操作の保存] にチェックを入れないまま、[閉じる] をクリックしてください。もし保存すると、次回以降はウィザードを使わずに即エクスポートできるようになります。

エクスポートされたExcelブックを確認

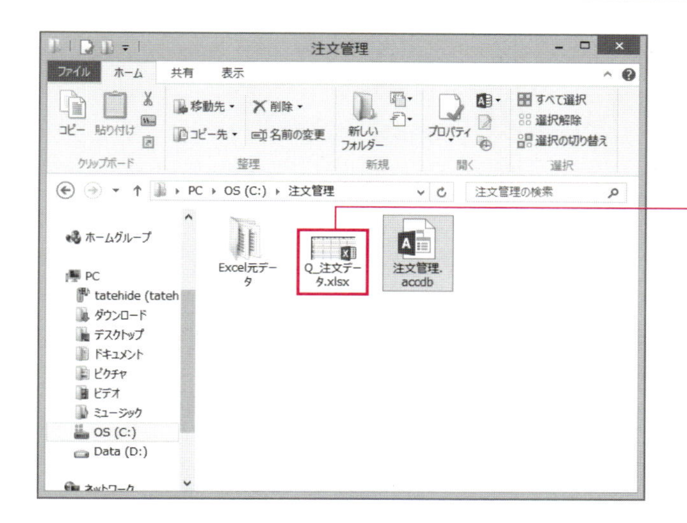

❶ 保存先のフォルダーに、Excelブック「Q_注文データ.xlsx」としてエクスポートされた

❷ Excelブック「Q_注文データ.xlsx」をダブルクリックして開く

❸ 選択クエリ「Q_注文データ」のデータがエクスポートされたことを確認する

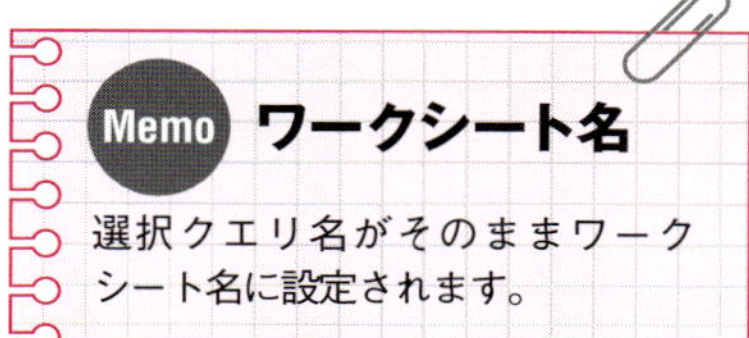

Memo ワークシート名

選択クエリ名がそのままワークシート名に設定されます。

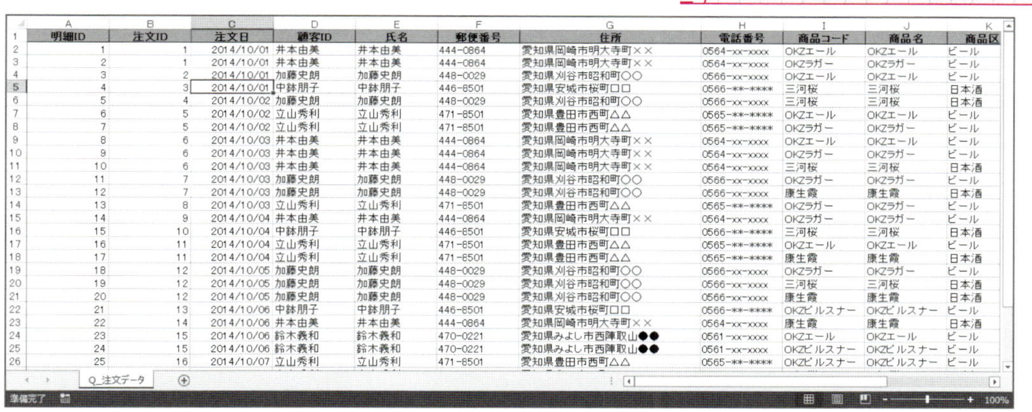

	A	B	C	D	E	F	G	H	I	J	K
1	明細ID	注文ID	注文日	顧客ID	氏名	郵便番号	住所	電話番号	商品コード	商品名	商品区
2	1	1	2014/10/01	井本由美	井本由美	444-0864	愛知県岡崎市明大寺町××	0564-xx-xxxx	OKZエール	OKZエール	ビール
3	2	1	2014/10/01	井本由美	井本由美	444-0864	愛知県岡崎市明大寺町××	0564-xx-xxxx	OKZラガー	OKZラガー	ビール
4	3	2	2014/10/01	加藤史朗	加藤史朗	448-0029	愛知県刈谷市昭和町○○	0566-xx-xxxx	OKZエール	OKZエール	ビール
5	4	3	2014/10/01	中鉢朋子	中鉢朋子	446-8501	愛知県安城市桜町□□	0566-**-****	三河桜	三河桜	日本酒
6	5	4	2014/10/02	加藤史朗	加藤史朗	448-0029	愛知県刈谷市昭和町○○	0566-xx-xxxx	三河桜	三河桜	日本酒
7	6	5	2014/10/02	立山秀利	立山秀利	471-8501	愛知県豊田市西町△△	0565-**-****	OKZエール	OKZエール	ビール
8	7	5	2014/10/02	立山秀利	立山秀利	471-8501	愛知県豊田市西町△△	0565-**-****	OKZラガー	OKZラガー	ビール
9	8	6	2014/10/03	井本由美	井本由美	444-0864	愛知県岡崎市明大寺町××	0564-xx-xxxx	OKZエール	OKZエール	ビール
10	9	6	2014/10/03	井本由美	井本由美	444-0864	愛知県岡崎市明大寺町××	0564-xx-xxxx	OKZラガー	OKZラガー	ビール
11	10	6	2014/10/03	井本由美	井本由美	444-0864	愛知県岡崎市明大寺町××	0564-xx-xxxx	三河桜	三河桜	日本酒
12	11	7	2014/10/03	加藤史朗	加藤史朗	448-0029	愛知県刈谷市昭和町○○	0566-xx-xxxx	OKZラガー	OKZラガー	ビール
13	12	7	2014/10/03	加藤史朗	加藤史朗	448-0029	愛知県刈谷市昭和町○○	0566-xx-xxxx	康生霞	康生霞	日本酒
14	13	8	2014/10/03	立山秀利	立山秀利	471-8501	愛知県豊田市西町△△	0565-**-****	OKZラガー	OKZラガー	ビール
15	14	9	2014/10/04	井本由美	井本由美	444-0864	愛知県岡崎市明大寺町××	0564-xx-xxxx	OKZラガー	OKZラガー	ビール
16	15	10	2014/10/04	中鉢朋子	中鉢朋子	446-8501	愛知県安城市桜町□□	0566-**-****	三河桜	三河桜	日本酒
17	16	11	2014/10/04	立山秀利	立山秀利	471-8501	愛知県豊田市西町△△	0565-**-****	OKZエール	OKZエール	ビール
18	17	11	2014/10/04	立山秀利	立山秀利	471-8501	愛知県豊田市西町△△	0565-**-****	康生霞	康生霞	日本酒
19	18	12	2014/10/05	加藤史朗	加藤史朗	448-0029	愛知県刈谷市昭和町○○	0566-xx-xxxx	OKZラガー	OKZラガー	ビール
20	19	12	2014/10/05	加藤史朗	加藤史朗	448-0029	愛知県刈谷市昭和町○○	0566-xx-xxxx	三河桜	三河桜	日本酒
21	20	12	2014/10/05	加藤史朗	加藤史朗	448-0029	愛知県刈谷市昭和町○○	0566-xx-xxxx	康生霞	康生霞	日本酒
22	21	13	2014/10/06	中鉢朋子	中鉢朋子	446-8501	愛知県安城市桜町□□	0566-**-****	OKZピルスナー	OKZピルスナー	ビール
23	22	14	2014/10/06	井本由美	井本由美	444-0864	愛知県岡崎市明大寺町××	0564-xx-xxxx	康生霞	康生霞	日本酒
24	23	15	2014/10/06	鈴木義和	鈴木義和	470-0221	愛知県みよし市西陣取山●●	0561-xx-xxxx	OKZエール	OKZエール	ビール
25	24	15	2014/10/06	鈴木義和	鈴木義和	470-0221	愛知県みよし市西陣取山●●	0561-xx-xxxx	OKZピルスナー	OKZピルスナー	ビール
26	25	16	2014/10/07	立山秀利	立山秀利	471-8501	愛知県豊田市西町△△	0565-**-****	OKZピルスナー	OKZピルスナー	ビール

Q_注文データ

	E	F	G	H	I	J	K	L	M	N
1	氏名	郵便番号	住所	電話番号	商品コード	商品名	商品区分	単価	数量	小計
2	井本由美	444-0864	愛知県岡崎市明大寺町××	0564-xx-xxxx	OKZエール	OKZエール	ビール	¥2,480	2	¥4,960
3	井本由美	444-0864	愛知県岡崎市明大寺町××	0564-xx-xxxx	OKZラガー	OKZラガー	ビール	¥1,980	1	¥1,980
4	加藤史朗	448-0029	愛知県刈谷市昭和町○○	0566-xx-xxxx	OKZエール	OKZエール	ビール	¥2,480	3	¥7,440
5	中鉢朋子	446-8501	愛知県安城市桜町□□	0566-**-****	三河桜	三河桜	日本酒	¥3,500	2	¥7,000
6	加藤史朗	448-0029	愛知県刈谷市昭和町○○	0566-xx-xxxx	三河桜	三河桜	日本酒	¥3,500	1	¥3,500
7	立山秀利	471-8501	愛知県豊田市西町△△	0565-**-****	OKZエール	OKZエール	ビール	¥2,480	1	¥2,480
8	立山秀利	471-8501	愛知県豊田市西町△△	0565-**-****	OKZラガー	OKZラガー	ビール	¥1,980	1	¥1,980
9	井本由美	444-0864	愛知県岡崎市明大寺町××	0564-xx-xxxx	OKZエール	OKZエール	ビール	¥2,480	2	¥4,960
10	井本由美	444-0864	愛知県岡崎市明大寺町××	0564-xx-xxxx	OKZラガー	OKZラガー	ビール	¥1,980	1	¥1,980
11	井本由美	444-0864	愛知県岡崎市明大寺町××	0564-xx-xxxx	三河桜	三河桜	日本酒	¥3,500	3	¥10,500
12	加藤史朗	448-0029	愛知県刈谷市昭和町○○	0566-xx-xxxx	OKZラガー	OKZラガー	ビール	¥1,980	2	¥3,960
13	加藤史朗	448-0029	愛知県刈谷市昭和町○○	0566-xx-xxxx	康生霞	康生霞	日本酒	¥3,000	3	¥9,000
14	立山秀利	471-8501	愛知県豊田市西町△△	0565-**-****	OKZラガー	OKZラガー	ビール	¥1,980	2	¥3,960
15	井本由美	444-0864	愛知県岡崎市明大寺町××	0564-xx-xxxx	OKZラガー	OKZラガー	ビール	¥1,980	3	¥5,940
16	中鉢朋子	446-8501	愛知県安城市桜町□□	0566-**-****	三河桜	三河桜	日本酒	¥3,500	2	¥7,000
17	立山秀利	471-8501	愛知県豊田市西町△△	0565-**-****	OKZエール	OKZエール	ビール	¥2,480	4	¥9,920
18	立山秀利	471-8501	愛知県豊田市西町△△	0565-**-****	康生霞	康生霞	日本酒	¥3,000	1	¥3,000
19	加藤史朗	448-0029	愛知県刈谷市昭和町○○	0566-xx-xxxx	OKZラガー	OKZラガー	ビール	¥1,980	2	¥3,960
20	加藤史朗	448-0029	愛知県刈谷市昭和町○○	0566-xx-xxxx	三河桜	三河桜	日本酒	¥3,500	1	¥3,500
21	加藤史朗	448-0029	愛知県刈谷市昭和町○○	0566-xx-xxxx	康生霞	康生霞	日本酒	¥3,000	2	¥6,000
22	中鉢朋子	446-8501	愛知県安城市桜町□□	0566-**-****	OKZピルスナー	OKZピルスナー	ビール	¥2,180	1	¥2,180
23	井本由美	444-0864	愛知県岡崎市明大寺町××	0564-xx-xxxx	康生霞	康生霞	日本酒	¥3,000	1	¥3,000
24	鈴木義和	470-0221	愛知県みよし市西陣取山●●	0561-xx-xxxx	OKZエール	OKZエール	ビール	¥2,480	1	¥2,480
25	鈴木義和	470-0221	愛知県みよし市西陣取山●●	0561-xx-xxxx	OKZピルスナー	OKZピルスナー	ビール	¥2,180	2	¥4,360
26	立山秀利	471-8501	愛知県豊田市西町△△	0565-**-****	OKZピルスナー	OKZピルスナー	ビール	¥2,180	2	¥4,360

Q_注文データ

COLUMN

書式設定とレイアウトを保持しない場合

［書式設定とレイアウトを保持したままデータをエクスポートする］にチェックを入れずにエクスポートすると、このように単価や小計の書式が通貨ではなかったり、列幅が足りずに表示されないデータがあったりする状態になります。

	A	B	C	D	E	F	G	H	I	J	K	L	M	N
1	明細ID	注文ID	注文日	顧客ID	氏名	郵便番号	住所	電話番号	商品コード	商品名	商品区分	単価	数量	小計
2	1	1	########	2	井本由美	444-0864	愛知県岡崎	0564-xx-x	BR-01	OKZエール	ビール	2,480.00	2	4,960.00
3	2	1	########	2	井本由美	444-0864	愛知県岡崎	0564-xx-x	BR-02	OKZラガー	ビール	1,980.00	1	1,980.00
4	3	2	########	1	加藤史朗	448-0029	愛知県刈谷	0566-xx-x	BR-01	OKZエール	ビール	2,480.00	3	7,440.00
5	4	3	########	4	中鉢朋子	446-8501	愛知県安城	0566-**-*	NS-01	三河桜	日本酒	3,500.00	2	7,000.00
6	5	4	########	1	加藤史朗	448-0029	愛知県刈谷	0566-xx-x	NS-01	三河桜	日本酒	3,500.00	1	3,500.00
7	6	5	########	3	立山秀利	471-8501	愛知県豊田	0565-**-*	BR-01	OKZエール	ビール	2,480.00	1	2,480.00
8	7	5	########	3	立山秀利	471-8501	愛知県豊田	0565-**-*	BR-02	OKZラガー	ビール	1,980.00	1	1,980.00
9	8	6	########	2	井本由美	444-0864	愛知県岡崎	0564-xx-x	BR-01	OKZエール	ビール	2,480.00	2	4,960.00
10	9	6	########	2	井本由美	444-0864	愛知県岡崎	0564-xx-x	BR-02	OKZラガー	ビール	1,980.00	1	1,980.00
11	10	6	########	2	井本由美	444-0864	愛知県岡崎	0564-xx-x	NS-01	三河桜	日本酒	3,500.00	3	10,500.00
12	11	7	########	1	加藤史朗	448-0029	愛知県刈谷	0566-xx-x	BR-02	OKZラガー	ビール	1,980.00	2	3,960.00
13	12	7	########	1	加藤史朗	448-0029	愛知県刈谷	0566-xx-x	NS-02	康生霞	日本酒	3,000.00	3	9,000.00
14	13	8	########	3	立山秀利	471-8501	愛知県豊田	0565-**-*	BR-02	OKZラガー	ビール	1,980.00	2	3,960.00
15	14	9	########	2	井本由美	444-0864	愛知県岡崎	0564-xx-x	BR-02	OKZラガー	ビール	1,980.00	3	5,940.00
16	15	10	########	4	中鉢朋子	446-8501	愛知県安城	0566-**-*	NS-01	三河桜	日本酒	3,500.00	2	7,000.00
17	16	11	########	3	立山秀利	471-8501	愛知県豊田	0565-**-*	BR-01	OKZエール	ビール	2,480.00	4	9,920.00

エクスポートした選択クエリからピボットテーブル／グラフを作成

Excel ブック「Q_注文データ.xlsx」のデータをピボットテーブル／グラフで分析してみましょう。ここでは、ピボットグラフを作ります（ピボットテーブルも自動で同時に作成されるため）。作成先は新規ワークシートとします。

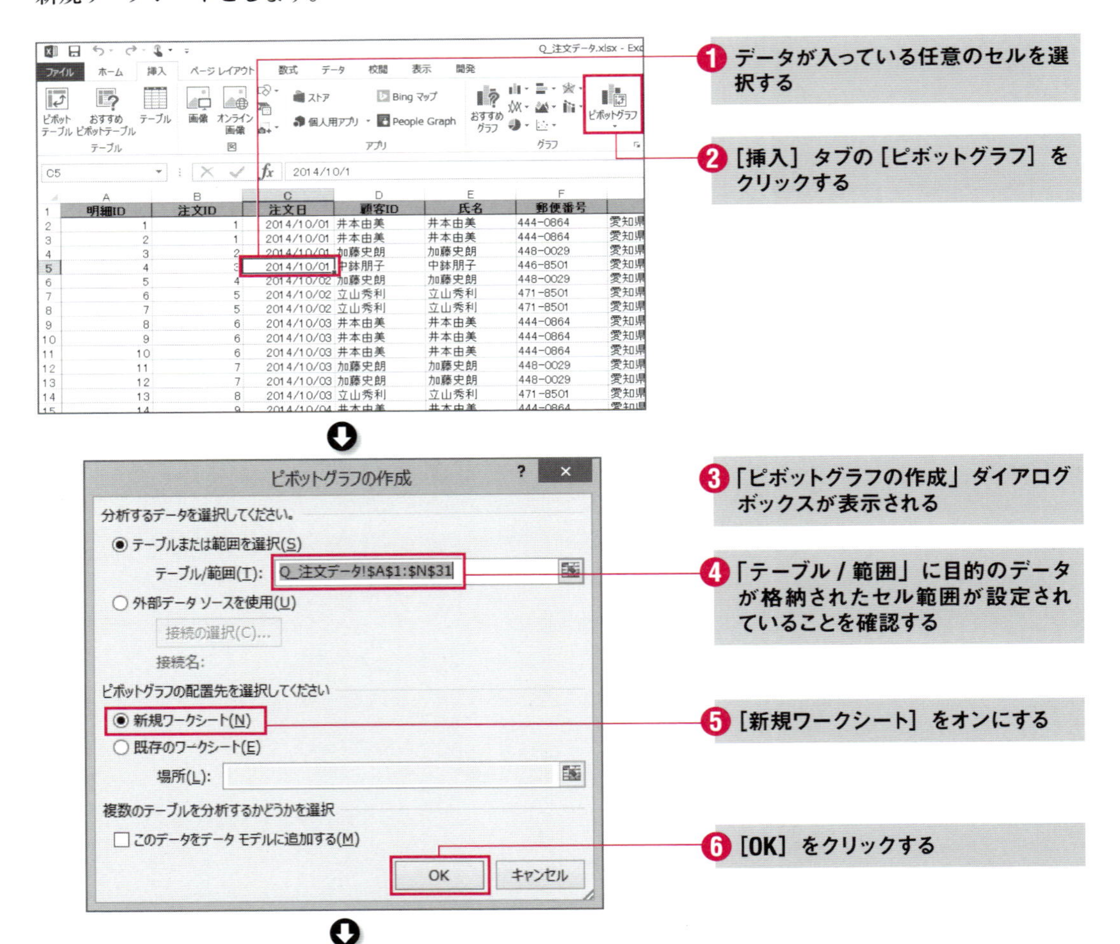

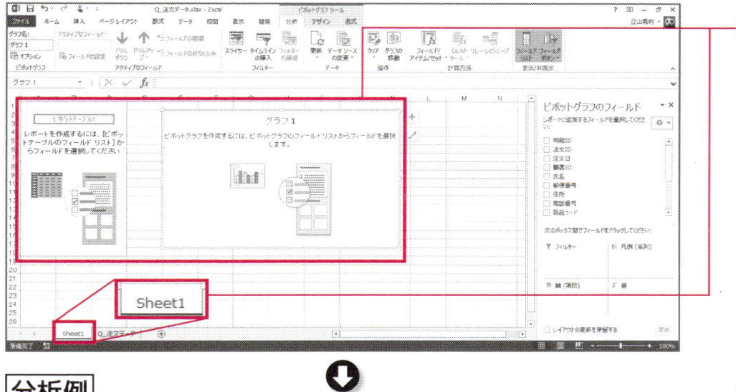

❼ 新規ワークシートが挿入され、ピボットテーブル／グラフが作成される

分析例

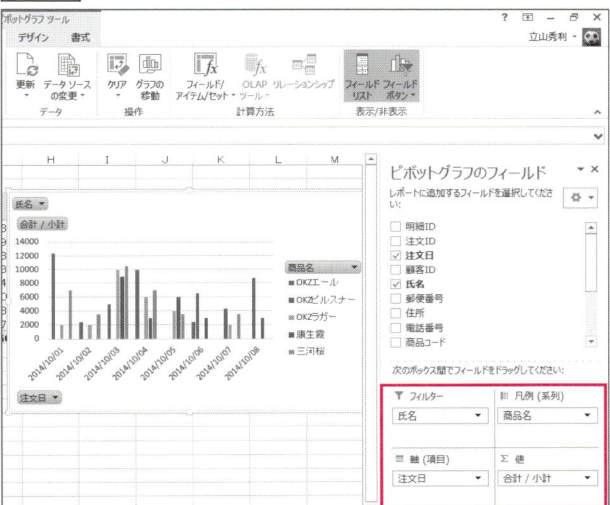

❽「ピボットグラフのフィールド」作業ウィンドウにて、各ボックスにフィールドを適宜ドラッグして分析を行う。下記はその一例

凡例（系列）	商品名
軸（項目）	注文日
値	合計/小計
フィルター	氏名

凡例（系列）	氏名
軸（項目）	注文日
値	合計/小計
フィルター	商品名

凡例（系列）	商品名
軸（項目）	氏名
値	合計/小計
フィルター	注文日

凡例（系列）	氏名
軸（項目）	注文日、商品区分
値	合計/小計
フィルター	商品名

凡例（系列）	商品名
軸（項目）	氏名、商品区分
値	合計/小計
フィルター	注文日

凡例（系列）	商品名
軸（項目）	注文日
値	データの個数/氏名
フィルター	なし

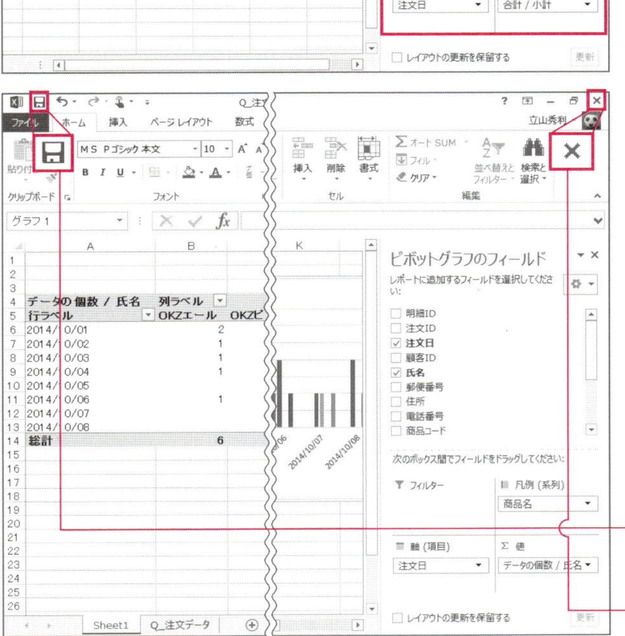

❾ クイックアクセスツールバーの［上書き保存］をクリックする

❿「Q_ 注文データ.xlsx」を閉じる

03 Accessに接続して、選択クエリをExcelに丸ごと取り込む

本節では、4章01の「2 Accessに接続して、テーブル／選択クエリを丸ごと取り込む」の方法を解説します。Accessの選択クエリに接続し、Excelのテーブルとピボットグラフを作成します。

Accessに接続して、テーブル／選択クエリを丸ごと取り込むには

前節では、「注文管理.accdb」の選択クエリ「Q_注文データ」をExcelブック「Q_注文データ.xlsx」としてエクスポートし、ピボットテーブル／グラフを作成しました。

これまで解説したように、Excelの「Q_注文データ.xlsx」はAccessの「注文管理.accdb」とは接続していないため、データは連携しておらず、Access側でデータの追加・更新・削除があっても、Excel側には反映されません。そのため、追加・更新・削除後のデータをExcelで分析しようと思ったら、エクスポートし直すしかありません。

本節では、Accessに接続し、テーブル／選択クエリをExcelのワークシート上に丸ごと取り込む方法を紹介します。この方法なら、Access側でデータの追加・更新・削除があれば、Excel側に反映させることができます。いちいちエクスポートし直す手間を費やすことなく、分析を行えます。

また、この方法ではAccessのテーブル／選択クエリのすべてのフィールドおよびレコードがExcelのワークシート上に取り込まれることになります。

Accessに接続し、テーブル／選択クエリをExcelに丸ごと取り込むには、Excelの［データ］タブの「外部データの取り込み」グループにある［Accessデータベース］ボタンをクリックします。あとは目的のAccessデータベースファイルを指定するなど、画面の指示に従って必要な項目を設定していけば取り込めます。

Accessの選択クエリをExcelのテーブルとして取り込む

まずは「注文管理.accdb」にExcelから接続し、選択クエリ「Q_注文データ」をテーブルとして取り込みましょう。今回、Excelは空白のブックを新規作成し、ワークシート「Sheet1」のA1セルを左上とする領域に取り込みます。

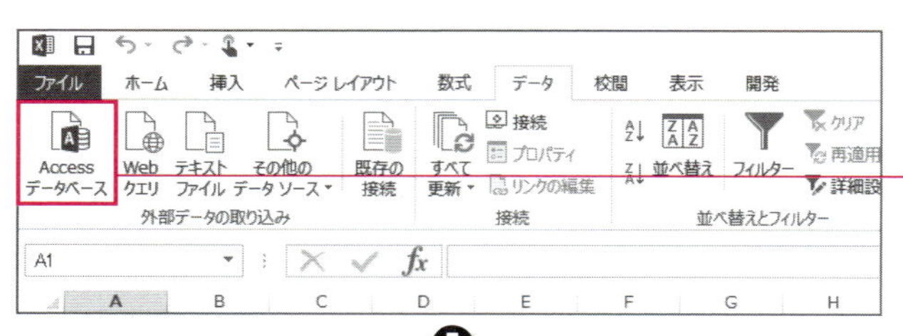

1 Excelで空白のブックを新規作成する

2 ［データ］タブの「外部データの取り込み」グループの［Accessデータベース］をクリックする

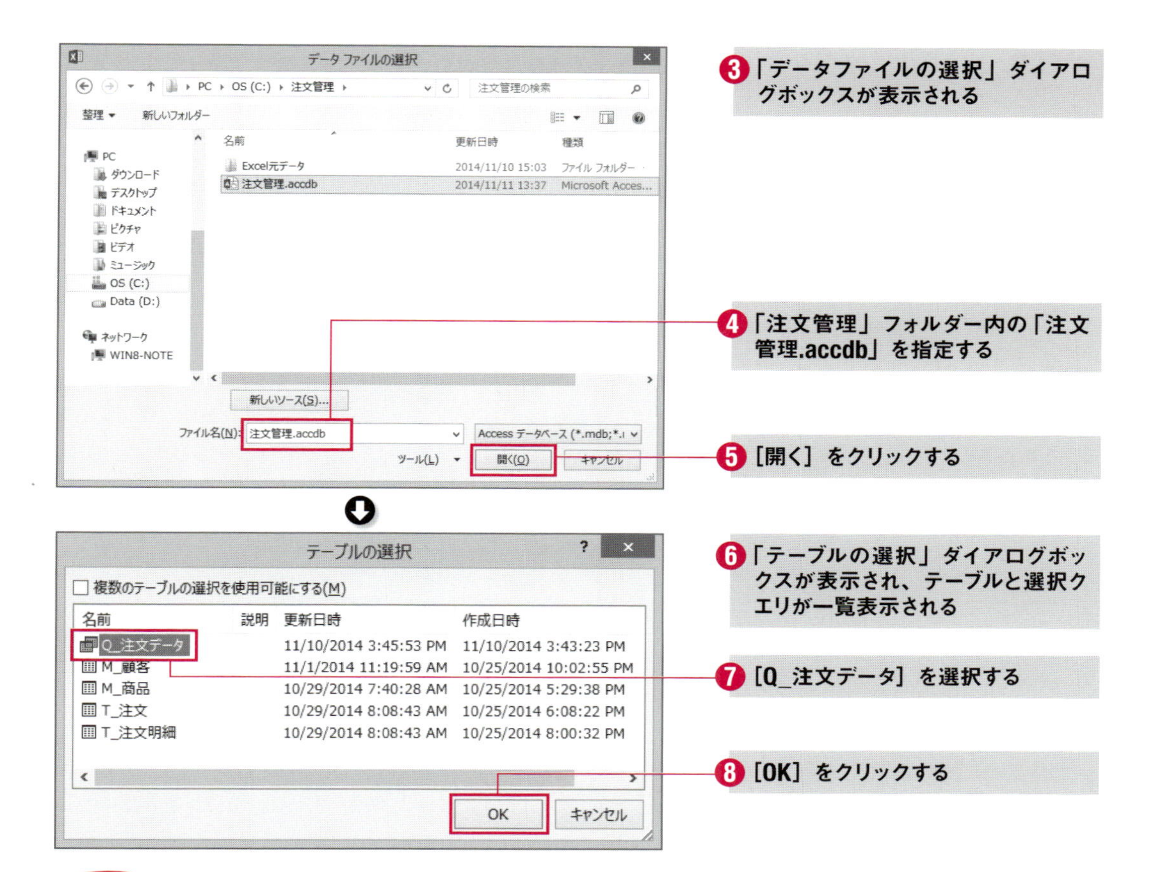

❸「データファイルの選択」ダイアログボックスが表示される

❹「注文管理」フォルダー内の「注文管理.accdb」を指定する

❺［開く］をクリックする

❻「テーブルの選択」ダイアログボックスが表示され、テーブルと選択クエリが一覧表示される

❼［Q_注文データ］を選択する

❽［OK］をクリックする

POINT

取り込む選択クエリを指定する

前の画面で目的の Access データベースファイルを指定し、この画面で目的の選択クエリを指定します。もしテーブルのデータを丸ごと取り込みたければ、テーブルを指定してください。

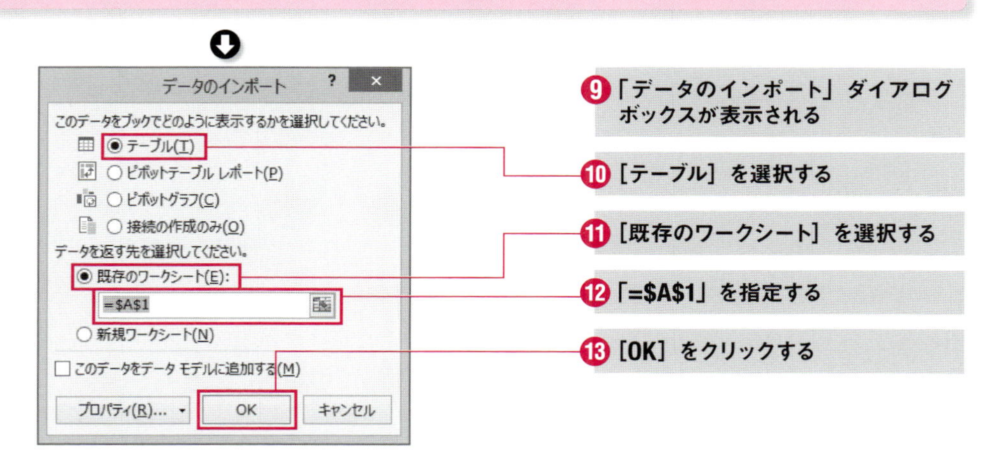

❾「データのインポート」ダイアログボックスが表示される

❿［テーブル］を選択する

⓫［既存のワークシート］を選択する

⓬「=$A$1」を指定する

⓭［OK］をクリックする

POINT 取り込む形式と場所

この画面では、取り込む形式と場所を指定します。テーブル、ピボットテーブル、ピボットグラフ、接続の作成のみの４種類から、目的の形式を選びます。ここで言う「テーブル」とは、Excel のテーブルになります。取り込む場所は既存のワークシートか新規ワークシートのいずれかを選べます。前者の場合、現在表示中のワークシートになります。あわせて、取り込み先のセルも指定します。そのセルを左上とする領域に取り込まれます。

明細ID	注文ID	注文日	顧客ID	氏名	郵便番号	住所	電話番号	商品コード	商品名	商品区分	単価	数量	小計
1	1	2014/10/1	2	井本由美	444-0864	愛知県岡崎市明大寺町××	0564-xx-xxxx	BR-01	OKZエール	ビール	2480	2	4960
2	1	2014/10/1	2	井本由美	444-0864	愛知県岡崎市明大寺町××	0564-xx-xxxx	BR-02	OKZラガー	ビール	1980	1	1980
3	2	2014/10/1	1	加藤史朗	448-0029	愛知県刈谷市昭和町○○	0566-xx-xxxx	BR-01	OKZエール	ビール	2480	3	7440
4	3	2014/10/1	4	中鉢朋子	446-8501	愛知県安城市桜町□□	0566-**-****	NS-01	三河桜	日本酒	3500	2	7000
5	4	2014/10/2	1	加藤史朗	448-0029	愛知県刈谷市昭和町○○	0566-xx-xxxx	NS-01	三河桜	日本酒	3500	1	3500
6	5	2014/10/2	3	立山秀利	471-8501	愛知県豊田市西町△△	0565-**-****	BR-01	OKZエール	ビール	2480	1	2480
7	5	2014/10/2	3	立山秀利	471-8501	愛知県豊田市西町△△	0565-**-****	BR-02	OKZラガー	ビール	1980	1	1980
8	6	2014/10/3	2	井本由美	444-0864	愛知県岡崎市明大寺町××	0564-xx-xxxx	BR-01	OKZエール	ビール	2480	2	4960
9	6	2014/10/3	2	井本由美	444-0864	愛知県岡崎市明大寺町××	0564-xx-xxxx	BR-02	OKZラガー	ビール	1980	1	1980
10	6	2014/10/3	2	井本由美	444-0864	愛知県岡崎市明大寺町××	0564-xx-xxxx	NS-01	三河桜	日本酒	3500	3	10500
11	7	2014/10/3	1	加藤史朗	448-0029	愛知県刈谷市昭和町○○	0566-xx-xxxx	BR-02	OKZラガー	ビール	1980	2	3960
12	7	2014/10/3	1	加藤史朗	448-0029	愛知県刈谷市昭和町○○	0566-xx-xxxx	NS-02	康生霞	日本酒	3000	3	9000
13	8	2014/10/3	3	立山秀利	471-8501	愛知県豊田市西町△△	0565-**-****	BR-02	OKZラガー	ビール	1980	2	3960
14	9	2014/10/4	2	井本由美	444-0864	愛知県岡崎市明大寺町××	0564-xx-xxxx	BR-02	OKZラガー	ビール	1980	3	5940
15	10	2014/10/4	4	中鉢朋子	446-8501	愛知県安城市桜町□□	0566-**-****	NS-01	三河桜	日本酒	3500	2	7000
16	11	2014/10/4	3	立山秀利	471-8501	愛知県豊田市西町△△	0565-**-****	BR-01	OKZエール	ビール	2480	4	9920
17	11	2014/10/4	3	立山秀利	471-8501	愛知県豊田市西町△△	0565-**-****	NS-02	康生霞	日本酒	3000	1	3000
18	12	2014/10/5	1	加藤史朗	448-0029	愛知県刈谷市昭和町○○	0566-xx-xxxx	BR-02	OKZラガー	ビール	1980	2	3960
19	12	2014/10/5	1	加藤史朗	448-0029	愛知県刈谷市昭和町○○	0566-xx-xxxx	NS-01	三河桜	日本酒	3500	1	3500
20	12	2014/10/5	1	加藤史朗	448-0029	愛知県刈谷市昭和町○○	0566-xx-xxxx	NS-02	康生霞	日本酒	3000	2	6000
21	13	2014/10/6	4	中鉢朋子	446-8501	愛知県安城市桜町□□	0566-**-****	BR-03	OKZピルスナー	ビール	2180	1	2180
22	14	2014/10/6	2	井本由美	444-0864	愛知県岡崎市明大寺町××	0564-xx-xxxx	NS-02	康生霞	日本酒	3000	1	3000
23	15	2014/10/6	5	鈴木義和	4700221	愛知県みよし市西陣取山●●	0561-xx-xxxx	BR-01	OKZエール	ビール	2480	1	2480
24	15	2014/10/6	5	鈴木義和	4700221	愛知県みよし市西陣取山●●	0561-xx-xxxx	BR-03	OKZピルスナー	ビール	2180	2	4360
25	16	2014/10/7	3	立山秀利	471-8501	愛知県豊田市西町△△	0565-**-****	BR-03	OKZピルスナー	ビール	2180	2	4360

14 選択クエリ「Q_ 注文データ」がテーブルとして取り込まれた

これで Access データベースファイル「注文管理.accdb」の選択クエリ「Q_ 注文データ」のすべてのフィールドおよびレコードが、Excel のワークシート「Sheet1」の A1 セルを左上とする領域に、Excel のテーブルとして取り込まれました。テーブルの各種機能を使って、データを並べ替えたり絞り込んだりして分析できます。

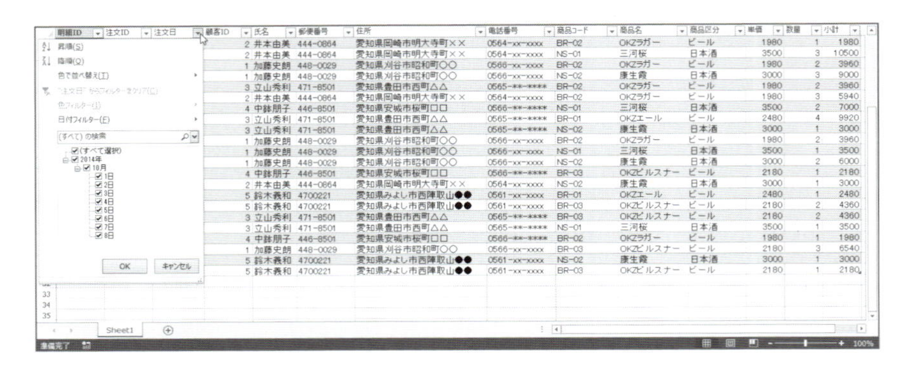

明細ID	注文ID	注文日	顧客ID	氏名	郵便番号	住所	電話番号	商品コード	商品名	商品区分	単価	数量	小計
			2	井本由美	444-0864	愛知県岡崎市明大寺町××	0564-xx-xxxx	BR-02	OKZラガー	ビール	1980	1	1980
			2	井本由美	444-0864	愛知県岡崎市明大寺町××	0564-xx-xxxx	NS-01	三河桜	日本酒	3500	3	10500
			1	加藤史朗	448-0029	愛知県刈谷市昭和町○○	0566-xx-xxxx	BR-02	OKZラガー	ビール	1980	2	3960
			1	加藤史朗	448-0029	愛知県刈谷市昭和町○○	0566-xx-xxxx	NS-02	康生霞	日本酒	3000	3	9000
			3	立山秀利	471-8501	愛知県豊田市西町△△	0565-**-****	BR-02	OKZラガー	ビール	1980	2	3960
			2	井本由美	444-0864	愛知県岡崎市明大寺町××	0564-xx-xxxx	BR-02	OKZラガー	ビール	1980	3	5940
			4	中鉢朋子	446-8501	愛知県安城市桜町□□	0566-**-****	NS-01	三河桜	日本酒	3500	2	7000
			3	立山秀利	471-8501	愛知県豊田市西町△△	0565-**-****	BR-01	OKZエール	ビール	2480	4	9920
			3	立山秀利	471-8501	愛知県豊田市西町△△	0565-**-****	NS-02	康生霞	日本酒	3000	1	3000
			1	加藤史朗	448-0029	愛知県刈谷市昭和町○○	0566-xx-xxxx	BR-02	OKZラガー	ビール	1980	2	3960
			1	加藤史朗	448-0029	愛知県刈谷市昭和町○○	0566-xx-xxxx	NS-01	三河桜	日本酒	3500	1	3500
			1	加藤史朗	448-0029	愛知県刈谷市昭和町○○	0566-xx-xxxx	NS-02	康生霞	日本酒	3000	2	6000
			4	中鉢朋子	446-8501	愛知県安城市桜町□□	0566-**-****	BR-03	OKZピルスナー	ビール	2180	1	2180
			2	井本由美	444-0864	愛知県岡崎市明大寺町××	0564-xx-xxxx	NS-02	康生霞	日本酒	3000	1	3000
			5	鈴木義和	4700221	愛知県みよし市西陣取山●●	0561-xx-xxxx	BR-01	OKZエール	ビール	2480	1	2480
			5	鈴木義和	4700221	愛知県みよし市西陣取山●●	0561-xx-xxxx	BR-03	OKZピルスナー	ビール	2180	2	4360
			3	立山秀利	471-8501	愛知県豊田市西町△△	0565-**-****	BR-03	OKZピルスナー	ビール	2180	2	4360
			3	立山秀利	471-8501	愛知県豊田市西町△△	0565-**-****	NS-01	三河桜	日本酒	3500	1	3500
			4	中鉢朋子	446-8501	愛知県安城市桜町□□	0566-**-****	BR-02	OKZラガー	ビール	1980	1	1980
			1	加藤史朗	448-0029	愛知県刈谷市昭和町○○	0566-xx-xxxx	BR-03	OKZピルスナー	ビール	2180	3	6540
			5	鈴木義和	4700221	愛知県みよし市西陣取山●●	0561-xx-xxxx	NS-02	康生霞	日本酒	3000	1	3000
			5	鈴木義和	4700221	愛知県みよし市西陣取山●●	0561-xx-xxxx	BR-03	OKZピルスナー	ビール	2180	1	2180

そして、Excel から Access に接続しているため、「注文管理.accdb」でデータが追加・更新・削除されると、Excel 側に反映されます。反映は基本的に手動で行います。その操作方法と実例は、次に選択クエリ「Q_ 注文データ」をピボットグラフとして取り込んだ後に解説します。

ここで Excel ブックをいったん保存しておきましょう。ブック名は「注文データ分析 1.xlsx」、保存場所は「注文管理」フォルダーとします。

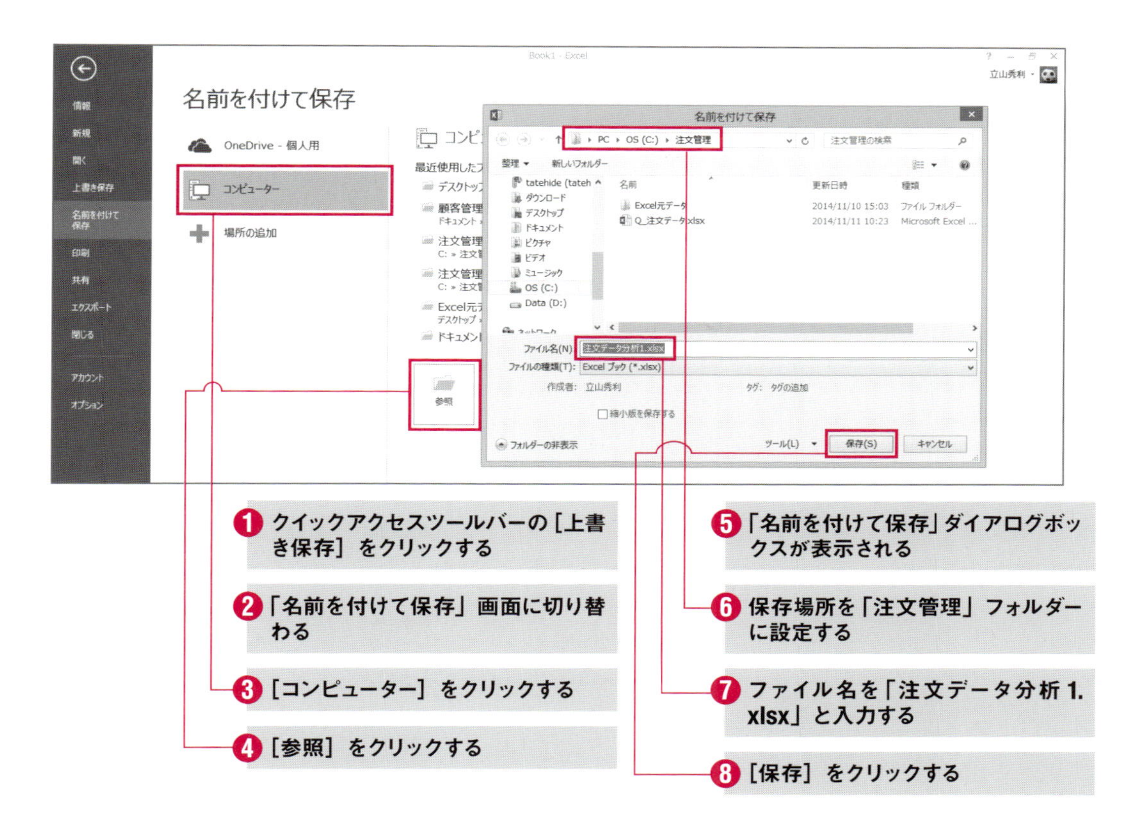

Accessの選択クエリをExcelのピボットグラフとして取り込む

次は練習として、「注文管理.accdb」にExcelから接続し、選択クエリ「Q_注文データ」をピボットグラフとして取り込みましょう。ピボットグラフとして取り込めば、ピボットテーブルもセットで同時に作成されます。

取り込み先のExcelブックは同じ「注文データ分析1.xlsx」を引き続き用います。ワークシート「Sheet2」のA1セルを左上とする領域に取り込みます。Excel 2013をお使いなら、ワークシート見出し横の［+］をクリックして、ワークシート「Sheet2」を追加しておいてください。

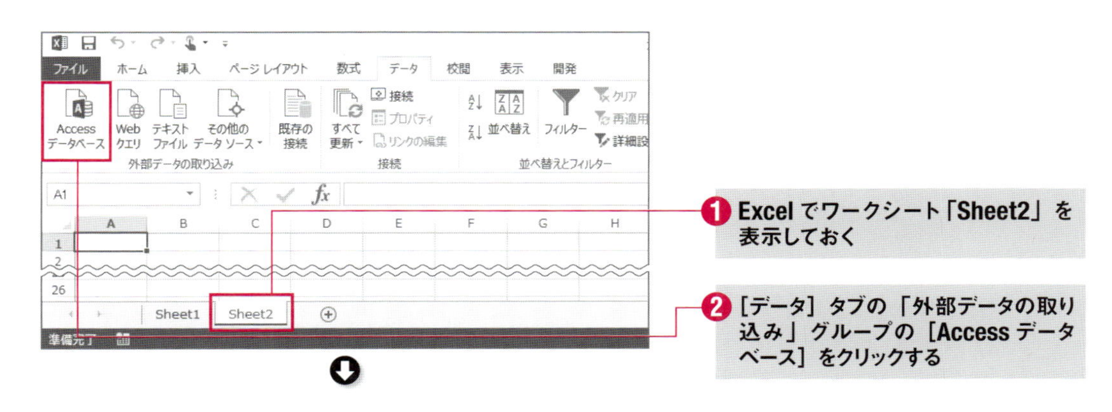

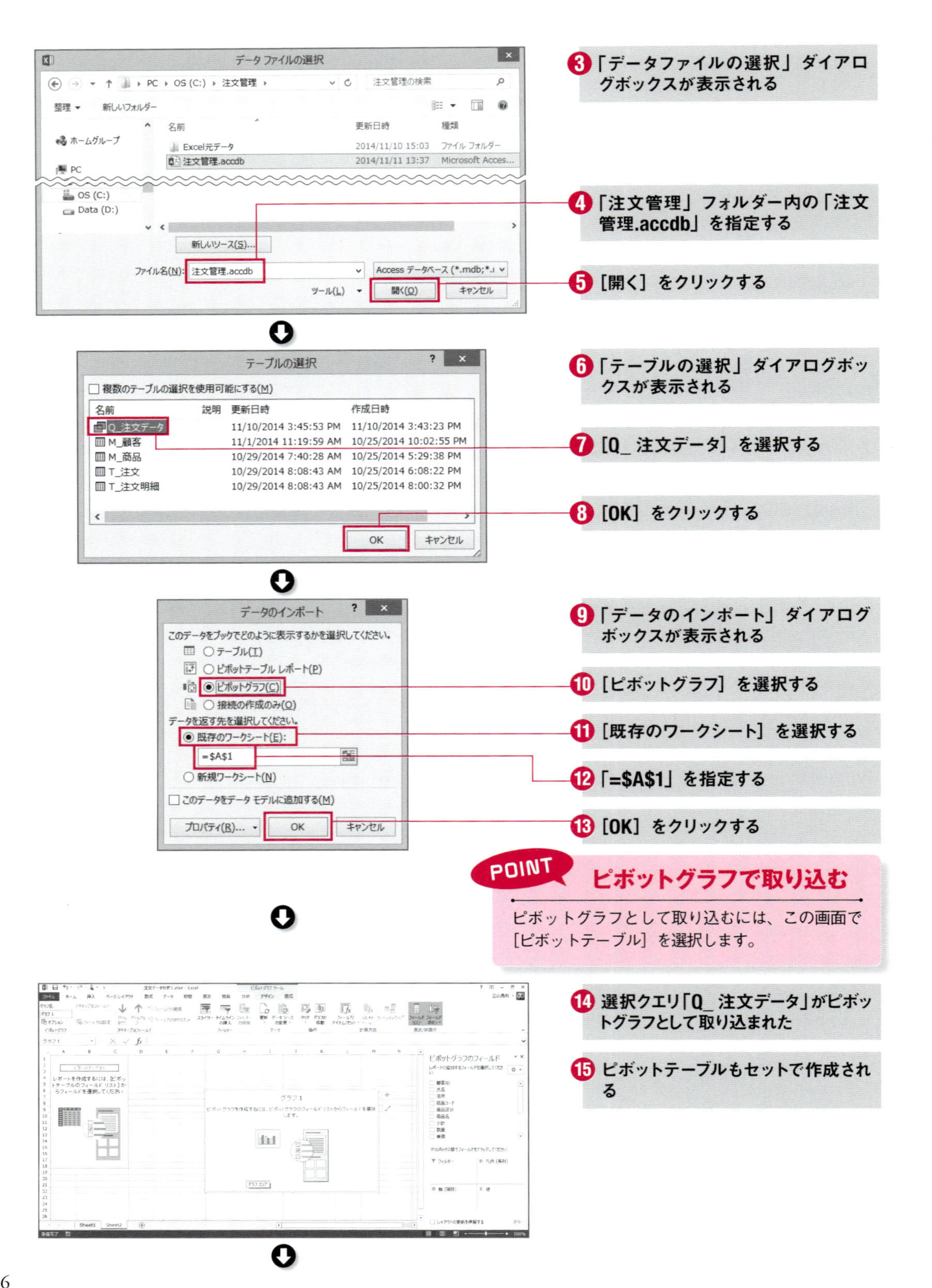

データ ファイルの選択
3「データファイルの選択」ダイアログボックスが表示される
4「注文管理」フォルダー内の「注文管理.accdb」を指定する
5 [開く] をクリックする
テーブルの選択
6「テーブルの選択」ダイアログボックスが表示される
7 [Q_ 注文データ] を選択する
8 [OK] をクリックする
データのインポート
9「データのインポート」ダイアログボックスが表示される
10 [ピボットグラフ] を選択する
11 [既存のワークシート] を選択する
12「=$A$1」を指定する
13 [OK] をクリックする
POINT
ピボットグラフで取り込む
ピボットグラフとして取り込むには、この画面で[ピボットテーブル] を選択します。
14 選択クエリ「Q_ 注文データ」がピボットグラフとして取り込まれた
15 ピボットテーブルもセットで作成される

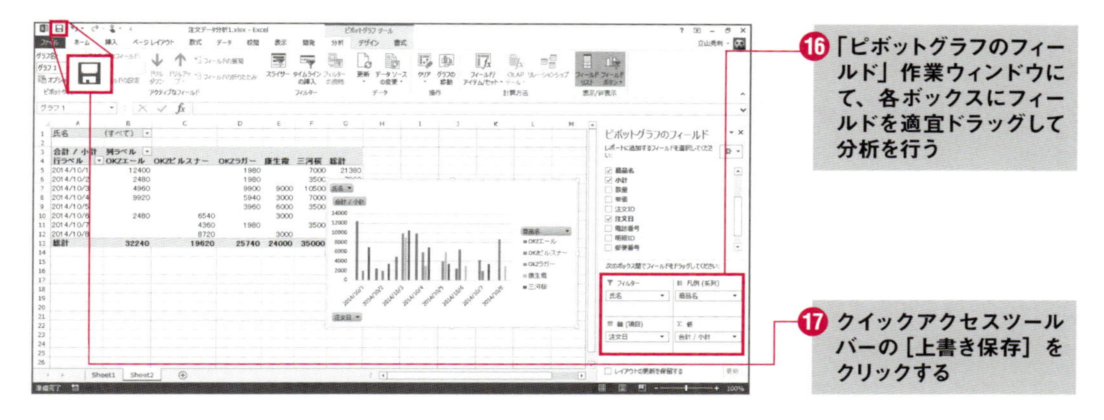

これでAccessデータベースファイル「注文管理.accdb」の選択クエリ「Q_注文データ」が、ピボットグラフとしてExcelブック「注文データ分析1.xlsx」に取り込まれ、なおかつ、ワークシート「Sheet2」のA1セルを左上とする領域にピボットテーブルも作成されました。ピボットテーブル／グラフの各種機能を使ってデータを分析できます。

そして、ExcelからAccessに接続しているため、「注文管理.accdb」でデータが追加・更新・削除されると、Excel側に反映されます。

Accessにデータを追加し、Excelに反映させてみよう

それでは、Accessデータベースファイル「注文管理.accdb」にデータを追加し、Excelブック「注文データ分析1.xlsx」に反映されるか確認してみましょう。

Accessデータベースファイル「注文管理.accdb」に追加するデータは以下とします。1件の注文であり、2件の明細データを含みます。

・注文日　2014/10/9
・顧客　井本由美
・明細

商品名	数量
OKZエール	2
三河桜	1

事前にExcelブックを閉じておく

データ追加にあたり、Accessデータベースファイル「注文管理.accdb」を開く前に、Excelブック「注文データ分析1.xlsx」を閉じてください。Excelから接続している状態で、Accessのデータベースファイルを開こうとすると、読み取り専用でしか開けず、データを追加できないからです。

もし、Excelブック「注文データ分析1.xlsx」を開いたまま、Accessデータベースファイル「注文管理.accdb」を開くと、次の画面のようにタイトルバーには「(読み取り専用)」と表示され、なおかつ、読み取り専用の旨を伝えるメッセージバーが表示されます。

そして、注文データを追加しようとフォーム「F_注文登録」を開いても、レコード移動ボタンの［新しい（空の）レコード］が無効化されてしまい、新規レコードを追加できません。

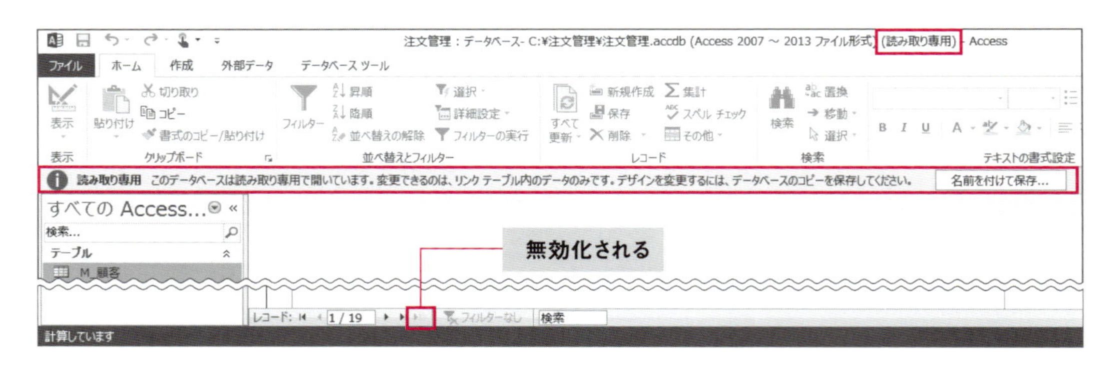

Access データベースファイルにデータを追加

Excel ブック「注文データ分析 1.xlsx」を閉じたら、Access データベースファイル「注文管理.accdb」を開き、データを追加しましょう。

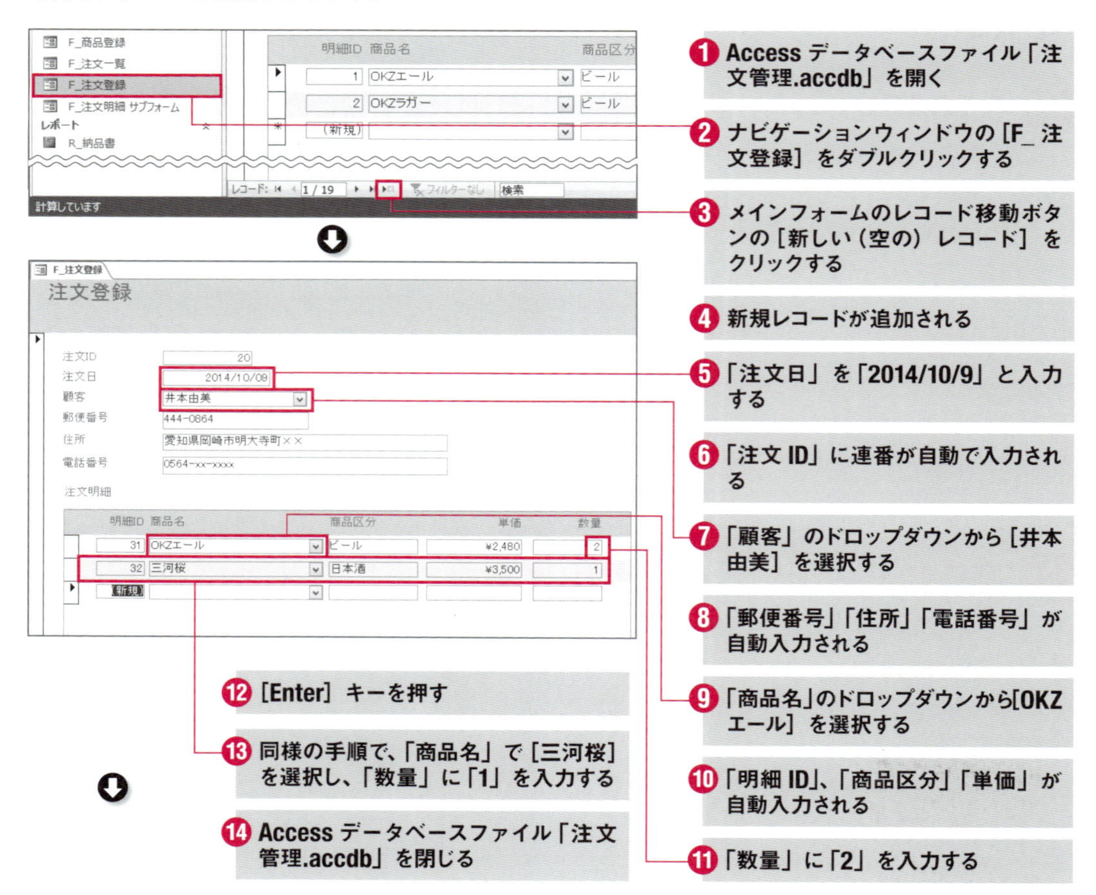

Excelブックでデータを更新

Accessにデータを追加できたら、Excelブック「注文データ分析1.xlsx」で更新してみましょう。ワークシート「Sheet1」のテーブル、「Sheet2」のピボットテーブル／グラフそれぞれで更新します。

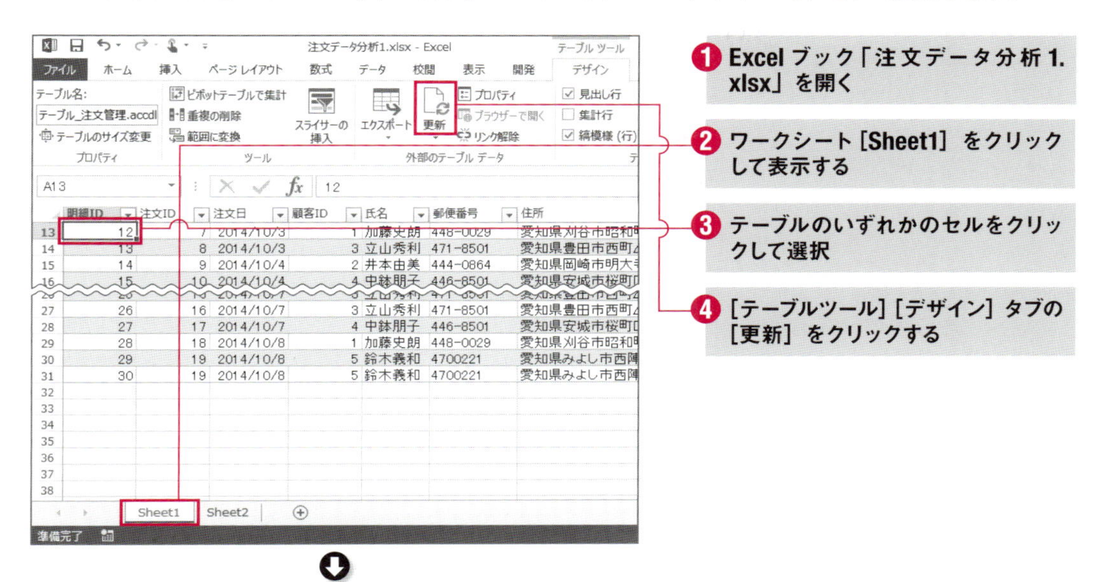

❶ Excelブック「注文データ分析1.xlsx」を開く

❷ ワークシート［Sheet1］をクリックして表示する

❸ テーブルのいずれかのセルをクリックして選択

❹ ［テーブルツール］［デザイン］タブの［更新］をクリックする

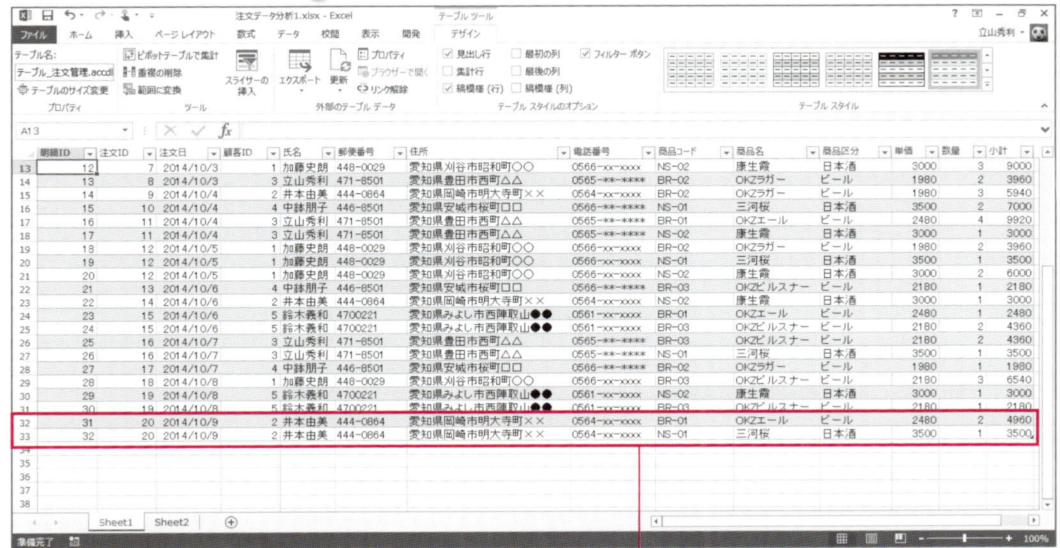

❺ Accessデータベースファイル「注文管理.accdb」に追加した2件の明細データがExcelのテーブルに追加された

POINT テーブルのデータを更新

Excelのテーブルのデータを更新するには、［テーブルツール］［デザイン］タブの［更新］をクリックします。

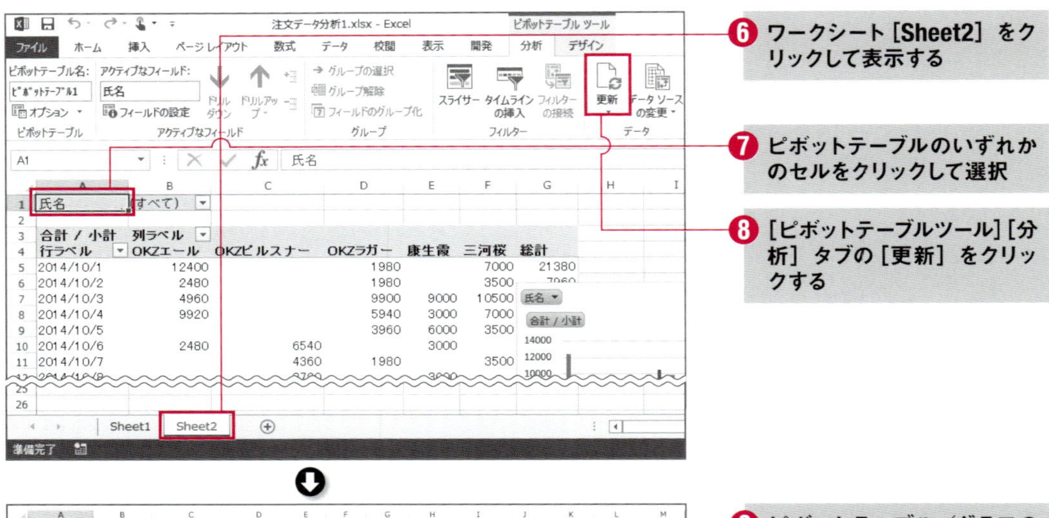

⑨ ピボットテーブル／グラフのデータが更新された

POINT ピボットテーブル／グラフのデータを更新

ピボットテーブルのデータを更新するには、［ピボットテーブルツール］［分析］タブの［更新］をクリックします。ピボットグラフも連動しているためデータが更新されます。また、ピボットグラフを選択し、［ピボットグラフツール］［分析］タブの［更新］をクリックしても、ピボットテーブルとピボットグラフの両方のデータを更新できます。

Memo まとめて更新も可能

［データ］タブの［すべて更新］をクリックすると、そのブックに含まれるすべての接続をまとめて更新できます。または［テーブルツール］［デザイン］タブの［更新］の［▼］→［すべて更新］、もしくは［ピボットグラフツール］［分析］タブの［更新］の［▼］→［すべて更新］のいずれかでも、まとめて更新できます。

接続の設定について

ExcelからAccessへの接続は定期的に更新したり、ブックを開く際に自動更新したりするなどの設定が可能です。接続の設定は「接続のプロパティ」ダイアログボックスで行います。「接続のプロパティ」ダイアログボックスは次の手順で開きます。

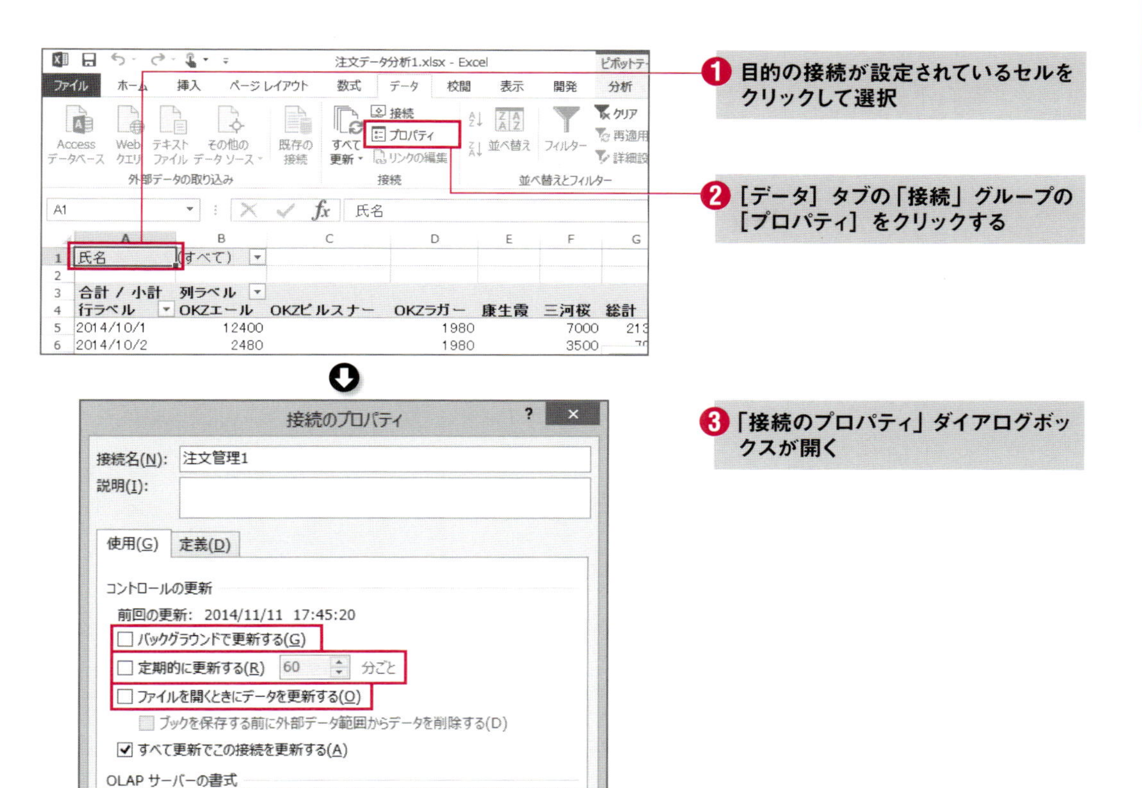

主な設定項目は［使用］タブの下記です。

- ［バックグラウンドで更新する］
  チェックを入れると、他の操作を行っている最中でも、更新がバックグラウンドで行われます。
- ［定期的に更新する］
  チェックを入れると、定期的に自動で更新されるようになります。更新間隔は右隣のボックスに分単位で設定します。
- ［ファイルを開くときにデータを更新する］
  チェックを入れると、ファイル（ブック）を開くと同時に、自動で更新されるようになります。

また、［データ］タブの「接続」グループの［接続］をクリックすると、「ブックの接続」ダイアログボックスが表示されます。そのブックのすべての接続が一覧表示され、削除やプロパティ設定などが行えます。

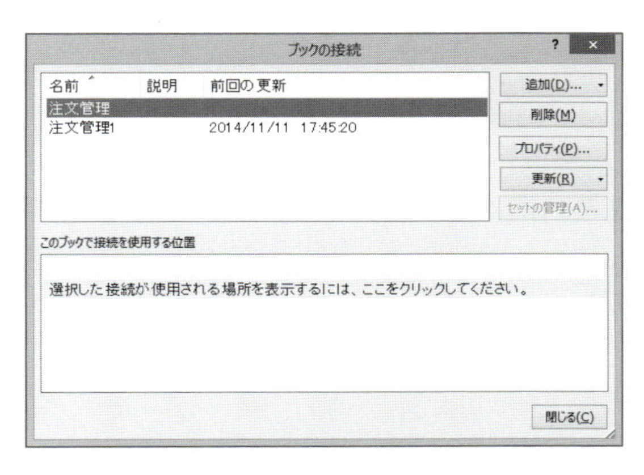

04 Accessに接続して、選択クエリをExcelに切り出して取り込む

本節では、4章01の「3 Accessに接続して、テーブル／選択クエリを切り出す」を解説します。Accessに接続し、選択クエリから必要なレコードのみ取り出して、テーブルとピボットグラフを作成します。

「Microsoft Query」でAccessからデータを切り出す

前節で学んだ［データ］タブの「外部データの取り込み」グループの［Accessデータベース］による方法は、Accessデータベースのテーブルや選択クエリを丸ごと取り込む方法でした。もし、Accessデータベースの目的のテーブルや選択クエリのフィールドやレコードの数が膨大であり、分析対象ではないデータも多く含んでいるなら、そのテーブルや選択クエリをExcelに丸ごと取り込んでしまっては、分析がやりづらくなったり処理が遅くなってしまったりするなどの弊害が生じる恐れがあります。

たとえば、本書サンプルのAccessデータベースファイル「注文管理.accdb」の注文データが何年にもわたって蓄積されていると仮定します。そして、分析したいのは、ある年の第1四半期のデータのみと仮定します。その場合、何年ぶんもの注文データをすべてExcelに取り込んでいては、分析作業の効率が低下してしまいます。丸ごとではなく、必要な期間のレコードのみを取り込みたいものです。

そのような場合、ExcelからAccessに接続してデータを取り込む際は、Excelの「Microsoft Query」という機能を使うとよいでしょう。Excelからクエリで外部のデータベースを使うための機能です。

Microsoft Queryを使えば、Accessデータベースの指定したテーブルや選択クエリから、指定したフィールドのみをExcelに取り込むことができます。加えて、指定した条件に合致したレコードのみをExcelに取り込むことも可能です。このように必要なデータのみを切り出してExcelに取り込めます。

指定した期間の注文データのみ取り込む

それでは、Microsoft Queryの実例として、Accessデータベースファイル「注文管理.accdb」の選択クエリ「Q_注文データ」から、指定した期間の注文データのみをExcelのワークシートに取り込んでみましょう。

選択クエリ「Q_注文データ」のフィールド「注文日」を見ると、期間は2014/10/1から2014/10/9までので9日間であり、全32件のレコードがあります。今回、取り込む期間は2014/10/3から2014/10/7の5日間とします。また、フィールドはすべて取り込むこととします。

取り込む形式はテーブルとします。取り込み先のExcelは前節と同じく空白のブックを新規作成し、ワークシート「Sheet1」のA1セルを左上とする領域に取り込みます。保存するブック名は「注文データ分析 2.xlsx」、保存場所は「注文管理」フォルダーとします。

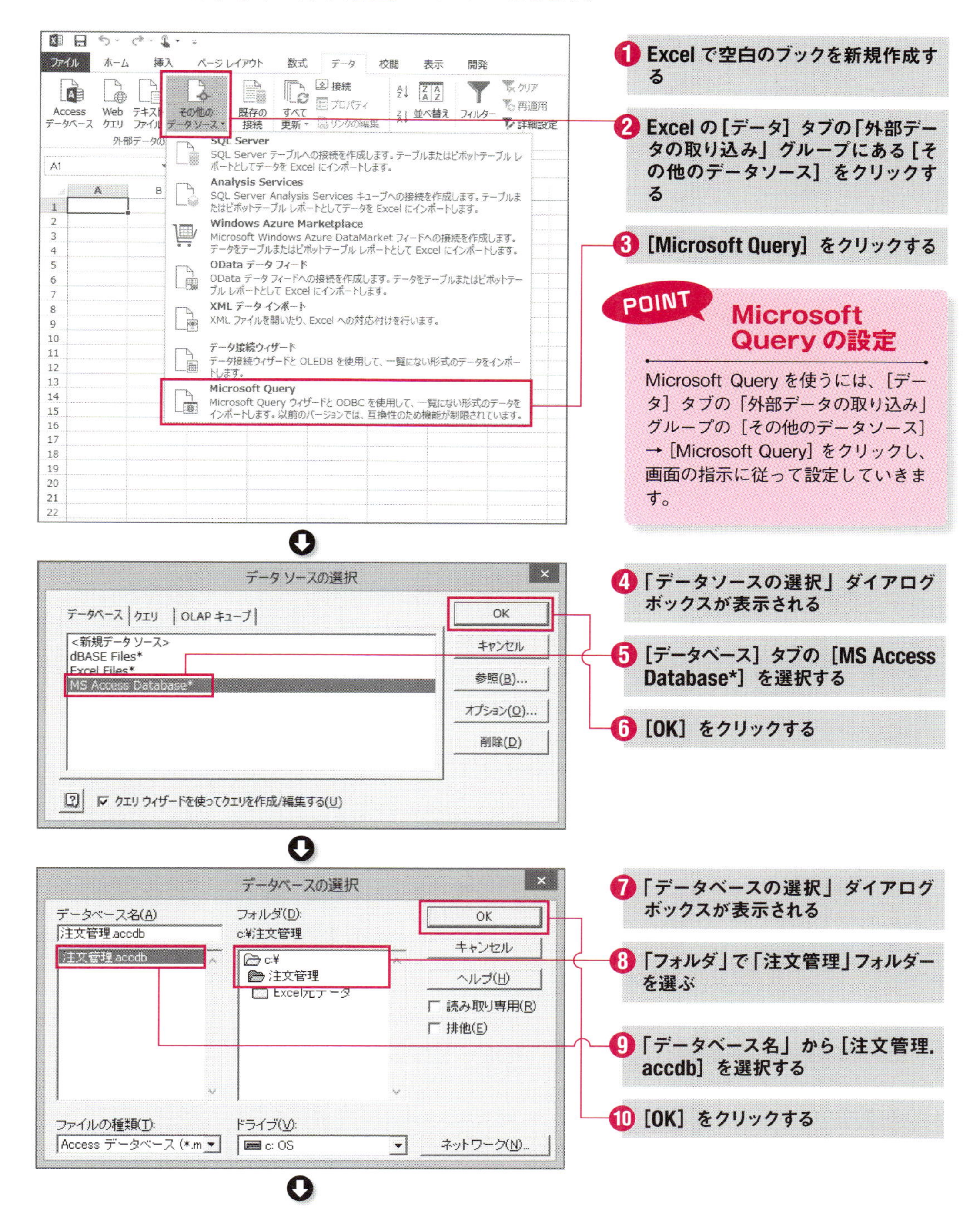

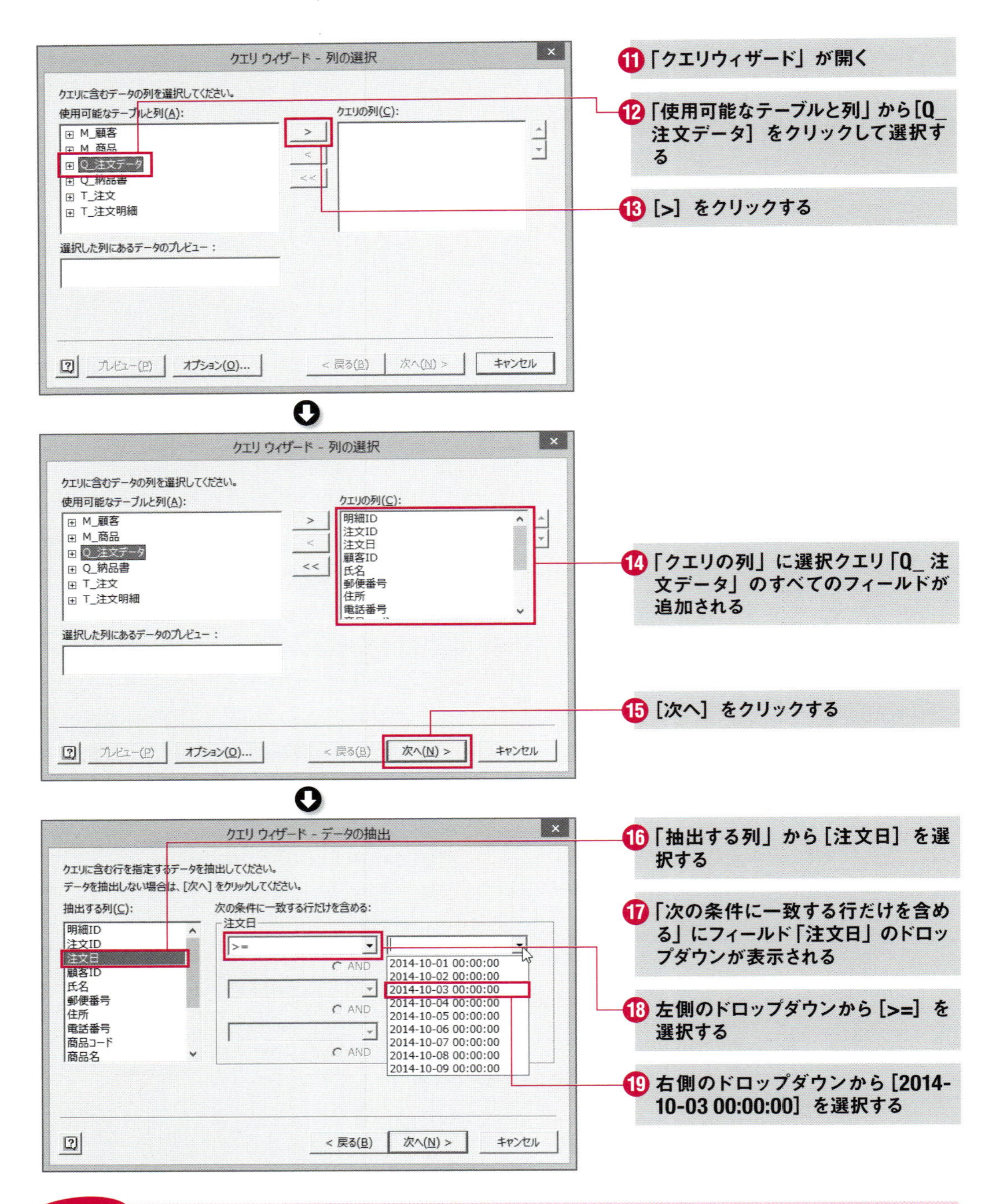

POINT レコードを切り出す条件の指定

レコードを切り出す条件は、「次の条件に一致する行だけを含める」の２つのドロップダウンで指定します。左側のドロップダウンは、条件に一致するかどうかの判定方法を指定します。主な判定方法は下表の通りです。

判定方法	意味
=	等しい
<>	等しくない
>	大きい
>=	以上
<	小さい
<=	以下

判定方法	意味
値で始まる	指定した値で始まる語句
値で始まらない	指定した値で始まらない語句
値で終わる	指定した値で終わる語句
値で終わらない	指定した値で終わらない語句
値を含む	指定した値を含む語句
値を含まない	指定した値を含まない語句

右側のドロップダウンでは、判定に用いる値を指定します。「抽出する列」で選んだフィールドによって、選択肢の内容が変わります。

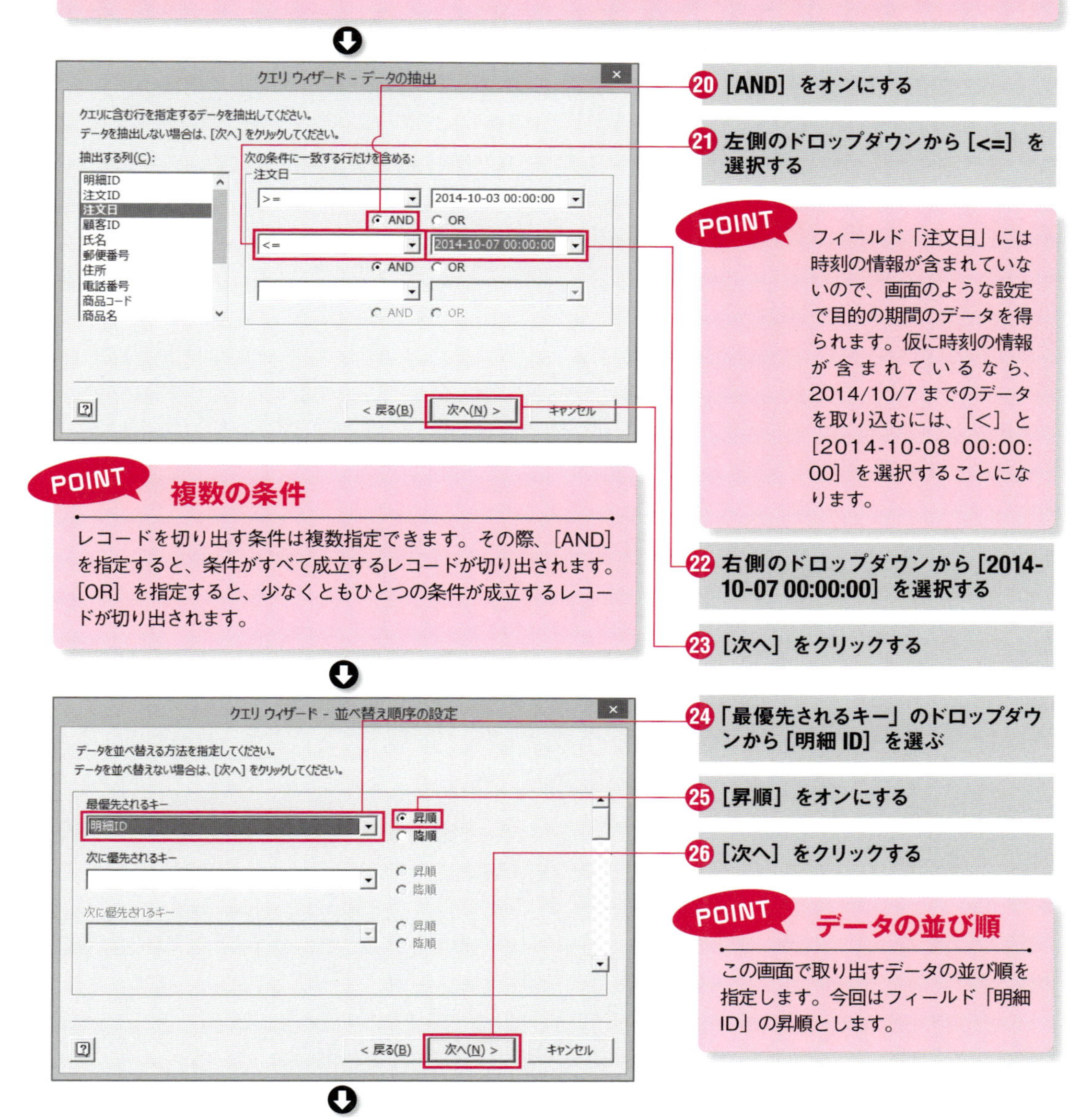

⑳ [AND] をオンにする

㉑ 左側のドロップダウンから [<=] を選択する

POINT

フィールド「注文日」には時刻の情報が含まれていないので、画面のような設定で目的の期間のデータを得られます。仮に時刻の情報が含まれているなら、2014/10/7 までのデータを取り込むには、[<] と [2014-10-08 00:00:00] を選択することになります。

㉒ 右側のドロップダウンから [2014-10-07 00:00:00] を選択する

㉓ [次へ] をクリックする

POINT 複数の条件

レコードを切り出す条件は複数指定できます。その際、[AND] を指定すると、条件がすべて成立するレコードが切り出されます。[OR] を指定すると、少なくともひとつの条件が成立するレコードが切り出されます。

㉔ 「最優先されるキー」のドロップダウンから [明細 ID] を選ぶ

㉕ [昇順] をオンにする

㉖ [次へ] をクリックする

POINT データの並び順

この画面で取り出すデータの並び順を指定します。今回はフィールド「明細ID」の昇順とします。

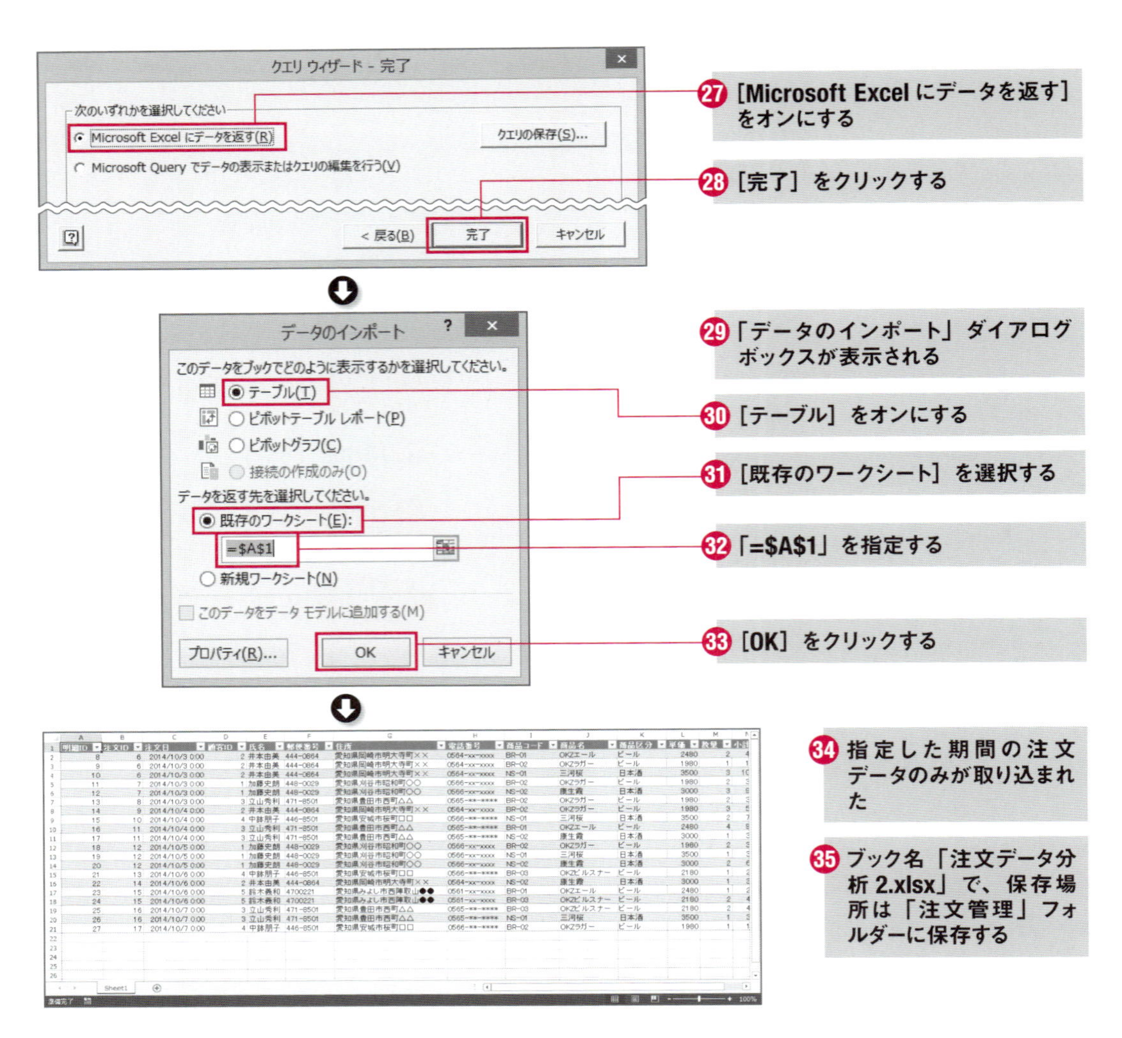

今回は2つの条件を設定しました。ひとつめは「>=」を使い、「2014-10-03 00:00:00 以上」という条件です。2つめは「<=」を使い、「2014-10-07 00:00:00 以下」という条件です。そして、[AND] を選らんでいるので、2つの条件がすべて成立するレコードが切り出されます。つまり、日付が2014/10/3 以上かつ 2014/10/7 以下という条件になり、2014/10/3 ～ 2014/10/7 のレコードのみが取り込まれたのです。

条件を変更して再度取り込んでみよう

Microsoft Query は後から条件を変更して、データを再度取り込むこともできます。条件の変更は接続のプロパティを開き、[クエリの編集] をクリックして行います。

今回は練習として、期間を 2014/10/1 ～ 2014/10/4 に変更します。あわせて、取り込むフィールドから、「郵便番号」、「住所」と「電話番号」を除きます。

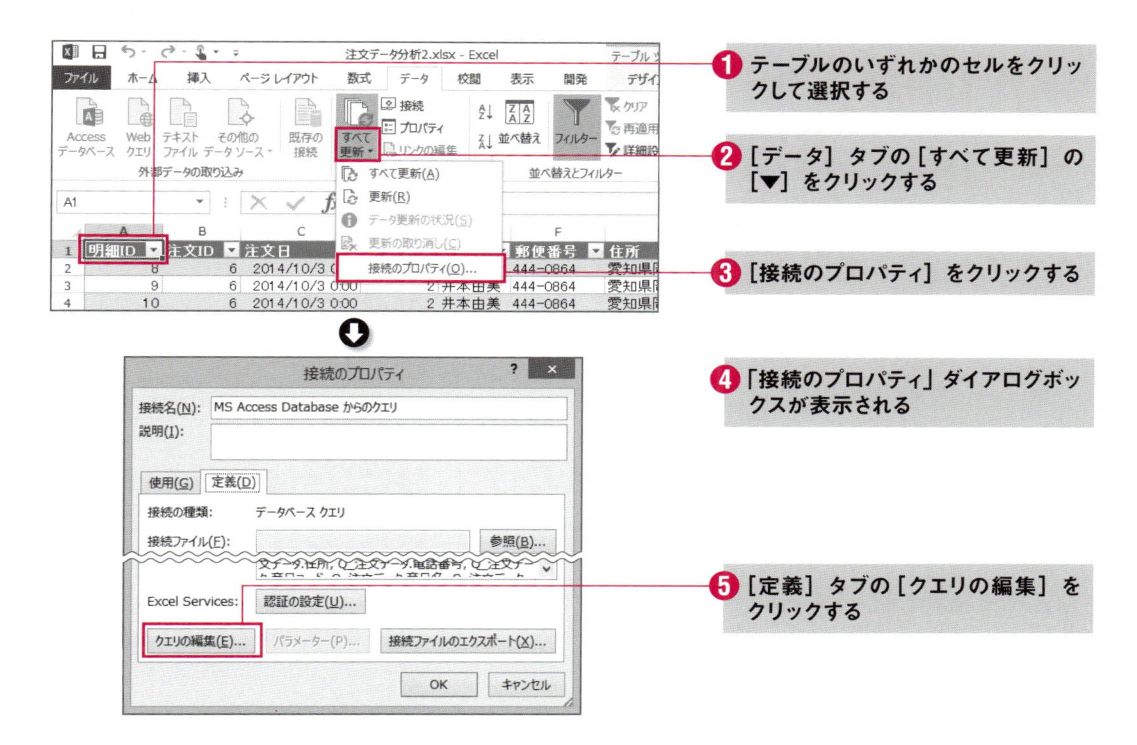

郵便番号、住所、電話番号のフィールドを除く

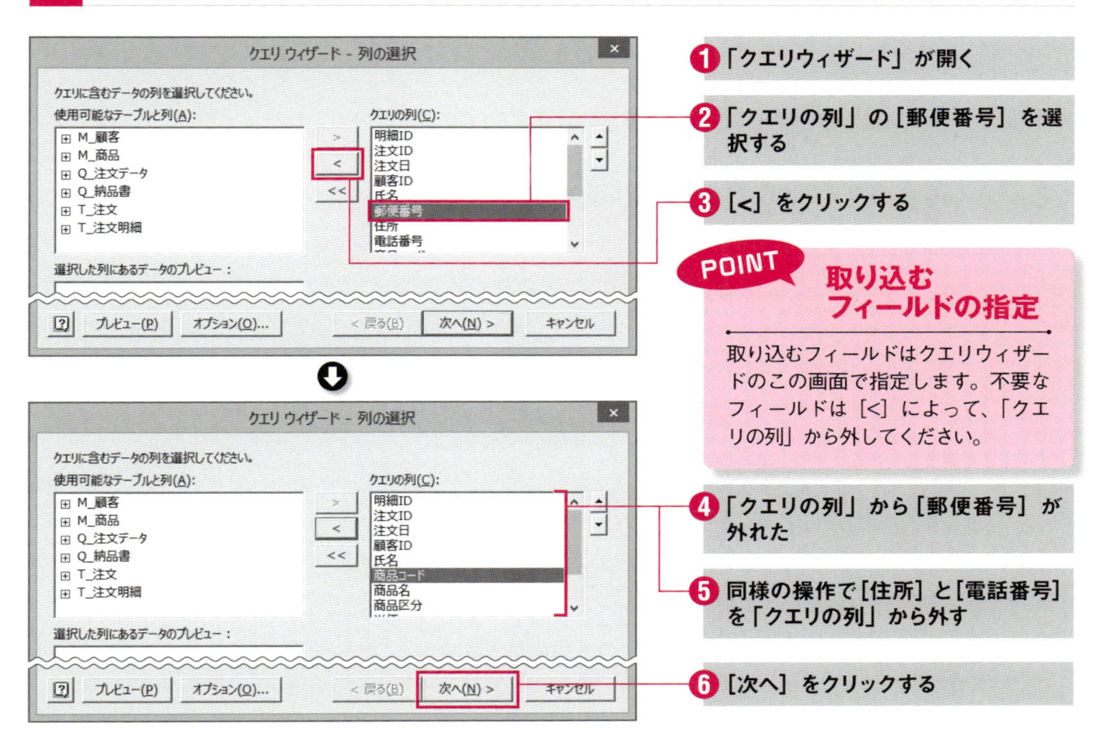

レコードを切り出す条件を変更

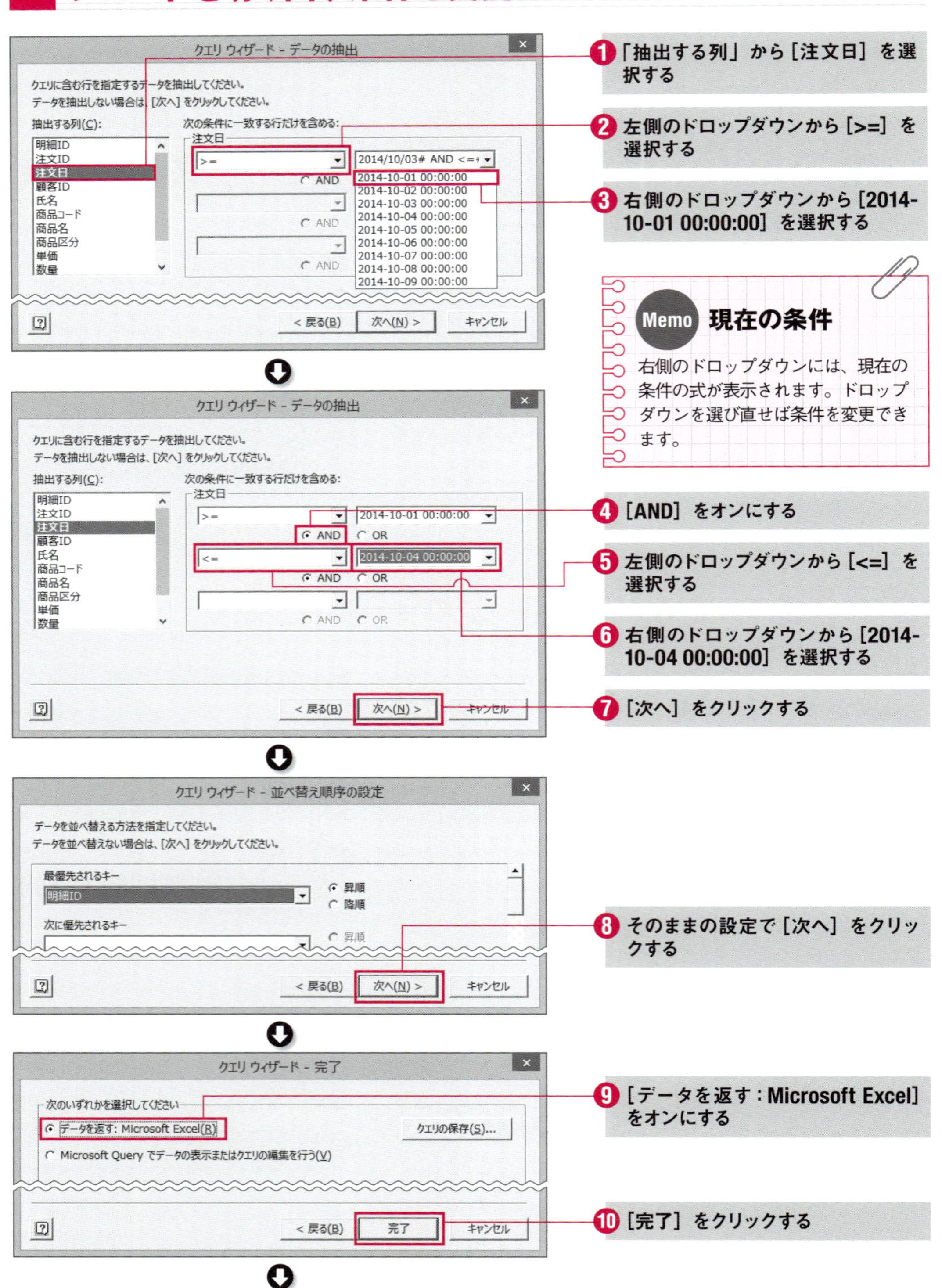

Memo 現在の条件

右側のドロップダウンには、現在の条件の式が表示されます。ドロップダウンを選び直せば条件を変更できます。

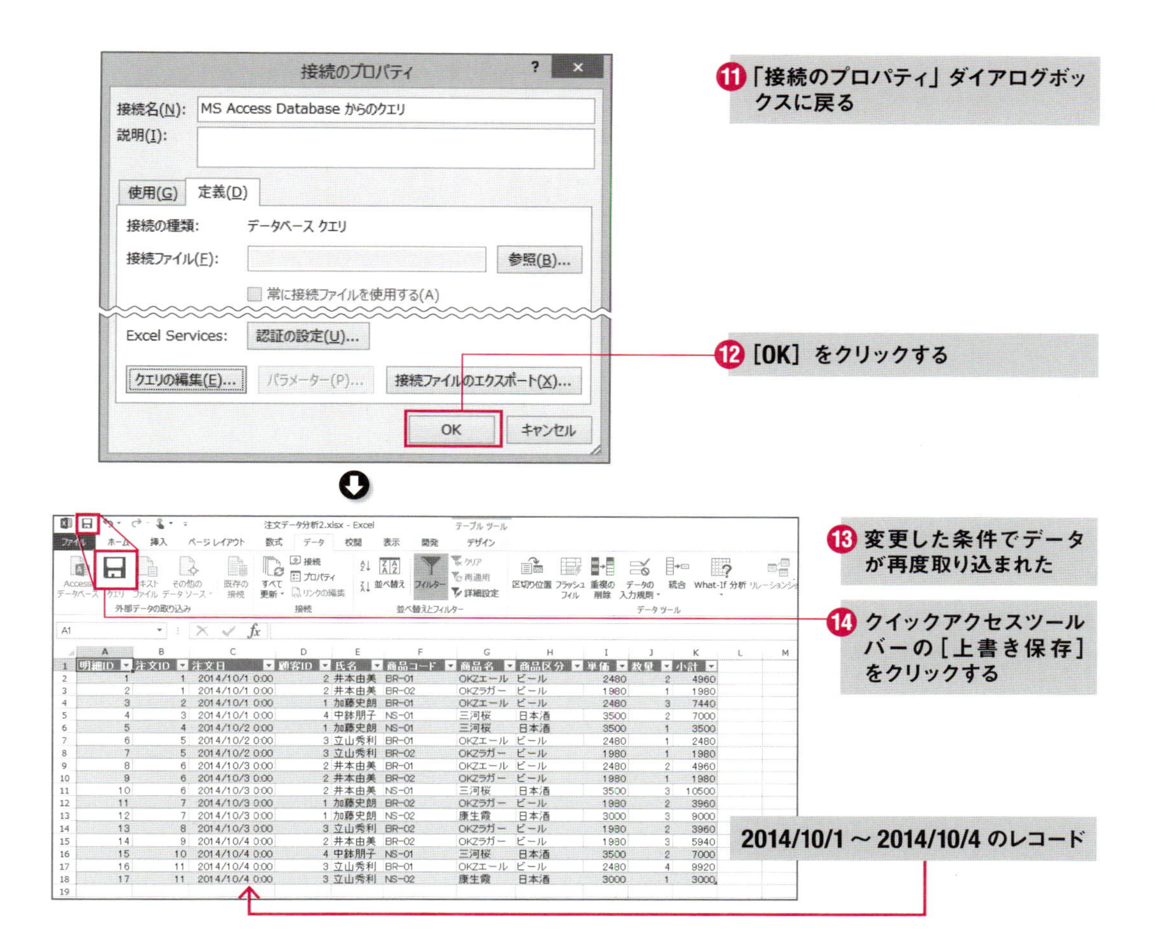

明細ID	注文ID	注文日	顧客ID	氏名	商品コード	商品名	商品区分	単価	数量	小計
1	1	2014/10/1 0:00	2	井本由美	BR-01	OKZエール	ビール	2480	2	4960
2	1	2014/10/1 0:00	2	井本由美	BR-02	OKZラガー	ビール	1980	1	1980
3	2	2014/10/1 0:00	1	加藤史朗	BR-01	OKZエール	ビール	2480	3	7440
4	3	2014/10/1 0:00	4	中鉢朋子	NS-01	三河桜	日本酒	3500	2	7000
5	4	2014/10/2 0:00	1	加藤史朗	NS-01	三河桜	日本酒	3500	1	3500
6	5	2014/10/2 0:00	3	立山秀利	BR-01	OKZエール	ビール	2480	1	2480
7	5	2014/10/2 0:00	3	立山秀利	BR-02	OKZラガー	ビール	1980	1	1980
8	6	2014/10/3 0:00	2	井本由美	BR-01	OKZエール	ビール	2480	2	4960
9	6	2014/10/3 0:00	2	井本由美	BR-02	OKZラガー	ビール	1980	1	1980
10	6	2014/10/3 0:00	2	井本由美	NS-01	三河桜	日本酒	3500	3	10500
11	7	2014/10/3 0:00	1	加藤史朗	BR-02	OKZラガー	ビール	1980	2	3960
12	7	2014/10/3 0:00	1	加藤史朗	NS-02	康生霞	日本酒	3000	3	9000
13	8	2014/10/3 0:00	3	立山秀利	BR-02	OKZラガー	ビール	1980	2	3960
14	9	2014/10/4 0:00	2	井本由美	BR-02	OKZラガー	ビール	1980	3	5940
15	10	2014/10/4 0:00	4	中鉢朋子	NS-01	三河桜	日本酒	3500	2	7000
16	11	2014/10/4 0:00	3	立山秀利	BR-01	OKZエール	ビール	2480	4	9920
17	11	2014/10/4 0:00	3	立山秀利	NS-02	康生霞	日本酒	3000	1	3000

COLUMN

取り込むフィールドを最初から指定する

先ほどは取り込むフィールドを指定する際、クエリウィザードにて、選択クエリ「Q_注文データ」のフィールドをすべて「クエリの列」に追加した後、不要なフィールドを外しました。

取り込むフィールドを最初から指定するには、クエリウィザードの「使用可能なテーブルと列」のテーブル／クエリの前にある［+］をクリックします。すると展開され、含まれるフィールドが表示されるので、必要なフィールドを選択し、［>］をクリックして追加していきます。

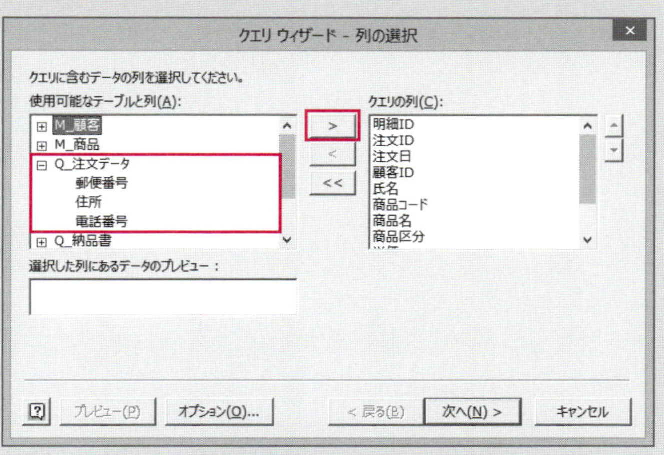

選択クエリを Excel に切り出す条件をセルで指定可能にしよう

前節では、指定した期間の注文データを Access から Excel に取り込みました。さらに期間を変更しました。本節では、その期間をワークシートのセルの値で自由に変更できるようにします。

Microsoft Query の「パラメーター」を利用する

前節では、Excel の Microsoft Query を利用することで、Access データベースに接続し、指定したテーブル／選択クエリから指定した条件でデータを切り出して Excel に取り込む方法を学びました。その例として、Access データベースファイル「注文管理.accdb」の選択クエリ「Q_注文データ」から、指定した期間の注文データのみを Excel に取り込みました。そして、取り込むフィールドとともに、期間を変更して注文データを再度取り込むために、Microsoft Query を編集しました。

このように Microsoft Query の設定を変更すれば、確かに期間を変更して注文データを再度取り込めますが、非常に手間がかかります。たとえば、切り出す期間を何パターンか変えながら分析したい場合、いちいち Microsoft Query の設定を変更していては、膨大な手間と時間を要してしまうでしょう。

Microsoft Query は「パラメーター」という仕組みを利用すれば、いちいち設定変更しなくても、データを切り出す条件をダイアログボックスで指定できます。その上、条件のパラメーターをワークシート上の指定したセルと関連付けることもでき、条件をセルの値で指定することも可能です。さらには、条件のセルの値を変更すると、自動で Access データベースからデータを再度取り込むようにもできます。

指定した期間の注文データのみ取り込む

それでは、Microsoft Query のパラメーターの実例として、Access データベースファイル「注文管理.accdb」の選択クエリ「Q_注文データ」から、Excel のワークシート上のセルで指定した期間の注文データを切り出して取り込んでみましょう。

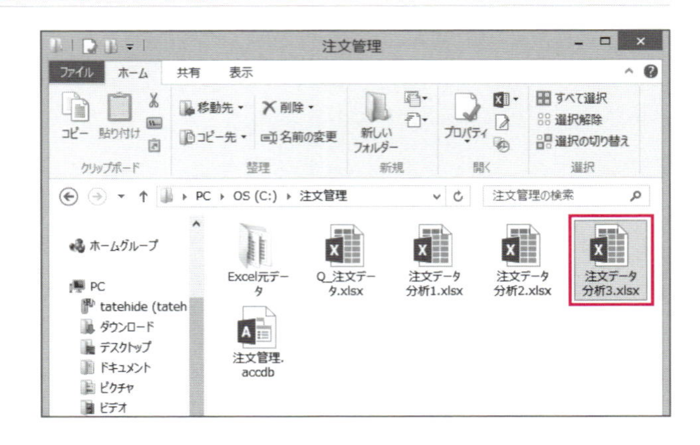

取り込むフィールドは今回、前節の最後と同じく、「郵便番号」、「住所」と「電話番号」を除いたすべてとします。取り込み先の Excel ブックには、本書ダウンロードデータに含まれる「注文データ分析 3.xlsx」を使います。「注文管理」フォルダーにコピーしてください。

同ブックを開くと、ワークシート「Sheet1」のA2セルに開始日、B2セルに終了日を入力するようになっています。このA2セルとB2セルの日付で、注文データを切り出す期間を指定します。

注文データはA4セルを左上とする領域に取り込みます。取り込む形式はテーブルとします。なお、Microsoft Queryはパラメーターを利用すると、テーブルの形式でしか取り込めなくなります。

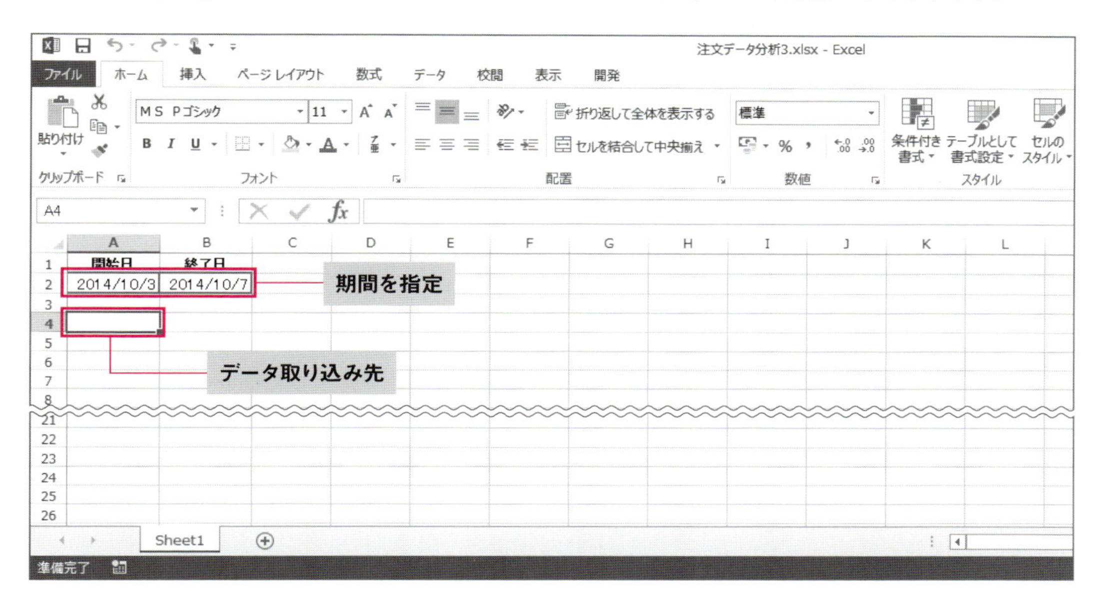

Microsoft Queryを作成

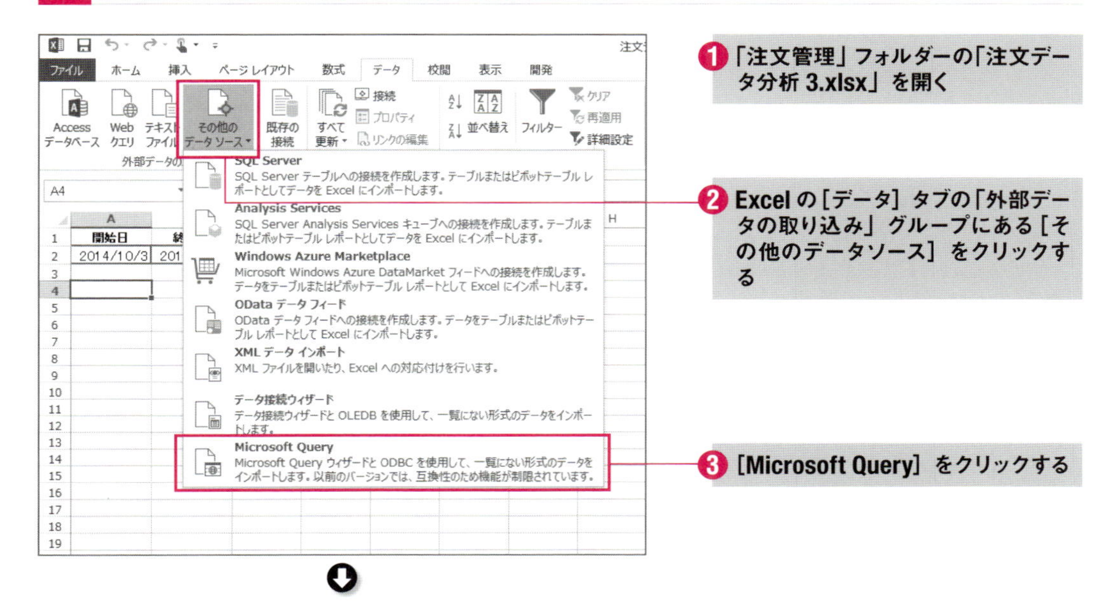

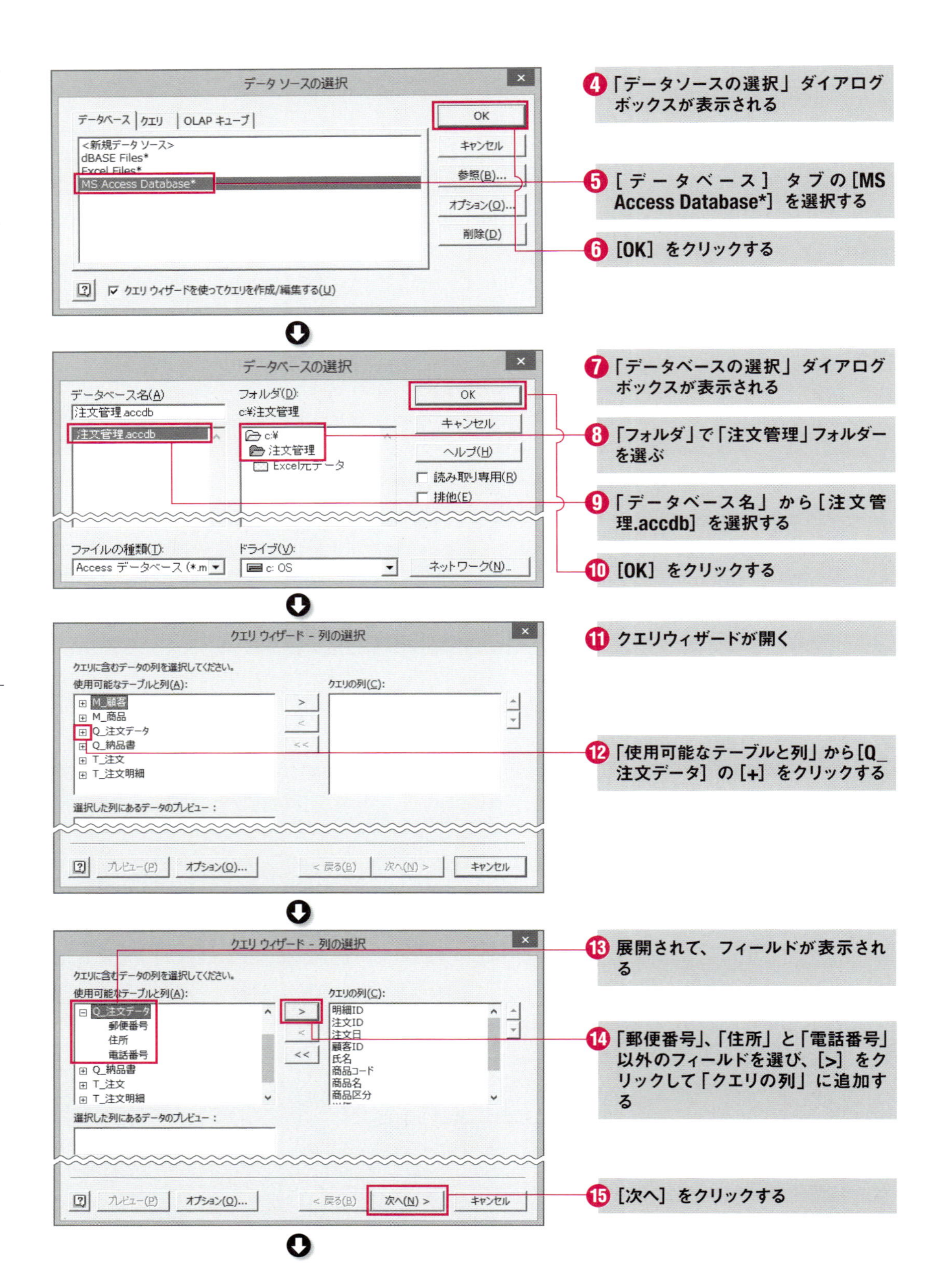
データ ソースの選択
データベース
クエリ
OLAP キューブ
<新規データ ソース>
dBASE Files*
Excel Files*
MS Access Database*
OK
キャンセル
参照(B)...
オプション(O)...
削除(D)
クエリ ウィザードを使ってクエリを作成/編集する(U)
❹「データソースの選択」ダイアログボックスが表示される
❺[データベース]タブの[MS Access Database*]を選択する
❻[OK]をクリックする
データベースの選択
データベース名(A)
注文管理.accdb
フォルダ(D):
c:¥注文管理
c:¥
注文管理
Excel元データ
OK
キャンセル
ヘルプ(H)
読み取り専用(R)
排他(E)
ファイルの種類(T):
Access データベース (*.m
ドライブ(V):
c: OS
ネットワーク(N)...
❼「データベースの選択」ダイアログボックスが表示される
❽「フォルダ」で「注文管理」フォルダーを選ぶ
❾「データベース名」から[注文管理.accdb]を選択する
❿[OK]をクリックする
クエリ ウィザード - 列の選択
クエリに含むデータの列を選択してください。
使用可能なテーブルと列(A):
M_顧客
M_商品
Q_注文データ
Q_納品書
T_注文
T_注文明細
クエリの列(C):
選択した列にあるデータのプレビュー：
プレビュー(P)
オプション(O)...
< 戻る(B)
次へ(N) >
キャンセル
⓫クエリウィザードが開く
⓬「使用可能なテーブルと列」から[Q_注文データ]の[+]をクリックする
クエリ ウィザード - 列の選択
Q_注文データ
郵便番号
住所
電話番号
Q_納品書
T_注文
T_注文明細
明細ID
注文ID
注文日
顧客ID
氏名
商品コード
商品名
商品区分
⓭展開されて、フィールドが表示される
⓮「郵便番号」、「住所」と「電話番号」以外のフィールドを選び、[>]をクリックして「クエリの列」に追加する
⓯[次へ]をクリックする

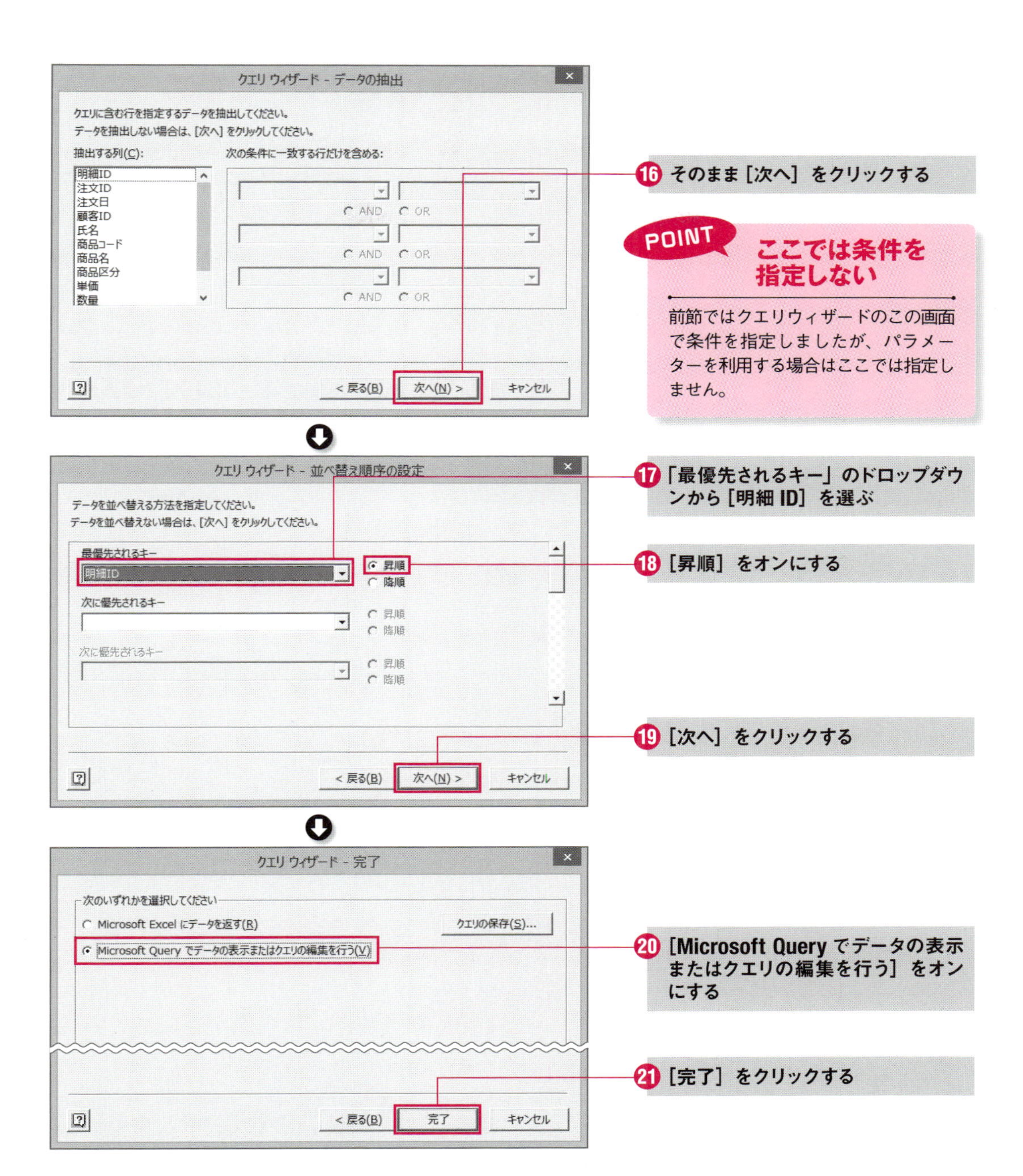

POINT

引き続き Microsoft Query の編集を行う

前節では、この画面で［Microsoft Excel にデータを返す］をオンにして作成を終了しましたが、パラメーターを利用するには、［Microsoft Query でデータの表示またはクエリの編集を行う］をオンにして、Microsoft Query の編集を続けて行う必要があります。

Microsoft Query の開始日のパラメーターを設定

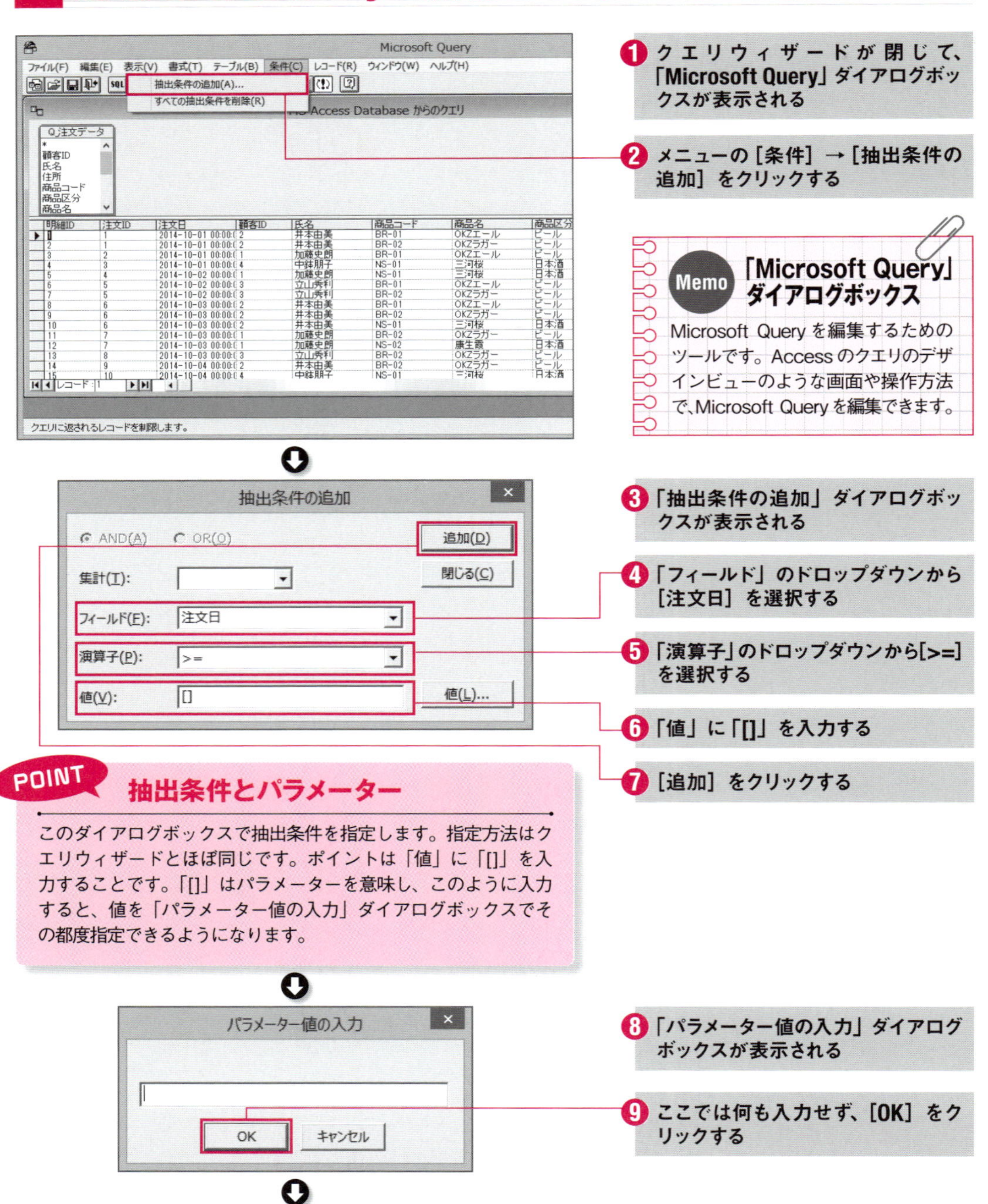

❶ クエリウィザードが閉じて、「Microsoft Query」ダイアログボックスが表示される

❷ メニューの［条件］→［抽出条件の追加］をクリックする

Memo 「Microsoft Query」ダイアログボックス

Microsoft Query を編集するためのツールです。Access のクエリのデザインビューのような画面や操作方法で、Microsoft Query を編集できます。

❸「抽出条件の追加」ダイアログボックスが表示される

❹「フィールド」のドロップダウンから［注文日］を選択する

❺「演算子」のドロップダウンから[>=]を選択する

❻「値」に「[]」を入力する

❼［追加］をクリックする

POINT 抽出条件とパラメーター

このダイアログボックスで抽出条件を指定します。指定方法はクエリウィザードとほぼ同じです。ポイントは「値」に「[]」を入力することです。「[]」はパラメーターを意味し、このように入力すると、値を「パラメーター値の入力」ダイアログボックスでその都度指定できるようになります。

❽「パラメーター値の入力」ダイアログボックスが表示される

❾ ここでは何も入力せず、［OK］をクリックする

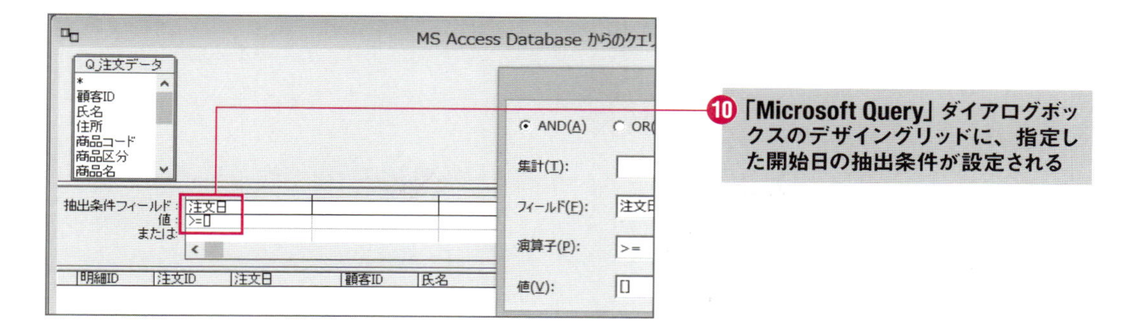

❿「Microsoft Query」ダイアログボックスのデザイングリッドに、指定した開始日の抽出条件が設定される

Microsoft Queryの終了日のパラメーターを設定

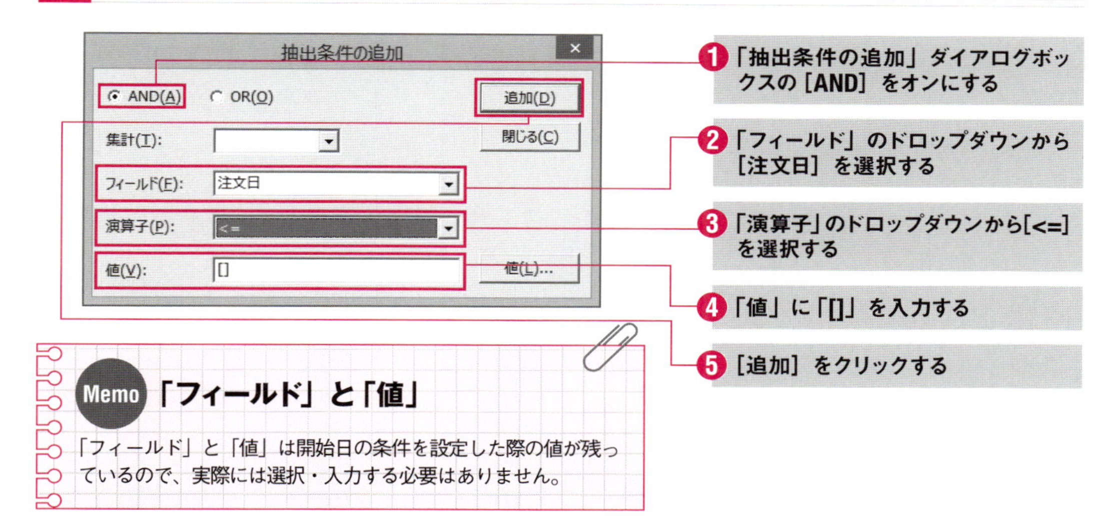

❶「抽出条件の追加」ダイアログボックスの［AND］をオンにする

❷「フィールド」のドロップダウンから［注文日］を選択する

❸「演算子」のドロップダウンから[<=]を選択する

❹「値」に「[]」を入力する

❺［追加］をクリックする

Memo 「フィールド」と「値」

「フィールド」と「値」は開始日の条件を設定した際の値が残っているので、実際には選択・入力する必要はありません。

POINT ANDを指定

前節と同じ考え方にもとづき、「開始日以上」と「終了日以下」という２つの条件がすべて同時に成立する、という条件によって期間を指定します。そのため、ここで［AND］を指定した上で、終了日の条件を追加で指定します。

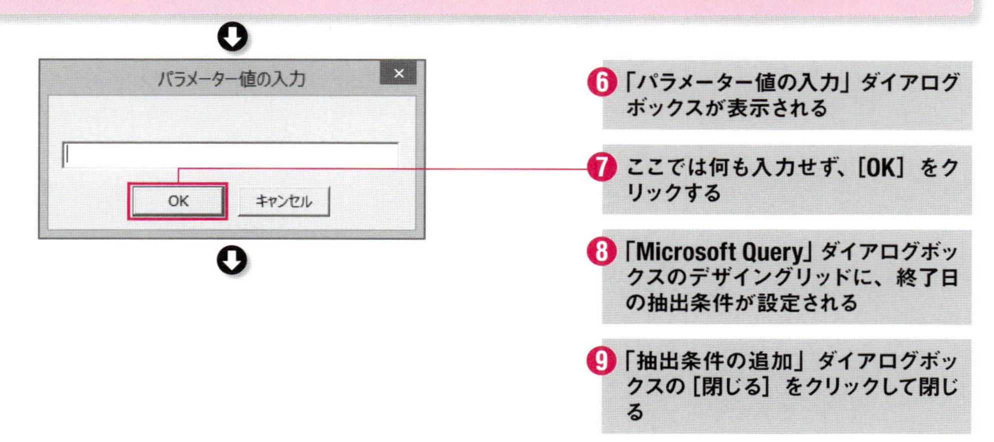

❻「パラメーター値の入力」ダイアログボックスが表示される

❼ここでは何も入力せず、［OK］をクリックする

❽「Microsoft Query」ダイアログボックスのデザイングリッドに、終了日の抽出条件が設定される

❾「抽出条件の追加」ダイアログボックスの［閉じる］をクリックして閉じる

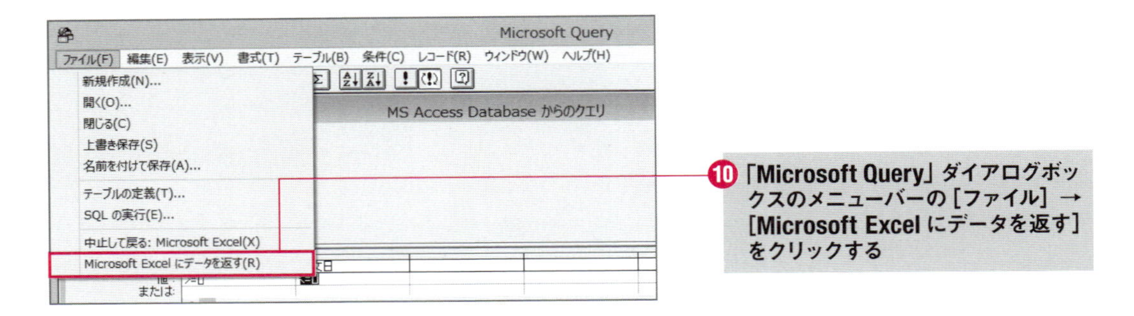

⑩「Microsoft Query」ダイアログボックスのメニューバーの［ファイル］→［Microsoft Excel にデータを返す］をクリックする

データの取り込み先、およびパラメーターのセルを指定

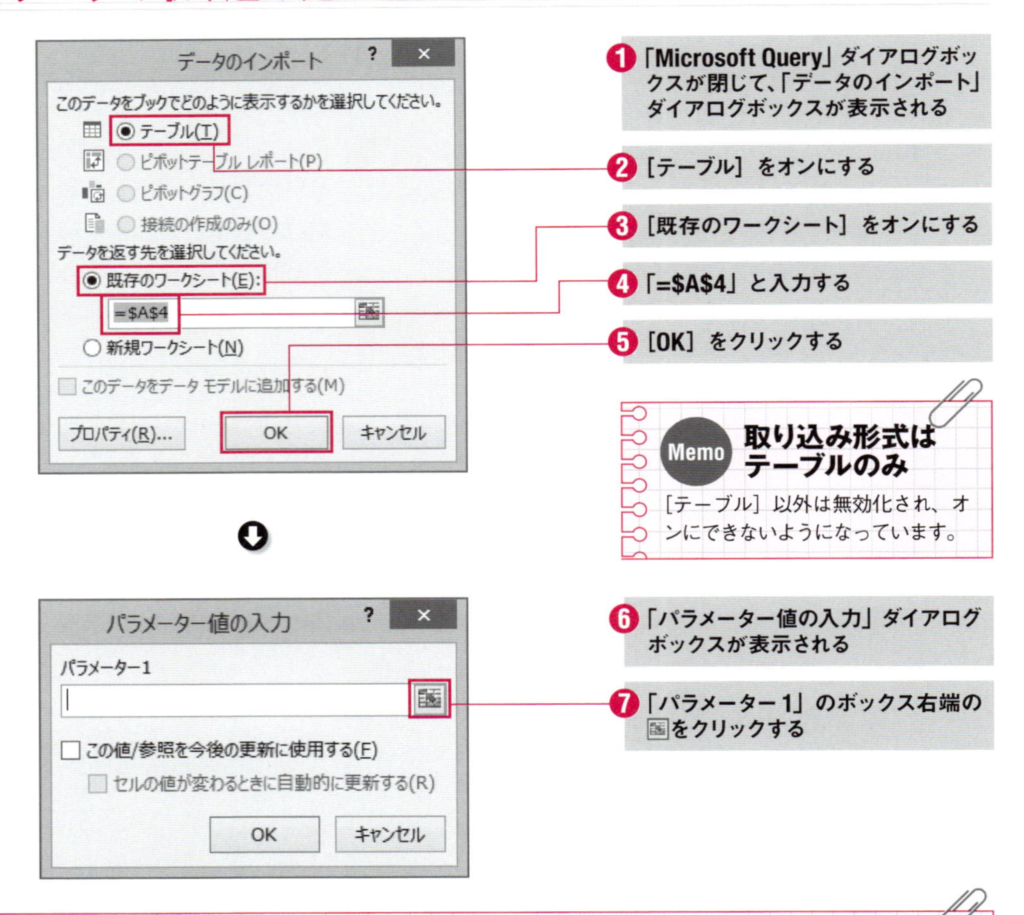

①「Microsoft Query」ダイアログボックスが閉じて、「データのインポート」ダイアログボックスが表示される

②［テーブル］をオンにする

③［既存のワークシート］をオンにする

④「=$A$4」と入力する

⑤［OK］をクリックする

Memo 取り込み形式はテーブルのみ

［テーブル］以外は無効化され、オンにできないようになっています。

⑥「パラメーター値の入力」ダイアログボックスが表示される

⑦「パラメーター1」のボックス右端の をクリックする

Memo 「パラメーター 1」について

先ほど「Microsoft Query」ダイアログボックスで、開始日と終了日の２つのパラメーターを設定しました。「パラメーター 1」が開始日、「パラメーター 2」が終了日のパラメーターに該当します。

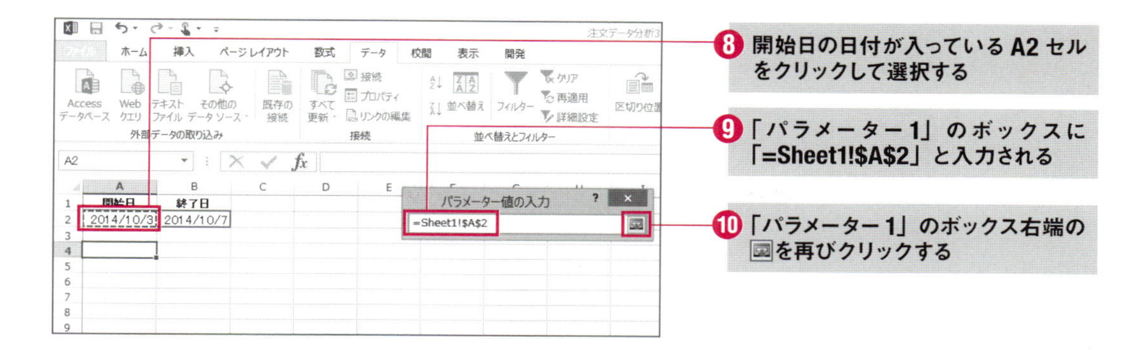

POINT パラメーターと紐付けるセルを指定

この「パラメーター値の入力」ダイアログボックスの「パラメーター1」のボックスにて、開始日のパラメーターと紐付けるセルの番地を指定します。

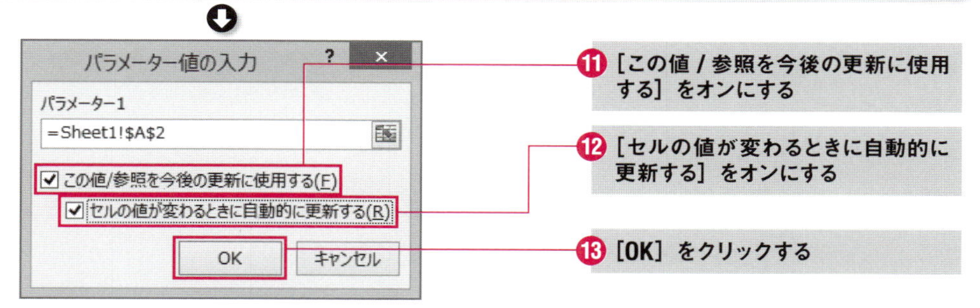

POINT パラメーターの設定項目

[この値 / 参照を今後の更新に使用する] をオンにすることで、指定した番地のセルを Microsoft Query での更新の条件に使うことを設定します。[セルの値が変わるときに自動的に更新する] をオンにすることで、パラメーターに紐付けたセルの値を変更すると、自動的に更新が行われ、Access からデータを再度取り込めるようになります。

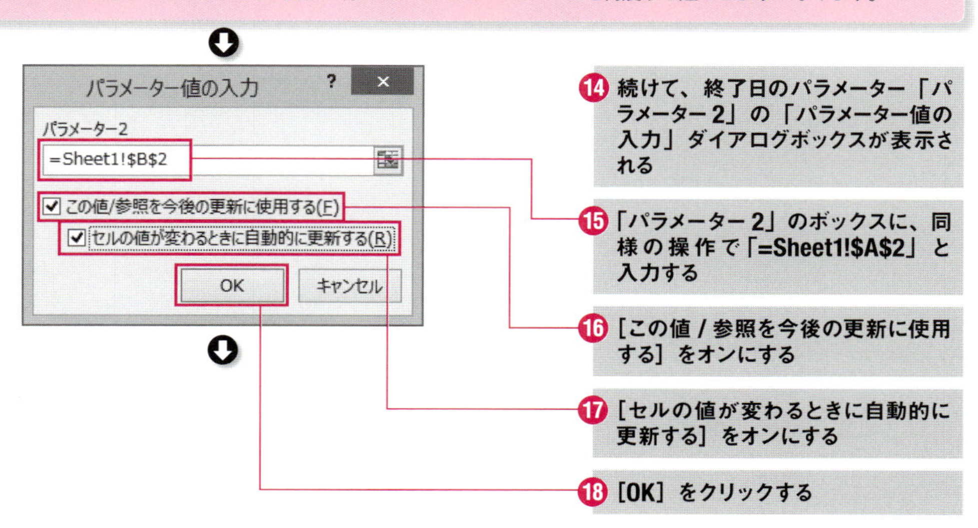

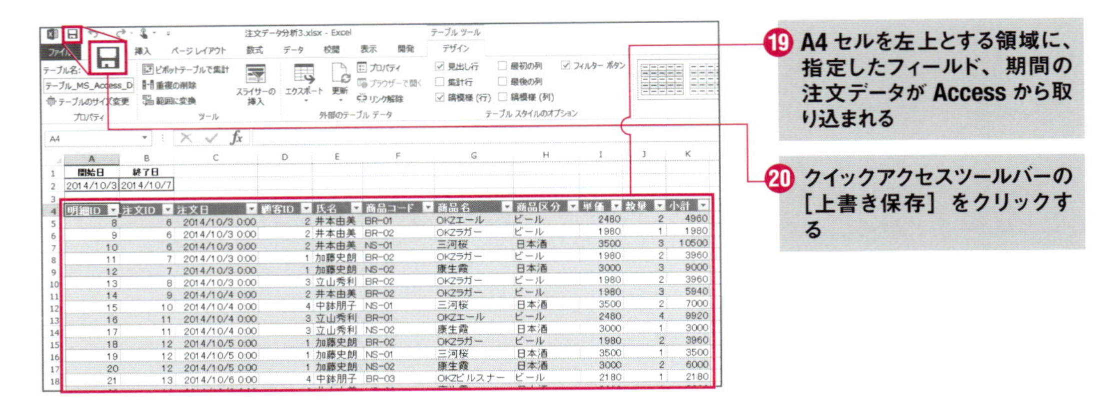

これで、パラメーターありのMicrosoft Queryを作成できました。現在、開始日のA2セルには「2014/10/3」、終了日のB2セルには「2014/10/7」と入力されており、5日ぶんの注文データが取り込まれています。

さっそくパラメーターを試してみましょう。開始日のA2セルを「2014/10/5」に変更し、[Enter]キーを押してください。

開始日	終了日
2014/10/5	2014/10/7

明細ID	注文ID	注文日	顧客ID	氏名	商品コード	商品名	商品区分	単価	数量	小計
8	6	2014/10/3 0:00	2	井本由美	BR-01	OKZエール	ビール	2480	2	4960
9	6	2014/10/3 0:00	2	井本由美	BR-02	OKZラガー	ビール	1980	1	1980
10	6	2014/10/3 0:00	2	井本由美	NS-01	三河桜	日本酒	3500	3	10500
11	7	2014/10/3 0:00	1	加藤史朗	BR-02	OKZラガー	ビール	1980	2	3960
12	7	2014/10/3 0:00	1	加藤史朗	NS-02	康生霞	日本酒	3000	3	9000
13	8	2014/10/3 0:00	3	立山秀利	BR-02	OKZラガー	ビール	1980	2	3960
14	9	2014/10/4 0:00	2	井本由美	BR-02	OKZラガー	ビール	1980	3	5940
15	10	2014/10/4 0:00	4	中鉢朋子	NS-01	三河桜	日本酒	3500	2	7000
16	11	2014/10/4 0:00	3	立山秀利	BR-01	OKZエール	ビール	2480	4	9920
17	11	2014/10/4 0:00	3	立山秀利	NS-02	康生霞	日本酒	3000	1	3000
18	12	2014/10/5 0:00	1	加藤史朗	BR-02	OKZラガー	ビール	1980	2	3960
19	12	2014/10/5 0:00	1	加藤史朗	NS-01	三河桜	日本酒	3500	1	3500
20	12	2014/10/5 0:00	1	加藤史朗	NS-02	康生霞	日本酒	3000	2	6000
21	13	2014/10/6 0:00	4	中鉢朋子	BR-03	OKZピルスナー	ビール	2180	1	2180
22	14	2014/10/6 0:00	2	井本由美	NS-02	康生霞	日本酒	3000	1	3000
23	15	2014/10/6 0:00	5	鈴木義和	BR-01	OKZエール	ビール	2480	1	2480
24	15	2014/10/6 0:00	5	鈴木義和	BR-03	OKZピルスナー	ビール	2180	2	4360
25	16	2014/10/7 0:00	3	立山秀利	BR-03	OKZピルスナー	ビール	2180	2	4360
26	16	2014/10/7 0:00	3	立山秀利	NS-01	三河桜	日本酒	3500	1	3500
27	17	2014/10/7 0:00	4	中鉢朋子	BR-02	OKZラガー	ビール	1980	1	1980

すると、2014/10/5から2014/10/7までの3日間の注文データが再度取り込まれます。

開始日	終了日
2014/10/5	2014/10/7

明細ID	注文ID	注文日	顧客ID	氏名	商品コード	商品名	商品区分	単価	数量	小計
18	12	2014/10/5 0:00	1	加藤史朗	BR-02	OKZラガー	ビール	1980	2	3960
19	12	2014/10/5 0:00	1	加藤史朗	NS-01	三河桜	日本酒	3500	1	3500
20	12	2014/10/5 0:00	1	加藤史朗	NS-02	康生霞	日本酒	3000	2	6000
21	13	2014/10/6 0:00	4	中鉢朋子	BR-03	OKZピルスナー	ビール	2180	1	2180
22	14	2014/10/6 0:00	2	井本由美	NS-02	康生霞	日本酒	3000	1	3000
23	15	2014/10/6 0:00	5	鈴木義和	BR-01	OKZエール	ビール	2480	1	2480
24	15	2014/10/6 0:00	5	鈴木義和	BR-03	OKZピルスナー	ビール	2180	2	4360
25	16	2014/10/7 0:00	3	立山秀利	BR-03	OKZピルスナー	ビール	2180	2	4360
26	16	2014/10/7 0:00	3	立山秀利	NS-01	三河桜	日本酒	3500	1	3500
27	17	2014/10/7 0:00	4	中鉢朋子	BR-02	OKZラガー	ビール	1980	1	1980

今度は終了日のB2セルを「2014/10/8」に変更し、[Enter]キーを押してください。

	A	B	C	D	E	F	G	H	I	J	K	L	M
1	開始日	終了日											
2	2014/10/5	2014/10/8											
3													
4	明細ID	注文ID	注文日	顧客ID	氏名	商品コード	商品名	商品区分	単価	数量	小計		
5	18	12	2014/10/5 0:00	1	加藤史朗	BR-02	OKZラガー	ビール	1980	2	3960		
6	19	12	2014/10/5 0:00	1	加藤史朗	NS-01	三河桜	日本酒	3500	1	3500		
7	20	12	2014/10/5 0:00	1	加藤史朗	NS-02	康生霞	日本酒	3000	2	6000		
8	21	13	2014/10/6 0:00	4	中鉢朋子	BR-03	OKZビルスナー	ビール	2180	1	2180		
9	22	14	2014/10/6 0:00	2	井本由美	NS-02	康生霞	日本酒	3000	1	3000		
10	23	15	2014/10/6 0:00	5	鈴木義和	BR-01	OKZエール	ビール	2480	1	2480		
11	24	15	2014/10/6 0:00	5	鈴木義和	BR-03	OKZビルスナー	ビール	2180	2	4360		
12	25	16	2014/10/7 0:00	3	立山秀利	BR-03	OKZビルスナー	ビール	2180	2	4360		
13	26	16	2014/10/7 0:00	3	立山秀利	NS-01	三河桜	日本酒	3500	1	3500		
14	27	17	2014/10/7 0:00	4	中鉢朋子	BR-02	OKZラガー	ビール	1980	1	1980		
15													
16													

すると、2014/10/5から2014/10/8までの4日間の注文データが再度取り込まれます。

	A	B	C	D	E	F	G	H	I	J	K	L	M
1	開始日	終了日											
2	2014/10/5	2014/10/8											
3													
4	明細ID	注文ID	注文日	顧客ID	氏名	商品コード	商品名	商品区分	単価	数量	小計		
5	18	12	2014/10/5 0:00	1	加藤史朗	BR-02	OKZラガー	ビール	1980	2	3960		
6	19	12	2014/10/5 0:00	1	加藤史朗	NS-01	三河桜	日本酒	3500	1	3500		
7	20	12	2014/10/5 0:00	1	加藤史朗	NS-02	康生霞	日本酒	3000	2	6000		
8	21	13	2014/10/6 0:00	4	中鉢朋子	BR-03	OKZビルスナー	ビール	2180	1	2180		
9	22	14	2014/10/6 0:00	2	井本由美	NS-02	康生霞	日本酒	3000	1	3000		
10	23	15	2014/10/6 0:00	5	鈴木義和	BR-01	OKZエール	ビール	2480	1	2480		
11	24	15	2014/10/6 0:00	5	鈴木義和	BR-03	OKZビルスナー	ビール	2180	2	4360		
12	25	16	2014/10/7 0:00	3	立山秀利	BR-03	OKZビルスナー	ビール	2180	2	4360		
13	26	16	2014/10/7 0:00	3	立山秀利	NS-01	三河桜	日本酒	3500	1	3500		
14	27	17	2014/10/7 0:00	4	中鉢朋子	BR-02	OKZラガー	ビール	1980	1	1980		
15	28	18	2014/10/8 0:00	1	加藤史朗	BR-03	OKZビルスナー	ビール	2180	3	6540		
16	29	19	2014/10/8 0:00	5	鈴木義和	NS-02	康生霞	日本酒	3000	1	3000		
17	30	19	2014/10/8 0:00	5	鈴木義和	BR-03	OKZビルスナー	ビール	2180	1	2180		
18													
19													

ピボットテーブル／グラフで分析してみよう

先ほど解説した通り、Microsoft Queryのパラメーターを使うと、テーブルの形式でしかAccessからデータを取り込めません。そのため、ピボットテーブル／グラフは自分で作成する必要があります。

それでは、パラメーターありのMicrosoft Queryによって取り込んだテーブルから、ピボットテーブル／グラフを作成しましょう。今回は新規ワークシートに作成します。

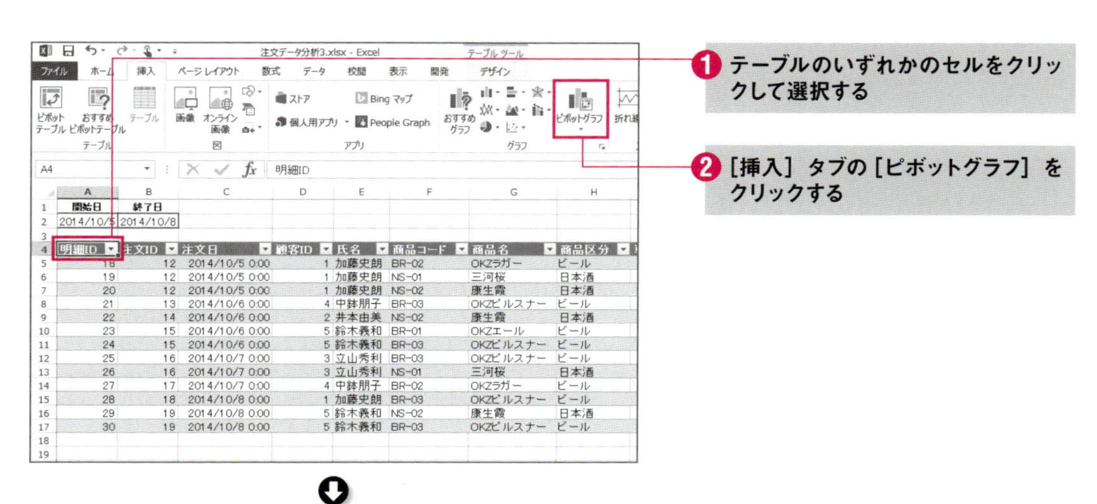

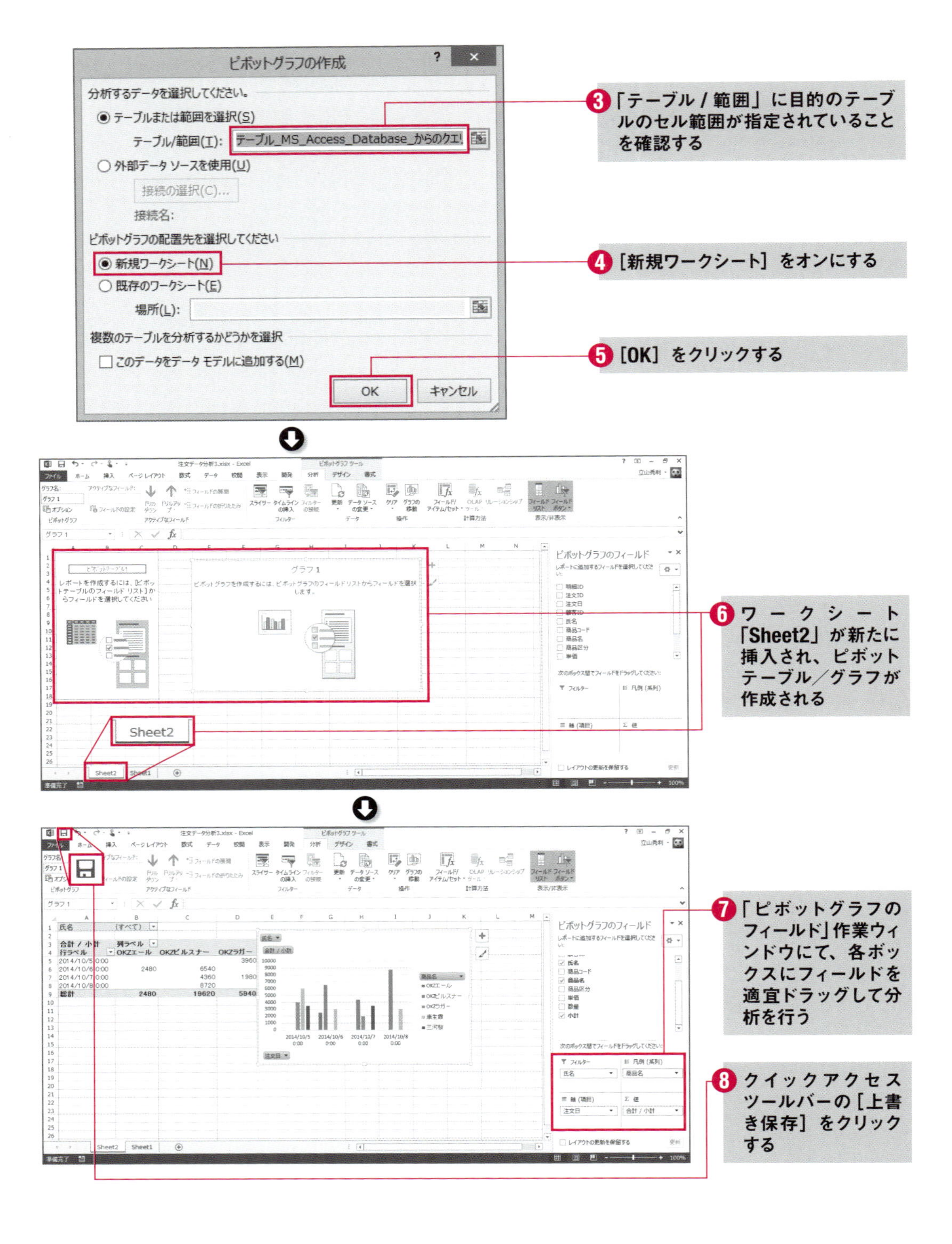
ピボットグラフの作成
分析するデータを選択してください。
テーブルまたは範囲を選択(S)
テーブル/範囲(T): テーブル_MS_Access_Database_からのクエリ
外部データ ソースを使用(U)
接続の選択(C)...
接続名:
ピボットグラフの配置先を選択してください
新規ワークシート(N)
既存のワークシート(E)
場所(L):
複数のテーブルを分析するかどうかを選択
このデータをデータ モデルに追加する(M)
OK
キャンセル
3「テーブル / 範囲」に目的のテーブルのセル範囲が指定されていることを確認する
4［新規ワークシート］をオンにする
5［OK］をクリックする
Sheet2
6ワークシート「Sheet2」が新たに挿入され、ピボットテーブル／グラフが作成される
7「ピボットグラフのフィールド」作業ウィンドウにて、各ボックスにフィールドを適宜ドラッグして分析を行う
8クイックアクセスツールバーの［上書き保存］をクリックする

再度取り込んだテーブルのデータをピボットテーブル／グラフに反映

作成したピボットテーブル／グラフは、ワークシート「Sheet1」のテーブルから作成したため、テーブルのデータが変更されれば、ピボットテーブル／グラフにも反映できます。ただし、反映させるには、[ピボットテーブルツール][デザイン]タブの[更新]をクリックして、手動で更新を行う必要があります。

では、期間を変更してテーブルのデータを再度取得した後、ピボットテーブル／グラフに反映してみましょう。期間は2014/10/2から2014/10/6までの5日間に変更します。

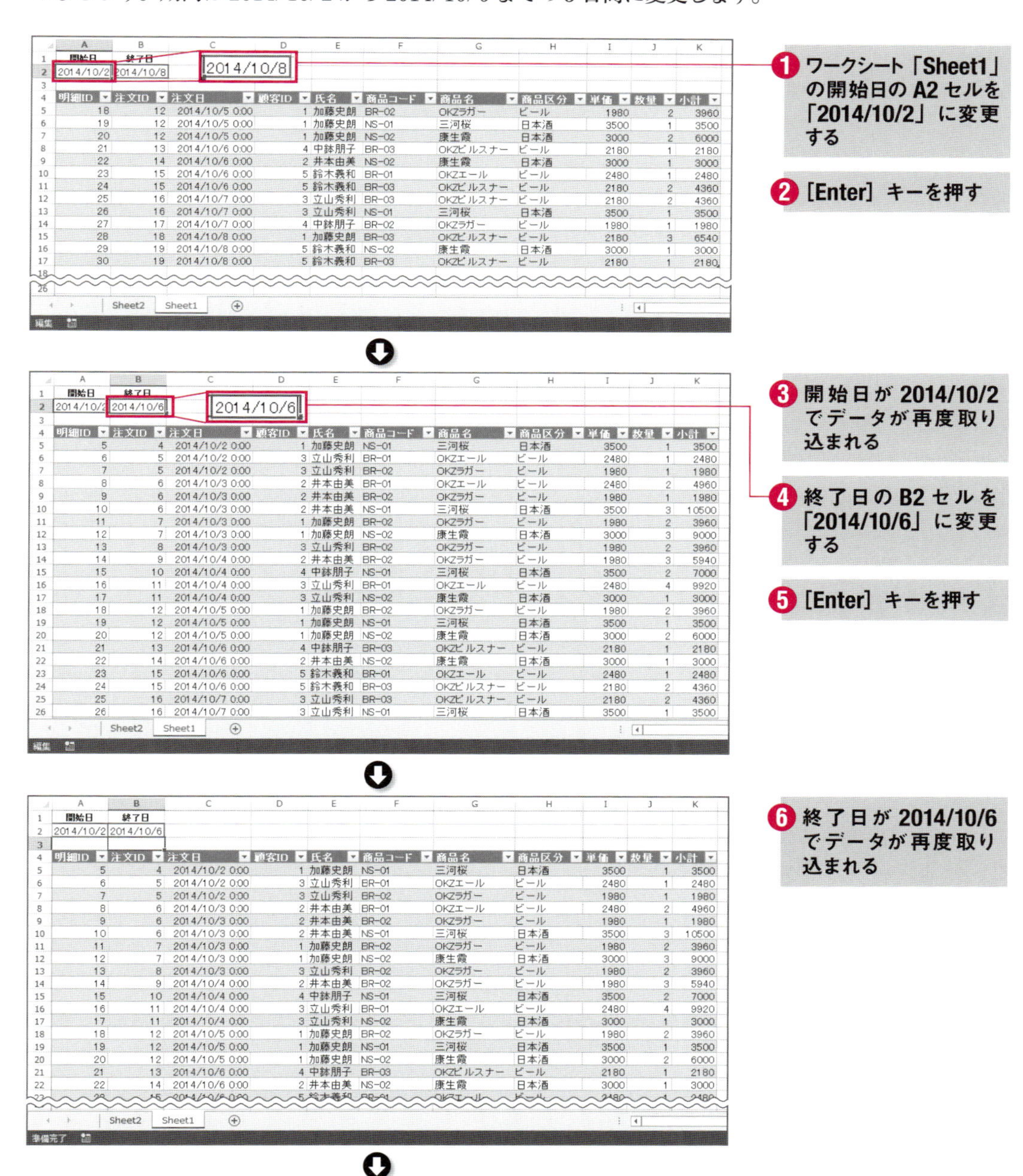

明細ID	注文ID	注文日	顧客ID	氏名	商品コード	商品名	商品区分	単価	数量	小計
18	12	2014/10/5 0:00	1	加藤史朗	BR-02	OKZラガー	ビール	1980	2	3960
19	12	2014/10/5 0:00	1	加藤史朗	NS-01	三河桜	日本酒	3500	1	3500
20	12	2014/10/5 0:00	1	加藤史朗	NS-02	康生霞	日本酒	3000	2	6000
21	13	2014/10/6 0:00	4	中鉢朋子	BR-03	OKZピルスナー	ビール	2180	1	2180
22	14	2014/10/6 0:00	2	井本由美	NS-02	康生霞	日本酒	3000	1	3000
23	15	2014/10/6 0:00	5	鈴木義和	BR-01	OKZエール	ビール	2480	1	2480
24	15	2014/10/6 0:00	5	鈴木義和	BR-03	OKZピルスナー	ビール	2180	2	4360
25	16	2014/10/7 0:00	3	立山秀利	BR-03	OKZピルスナー	ビール	2180	2	4360
26	16	2014/10/7 0:00	3	立山秀利	NS-01	三河桜	日本酒	3500	1	3500
27	17	2014/10/7 0:00	4	中鉢朋子	BR-02	OKZラガー	ビール	1980	1	1980
28	18	2014/10/8 0:00	1	加藤史朗	BR-03	OKZピルスナー	ビール	2180	3	6540
29	19	2014/10/8 0:00	5	鈴木義和	NS-02	康生霞	日本酒	3000	1	3000
30	19	2014/10/8 0:00	5	鈴木義和	BR-03	OKZピルスナー	ビール	2180	1	2180

明細ID	注文ID	注文日	顧客ID	氏名	商品コード	商品名	商品区分	単価	数量	小計
5	4	2014/10/2 0:00	1	加藤史朗	NS-01	三河桜	日本酒	3500	1	3500
6	5	2014/10/2 0:00	3	立山秀利	BR-01	OKZエール	ビール	2480	1	2480
7	5	2014/10/2 0:00	3	立山秀利	BR-02	OKZラガー	ビール	1980	1	1980
8	6	2014/10/3 0:00	2	井本由美	BR-01	OKZエール	ビール	2480	2	4960
9	6	2014/10/3 0:00	2	井本由美	BR-02	OKZラガー	ビール	1980	1	1980
10	6	2014/10/3 0:00	2	井本由美	NS-01	三河桜	日本酒	3500	3	10500
11	7	2014/10/3 0:00	1	加藤史朗	BR-02	OKZラガー	ビール	1980	2	3960
12	7	2014/10/3 0:00	1	加藤史朗	NS-02	康生霞	日本酒	3000	3	9000
13	8	2014/10/3 0:00	3	立山秀利	BR-02	OKZラガー	ビール	1980	2	3960
14	9	2014/10/4 0:00	2	井本由美	BR-02	OKZラガー	ビール	1980	3	5940
15	10	2014/10/4 0:00	4	中鉢朋子	NS-01	三河桜	日本酒	3500	2	7000
16	11	2014/10/4 0:00	3	立山秀利	BR-01	OKZエール	ビール	2480	4	9920
17	11	2014/10/4 0:00	3	立山秀利	NS-02	康生霞	日本酒	3000	1	3000
18	12	2014/10/5 0:00	1	加藤史朗	BR-02	OKZラガー	ビール	1980	2	3960
19	12	2014/10/5 0:00	1	加藤史朗	NS-01	三河桜	日本酒	3500	1	3500
20	12	2014/10/5 0:00	1	加藤史朗	NS-02	康生霞	日本酒	3000	2	6000
21	13	2014/10/6 0:00	4	中鉢朋子	BR-03	OKZピルスナー	ビール	2180	1	2180
22	14	2014/10/6 0:00	2	井本由美	NS-02	康生霞	日本酒	3000	1	3000
23	15	2014/10/6 0:00	5	鈴木義和	BR-01	OKZエール	ビール	2480	1	2480
24	15	2014/10/6 0:00	5	鈴木義和	BR-03	OKZピルスナー	ビール	2180	2	4360
25	16	2014/10/7 0:00	3	立山秀利	BR-03	OKZピルスナー	ビール	2180	2	4360
26	16	2014/10/7 0:00	3	立山秀利	NS-01	三河桜	日本酒	3500	1	3500

明細ID	注文ID	注文日	顧客ID	氏名	商品コード	商品名	商品区分	単価	数量	小計
5	4	2014/10/2 0:00	1	加藤史朗	NS-01	三河桜	日本酒	3500	1	3500
6	5	2014/10/2 0:00	3	立山秀利	BR-01	OKZエール	ビール	2480	1	2480
7	5	2014/10/2 0:00	3	立山秀利	BR-02	OKZラガー	ビール	1980	1	1980
8	6	2014/10/3 0:00	2	井本由美	BR-01	OKZエール	ビール	2480	2	4960
9	6	2014/10/3 0:00	2	井本由美	BR-02	OKZラガー	ビール	1980	1	1980
10	6	2014/10/3 0:00	2	井本由美	NS-01	三河桜	日本酒	3500	3	10500
11	7	2014/10/3 0:00	1	加藤史朗	BR-02	OKZラガー	ビール	1980	2	3960
12	7	2014/10/3 0:00	1	加藤史朗	NS-02	康生霞	日本酒	3000	3	9000
13	8	2014/10/3 0:00	3	立山秀利	BR-02	OKZラガー	ビール	1980	2	3960
14	9	2014/10/4 0:00	2	井本由美	BR-02	OKZラガー	ビール	1980	3	5940
15	10	2014/10/4 0:00	4	中鉢朋子	NS-01	三河桜	日本酒	3500	2	7000
16	11	2014/10/4 0:00	3	立山秀利	BR-01	OKZエール	ビール	2480	4	9920
17	11	2014/10/4 0:00	3	立山秀利	NS-02	康生霞	日本酒	3000	1	3000
18	12	2014/10/5 0:00	1	加藤史朗	BR-02	OKZラガー	ビール	1980	2	3960
19	12	2014/10/5 0:00	1	加藤史朗	NS-01	三河桜	日本酒	3500	1	3500
20	12	2014/10/5 0:00	1	加藤史朗	NS-02	康生霞	日本酒	3000	2	6000
21	13	2014/10/6 0:00	4	中鉢朋子	BR-03	OKZピルスナー	ビール	2180	1	2180
22	14	2014/10/6 0:00	2	井本由美	NS-02	康生霞	日本酒	3000	1	3000

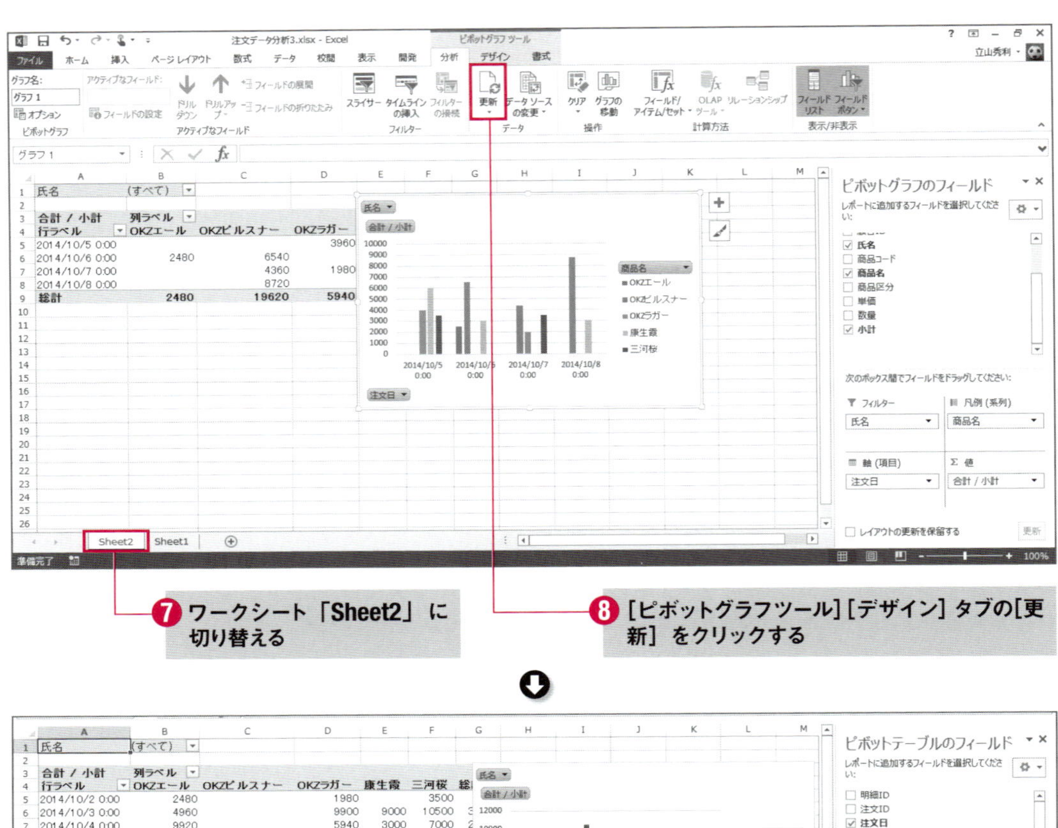

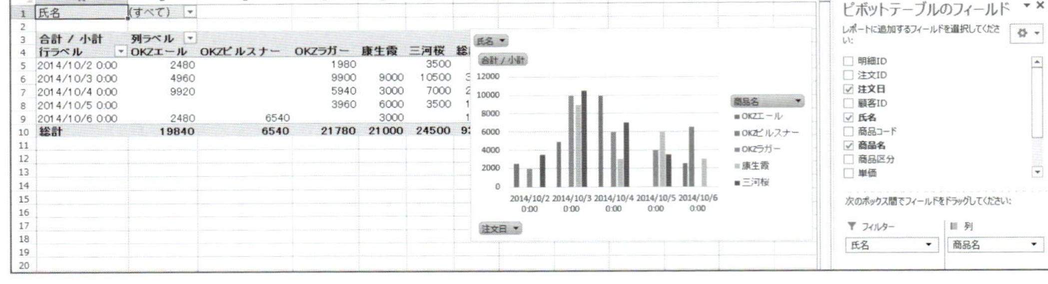

9 ピボットテーブル/グラフが更新され、テーブルのデータが反映された

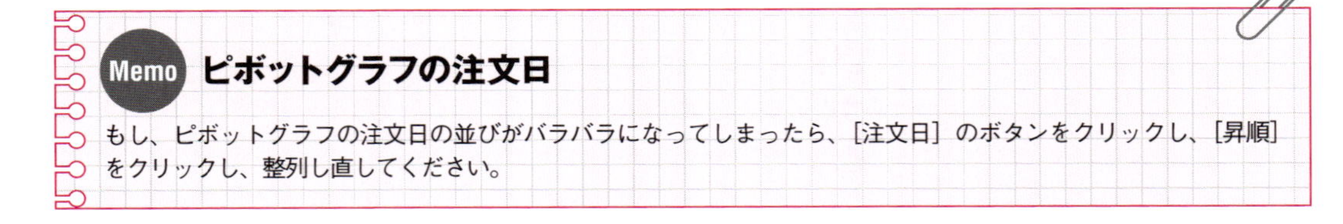

Memo ピボットグラフの注文日

もし、ピボットグラフの注文日の並びがバラバラになってしまったら、[注文日]のボタンをクリックし、[昇順]をクリックし、整列し直してください。

このようにパラメーターありのMicrosoft QueryによってAccessデータベースからExcelに取り込んだテーブルがあり、それからピボットテーブル/グラフを作成した場合、テーブルのデータを再度取り込むたびに、ピボットテーブル/グラフを更新する必要があります。いちいち手動で更新していては手間なので、次章でマクロによって更新を自動化します。

06 Accessのデータを取り込んで、Excelで納品書を作成しよう

本節では、Microsoft Queryを利用して、指定した注文IDの注文データをAccessから取り込んで、Excelで納品書を作成・印刷する機能を作成します。

本節で作成したいExcelの機能の紹介

本節では、Accessデータベースファイル「注文管理.accdb」から注文データをExcelに取り込み、Excel上で納品書を作成する機能を作成します。選択クエリ「Q_注文データ」から、指定した注文IDの注文データをExcelに取り込み、納品書を作成します。

これまで納品書はAccessのレポート機能を用いて作成していました。本節では、1章02で紹介したExcelとAccessの連携パターンの「③ Accessのデータを使いExcelで帳票を作成」の具体例として、納品書をExcelで作成します。納品書を使い慣れたExcelで作成・印刷したかったり、Accessのレポート機能ではできないようなレイアウトやデザインの納品書を作りたかったりするなどの場合に、本節のようなAccessのデータをExcelに取り込んで活用するパターンが役に立つでしょう。

最初に作成の準備を行うとともに、具体的にどのような機能を作成するのか紹介します。

まずは作成の準備です。Excelブックは、本書ダウンロードデータに含まれる「納品書発行.xlsx」を使います。「注文管理」フォルダーにコピーしてください。

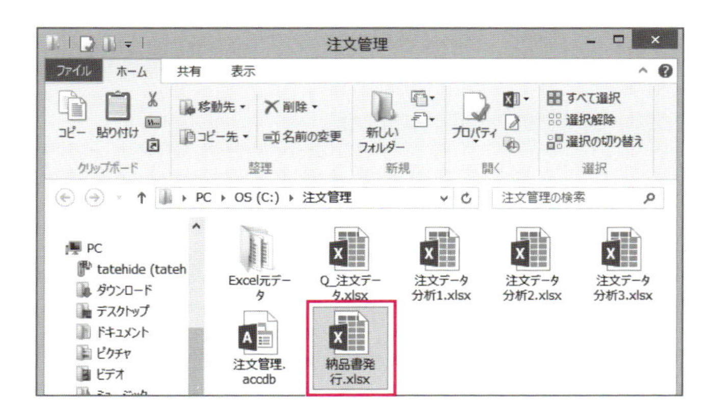

では、「納品書発行.xlsx」の中身の解説とあわせて、作成する機能を紹介します。「納品書発行.xlsx」には、ワークシートは「データ」と「作成」の2つがあります。

ワークシート「データ」は次の通りです。A2セルに目的の注文IDを入力します。該当する注文データをAccessデータベースファイル「注文管理.accdb」の選択クエリ「Q_注文データ」から取得し、A4セルを左上とする領域に取り込みます。

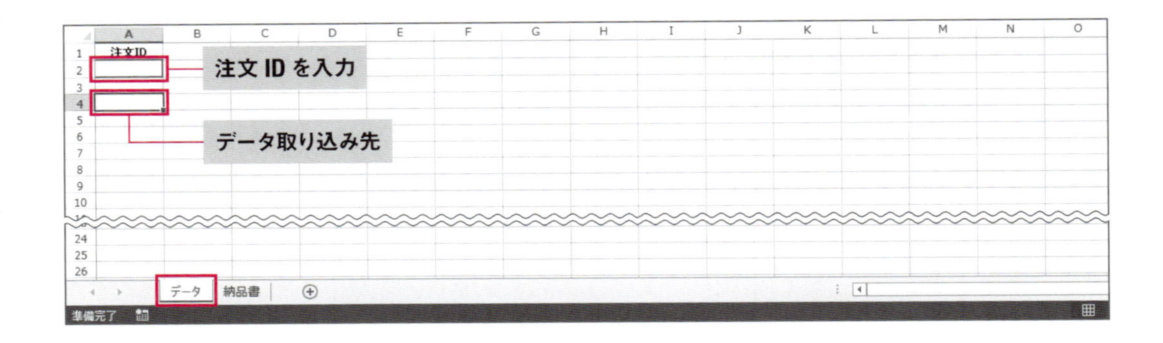

ワークシート「納品書」は、あらかじめ用意しておく納品書の雛形になります。各セルに入力する注文データは次の通りです。

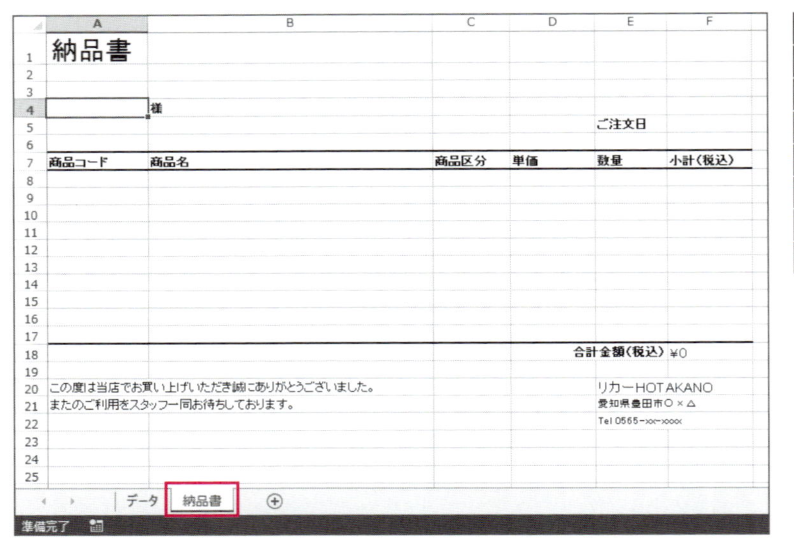

セル	内容
A4 セル	氏名
F5 セル	注文日
A8 ～ A17 セル	商品コード
B8 ～ B17 セル	商品名
C8 ～ C17 セル	商品区分
D8 ～ D17 セル	単価
E8 ～ E17 セル	数量
F8 ～ F17 セル	小計

A8 ～ F17 セルには、商品コードから小計までの明細データを格納します。今回、明細データの件数は最大 10 件までとします。

合計金額を表示するセル F18 には、合計を求める数式「=SUM(F8:F17)」をあらかじめ入力してあります。あわせて、印刷範囲を A1 ～ F22 セルに設定してあります。

なお、納品書のレイアウトやデザインは今回、3 章 01 で紹介した統合前の Excel ブックと同じにしています。Excel でしかできないレイアウトやデザインではありませんが、機能や解説などのわかりやすさを優先し、このような体裁にしました。

納品書の作成は、まずは Access データベースファイル「注文管理.accdb」の選択クエリ「Q_注文データ」から、ワークシート「データ」の A2 セルに指定した注文 ID の注文データを、A4 セルを左上とする領域に取り込みます。取り込みには前節と同じく、パラメーターありの Microsoft Query を使います。

そのような手段でワークシート「データ」に取り込んだ目的の注文データを、ワークシート「納品書」の該当するセルから参照するかたちでそれぞれ入力して納品書を作成します。

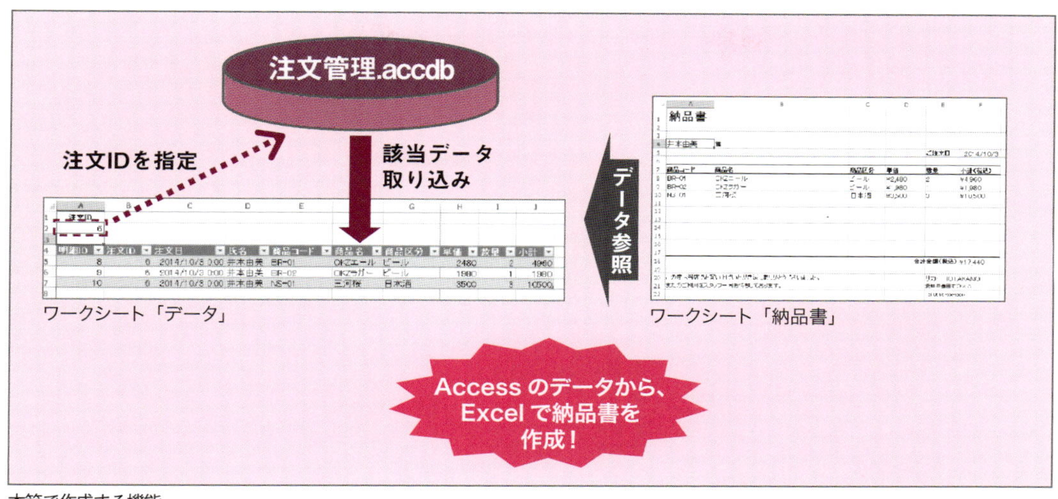

本節で作成する機能

なぜ注文データをワークシート「データ」に取り込むかというと、Microsoft Query は連続したセル範囲にしか取り込めないからです。ワークシート「納品書」にて、データを入力したいセルは、顧客の氏名なら A4 セル、注文日なら F5 セルなどと、連続したセル範囲ではありません。そのため、Access から Microsoft Query で直接取り込むのは不可能であり、いったんワークシート「データ」に取り込み、ワークシート「納品書」の各セルから参照するかたちで入力しているのです。

ワークシート「データ」に注文データを取り込む

まずは Access データベースファイル「注文管理.accdb」の選択クエリ「Q_注文データ」から、ワークシート「データ」の A2 セルに指定した注文 ID の注文データを A4 セルを左上とする領域に取り込みましょう。「注文管理」フォルダーの「納品書発行.xlsx」を開いてください。

取り込むフィールドは今回、納品書に必要なフィールド、注文 ID および並べ替えに必要な「明細 ID」のみとします。つまり、以下の 10 種類のフィールドになります。

- 明細ID
- 注文ID
- 氏名
- 注文日
- 商品コード
- 商品名
- 商品区分
- 単価
- 数量
- 小計

（除外するフィールドは顧客ID、郵便番号、住所、電話番号の4種類）

Microsoft Queryを作成

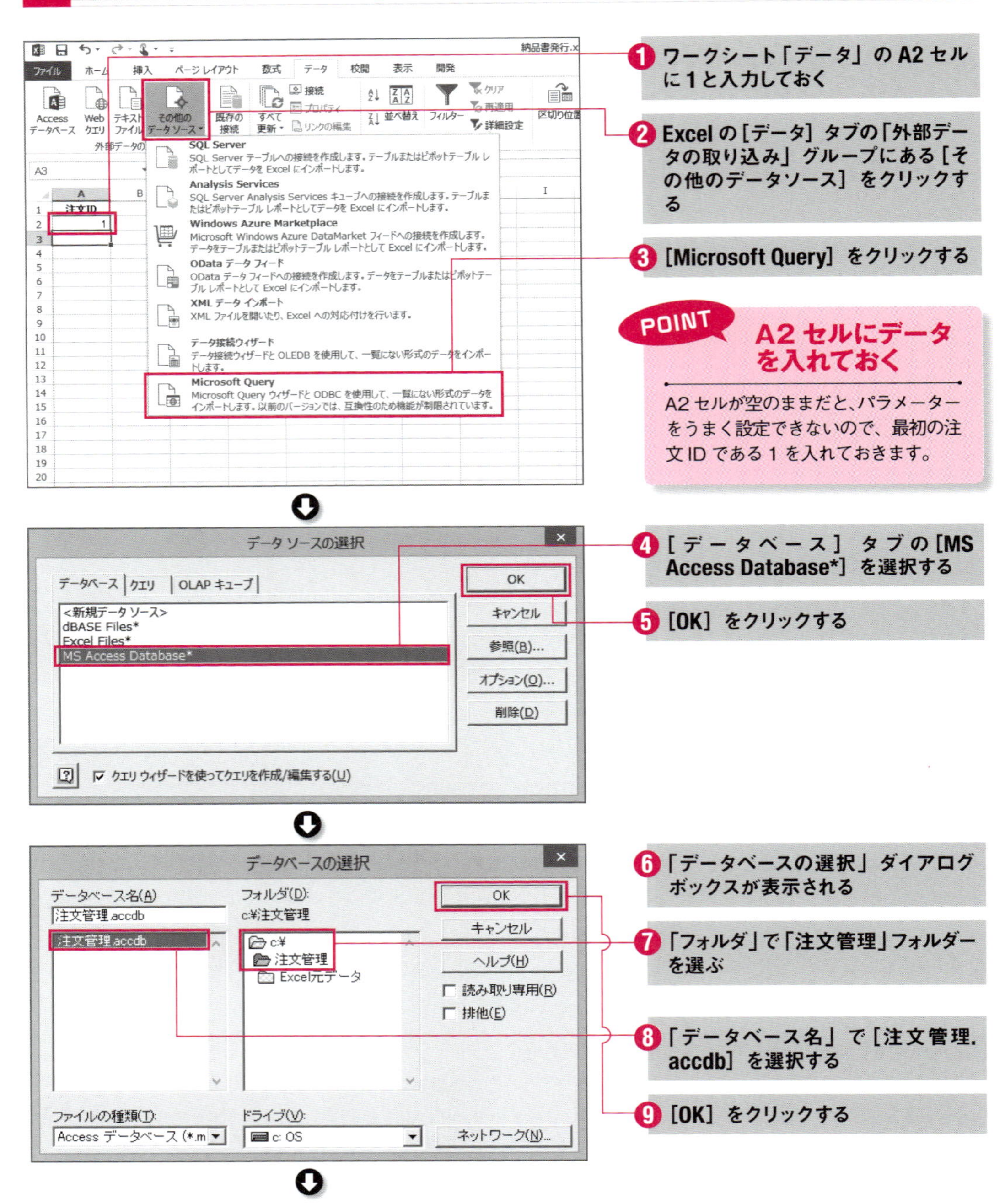

❶ ワークシート「データ」のA2セルに1と入力しておく

❷ Excelの[データ]タブの「外部データの取り込み」グループにある[その他のデータソース]をクリックする

❸ [Microsoft Query]をクリックする

POINT A2セルにデータを入れておく

A2セルが空のままだと、パラメーターをうまく設定できないので、最初の注文IDである1を入れておきます。

❹ [データベース]タブの[MS Access Database*]を選択する

❺ [OK]をクリックする

❻「データベースの選択」ダイアログボックスが表示される

❼「フォルダ」で「注文管理」フォルダーを選ぶ

❽「データベース名」で[注文管理.accdb]を選択する

❾ [OK]をクリックする

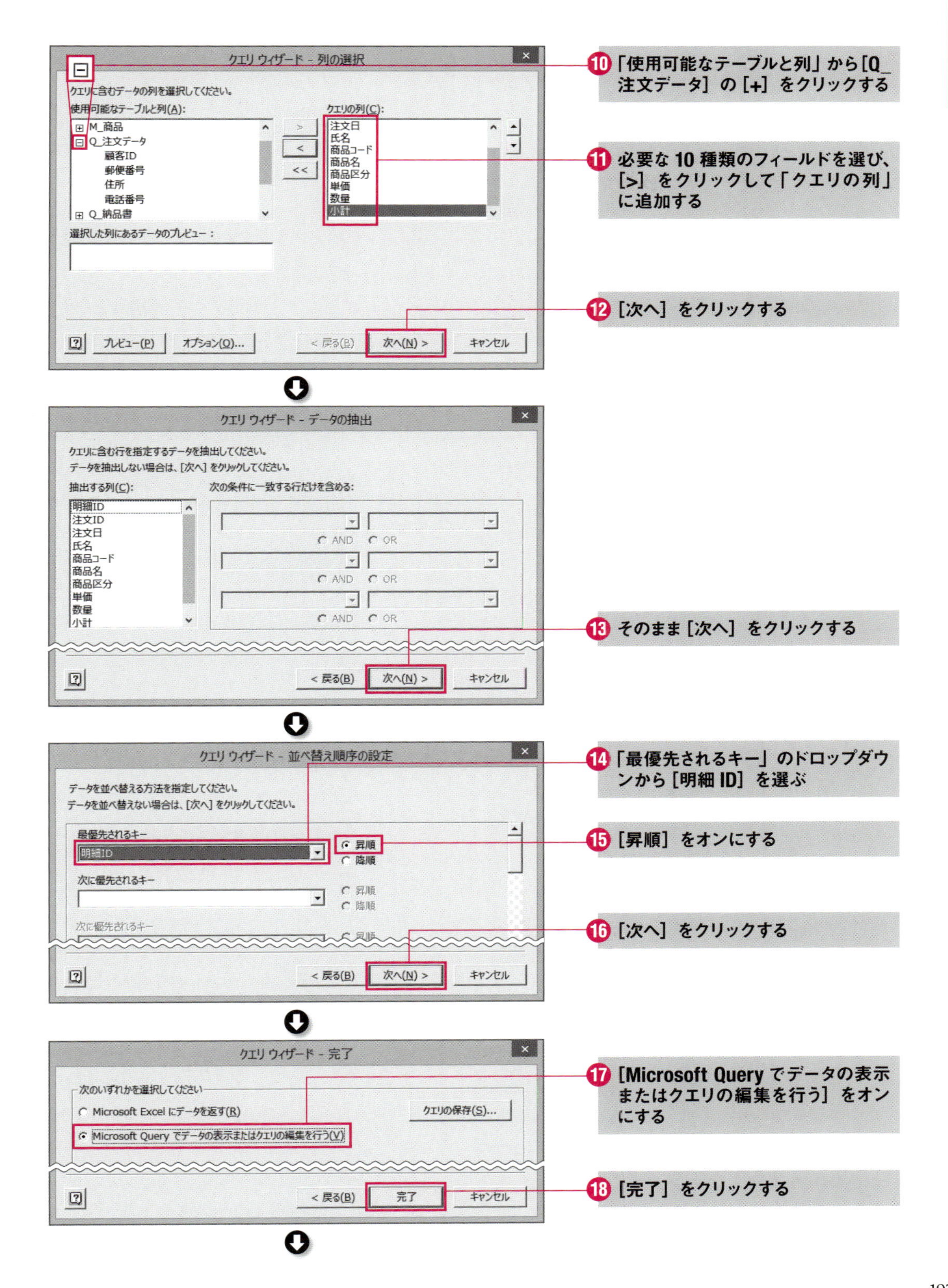
クエリ ウィザード - 列の選択
クエリに含むデータの列を選択してください。
使用可能なテーブルと列(A):
M_商品
Q_注文データ
顧客ID
郵便番号
住所
電話番号
Q_納品書
クエリの列(C):
注文日
氏名
商品コード
商品名
商品区分
単価
数量
小計
選択した列にあるデータのプレビュー：
プレビュー(P)
オプション(O)...
< 戻る(B)
次へ(N) >
キャンセル
⑩「使用可能なテーブルと列」から[Q_注文データ]の[+]をクリックする
⑪必要な10種類のフィールドを選び、[>]をクリックして「クエリの列」に追加する
⑫[次へ]をクリックする
クエリ ウィザード - データの抽出
クエリに含む行を指定するデータを抽出してください。
データを抽出しない場合は、[次へ] をクリックしてください。
抽出する列(C):
明細ID
注文ID
注文日
氏名
商品コード
商品名
商品区分
単価
数量
小計
次の条件に一致する行だけを含める:
AND
OR
< 戻る(B)
次へ(N) >
キャンセル
⑬そのまま[次へ]をクリックする
クエリ ウィザード - 並べ替え順序の設定
データを並べ替える方法を指定してください。
データを並べ替えない場合は、[次へ] をクリックしてください。
最優先されるキー
明細ID
昇順
降順
次に優先されるキー
昇順
降順
次に優先されるキー
< 戻る(B)
次へ(N) >
キャンセル
⑭「最優先されるキー」のドロップダウンから[明細ID]を選ぶ
⑮[昇順]をオンにする
⑯[次へ]をクリックする
クエリ ウィザード - 完了
次のいずれかを選択してください
Microsoft Excel にデータを返す(R)
クエリの保存(S)...
Microsoft Query でデータの表示またはクエリの編集を行う(V)
< 戻る(B)
完了
キャンセル
⑰[Microsoft Queryでデータの表示またはクエリの編集を行う]をオンにする
⑱[完了]をクリックする

Microsoft Queryの注文IDのパラメーターを設定

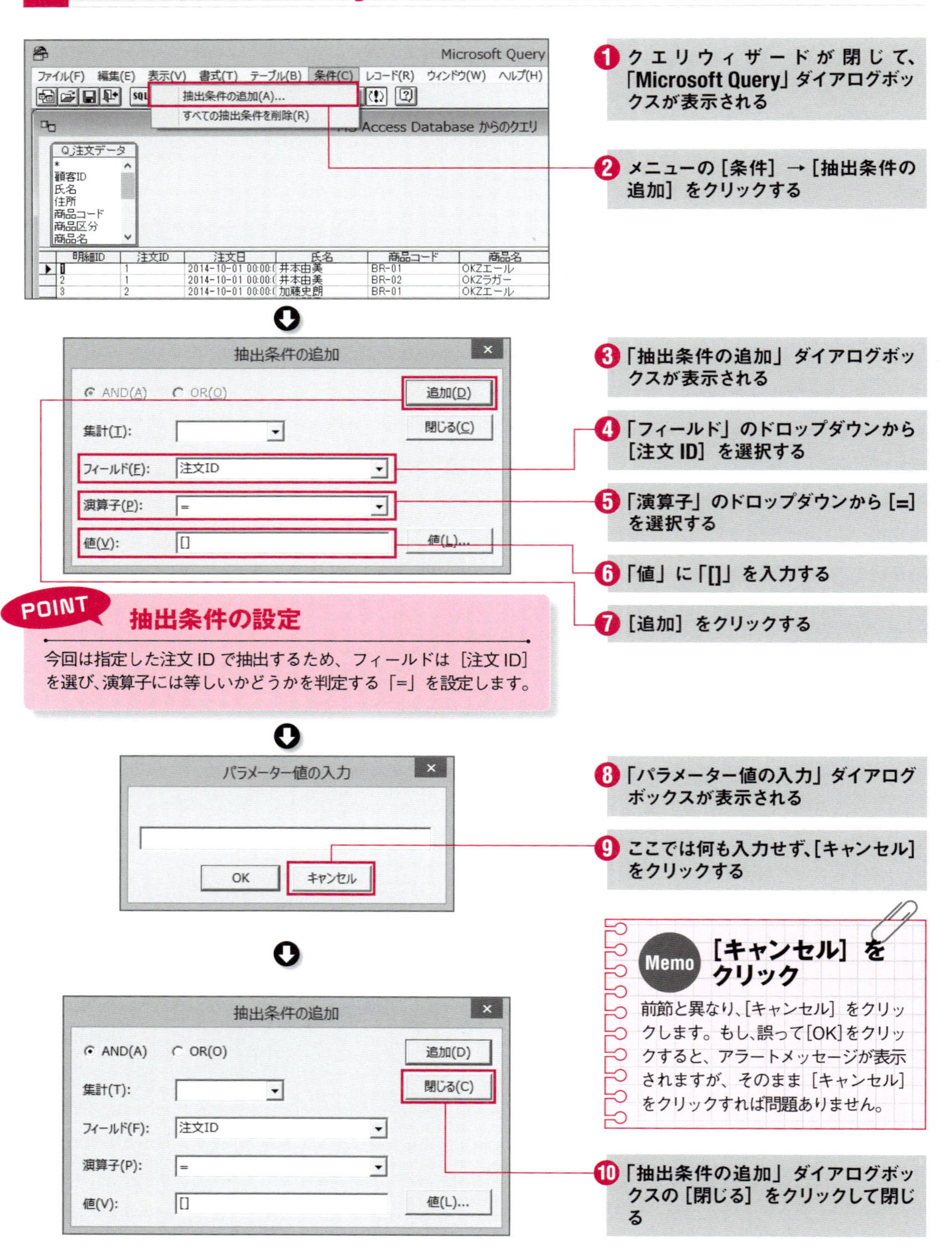

POINT 抽出条件の設定

今回は指定した注文IDで抽出するため、フィールドは［注文ID］を選び、演算子には等しいかどうかを判定する「=」を設定します。

Memo ［キャンセル］をクリック

前節と異なり、［キャンセル］をクリックします。もし、誤って［OK］をクリックすると、アラートメッセージが表示されますが、そのまま［キャンセル］をクリックすれば問題ありません。

デザイングリッドに抽出条件は表示されない

前節と異なり、「Microsoft Query」ダイアログボックスのデザイングリッドに、設定した注文IDの抽出条件が表示されませんが、問題ないのでそのまま次へ進んでください。

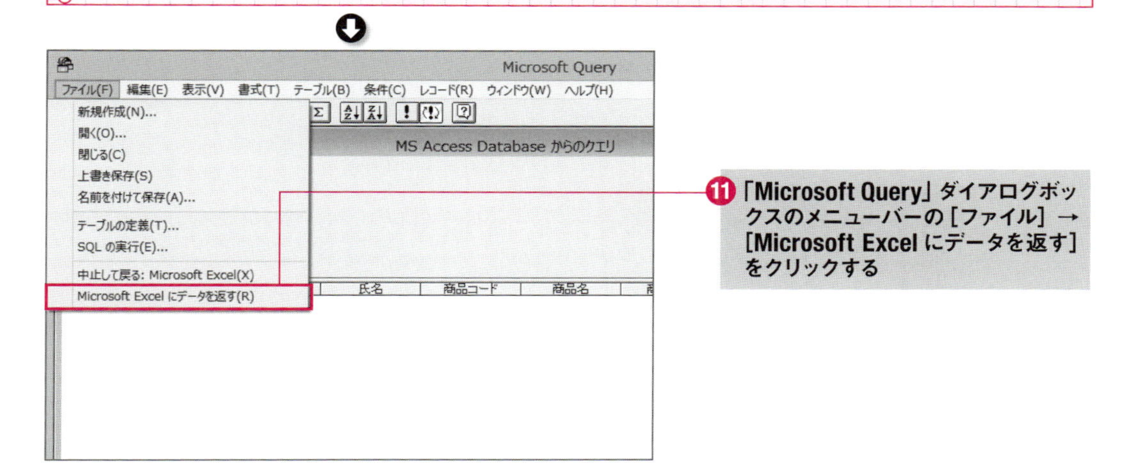

11 「Microsoft Query」ダイアログボックスのメニューバーの［ファイル］→［Microsoft Excel にデータを返す］をクリックする

データの取り込み先、およびパラメーターのセルを指定

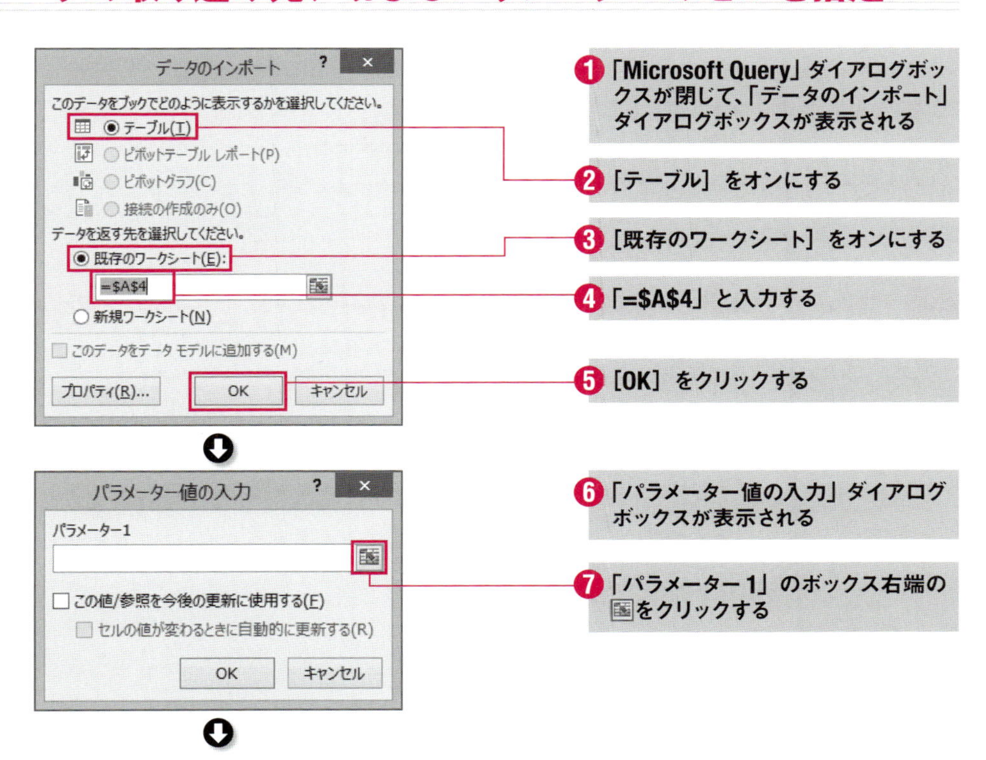

1 「Microsoft Query」ダイアログボックスが閉じて、「データのインポート」ダイアログボックスが表示される

2 ［テーブル］をオンにする

3 ［既存のワークシート］をオンにする

4 「=$A$4」と入力する

5 ［OK］をクリックする

6 「パラメーター値の入力」ダイアログボックスが表示される

7 「パラメーター1」のボックス右端の をクリックする

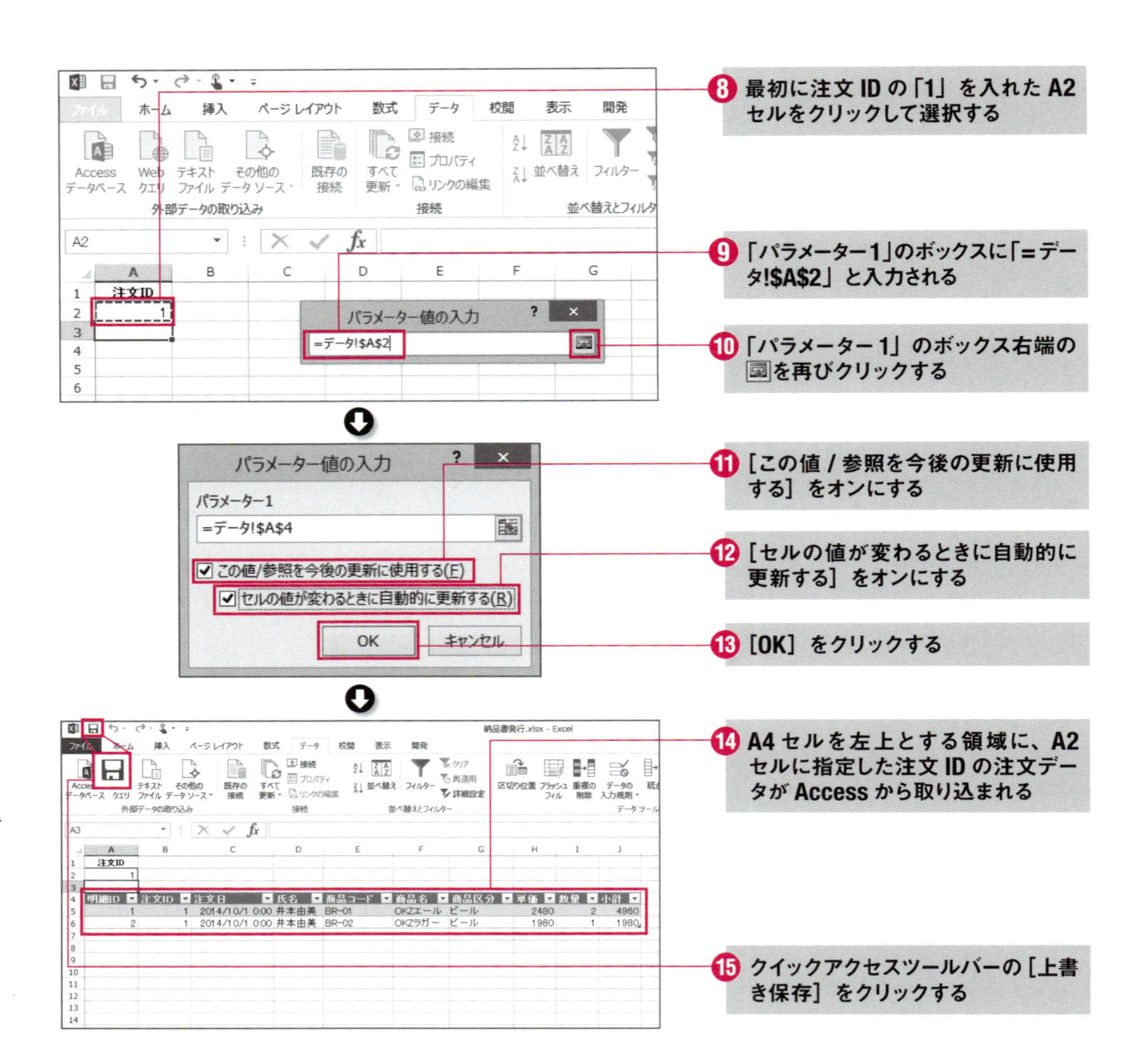

ワークシート「納品書」の各セルから注文データを参照

指定した注文 ID の注文データを Access からワークシート「データ」に取り込めたところで、次はワークシート「納品書」の各セルから注文データを参照しましょう。ワークシート「納品書」の各セルに、ワークシート「データ」の対応するセル番地を参照する式を入力します。

その式には注意が必要です。通常なら、別のワークシート上のセルを参照するには、セル番地の前に「ワークシート名!」を付ければ参照できます。たとえば、ワークシート「納品書」の1件目の商品コードであるA8セルなら、ワークシート「データ」では該当するデータはE5セルに入っているので、次の式を入力すればよさそうです。

```
=データ!E5
```

実際、そのような式を入力すると、目的の商品コードを参照して表示できます。

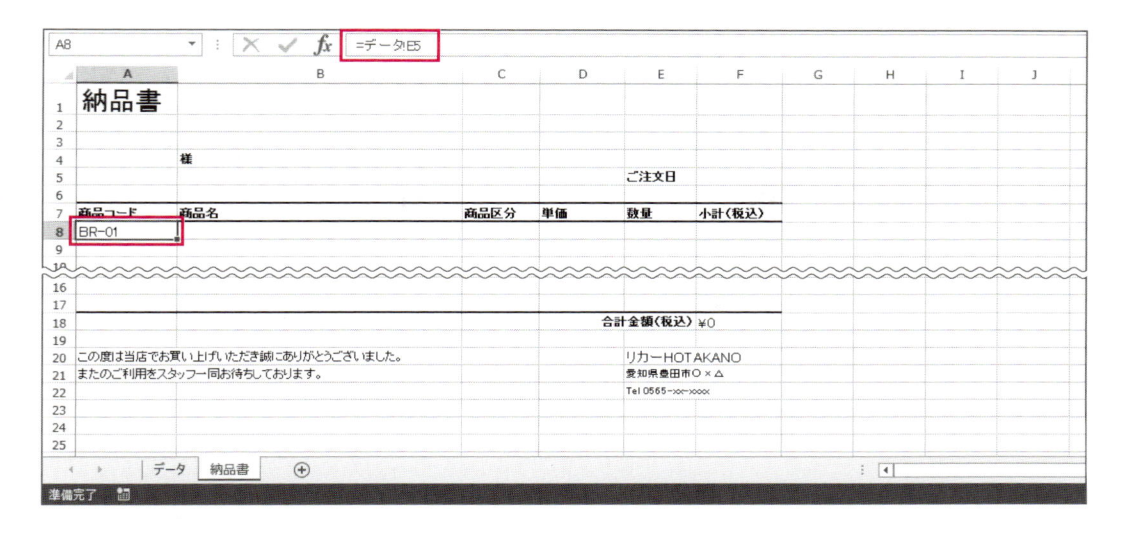

ところが、ワークシート「データ」のA2セルの値を変更して、別の注文IDの注文データを再度取り込んだ際に問題が発生します。ただし、明細の件数が異なる注文データを再度取得した場合に限ります。

たとえば、注文IDが2の注文データを再度取得したとします。この注文データは明細が1件しかありません。

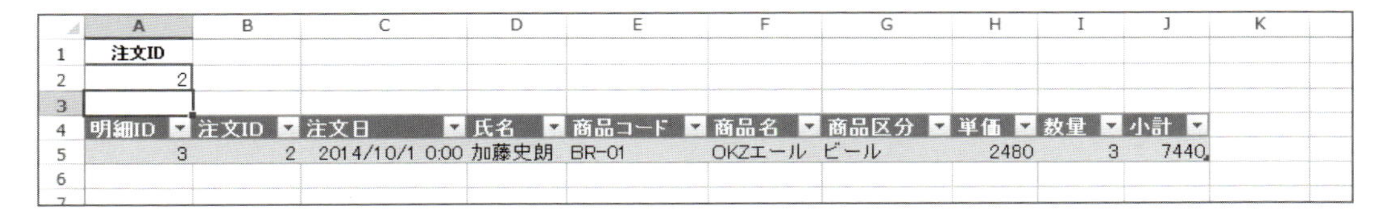

ワークシート「納品書」に切り替えると、A8セルはエラーが発生し、「#REF!」と表示されてしまいます。「#REF!」は式の中の参照先が無効になっている際に起こるエラーです。

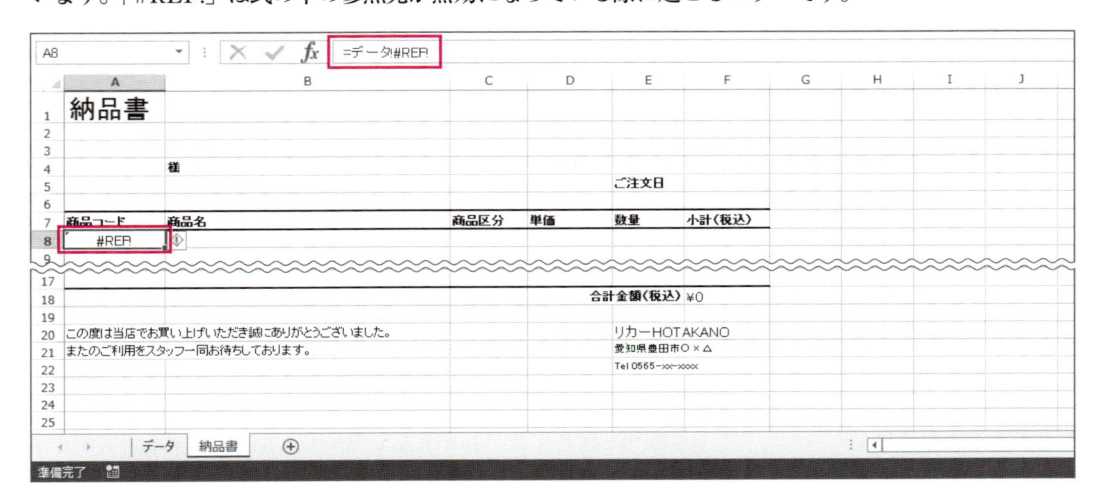

実は Microsoft Query はデータを再度取り込むと、データの件数によっては、ワークシート上で行が挿入・移動・削除されてずれてしまう関係で、参照先のセル番地が食い違ってしまいます。そのため、セル番地の前に「ワークシート名!」を付けた通常の参照では、問題が生じてしまうのです。

INDIRECT 関数でエラーを回避

そのようなエラーを回避するため、INDIRECT 関数を利用します。INDIRECT 関数は、引数に文字列として指定したセルへの参照を返す関数です。

書式 INDIRECT(参照文字列, [参照形式])

参照文字列…… 目的のセルを参照する文字列を指定

参照形式……… A1形式で参照するならTRUE、R1C1形式で参照するならFALSEを指定
省略可能であり、省略するとTRUEと見なされる

このINDIRECT関数を使うと、行の挿入・移動・削除にかかわらず、毎回同じセルを参照できるようになります。

では、ワークシート「納品書」のA8セルの式を、INDIRECT関数で書き換えましょう。あわせてA9セルにも、同様にINDIRECT関数を使った式を入力してみます。INDIRECT関数の第1引数は参照先を文字列として直接指定するので、「"」で囲って記述します。

・A8セル

```
=INDIRECT("データ!E5")
```

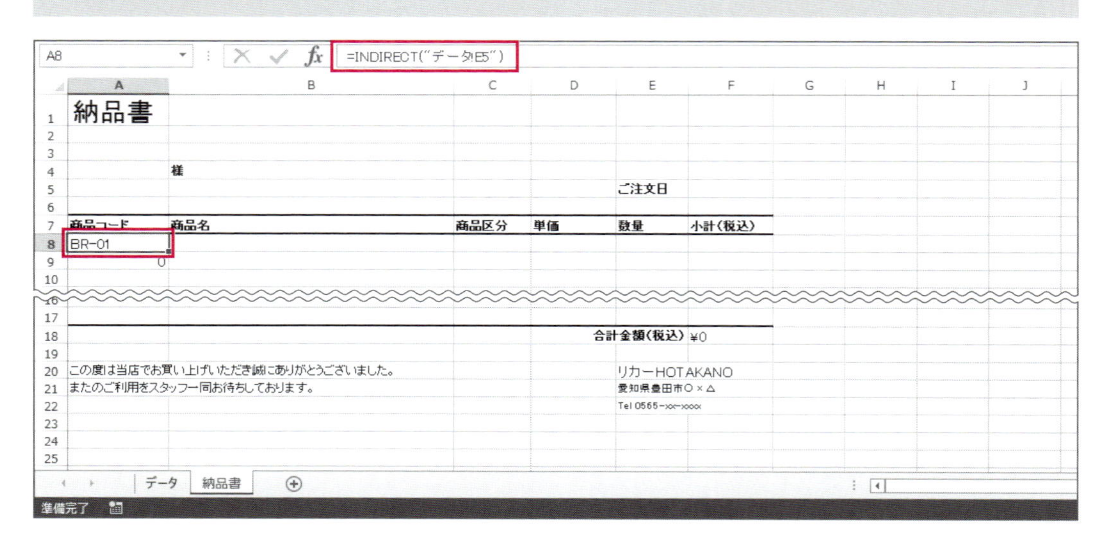

・A9セル

```
=INDIRECT("データ!E6")
```

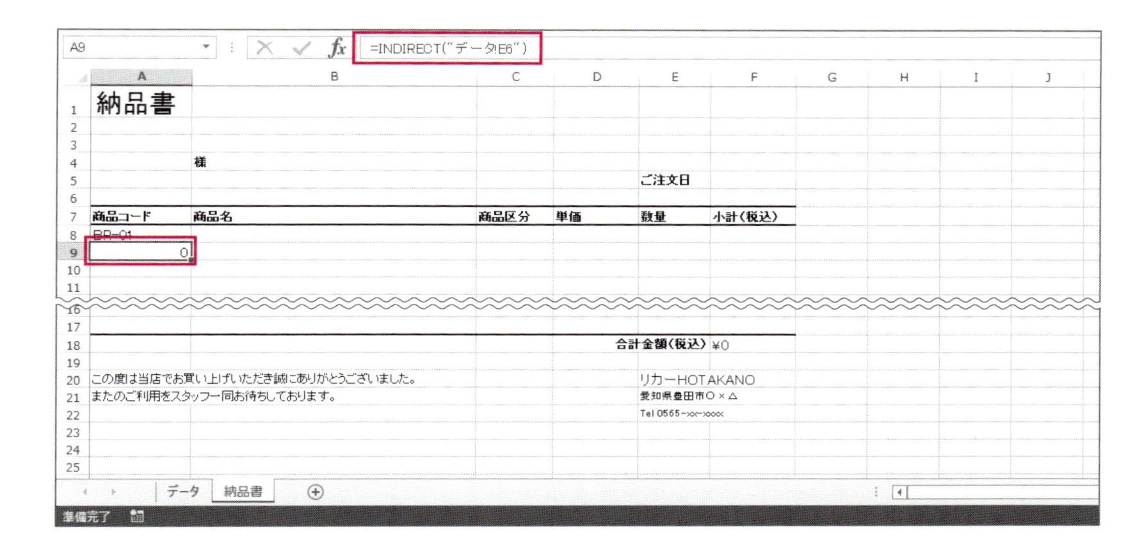

これで参照のエラーが起こらなくなります。さっそく試してみましょう。まずはワークシート「データ」のA2セルに1を入力し、明細データが2件ある注文IDが1のデータを取り込んでください。

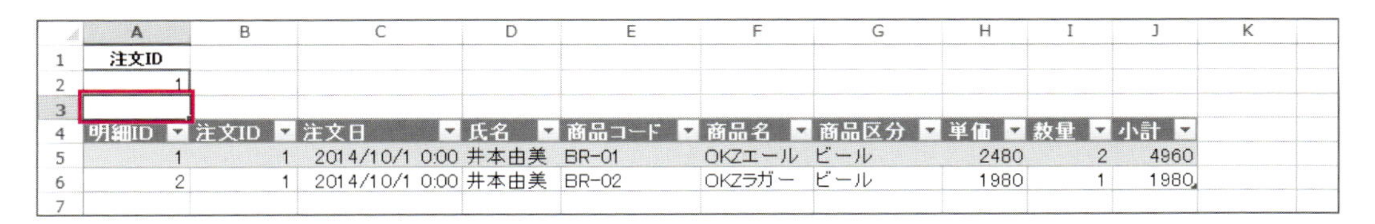

	A	B	C	D	E	F	G	H	I	J	K
1	注文ID										
2	1										
3											
4	明細ID	注文ID	注文日	氏名	商品コード	商品名	商品区分	単価	数量	小計	
5	1	1	2014/10/1 0:00	井本由美	BR-01	OKZエール	ビール	2480	2	4960	
6	2	1	2014/10/1 0:00	井本由美	BR-02	OKZラガー	ビール	1980	1	1980	
7											

この時点では、ワークシート「納品書」のA8～A9セルには、商品コードが正しく表示されています。ここまではINDIRECT関数を使う前と同じ結果です。

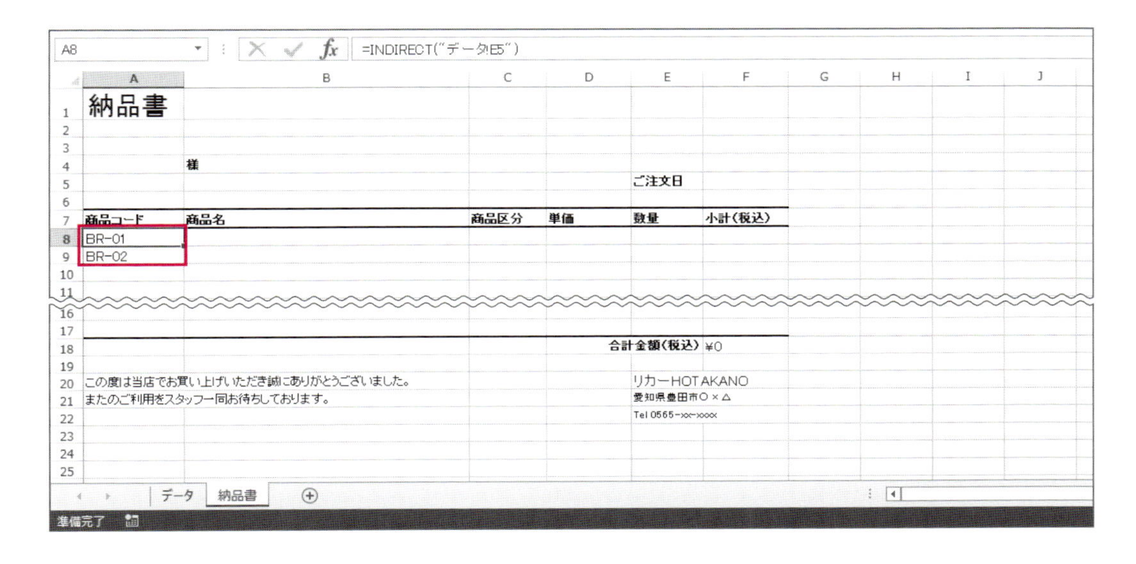

次に、ワークシート「データ」のA2セルに2を入力し、明細データが1件しかない注文IDが2のデータを取り込んでください。

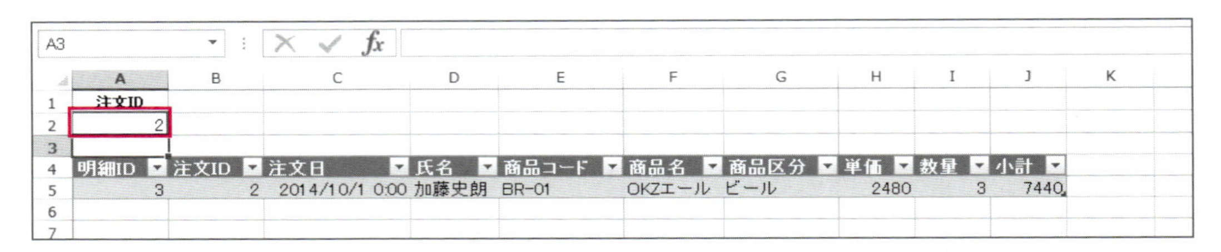

ワークシート「納品書」に切り替えると、A9セルには「#REF!」と表示されておらず、エラーの発生を回避できるようになりました。

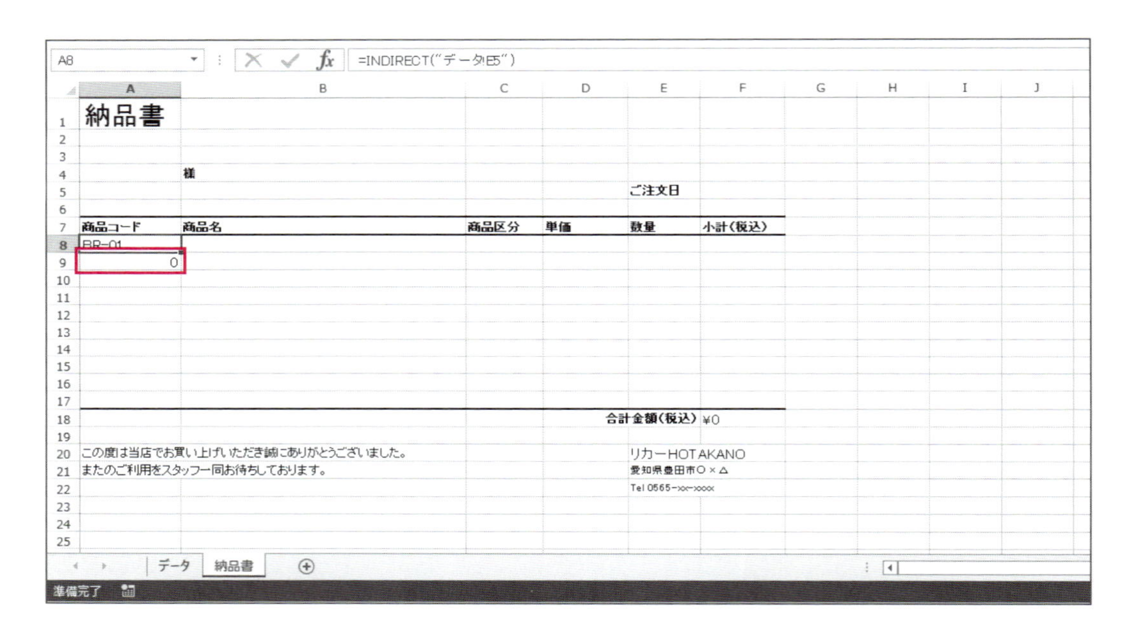

しかし、エラーは発生しなくなりましたが、0と表示されてしまいます。このままだと明細データがないセルは、すべて0と表示されてしまい、納品書を印刷して使うのに極めて不適切です。

明細データがないセルに0が表示されないようにする

続けて、ワークシート「納品書」で、明細データがないセルに0が表示されるのを解消しましょう。そのためにはIF関数を利用します。

書式 `IF(論理式, 真の場合, 偽の場合)`

論理式………… 条件を判定する論理式を指定
真の場合……… 論理式が成立する場合に表示する式
偽の場合……… 論理式が成立しない場合に表示する式

今回はこのIF関数を使い、あまりスマートではありませんが、次のような方式によって、明細データがないセルに0が表示されるのを解消します。

論理式：ワークシート「データ」の参照先のセルに明細データがない？
　➡真の場合　何も表示しない
　➡偽の場合　その明細データを表示

明細データがないかどうかは、ワークシート「データ」の目的のセルが空の文字列がどうかで判定できます。空の文字列は「""」と記述します（ダブルクォーテーションを2つ並べる）。真の場合で何も表示しないようにするには、同じく空の文字列「""」を表示するよう指定します。ワークシート「データ」のセルの参照には、先ほど学んだようにINDIRECT関数が必要です。

以上を踏まえると、ワークシート「納品書」のA8セルなら、IF関数を使って次の式を入力すればよいことになります。

```
=IF(INDIRECT("データ!E5")="","",INDIRECT("データ!E5"))
```

A9セルなら、次の式を入力すればよいことになります。

```
=IF(INDIRECT("データ!E6")="","",INDIRECT("データ!E6"))
```

両セルへ実際に上記の式をそれぞれ入力すると、明細データがないA9セルに0が表示されなくなりました。

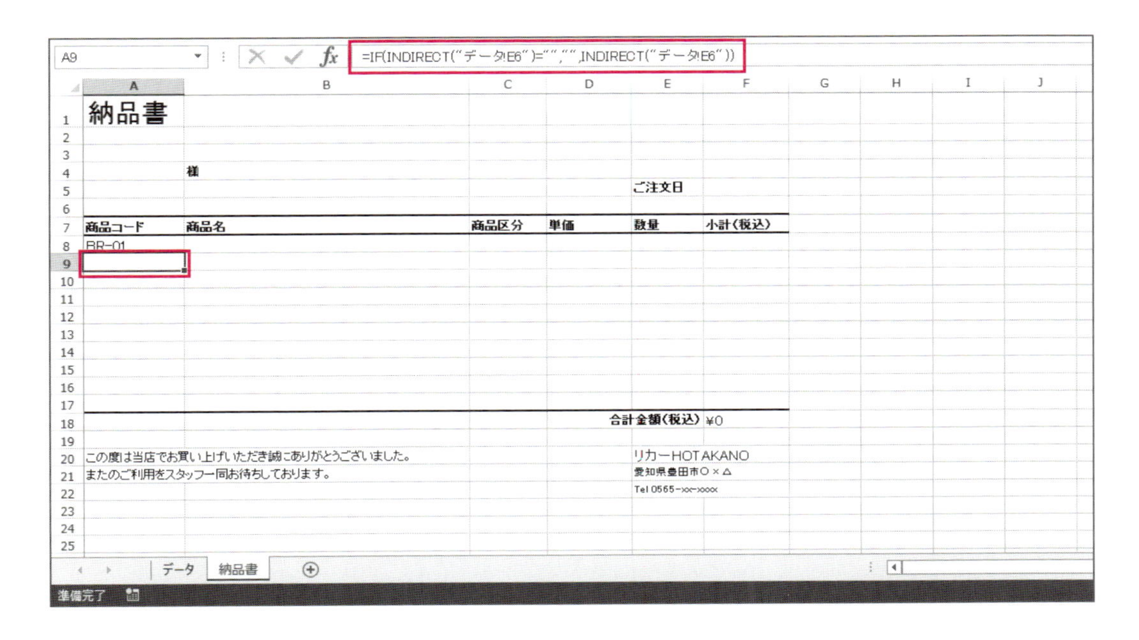

明細データのすべてのセルに参照の式を入力しよう

それでは、ワークシート「納品書」の明細データの残りのセルに、先ほど考えたINDIRECT関数とIF関数を組み合わせた式を入力しましょう。

この式は残念ながら、INDIRECT関数の引数で参照先のセルを文字列として指定している関係で、オートフィル機能で一気に入力することはできません。そこで、まずはA9セルの式をA10～A17セルに式をコピーしてから、INDIRECT関数の引数の行番号の部分をひとつずつ書き換えます。

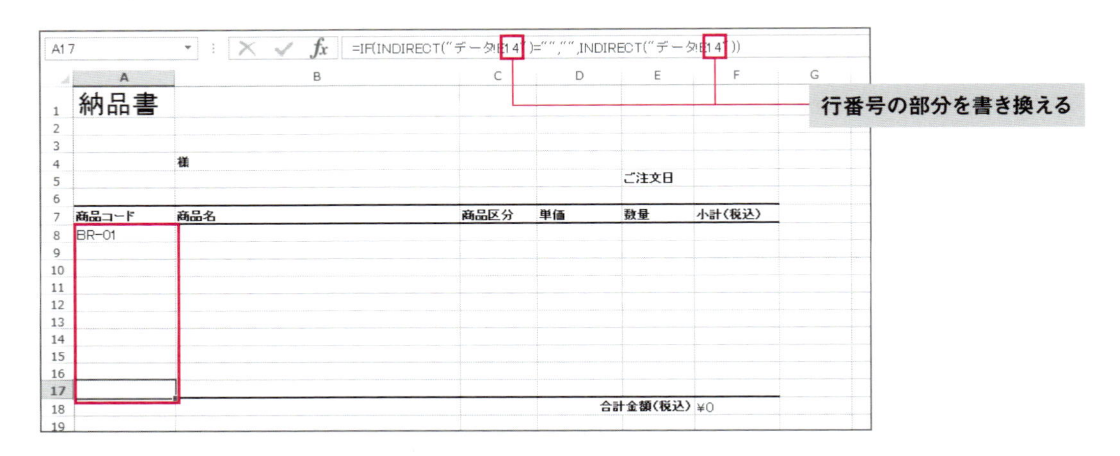

残りのB8～F17セルは、A8～A17セルの式をコピーして、列の部分をEから右表のように書き換えます。

手作業で書き換えてももちろんよいのですが、ここでは作業をより効率化するため、置換機能を利用します。

セル範囲	列
B8～B17セル	F
C8～C17セル	G
D8～D17セル	H
E8～E17セル	I
F8～F17セル	J

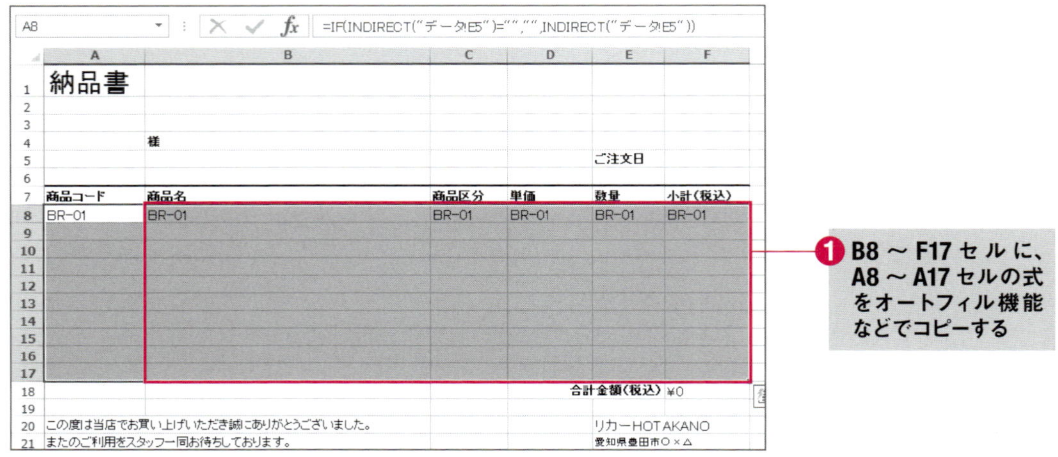

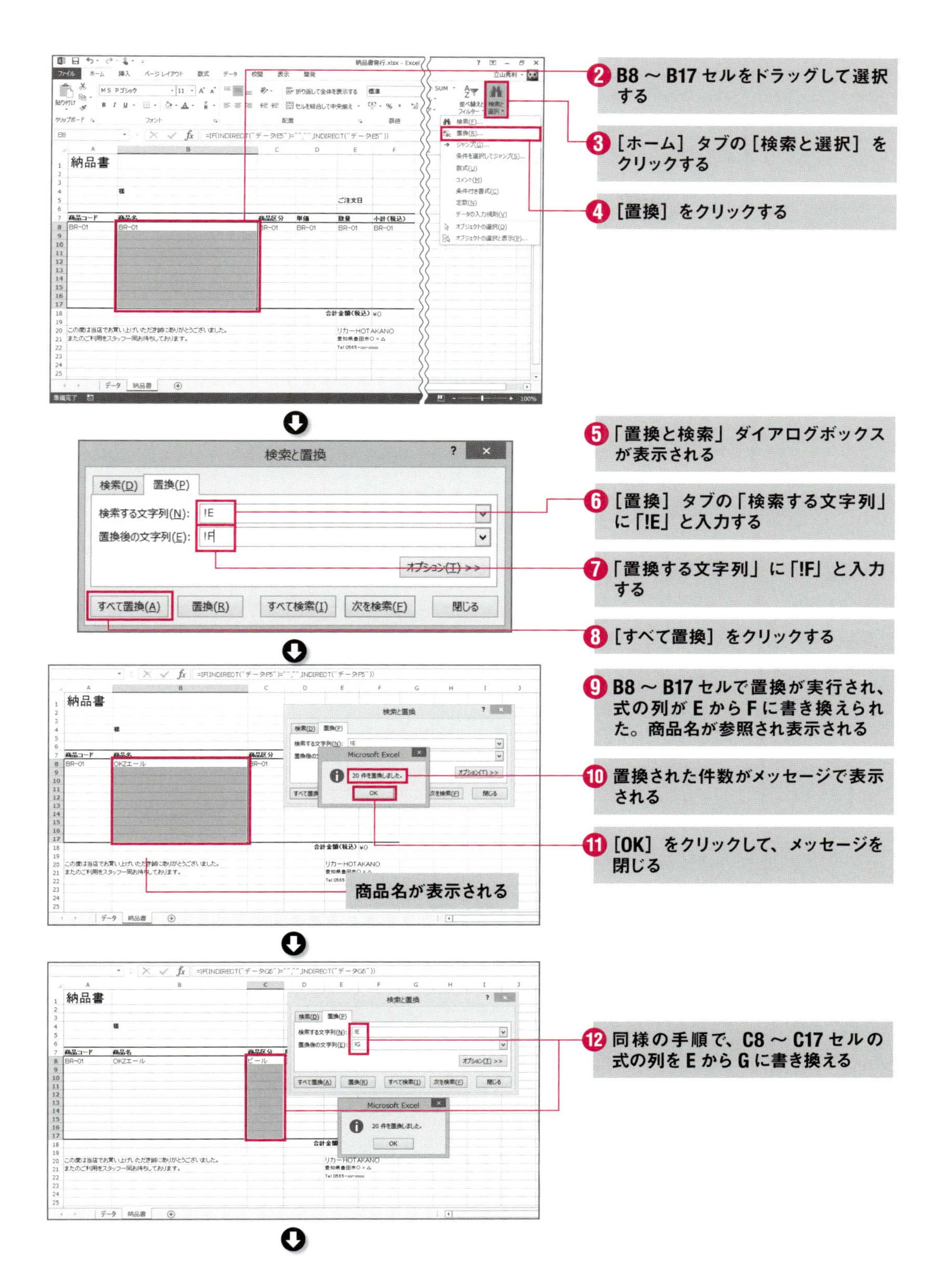

2 B8 ～ B17 セルをドラッグして選択する
3 ［ホーム］タブの［検索と選択］をクリックする
4 ［置換］をクリックする
5 「置換と検索」ダイアログボックスが表示される
6 ［置換］タブの「検索する文字列」に「!E」と入力する
7 「置換する文字列」に「!F」と入力する
8 ［すべて置換］をクリックする
9 B8 ～ B17 セルで置換が実行され、式の列が E から F に書き換えられた。商品名が参照され表示される
10 置換された件数がメッセージで表示される
11 ［OK］をクリックして、メッセージを閉じる
商品名が表示される
12 同様の手順で、C8 ～ C17 セルの式の列を E から G に書き換える
検索と置換
検索(D)
置換(P)
検索する文字列(N):
置換後の文字列(E):
!E
!F
オプション(T) >>
すべて置換(A)
置換(R)
すべて検索(I)
次を検索(F)
閉じる

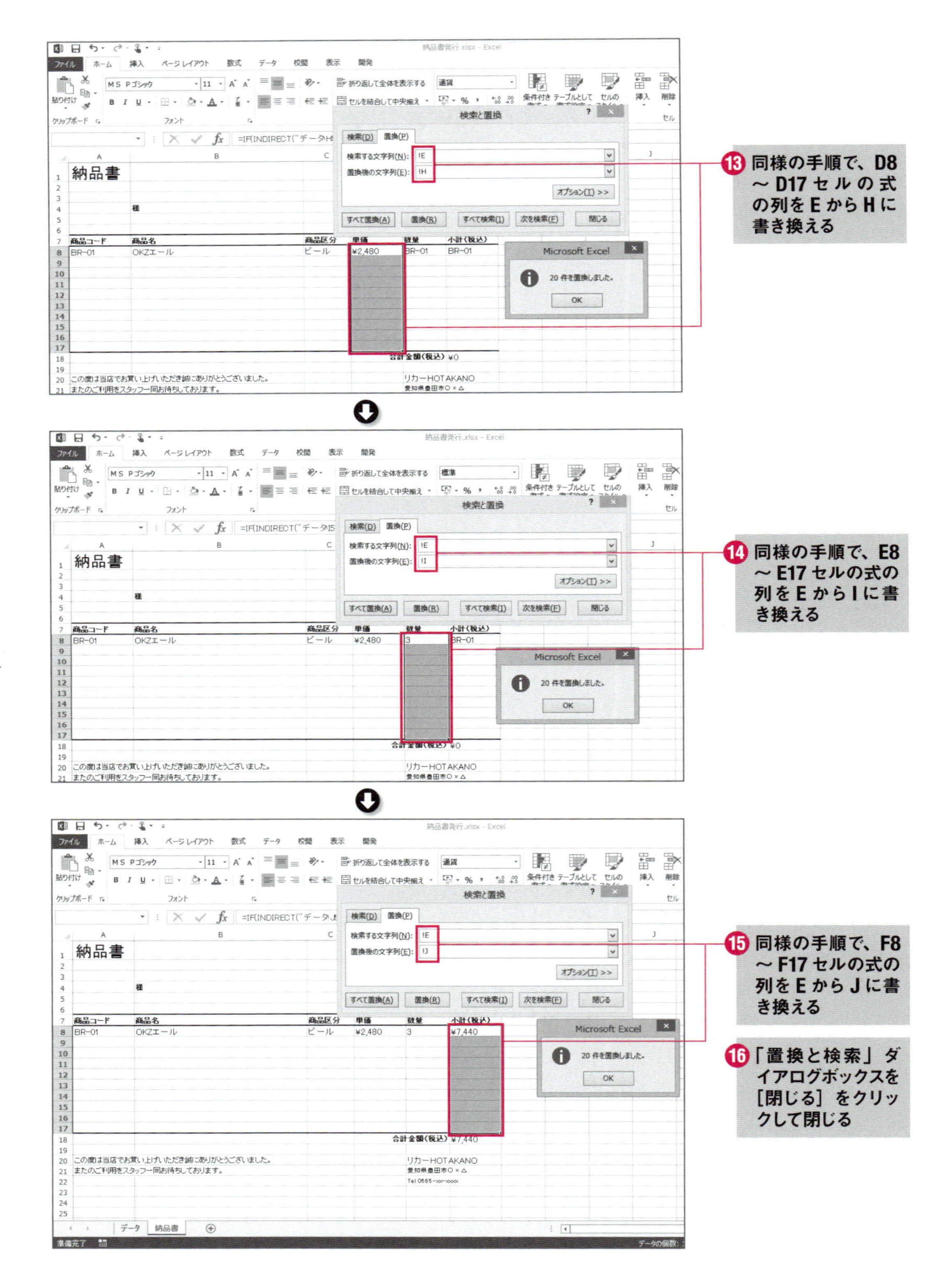
納品書
検索と置換
検索する文字列(N): !E
置換後の文字列(E): !H
Microsoft Excel
20 件を置換しました。
OK
⑬ 同様の手順で、D8～D17 セルの式の列を E から H に書き換える
検索する文字列(N): !E
置換後の文字列(E): !I
⑭ 同様の手順で、E8～E17 セルの式の列を E から I に書き換える
検索する文字列(N): !E
置換後の文字列(E): !J
⑮ 同様の手順で、F8～F17 セルの式の列を E から J に書き換える
⑯「置換と検索」ダイアログボックスを［閉じる］をクリックして閉じる

氏名と日付の参照の式も設定

氏名と日付の参照の式も設定しましょう。氏名と日付は明細データと異なり、必ず存在するので、IF関数による対策は不要です。

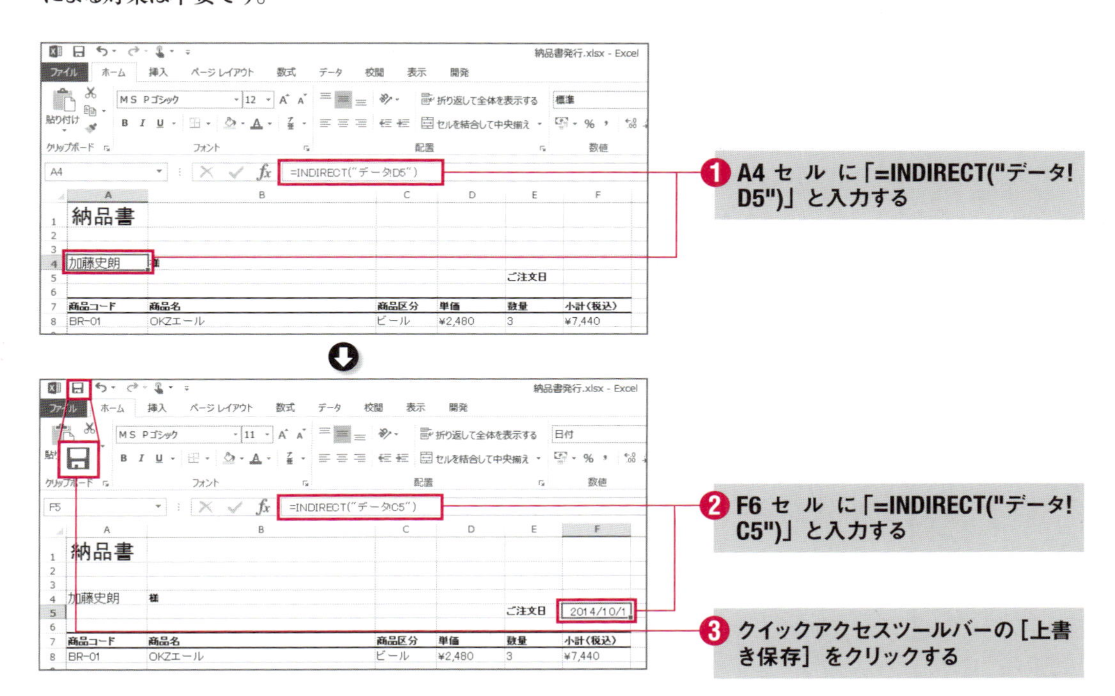

これで完成です。たとえば、ワークシート「データ」のA2セルに5、6、7と注文IDを順に入力してくと、このようにAccessから注文データを取得し、Excelで納品書を作成できます。

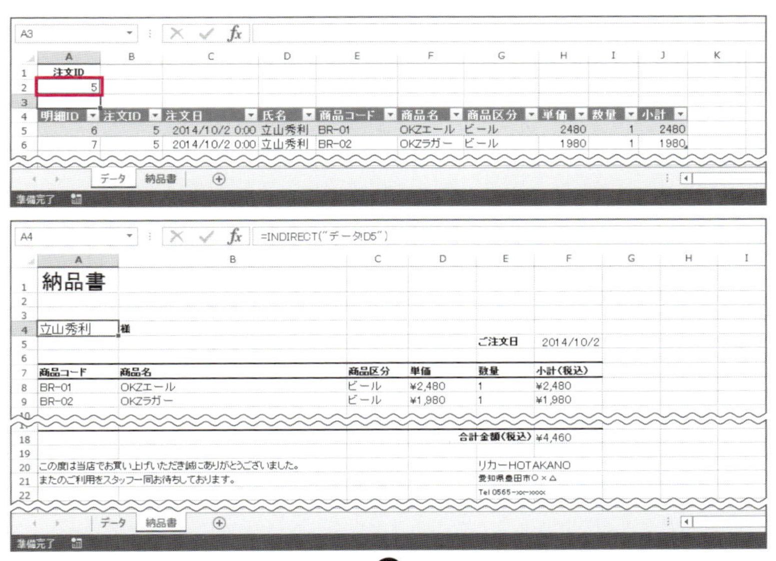

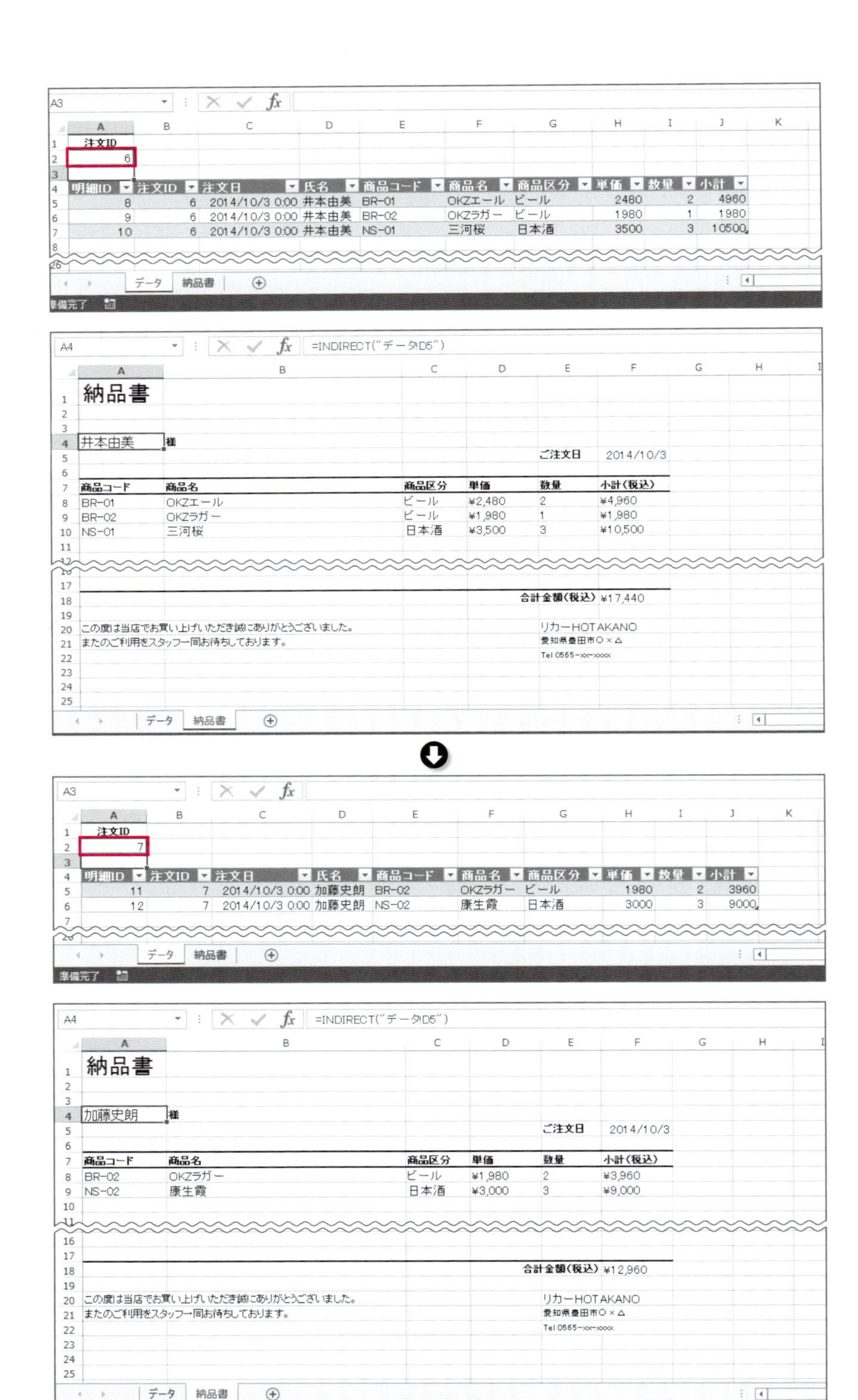
A3
注文ID
6
明細ID 注文ID 注文日 氏名 商品コード 商品名 商品区分 単価 数量 小計
8 6 2014/10/3 0:00 井本由美 BR-01 OKZエール ビール 2480 2 4960
9 6 2014/10/3 0:00 井本由美 BR-02 OKZラガー ビール 1980 1 1980
10 6 2014/10/3 0:00 井本由美 NS-01 三河桜 日本酒 3500 3 10500
データ 納品書
準備完了
A4
=INDIRECT("データ!D5")
納品書
井本由美 様
ご注文日 2014/10/3
商品コード 商品名 商品区分 単価 数量 小計（税込）
BR-01 OKZエール ビール ¥2,480 2 ¥4,960
BR-02 OKZラガー ビール ¥1,980 1 ¥1,980
NS-01 三河桜 日本酒 ¥3,500 3 ¥10,500
合計金額（税込） ¥17,440
この度は当店でお買い上げいただき誠にありがとうございました。
またのご利用をスタッフ一同お待ちしております。
リカーHOTAKANO
愛知県豊田市〇×△
データ 納品書
A3
注文ID
7
明細ID 注文ID 注文日 氏名 商品コード 商品名 商品区分 単価 数量 小計
11 7 2014/10/3 0:00 加藤史朗 BR-02 OKZラガー ビール 1980 2 3960
12 7 2014/10/3 0:00 加藤史朗 NS-02 康生霞 日本酒 3000 3 9000
データ 納品書
準備完了
A4
=INDIRECT("データ!D5")
納品書
加藤史朗 様
ご注文日 2014/10/3
商品コード 商品名 商品区分 単価 数量 小計（税込）
BR-02 OKZラガー ビール ¥1,980 2 ¥3,960
NS-02 康生霞 日本酒 ¥3,000 3 ¥9,000
合計金額（税込） ¥12,960
この度は当店でお買い上げいただき誠にありがとうございました。
またのご利用をスタッフ一同お待ちしております。
リカーHOTAKANO
愛知県豊田市〇×△
データ 納品書

COLUMN

Accessデータベースファイルの場所や名前が変更されたら

4章03～05では、Excelの［データ］タブの「外部データの取り込み」グループにある［Accessデータベース］ボタン、または［Microsoft Query］から、Accessのデータをワークシートに取り込みました。その場合、接続先のAccessデータベースファイル「注文管理.accdb」の場所や名前が後から変更されると、［データ］タブの［すべて更新］などでデータを更新しようとしても、できなくなってしまう問題がありました。

本コラムでは、その問題の対処方法を解説します。対処の基本は、データベースファイルの場所と名前、およびクエリを設定し直すことになります。ここでは、Accessデータベースファイルの名前が「注文管理2.accdb」に、場所が「Data」フォルダーに変更されたと仮定します。

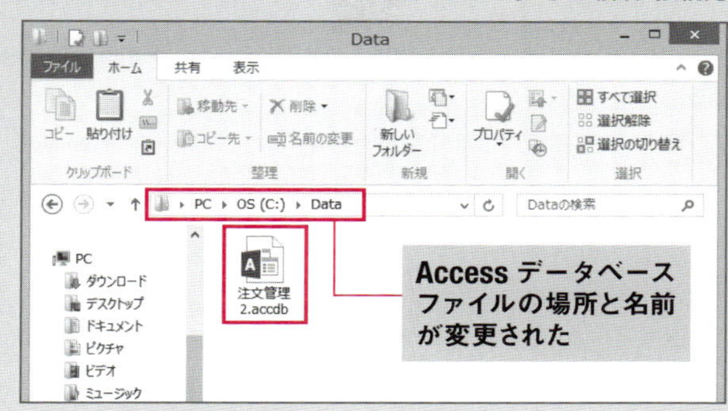

●Accessデータベースファイルの場所・名前変更の対処方法

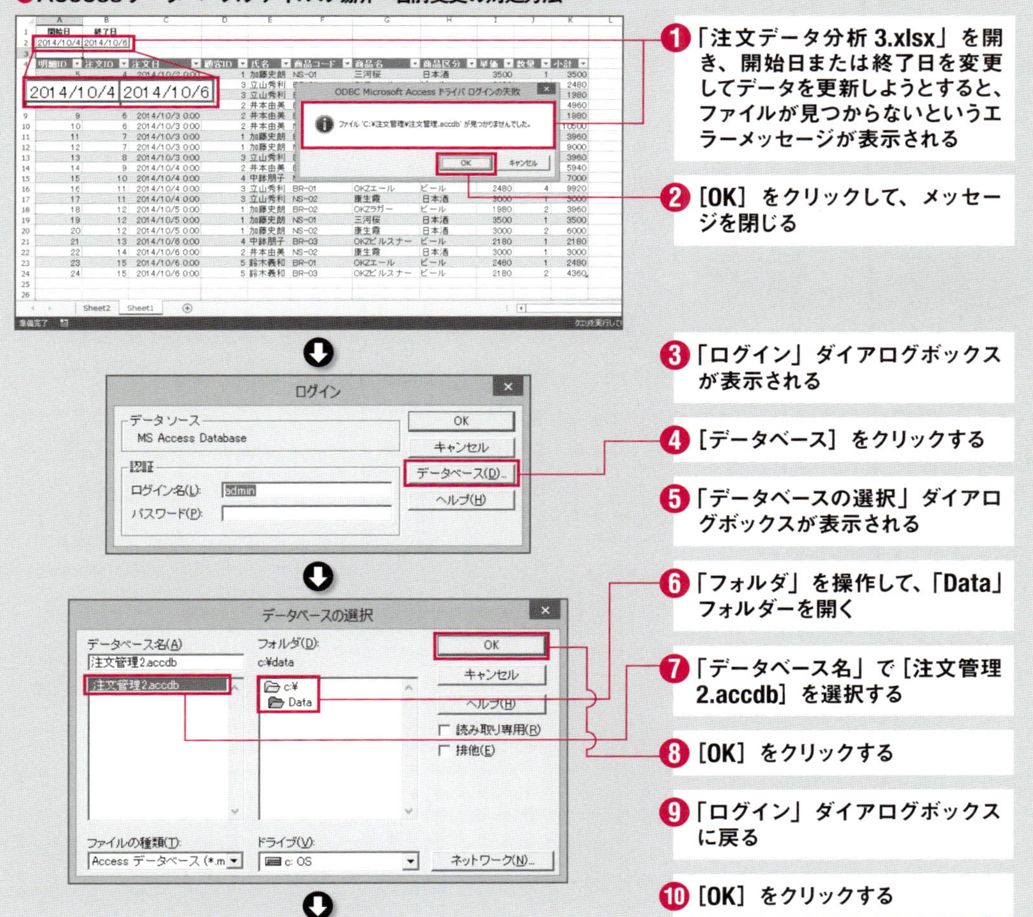

❶「注文データ分析3.xlsx」を開き、開始日または終了日を変更してデータを更新しようとすると、ファイルが見つからないというエラーメッセージが表示される

❷［OK］をクリックして、メッセージを閉じる

❸「ログイン」ダイアログボックスが表示される

❹［データベース］をクリックする

❺「データベースの選択」ダイアログボックスが表示される

❻「フォルダ」を操作して、「Data」フォルダーを開く

❼「データベース名」で［注文管理2.accdb］を選択する

❽［OK］をクリックする

❾「ログイン」ダイアログボックスに戻る

❿［OK］をクリックする

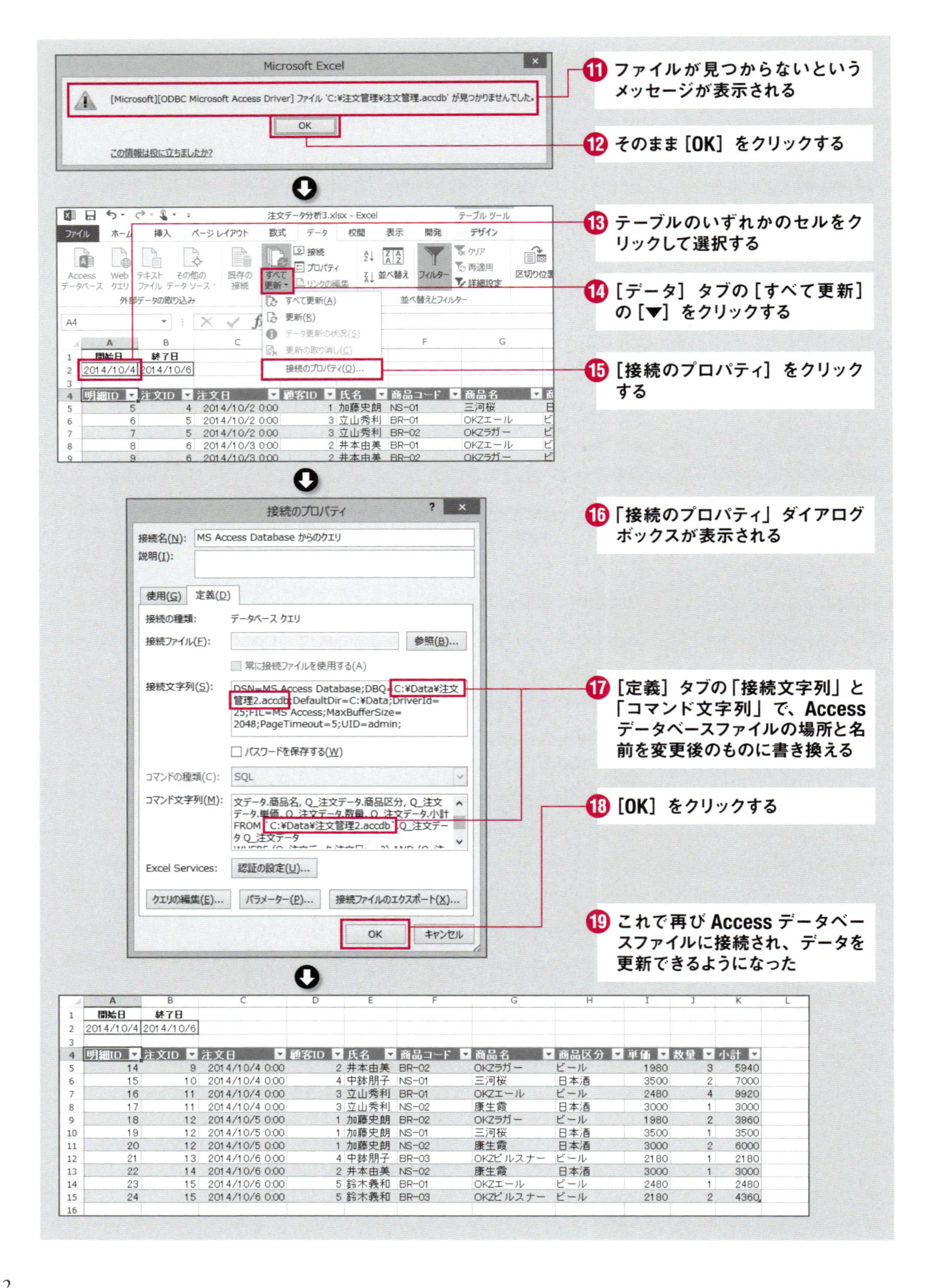
Microsoft Excel
[Microsoft][ODBC Microsoft Access Driver] ファイル 'C:¥注文管理¥注文管理.accdb' が見つかりませんでした。
OK
この情報は役に立ちましたか?
⓫ ファイルが見つからないというメッセージが表示される
⓬ そのまま［OK］をクリックする
注文データ分析3.xlsx - Excel
⓭ テーブルのいずれかのセルをクリックして選択する
⓮［データ］タブの［すべて更新］の［▼］をクリックする
すべて更新(A)
更新(R)
データ更新の状況(S)
更新の取り消し(C)
接続のプロパティ(O)...
⓯［接続のプロパティ］をクリックする
接続のプロパティ
接続名(N): MS Access Database からのクエリ
説明(I):
使用(G)
定義(D)
接続の種類: データベース クエリ
接続ファイル(F):
参照(B)...
常に接続ファイルを使用する(A)
接続文字列(S): DSN=MS Access Database;DBQ=C:¥Data¥注文管理2.accdb;DefaultDir=C:¥Data;DriverId=25;FIL=MS Access;MaxBufferSize=2048;PageTimeout=5;UID=admin;
パスワードを保存する(W)
コマンドの種類(C): SQL
コマンド文字列(M): 文データ.商品名, Q_注文データ.商品区分, Q_注文データ.単価, Q_注文データ.数量, Q_注文データ.小計 FROM `C:¥Data¥注文管理2.accdb`.Q_注文データ Q_注文データ
Excel Services: 認証の設定(U)...
クエリの編集(E)...
パラメーター(P)...
接続ファイルのエクスポート(X)...
OK
キャンセル
⓰「接続のプロパティ」ダイアログボックスが表示される
⓱［定義］タブの「接続文字列」と「コマンド文字列」で、Access データベースファイルの場所と名前を変更後のものに書き換える
⓲［OK］をクリックする
⓳ これで再び Access データベースファイルに接続され、データを更新できるようになった

Excel VBAでAccessの操作を自動化する

4章では、Accessのデータベース「注文管理.accdb」の注文データをExcelに取り込み、分析などの活用を行いました。本章では、そのデータ活用の操作をExcel VBAで自動化し、作業を効率化する例をいくつか紹介します。

01 ピボットテーブル／グラフのデータ更新を自動化しよう

本節では、4章05で作成したExcelブック「注文データ分析3.xlsx」について、テーブルのデータのピボットテーブル／グラフへの反映をExcel VBAで自動化します。

■ Excel VBAによる自動化のメリット

4章では、Accessのデータベース「注文管理.accdb」の注文データをExcelに取り込み、ピボットテーブル／グラフで分析しました。また、Excelのワークシートに用意しておいた雛形にデータを流し込んで、納品書を作成しました。それらのExcelブックでは、Accessのデータ取り込みには、「外部データ」の［Access］ボタンやMicrosoft QueryといったExcelの機能を利用しました。

それらの機能を使うと、Accessのデータ取り込みはある程度自動化されるものの、その他の作業は基本的に手動で行う必要がありました。AccessからExcelに取り込んだデータをさらに活用して、さまざまな作業を行いたい場合も、手作業でExcelを操作しなければなりません。もし、そのような作業が大量にあったり、毎日ルーチンで行う必要があったりすると、相当な時間と手間を費やしてしまうでしょう。しかも、手作業ゆえにミスの恐れもつきまといます。

また、「外部データ」の［Access］ボタンを利用するにせよ、Microsoft Queryを使うにせよ、AccessからExcelにデータを取り込む設定作業そのものにも、それなりの手間と時間がかかってしまいます。

そこで登場するのがExcelのマクロです。マクロはExcelの操作や処理を自動化できる機能です。マクロを利用して、AccessからExcelに取り込んだデータの活用、データを取り込む設定作業を自動化しましょう。自動化すれば、作業に要する手間や時間を劇的に削減できます。その上、ミスの恐れも最小化できるでしょう。

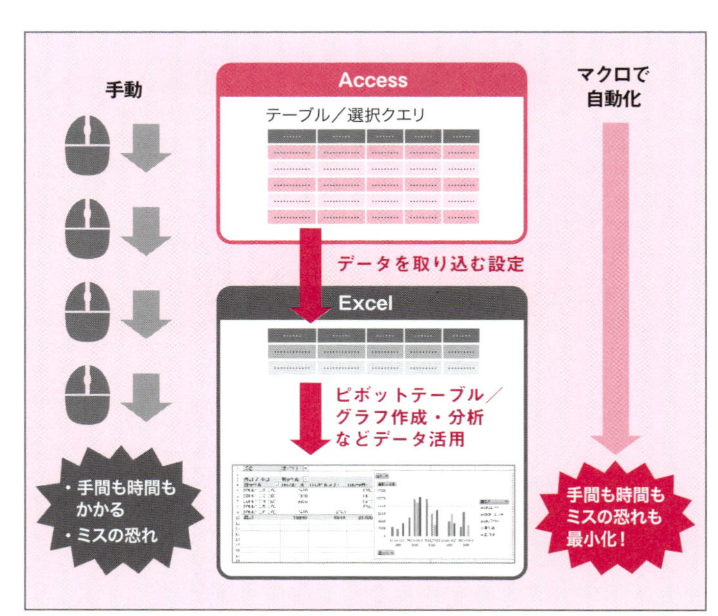

Excelに取り込んだデータの活用をマクロで自動化

マクロをVBAのプログラミングで作成しよう

Excelでマクロを作成する方法は、「マクロの記録」機能とVBA（Visual Basic for Applications）の2通りがあります。マクロの記録は容易な反面、ごく単純な機能のマクロしか作成できません。VBAはプログラミングが必要になりますが、より複雑で多彩な機能のマクロを作成できます。

本章でこれから作成するマクロは、「マクロの記録」機能を使う方法では目的の処理を作成できないため、VBAで作成します。

本章では以降、読者の皆さんはVBAの基礎知識をすでに身に付けているという前提で解説します。以下の項目などについての基礎知識をもし身に付けていなければ、他の書籍やWebサイトなどで学習しておいてください。

- VBE（Visual Basic Editor）の基本的な使い方
- Subプロシージャとイベントプロシージャの基礎
- オブジェクトとプロパティとメソッドの使い方
- 変数
- 繰り返しの基礎（本書で使うのはFor...NextステートメントとDo While...Loopステートメント）

Memo Accessのマクロ機能との違い

3章で利用したように、Accessにもマクロ機能があります。Accessでは作成に「マクロビルダー」を利用して作成できる点がExcelとの大きな違いです。また、VBAはAccessでも使えます。より複雑なマクロの作成にはVBAを用います。

■ ピボットテーブル／グラフへの反映を自動化する方法

それでは、ExcelでVBAを利用して、Accessのデータ活用を自動化しましょう。まずは最初の例として、4章05のExcelブック「注文データ分析3.xlsx」にて、Excelのテーブルのデータが変更された際のピボットテーブル／グラフへの反映を自動化します。

「注文データ分析3.xlsx」は先述の通り、パラメーターありのMicrosoft Queryによって、Accessデータベースから注文データをExcelにテーブルとして取り込んでいます。そして、そのテーブルからピボットテーブル／グラフを別のワークシートに作成しています。その場合、テーブルのデータをAccessから再度取り込むたびに、ピボットテーブル／グラフを更新する必要があります。

更新は4章05では、［ピボットテーブルツール］［デザイン］タブの［更新］をクリックして、手動で行っていました。その更新作業をVBAで自動化します。更新を行うタイミングは何通りが考えられますが、今回はピボットテーブル／グラフがあるワークシート「Sheet2」に表示を切り替えた瞬間に更新します。

ピボットテーブル／グラフをVBAで操作するには

ピボットテーブルをVBAで操作するには、「PivotTable」というオブジェクトを用います。このPivotTableオブジェクトを使って、データを更新します。ピボットグラフはピボットテーブルから作成されているため、ピボットグラフのデータの更新もPivotTableオブジェクトで行えます。

PivotTableオブジェクトを取得するには、PivotTablesコレクションを使い、下記の書式でコードを記述します。

書式 オブジェクト.PivotTables(index)

オブジェクト …… Worksheetオブジェクト

index ………… ピボットテーブル名またはインデックス番号

引数「index」には、ピボットテーブル名を文字列として指定するか、インデックス番号を数値として指定します。ピボットテーブル名はワークシート上でピボットテーブルを選択した際、[ピボットテーブルツール][分析]タブの「ピボットテーブル名」欄に表示されます。

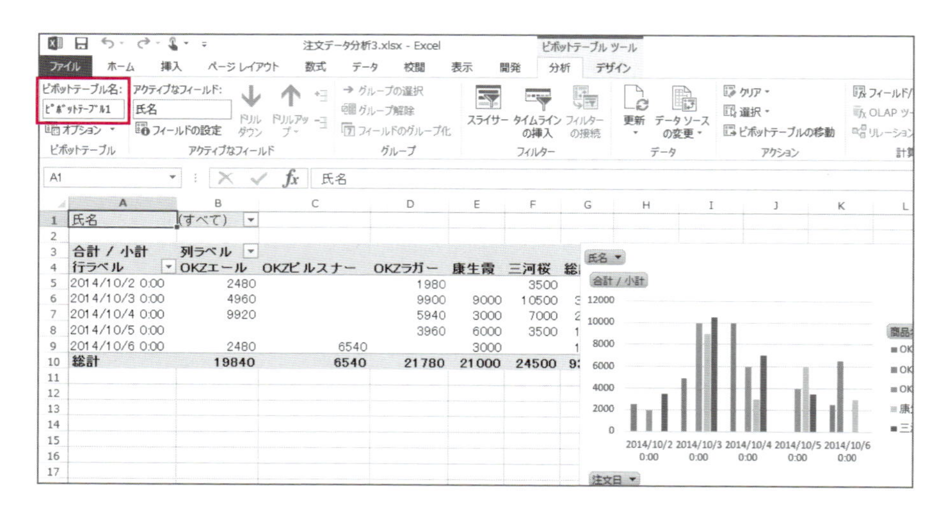

「ピボットテーブル名」欄に表示されるピボットテーブル名は半角カタカナになります。VBAのコードに記述する際も、同じく半角カタカナにしてください。たとえば、ピボットテーブル名が「ﾋﾟﾎﾞｯﾄﾃｰﾌﾞﾙ1」なら、次のように記述します。

```
Worksheetオブジェクト.PivotTables("ﾋﾟﾎﾞｯﾄﾃｰﾌﾞﾙ1")
```

Memo Worksheetオブジェクト

上記コード例の「Worksheetオブジェクト」の部分は実際には、WorksheetsコレクションやActiveSheetプロパティなどを使って、Worksheetオブジェクトを指定します。

インデックス番号は、そのワークシート上に存在するピボットテーブルが作成された順の数値を指定します。たとえば、現在のワークシート（ActiveSheet）にて1番目に作成されたピボットテーブルなら、1を指定します。

```
ActiveSheet.PivotTables(1)
```

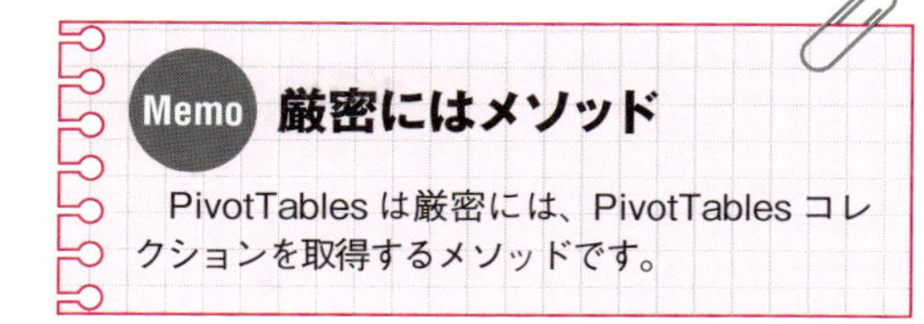

ピボットテーブル／グラフのデータをVBAで更新するには

ピボットテーブルのデータを更新するには、PivotTableオブジェクトの「RefreshTable」というメソッドを利用します。

書式 オブジェクト.RefreshTable

オブジェクト …… PivotTableオブジェクト

たとえば、現在のワークシートの1番目のピボットテーブルのデータを更新するなら、次のようにコードを記述します。

```
ActiveSheet.PivotTables(1).RefreshTable
```

先述の通り、ピボットグラフはピボットテーブルを元に作成されているため、RefreshTableメソッドによってピボットテーブルのデータを更新すれば、ピボットグラフも更新できます。

ワークシートを切り替えたらデータを更新

Excelブック「注文データ分析3.xlsx」で、ワークシート「Sheet2」に表示を切り替えたらピボットテーブルのデータを更新するためには、RefreshTableメソッドによる更新処理を、ワークシート「Sheet2」に表示を切り替えた瞬間に実行する必要があります。

そのためのイベントプロシージャとして、「Worksheet_Activate」を利用します。これはワークシートに表示が切り替わった（アクティブになった）際に実行されるイベントプロシージャです。プロシージャ名の前半の「Worksheet」はワークシートを表し、後半の「Activate」はアクティブにされると発生するイベントを表します。

```
Private Sub Worksheet_Activate()

End Sub
```

今回はこのイベントプロシージャ「Worksheet_Activate」を、ワークシート「Sheet2」のモジュールに記述することになります。

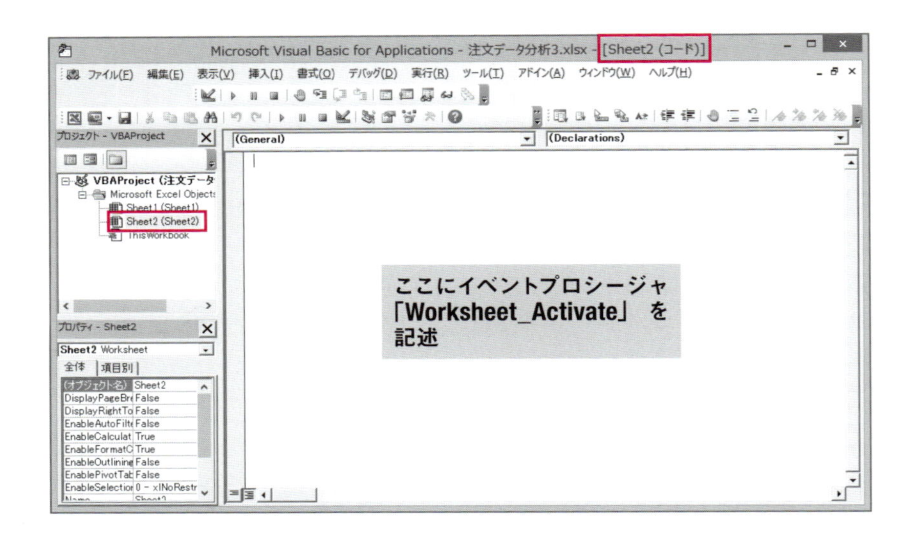

これで、ワークシート「Sheet2」に表示を切り替えた瞬間に、イベントプロシージャ「Worksheet_Activate」が実行されます。あとはイベントプロシージャ「Worksheet_Activate」の中に、目的のピボットテーブルのデータ更新を行うコードを記述すれば、ワークシート「Sheet2」に切り替えたらデータ更新が行われるようになります。

■ ピボットテーブル／グラフのデータをVBAで更新しよう

それでは「注文データ分析3.xlsx」に、ワークシート「Sheet2」に切り替えたら、ピボットテーブル／グラフのデータを自動で更新するコードを追加しましょう。

イベントプロシージャ「Worksheet_Activate」の中に記述するコードで、目的のピボットテーブルのPivotTableオブジェクトを取得する方法は今回、インデックス番号で取得する方法を用います。ワークシート「Sheet2」にピボットテーブルはひとつしかないので、インデックス番号は1を指定すればよいことになります。

PivotTablesコレクションの前には、ワークシート「Sheet2」のオブジェクトを指定します。Worksheetsコレクションを用いて、「Worksheets("Sheet2")」などと記述してもよいのですが、今回は練習を兼ねてMeを記述します。Meは「Sheet2」のモジュール ―― つまり、ワークシート「Sheet2」自身のオブジェクトを表します。

あとはRefreshTableメソッドを加えれば完成です。以上を踏まえると、イベントプロシージャ「Worksheet_Activate」の中に記述するコードは次の1行になります。

```
Me.PivotTables(1).RefreshTable
```

コードの追加はVBEで行います。VBEを手軽に開けるよう、リボンに［開発］タブを表示しておいてください。［開発］タブの表示方法は本節末コラムで解説します。

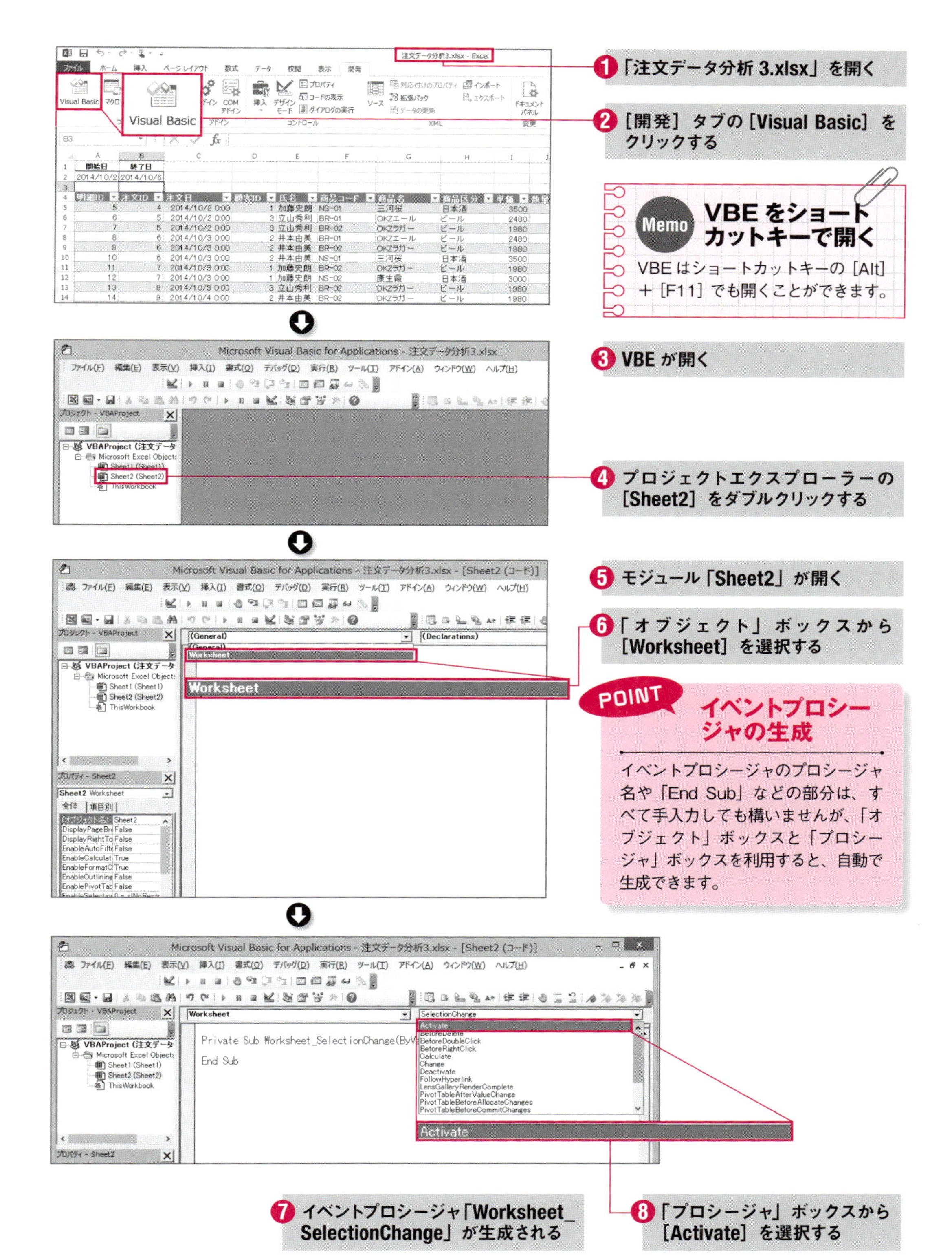
❶「注文データ分析 3.xlsx」を開く
❷［開発］タブの［Visual Basic］をクリックする
❸ VBE が開く
❹ プロジェクトエクスプローラーの［Sheet2］をダブルクリックする
❺ モジュール「Sheet2」が開く
❻「オブジェクト」ボックスから［Worksheet］を選択する
❼ イベントプロシージャ「Worksheet_SelectionChange」が生成される
❽「プロシージャ」ボックスから［Activate］を選択する
Memo
VBE をショートカットキーで開く
VBE はショートカットキーの［Alt］＋［F11］でも開くことができます。
POINT
イベントプロシージャの生成
イベントプロシージャのプロシージャ名や「End Sub」などの部分は、すべて手入力しても構いませんが、「オブジェクト」ボックスと「プロシージャ」ボックスを利用すると、自動で生成できます。

Memo 既定のイベント

「オブジェクト」ボックスからオブジェクトを選択すると、既定のイベントでイベントプロシージャが生成されます。Worksheetの既定のイベントはSelectionChange（選択範囲が変更されると発生するイベント）なので、イベントプロシージャ「Worksheet_SelectionChange」が生成されます。既定のイベントが目的のイベントでなければ、続けて「プロシージャ」ボックスから目的のイベントを選択してください。

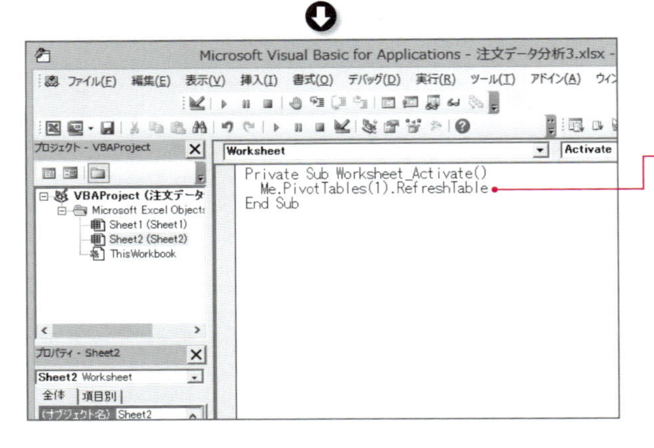

9 イベントプロシージャ「Worksheet_Activate」が生成される

10 イベントプロシージャ「Worksheet_Activate」の中に下記のコードを追加する

```
Me.PivotTables(1).RefreshTable
```

11 イベントプロシージャ「Worksheet_SelectionChange」は使用しないので削除しておく

これで完成です。ワークシート「Sheet1」のA2セルの開始日やB2セルの終了日を変更し、Accessデータベース「注文管理.accdb」からデータを再度取り込みます。そして、ワークシート「Sheet2」に表示を切り替えると、再度取り込んだデータによってピボットテーブル／グラフが自動で更新されます。

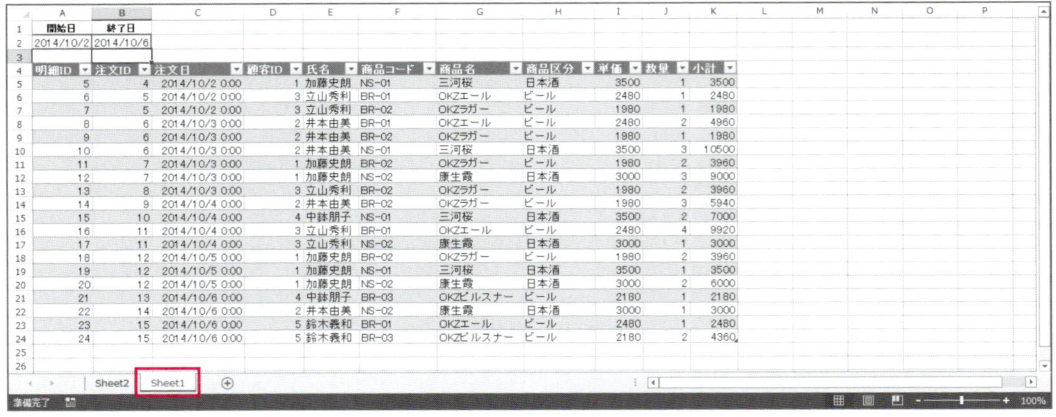

開始日	終了日
2014/10/2	2014/10/6

明細ID	注文ID	注文日	顧客ID	氏名	商品コード	商品名	商品区分	単価	数量	小計
5	4	2014/10/2 0:00	1	加藤史朗	NS-01	三河桜	日本酒	3500	1	3500
6	5	2014/10/2 0:00	3	立山秀利	BR-01	OKZエール	ビール	2480	1	2480
7	5	2014/10/2 0:00	3	立山秀利	BR-02	OKZラガー	ビール	1980	1	1980
8	6	2014/10/3 0:00	2	井本由美	BR-01	OKZエール	ビール	2480	2	4960
9	6	2014/10/3 0:00	2	井本由美	BR-02	OKZラガー	ビール	1980	1	1980
10	6	2014/10/3 0:00	2	井本由美	NS-01	三河桜	日本酒	3500	3	10500
11	7	2014/10/3 0:00	1	加藤史朗	BR-02	OKZラガー	ビール	1980	2	3960
12	7	2014/10/3 0:00	1	加藤史朗	NS-02	康生霞	日本酒	3000	3	9000
13	8	2014/10/3 0:00	3	立山秀利	BR-02	OKZラガー	ビール	1980	2	3960
14	9	2014/10/4 0:00	2	井本由美	BR-02	OKZラガー	ビール	1980	3	5940
15	10	2014/10/4 0:00	4	中鉢朋子	NS-01	三河桜	日本酒	3500	2	7000
16	11	2014/10/4 0:00	3	立山秀利	BR-01	OKZエール	ビール	2480	4	9920
17	11	2014/10/4 0:00	3	立山秀利	NS-02	康生霞	日本酒	3000	1	3000
18	12	2014/10/5 0:00	1	加藤史朗	BR-02	OKZラガー	ビール	1980	2	3960
19	12	2014/10/5 0:00	1	加藤史朗	NS-01	三河桜	日本酒	3500	1	3500
20	12	2014/10/5 0:00	1	加藤史朗	NS-02	康生霞	日本酒	3000	2	6000
21	13	2014/10/6 0:00	4	中鉢朋子	BR-03	OKZピルスナー	ビール	2180	1	2180
22	14	2014/10/6 0:00	2	井本由美	NS-02	康生霞	日本酒	3000	1	3000
23	15	2014/10/6 0:00	5	鈴木義和	BR-01	OKZエール	ビール	2480	1	2480
24	15	2014/10/6 0:00	5	鈴木義和	BR-03	OKZピルスナー	ビール	2180	2	4360

ワークシート「Sheet1」の元の状態（開始日「2014/10/2」、終了日「2014/10/6」）

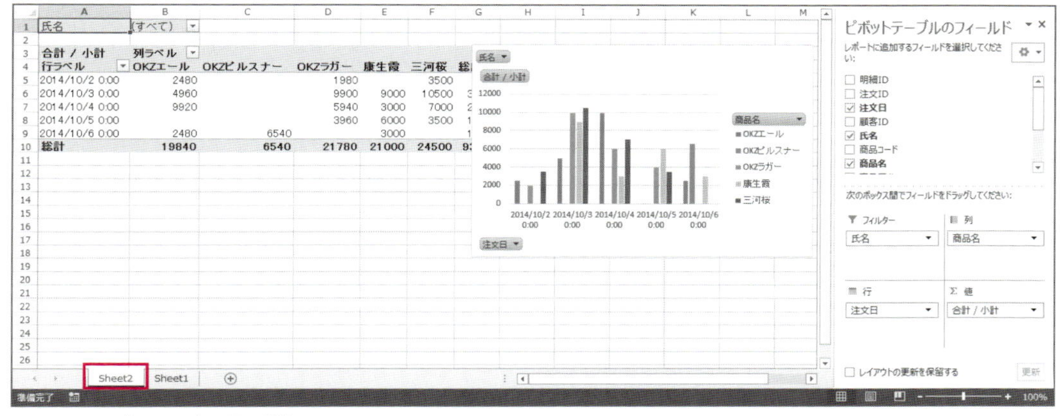

ワークシート「Sheet2」の元の状態

Memo ワークシート「Sheet2」の元の状態

この時点で自動更新可能となっているため、実際にはこの状態を確認することはできません。もし、元の状態を確認したければ、ワークシート「Sheet1」のA2セルの開始日やB2セルの終了日を変更する前に、ワークシート「Sheet2」に切り替えてください。

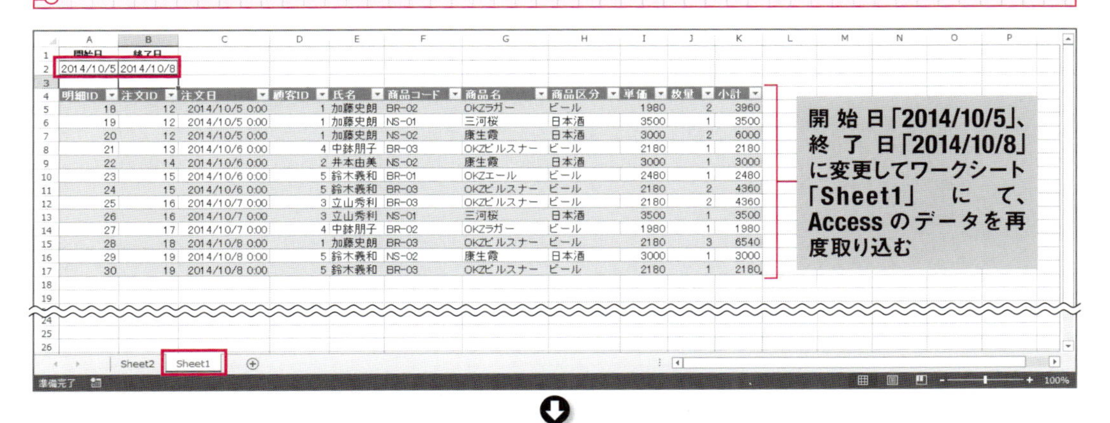

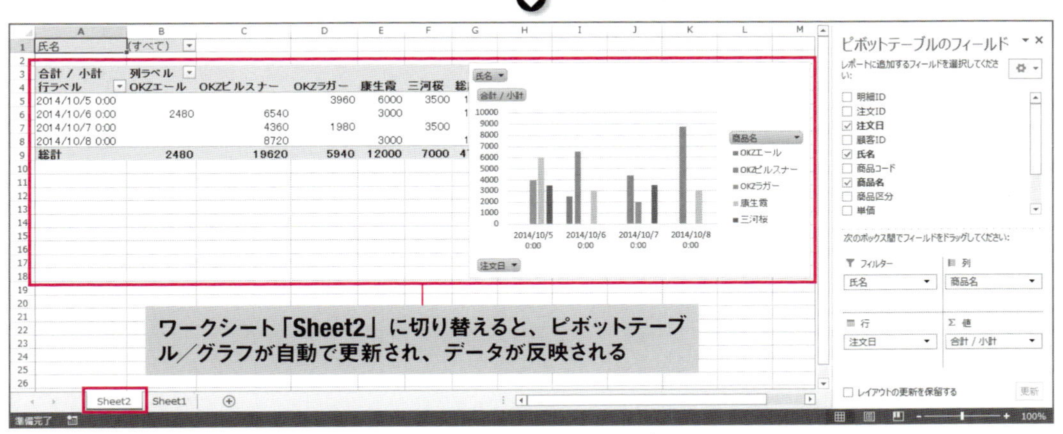

■ マクロ有効ブックで保存

「注文データ分析3.xlsx」はマクロなしのブックです。本節でVBAのコードを追加したため、以降はマクロ有効ブックで保存する必要があります。今回は同じ場所に同じファイル名で保存します。

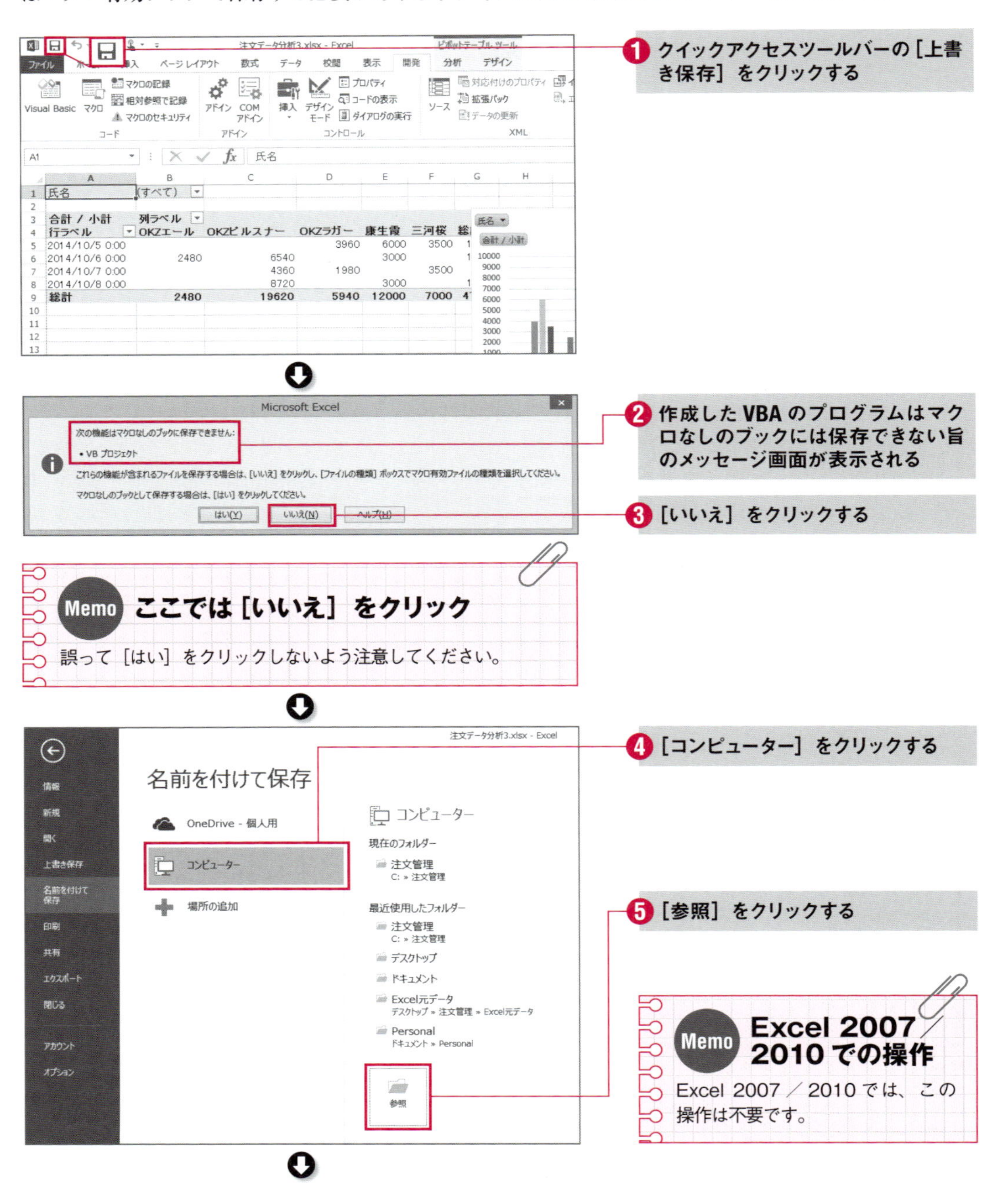

Memo ここでは［いいえ］をクリック

誤って［はい］をクリックしないよう注意してください。

Memo Excel 2007／2010での操作

Excel 2007／2010では、この操作は不要です。

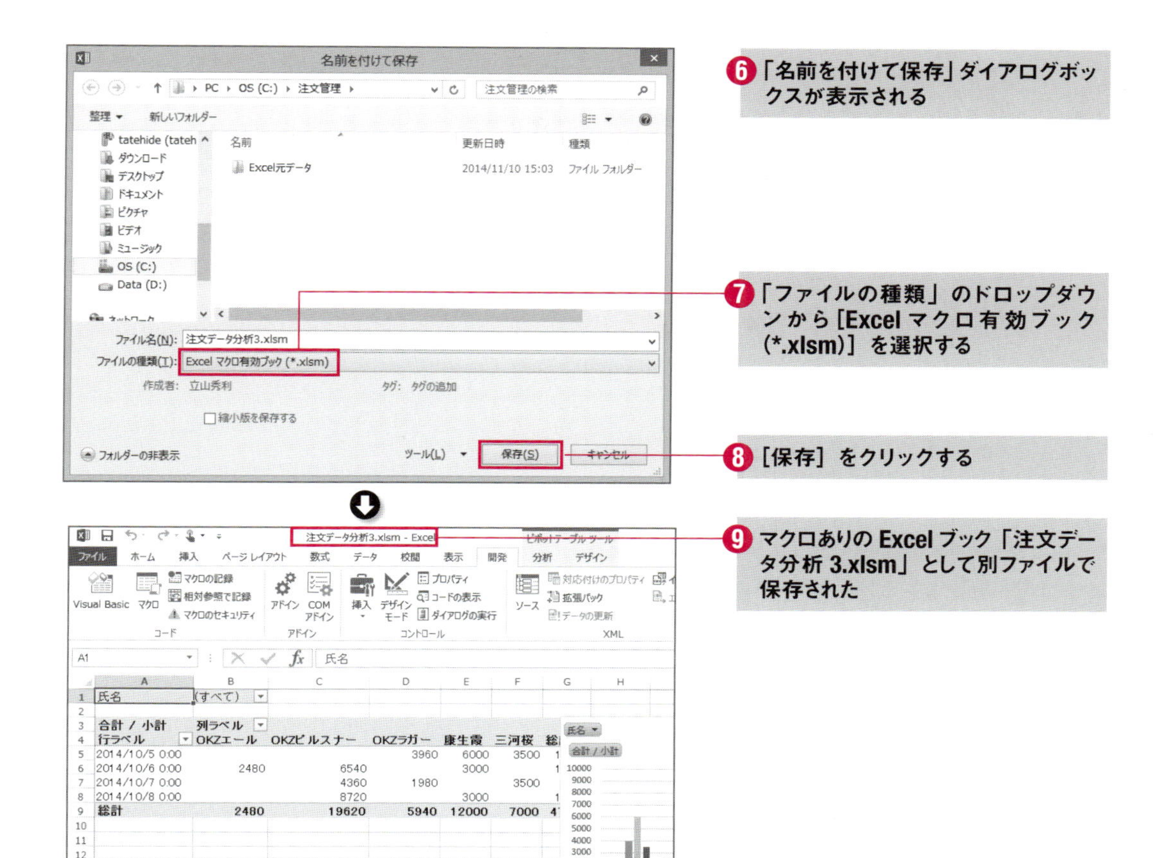

❻「名前を付けて保存」ダイアログボックスが表示される

❼「ファイルの種類」のドロップダウンから［Excel マクロ有効ブック (*.xlsm)］を選択する

❽［保存］をクリックする

❾マクロありの Excel ブック「注文データ分析 3.xlsm」として別ファイルで保存された

COLUMN

［開発］タブを表示する

［開発］タブの表示は「Excel のオプション」ダイアログボックスで設定します。Excel 2010 ／ 2013 で「Excel のオプション」ダイアログボックスを開くには、［ファイル］タブの［オプション］をクリックします。

［リボンのユーザー設定］を選択し、「リボンのユーザー設定」の［メインタブ］の一覧にある［開発］にチェックを入れて、［OK］をクリックします。

Excel 2007 では、［Microsoft Office］ボタンをクリックし、［Excel のオプション］をクリックして、「Excel のオプション」ダイアログボックスを開きます。［基本設定］を選択し、［[開発] タブをリボンに表示する］にチェックを入れて、［OK］をクリックします。

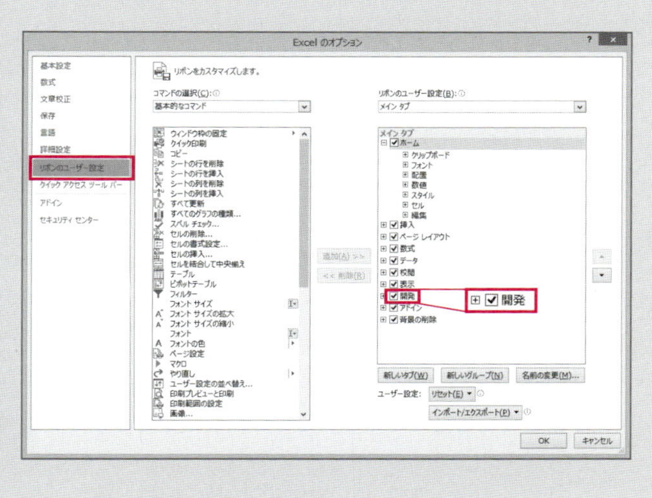

02 納品書の連続作成・印刷を自動化しよう

本節では、4章06で作成したExcelブック「納品書発行.xlsx」に、指定した複数の注文IDの納品書を自動で連続作成・印刷する機能を加えます。追加する機能はVBAによるプログラミングで作成します。

■ 本節で追加する機能

4章06で作成したExcelブック「納品書発行.xlsx」では、ワークシート「データ」のA2セルに注文IDを入力すると、設定したMicrosoft Queryによって、該当する注文データをAccessデータベース「注文管理.accdb」からテーブルとして取り込めました。そして、納品書の雛形であるワークシート「納品書」にて、必要なデータをワークシート「データ」から参照するかたちで納品書を作成しました。

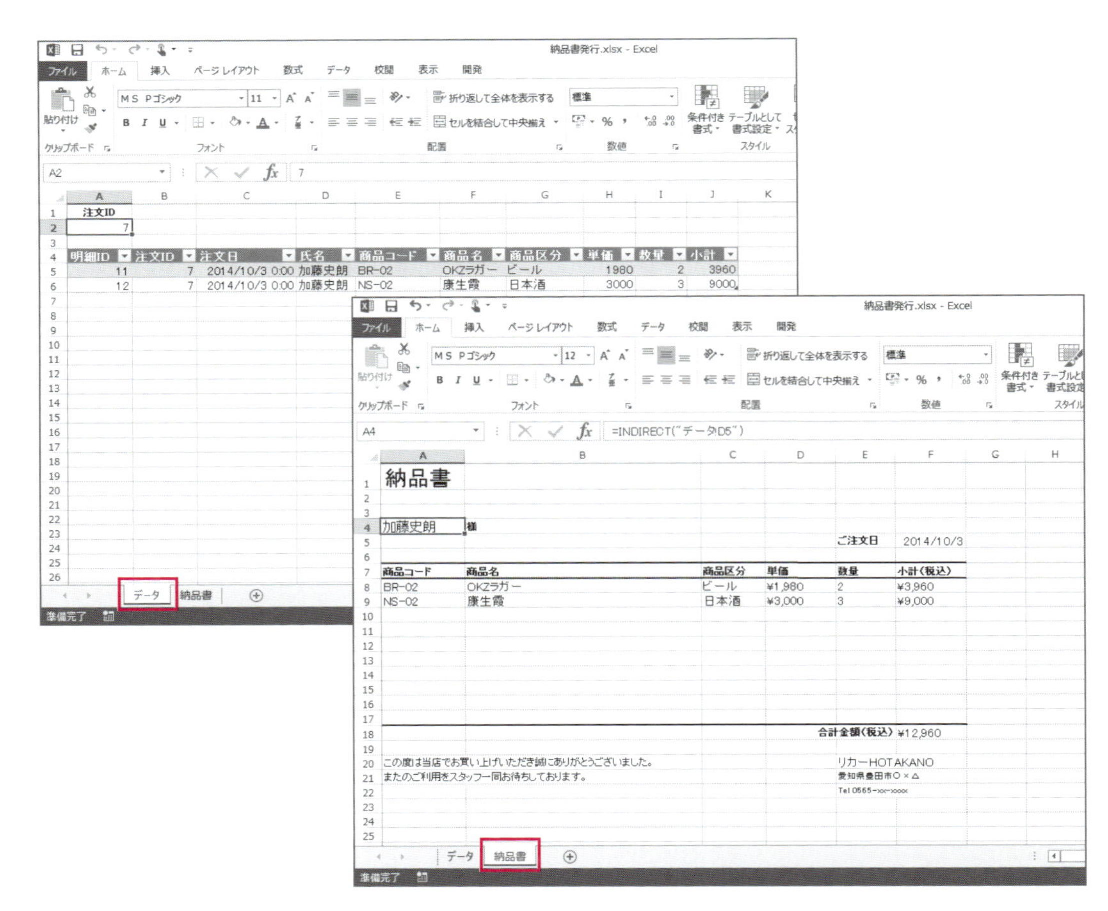

もし、複数の注文IDの納品書を連続して作成し、印刷したい場合、注文IDごとにワークシート「データ」のA2セルに入力し、印刷する操作を必要な数だけ繰り返さなければなりません。そこで、VBAを使って、複数の注文IDの納品書を自動で連続して作成・印刷できるようにしましょう。

納品書の作成・印刷の対象とする複数の注文IDは今回、連続した値のみとします。開始の注文IDの値をC2セル、終了の注文IDの値をD2セルに入力し、その範囲の注文IDの納品書を連続して作成・印刷するマクロをVBAで作成します。また、［挿入］タブの［図形］の［角丸四角形］で作成したボタンをD2セルの横に配置し、そのマクロを登録することで、クリックで実行できるようにします。

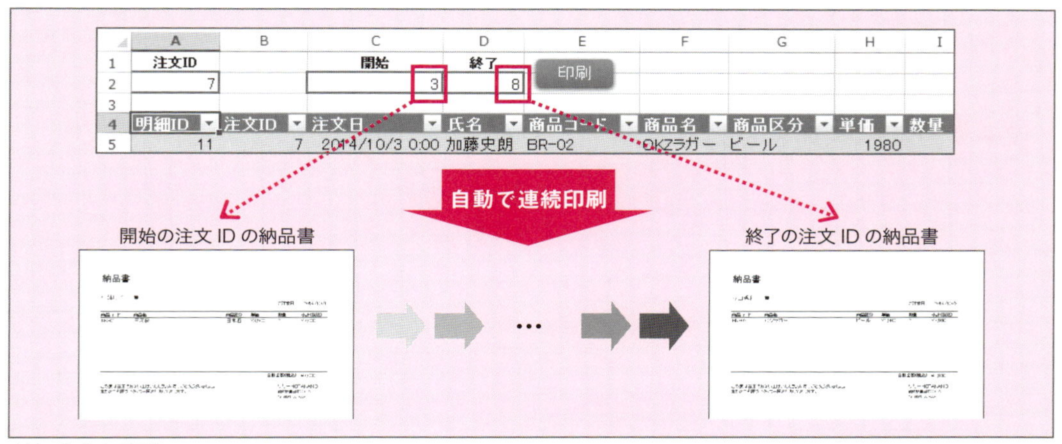

本節で作成する機能

■ 納品書の連続作成・印刷を自動化するには

納品書を連続作成するコード

納品書を連続して作成するには基本的に、ワークシート「データ」のA2セルに、C2セルの開始の注文IDからD2セルの終了の注文IDまでを順番に入力していけばよいことになります。そのためのVBAの処理は、繰り返しのステートメントを使えば実現できるでしょう。

今回は繰り返しの処理にはFor...Nextステートメントを使います。書式は次の通りです。

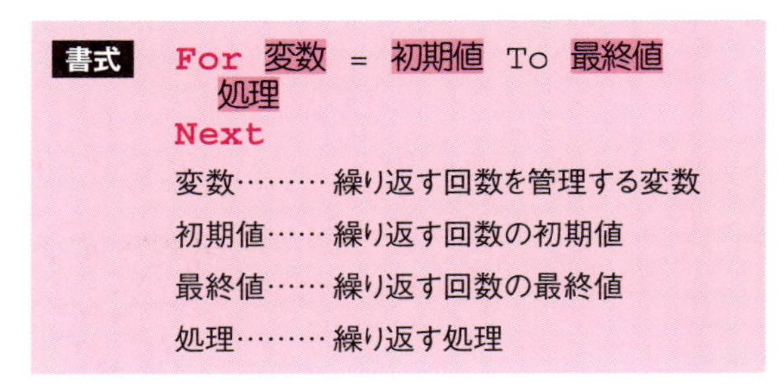

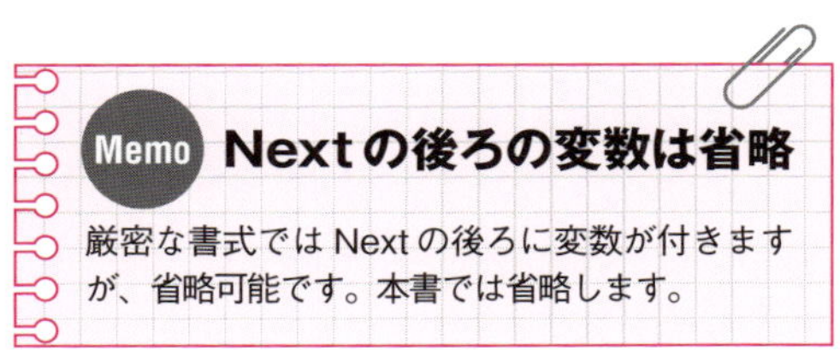

For...Nextステートメントの初期値に、ワークシート「データ」のC2セルの開始の注文IDを指定し、最終値にD2セルの終了の注文IDを指定します。そして、繰り返す処理として、A2セルにFor...Nextステートメントの変数を代入するコードを記述すれば、開始から終了の注文IDをA2セルに順番に入力することができます。

変数名を「i」とすると、コードは次のようになります。

```
Dim i As Long

For i = Range("C2").Value To Range("D2").Value
  Range("A2").Value = i
Next
```

データ更新の処理も必要

ワークシート「データ」は4章06で体験したように、A2セルの値を変更するたびに注文データがテーブルに再度取り込まれます。しかし、A2セルの値を手動ではなく、VBAによって自動で連続して変更する場合、テーブルの更新処理が必要となります。

VBAでテーブルを操作するには、まずはテーブルのオブジェクト（ListObjectオブジェクト）を用います。テーブルのオブジェクトを取得するには、ListObjectsコレクションを使います。

書式 オブジェクト.ListObjects(index)

オブジェクト …… Worksheetオブジェクト

index ………… テーブル名またはインデックス番号

引数「index」には、テーブル名を文字列として指定するか、インデックス番号を数値として指定します。テーブル名はワークシート上でテーブルを選択した際、［テーブルツール］［デザイン］タブの「テーブル名」欄に表示されます。

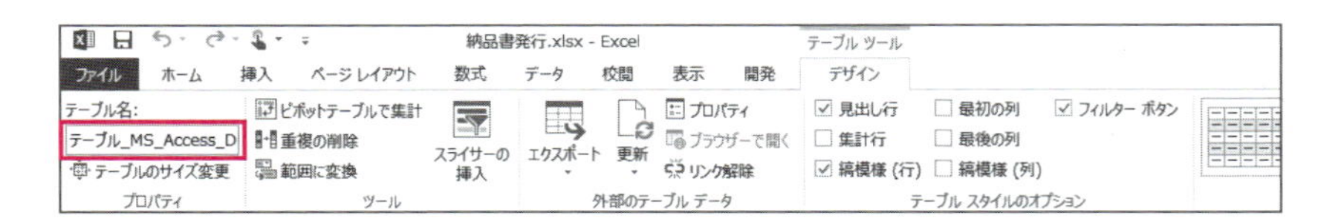

たとえば、現在のワークシートにて、テーブル名が「テーブル_MS_Access_Database_からのクエリ」なら、次のように記述します。

```
ActiveSheet.ListObjects("テーブル_MS_Access_Database_からのクエリ")
```

インデックス番号は、そのワークシート上に存在するテーブルが作成された順の数値を指定します。たとえば、現在のワークシートにて1番目に作成されたテーブルなら、1を指定します。

```
ActiveSheet.ListObjects(1)
```

厳密にはメソッド

ListObjects は厳密には、ListObjects コレクションを取得するメソッドです。

テーブルのデータを更新するには、テーブルのオブジェクトの Refresh メソッドを用います。

書式 オブジェクト.Refresh

オブジェクト …… テーブルのListObjectオブジェクト

たとえば、現在のワークシートにて1番目に作成されたテーブルのデータを更新するなら次のようなコードになります。

```
ActiveSheet.ListObjects(1).Refresh
```

納品書を印刷するには

ワークシート「納品書」の納品書を印刷するには、PrintOut メソッドを利用します。指定したワークシートの印刷範囲を印刷するメソッドです。

書式 オブジェクト.PrintOut(From, To, Copies, Preview, ActivePrinter, PrintToFile, Collate, PrToFileName, IgnorePrintAreas)

オブジェクト ………… Worksheetオブジェクト

From ………………… 印刷範囲の開始ページ番号を数値で指定。省略すると先頭ページが指定される

To …………………… 印刷範囲の終了ページ番号を数値で指定。省略すると最終ページが指定される

Copies ……………… 印刷部数を数値で指定。省略すると1が指定される

Preview ……………… 印刷プレビューを表示するならTrue、しないならFalseを指定。省略するとFalseが指定される

ActivePrinter ……… 使用するプリンターの名前を文字列として指定。省略すると既定のプリンターが指定される

PrintToFile ……… 印刷内容をファイルに出力するならTrue、しないならFalseを指定。省略するとFalseが指定される

Collate ……………… 部単位で印刷するならTrue、しないならFalseを指定。省略するとFalseが指定される

PrToFileName …… PrintToFileがTrueの場合、ファイル出力時のファイル名を文字列で指定。省略するとファイル名を指定する画面を表示される

IgnorePrintAreas … 印刷範囲を無視して全体を印刷するならTrue、しないならFalseを指定。省略するとFalseが指定される

ワークシート「納品書」を印刷するには、書式の「オブジェクト」には、ワークシート「納品書」のWorksheetオブジェクトを指定します。また、今回は画面上で動作確認できるよう、プレビューを毎回表示します。そのため、引数PreviewにTrueを設定します。他の引数は省略し、すべて既定値で印刷します。すると、ワークシート「納品書」を印刷するコードは下記になります。

```
Worksheets("納品書").PrintOut Preview:=True
```

プレビューを毎回表示したくなければ、引数PreviewにFalseを設定するか、引数Previewを省略してください。

以上を踏まえると、納品書を連続作成・印刷するコードは下記となります。Subプロシージャ名は「納品書連続作成印刷」、変数iのデータ型はLong型としています。また、各セルのRangeオブジェクトの前に、「Worksheets("データ")」によって、ワークシート「データ」も指定するようにしています。その記述はWithステートメントでまとめています。

```
Option Explicit

Sub 納品書連続作成印刷()
  Dim i As Long

  With Worksheets("データ")
    For i = .Range("C2").Value Toa .Range("D2").Value
      .Range("A2").Value = i
      .ListObjects(1).Refresh
      Worksheets("納品書").PrintOut Preview:=True
    Next
  End With
End Sub
```

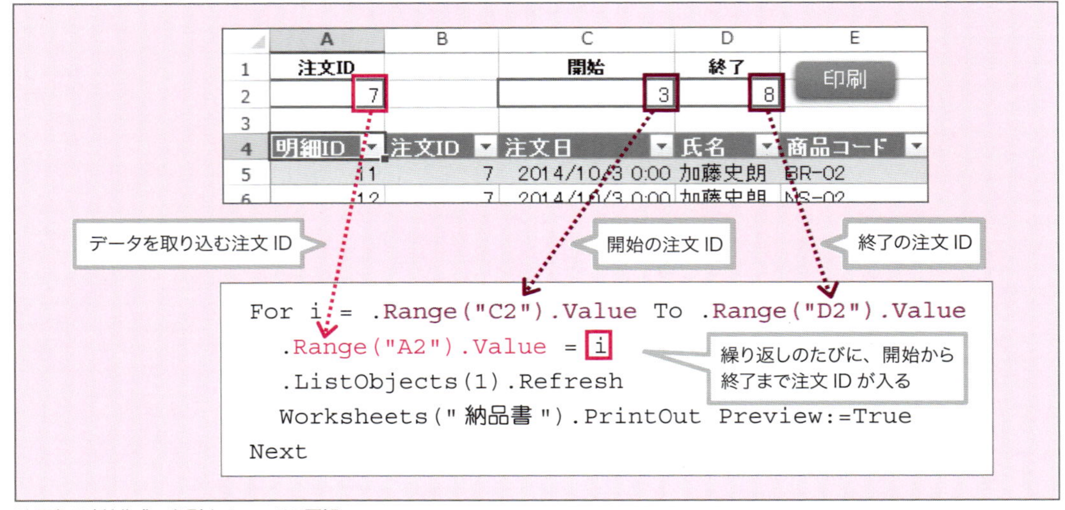

納品書を連続作成・印刷するコードの図解

POINT

ワークシートの指定

RangeやCellsの前にワークシートのオブジェクトを指定しないと、現在操作中のワークシート上のセルと見なされます。複数のワークシートでセルを操作するコードの場合、たとえRangeやCellsの前にワークシートのオブジェクトを指定しなくても意図通り動作するコードであっても、指定することをおすすめします。あとで機能を追加・変更するためコードを追加・変更した際、現在操作中のワークシートが変わってしまうことで、意図通り動作しなくなってしまうトラブルを未然に防ぐためです。

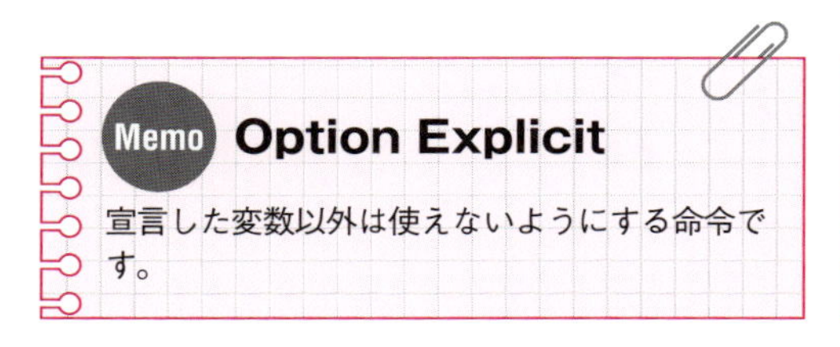

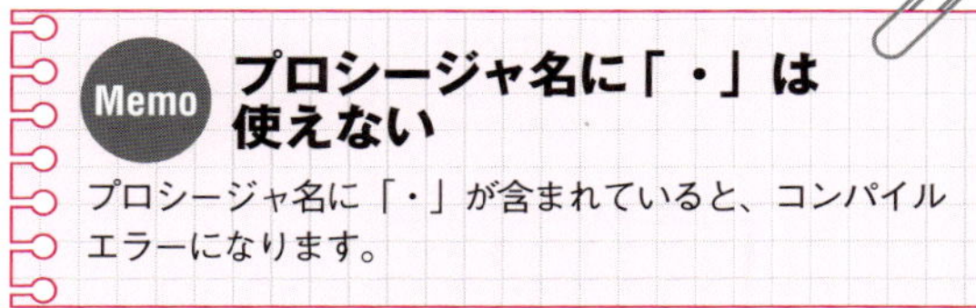

バックグラウンドでの更新を無効化しておく

上記のSubプロシージャ「納品書連続作成印刷」で、意図通り納品書を連続して作成・印刷するには、Accessからデータを再度取り込むための更新処理をバックグラウンドで実行しないよう設定変更しておく必要があります。

バックグラウンドで更新を行うようになっていると、更新の最中に他の操作が行えます。VBAの場合、更新の最中に次の処理が実行されます。そうなると、更新が終わる前に印刷処理が実行されてしまうため、目的の注文IDを順番に取り込んで印刷できなくなってしまいます。

バックグラウンドでの更新を無効化するには、「接続のプロパティ」ダイアログボックス（開き方は4章03参照）の［使用］タブの［バックグラウンドで更新する］のチェックを外します。

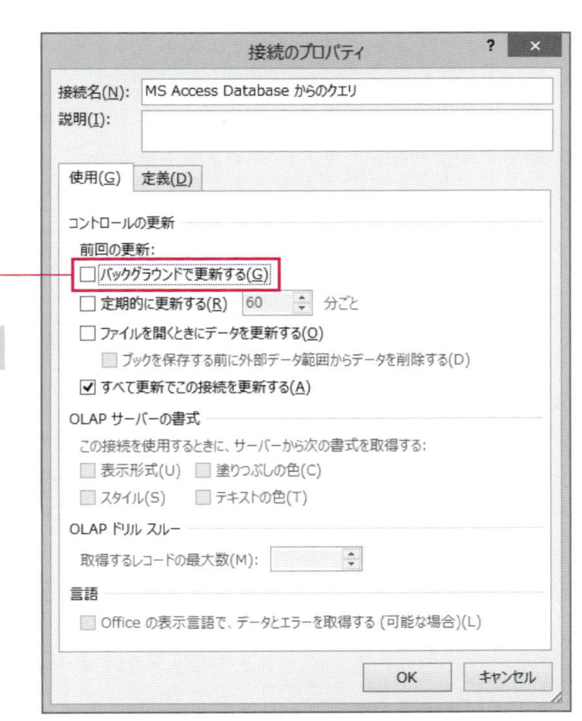

■ 納品書の連続作成・印刷機能を追加しよう

それでは、「納品書発行.xlsx」に納品書の連続作成・印刷機能を追加しましょう。

ワークシート「データ」に開始・終了の注文ID欄とボタンを追加

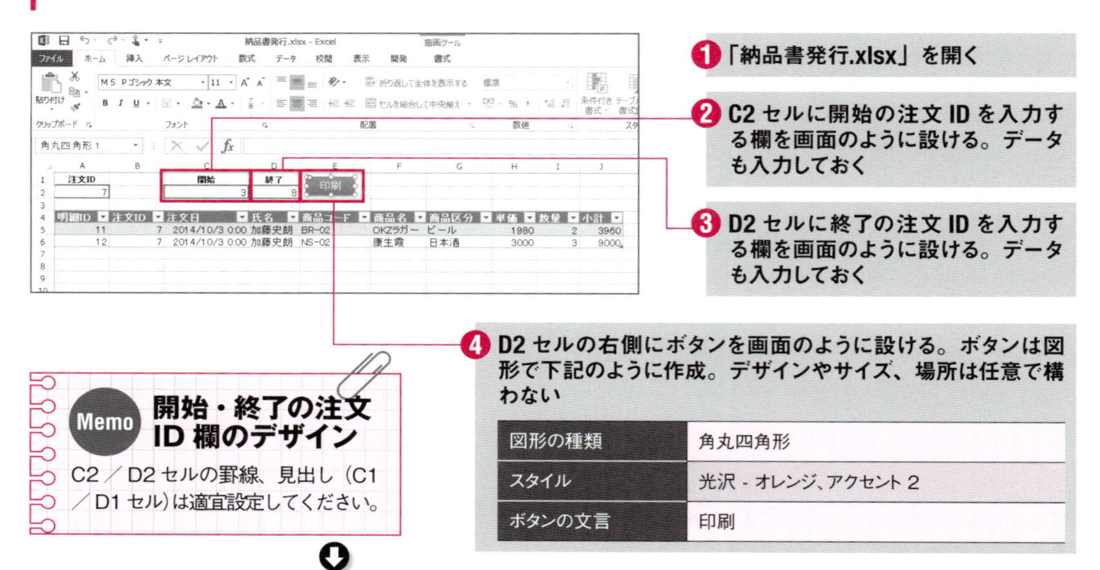

❶「納品書発行.xlsx」を開く

❷ C2セルに開始の注文IDを入力する欄を画面のように設ける。データも入力しておく

❸ D2セルに終了の注文IDを入力する欄を画面のように設ける。データも入力しておく

❹ D2セルの右側にボタンを画面のように設ける。ボタンは図形で下記のように作成。デザインやサイズ、場所は任意で構わない

図形の種類	角丸四角形
スタイル	光沢 - オレンジ、アクセント 2
ボタンの文言	印刷

Memo 開始・終了の注文ID欄のデザイン

C2／D2セルの罫線、見出し（C1／D1セル）は適宜設定してください。

VBAのプログラムを作成

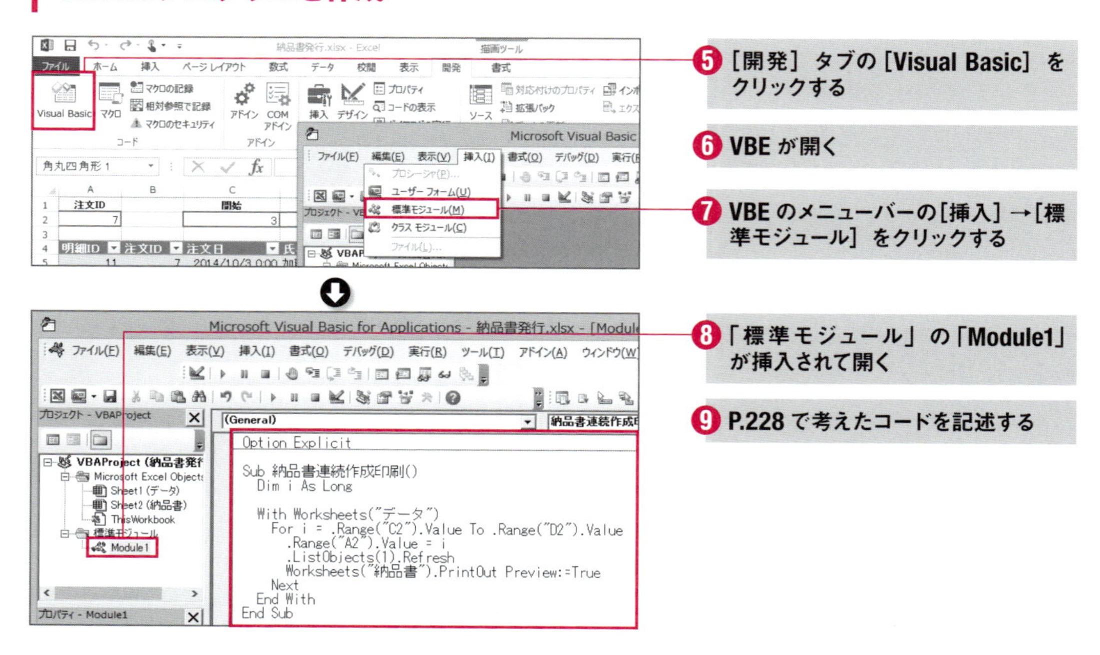

```
Option Explicit

Sub 納品書連続作成印刷()
  Dim i As Long

  With Worksheets("データ")
    For i = .Range("C2").Value To .Range("D2").Value
      .Range("A2").Value = i
      .ListObjects(1).Refresh
      Worksheets("納品書").PrintOut Preview:=True
    Next
  End With
End Sub
```

❺［開発］タブの［Visual Basic］をクリックする

❻ VBEが開く

❼ VBEのメニューバーの［挿入］→［標準モジュール］をクリックする

❽「標準モジュール」の「Module1」が挿入されて開く

❾ P.228で考えたコードを記述する

ボタンにSubプロシージャを登録

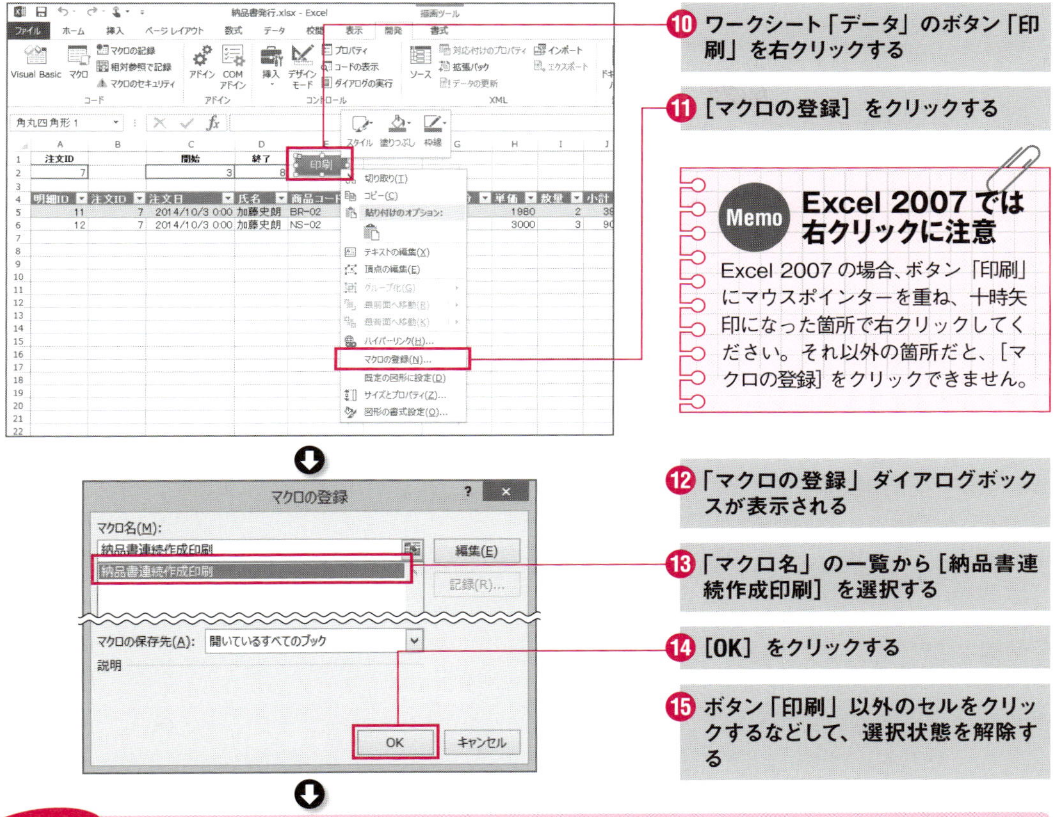

⑩ワークシート「データ」のボタン「印刷」を右クリックする

⑪［マクロの登録］をクリックする

⑫「マクロの登録」ダイアログボックスが表示される

⑬「マクロ名」の一覧から［納品書連続作成印刷］を選択する

⑭［OK］をクリックする

⑮ボタン「印刷」以外のセルをクリックするなどして、選択状態を解除する

Memo Excel 2007では右クリックに注意

Excel 2007の場合、ボタン「印刷」にマウスポインターを重ね、十時矢印になった箇所で右クリックしてください。それ以外の箇所だと、［マクロの登録］をクリックできません。

POINT 選択状態は必ず解除しておく

図形で作成したボタンは選択状態だと、クリックでマクロを実行できないので、必ず解除しておいてください。

バックグラウンドでの更新を無効化する

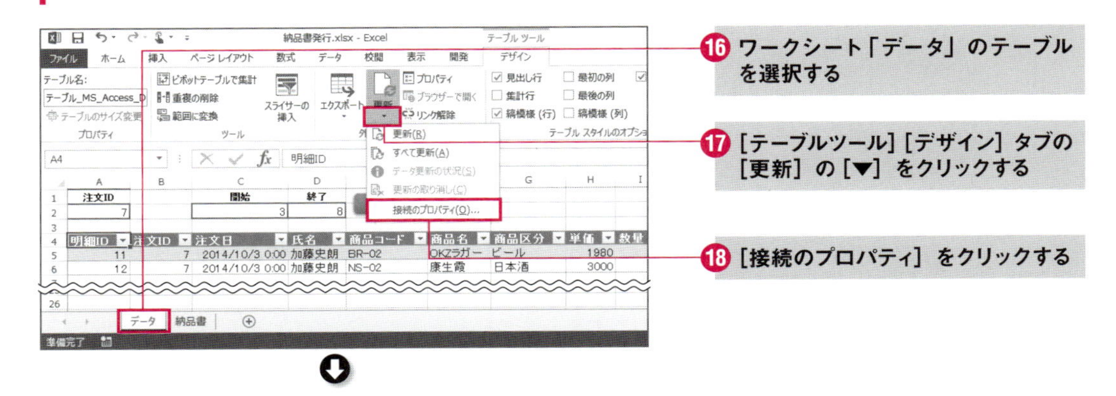

⑯ワークシート「データ」のテーブルを選択する

⑰［テーブルツール］［デザイン］タブの［更新］の［▼］をクリックする

⑱［接続のプロパティ］をクリックする

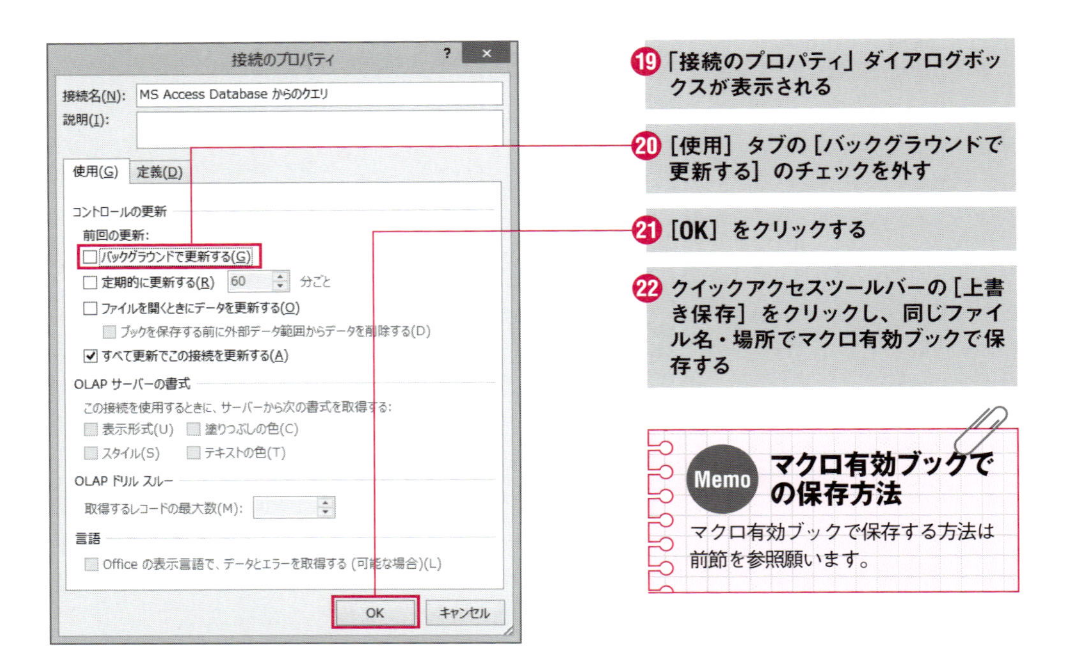

⑲「接続のプロパティ」ダイアログボックスが表示される

⑳［使用］タブの［バックグラウンドで更新する］のチェックを外す

㉑［OK］をクリックする

㉒クイックアクセスツールバーの［上書き保存］をクリックし、同じファイル名・場所でマクロ有効ブックで保存する

Memo マクロ有効ブックでの保存方法

マクロ有効ブックで保存する方法は前節を参照願います。

これで完成です。たとえば、開始の注文IDとしてC2セルに3、終了の注文IDとしてD2セルに8を入力し、［印刷］ボタンをクリックすると、このように注文IDが3から8の納品書が自動的に連続して作成され、印刷プレビューが表示されていきます。

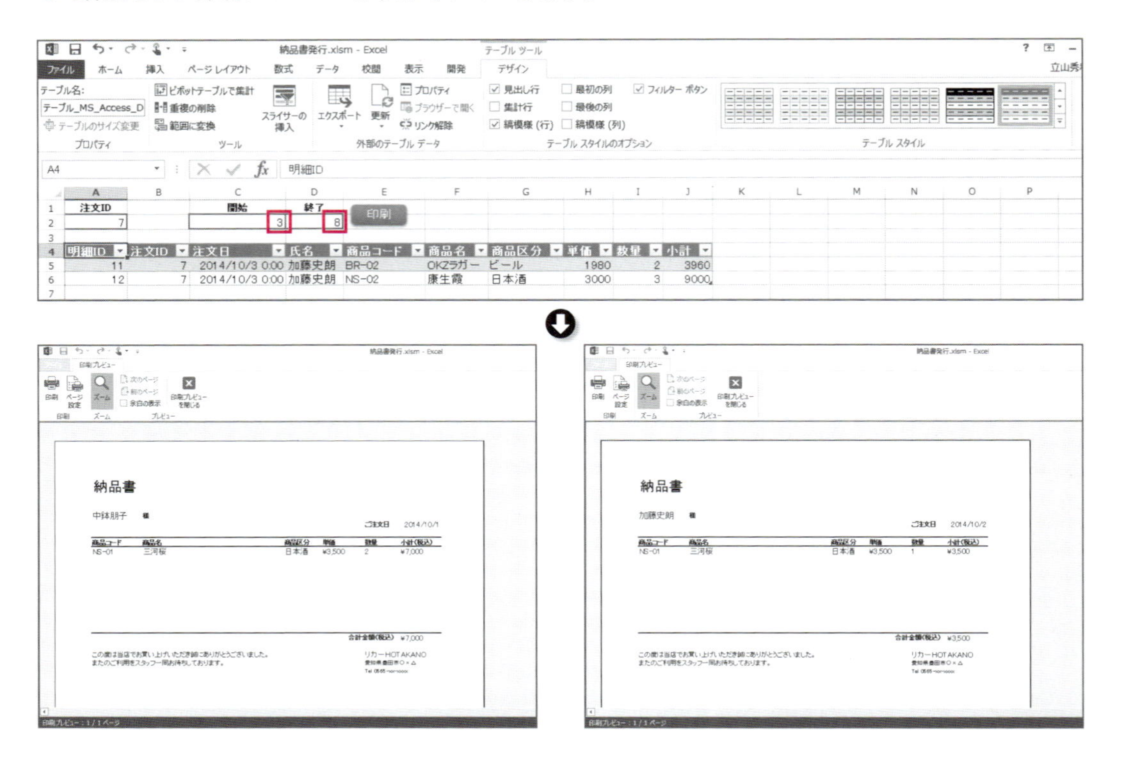

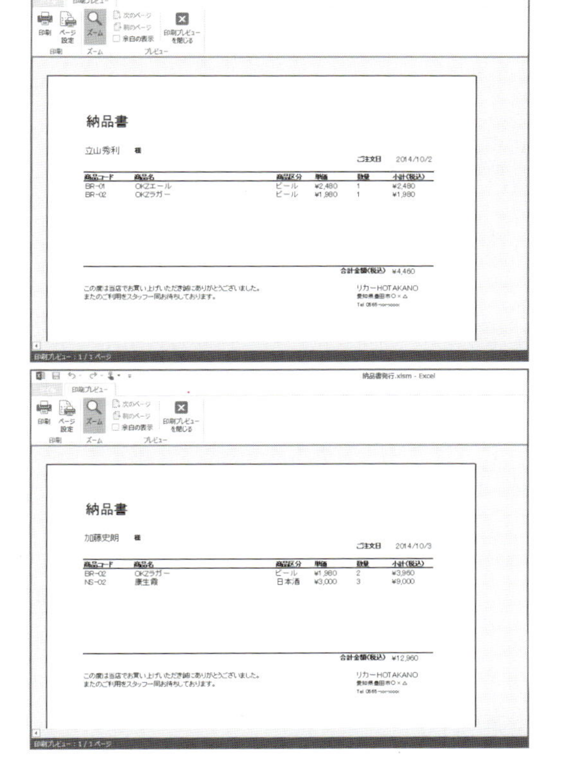

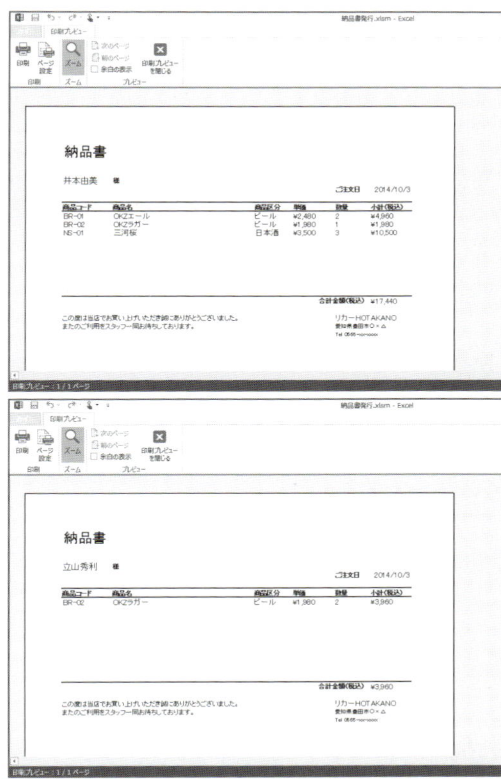

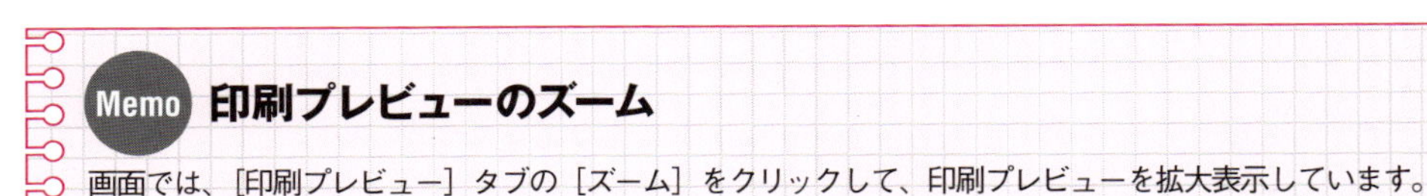

Memo 印刷プレビューのズーム

画面では、［印刷プレビュー］タブの［ズーム］をクリックして、印刷プレビューを拡大表示しています。

この時点では、印刷プレビューが有効になっているので、印刷プレビューが毎回表示され、［印刷プレビューを閉じる］ボタンをクリックしないと、次の納品書が作成・印刷されません。プレビューせずに連続作成・印刷するには、繰り返しになりますが、PrintOutメソッドの引数PreviewをFalseに設定するか、引数Previewを省略するようコードを変更してください。

■ 連続作成・印刷時のみバックグラウンド更新を無効化する

「納品書発行.xlsm」は現在、バックグラウンドでの更新は無効化してあります。そのため、ワークシート「データ」のA2セルに注文IDを手動で入力して注文データを再度取り込む際、取り込んでいる最中は他の操作ができません。

注文IDを手動で入力した場合は他の作業を可能とし、なおかつ、マクロで連続作成・印刷を可能とするには、連続作成・印刷時のみバックグラウンド更新を無効化するようコードを追加します。

バックグラウンド更新の設定をVBAで操作するには、テーブルのQueryTableオブジェクトのBackgroundQueryプロパティを用います。QueryTableオブジェクトはテーブルの接続先（今回はAccessデータベースファイル）を管理するオブジェクトです。

書式 オブジェクト.QueryTable
オブジェクト …… テーブルのListObjectオブジェクト

BackgroundQueryプロパティはバックグラウンド更新の設定になります。Trueを設定すると有効化、Falseを設定すると無効化できます。

書式 オブジェクト.BackgroundQuery
オブジェクト …… テーブルの接続のQueryTableオブジェクト

たとえば、ワークシート「データ」の1番目のテーブルのバックグラウンド更新を無効化するなら、次のようなコードになります。

```
Worksheets("データ").ListObjects(1).QueryTable.BackgroundQuery = False
```

では、Subプロシージャ「納品書連続作成印刷」に、連続作成・印刷時のみバックグラウンド更新を無効化する機能を追加しましょう。

まずはテーブルの「接続のプロパティ」ダイアログボックスを開き、[バックグラウンドで更新する]にチェックを入れて、通常時はバックグラウンド更新を有効に戻しておきます。

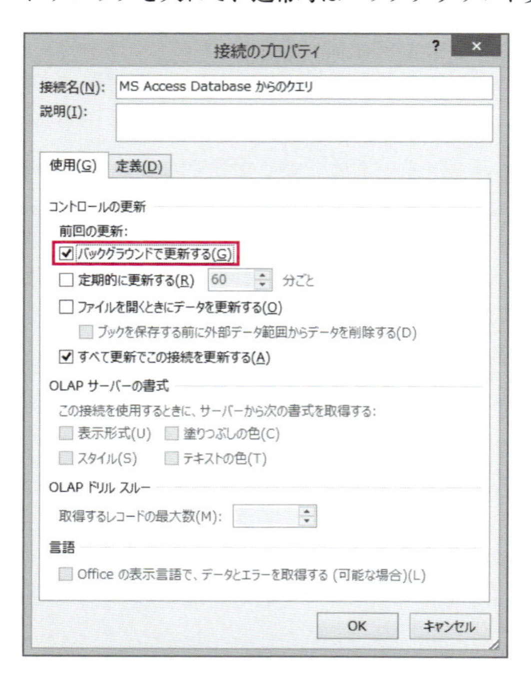

続けて、VBEを開き、Subプロシージャ「納品書連続作成印刷」に次のようにコードを追加してください。

```
Sub 納品書連続作成印刷()
  Dim i As Long

  With Worksheets("データ")
    For i = .Range("C2").Value To .Range("D2").Value
      .Range("A2").Value = i
      .ListObjects(1).Refresh
      Worksheets("納品書").PrintOut Preview:=True
    Next
  End With
End Sub
```

追加前

```
Sub 納品書連続作成印刷()
  Dim i As Long

  With Worksheets("データ")
    .ListObjects(1).QueryTable.BackgroundQuery = False
    For i = .Range("C2").Value To .Range("D2").Value
      .Range("A2").Value = i
      .ListObjects(1).Refresh
      Worksheets("納品書").PrintOut Preview:=True
    Next
    .ListObjects(1).QueryTable.BackgroundQuery = True
  End With
End Sub
```

追加後

連続印刷する処理の前に、バックグラウンド更新を無効化するコードを追加し、連続印刷する処理の後に、バックグラウンド更新を再び有効化するコードを追加しています。

バックグラウンド更新を無効化／有効化するコードは、「Worksheets("データ")」の記述はWithステートメントでまとめているため、「.ListObjects(1)」から記述することになります。

これでSubプロシージャ「納品書連続作成印刷」は、連続作成・印刷時のみバックグラウンド更新を無効化するようになりました。注文IDを手動で入力した場合は他の作業を可能とし、なおかつ、マクロで連続作成・印刷が可能となりました。

03 Accessの選択クエリをExcelのテーブルとして取り込む操作を自動化

本節では、4章03で解説したAccessの選択クエリをExcelのテーブルとして取り込む操作をマクロで自動化します。さらに次節にて、テーブルからピボットテーブル／グラフを作成する操作も自動化します。

■ Accessの選択クエリをExcelのテーブルとして取り込むマクロ

4章03では、Accessデータベース「注文管理.accdb」の選択クエリ「Q_注文データ」をExcelのテーブルとして手動で取り込みましたが、この操作はマクロで自動化することができます。

一般的に、Accessの選択クエリをExcelにテーブルとして取り込み、絞り込みや並べ替えなどで分析し、さらにそのテーブルからピボットテーブル／グラフを作成して分析を行いたい場合、取り込みなどの操作を手動で行っていては手間がかかるものです。ましてや、対象となるAccessの選択クエリの数が増えるほど、その手間も比例してふくれあがるでしょう。

そこで、本節にて、Accessの選択クエリをExcelにテーブルとして取り込む操作をマクロで自動化します。さらに次節にて、取り込んだテーブルからピボットテーブル／グラフを作成する操作をマクロで自動化します。そのようなマクロの作成に「マクロ記録機能」は適していないので、VBAでプログラミングして作成します。

■ AccessのデータからExcelのテーブルをVBAで作成するには

ExcelのテーブルをVBAで作成するには、ListObjectsコレクションのAddメソッドを用います。書式は次の通りです。

書式

```
オブジェクト.ListObjects.Add(SourceType, Source, LinkSource,
XlListObjectHasHeaders, Destination, TableStyleName)
```

オブジェクト …… Worksheetオブジェクト

SourceType … テーブルの元となるデータの種類の定数を下表から指定
省略可能であり、省略するとxlSrcRangeが指定される

定数	意味
xlSrcExternal	外部データ
xlSrcModel	パワーピボットモデル
xlSrcQuery	クエリ
xlSrcRange	セル範囲
xlSrcXml	XML

定数	意味
xlGuess	データから自動判定
xlNo	データの先頭行を見出しとしない
xlYes	データの先頭行を見出しとする

Source ………………………テーブルの元となるデータ
LinkSource …………………外部データの場合、リンクするならTrue、しないならFalseを指定
省略可能であり、省略するとTrueが指定される
XlListObjectHasHeaders …データの先頭行を見出しとするか下表から指定
省略可能であり、省略するとxlGuessが指定される

定数	意味
xlGuess	データから自動判定
xlNo	データの先頭行を見出しとしない
xlYes	データの先頭行を見出しとする

Destination …………………テーブルの作成先となるセルのオブジェクトを指定
TableStyleName ……………テーブルのスタイル。
省略可能であり、省略すると既定のスタイルが適用される

引数 Destination について

引数 Destination は元となるデータがセル範囲なら省略できます。その場合、元のセル範囲がテーブル化されます。

引数Sourceの設定方法

引数 Source は、テーブルの元となるデータが Access データベースの場合、データベースの種類や場所などを次の書式で文字列として指定します。

書式 OLEDB;Provider=Microsoft.ACE.OLEDB.12.0;Data Source=データベースファイル名

データベースファイル名 … 目的のAccessデータベースのファイル名を絶対パス付きで指定

たとえば、Excel のテーブルの元となるデータの Access データベースが、C ドライブ直下の「注文管理」フォルダーにある「注文管理.accdb」なら、引数 Source には次のような文字列を設定すればよいことになります。その他のフォルダーにあるなら、そのフォルダーの絶対パスを指定します。

```
OLEDB;Provider=Microsoft.ACE.OLEDB.12.0;Data Source=C:¥注文管理¥注文管理.accdb
```

ListObjects コレクションの Add メソッドを実行すると、戻り値としてテーブルのオブジェクト (ListObject オブジェクト) が得られます。前節で学んだ通り、VBA では、Excel のテーブルは ListObject オブジェクトとして扱います。以降、作成したテーブルに対して、書式設定などの操作を行うには、この ListObject オブジェクトを用います。

■ 取り込む選択クエリの設定などをVBAで行うには

ListObjectsコレクションのAddメソッドでは、Excelにテーブルとして取り込むAccessのデータベースファイルを指定するのみにとどまります。そのデータベースのどの選択クエリをExcelにテーブルとして取り込むのか、別途指定しなければなりません。また、Addメソッドだけでは、Excelのテーブルを作成するだけで、Accessデータベースの選択クエリからのデータ取り込みは行われません。

それらの設定や操作はListObjectオブジェクト以下にあるQueryTableオブジェクトの各種プロパティやメソッドで行います。

Excelのテーブルの元となるデータに、Accessデータベースの選択クエリを指定するには、まずはQueryTableオブジェクトのCommandTypeプロパティに、定数xlCmdTableを設定する必要があります。

書式 オブジェクト.CommandType = 設定値

オブジェクト …… QueryTableオブジェクト

設定値………… Accessデータベースの選択クエリなら定数xlCmdTableを指定

CommandTypeのその他の設定値

CommandTypeプロパティには他にも何種類かの定数を指定できますが、本書では解説を割愛させていただきます。

CommandTypeプロパティに定数xlCmdTableを設定したら、CommandTextプロパティに選択クエリの名前を文字列として設定します。

書式 オブジェクト.CommandText = クエリ名

オブジェクト …… QueryTableオブジェクト

クエリ名 ……… Accessデータベースの選択クエリ名を文字列として指定

テーブルにAccessデータベースの選択クエリからデータを取り込むには、Refreshメソッドを用います。

書式 オブジェクト.Refresh(BackgroundQuery)

オブジェクト …………… QueryTableオブジェクト

BackgroundQuery … バックグラウンドで更新するならTrue、しないならFalseを指定

■ Excelのテーブルの名前や表示形式をVBAで設定するには

テーブル名をVBAで設定するには

ListObjectsコレクションのAddメソッドで作成したテーブルの名前を設定するには、ListObjectオブジェクトのNameプロパティを用います。

書式 オブジェクト.Name = テーブル名

オブジェクト …… ListObjectオブジェクト

テーブル名 …… テーブル名を文字列として指定

目的のテーブルの列のセル範囲を取得するには

テーブルを手動で作成した場合、各列のデータの表示形式は4章03で体験した通り、日付や通貨などの表示形式が自動で設定されます。しかし、ListObjectsコレクションのAddメソッドでテーブルを作成すると、各列の表示形式は自動で設定されないため、VBAで設定する必要があります。

表示形式を設定するには、まずは目的のテーブルにおける目的の列のセル範囲のオブジェクトを取得する必要があります。取得方法は何通りかありますが、Rangeオブジェクトを使って下記の書式で記述する方法が最も手軽でわかりやすいでしょう。

書式 Range("テーブル名[列名]")

テーブル名 …… テーブル名を指定

列名…………… 列名を指定

たとえば、「注文データ」という名前のテーブルの列「注文日」のセル範囲のオブジェクトを取得するには、次のように記述します。

```
Range("注文データ[注文日]")
```

Rangeのカッコ内は「テーブル名[列名]」の文字列を直接指定しているので、「"」で囲います。もし「テーブル名[列名]」の文字列をString型変数に格納して使う場合は、「"」で囲う必要はなく、Rangeのカッコ内にその変数名だけを記述します。

テーブルの表示形式をVBAで設定するには

目的のテーブルの列のセル範囲の表示形式を設定するには、NumberFormatLocalプロパティを用います。

書式 オブジェクト.NumberFormatLocal = 表示形式

オブジェクト …… セル範囲のオブジェクト

表示形式……… 表示形式を書式記号で文字列として指定

表示形式は「書式記号」によって指定します。ちょうど「セルの書式設定」ダイアログボックスの［表示形式］タブの分類「ユーザー定義」の表示形式と全く同じかたちで指定することになります。

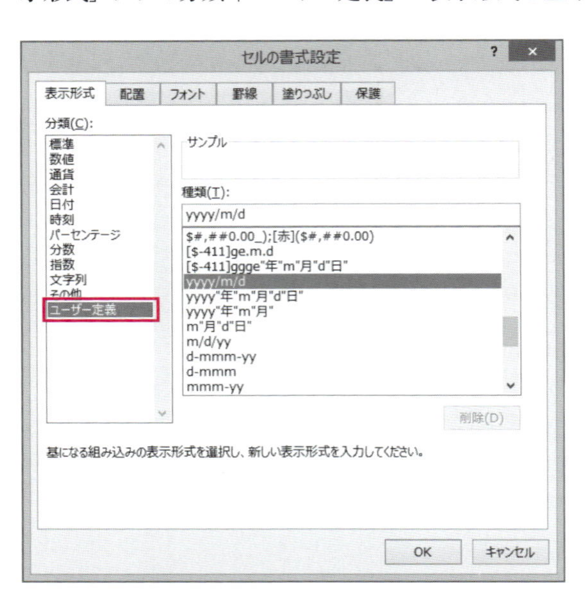

たとえば、「年／月／日」(年は4桁の西暦) という日付の表示形式なら、次のように記述します。書式記号は西暦の年が「y」、月が「m」、日が「d」になります。年は4桁で表示したいので、「y」を4つ並べます。文字列として指定するので、「"」で囲みます。

```
"yyyy/m/d"
```

「注文データ」という名前のテーブルの列「注文日」の表示形式を「年／月／日」(年は4桁の西暦) に設定するなら、コードは次の通りです。

```
Range("注文データ[注文日]").NumberFormatLocal = "yyyy/m/d"
```

書式記号は日付の他にも、数値や通貨など、さまざまな表示形式を指定できます。

通貨の表示形式をスタイルで設定するには

目的のテーブルの列のセル範囲の表示形式を通貨に設定することは、同じくNumberFormatLocalプロパティと書式記号の組み合わせで行えます。加えて、別の方法として、セルのスタイルによる設定することも可能です。［ホーム］タブの［数値］の［通過表示形式］をクリックすると、セルの表示形式を通貨に設定できますが、その操作をVBAで行うことになります。

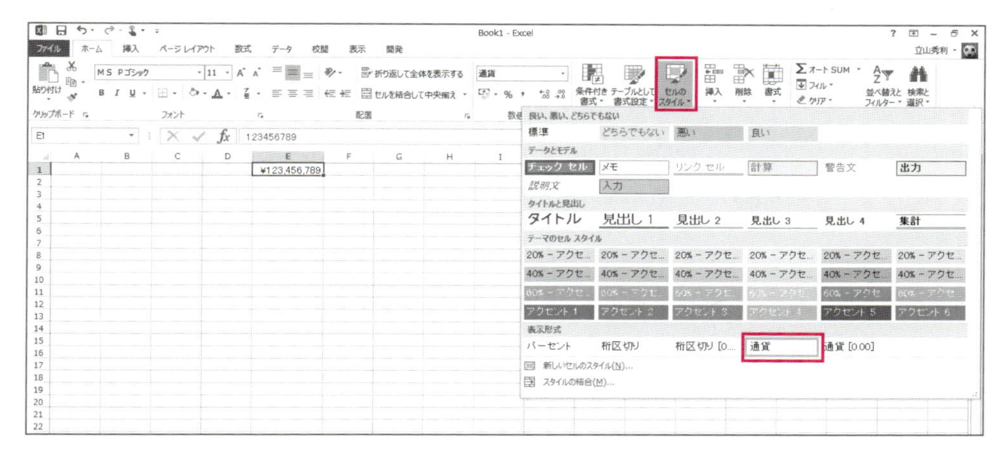

セルのスタイルの設定をVBAで行うには、Styleプロパティを用います。

書式 オブジェクト.Style = スタイル

オブジェクト …… セル範囲のオブジェクト

スタイル ……… スタイル名を文字列として指定

たとえば、通貨のスタイルを設定するには、スタイル名である「通貨」を文字列として記述します。文字列として指定するので、「"」で囲みます。

```
"通貨"
```

「注文データ」という名前のテーブルの列「単価」のスタイルを「通貨」に設定するなら、コードは次の通りです。

```
Range("注文データ[単価]").Style = "通貨"
```

「"Currency [0]"」でもOK

「"通貨"」に替えて「"Currency [0]"」を代入しても通貨のスタイルを設定できます。

■ Accessの選択クエリをExcelのテーブルとして取り込むマクロを作ろう

それでは、Accessの選択クエリをExcelのテーブルとして取り込むマクロをVBAのプログラミングで作りましょう。

今回はExcelの新規ブックに作成します。また、Accessデータベースファイルは解説およびコードをより簡便にするため、Cドライブ直下の「注文管理」フォルダーにある「注文管理.accdb」を使います。読者の皆さんはご自分のAccessデータベースファイルの保存先にあわせて、絶対パスを指定してください。たとえば、ユーザー名が「hidetoshi」で、「注文管理」フォルダーがデスクトップ上にあるなら、同フォルダーの絶対パスは「C:¥Users¥hidetoshi¥Desktop¥注文管理」となります。本章および次章は以降同様です。

データを取り込む選択クエリも引き続き「Q_注文データ」を使います。Excelのテーブル名は今回、「注文データ」とします。注文日の表示形式は「年／月／日」(年は4桁の西暦)とし、単価と小計の表示形式は通貨とします。

Accessのデータからテーブルを作成する処理

最初に、Accessのデータから Excelのテーブルを作成する処理のコードを考えます。その処理には、先ほど学んだListObjectsコレクションのAddメソッドを用います。

Accessのデータからテーブルを作成する場合、データの種類は外部データ扱いになるので、引数SourceTypeはxlSrcExternalを設定します。

```
Dim path As String
Dim lo As ListObject

path = "C:¥注文管理¥注文管理.accdb"
Set lo = Worksheets("Sheet1").ListObjects.Add(SourceType:=xlSrcExternal, _
    Source:="OLEDB;Provider=Microsoft.ACE.OLEDB.12.0;Data Source=" & path, _
        Destination:=Range("A1"))
```

引数Sourceに設定する文字列は、先ほど学んだ書式に従うと、次のように記述すればよいことになります。

```
"OLEDB;Provider=Microsoft.ACE.OLEDB.12.0;Data Source=C:¥注文管理¥注文管理.accdb"
```

今回はAccessデータベースファイル名である「C:¥注文管理¥注文管理.accdb」の部分は、String型の変数「path」に分離します。

```
Dim path As String
path = "C:¥注文管理¥注文管理.accdb"
```

繰り返しになりますが、絶対パスの部分は「注文管理」フォルダーの場所に応じて書き換えてください。たとえば、ユーザー名が「hidetoshi」で、「注文管理」フォルダーがデスクトップ上にあるなら、「path = "C:¥Users¥hidetoshi¥Desktop¥注文管理¥注文管理.accdb"」となります。そして、文字列「OLEDB;Provider=Microsoft.ACE.OLEDB.12.0;Data Source=」の後ろに、変数pathを&演算子で連結します。

```
"OLEDB;Provider=Microsoft.ACE.OLEDB.12.0;Data Source=" & path
```

もちろん「～ Data Source=」の後ろに直接記述してもよいのですが、コードの見通しをよくするとともに、もしデータベースファイルの場所が変更された場合に書き換えやすくするため、そのようなかたちのプログラムとします。

また、テーブルの作成先はワークシート「Sheet1」のA1セルとします。よって、引数Destinationには A1セルのオブジェクト「Range("A1")」を設定すればよいことになります。

さらには、Addメソッドの戻り値として得られるテーブルのListObjectオブジェクトは、ListObject型の変数「lo」に格納します。変数loを使わなくても目的の機能のコードは記述できますが、コードの見通しをよくして、かつ、その後の処理のコードを書きやすくするために使います。

以上を踏まえると、Accessのデータから Excelのテーブルを作成する処理のコードは以下になります。Addメソッドはコードを改行する「 _」によって、3行に分けて記述しています。その戻り値をSetステートメントで変数loに格納しています。

取り込む選択クエリの設定などを行う処理

取り込む選択クエリの設定などを行うには、作成したテーブルのListObjectオブジェクトのQueryTableが必要です。目的のListObjectオブジェクトは変数loに格納してあるので、次のように記述すればよいことになります。

```
lo.QueryTable
```

QueryTableオブジェクトのCommandTypeプロパティには、Accessデータベースの選択クエリからデータを取り込むので、定数xlCmdTableを設定します。

```
lo.QueryTable.CommandType = xlCmdTable
```

CommandTextプロパティには、選択クエリ「Q_注文データ」を取り込むので、そのクエリ名を文字列として設定します。

```
lo.QueryTable.CommandText = "Q_注文データ"
```

最後にRefreshメソッドによって、データの取り込みを行います。

```
lo.QueryTable.Refresh BackgroundQuery:=False
```

引数BackgroundQueryは今回Falseを設定し、バックグラウンドで更新しないようにします。これは次節でピボットテーブル／グラフを作成する処理のためです。データの取り込みが終わる前に、ピボットテーブル／グラフ作成が行われないようにするため、バックグラウンドでの更新を無効にします。

以上を踏まえると、取り込む選択クエリの設定などを行う処理のコードは以下になります。「lo.QueryTable」の記述が何度も登場するので、Withステートメントでまとめています。

```
With lo.QueryTable
   .CommandType = xlCmdTable
   .CommandText = "Q_注文データ"
   .Refresh BackgroundQuery:=False
End With
```

テーブル名と表示形式を設定する処理

テーブルの名前を「注文データ」に設定するには、作成したテーブルのListObjectオブジェクトのNameプロパティに、文字列「注文データ」を設定します。

```
lo.Name = "注文データ"
```

実はテーブル名は設定しなくても、作成される際に標準の名前が自動的に付けられます。しかし、次節でピボットテーブル／グラフを作成する際､元となるデータをテーブルとして指定することになり、その際にテーブル名が明確にわかっていると、プログラムが記述しやすくなるので、ここで設定しています。

注文日の表示形式の設定にはNumberFormatLocalプロパティを用います。注文日の列のセル範囲のオブジェクトは、先ほど学んだ書式「Range("テーブル名[列名]")」に従うと、「Range("注文データ[注文日]")」となります。「年／月／日」（年は4桁の西暦）の表示形式は、先ほど学んだ表示記号を使い、「"yyyy/m/d"」と記述すればよいことになります。

```
Range("注文データ[注文日]").NumberFormatLocal = "yyyy/m/d"
```

単価と小計の表示形式を通貨にするには、通貨のスタイルを設定する方法を用います。単価と小計の列のセル範囲のオブジェクトは、書式「Range("テーブル名[列名]")」で得られます。そのStyleプロパティに、スタイル名「通貨」を文字列として設定します。

```
Range("注文データ[単価]").Style = "通貨"
Range("注文データ[小計]").Style = "通貨"
```

以上を踏まえると、テーブル名と表示形式を設定する処理のコードは以下になります。

```
lo.Name = "注文データ"
Range("注文データ[注文日]").NumberFormatLocal = "yyyy/m/d"
Range("注文データ[単価]").Style = "通貨"
Range("注文データ[小計]").Style = "通貨"
```

3つの処理をSubプロシージャにまとめる

これまでに考えたAccessのデータからExcelのテーブルを作成する処理、取り込む選択クエリの設定などを行う処理、テーブル名と表示形式を設定する処理のコードをSubプロシージャにまとめます。

Subプロシージャ名は何でもよいのですが、今回は「テーブル作成」とします。また、変数を使うので、Option Explicitも記述しておきます。

```
Option Explicit

Sub テーブル作成()
  Dim path As String
  Dim lo As ListObject

  path = "C:¥注文管理¥注文管理.accdb"
  Set lo = Worksheets("Sheet1").ListObjects.Add(SourceType:=xlSrcExternal, _
    Source:="OLEDB;Provider=Microsoft.ACE.OLEDB.12.0;Data Source=" & path, _
      Destination:=Range("A1"))

  With lo.QueryTable
    .CommandType = xlCmdTable
    .CommandText = "Q_注文データ"
    .Refresh BackgroundQuery:=False
  End With

  lo.Name = "注文データ"
  Range("注文データ[注文日]").NumberFormatLocal = "yyyy/m/d"
  Range("注文データ[単価]").Style = "通貨"
  Range("注文データ[小計]").Style = "通貨"
End Sub
```

それでは、上記コードのマクロを備えたExcelのブックを作成しましょう。保存する際のブック名は「注文データ分析4.xlsm」、保存場所は「注文管理」フォルダーとします。

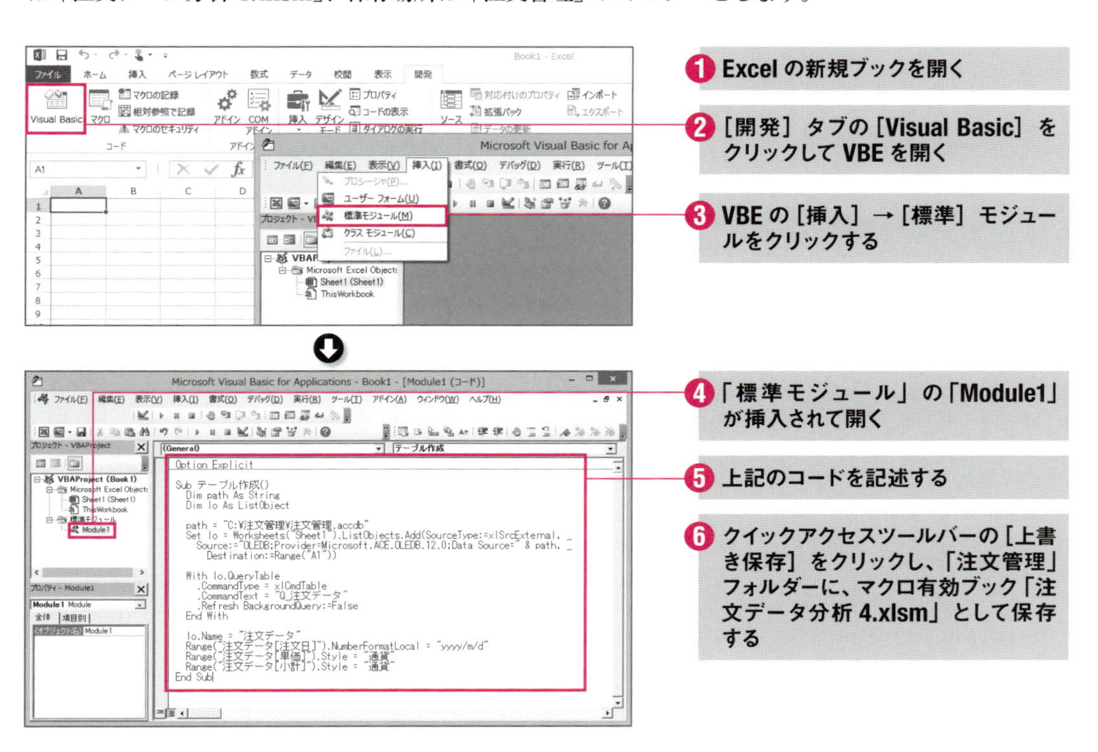

これで完成です。さっそくマクロを実行してみましょう。[開発] タブの [マクロ] をクリックして、「マクロ」ダイアログボックスを開いてください。「マクロ名」から Sub プロシージャ「テーブル作成」を選択し、[実行] をクリックしてください。

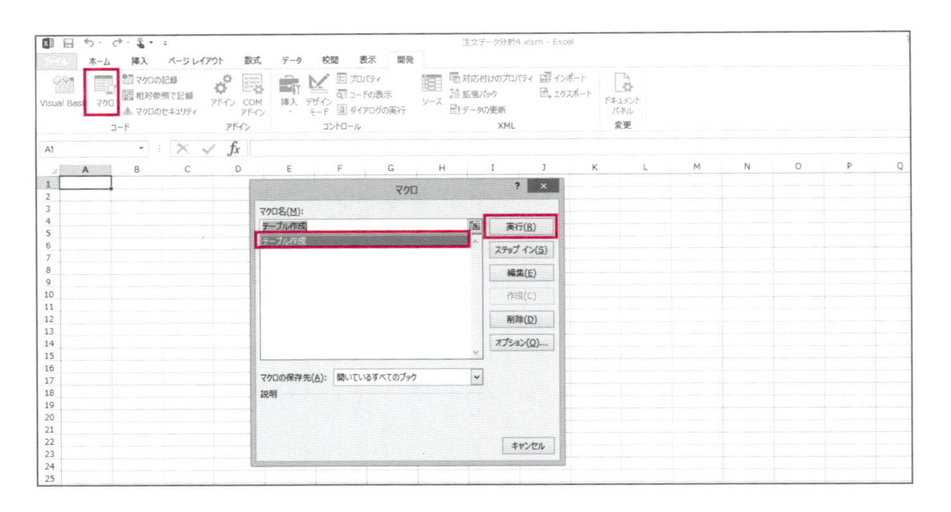

「注文管理.accdb」の選択クエリ「Q_注文データ」のデータから、ワークシート「Sheet1」にテーブルが作成されます。テーブル名が「注文データ」と設定されたことも確認できます。

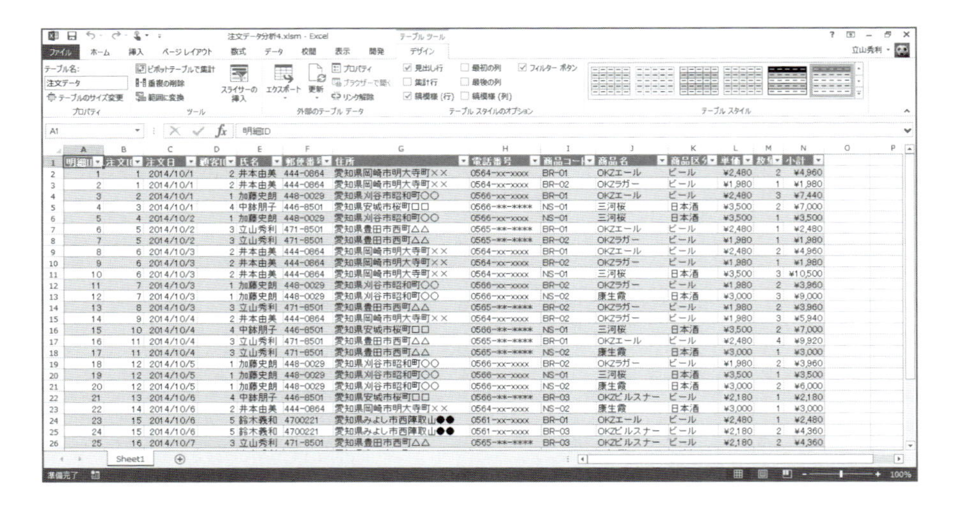

そして、Excel のテーブル「注文データ」は Access データベース「注文管理.accdb」と接続しているため、Access データベースのデータが追加・変更・削除されたら、Excel の [テーブルツール] [デザイン] タブの [更新] をクリックすれば、テーブルのデータを更新できます。

なお、テーブル「注文データ」の「接続のプロパティ」ダイアログボックスの [定義] タブを開くと、Access データベース「注文管理.accdb」に接続し、選択クエリ「Q_注文データ」からデータを取り込んでいることが確認できます。

04 Excelのテーブルからピボットテーブル／グラフを自動で作成

本節では、前節で作成したExcelブック「注文データ分析4.xlsm」に、取り込んだテーブルから、ピボットテーブル／グラフを自動作成するマクロを追加します。

■ ピボットテーブルをVBAで作成するには

前節では、Accessデータベース「注文管理.accdb」の選択クエリ「Q_注文データ」をExcelにテーブルとして取り込む操作を自動化するマクロをVBAで作成しました。本節では、そのテーブルからピボットテーブルおよびピボットグラフを自動で作成するマクロを作成します。このマクロの作成にも「マクロ記録機能」は適していないので、VBAでプログラミングして作成します。

最初に「ピボットキャッシュ」を作成

VBAでピボットテーブルを作成するには、最初に「ピボットキャッシュ」を作る必要があります。ピボットキャッシュは「Excelの内部で保持するピボットテーブル用のデータの集合」といった認識で構いません。そのピボットキャッシュからピボットテーブルを作成し、ピボットテーブルにフィールドを配置していきます。

ピボットキャッシュを作成するには、PivotCachesコレクションのCreateメソッドを用います。

書式 オブジェクト.PivotCaches.Create(SourceType, SourceData)

オブジェクト …… Workbookオブジェクト
SourceType … データのタイプ
SourceData … データ

ワークシート上のセル範囲からピボットテーブルを作成する場合、引数SourceTypeには定数xlDatabaseを指定します。

引数SourceDataには通常、セル範囲のRangeオブジェクトを指定します。たとえば、現在のブックの現在のワークシートのA1～E10セルからピボットテーブルを作成する場合、そのピボットキャッシュを作成するコードは次のように記述します。

```
ThisWorkbook.PivotCaches.Create SourceType:=xlDatabase,SourceData:=Range("A1:E10")
```

また、ピボットテーブルをテーブルから作成するなら、引数SourceDataにはテーブル名を文字列として設定することができます。たとえば、現在のブックのテーブル「注文データ」からピボットテーブルを作成する場合、そのピボットキャッシュを作成するコードは次のように記述します。

```
ThisWorkbook.PivotCaches.Create SourceType:=xlDatabase,SourceData:="注文データ"
```

PivotCachesコレクションのCreateメソッドを実行すると、指定した引数で作成されたピボットキャッシュのオブジェクト（PivotCacheオブジェクト）を返します。

Memo 引数Versionについて

PivotCachesコレクションのCreateメソッドには、省略可能な引数Versionもあります。ピボットテーブルのバージョンを指定する引数です。省略すると、Excel 2007でも利用できるピボットテーブル用のピボットキャッシュになります。本書では、省略することにします。

ピボットキャッシュからピボットテーブルを作成

ピボットキャッシュを作成したら、そのピボットキャッシュからピボットテーブルを作成します。ピボットテーブルを作成するには、ピボットキャッシュのPivotCacheオブジェクトのCreatePivotTableメソッドを用います。

書式 オブジェクト.CreatePivotTable(TableDestination)

オブジェクト …………… PivotCacheオブジェクト

TableDestination …… 作成先のセルのオブジェクト

PivotCacheオブジェクトのCreatePivotTableメソッドを実行すると、作成されたピボットテーブルのオブジェクト（PivotTableオブジェクト）を返します。

■ ピボットテーブルのフィールドをVBAで設定するには

ピボットテーブルをVBAで操作するには、ピボットテーブルのオブジェクトであるPivotTableオブジェクトを用います。

PivotTableオブジェクトは、PivotCacheオブジェクトのCreatePivotTableメソッドで作成した際の戻り値として取得できます。もしくは、PivotTablesコレクションを使っても取得できます。

書式 オブジェクト.PivotTables(index)

オブジェクト …… Worksheetオブジェクト

index ………… ピボットテーブルの番号または名前

ピボットテーブルの行／列／値を設定するには、まずはPivotTableオブジェクトのPivotFieldsコレクションを使って目的のフィールドのオブジェクト（PivotFieldオブジェクト）を取得します。そして、フィールドのオブジェクトのOrientationプロパティを使い、そのフィールドの配置先を行／列／値のいずれかで指定します。

書式 オブジェクト.PivotFields(index).Orientation = 配置先

オブジェクト …… PivotTableオブジェクト

index ………… フィールドの番号または名前

配置先………… フィールドの配置先を下表の定数で指定

定数	配置先
xlColumnField	列
xlDataField	値
xlRowField	行

たとえば、ピボットテーブルのフィールド「注文日」を行に設定するなら、次のコードを記述します。「オブジェクト」の部分は、実際にはPivotTableオブジェクトを指定します。

```
オブジェクト.PivotFields("注文日").Orientation = xlRowField
```

また、ピボットテーブルには「レポートフィルター」(ページフィールド) もあります。ピボットテーブルの表の上に表示されるフィールドであり、値の絞り込みに利用します。

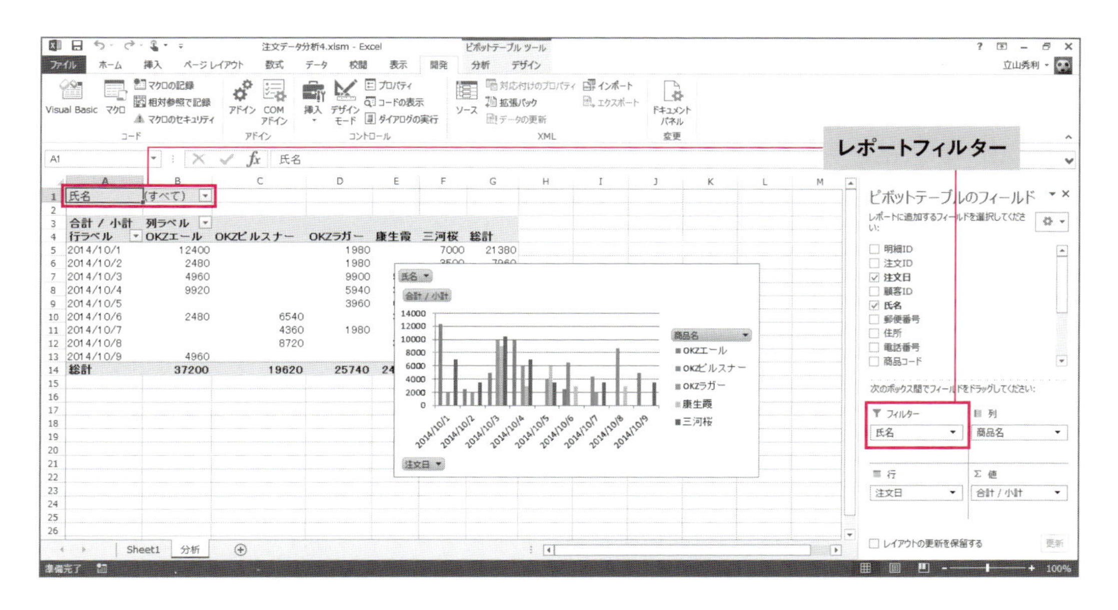

フィールドをレポートフィルターに設定するには、そのフィールドのオブジェクトのOrientationプロパティに定数xlPageFieldを設定します。

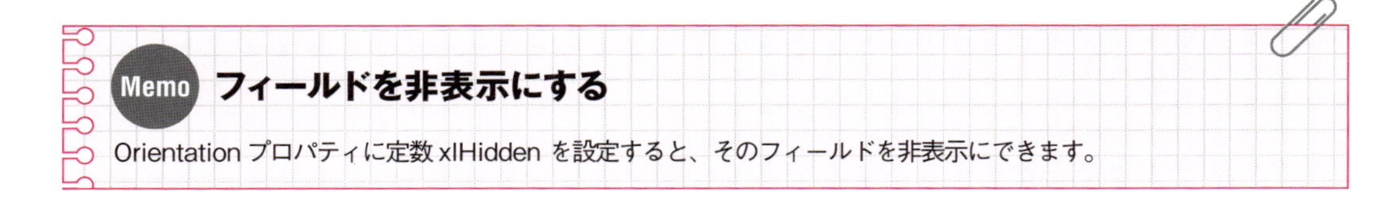

Memo フィールドを非表示にする

Orientationプロパティに定数xlHiddenを設定すると、そのフィールドを非表示にできます。

■ ピボットテーブルからピボットグラフをVBAで作成するには

グラフを作成するには

VBAでグラフを作成するには、ShapesコレクションのAddChartメソッドを用います。ピボットテーブルからピボットグラフをVBAで作成する場合も、グラフ自体の作成方法は同様です。

書式 `オブジェクト.Shapes.AddChart(Type, Left, Top, Width, Height)`

オブジェクト …… Worksheetオブジェクト
Type ………… グラフの種類を下表の定数で指定
Left …………… 左端位置をポイント単位の数値で指定
Top …………… 上端位置をポイント単位の数値で指定
Width ………… 幅をポイント単位の数値で指定
Height………… 高さをポイント単位の数値で指定

定数	グラフの種類
xlColumnClustered	集合縦棒
xlColumnStacked	積み上げ縦棒
xl3DColumn	3-D縦棒
xlBarClustered	集合横棒
xlLine	折れ線
xlLineMarkers	マーカー付き折れ線
xlPie	円
xlDoughnut	ドーナツ

引数Typeには注意が必要です。「Type:= 定数」という形式で記述すると（名前による引数渡し）エラーになってしまいます（2014年12月現在）。そのため、「Type:=」を入れずに定数のみを記述してください（位置による引数渡し）。

引数Left、Top、Width、Heightはそれぞれ省略可能であり、省略するとグラフの位置や幅や高さが自動で設定されます。

たとえば、現在のワークシートに集合縦棒のグラフを作成するなら、次のように記述します。グラフの位置や幅や高さは自動設定とします。

```
ActiveSheet.Shapes.AddChart xlColumnClustered
```

AddChart2メソッド

Excel 2013からはグラフの作成にAddChart2メソッドも使えるようになりました。第1引数にスタイルを指定できます。スタイルも同時に指定してグラフを作成できます。

Shapesコレクションの AddChart メソッドを実行すると、指定した引数で作成されたグラフを含む図形のオブジェクト（Shape オブジェクト）を返します。

グラフのデータを設定するには

グラフは AddChart メソッドで作成した後、どのデータをグラフに用いるのか指定する必要があります。グラフのデータを設定するには、グラフのオブジェクト（Chart オブジェクト）の SetSourceData メソッドを用います。

書式

```
オブジェクト.SetSourceData(Source, PlotBy)
```

オブジェクト …… Chartオブジェクト

Source ……… グラフのデータに用いるセル範囲のRangeオブジェクト

PlotBy………… データをプロットする方法を下表の定数で指定
省略可能であり、省略するとxlColumnsと見なされる

定数	プロット方法
xlColumns	データ系列に対応する値は行にある
xlRows	データ系列に対応する値は列にある

Chart オブジェクトは、グラフを含む図形の Shape オブジェクトの Chart プロパティで取得できます。AddChart メソッドでグラフを作成すると、そのグラフを含む図形の Shape オブジェクトが戻り値として得られるので、その Shape オブジェクトの Chart プロパティを使って Chart オブジェクトを取得します。具体的なコードは P.254 を参照してください。

グラフのデータをピボットテーブルに設定する

ピボットグラフを作成するには、グラフのデータにピボットテーブルを設定する必要があります。グラフのデータにピボットテーブルを設定するには、SetSourceData メソッドの引数 Source に、目的のピボットテーブルの表のセル範囲のオブジェクトを設定します（レポートフィルターは除いたセル範囲）。具体的なコードは P.254 を参照してください。

ピボットテーブルの表のセル範囲のオブジェクトは、PivotTable オブジェクトの TableRange1 プロパティで取得できます。

書式

```
オブジェクト.TableRange1
```

オブジェクト …… PivotTableオブジェクト

Memo レポートフィルターも含むセル範囲

レポートフィルター（ページフィールド）を含むセル範囲は、PivotTable オブジェクトの TableRange2 プロパティで取得できます。

■ テーブルからピボットテーブル／グラフを作成するマクロを作ろう

それでは、前節で作成したExcelブック「注文データ分析4.xlsm」に、テーブルからピボットテーブル／グラフを作成するマクロを追加しましょう。

ワークシート「分析」を追加する処理

今回、ピボットテーブル／グラフは新たに追加したワークシート上に作成します。ワークシート名は「分析」として、ワークシート「Sheet1」の後ろに追加します。

ピボットテーブルの作成先はワークシート「分析」のA1セルとします。フィールドの配置は下表とします。また、ピボットグラフの種類は集合縦棒とし、位置や幅や高さは自動設定とします。

フィールド	配置先
注文日	行
商品名	列
小計	値
氏名	レポートフィルター

新しいワークシートをワークシート「Sheet1」の後ろに追加し、名前を「分析」に設定する処理のコードは下記になります。

```
Worksheets.Add After:=Worksheets("Sheet1")
Worksheets(2).Name = "分析"
```

ワークシートの追加は、WorksheetsコレクションのAddメソッドを用います。引数Afterに「Worksheets("Sheet1")」を設定することで、ワークシート「Sheet1」の後ろに追加できます。

ワークシート名の設定には、WorksheetオブジェクトのNameプロパティを用います。追加したワークシートのオブジェクトは、ワークシート「Sheet1」の後ろに追加したため、順番は2であり、そのWorksheetオブジェクトは「Worksheets(2)」で取得できます。

ピボットテーブルを作成する処理

ピボットテーブルを作成するために、まずはピボットキャッシュを作成します。先ほど学んだように、PivotCachesコレクションのCreateメソッドを使います。引数SourceTypeには定数xlDatabaseを設定します。引数SourceDataには、今回はテーブル「注文データ」からピボットテーブル／グラフを作成するので、そのテーブル名を文字列として設定します。

```
ThisWorkbook.PivotCaches.Create SourceType:=xlDatabase, SourceData:="注文データ"
```

今回は作成したピボットキャッシュのオブジェクトを、PivotCache型の変数「pvc」に代入して、以降の処理に使います。変数pvcを使わなくても、目的の処理のコードを記述できますが、コードの見通しや以降の処理の記述しやすさなどから使います。ピボットキャッシュの作成および変数pvcへ格納するコードは途中で改行します。

```
Dim pvc As PivotCache

Set pvc = ThisWorkbook.PivotCaches.Create(SourceType:=xlDatabase, _
    SourceData:="注文データ")
```

ピボットキャッシュを作成したら、ピボットテーブルを作成します。作成したピボットキャッシュのPivotCacheオブジェクトが格納された変数pvcを使い、CreatePivotTableメソッドを用います。作成先はA1セルなので、引数TableDestinationには「Range("A1")」を設定します。

ここでも、作成したピボットテーブルのオブジェクトを、PivotTable型の変数「pvt」に代入する方法を使います。ピボットキャッシュとピボットテーブルを作成するコードは以下のようになります。

```
Dim pvc As PivotCache
Dim pvt As PivotTable

Set pvc = ThisWorkbook.PivotCaches.Create(SourceType:=xlDatabase, _
    SourceData:="注文データ")
Set pvt = pvc.CreatePivotTable(TableDestination:=Range("A1"))
```

ピボットテーブルのフィールドを配置する処理

ピボットテーブルを作成したら、フィールドを配置します。作成したピボットテーブルのオブジェクトが格納された変数pvtを用いて、PivotFieldsコレクションによって目的のフィールドを取得します。そして、Orientationプロパティに配置先の定数を設定します。

たとえば、フィールド「注文日」のオブジェクトは「pvt.PivotFields("注文日")」で取得できます。フィールド「注文日」は行に配置するので、Orientationプロパティに定数xlRowFieldを設定します。

```
pvt.PivotFields("注文日").Orientation = xlRowField
```

残りのフィールドも同様に考えると、配置するコードは下記の通りです。

```
pvt.PivotFields("商品名").Orientation = xlColumnField
pvt.PivotFields("小計").Orientation = xlDataField
pvt.PivotFields("氏名").Orientation = xlPageField
```

これら4行のコードは変数pvtが重複しているので、Withステートメントでまとめます。

```
With pvt
  .PivotFields("注文日").Orientation = xlRowField
  .PivotFields("商品名").Orientation = xlColumnField
  .PivotFields("小計").Orientation = xlDataField
  .PivotFields("氏名").Orientation = xlPageField
End With
```

ピボットグラフを作成する処理

ワークシート「分析」に集合縦棒のグラフを作成するには、Shapesコレクションの AddChart メソッドを用います。集合縦棒なので、引数 Type には xlColumnClustered を設定します。先ほど触れたように、「引数名 :=」を入れずに定数のみを記述します。

```
Worksheets("分析").Shapes.AddChart xlColumnClustered
```

ここも同様に、作成したグラフの Chart オブジェクトを含む図形の Shape オブジェクトを、Shape 型の変数「shp」に代入して、以降の処理に使います。変数 shp を使わなくても、目的の処理のコードを記述できますが、コードの見通しや以降の処理の記述しやすさなどから使うこととします。

```
Dim shp As Shape

Set shp = Worksheets("分析").Shapes.AddChart(xlColumnClustered)
```

作成したグラフのデータにピボットテーブルを設定することでピボットグラフとします。グラフのデータの設定は先ほど学んだ通り、Chart オブジェクトの SetSourceData メソッドを用います。

Chart オブジェクトは Shape オブジェクトの Chart プロパティで取得できます。よって、目的の Chart オブジェクトは、変数 shp の Chart プロパティを使い、「shp.Chart」という記述で取得できます。

SetSourceData メソッドの引数 Source には、作成したピボットテーブルの表のセル範囲のオブジェクトを設定します。作成したピボットテーブルの PivotTable オブジェクトは変数 pvt に格納されているので、表のセル範囲のオブジェクトは TableRange1 プロパティを使い、「pvt.TableRange1」という記述で取得できます。

```
shp.Chart.SetSourceData Source:=pvt.TableRange1
```

4つの処理をSubプロシージャにまとめる

これまでに考えたワークシート「分析」を追加する処理、ピボットテーブルを作成する処理、ピボットテーブルのフィールドを配置する処理、ピボットグラフを作成する処理の 4 つを Sub プロシージャにまとめます。

Sub プロシージャ名は「ピボット作成」とします。追加場所は Module1 の Sub プロシージャ「テーブル作成」の下とします。

```
Sub ピボット作成()
  Dim pvc As PivotCache
  Dim pvt As PivotTable
  Dim shp As Shape

  Worksheets.Add After:=Worksheets("Sheet1")
  Worksheets(2).Name = "分析"

  Set pvc = ThisWorkbook.PivotCaches.Create(SourceType:=xlDatabase, _
    SourceData:="注文データ")
  Set pvt = pvc.CreatePivotTable(TableDestination:=Range("A1"))

  With pvt
    .PivotFields("注文日").Orientation = xlRowField
    .PivotFields("商品名").Orientation = xlColumnField
    .PivotFields("小計").Orientation = xlDataField
    .PivotFields("氏名").Orientation = xlPageField
  End With

  Set shp = Worksheets("分析").Shapes.AddChart(xlColumnClustered)
  shp.Chart.SetSourceData Source:=pvt.TableRange1
End Sub
```

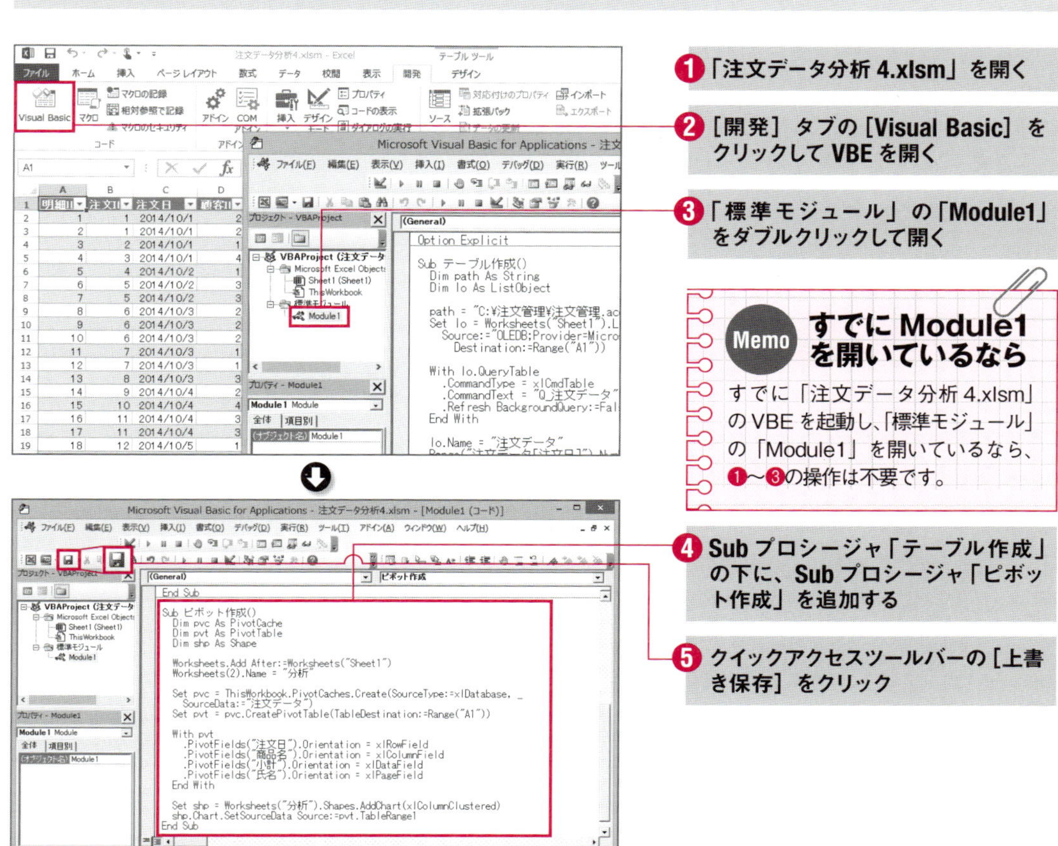

1 「注文データ分析 4.xlsm」を開く

2 [開発]タブの[Visual Basic]をクリックしてVBEを開く

3 「標準モジュール」の「Module1」をダブルクリックして開く

4 Subプロシージャ「テーブル作成」の下に、Subプロシージャ「ピボット作成」を追加する

5 クイックアクセスツールバーの[上書き保存]をクリック

Memo すでにModule1を開いているなら

すでに「注文データ分析 4.xlsm」のVBEを起動し、「標準モジュール」の「Module1」を開いているなら、1～3の操作は不要です。

これで完成です。さっそくマクロを実行してみましょう。［開発］タブの［マクロ］をクリックして、「マクロ」ダイアログボックスを開いてください。「マクロ名」でSubプロシージャ「ピボット作成」を選択し、［実行］をクリックしてください。

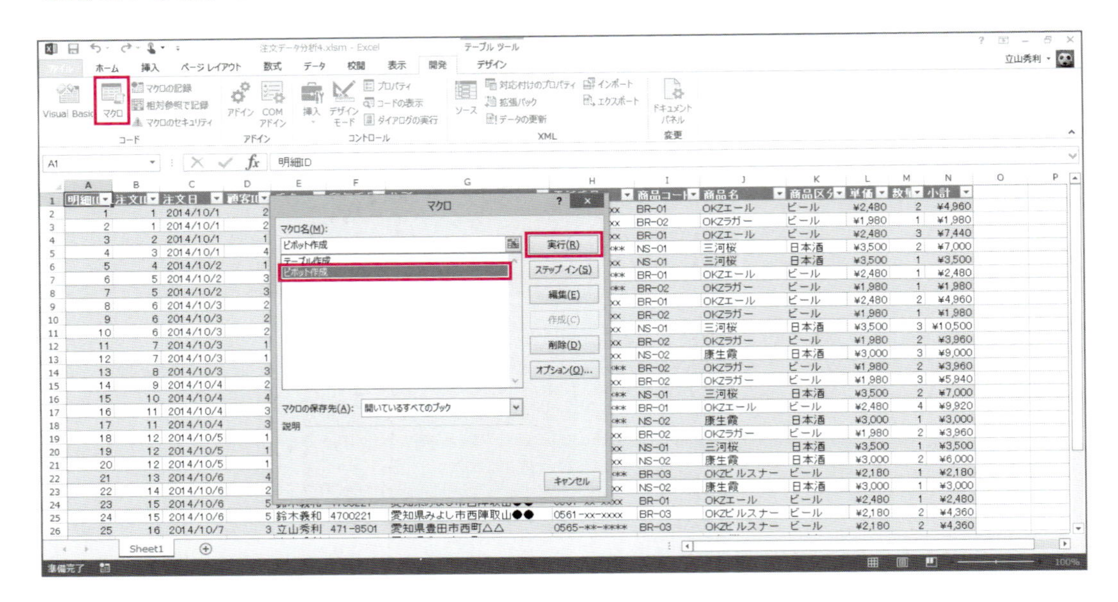

すると、ワークシート「分析」が追加され、ワークシート「Sheet1」のテーブルのデータを元に、ピボットテーブルとピボットグラフが自動で作成されます。

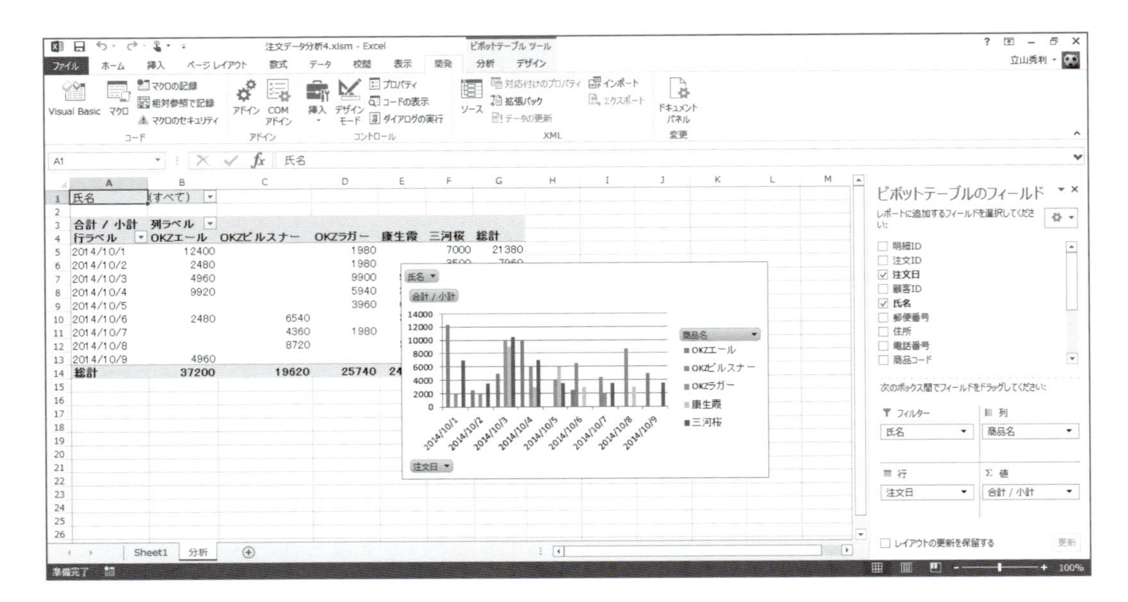

ExcelからAccessのデータを追加・更新・削除する

本章では、Accessのデータを追加・更新・削除するExcelのブックを作成します。その機能はVBAのプログラミングによって作成します。

01 AccessのデータをExcelから追加・更新・削除するための基礎

AccessのデータをExcelから追加・更新・削除する機能を作成するにあたり、本節では、必要な基礎として、AccessデータベースにVBAで接続する方法、および「レコードセット」について学びます。

■ ExcelからAccessに接続し、「レコードセット」で操作

Accessデータベースのデータを Excelに取り込むには、前章までに用いてきたMicrosoft Queryなど、Excelの機能を用いればよいのでした。それらの機能は基本的に、単に手動で使うだけなら、VBAによるプログラミングは不要でした。

一方、AccessのデータをExcelから追加・更新・削除するための機能は、Excelでは標準の機能としては用意されていません。そのため、VBAによるプログラミングで作成する必要があります。

ExcelからAccessデータベースをVBAで操作するには、まずはExcelから目的のAccessデータベースに接続する必要があります。接続後、データを追加・更新・削除したいテーブルの操作には、「レコードセット」を用います。レコードセットとは、「データのかたまり」になります。

Accessデータベースの目的のテーブルのデータをレコードセットとしてExcel内に保持し、そのレコードセットを操作することで、Accessデータベースのデータを追加・更新・削除します。また、レコードセットはクエリを操作することも可能です。

レコードセットの中では、操作対象のレコードを示す「カーソル」という仕組みがあります。カーソルは先頭から1件ずつレコードを進めたり、先頭／末尾のレコードにジャンプしたり、指定したフィールドの値で検索したりするなど、さまざまな方法によって操作対象のレコードを指定できます。

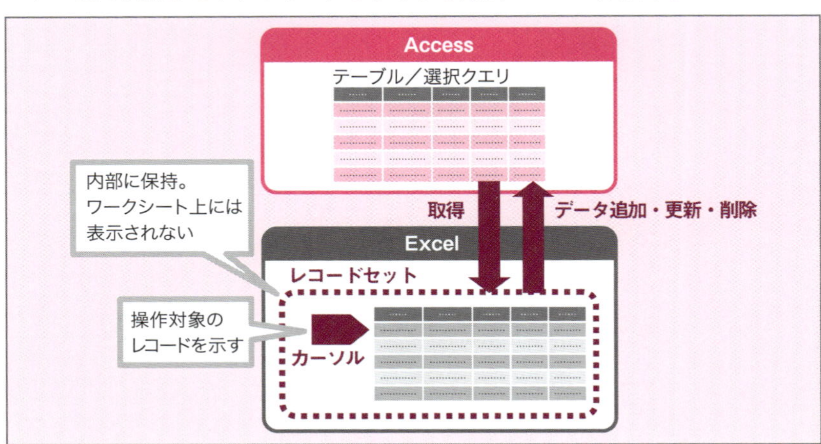

レコードセットとカーソル

■ Excel VBA で Access を操作する準備

Excel から Access データベースを操作するには、「ADO」（ActiveX Data Objects ）という仕組みを使います。Excel VBA で ADO を使うには、ADO をあらかじめ有効化しておかなければなりません。

ADO の有効化は、VBE の「参照設定」ダイアログボックスで行います。[Microsoft ActiveX Data Objects バージョン番号 Library] にチェックを入れます。「バージョン番号」の部分は、Excel のバージョンによって異なります。Excel 2013 と 2010 なら、バージョン番号は「6.1」です。Excel 2007 は「6.0」になります。

それでは、ADO を有効化しましょう。画面の Excel 2013 のものになります。

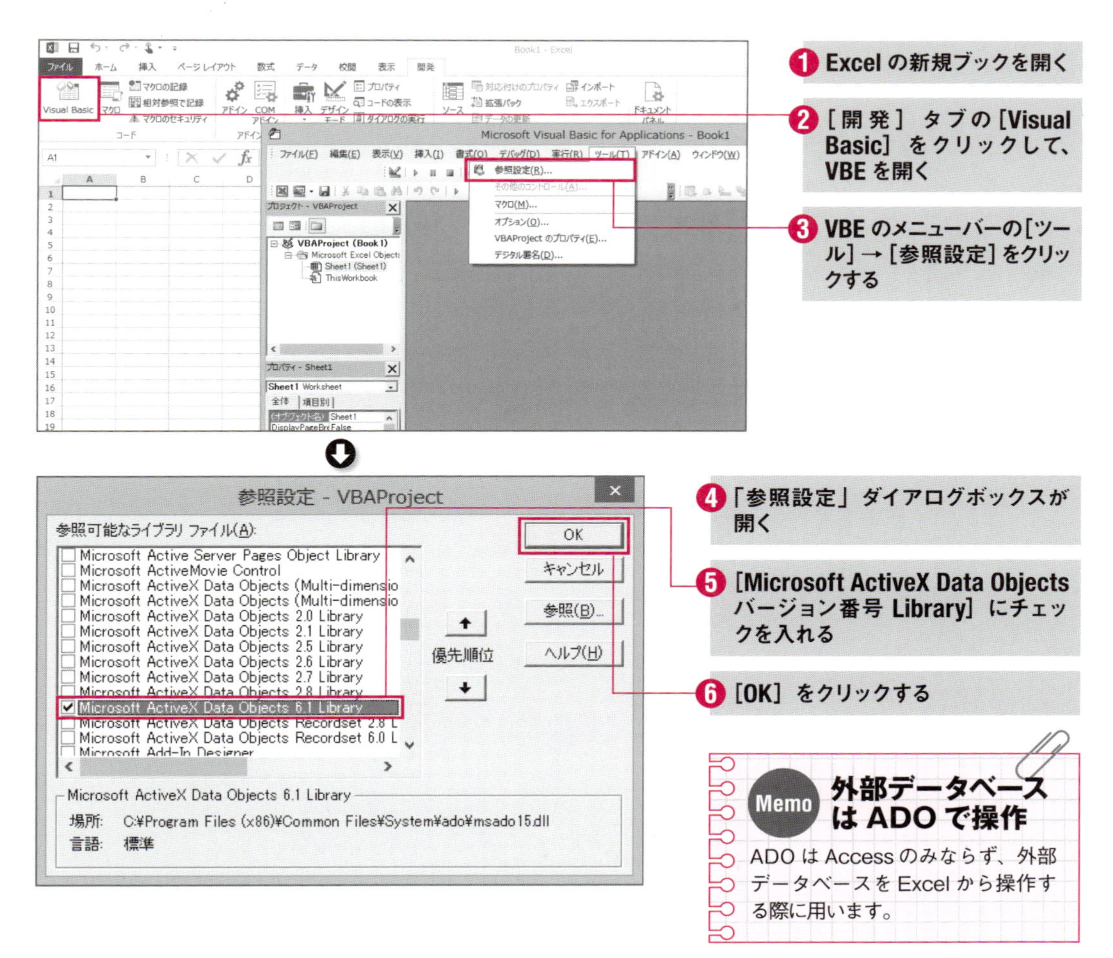

ここで参照設定を設定した新規ブックは、本節でこのあと使いますので、閉じずにこのままの状態で置いておいてください。

■ Excel から Access データベースに接続するには

Excel VBA で ADO を使い、Access データベースに接続するには、「Connection」オブジェクトを用います。

Connection オブジェクトは変数に格納して、以降の処理に使うのが定石です。その変数のデータ型は「ADODB.Connection」になります。本書では、変数宣言時に「New」キーワードを使い、オブジェクト生成もあわせて行います。

書式 `Dim 変数名 As New ADODB.Connection`
変数名………… Connectionオブジェクトを格納する変数名

たとえば、Connection オブジェクト型の変数「con」を宣言し、オブジェクト生成もあわせて行うコードは下記になります。

```
Dim con As New ADODB.Connection
```

Openメソッドで Accessデータベースに接続

Access データベースへの接続は、Connection オブジェクトの Open メソッドによって行います。Open メソッドの基本的な書式は次の通りです。

書式 `オブジェクト.Open(ConnectionString)`
オブジェクト ……………… Connectionオブジェクト
ConnectionString……… データベース接続文字列

「データベース接続文字列」とは、データベースファイルの名前など、Access データベースに接続するための各種情報をまとめた文字列です。通常は次の形式で指定します。

書式 `Provider=プロバイダ名;Data Source=データベースファイル名`
プロバイダ名 …………… 接続するデータベースの種類の名前。
Access 2007以降なら「Microsoft.ACE.OLEDB.12.0」と記述
データベースファイル名 … 目的のAccessデータベースのファイル名をパス付きで指定

たとえば、C ドライブ直下の「注文管理」フォルダーにある Access データベースファイル「注文管理.accdb」に、Excel 2013 ／ 2010 から接続するなら、データベース接続文字列は次のように記述します。

```
Provider=Microsoft.ACE.OLEDB.12.0;Data Source=C:¥注文管理¥注文管理.accdb
```

たとえば、このデータベース接続文字列を使い、Connection オブジェクト型の変数 con によってデータベースに接続するコードは次の通りです。データベース接続文字列は直接指定しているので、「"」で囲んでいます。

```
con.Open ConnectionString:="Provider=Microsoft.ACE.OLEDB.12.0; _
                            Data Source=C:¥注文管理¥注文管理.accdb"
```

Openメソッドのその他の引数

Connectionオブジェクトの Open メソッドには他にも、省略可能な引数として、「UserID」と「Password」があります。ログインが必要なデータベースに接続する際、引数 UserID にユーザーID、引数 Password にパスワードを文字列として指定します。

操作が終わったらデータベースを閉じる

Access データベースの操作が終わったら、Connection オブジェクトの Close メソッドによって、データベースを閉じます。

書式
```
オブジェクト.Close
```
オブジェクト …… Connectionオブジェクト

■ レコードセットを取得するには

Access データベースのデータを Excel から操作するには、レコードセットのオブジェクトである「Recordset」オブジェクトを用います。

Recordset オブジェクトは変数に格納して、以降の処理に使うのが定石です。その変数のデータ型は「ADODB.Recordset」になります。本書では、変数宣言時に「New」キーワードを使い、オブジェクト生成もあわせて行います。

書式
```
Dim 変数名 As New ADODB.Recordset
```
変数名………… Recordsetオブジェクトを格納する変数名

たとえば、Recordset オブジェクト型の変数「rs」を宣言し、オブジェクト生成もあわせて行うコードは下記になります。

```
Dim rs As New ADODB.Recordset
```

Openメソッドでテーブル/クエリのレコードセットを取得

Access データベースのテーブルまたはクエリを操作するには、そのテーブル/クエリを開いてレコードセットを取得します。取得には、Recordset オブジェクトの Open メソッドを用います。基本的な書式は次の通りです。

書式 オブジェクト.Open(Source, ActiveConnection, CursorType, LockType)

オブジェクト ……………… Recordsetオブジェクト
Source …………………… テーブルまたはクエリの名前
ActiveConnection …… Connectionオブジェクト
CursorType …………… カーソルの種類の定数を指定
LockType ……………… 排他制御の方法の定数を指定

引数Sourceには、テーブルまたはクエリの名前を文字列として設定します。引数ActiveConnectionには通常、ConnectionオブジェクトのOpenメソッドによって接続したConnectionオブジェクトの変数を設定します。

レコードセットのカーソルは、可能な操作の種類などに応じて、複数のタイプが使えます。引数CursorTypeはその種類を指定します。データの追加・更新・削除を行う場合は、定数adOpenKeysetを指定します。その他の定数については、節末コラムを参照願います。

引数LockTypeで方法を指定する「排他制御」とは、データを操作中に他のユーザーからの操作を制御する制御です。データの追加・更新・削除を行う場合、引数LockTypeには定数adLockOptimisticを指定します。その他の定数については、節末コラムを参照願います。

たとえば、Recordsetオブジェクト型の変数rsを使い、Connectionオブジェクトの変数conで接続しているAccessデータベースから、テーブル「M_商品」のレコードセットをデータの追加・更新・削除が可能なかたちで取得するには、コードは次のようになります。

```
rs.Open Source:="M_商品", ActiveConnection:=con, _
  CursorType:=adOpenKeyset, LockType:=adLockOptimistic
```

このようにRecordsetオブジェクトのOpenメソッドに各引数を指定して実行することで、目的のテーブル／クエリのレコードセットのRecordsetオブジェクトを取得します。そして、そのRecordsetオブジェクトの各種プロパティやメソッドを用いて、レコードセットを操作し、テーブルやクエリのデータを追加・更新・削除していきます。

Memo Openメソッドのその他の引数

RecordsetオブジェクトのOpenメソッドには他にも、省略可能な引数として「Options」があります。引数Sourceの解釈方法を指定する引数です。本書では解説を割愛します。

操作が終わったらレコードセットを閉じる

テーブル／クエリのレコードセットは操作が終わったら、RecordsetオブジェクトのCloseメソッドで閉じます。

書式 オブジェクト.Close

オブジェクト …… Recordsetオブジェクト

■ テーブル「M_商品」のデータをExcelに取り込んでみよう

ここまで解説したAccessデータベースに接続する方法、およびレコードセットを取得する方法が、Accessデータベースのデータを Excel から追加・更新・削除するために必要な基礎になります。

以上の知識を用いて、実際にデータを追加・更新・削除するプログラムを作成するのは次節から取りかかります。ここでは練習として、以上の知識を用いつつ、Accessデータベース「注文管理.accdb」のテーブル「M_商品」のデータを Excel のワークシートに取り込んでみましょう。取り込み先は A1 セルを左上とする範囲とします。

指定したレコードセットのデータを Excel のワークシートに取り込むには、CopyFromRecordset メソッドを用います。

書式 オブジェクト.CopyFromRecordset(Data)

オブジェクト …… 取り込み先のセルのオブジェクト

Data ………… Recordsetオブジェクト

Accessデータベース「注文管理.accdb」に接続し、テーブル「M_商品」のレコードセットを取得するコードは、本節で学んだ内容を踏まえると、次のようになります。

```
Dim con As New ADODB.Connection
Dim rs As New ADODB.Recordset
Dim conStr As String

conStr = "Provider=Microsoft.ACE.OLEDB.12.0;Data Source=C:¥注文管理¥注文管理.accdb"
con.Open ConnectionString:=conStr
rs.Open Source:="M_商品", ActiveConnection:=con, _
  CursorType:=adOpenKeyset, LockType:=adLockOptimistic
```

Connection 型の変数名は「con」、Recordset 型の変数名は「rs」としています。そして、データベース接続文字列は String 型の変数「conStr」にいったん格納しています。「注文管理.accdb」の保存場所は解説の便宜上、C ドライブ直下の「注文管理」フォルダーとしています。絶対パスの部分は保存場所に応じて適宜変更してください。本章では、以下同様です。

変数 conStr を使わなくても、目的の機能のコードは記述できますが、コードの見通しをよくするため、ここでは使います。また、今回はデータを取り込むのみですが、Recordset オブジェクトの Open メソッドはデータを追加・更新・削除可能なかたちで指定します。

Recordset 型の変数 rs のレコードセットから、CopyFromRecordset メソッドによって、A1 セルを左上とする範囲にデータを取り込むコードは下記になります。

```
Range("A1").CopyFromRecordset Data:=rs
```

レコードセットとデータベースを閉じるコードは下記になります。データベースのConnectionオブジェクトを閉じる前に、レコードセットのRecordsetオブジェクトを閉じる必要があります。

```
rs.Close
con.Close
```

以上の処理をSubプロシージャにまとめましょう。Subプロシージャ名は今回、「テーブル取り込み」とします。

```
Sub テーブル取り込み()
  Dim con As New ADODB.Connection
  Dim rs As New ADODB.Recordset
  Dim conStr As String

  conStr = "Provider=Microsoft.ACE.OLEDB.12.0;Data Source=C:¥注文管理¥注文管理.accdb"
  con.Open ConnectionString:=conStr
  rs.Open Source:="M_商品", ActiveConnection:=con, _
    CursorType:=adOpenKeyset, LockType:=adLockOptimistic

  Range("A1").CopyFromRecordset Data:=rs
  rs.Close
  con.Close
End Sub
```

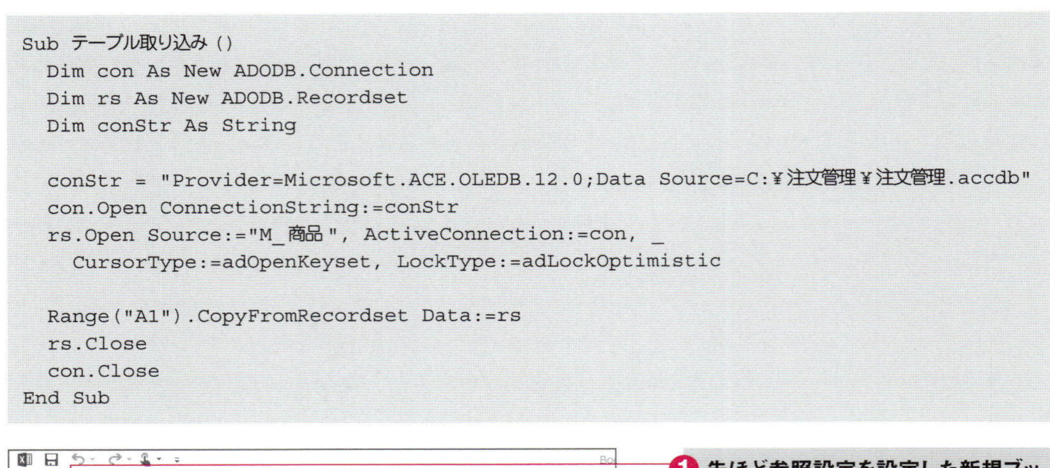

❶ 先ほど参照設定を設定した新規ブックのVBEを開く

❷ VBEの[挿入]→[標準モジュール]をクリックする

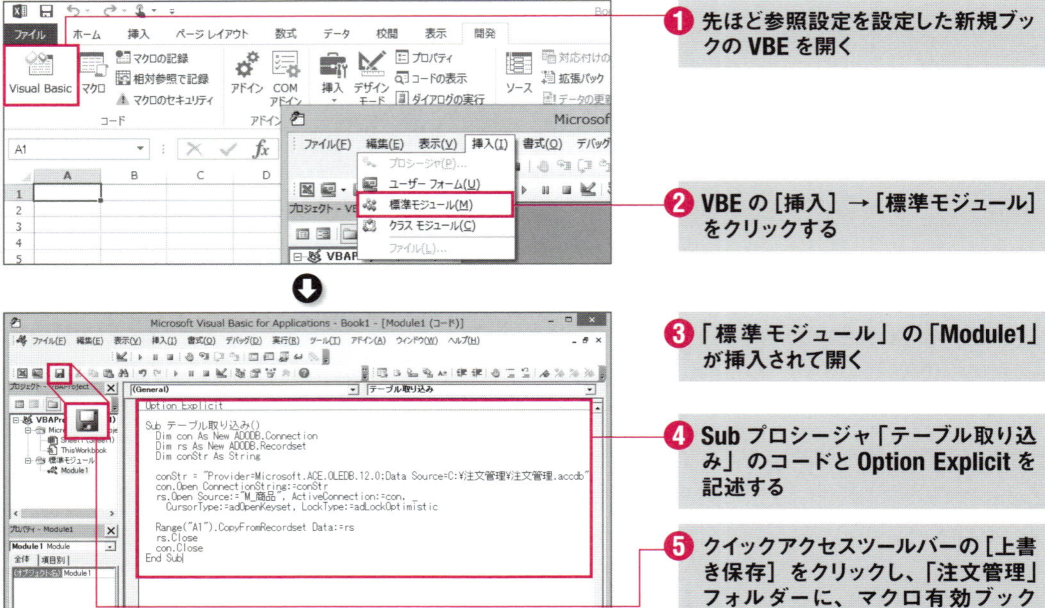

❸「標準モジュール」の「Module1」が挿入されて開く

❹ Subプロシージャ「テーブル取り込み」のコードとOption Explicitを記述する

❺ クイックアクセスツールバーの[上書き保存]をクリックし、「注文管理」フォルダーに、マクロ有効ブック「テーブル取り込み.xlsm」として保存する

これで完成です。さっそくマクロを実行してみましょう。[開発] タブの [マクロ] をクリックして、「マクロ」ダイアログボックスを開いてください。マクロ名でSubプロシージャ「テーブル取り込み」を選択し、[実行] をクリックしてください。

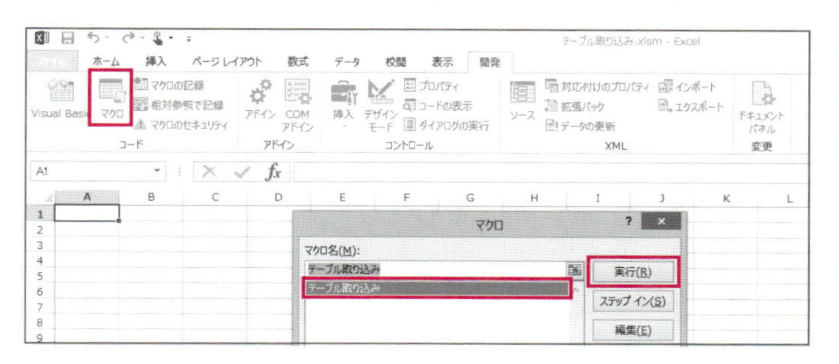

Memo 参照設定をしていないと

VBEの参照設定で [Microsoft ActiveX Data Objects バージョン番号 Library] にチェックを入れていないと、実行した時点でコンパイルエラーのメッセージが表示されます。

すると、「注文管理.accdb」のテーブル「M_商品」のデータが、A1セルを左上とする範囲に取り込まれたことが確認できます。CopyFromRecordsetメソッドを使うと、このようにひとつのフィールドがひとつのセル、1件のレコードが1行のかたちでExcelに取り込まれます。

	A	B	C	D
1	BR-01	OKZエール	ビール	2480
2	BR-02	OKZラガー	ビール	1980
3	BR-03	OKZピルス	ビール	2180
4	NS-01	三河桜	日本酒	3500
5	NS-02	康生霞	日本酒	3000
6				
7				
8				

COLUMN

引数CursorTypeとLockTypeの定数

Recordsetオブジェクトの Openメソッドの引数CursorTypeに指定できる定数は下表の通りです。省略可能であり、省略するとadOpenForwardOnlyが指定されます。

定数	意味
adOpenStatic	静的カーソル。データの検索やレポート作成に使用。他のユーザーによる追加・変更・削除は表示されない。
adOpenDynamic	動的カーソル。すべての動作が許可される。他のユーザーによる追加・変更・削除が確認できる。
adOpenForwardOnly	前方専用カーソル。レコードの参照が前方向に限定される以外は、静的カーソルと同じ働き。
adOpenKeyset	キーセットカーソル。他のユーザーが追加したレコードは表示できない以外は、動的カーソルと同じ働き。他のユーザーが変更したデータは表示できる。
adOpenUnspecified	カーソルの種類を指定しない。

引数LockTypeに指定できる定数は下表の通りです。省略可能であり、省略するとadLockReadOnlyが指定されます。

定数	意味
adLockBatchOptimistic	共有的バッチ更新。バッチ更新モードの場合にのみ指定可能
adLockOptimistic	レコード単位の共有的ロック。Updateメソッド(6章02参照)を実行した場合のみ、レコードをロックする。
adLockPessimistic	レコード単位の排他的ロック。通常は編集直後のデータをロックする。
adLockReadOnly	読み取り専用。データの変更はできない。
adLockUnspecified	ロックの種類を指定しない。

02 Accessデータベースにデータを Excelから追加しよう

本節では、前節で学んだ Accessのデータを Excelから追加・更新・削除するための基礎を踏まえ、Accessデータベースへ Excelから VBAでデータを追加する方法を解説します。

■ Accessデータベースにデータを Excelから追加するには

Excel VBAによって、Accessデータベースのテーブルに Excelからデータを追加するプログラムは、大きくは次の流れになります。

1 新規レコードを追加

⬇

2 新規レコードの各フィールドにデータを設定

⬇

3 テーブルに反映させる

1の処理の前には、前節で学んだ通り、Accessデータベースに接続し、目的のテーブルのレコードセットを取得しておく必要があります。3の処理の後には、レコードセットとデータベースを閉じる必要もあります。

1 新規レコードを追加するには

新規レコードを追加するには、Recordsetオブジェクトの AddNewメソッドを用います。

書式 オブジェクト.AddNew

オブジェクト …… Recordsetオブジェクト

AddNewメソッドの実行後は、追加された新規レコードにカーソルが移動します。そのため、引き続きその Recordsetオブジェクトを使えば、新規レコードを操作できます。

2 新規レコードの各フィールドにデータを設定するには

フィールドのオブジェクト（Fieldオブジェクト）を取得するには、Recordsetオブジェクトの Fieldsプロパティを用います。

書式 オブジェクト.**Fields**(index)
オブジェクト …… Recordsetオブジェクト
index ………… フィールド名

indexには、目的のフィールド名を文字列として指定します。たとえば、Recordsetオブジェクトが変数rsに格納されている場合、フィールド「商品コード」のFieldオブジェクトを取得するコードは次のようになります。

```
rs.Fields("商品コード")
```

フィールドのデータを操作するには、FieldオブジェクトのValueプロパティを用います。

書式 オブジェクト.**Value**
オブジェクト …… Fieldオブジェクト

「オブジェクト.Value」とだけ記述すると、そのフィールドのデータを取得できます。Valueに続けて「= 値」と記述して代入すると、そのフィールドにその値を設定できます。

たとえば、Recordsetオブジェクトが変数rsに格納されている場合、フィールド「商品コード」に値「NS-03」を設定するコードは次のようになります。

```
rs.Fields("商品コード").Value = "NS-03"
```

新規レコードの各フィールドにデータを設定するには、RecordsetオブジェクトのAddNewメソッドで新規レコードを追加した後、引き続きそのRecordsetオブジェクトを用いて、Fieldsプロパティで各フィールドを取得し、Valueプロパティで値をそれぞれ設定していきます。

3 テーブルに反映させるには

Excelからレコードセットの Recordsetオブジェクトを使って、新規レコードを追加したりフィールドにデータを設定したりするなど、Accessデータベースのテーブルに変更を加えた場合、Access側に反映させる処理が必要というルールになっています。

テーブルに変更内容を反映させるには、RecordsetオブジェクトのUpdateメソッドを用います。

書式 オブジェクト.**Update**
オブジェクト …… Recordsetオブジェクト

たとえば、Recordsetオブジェクトが変数rsに格納されている場合、変更内容をAccessのテーブルに反映させるには次のように記述します。

```
rs.Update
```

■ テーブル「M_商品」にExcelからデータを追加しよう

Accessデータベースのテーブルにデータを Excelから追加する方法を学んだところで、Accessデータベース「注文管理.accdb」のテーブル「M_商品」に、Excelからデータを追加するプログラムを作成してみましょう。今回は次の新規レコード1件を追加します。

商品コード	商品名	商品区分	単価
NS-03	明大寺娘	日本酒	¥4,000

今回は上記データがExcelのワークシート「Sheet1」のA1～D1セルに格納してあるとします。

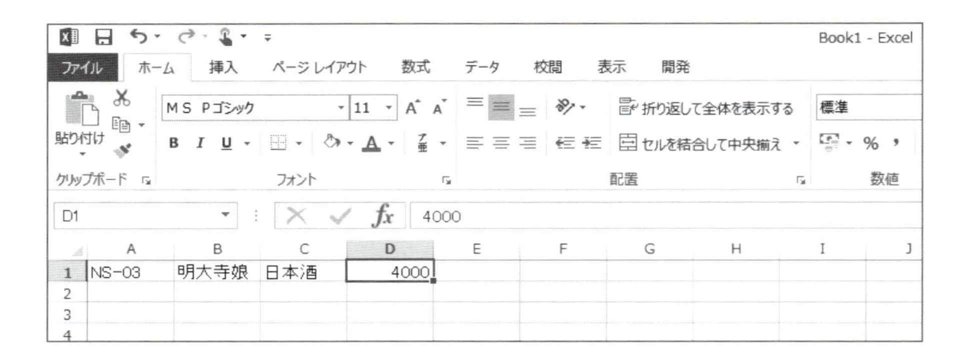

この新規レコード1件をテーブル「M_商品」に追加するプログラムを考えます。Accessデータベースに接続し、目的のテーブルのレコードセットを取得する処理は前節と全く同じです。前節と同じく、絶対パスの部分はAccessデータベースファイルの保存場所に応じて適宜変更してください。

そして、追加処理が終わった後、レコードセットとデータベースを閉じる処理も前節と全く同じです。両者の間に、新規レコード1件をテーブル「M_商品」に追加するコードを記述すればよいことになります。

```
Dim con As New ADODB.Connection
Dim rs As New ADODB.Recordset
Dim conStr As String

conStr = "Provider=Microsoft.ACE.OLEDB.12.0;Data Source=C:¥注文管理¥注文管理.accdb"
con.Open ConnectionString:=conStr
rs.Open Source:="M_商品", ActiveConnection:=con, _
CursorType:=adOpenKeyset, LockType:=adLockOptimistic

※ここに新規レコード1件をテーブル「M_商品」に追加するコードを記述

rs.Close
con.Close
```

新規レコード1件をテーブル「M_商品」に追加するコード

では、新規レコード1件をテーブル「M_商品」に追加するコードはどのように記述すればよいか、先ほど学んだ1～3の処理に沿って考えていきます。

最初は、1新規レコードを追加するコードです。新規レコード追加はRecordsetオブジェクトのAddNewメソッドを使えばよいのでした。Recordsetオブジェクトは変数rsに格納されているので、次のようなコードを記述すればよいことになります。

```
rs.AddNew
```

新規レコードの各フィールドにデータを設定するコード

次は2新規レコードの各フィールドにデータを設定するコードです。AddNewメソッドで新規レコードを追加すると、カーソルは新規レコードに移動するので、変数rsを使えばその新規レコードを操作できるのでした。

まずは最初のフィールド「商品コード」に、A1セルのデータ「NS-03」を設定します。フィールド「商品コード」のデータは、先ほど学んだFieldsプロパティでフィールドのオブジェクトを取得する方法により、次のようなコードを記述すればよいことになります。

```
rs.Fields("商品コード").Value
```

このフィールド「商品コード」のデータに、A1セルに格納されている商品コードを設定するコードは、Valueプロパティと代入の「=」によってデータを設定する方法を踏まえると、以下になります。

```
rs.Fields("商品コード").Value = Range("A1").Value
```

残りのフィールドも同様に考えると、次のようなコードを記述すればよいことになります。

```
rs.Fields("商品名").Value = Range("B1").Value
rs.Fields("商品区分").Value = Range("C1").Value
rs.Fields("単価").Value = Range("D1").Value
```

テーブルに反映させるコード

最後は3テーブルに反映させるコードです。テーブル「M_商品」に加えた変更内容を反映させるには、Updateメソッドを使い、次のようなコードを記述すればよいことになります。

```
rs.Update
```

必要なコードは以上です。では、それらをSubプロシージャにまとめましょう。Subプロシージャ名は今回、「データ追加」とします。

```
Sub データ追加
  Dim con As New ADODB.Connection
  Dim rs As New ADODB.Recordset
  Dim conStr As String

  conStr = "Provider=Microsoft.ACE.OLEDB.12.0;Data Source=C:¥注文管理¥注文管理.accdb"
  con.Open ConnectionString:=conStr
  rs.Open Source:="M_商品", ActiveConnection:=con, _
    CursorType:=adOpenKeyset, LockType:=adLockOptimistic

  With rs
    .AddNew
    .Fields("商品コード").Value = Range("A1").Value
    .Fields("商品名").Value = Range("B1").Value
    .Fields("商品区分").Value = Range("C1").Value
    .Fields("単価").Value = Range("D1").Value
    .Update
  End With

  rs.Close
  con.Close
End Sub
```

新規レコード１件をテーブル「M_商品」に追加する1～3のコードは、変数 rs の記述を With ステートメントでまとめています。なお、レコードセットを Open メソッドで開くコードや Close メソッドで閉じるコードも、変数 rs の記述を With ステートメントでまとめることは可能ですが、今回はまとめません。以上のコードを Excel VBA のモジュールとして組み込みます。

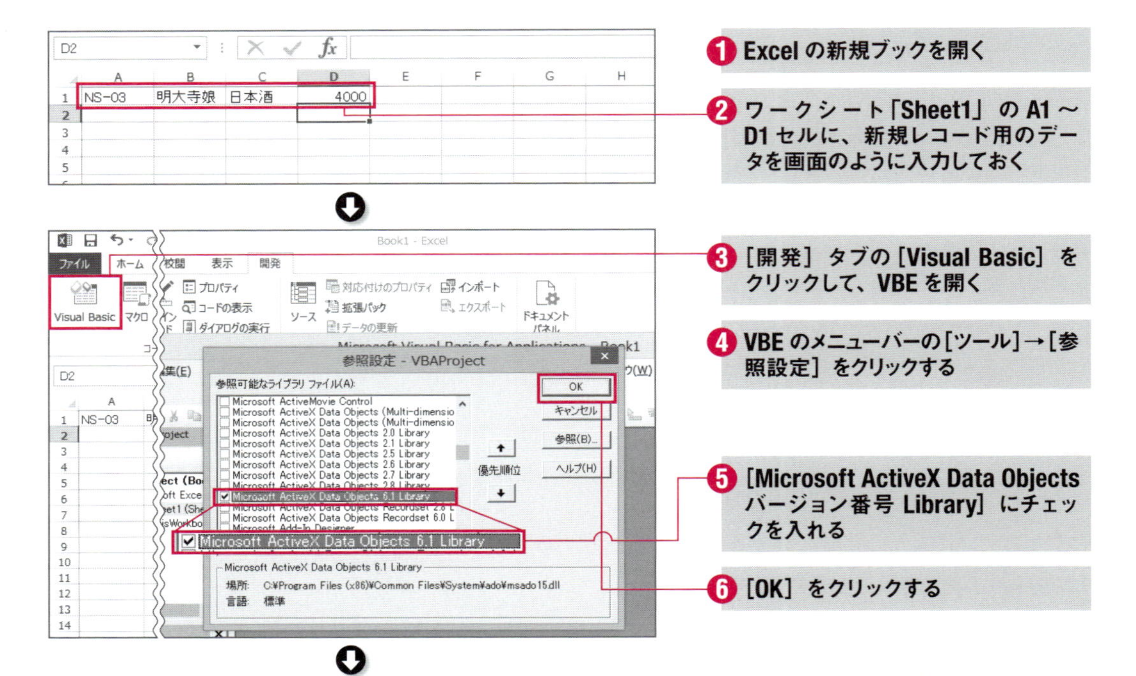

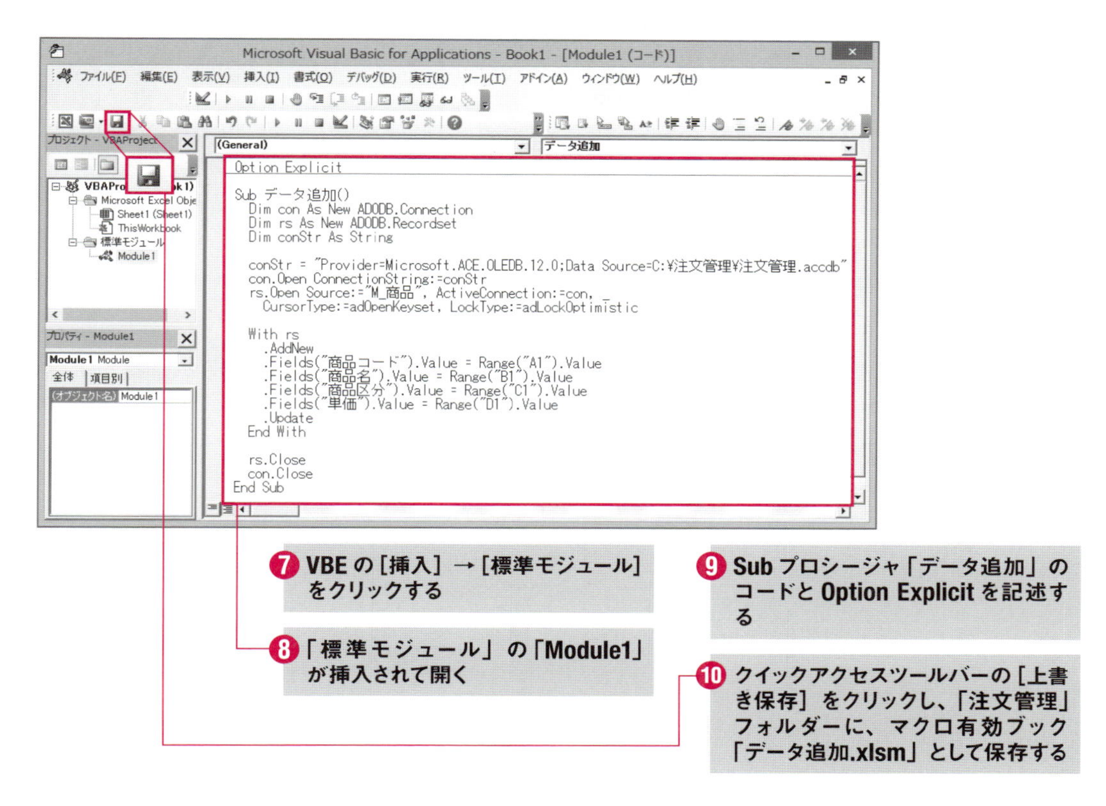

これで完成です。さっそくマクロを実行してみましょう。［開発］タブの［マクロ］をクリックして、「マクロ」ダイアログボックスを開いてください。一覧からSubプロシージャ「データ追加」を選択し、［実行］をクリックしてください。

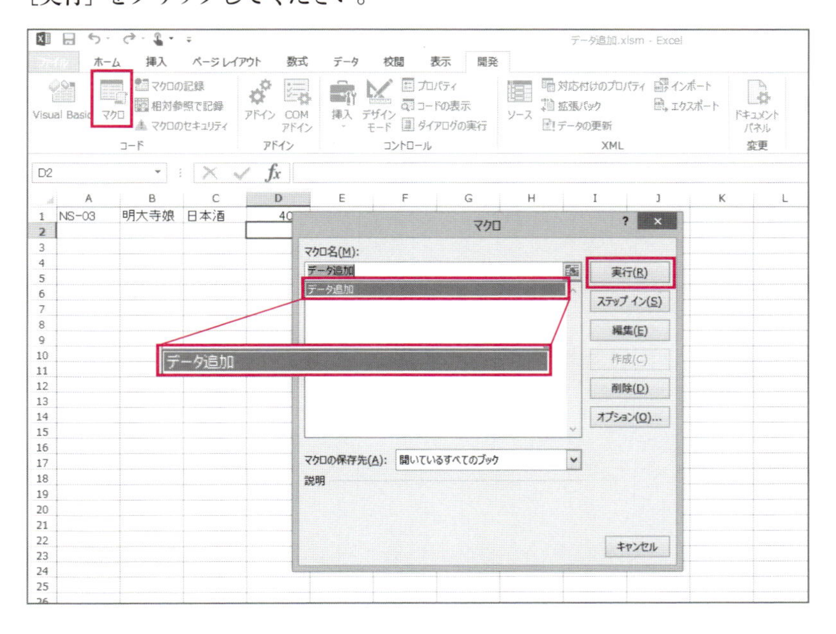

「注文管理」フォルダーにあるAccessデータベース「注文管理.accdb」のテーブル「M_商品」を開くと、新規レコードが追加されたことが確認できます。

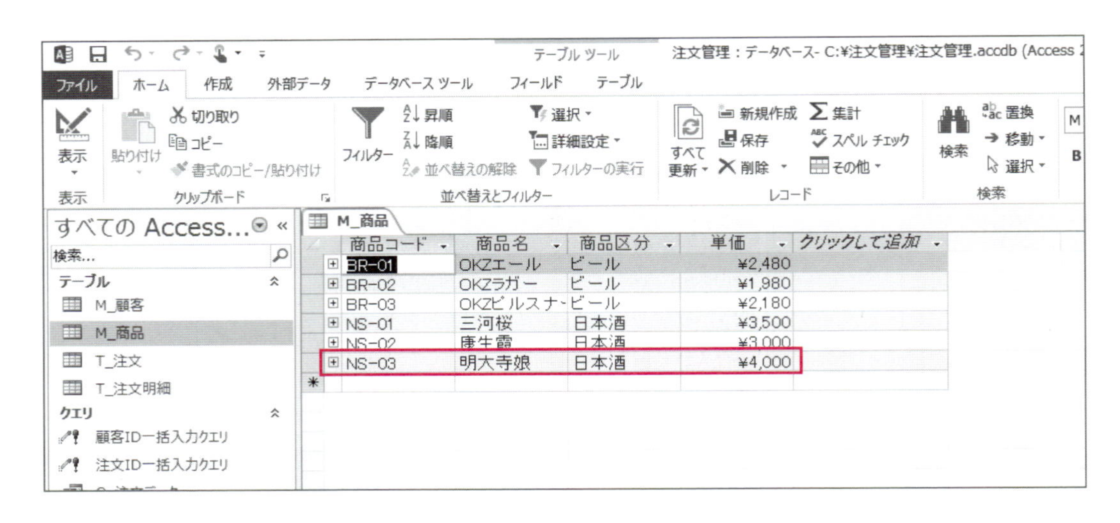

COLUMN

フィールドのオブジェクトを取得する別の方法

フィールドのFieldオブジェクトは、Fieldsプロパティを使う以外に、次の書式でも取得できます。

書式 オブジェクト!フィールド名

オブジェクト …… Recordsetオブジェクト

フィールド名 …… フィールド名

上記書式の「フィールド名」には、フィールド名のみを直接記述します。「"」で囲む必要はありません。

たとえば、Recordsetオブジェクトが変数rsに格納されている場合、フィールド「商品名」のオブジェクトを取得するなら、次のように記述します。

```
rs!商品名
```

この方法はFieldsプロパティを使う方法に比べて、コードの分量が少なくなるメリットがあります。その反面、書式の「フィールド名」にフィールド名を直接記述しなければなりません。Fieldsプロパティならフィールド名を変数や定数にまとめられますが、この方法だと、いちいちフィールド名を記述する必要が生じるのがデメリットです。

そのようなメリットとデメリットを踏まえ、Fieldsプロパティを使う方法と適宜使い分けましょう。

03 Access データベースのデータを Excel から更新しよう

本節では、Access データベースの指定したテーブルのフィールドのデータを、Excel から更新（変更）する方法を解説します。

■ Access データベースのデータを Excel から更新するには

Excel VBA によって、Access データベースの指定したテーブルの指定したフィールドのデータを、Excel から更新（変更）するプログラムは、大きくは次の流れになります。

1 目的のレコードにカーソルを移動

⬇

2 目的のフィールドに新たなデータを設定

⬇

3 テーブルに反映させる

1の処理の前には、6章01節で学んだ通り、Access データベースに接続し、目的のテーブルのレコードセットを取得しておく必要があります。3の処理の後には、レコードセットとデータベースを閉じる必要もあります。

2目的のフィールドに新たなデータを設定する処理は、基本的には前節で学んだフィールドにデータを設定すると同じです。更新したいフィールドのオブジェクト（Field オブジェクト）を Fields プロパティで取得し、Value プロパティに更新したい新たなデータを代入します。

そして、3のテーブルに反映させる処理を実行すれば、そのテーブルのフィールドのデータを更新できます。反映の方法も全く同じです。

データ更新でポイントとなるのは、1目的のレコードにカーソルを移動する処理です。その方法は主に次の2通りです。いずれも Recordset オブジェクトのメソッドで行います。

A カーソルを移動する各種メソッドを利用
B Findメソッドで検索

A カーソルを移動する各種メソッド

Recordset オブジェクトには、カーソルを移動するメソッドとして、次表の4種類が用意されています。

メソッド	移動先
MoveNext	次のレコード
MovePrevious	前のレコード
MoveFirst	先頭のレコード
MoveLast	最後のレコード

書式はこれら4つのメソッドですべて同じです。

書式 オブジェクト.移動するメソッド

オブジェクト ……… Recordsetオブジェクト

移動するメソッド … MoveNext、MovePrevious、MoveFirst、MoveLastのいずれかを指定

この方法は、たとえば更新対象のレコードが最後や先頭から○番目など、レコードセット内の位置で指定してカーソルを移動したい場合に有効です。また、レコードを1件ずつ順番に処理したい場合などにも便利な方法です。

一方、主キーなどのデータを用いて、指定したフィールドのデータが指定した値に合致するレコードにカーソルを移動したい場合はどうでしょうか？　たとえば、MoveNextメソッドで先頭のレコードから順番に移動し、FieldsプロパティとValueプロパティで目的のフィールドのデータを取得し、Ifステートメントで指定した値に合致するかどうか判定すれば、できないことはありません。しかし、そのような手順をいちいち踏まなくても、Findメソッドを使えばより簡単にカーソルを移動できます。

B Findメソッドで検索して移動するには

RecordsetオブジェクトのFindメソッドを用いると、指定した条件に合致するレコードにカーソルを移動できます。基本的な書式は次の通りです。

書式 オブジェクト.Find(Criteria, SearchDirection)

オブジェクト …………… Recordsetオブジェクト

Criteria ……………… 検索条件

SearchDirection …… 検索する方向を下表の定数から指定
省略可能であり、省略するとadSearchForwardが指定される

定数	方向
adSearchForward	最後のレコードに向かって検索
adSearchBackward	先頭のレコードに向かって検索

引数Criteriaには、レコードを検索する条件式を文字列として指定します。条件式にはさまざまな比較演算子が使えます。比較演算子の左辺にはフィールド名をそのまま記述します。右辺には値を「'」で囲んで記述します。「"」（ダブルクォーテーション）ではなく、「'」（シングルクォーテーション）なので、間違えないよう注意してください。

たとえば、指定したフィールドが指定した値を等しいかどうか判定する条件式は、次のような書式になります。等しいかどうか判定する比較演算子「=」を使います。

```
フィールド名='値'
```

もし、フィールド名が「商品コード」、値が「NS-01」なら、条件式は次のようになります。

```
商品コード='NS-01'
```

引数Criteriaには、この条件式を「"」で囲んで記述します。たとえば、Recordsetオブジェクトが変数rsに格納されている場合、コードは次のようになります。

```
rs.Find Criteria:="商品コード='NS-01'"
```

これで変数rsに格納されているレコードセットから、フィールド「商品コード」のデータが「NS-01」に等しいレコードが検索され、そのレコードにカーソルが移動します。

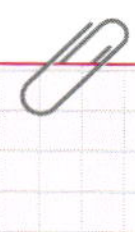

Findメソッドのその他の引数

Findメソッドには他に省略可能な引数として、SkipRowsとStartがあります。前者は検索時に読み飛ばすレコードの数、後者は検索を開始する位置を指定する引数です。いずれも省略すると、現在カーソルがあるレコードから検索が行われます。省略した場合、レコードセットは取得した直後は先頭のレコードにカーソルがあるので、先頭から検索が行われることになります。
なお、現在カーソルがあるレコードは、「カレントレコード」と呼ばれる場合もあります。

指定した条件のレコードが見つからなかったら?

Findメソッドの引数Criteriaに指定する条件式によって、合致するレコードが見つからないケースも考えられます。見つからなかったかどうかは、RecordsetオブジェクトのEOFプロパティで判定できます。

書式 オブジェクト.EOF

オブジェクト ……… Recordsetオブジェクト

Findメソッドを実行した後、EOFプロパティの値がTrueなら、条件式を満たすレコードが見つからなかったことになります。

コードとしては、IfステートメントでEOFプロパティの値がTrueかどうか判定することで、レコードが見つかったかを判定する方法がよく用いられます。たとえば、Recordsetオブジェクトが変数rsに格納されているなら、次のようなかたちになります。

```
※Findメソッドで検索を実行するコード

If rs.EOF = True Then
  ※見つからなかった際の処理のコード
End If
```

なお、EOFプロパティの値がTrueだと、カーソルがレコードセットの末尾に達したことを意味します。ここでいう「レコードセットの末尾」とは、最終レコードの後ろになります。そのため、レコードセットの末尾まで検索したが、条件式に合致するレコードがなかったことになります。

■ テーブル「M_商品」のデータをExcelから更新しよう

Accessデータベースのデータを Excelから更新する方法を学んだところで、Accessデータベース「注文管理.accdb」のテーブル「M_商品」のデータをExcelから更新するプログラムを作成してみましょう。

今回、更新するフィールドは「単価」のみとします。更新対象のレコードの特定には、主キーのフィールド「商品コード」を用います。

そして、更新対象の商品コードはExcelのワークシート「Sheet1」のA1セル、更新したい単価はD1セルに入力します。

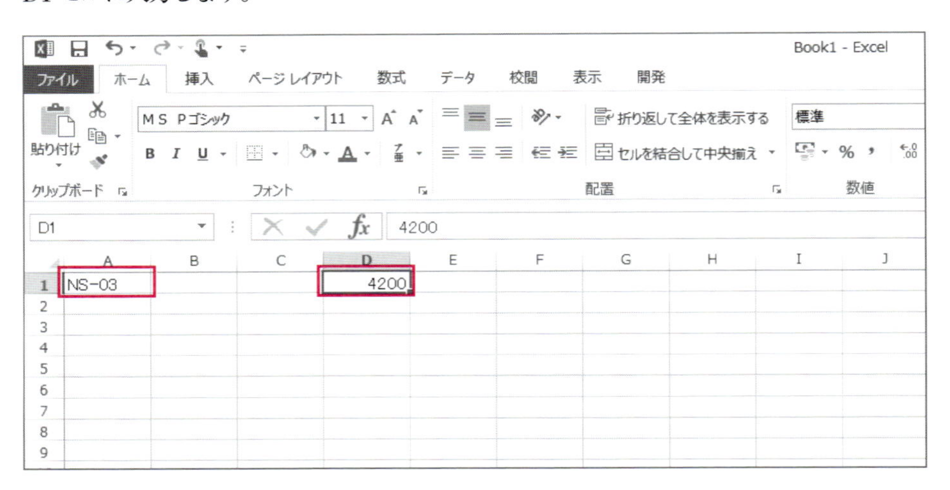

では、A1セルの商品コードに該当するレコードの、D1セルのデータに更新するプログラムを考えましょう。

Accessデータベースに接続し、目的のテーブルのレコードセットを取得する処理は前節と全く同じです。絶対パスの部分はAccessデータベースファイルの保存場所に応じて適宜変更してください。

そして、更新処理が終わった後、レコードセットとデータベースを閉じる処理も前節と全く同じです。両者の間に、テーブル「M_商品」のフィールド「単価」のデータを更新するコードを記述すればよいことになります。

```
Dim con As New ADODB.Connection
Dim rs As New ADODB.Recordset
Dim conStr As String

conStr = "Provider=Microsoft.ACE.OLEDB.12.0;Data Source=C:¥注文管理¥注文管理.accdb"
con.Open ConnectionString:=conStr
rs.Open Source:="M_商品", ActiveConnection:=con, _
CursorType:=adOpenKeyset, LockType:=adLockOptimistic

※ここにA1セルの商品コードのレコードのフィールド「単価」のデータを、D1セルのデータに更新するコードを記述

rs.Close
con.Close
```

A1セルの商品コードのレコードにカーソルを移動するコード

まずは 1 目的のレコードにカーソルを移動するコードを考えます。レコードセットは変数rsに格納されているので、そのFindメソッドで検索すればよいことになります。

引数Criteriaに設定する条件式ですが、比較するフィールドは「商品コード」なので、そのフィールド名をそのまま記述します。そのフィールド「商品コード」がA1セルの値に等しいかどうか判定するので、使用する比較演算子は「=」になります。

「=」の右辺には、比較する値を「'」で囲んで記述するのでした。仮に比較する値が「NS-01」なら、Findメソッドのコードは次のようになります。

```
rs.Find Criteria:="商品コード='NS-01'"
```

この「'」の中の「NS-01」の部分を、A1セルの値にするようコードを記述すればよいことになります。

そのために、文字列を連結する&演算子を利用します。A1セルの値はRange("A1").Valueで取得できます。「NS-01」の部分をRange("A1").Valueに置き換え、その前の「商品コード='」と、後ろの「'」を&演算子で連結します。

```
rs.Find Criteria:="商品コード='" & Range("A1").Value & "'"
```

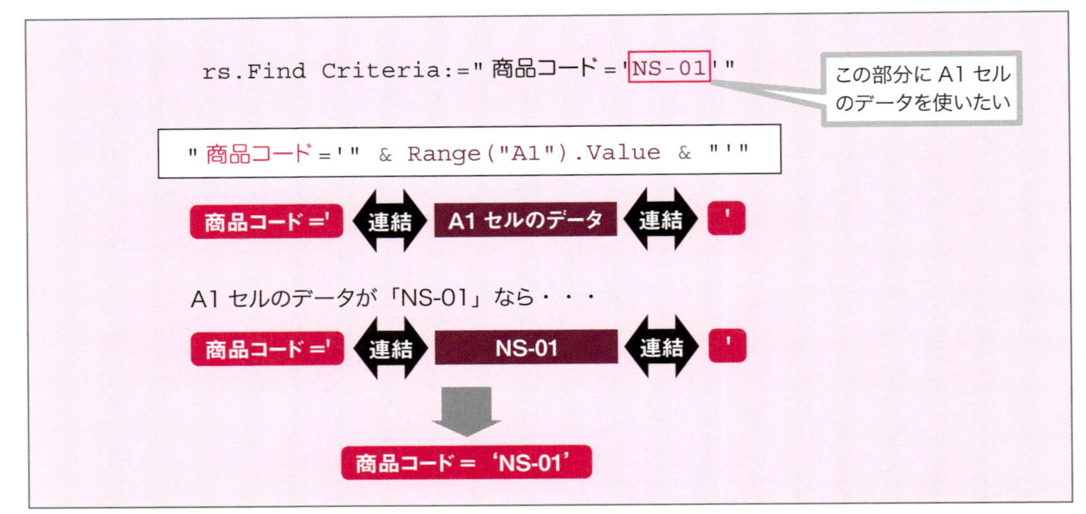

条件式を組み立てるコード

これで、レコードセットの中から、フィールド「商品コード」がA1セルの値と等しいレコードを検索し、カーソルを移動できます。

指定した商品コードのレコードが見つからなかった際のコード

A1セルに入力した商品コードのレコードが見つからなかった場合の処理も加えましょう。RecordsetオブジェクトのEOFプロパティで判定できるのでした。

```
If rs.EOF = True Then
  ※見つからなかった際の処理のコード
End If
```

今回、見つからなかった、「該当するレコードは存在しません。」というメッセージをMsgBox関数で表示し、Subプロシージャを終了します。Subプロシージャを終了するにはExitステートメントを利用します。Exitステートメントは、処理を途中で強制的に終了するステートメントです。以下の4種類があります。

Exitステートメント	終了させる処理
Exit Sub	Subプロシージャ
Exit Function	Functionプロシージャ
Exit Do	Do...Loopステートメント
Exit For	For...NextまたはFor Each...Nextステートメント

今回はSubプロシージャを終了させたいので、「Exit Sub」を用います。以上を踏まえると、指定した商品コードのレコードが見つからなかった際のコードは下記になります。

```
If rs.EOF = True Then
  MsgBox "該当するレコードは存在しません。"
   Exit Sub
End If
```

新たなデータを設定し、反映させるコード

あとは条件式に合致したレコードのフィールド「単価」に、更新したい単価のデータが入ったD1セルの値を設定します。その処理は前節と同様、Fieldsプロパティでフィールドのオブジェクトを取得し、Valueプロパティと代入の「=」によってデータを設定するコードになります。そして、Updateメソッドによって、テーブルに反映させます。

```
rs.Fields("単価").Value = Range("D1").Value
rs.Update
```

必要なコードは以上です。では、それらをSubプロシージャにまとめましょう。Subプロシージャ名は今回、「データ更新」とします。

```
Sub データ更新
  Dim con As New ADODB.Connection
  Dim rs As New ADODB.Recordset
  Dim conStr As String

  conStr = "Provider=Microsoft.ACE.OLEDB.12.0;Data Source=C:¥注文管理¥注文管理.accdb"
  con.Open ConnectionString:=conStr
  rs.Open Source:="M_商品", ActiveConnection:=con, _
    CursorType:=adOpenKeyset, LockType:=adLockOptimistic

  With rs
    .Find Criteria:="商品コード='" & Range("A1").Value & "'"
    If .EOF = True Then
      MsgBox "該当するレコードは存在しません。"
      Exit Sub
    End If
    .Fields("単価").Value = Range("D1").Value
    .Update
  End With

  rs.Close
  con.Close
End Sub
```

フィールド「単価」のデータを更新する1～3のコードは、変数rsの記述をWithステートメントでまとめています。なお、レコードセットをOpenメソッドで開くコードやCloseメソッドで閉じるコードも、変数rsの記述をWithステートメントでまとめることは可能ですが、今回はまとめません。

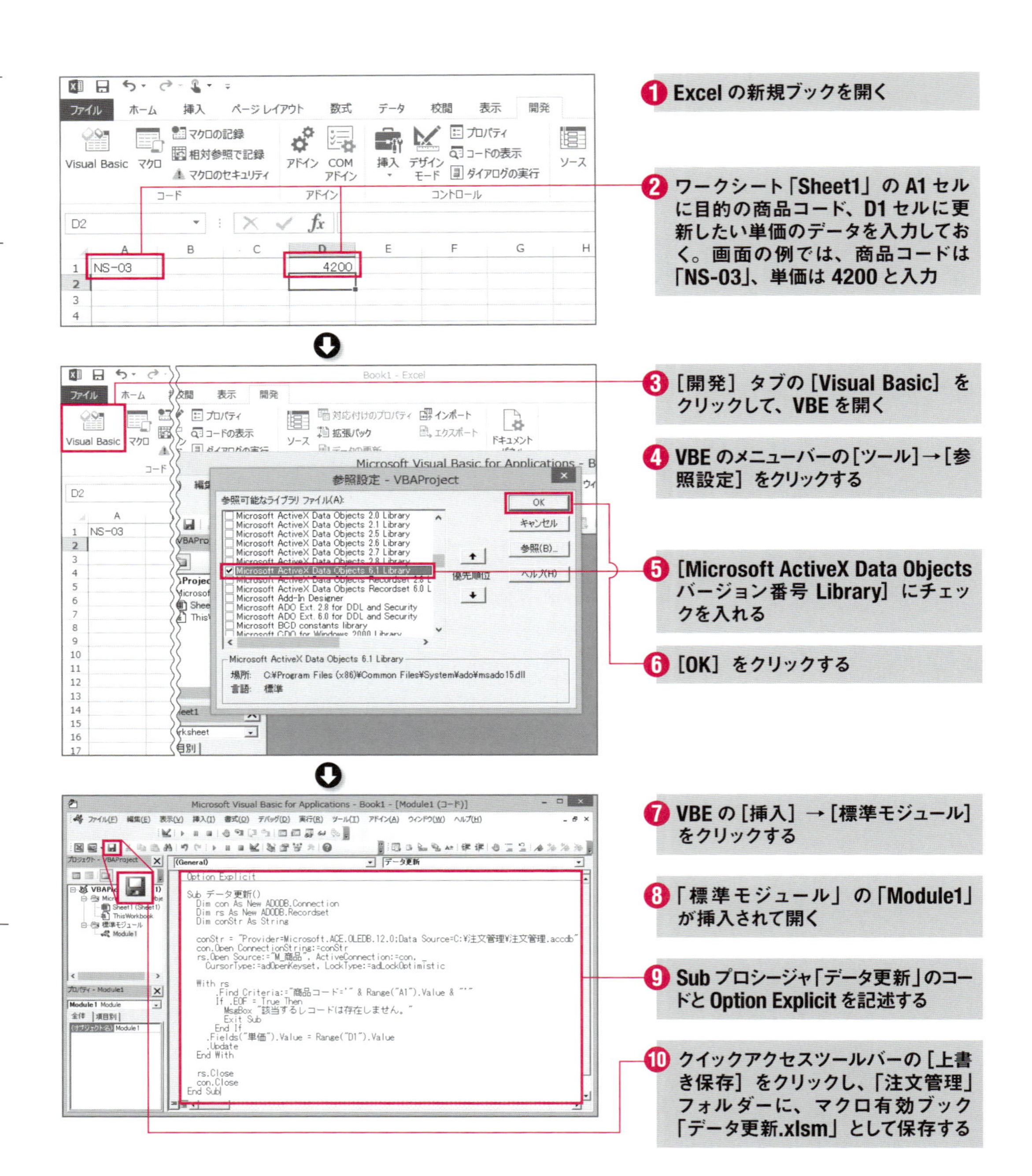

これで完成です。さっそくマクロを実行してみましょう。［開発］タブの［マクロ］をクリックして、「マクロ」ダイアログボックスを開いてください。一覧からSubプロシージャ「データ更新」を選択し、［実行］をクリックしてください。

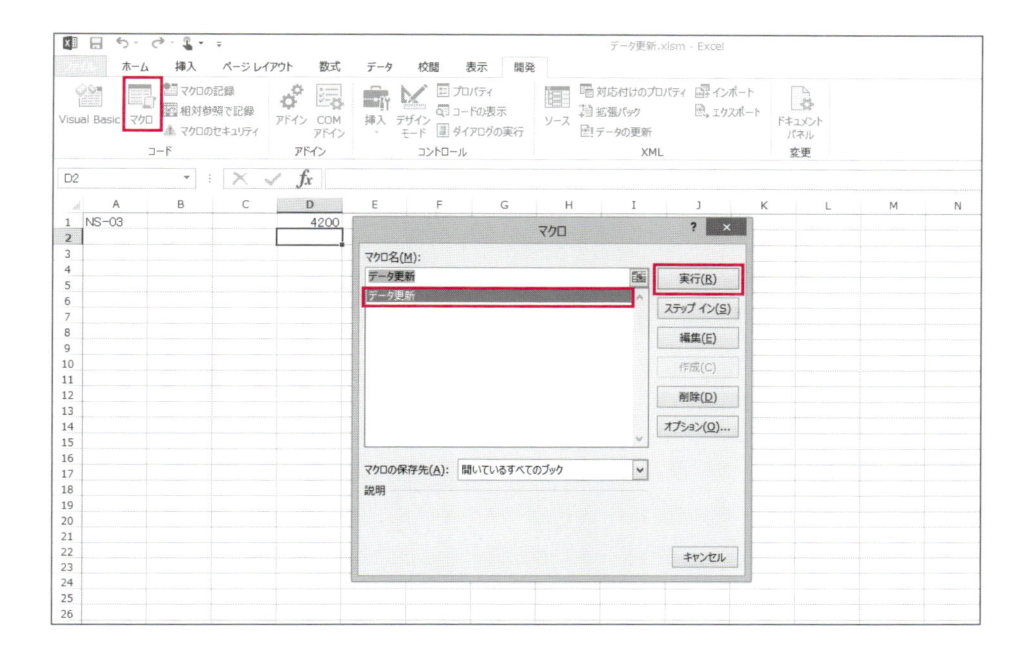

「注文管理」フォルダーにあるAccessデータベース「注文管理.accdb」のテーブル「M_商品」を開くと、A1セルに入力した商品コード「NS-03」のレコードの単価が¥4,200に更新されたことが確認できます。前節で新規レコードとして追加した際、単価は¥4,000でした。その値がSubプロシージャ「データ更新」によって、D1セルに入力したデータ「4200」に変更されたのです。

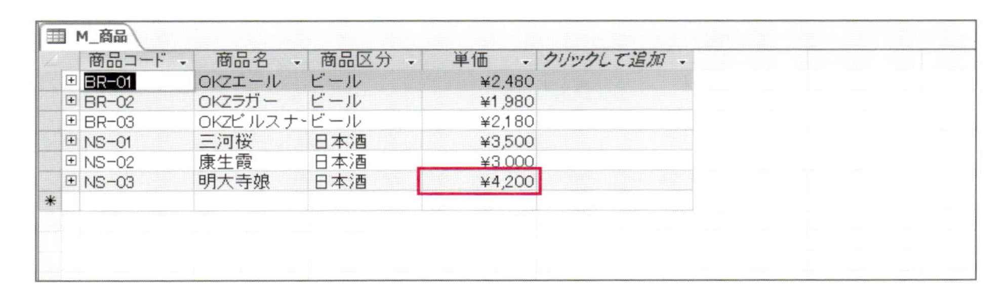

M_商品

商品コード	商品名	商品区分	単価	クリックして追加
BR-01	OKZエール	ビール	¥2,480	
BR-02	OKZラガー	ビール	¥1,980	
BR-03	OKZピルスナ-	ビール	¥2,180	
NS-01	三河桜	日本酒	¥3,500	
NS-02	康生霞	日本酒	¥3,000	
NS-03	明大寺娘	日本酒	¥4,200	

また、テーブル「M_商品」に存在しない商品コードをA1セルに入力し、Subプロシージャ「データ更新」すると、「該当するレコードは存在しません。」というメッセージが表示されます。

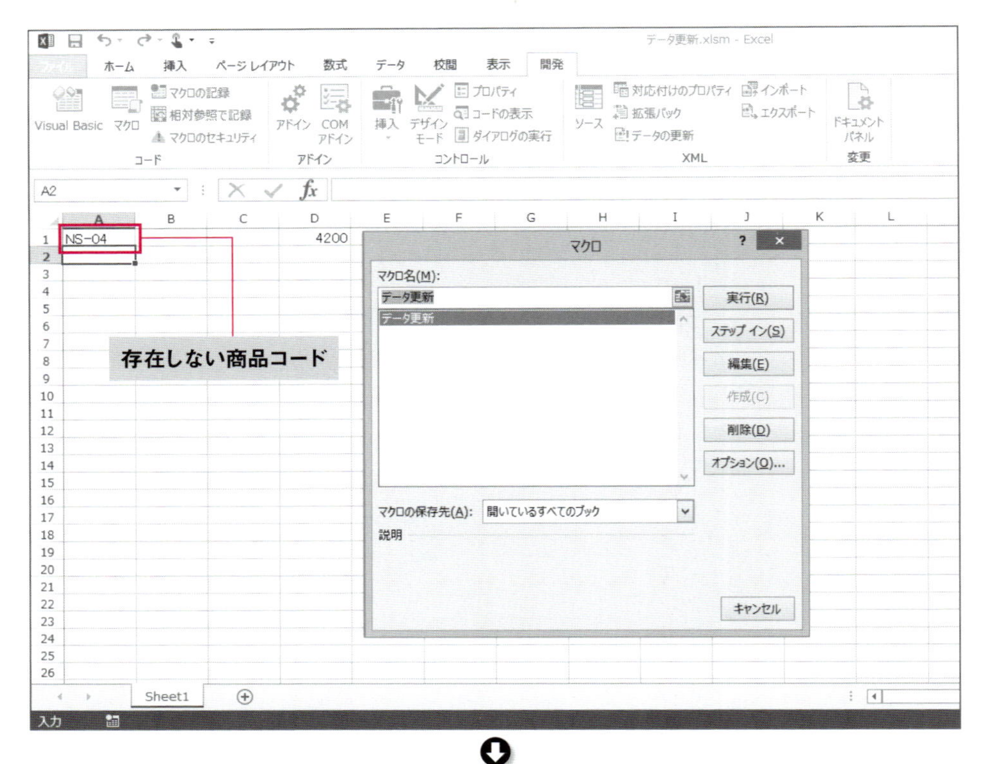

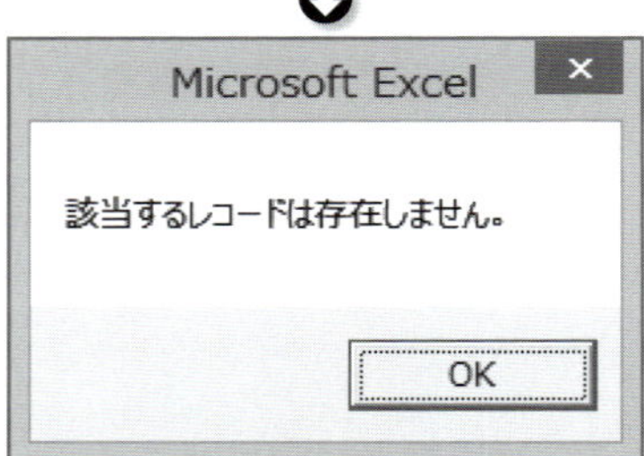

COLUMN

Findメソッドで続けて検索する

Recordsetオブジェクトの Find メソッドは再度実行することで、レコードセットから同じ条件で続けて検索することもできます。ひとつのレコードセットに、条件に合致するレコードが複数ある場合、そのような処理が必要となります。

そのコードで注意が必要なのでは、条件に合致する1件目のレコードが検索された際、カーソルはそのレコードの位置に移動しているため、その状態で続けて検索を行っても、カーソルは2件目のレコードへ移動しません。

そのため、2件目以降のレコードを続けて検索可能とするには、検索された後に MoveNext メソッドなどでカーソルを現在のレコードから移動してから、2回目以降の検索を行うようにしてください。

04 Access データベースのデータを Excel から削除しよう

本節では、Access データベースの指定したデータを、Excel から VBA で削除する方法を解説します。データの削除はレコード単位で行うことになります。

■ Access データベースのデータを Excel から削除するには

Excel VBA によって、Access データベースの指定したレコードを、Excel から削除するプログラムは、大きくは次の流れになります。

1 目的のレコードにカーソルを移動

⬇

2 レコードを削除

1の処理の前には、6 章 01 節で学んだ通り、Access データベースに接続し、目的のテーブルのレコードセットを取得しておく必要があります。2の処理の後には、レコードセットとデータベースを閉じる必要もあります。

1の処理は前節のデータ更新で学んだ方法と全く同じです。Recordset オブジェクトの Find メソッドで行います。2の処理は Recordset オブジェクトの Delete メソッドを用います。

書式 `オブジェクト.Delete`

オブジェクト …… Recordsetオブジェクト

現在カーソルがあるレコード 1 件を削除するメソッドになります。削除後はレコードの追加や更新のように、テーブルに反映させる処理は必要ありません。

レコード削除後の処理に注意

Recordset オブジェクトの Delete メソッドで注意が必要なのは、カーソルは削除を実行した直後、削除したレコードの位置にとどまったままということです。それゆえ、引き続きレコードセットを使ってデータ追加などの処理を行おうとすると、存在しないレコードが対象となり、エラーになってしまいます。

そのようなエラーを避けるため、レコードを削除した後は、MoveNext をはじめとするカーソルを移動する各種メソッド（前節参照）を使い、存在するレコードへカーソルを移動してから処理を行うようにしてください。

■ テーブル「M_商品」のデータをExcelから削除しよう

Accessデータベースのデータ(レコード)をExcelから削除する方法を学んだところで、Accessデータベース「注文管理.accdb」のテーブル「M_商品」のデータをExcelから削除するプログラムを作成してみましょう。

今回、削除するレコードの特定には、主キーのフィールド「商品コード」を用います。その商品コードのデータはExcelのワークシート「Sheet1」のA1セルに入力します。

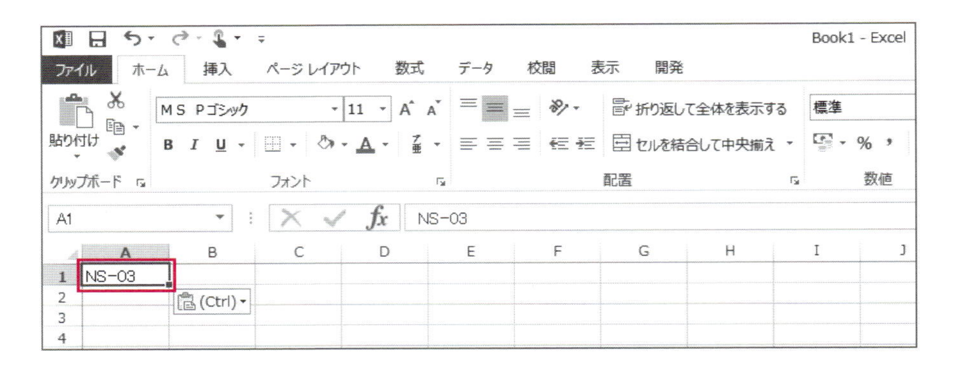

では、A1セルの商品コードに該当するレコードを削除するプログラムを考えましょう。

Accessデータベースに接続し、目的のテーブルのレコードセットを取得する処理は前節と全く同じです。絶対パスの部分はAccessデータベースファイルの保存場所に応じて適宜変更してください。削除処理が終わった後、レコードセットとデータベースを閉じる処理も前節と全く同じです。そして、両者の間に、A1セルの商品コードに該当するレコードにカーソルを移動するコード、およびそのレコードを削除するコードを記述すればよいことになります。

1 A1セルに格納されている商品コードのレコードにカーソルを移動するコードは前節と同じく、下記のコードになります。

```
rs.Find Criteria:="商品コード='" & Range("A1").Value & "'"
```

A1セルに入力した商品コードのレコードが検索されなかった場合の処理も加えましょう。前節と同様に、検索できなかったら、「該当するレコードは存在しません。」というメッセージを表示し、Subプロシージャを終了します。

```
If rs.EOF = True Then
  MsgBox "該当するレコードは存在しません。"
   Exit Sub
End If
```

2 レコードを削除コードは、レコードセットの変数がrsなので、Deleteメソッドを用いて、次のようになります。更新処理は不要です。

```
rs.Delete
```

必要なコードは以上です。では、それらをSubプロシージャにまとめましょう。Subプロシージャ名は今回、「データ削除」とします。

```
Sub データ削除
  Dim con As New ADODB.Connection
  Dim rs As New ADODB.Recordset
  Dim conStr As String

  conStr = "Provider=Microsoft.ACE.OLEDB.12.0;Data Source=C:¥注文管理¥注文管理.accdb"
  con.Open ConnectionString:=conStr
  rs.Open Source:="M_商品", ActiveConnection:=con, _
    CursorType:=adOpenKeyset, LockType:=adLockOptimistic

  With rs
    .Find Criteria:="商品コード='" & Range("A1").Value & "'"
    If .EOF = True Then
      MsgBox "該当するレコードは存在しません。"
      Exit Sub
    End If
    .Delete
  End With

  rs.Close
  con.Close
End Sub
```

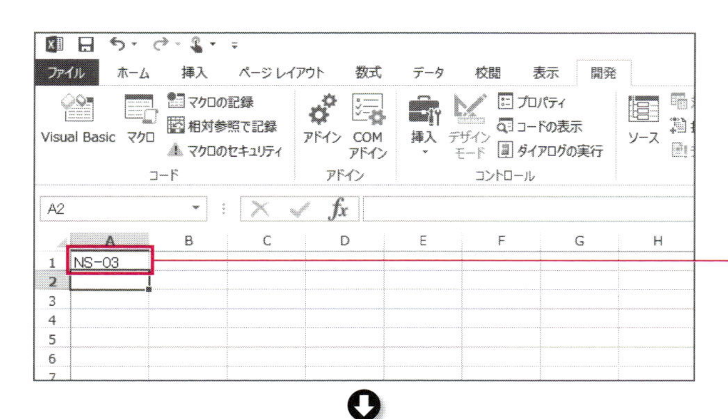

1 Excelの新規ブックを開く

2 ワークシート「Sheet1」のA1セルに目的の商品コードを入力しておく。画面の例では、商品コードは「NS-03」と入力

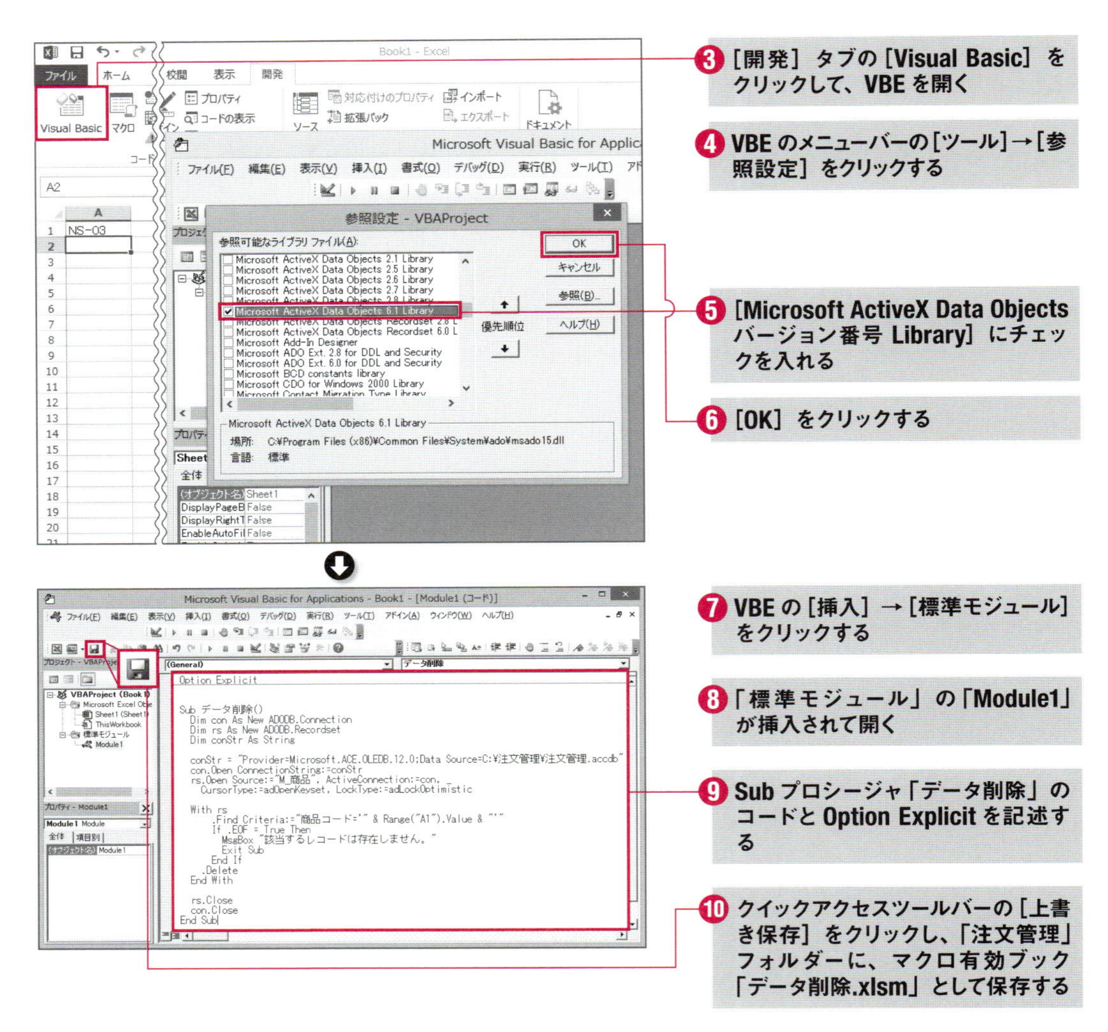


```
Option Explicit

Sub データ削除()
  Dim con As New ADODB.Connection
  Dim rs As New ADODB.Recordset
  Dim conStr As String

  conStr = "Provider=Microsoft.ACE.OLEDB.12.0;Data Source=C:¥注文管理¥注文管理.accdb"
  con.Open ConnectionString:=conStr
  rs.Open Source:="M_商品", ActiveConnection:=con, _
    CursorType:=adOpenKeyset, LockType:=adLockOptimistic

  With rs
    .Find Criteria:="商品コード='" & Range("A1").Value & "'"
    If .EOF = True Then
      MsgBox "該当するレコードは存在しません。"
      Exit Sub
    End If
    .Delete
  End With

  rs.Close
  con.Close
End Sub
```

これで完成です。さっそくマクロを実行してみましょう。[開発] タブの [マクロ] をクリックして、「マクロ」ダイアログボックスを開いてください。「マクロ名」から Sub プロシージャ「データ削除」を選択し、[実行] をクリックしてください。

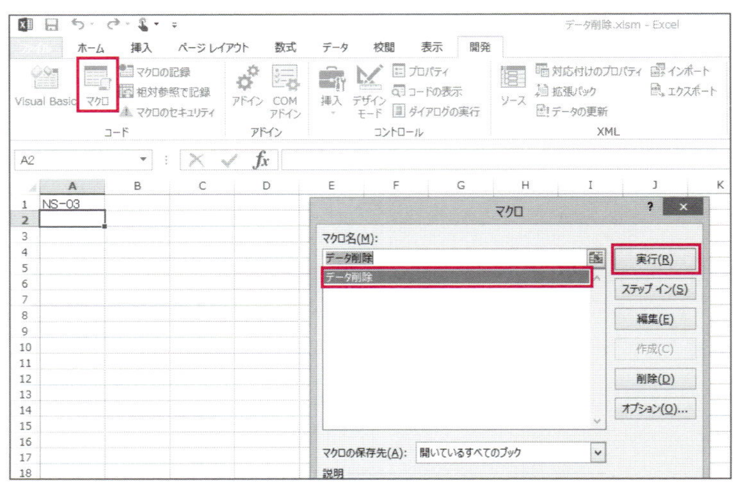

「注文管理」フォルダーにあるAccessデータベース「注文管理.accdb」のテーブル「M_商品」を開くと、A1セルに入力した商品コード「NS-03」のレコードが削除されたことが確認できます。

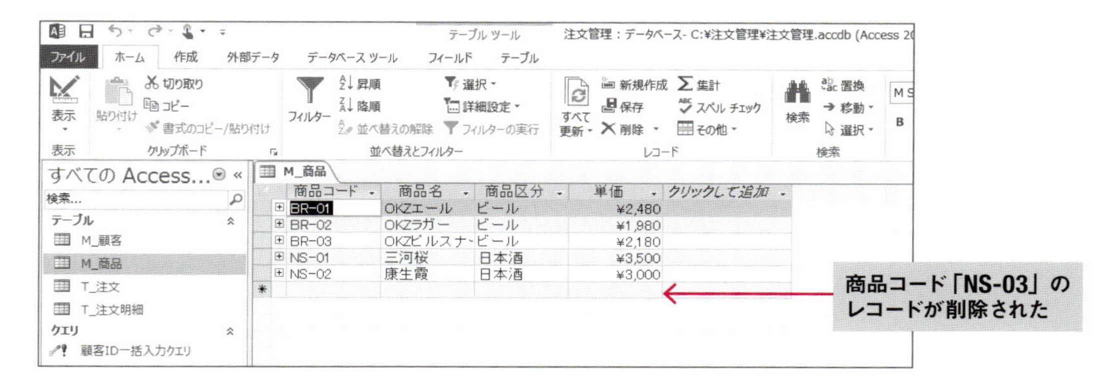

また、テーブル「M_商品」に存在しない商品コードをA1セルに入力し、Subプロシージャ「データ削除」を実行すると、「該当するレコードは存在しません。」というメッセージが表示されます。

たとえば、先ほど削除した商品コード「NS-03」をA1セルに入力したまま、Subプロシージャ「データ削除」を実行すると、そのレコードはすでに削除されているので、「該当するレコードは存在しません。」というメッセージが表示されます。

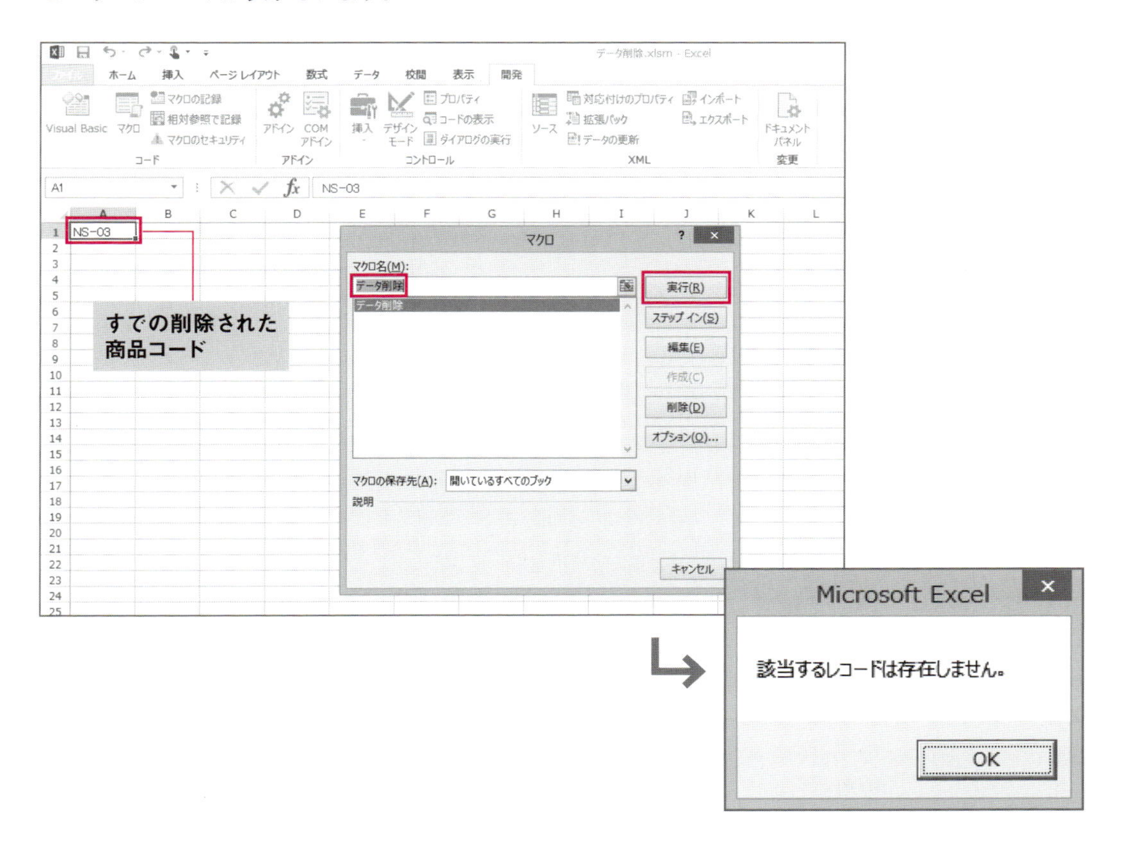

05 商品データの追加・更新・削除を行うExcelブックを作ろう

本節では、本章でここまで学んだ内容を活かして、Accessデータベース「注文管理.accdb」の商品データの追加・更新・削除を行うExcelブックを作成します。

■ 本節で作成するExcelブックの機能

本節では、Accessデータベース「注文管理.accdb」のテーブル「M_商品」のデータを追加･更新･削除する機能を備えたExcelブックを作成します。テーブル「M_商品」は現在、5件のレコードが格納されています。

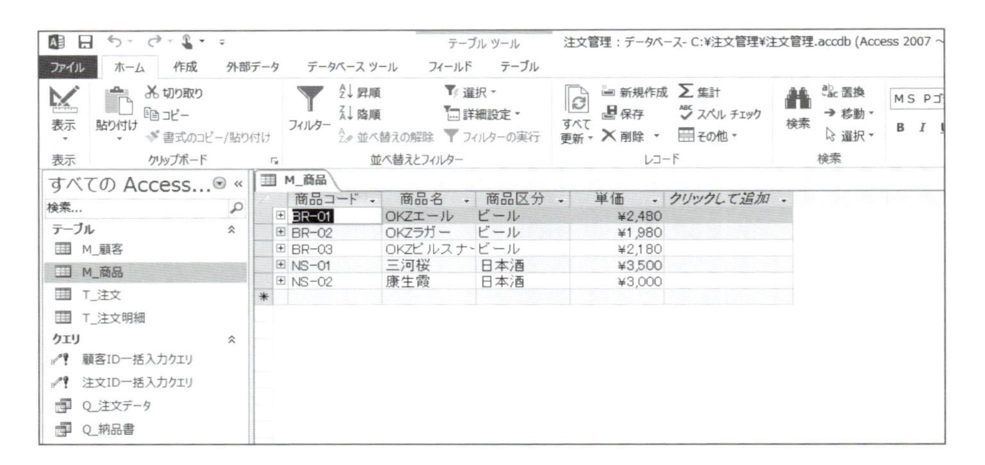

ブック名は「商品管理.xlsm」とします。使用するワークシートは「Sheet1」の1枚のみです。ブックの保存場所は「注文管理」フォルダーとします。操作対象のAccessデータベース「注文管理.accdb」の保存場所も、前節まで同じく同フォルダーとします。

「商品管理.xlsm」のワークシートの構成および機能は次の通りとします。

ワークシートの構成

追加・更新・削除したい商品データをA2～D2セルに入力します。そして、テーブル「M_商品」の現在のデータをA4～D4セル以降に表示するとします。ともにワークシートの列のテーブルのフィールドの対応は以下とします。

・A列　商品コード
・B列　商品名
・C列　商品区分
・D列　単価

それらのデータの右上には、［追加・更新］ボタンと［削除］ボタンを設けます。ともに角丸四角形の図形で作成しています。

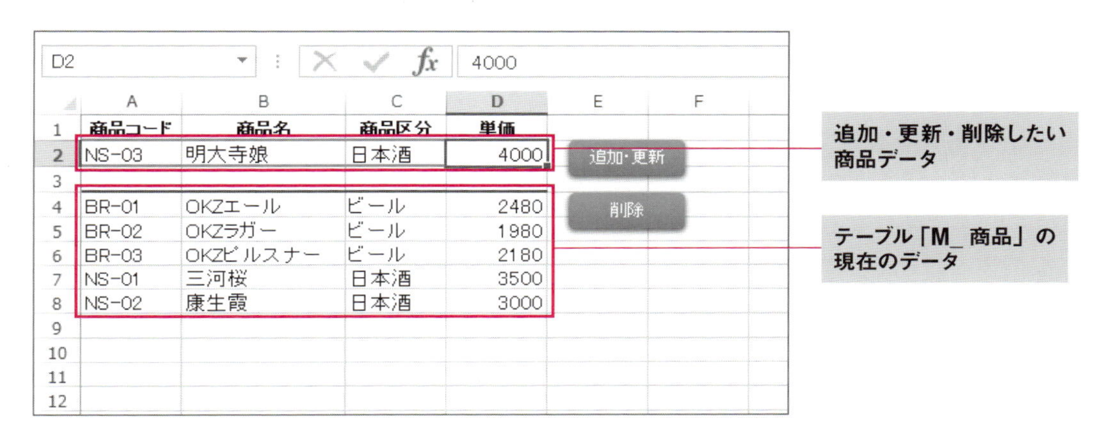

Memo 単価のセルの書式

今回、単価のデータを入力・表示するD列のセルの書式は通貨に設定せず、標準のままとします。

機能1　ブックを開くとテーブル「M_商品」のデータを取り込む

「商品管理.xlsm」を開くと、Accessデータベース「注文管理.accdb」のテーブル「M_商品」のすべてのレコードを、ワークシート「Sheet1」のA4～D4セル以降に取り込みます。

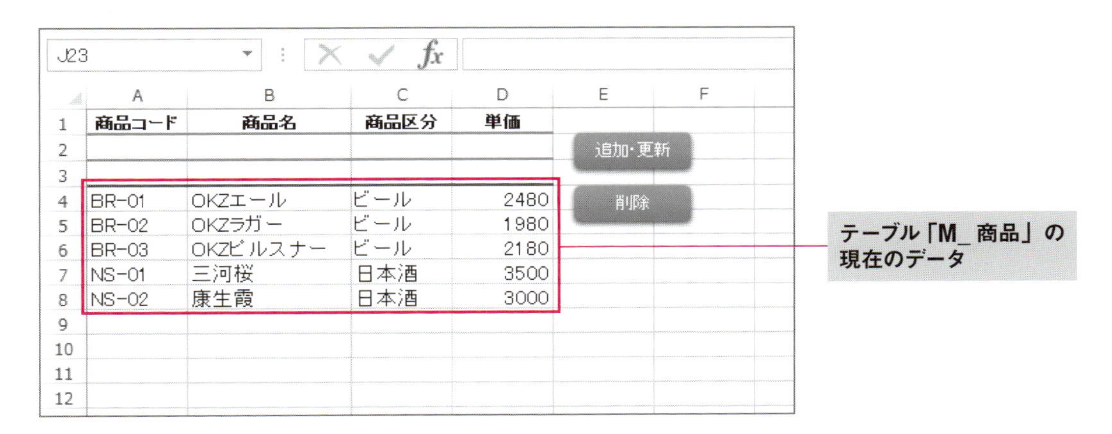

機能2　データの追加

A2～D2セルに新しい商品のデータを入力し、[追加・更新] ボタンをクリックすると、テーブル「M_商品」にそのデータが新規レコードとして追加されます。追加すると、A4～D4セル以降にテーブル「M_商品」を改めて取り込みます。そのため、追加したレコードが末尾に表示されることになります。

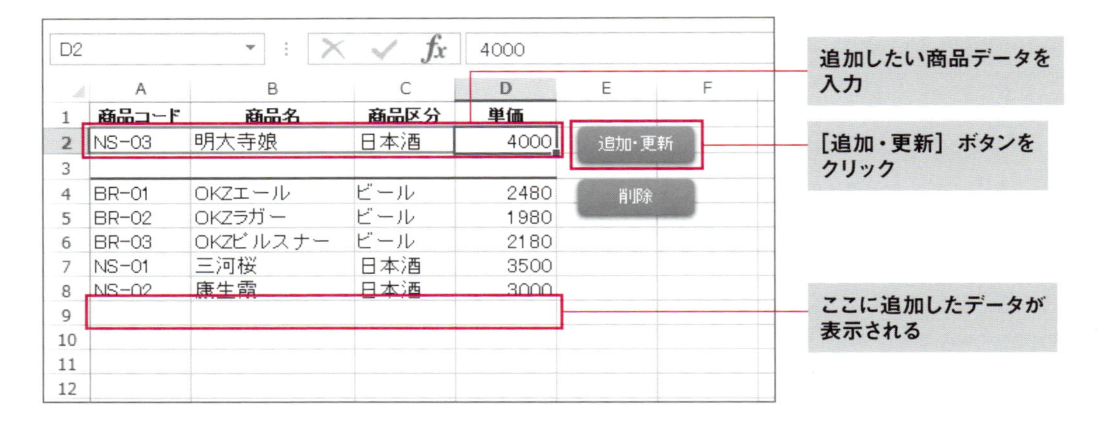

機能3　データの更新

A2セルに更新したいレコードの商品コードを入力し、B2～D2セルに更新したい商品名や商品区分や単価のデータを入力して、[追加・更新] ボタンをクリックすると、その商品コードに該当するレコードの商品名や商品区分や単価が更新されます。更新すると、A4～D4セル以降にテーブル「M_商品」を改めて取り込みます。そのため、更新したデータが反映されたかたちで、テーブルの全レコードが改めて表示されることになります。

また、今回は更新しないフィールドについては、B2～D2セルの対応するセルには、現在のデータをそのまま入力します。たとえば、単価のデータのみを更新したい場合、商品名と商品区分は現在のデータをそのまま入力します（セルを空にすると、空のデータとして更新されてしまうことになります）。

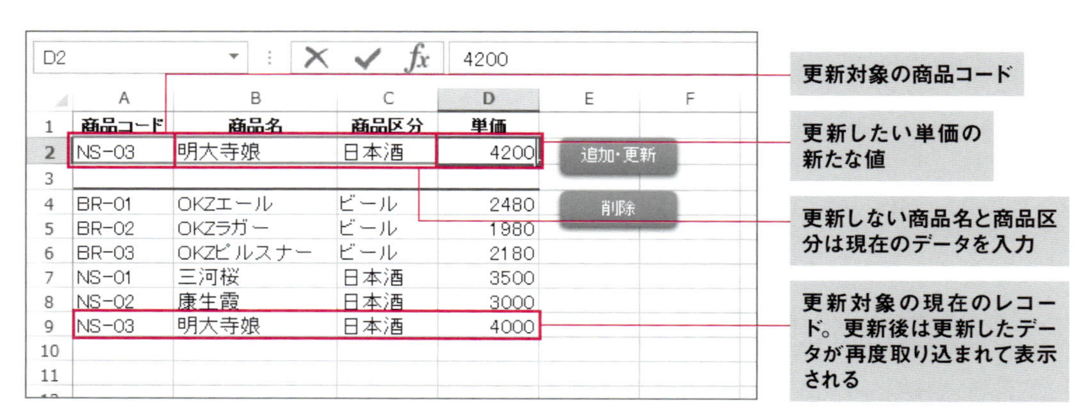

このように［追加・更新］ボタンをクリックした際、データを追加するのか更新するのかは今回、A2セルに入力した商品コードで判断します。追加する場合はA2セルに新しい商品コードを入力し、更新する場合は既存の商品コードを入力します。

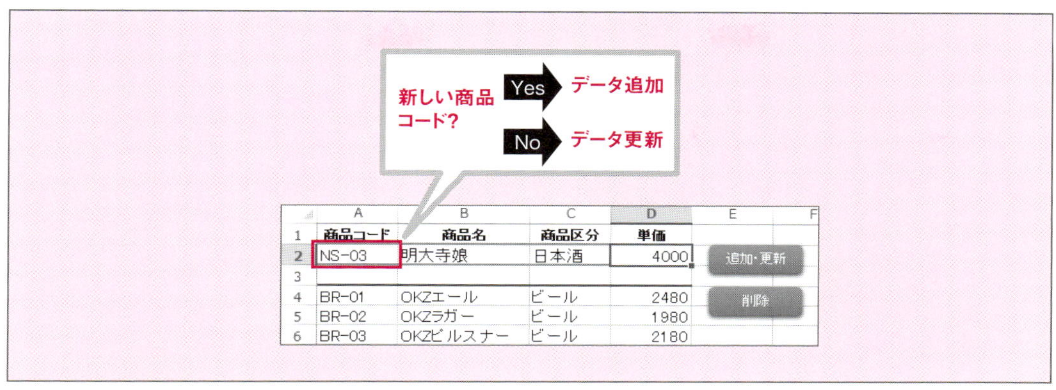

データの追加／更新はA2セルの商品コードで判断

更新しないデータの処理について

プログラムを工夫すれば、更新しないフィールドのセルを空にしたら、そのフィールドは更新が行われないようにすることも可能ですが、今回はコードをよりシンプルにするため、そのような処理は行いません。

機能4　データの削除

A2セルに削除したいレコードの商品コードを入力し、［削除］ボタンをクリックすると、その商品コードのレコードが削除されます。更新すると、A4～D4セル以降にテーブル「M_商品」を改めて取り込みます。そのため、削除したレコードが表示されなくなります。削除については、B2～D2セルへのデータ入力は必須ではないこととします。

D2　　4200

	A	B	C	D	E	F
1	商品コード	商品名	商品区分	単価		
2	NS-03	明大寺娘	日本酒	4200	追加・更新	
3						
4	BR-01	OKZエール	ビール	2480	削除	
5	BR-02	OKZラガー	ビール	1980		
6	BR-03	OKZピルスナー	ビール	2180		
7	NS-01	三河桜	日本酒	3500		
8	NS-02	康生霞	日本酒	3000		
9	NS-03	明大寺娘	日本酒	4200		
10						
11						
12						

削除対象の商品コード

削除対象のレコード。削除後はデータが表示されない

■ プログラムの大まかな構成

前節までに作成したExcelブックのプログラムでは、Accessデータベース「注文管理.accdb」のテーブル「M_商品」からデータを取り込んだり、追加・更新・削除したりするたびに、Accessデータベースに接続し、テーブルのレコードセットを開いていました。そして、処理が終わるたびに、レコードセットとデータベースを閉じていました。

本節で作成するプログラムでは、先ほど紹介した機能の通り、ブックを開くと最初にテーブル「M_商品」を取り込みます。その後、データの追加・更新・削除を連続して行えるようになっています。その際、処理ごとにいちいちAccessデータベース「注文管理.accdb」に接続し、テーブル「M_商品」のレコードセットを開いたり、処理が終わったら閉じたりしても、決して間違いではないのですが、同じ処理が何度も行われることになります。また、そのぶんコードも冗長になるでしょう。

そこで今回、ブックを開くと同時に、Accessデータベース「注文管理.accdb」に接続し、テーブル「M_商品」のレコードセットを開くようにします。そして、ブックを閉じる際に、レコードセットとデータベースを閉じることとします。つまり、Accessデータベースに接続し、テーブルのレコードセットを開く処理は最初の1回のみ実行し、接続とレコードセットを閉じる処理は最後の1回のみにするのです。今回作成したい機能なら、そのような処理の流れでも問題なく動作します。そして、同じ処理が何度も行われたり、コードが冗長になったりすることを防げるでしょう。

データベースに接続しレコードセットを開く／閉じる処理を行うコードは、ブックを開く／閉じる際に実行したいので、ThisWorkbookのモジュールに記述すればよいことになります。ブックを開く際に実行するイベントプロシージャは「Workbook_Open」になります。ブックを閉じる際に実行するイベントプロシージャは「Workbook_BeforeClose」になります。

一方、データ追加・更新する処理のSubプロシージャは、標準モジュールの「Module1」に記述します。そのSubプロシージャをワークシート「Sheet1」上のボタン［追加・更新］にマクロとして登録します。データを削除するSubプロシージャも同じく標準モジュールの「Module1」に記述し、ボタン［削除］に登録します。

それらの処理を行うには、レコードセットのRecordsetオブジェクトが必要です。データベースおよびレコードセットを開く処理と閉じる処理のコードはThisWorkbookに記述し、データ追加・更新する処理のコードは「Module1」に記述することになります。そのため、レコードセットを両方のモジュールで使えるよう、共通のRecordsetオブジェクト型の変数を用います。複数のモジュールで使える共通の変数の宣言方法や使い方は、このあとで解説します。

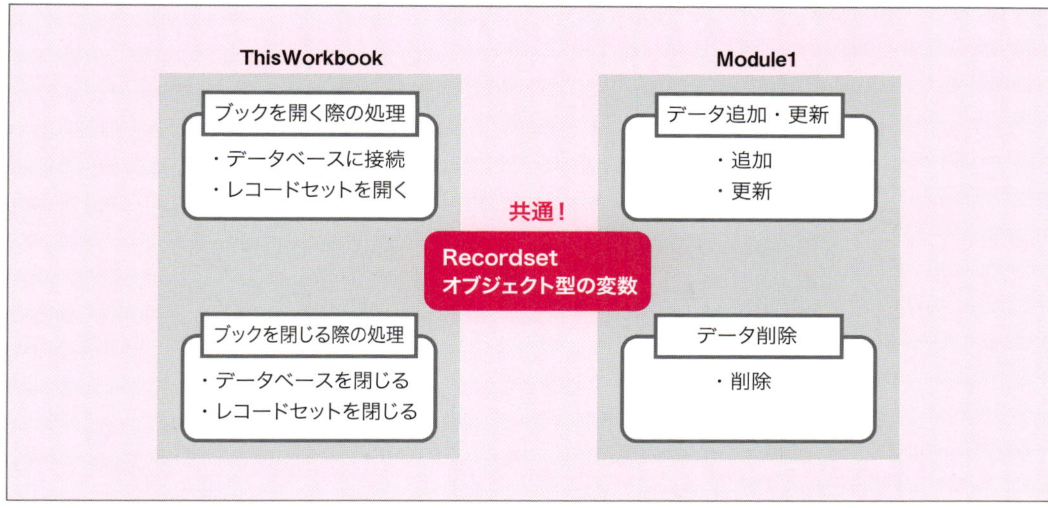

プログラムの大まかな構成

■ ブックを開くとテーブルを取り込む処理を作ろう

それでは、ブック「商品管理.xlsm」を開くと、「注文管理.accdb」に接続し、テーブル「M_商品」のデータをA4～D4セル以降に取り込む処理からコードを考えて作成します。

まずはレコードセットのRecordset型変数を宣言します。変数名は「rs」とします。この変数rsは、「ThisWorkbook」と「Module1」の両方のモジュールで使える共通の変数とします。

複数のモジュールで使える共通の変数は「パブリック変数」と呼ばれます。パブリック変数を宣言するステートメントは、「Dim」の替わりに「Public」を使用します。

書式 Public 変数名 As New データ型

変数名………… 変数名を指定

データ型 ……… データ型を指定

たとえば、変数名が「rs」、データ型がRecordset型なら、宣言するコードは次のようになります。

```
Public rs As New ADODB.Recordset
```

パブリック変数を宣言するコードの記述場所ですが、通常は「Module1」など、標準モジュール以下のモジュールに記述します。「ThisWorkbook」など標準モジュール以外のモジュールでも宣言できなくはないのですが、その場合、他のモジュールで使用する際は「ThisWorkbook.rs」など、変数名の前に「モジュール名.」を付ける必要が生じます。

一方、標準モジュール以下のモジュールで宣言すれば、「モジュール名.」は不要であり、変数名を記述するだけで使えます。本書では「Module1」で宣言します。「Module1」の中では、宣言のコードは宣言セクションに記述します。

レコードセットを開くには、その前にデータベースに接続する必要があるのでした。その処理に用いるConnection型変数は今回、変数名を「con」とします。変数conはブックを開く際にデータベースに接続する処理に加え、ブックを閉じる際にデータベースを閉じる処理にも用います。これらの2つの処理は「ThisWorkbook」にて、別のイベントプロシージャに記述することになります。

そのため、両方のイベントプロシージャで使える共通の変数として宣言します。データベースに接続する処理と閉じる処理は「ThisWorkbook」以外のモジュールには登場しないので、パブリック変数ではなく、モジュールレベル変数として宣言します。

```
Dim con As New ADODB.Connection
```

パブリック変数として宣言してもちゃんと動作はするのですが、他のモジュールで誤って代入などが行われなくするよう、モジュールレベル変数にしましょう。

Memo パブリック変数の別の呼び名

パブリック変数は「パブリックモジュールレベル変数」と呼ばれるケースもあります。

Memo 宣言セクション

モジュールの冒頭の部分で、プロシージャの外側にあたる箇所です。パブリック変数もモジュールレベル変数も、宣言セクションで宣言します。

ブックを開くとテーブルを取り込むイベントプロシージャ

このRecordset型のパブリック変数rs、Connection型のモジュールレベル変数conを使って、ブックを開くとテーブル「M_商品」をA4～D4セル以降に取り込む処理を、イベントプロシージャ「Workbook_Open」に記述します。

処理のコードは6章01で作成したSubプロシージャ「テーブル取り込み」とほぼ同じです。取り込み先のセルがA1セルからA4セルに変わるだけです。ただし、Connection型変数とRecordset型変数を宣言するコードは、すでに宣言ブロックで記述してあるため不要です。また、データベースとレコードセットを閉じる処理も、ブックを閉じる際に実行するので含めません。

以上を踏まえると、イベントプロシージャ「Workbook_Open」のコードは以下になります。絶対パスの部分はAccessデータベースファイルの保存場所に応じて適宜変更してください。

```
Private Sub Workbook_Open()
  Dim conStr As String

  conStr = "Provider=Microsoft.ACE.OLEDB.12.0;Data Source=C:¥注文管理¥注文管理.accdb"
  con.Open ConnectionString:=conStr
  rs.Open Source:="M_商品", ActiveConnection:=con, _
    CursorType:=adOpenKeyset, LockType:=adLockOptimistic

  Range("A4").CopyFromRecordset Data:=rs
End Sub
```

それでは、さっそくExcelブックにコードを記述しましょう。今回はブックを新規作成せず、本書ダウンロードデータに含まれる「商品管理.xlsx」を使います。このブックはワークシート「Sheet1」に見出しや計算、ボタンのみを作成したもので、VBAのコードはゼロの状態です。マクロなしのブックなので、VBAのコードを記述した後、マクロ有効ブックとして別名で保存することになります。

では、「商品管理.xlsx」を「注文管理」フォルダーにコピーし、開いたら、上記コードを次の手順で記述してください。

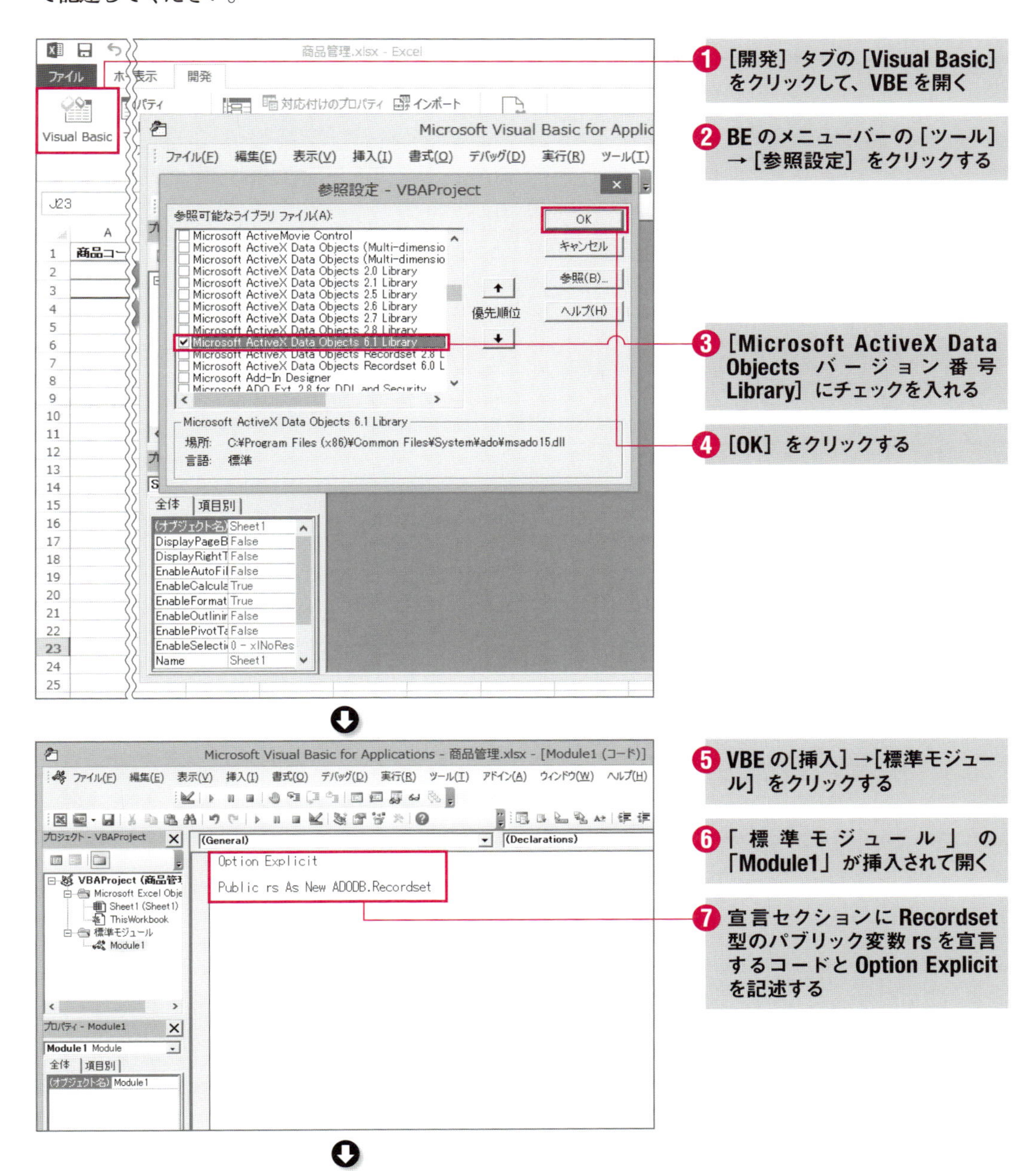

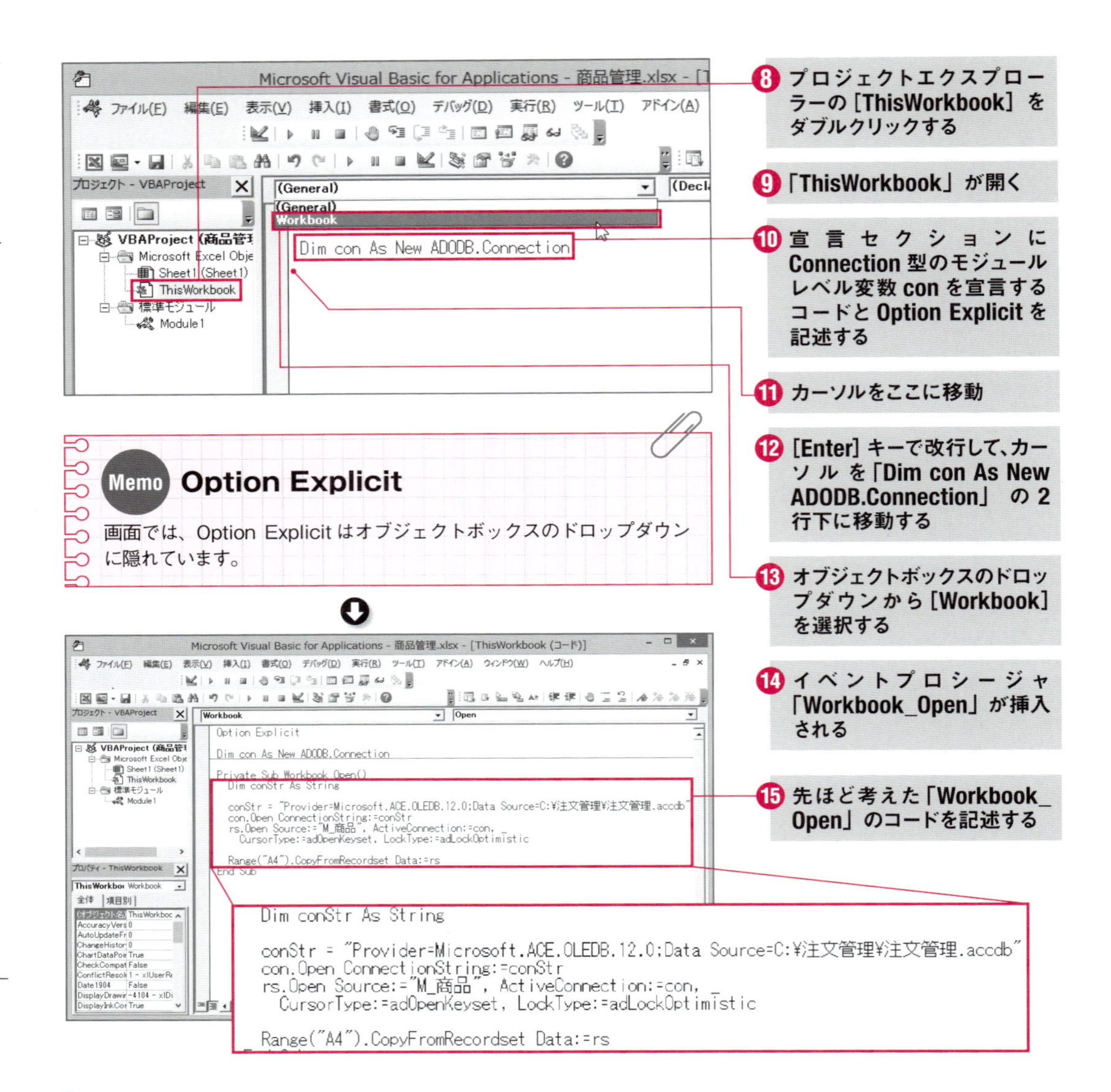

ブックを閉じる際の処理も作成しよう

ブックを閉じる際にデータベースとレコードセットを閉じる処理も作成しましょう。ブックを閉じる際に実行したいので、イベントプロシージャ「Workbook_BeforeClose」を用います。中身の処理は変数conおよび変数rsのCloseメソッドで、データベースとレコードセットを閉じるコードになります。

```
Private Sub Workbook_BeforeClose(Cancel As Boolean)
  rs.Close
  con.Close
End Sub
```

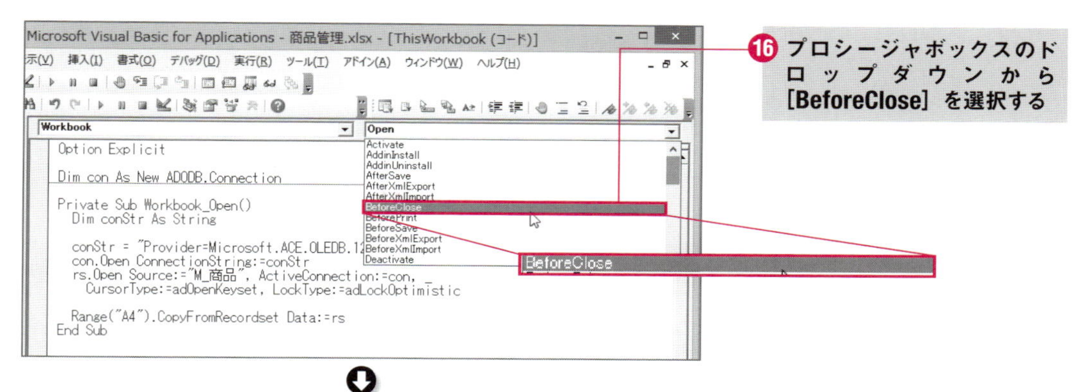

⑯ プロシージャボックスのドロップダウンから[BeforeClose]を選択する

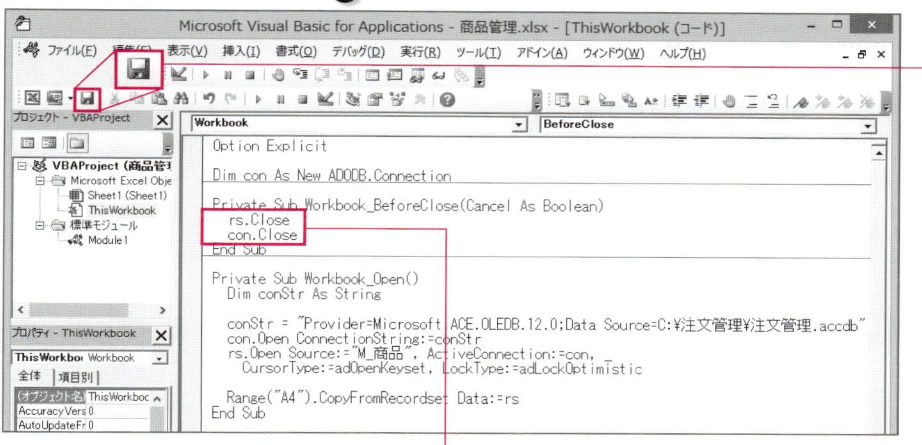

⑰ イベントプロシージャ「Workbook_BeforeClose」が挿入される

⑱ 上記の「Workbook_BeforeClose」のコードを記述する

⑲ クイックアクセスツールバーの[上書き保存]をクリックし、「注文管理」フォルダーに、マクロ有効ブック「商品管理.xlsm」として別名で保存する

動作確認してみよう

これでブック「商品管理.xlsm」を開くと、「注文管理.accdb」のテーブル「M_商品」のデータをA4～D4セル以降に取り込む処理が完成しました。この時点で一度動作確認してみましょう。

まずはブックを閉じてください。すると、次のようなアラート画面が表示される場合があります。

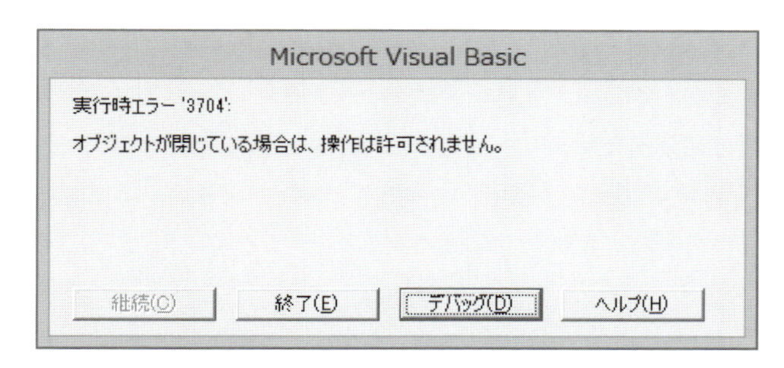

今回のようにブックを開く／閉じる際にAccessデータベースに接続してレコードセットを開く処理を行う場合、コードを追加・修正した後は、このような「実行時エラー'3704'」のアラート画面が表示される場合があります。コードを追加・修正した直後のみ、レコードセットやデータベースを閉じる処理などの関係で表示されるエラーです。コードとしては特に問題はないエラーであり、ブックを開き直せば以降は発生しません。

このような「実行時エラー'3704'」のアラート画面が表示されたら、そのまま［終了］をクリックしてください。するとブックが閉じます。ブックを閉じたら、アイコンをダブルクリックするなどして、再び開いてください。画面のように、メッセージバーにセキュリティの警告が表示されたら、［コンテンツの有効化］をクリックしてください。

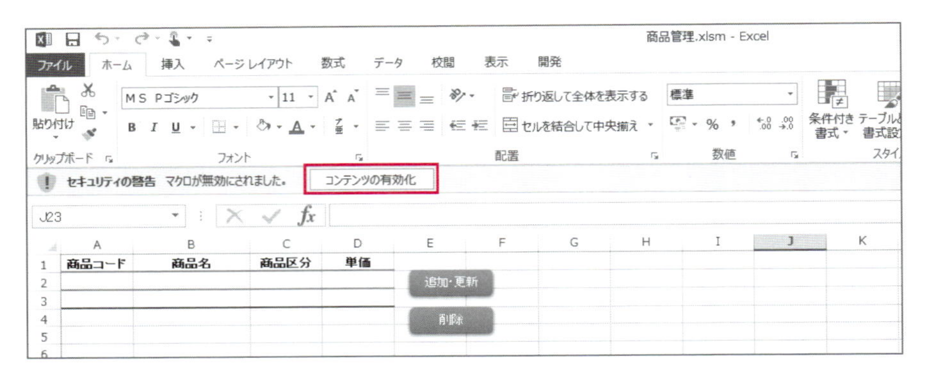

すると、「注文管理.accdb」のテーブル「M_商品」のデータがA4～D4セル以降に取り込まれたことが確認できます。

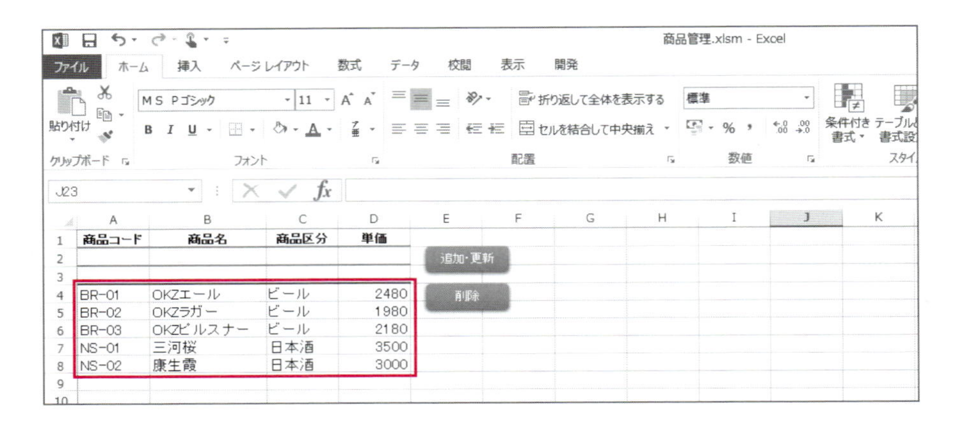

もし、この状態からブックを閉じると、今度は「実行時エラー'3704'」のアラート画面は表示されません（ブックを保存するかどうかを問うダイアログボックスは表示されます）。引き続きデータ追加・更新の機能を作成するので、この時点ではブックを閉じないでください。

「実行時エラー '3704'」のアラート画面

以降も「実行時エラー '3704'」のアラート画面が表示されたら、[終了] をクリックしてください。

コンテンツの有効化

以降もセキュリティの警告が表示されたら、[コンテンツの有効化] をクリックしてください。

■ データを追加する機能を作ろう

次に、データを追加する機能を作成しましょう。A2 ~ D2 セルに新たな商品コードの商品データを入力し、[追加・更新] ボタンをクリックすると、テーブル「M_商品」に新規レコードとして追加できるようにします。その処理のSubプロシージャは「Module1」に記述します。Subプロシージャ名は今回、「データ追加更新」とします。このあとでデータを更新する処理も加えるので、このような名前にします。

セル上のデータをテーブル「M_商品」に新規レコードとして追加する処理のコードは、6章02で学んだ通り、レコードセットのオブジェクトのAddNewメソッドで新規レコードを追加し、FieldsプロパティとValueプロパティで各フィールドのデータを設定した後、Updateメソッドでテーブルに反映させればよいのでした。

具体的なコードは、6章02で作成したSubプロシージャ「データ追加」とほぼ同じです。データのセルがA1 ~ D1セルからA2 ~ D2に変わるだけです。ただし、Connection型変数とRecordset型変数を宣言するコードは、すでに宣言ブロックで記述してあるため不要です。また、データベースに接続し、レコードセットを取得する処理もすでに記述したので不要です。データベースとレコードセットを閉じる処理も、ブックを閉じる際に実行するので含めません。

したがって、必要な処理のコードは以下になります。変数rsの記述をWithステートメントでまとめています。

```
With rs
   .AddNew
   .Fields("商品コード").Value = Range("A2").Value
   .Fields("商品名").Value = Range("B2").Value
   .Fields("商品区分").Value = Range("C2").Value
   .Fields("単価").Value = Range("D2").Value
   .Update
End With
```

さらに、新規レコードを追加したら、追加後のテーブル「M_商品」のデータをA4セル以降に取り込み直す処理も必要です。そのコードはイベントプロシージャ「Workbook_Open」での取り込み処理と全く同じになります。

```
Range("A4").CopyFromRecordset Data:=rs
```

そして、6章01で学んだ通り、新規レコードを追加した直後、レコードセットのカーソルは新規レコードに移動するのでした。このままCopyFromRecordsetメソッドでテーブルのデータを取り込もうとすると、カーソルは追加した新規レコードにあるので、その追加したレコードしか取り込むことができません。

よって、テーブルのすべてのデータを取り込むには、CopyFromRecordsetメソッドで取り込む前に、カーソルをレコードセットの先頭に移動する必要があります。カーソルを先頭に移動するには、MoveFirstメソッドを用います（6章01参照）。

```
rs.MoveFirst
Range("A4").CopyFromRecordset Data:=rs
```

以上を踏まえると、Subプロシージャ「データ追加更新」のコードは以下になります。カーソルを先頭に移動し、テーブルを取り込み直す処理も、Withステートメントに組み込んでいます。

```
Sub データ追加更新
  With rs
    .AddNew
    .Fields("商品コード").Value = Range("A2").Value
    .Fields("商品名").Value = Range("B2").Value
    .Fields("商品区分").Value = Range("C2").Value
    .Fields("単価").Value = Range("D2").Value
    .Update

    .MoveFirst
    Range("A4").CopyFromRecordset Data:=rs
  End With
End Sub
```

このSubプロシージャ「データ追加更新」を、図形で作成した［追加・更新］ボタンにマクロとして登録します。

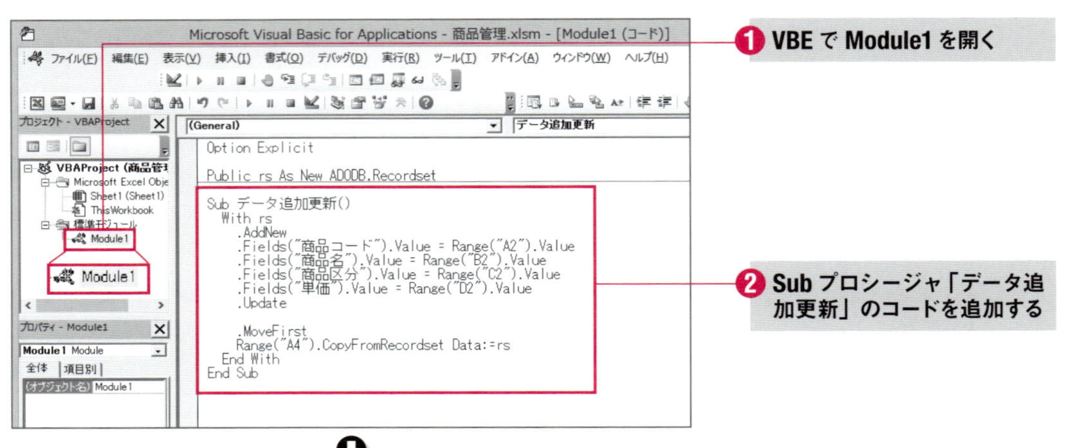

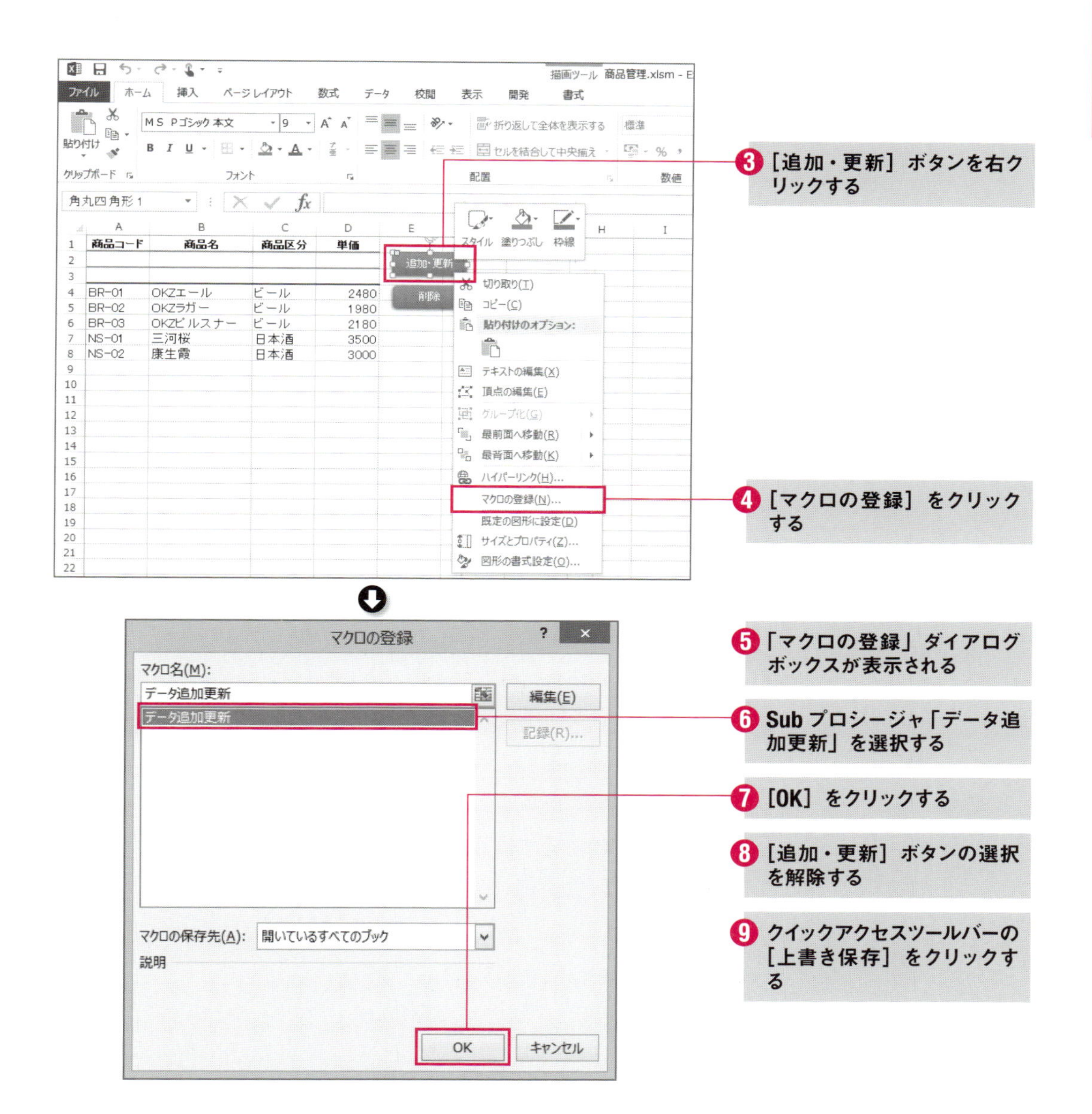

動作確認してみよう

これでデータを追加する機能は完成です。さっそく動作確認してみましょう。今回は以下のデータを追加します。

商品コード	商品名	商品区分	単価
NS-03	明大寺娘	日本酒	¥4,000

上記データをA2～D2セルに入力し、［追加・更新］ボタンをクリックしてください。すると、テーブル「M_商品」に新規レコードとして追加されます。

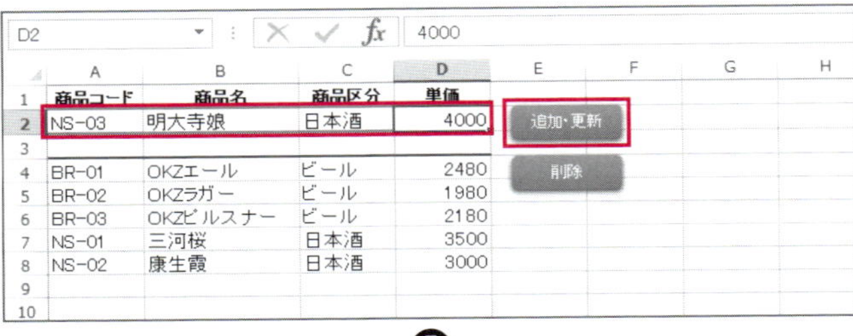

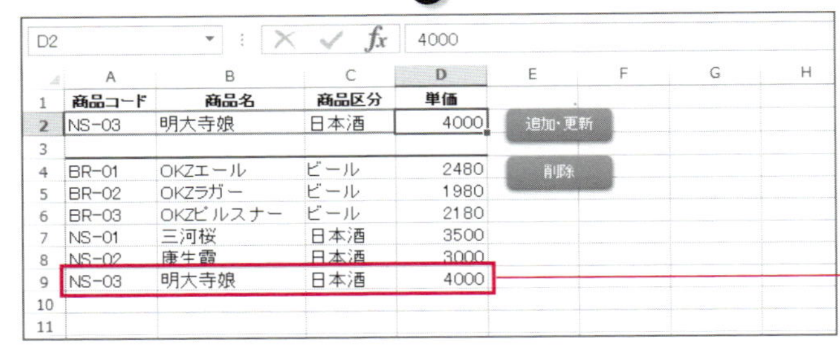

> **Memo「実行時エラー '3704'」が表示されたら**
>
> 「実行時エラー '3704'」のアラート画面が表示されたら、［終了］をクリックした後、ブックを保存して一度閉じてから、開き直してください。以降も同様です。

> **Memo テーブルは閉じておく**
>
> Excel から VBA で Access のテーブルへデータを追加・変更・削除する際、テーブルをデザインビューで開いたままだとエラーになるので、必ず閉じてから実行してください。

さらに、Access データベース「注文管理.accdb」を開き、テーブル「M_商品」をデータシートビューで開くと、新規レコードが追加されたことが確認できます。確認したら、「注文管理.accdb」を閉じてください。

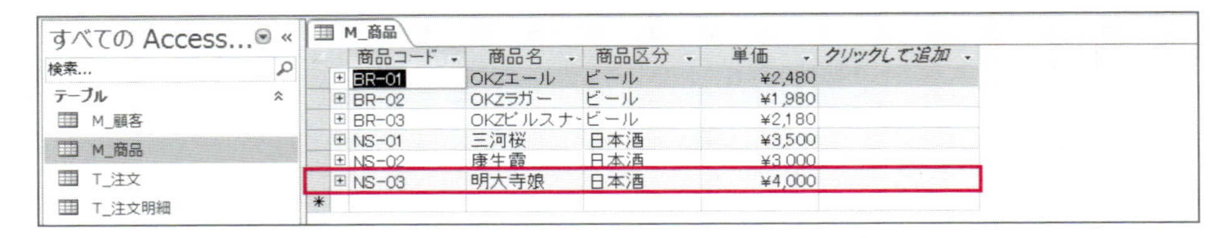

■ データを更新する機能を作ろう

続けて、データを更新する機能を作成しましょう。A2 セルに更新対象となる既存のレコードの商品コードを入力し、B2 ～ D2 セルに更新したい商品名や商品区分や単価のデータを入力して、［追加・更新］ボタンをクリックすると、その商品コードのレコードの商品名や商品区分や単価が更新されるようにします。

そのための処理のコードをSubプロシージャ「データ追加更新」に追加していきます。Accessのテーブルのデータを更新するには、6章03で学んだ通り、目的のレコードにカーソルを移動し、目的のフィールドに新たなデータを設定した後、テーブルに反映させればよいのでした（P.283参照）。

今回、更新するレコードは6章03と同様に、商品コードで特定します。同節で作成したSubプロシージャ「データ更新」を参考にすると、A2セルに入力されている商品コードのレコードにカーソルを移動するコードは次のようになります。6章03のコードから、セル番地がA1からA2に変わっただけです。

```
rs.Find Criteria:="商品コード='" & Range("A2").Value & "'"
```

あとはFieldsプロパティとValueプロパティによって、目的のフィールドに更新したいデータを設定し、Updateメソッドを実行すればよいことになります。

データの追加と更新の処理を分けるには

さて、本来作成したい機能は［追加・更新］ボタンをクリックすると、A2セルに入力された商品コードが新しいデータなら追加し、既存のデータなら更新するというものです。商品コードが新しいデータということは言い換えると、既存のデータの中に存在しないことになります。

そのため、先ほどのA2セルに入力されている商品コードのレコードにカーソルを移動するコードにて、その商品コードが見つからなければ、既存のデータの中に存在しないことになるため、追加処理を行えばよいことになります。逆に見つかったら、既存のデータになるので、更新処理を行えばよいことになります。

指定した商品コードのレコードが見つかったかどうかは、6章03で学んだ通り、RecordsetオブジェクトのEOFプロパティを用いれば判定できます。EOFプロパティの値がTrueだと、カーソルがレコードセットの末尾に達したことを意味し、見つからなかったと判定できます。

商品コードが見つからなかったら新しい商品コードであり、追加処理なので、その場合のみ、AddNewメソッドで新規レコードを追加します。商品コードが見つかったら既存の商品コードであり、更新処理なので、AddNewメソッドによる新規レコード追加は不要です。そのような処理にすれば、目的の機能を実現できるでしょう。そのコードは次のようになります。

```
rs.Find Criteria:="商品コード='" & Range("A2").Value & "'"
If rs.EOF = True Then
  rs.AddNew
End If
```

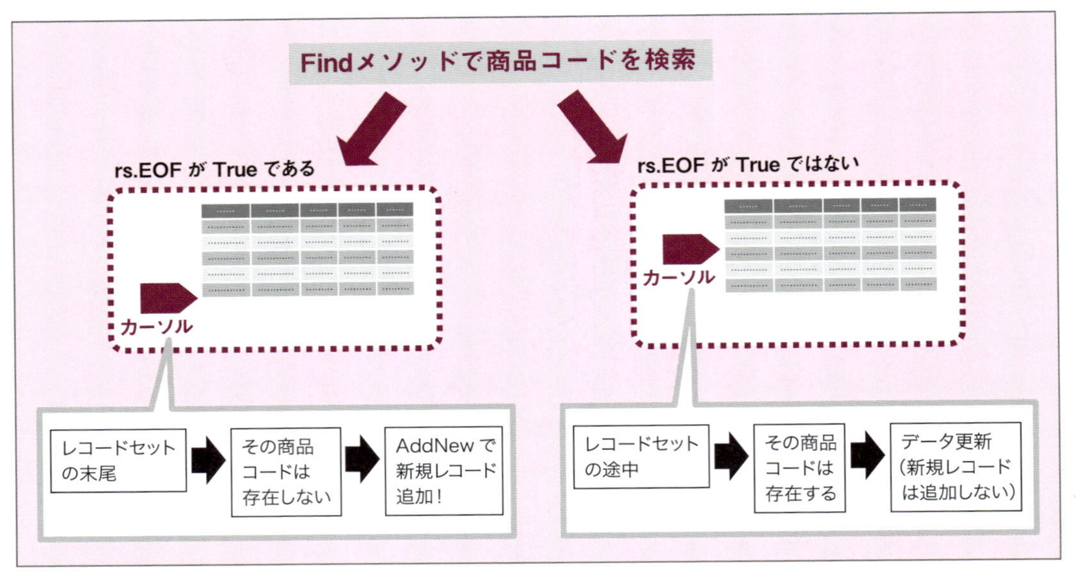

データの追加と更新の処理を分ける

加えて、データの検索をレコードセットの先頭から確実に行うよう、事前にMoveFirstメソッドで、カーソルを先頭に移動しておきましょう。

```
rs.MoveFirst
rs.Find Criteria:="商品コード='" & Range("A2").Value & "'"
If rs.EOF = True Then
  rs.AddNew
End If
```

それでは、以上のコードを用いて、Subプロシージャ「データ追加更新」を変更しましょう。現在「.AddNew」と記述している部分を、上記5行のコードに変更することになります。変数rsはWithステートメントでまとめています。

```
Sub データ追加更新()
  With rs
    .AddNew
    .Fields("商品コード").Value = Range("A2").Value
    .Fields("商品名").Value = Range("B2").Value
    .Fields("商品区分").Value = Range("C2").Value
    .Fields("単価").Value = Range("D2").Value
    .Update

    .MoveFirst
    Range("A4").CopyFromRecordset Data:=rs
  End With
End Sub
```

変更前

```
Sub データ追加更新()
  With rs
    .MoveFirst
    .Find Criteria:="商品コード='" & Range("A2").Value & "'"
    If .EOF = True Then
      .AddNew
    End If

    .Fields("商品コード").Value = Range("A2").Value
    .Fields("商品名").Value = Range("B2").Value
    .Fields("商品区分").Value = Range("C2").Value
    .Fields("単価").Value = Range("D2").Value
    .Update

    .MoveFirst
    Range("A4").CopyFromRecordset Data:=rs
  End With
End Sub
```

変更後

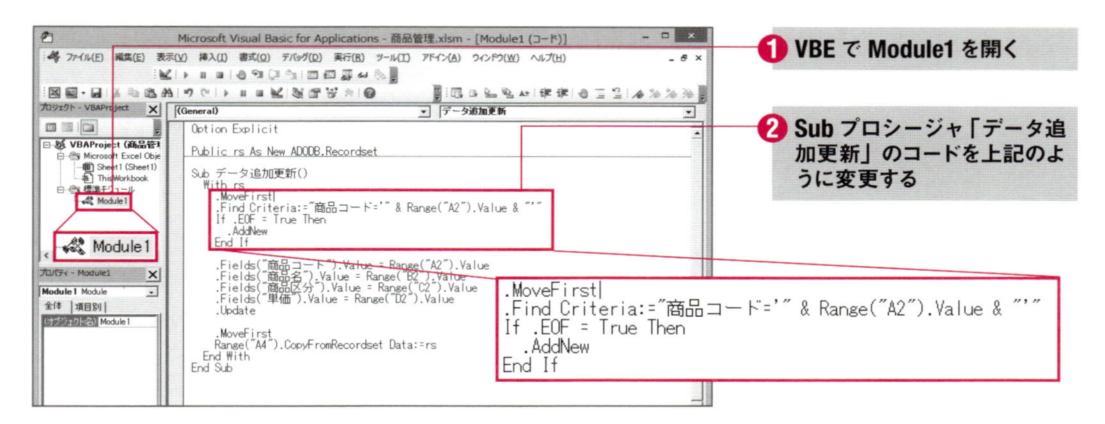

動作確認してみよう

これでデータを追加更新する機能は完成です。さっそく動作確認してみましょう。今回は商品コードが「NS-03」のレコードの単価を現在の¥4,000から¥4,200に更新します。商品名と商品区分は変更しません。

商品コード	商品名	商品区分	単価
NS-03	明大寺娘	日本酒	¥4,000

変更前

商品コード	商品名	商品区分	単価
NS-03	明大寺娘	日本酒	¥4,200

変更後

商品コード「NS-03」をA2セルに入力し、更新後の単価のデータをD2セルに入力してください。更新しないフィールドである商品名と商品区分は既存と同じデータを必ず入力してください。[追加・更新] ボタンをクリックすると、商品コード「NS-03」のレコードのフィールド「単価」が¥4,000から¥4,200に更新されます。

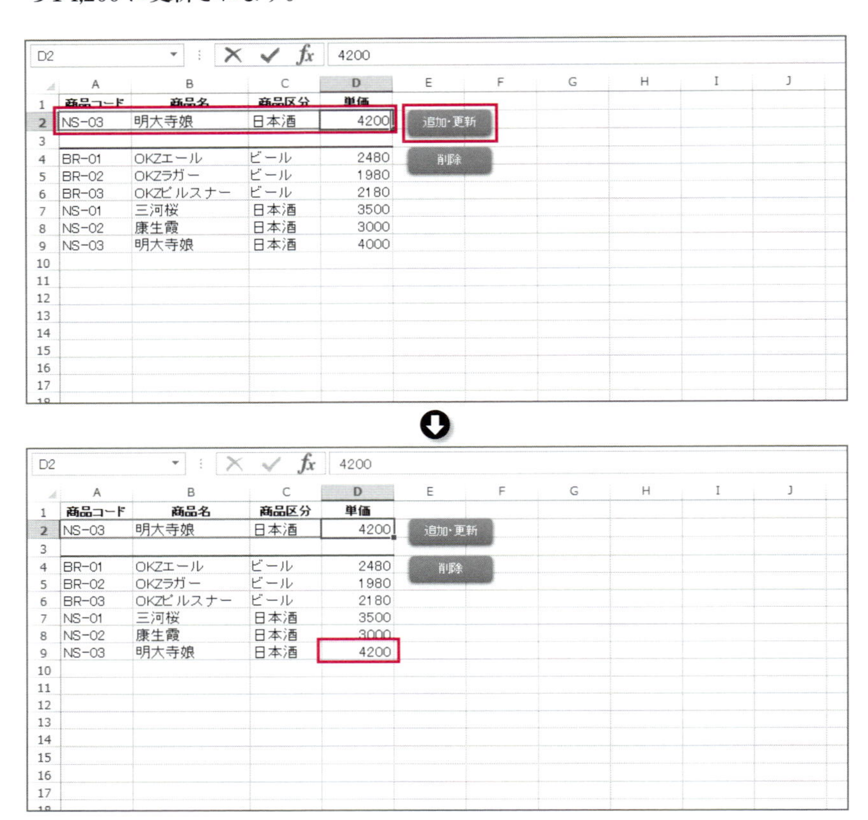

	A	B	C	D
1	商品コード	商品名	商品区分	単価
2	NS-03	明大寺娘	日本酒	4200
3				
4	BR-01	OKZエール	ビール	2480
5	BR-02	OKZラガー	ビール	1980
6	BR-03	OKZピルスナー	ビール	2180
7	NS-01	三河桜	日本酒	3500
8	NS-02	康生霞	日本酒	3000
9	NS-03	明大寺娘	日本酒	4000

	A	B	C	D
1	商品コード	商品名	商品区分	単価
2	NS-03	明大寺娘	日本酒	4200
3				
4	BR-01	OKZエール	ビール	2480
5	BR-02	OKZラガー	ビール	1980
6	BR-03	OKZピルスナー	ビール	2180
7	NS-01	三河桜	日本酒	3500
8	NS-02	康生霞	日本酒	3000
9	NS-03	明大寺娘	日本酒	4200

さらに、Accessデータベース「注文管理.accdb」を開き、テーブル「M_商品」をデータシートビューで開くと、商品コードが「NS-03」のレコードの単価が¥4,200に更新されたことが確認できます。確認したら、「注文管理.accdb」を閉じてください。

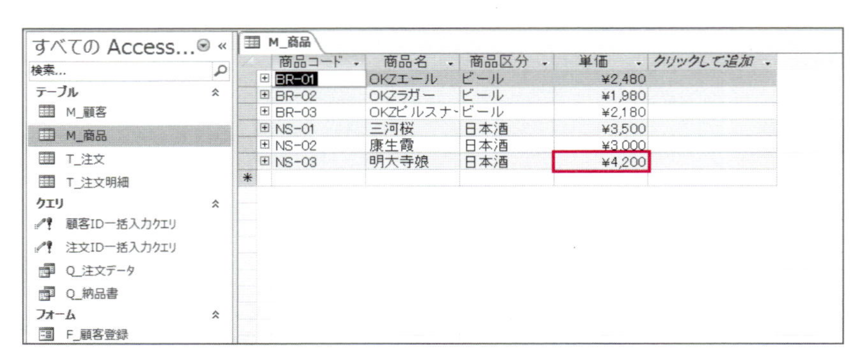

商品コード	商品名	商品区分	単価	クリックして追加
BR-01	OKZエール	ビール	¥2,480	
BR-02	OKZラガー	ビール	¥1,980	
BR-03	OKZピルスナー	ビール	¥2,180	
NS-01	三河桜	日本酒	¥3,500	
NS-02	康生霞	日本酒	¥3,000	
NS-03	明大寺娘	日本酒	¥4,200	

■ データを削除する機能を作ろう

最後に、データを削除する機能を作成しましょう。A2セルに更新したいレコードの商品コードを入力し、［削除］ボタンをクリックすると、その商品コードのレコードが削除されるようにします。

Accessのテーブルのテーブルで指定したレコードを削除するには、6章04で学んだ通り、目的のレコードにカーソルを移動した後、削除すればよいのでした（P.283参照）。

A2セルに入力された商品コードのレコードを検索してカーソルを移動する処理は、データ更新と同じです。見つからなかった場合、「該当するレコードは存在しません。」というメッセージボックスを表示し、Subプロシージャを終了します。

```
rs.MoveFirst
rs.Find Criteria:="商品コード='" & Range("A2").Value & "'"
If rs.EOF = True Then
  MsgBox "該当するレコードは存在しません。"
  Exit Sub
End If
```

削除する処理はDeleteメソッドを用いればよいのでした。

```
rs.Delete
```

削除後、テーブルを取り込み直す処理も設けます。データ追加・更新と同じコードになります。

```
rs.MoveFirst
Range("A4").CopyFromRecordset Data:=rs
```

A4～D4セル以降のデータをいったんすべて削除する

ただし、テーブルを取り込み直すコード「Range("A4").CopyFromRecordset Data:=rs」の前に、A4～D4セル以降のデータをいったんすべて削除する処理も必要になります。

たとえばレコードが5件ある場合、ワークシート上では、A4～D4セルから5行ぶんデータがあります。その状態からレコードを削除すると、Accessのテーブルでは1件減って4件になります。データを取り込み直すと当然4件のレコードが得られるのですが、ワークシート上では、5行ぶんデータが残ったままです。その状態で4件のレコードを取り込み直すと、削除前の5件目のレコードが残ってしまいます。それゆえ、A4～D4セル以降のデータをいったんすべて削除する必要があるのです。

そのような理由のため、もちろん、A4～D4セル以降のデータの最終行のみを削除しても構いません。今回はよりシンプルなコードにするため、A4～D4セル以降のデータをすべて削除します。

A4～D4セル以降のデータを削除するには、目的のセル範囲のデータを削除するClearContentsメソッドを用います。削除するのはデータのみで、書式などは削除しません。

書式 オブジェクト.ClearContents

オブジェクト …… セル範囲のオブジェクト

目的のセル範囲のオブジェクトを取得する方法は何通りか考えられますが、今回は CurrentRegion プロパティを利用します。

書式 オブジェクト.CurrentRegion

オブジェクト …… セルのオブジェクト

上記書式の「オブジェクト」に指定したセルを含むアクティブセル領域のオブジェクトを取得するプロパティです。アクティブセル領域とは、データが連続して入力されたセル範囲です。たとえば、本節の「商品管理.xlsm」なら、現在は A4 ～ D9 セルに連続してデータが入力されています。このセル範囲がアクティブセル領域になります。そのため、次のようなコードによって、そのアクティブセル領域のオブジェクトを取得できます。

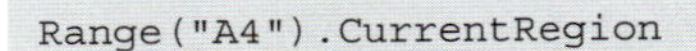

```
Range("A4").CurrentRegion
```

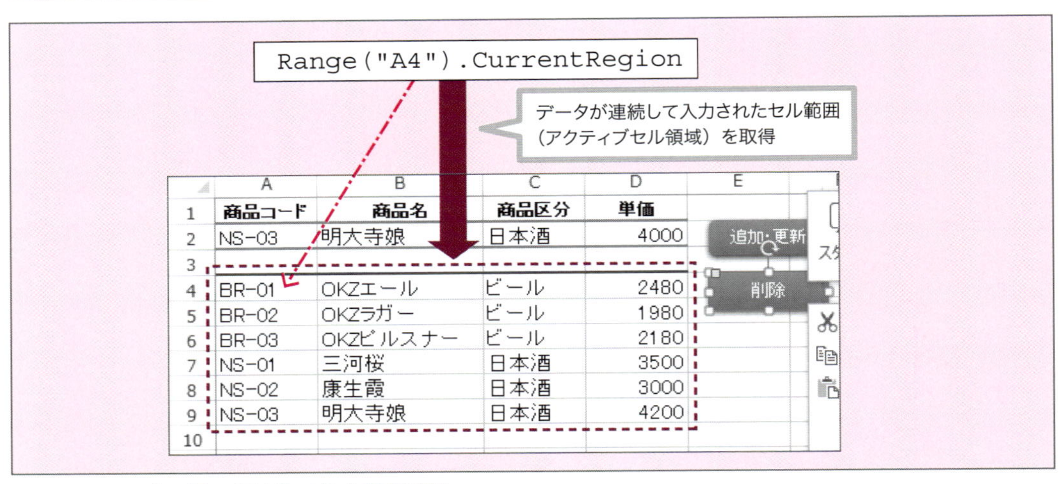

CurrentRegion プロパティでアクティブセル領域を取得

そのように取得したアクティブセル領域のオブジェクトの ClearContents メソッドによって、データを削除できます。

```
Range("A4").CurrentRegion.ClearContents
```

この 1 行のコードを、テーブルを取り込み直すコード「Range("A4").CopyFromRecordset Data:=rs」の前に設けます。

```
rs.MoveFirst
Range("A4").CurrentRegion.ClearContents
Range("A4").CopyFromRecordset Data:=rs
```

Subプロシージャにまとめて動作確認

必要な処理は以上なのでSubプロシージャにまとめます。Subプロシージャ名は今回、「データ削除」とします。変数rsおよびRange("A4")はWithステートメントでまとめています。

```
Sub データ削除()
  With rs
    .MoveFirst
    .Find Criteria:="商品コード='" & Range("A2").Value & "'"
    If .EOF = True Then
      MsgBox "該当するレコードは存在しません。"
      Exit Sub
    End If
    .Delete
    .MoveFirst
  End With

  With Range("A4")
    .CurrentRegion.ClearContents
    .CopyFromRecordset Data:=rs
  End With
End Sub
```

このSubプロシージャ「データ削除」を、図形で作成した［削除］ボタンにマクロとして登録します。

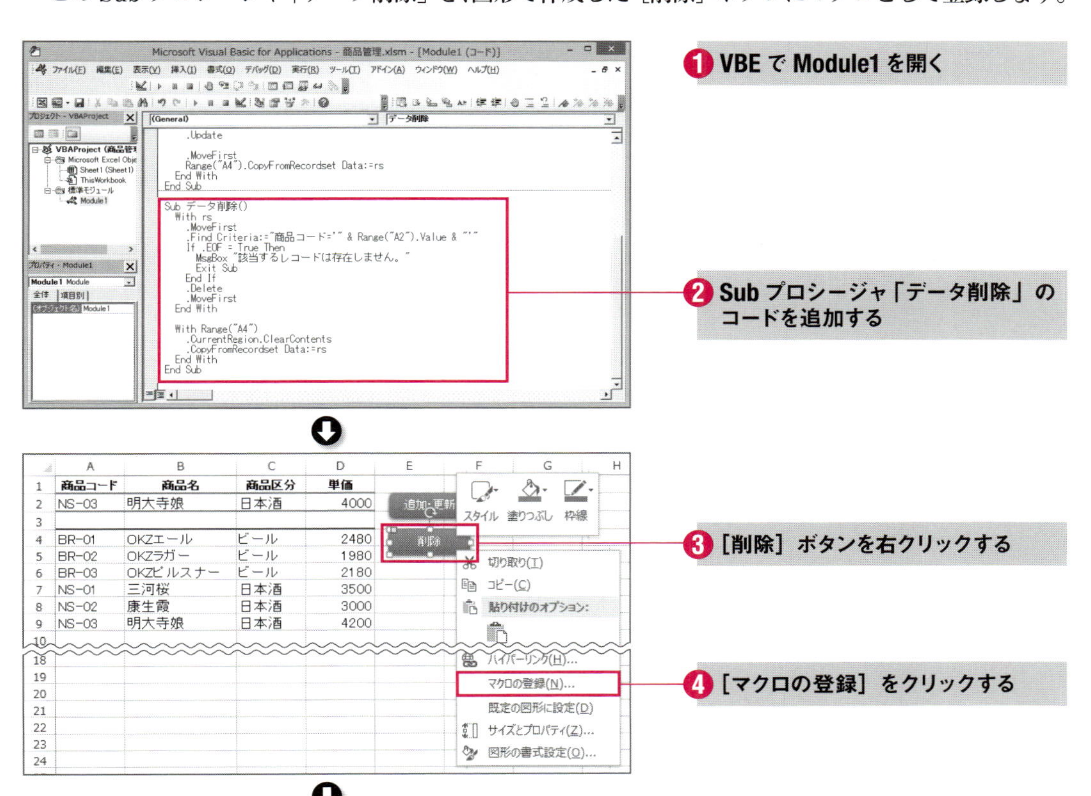

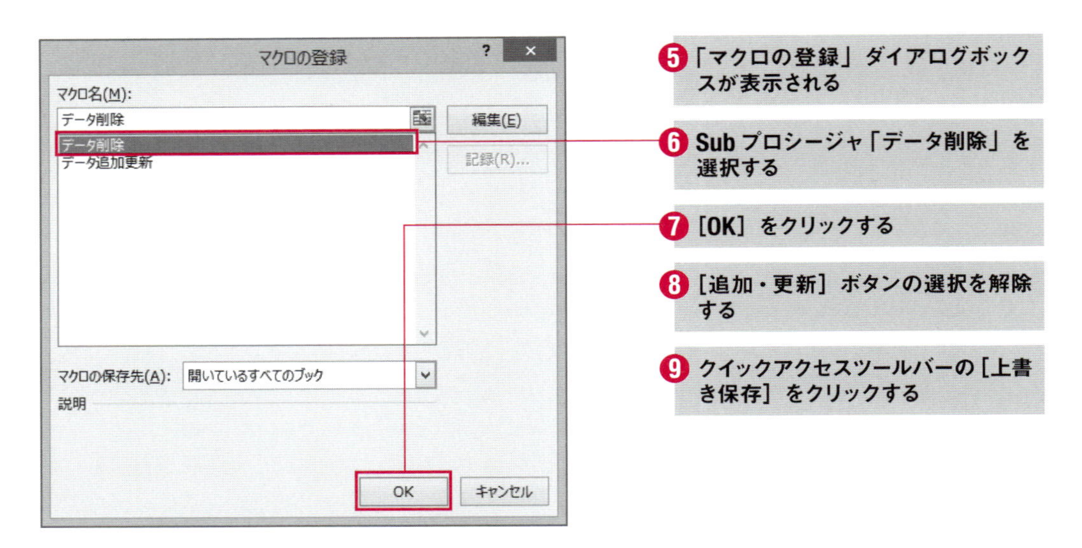

これでデータを追加する機能は完成です。さっそく動作確認してみましょう。今回は商品コード「NS-03」のレコードを削除するとします。A2に「NS-03」と入力してください。C2～D2セルは入力しても空でも構いません。[削除] ボタンをクリックすると、商品コード「NS-03」のレコードが削除されます。

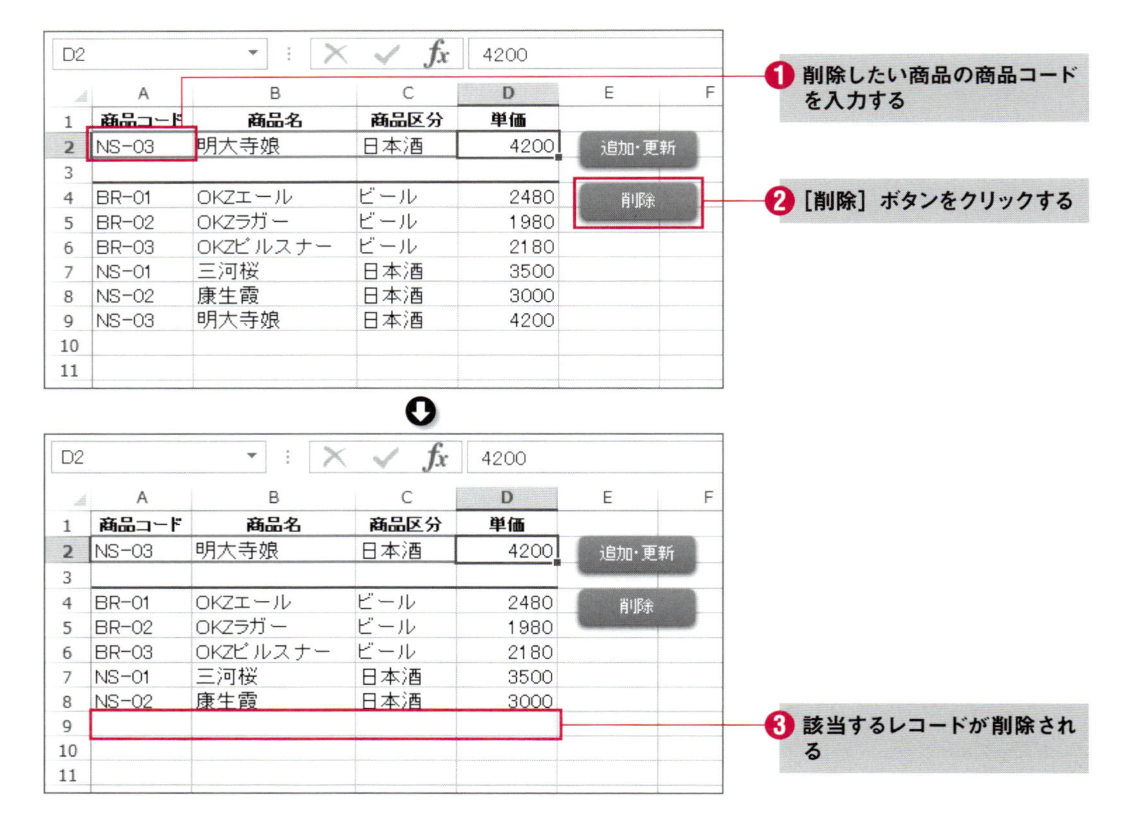

さらに、Access データベース「注文管理.accdb」を開き、テーブル「M_ 商品」をデータシートビューで開くと、商品コード「NS-03」のレコードが削除されたことが確認できます。確認したら、「注文管理.accdb」を閉じてください。

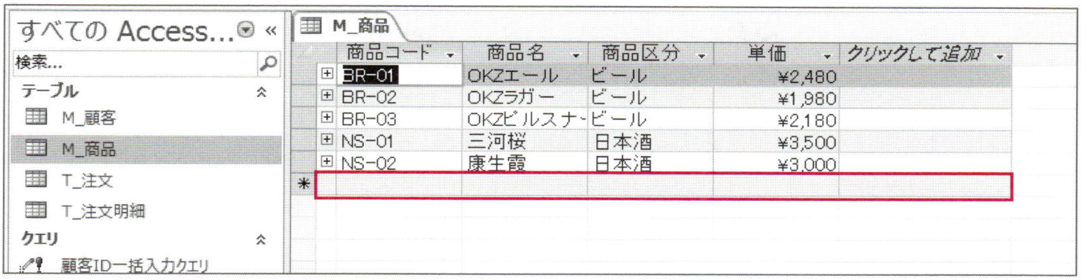

すべての Access...
検索...
テーブル
M_顧客
M_商品
T_注文
T_注文明細
クエリ
顧客ID一括入力クエリ

M_商品

商品コード	商品名	商品区分	単価	クリックして追加
BR-01	OKZエール	ビール	¥2,480	
BR-02	OKZラガー	ビール	¥1,980	
BR-03	OKZピルスナ-	ビール	¥2,180	
NS-01	三河桜	日本酒	¥3,500	
NS-02	康生霞	日本酒	¥3,000	
*				

■ 商品コードのセルをクリックで、データを A2 ～ D2 セルに自動で入力

Excel ブック「商品管理.xlsm」は現時点では、データの更新や削除を行おうとする際、A2 セルに目的の商品コードを入力する必要があります。さらに更新の際は、B2 ～ D2 セルに商品名、商品コード、単価も入力しなければなりません。コピー&ペースト機能を利用したとしても面倒なものです。

そこで、A4 セル以降の商品コードのセルをクリックしたら、そのセルのデータが A2 ～ D2 セルに自動入力される機能を追加します。Excel から Access データベースを操作する機能ではありませんが、Excel ブックの使い勝手をよくします。また、商品コードのセル以外がクリックされた場合は、自動入力しないこととします。

その機能のベースとなるプロシージャは、イベントプロシージャ「Worksheet_SelectionChange」です。ワークシート上で選択されるセルが変更された際に実行されるイベントプロシージャです。ワークシートのモジュール「Sheet1」に記述します。

```
Private Sub Worksheet_SelectionChange(ByVal Target As Range)

End Sub
```

引数 Target は VBE のオブジェクトボックスからイベントプロシージャを生成すると、自動で付加されます。選択されたセルのオブジェクトが渡される引数です。よって、この引数 Target を用いることで、選択されたセルを処理できます。

A4 セル以降の商品コードのセルをクリックしたら、引数 Target にそのセルのオブジェクトが渡されます。たとえば、A5 セルの商品コードをクリックしたら、引数 Target には A5 セルのオブジェクトが渡されます。その Value プロパティで値を取得し、A2 セルの Value プロパティに代入します。これで、商品コードのセルをクリックしたら、その商品コードのデータを A2 セルに自動入力できることになります。

```
Private Sub Worksheet_SelectionChange(ByVal Target As Range)
  Range("A2").Value = Target.Value
End Sub
```

商品名以下も自動入力可能とする

クリックしたセルの商品コードに該当するレコードの商品名、商品コード、単価のデータをB2～D2セルに自動入力する処理に、今回はOffsetプロパティを用います。Offsetプロパティは指定したセルを基準に、指定した行／列だけ移動したセルのオブジェクトを取得するプロパティです。

書式 オブジェクト.Offset(RowOffset, ColumnOffset)

オブジェクト ……… 基準となるセルのオブジェクト

RowOffset ……… 移動する行数。省略すると0が指定される

ColumnOffset … 移動する列数。省略すると0が指定される

引数RowOffsetは下方向がプラス、上方向がマイナスの数値になります。0を指定すると同じ行になります。引数ColumnOffsetは右方向がプラス、左方向がマイナスの数値になります。0を指定すると同じ列になります。

商品名のセルは、クリックされた商品コードの同じ行、1列右になります。よって、引数Targetを使うと、次のコードで取得できます。

```
Target.Offset(0, 1).Value
```

同様に、商品区分のセルは「Target.Offset(0, 2).Value」、単価のセルは「Target.Offset(0, 3).Value」で取得できます。これらをB2～D2セルに代入します。

```
Private Sub Worksheet_SelectionChange(ByVal Target As Range)
  Range("A2").Value = Target.Value
  Range("B2").Value = Target.Offset(0, 1).Value
  Range("C2").Value = Target.Offset(0, 2).Value
  Range("D2").Value = Target.Offset(0, 3).Value
End Sub
```

商品コードのセルをクリックした場合のみ自動入力するには

イベントプロシージャ「Worksheet_SelectionChange」は現時点では、どのセルをクリックしても、そのセルおよび1～3列右隣のセルのデータをA2～D2に自動入力するようになっています。このままでは更新したい場合、B2～D4セルのデータを更新したい値に変更しようとクリックすると、そのセルおよび1～3列右隣のセルのデータがA2～D4セルに入力されてしまいます。

そのような問題を解決するため、A4セル以降の商品コードのセルをクリックした場合のみ、自動入

力する処理を追加します。その処理の核となるのはIntersectメソッドです。指定した複数のセル範囲で、共通するセル範囲を返すメソッドです。共通するセル範囲がなければNothingを返します。基本的な書式は次の通りです。

書式 オブジェクト.Intersect(Arg1, Arg2)

オブジェクト …… Applicationオブジェクト

Arg1 ………… セル範囲のオブジェクト

Arg2 ………… セル範囲のオブジェクト

引数Arg1に単一のセルを指定し、引数Arg2にセル範囲を指定すれば、その単一セルがセル範囲内にあるか判定できます。範囲内にあれば、その単一セルを返し、範囲内になければ、Nothingを返します。

たとえば、Range型の変数Target（引数でも同様です）に格納されている単一セルが、A4～A10セルの範囲に含まれるかどうかは、下記コードのIntersectメソッドの戻り値がNothingでなければ、含まれていると判定できます。

```
Application.Intersect(Target, Range("A4:A10"))
```

戻り値がNothingかどうか判定する条件式は下記になります。オブジェクトが等しいかどうか判定するIs演算子を用いています。この条件式をIfステートメントなどの判定に使います。

```
Application.Intersect(Target, Range("A4:A10")) Is Nothing
```

Memo Nothing

Nothingは空のオブジェクトを表すキーワードです。

上記コードの「Range("A4:A10")」の部分ですが、商品コードが格納されているA4セル以降のセル範囲では、最終行はレコードの件数によって変化します。そのようなセル範囲を取得する方法は何通りがありますが、今回はResizeプロパティを用いた方法とします。Resizeプロパティは指定したセル範囲を指定した行／列数に変更するプロパティです。

書式 オブジェクト.Resize(RowSize, ColumnSize)

オブジェクト …… セル範囲のオブジェクト

RowSize……… 行数。省略すると、行数は変更しない

ColumnSize … 列数。省略すると、列数は変更しない

まずはすべてのデータが格納されているセル範囲を、A4セルを基準にCurrentRegionプロパティで、アクティブセル領域として取得します。商品コードはそのアクティブセル領域のA列に格納されているので、Resizeプロパティで1列にサイズを変更します。行数は変更しないので、引数RowSizeは省略します。これで、商品コードが格納されているセル範囲が得られます。

```
Range("A4").CurrentRegion.Resize(,1)
```

コードの見通しをよくするため、このセル範囲をRange型変数「c」にいったん格納して使います。引数Targetのセルが変数cのセル範囲に含まれているかどうか、Intersectメソッドで判定します。含まれていなければ（戻り値がNothingなら）、Exit Subでイベントプロシージャを終了します。

```
Private Sub Worksheet_SelectionChange(ByVal Target As Range)
  Dim c As Range

  Set c = Range("A4").CurrentRegion.Resize(, 1)
  If Application.Intersect(Target, c) Is Nothing Then
    Exit Sub
  End If

  Range("A2").Value = Target.Value
  Range("B2").Value = Target.Offset(0, 1).Value
  Range("C2").Value = Target.Offset(0, 2).Value
  Range("D2").Value = Target.Offset(0, 3).Value
End Sub
```

これで、クリックしたセルが、商品コードが格納されているセル範囲の場合のみ、商品コードから単価のデータをA2～D2に自動入力するようになります。

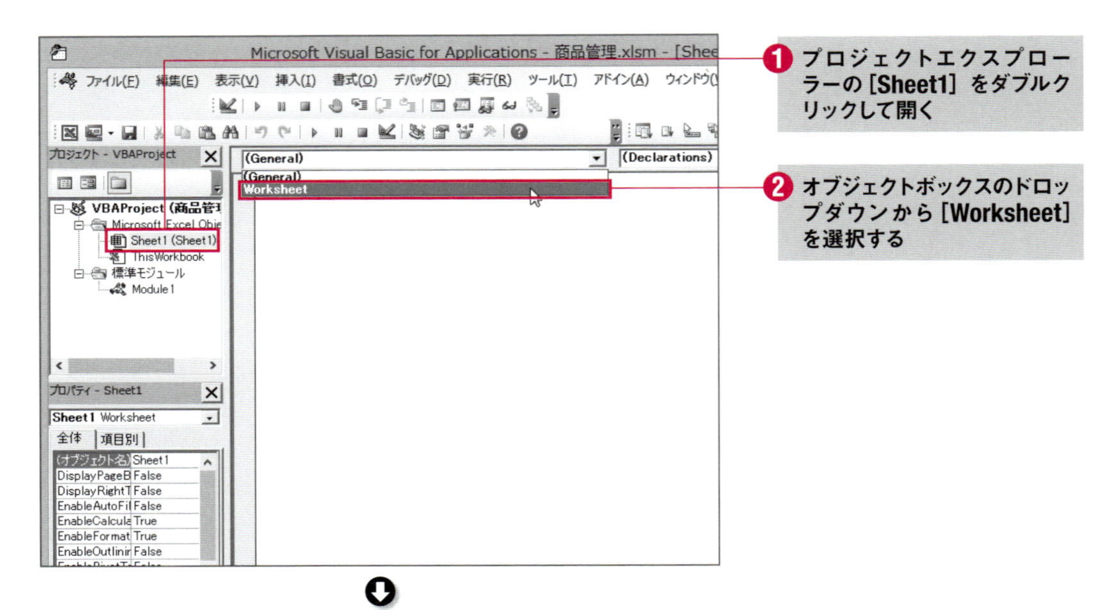

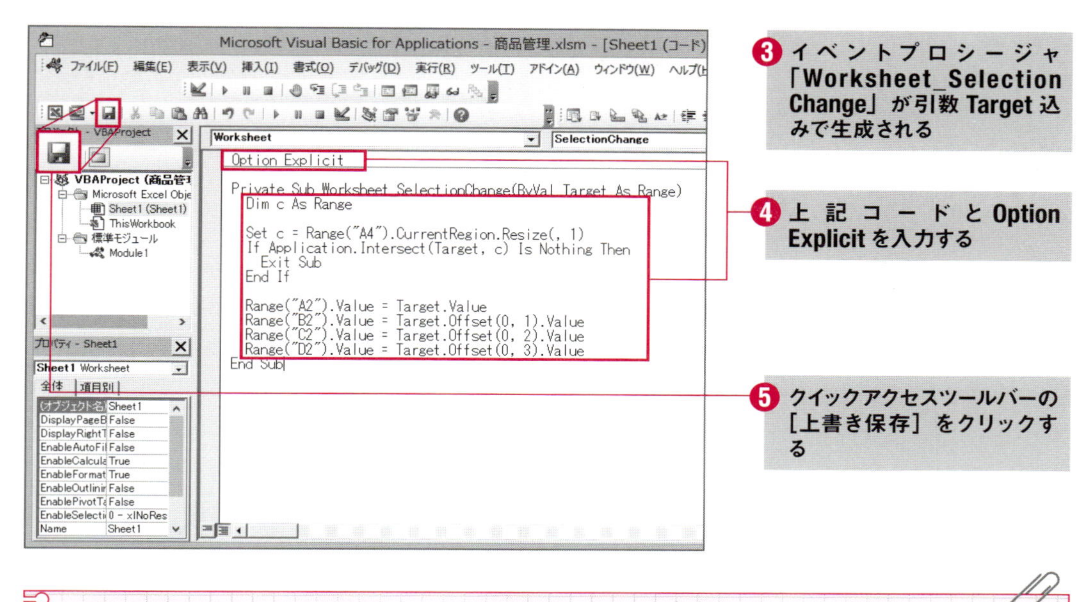

Memo SelectionChange は既定のイベント

Worksheet オブジェクトの既定のイベントは SelectionChange なので、オブジェクトボックスで Worksheet を選ぶと、イベントプロシージャ「Worksheet_SelectionChange」が生成されます。

これで、A4 セル以降の商品コードのセルをクリックすると、その商品コードのデータおよび商品名以下のデータが A2 ～ D2 に自動入力されます。

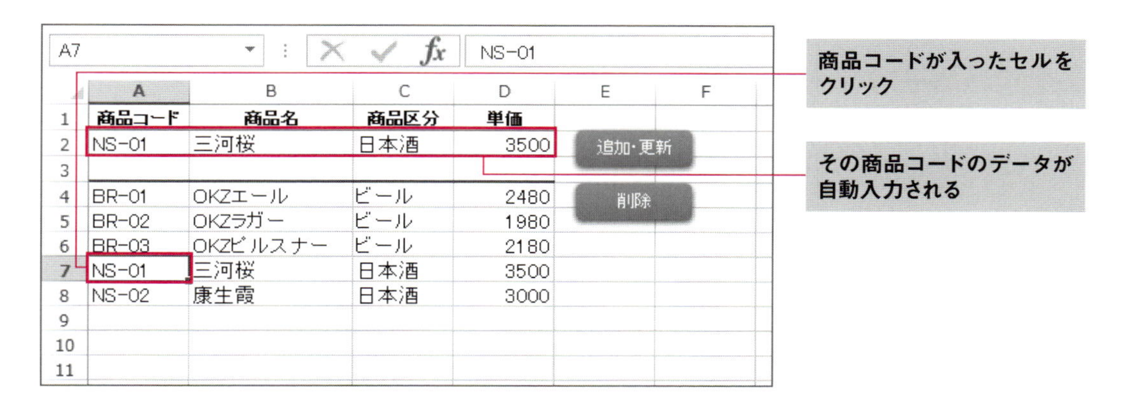

06 注文データを追加するExcelブックを作ろう

本節では、Accessデータベース「注文管理.accdb」の注文データを追加するExcelブックを作成します。

■ 本節で作成するExcelブックの機能

本節で作成するExcelブックは、Accessデータベース「注文管理.accdb」の注文データをVBAで追加します。Excelのワークシート上の各セルに入力した注文のデータを、「注文管理.accdb」のテーブル「T_注文」と「T_注文明細」に追加することになります。現在、テーブル「T_注文」には20件、「T_注文明細」テーブルには32件のレコードが格納されています。

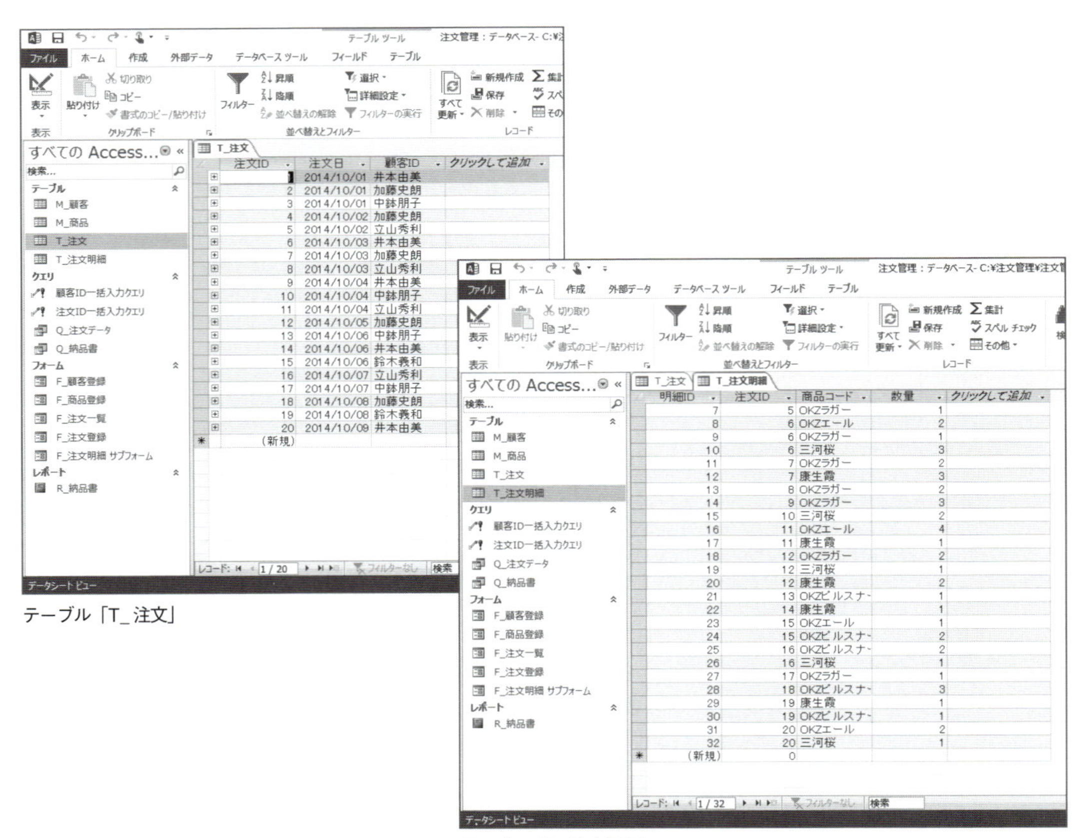

注文ID	注文日	顧客ID	クリックして追加
1	2014/10/01	井本由美	
2	2014/10/01	加藤史朗	
3	2014/10/01	中鉢朋子	
4	2014/10/02	加藤史朗	
5	2014/10/02	立山秀利	
6	2014/10/03	井本由美	
7	2014/10/03	加藤史朗	
8	2014/10/03	立山秀利	
9	2014/10/04	井本由美	
10	2014/10/04	中鉢朋子	
11	2014/10/04	立山秀利	
12	2014/10/05	加藤史朗	
13	2014/10/06	中鉢朋子	
14	2014/10/06	井本由美	
15	2014/10/06	鈴木義和	
16	2014/10/07	立山秀利	
17	2014/10/07	中鉢朋子	
18	2014/10/08	加藤史朗	
19	2014/10/08	鈴木義和	
20	2014/10/09	井本由美	
(新規)			

テーブル「T_注文」

明細ID	注文ID	商品コード	数量	クリックして追加
7	5	OKZラガー	1	
8	6	OKZエール	2	
9	6	OKZラガー	1	
10	6	三河桜	3	
11	7	OKZラガー	2	
12	7	康生霞	3	
13	8	OKZラガー	2	
14	9	OKZラガー	3	
15	10	三河桜	2	
16	11	OKZエール	4	
17	11	康生霞	1	
18	12	OKZラガー	2	
19	12	三河桜	1	
20	12	康生霞	2	
21	13	OKZピルスナ-	1	
22	14	康生霞	1	
23	15	OKZエール	1	
24	15	OKZピルスナ-	2	
25	16	OKZピルスナ-	2	
26	16	三河桜	1	
27	17	OKZラガー	1	
28	18	OKZピルスナ-	3	
29	19	康生霞	1	
30	19	OKZピルスナ-	1	
31	20	OKZエール	2	
32	20	三河桜	1	
(新規)	0			

テーブル「T_注文明細」

ブック名は「注文追加.xlsm」とします。使用するワークシートは「Sheet1」の1枚のみです。ブックの保存場所は「注文管理」フォルダーとします。操作対象のAccessデータベース「注文管理.accdb」の保存場所も、前節まで同じく同フォルダーとします。

「注文追加.xlsm」のワークシートの構成および機能は次の通りとします。「注文管理.accdb」のフォーム「F_注文登録」と同じような構成とします。

ワークシートの構成

注文全体に関するデータをA2～B2セルに入力します。これらはテーブル「T_注文」に入力するデータです。主キーのフィールド「注文ID」はオートナンバー型のため自動入力されるので、テーブル「T_注文」に入力するデータとしてワークシート上で入力する必要があるフィールドは「注文日」と「顧客ID」のみとなります。

あわせて、注文商品ごとのデータをA5～B5セル以降に入力します。これらはテーブル「T_注文明細」に入力するデータです。テーブル「T_注文明細」の主キーのフィールド「明細ID」はオートナンバー型のため自動入力されます。外部キーであるフィールド「注文ID」はVBAのプログラムによって、テーブル「T_注文」から値を取得して入力します。その具体的な方法は後ほど改めて解説します。

よって、テーブル「T_注文明細」に入力するデータとしてワークシート上で入力する必要があるフィールドは「商品コード」と「数量」のみとなります。A5～B5セル以降には、この「商品コード」と「数量」の行が商品の種類の数だけ増えていくことになります。

右上には、［追加］ボタンがあります。角丸四角形の図形で作成しています。

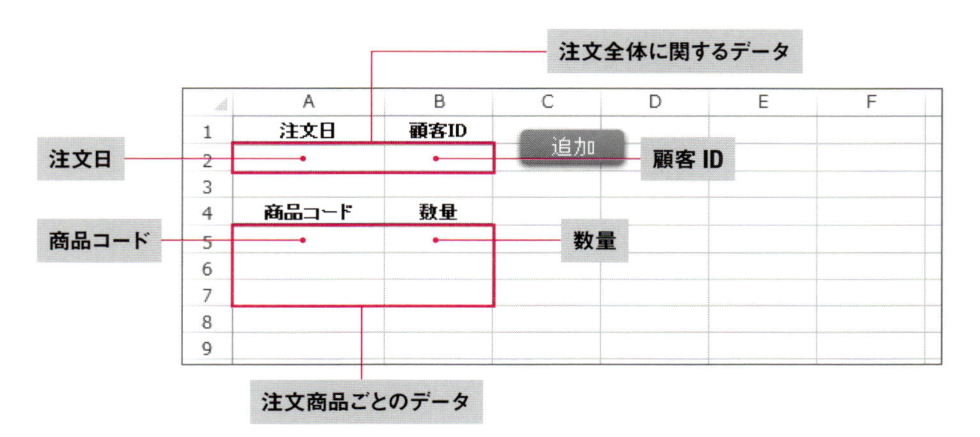

Memo 注文日のセルの書式

今回、注文日のデータを入力・表示するA2のセルの書式は、日付の標準とします。

機能：「注文管理.accdb」の注文データを追加する

注文全体に関するデータとして、A2セルに注文日、B2セルに顧客IDを入力します。注文商品ごとのデータとして、A5セルに商品コード、B5セルに数量を入力します。1回の注文での商品が複数あれば、その下の行に入力していきます。たとえば、3種類の商品が注文されたなら、注文商品ごとのレコードは3件になるので、ワークシート上ではA5～B7セルの3行にわたって入力されることになります。

［追加］ボタンをクリックすると、テーブル「T_注文」と「T_注文明細」それぞれに、そのデータが新規レコードとして追加されます。なお、前節のように、追加後のテーブルのデータをワークシート上に表示する機能は設けないこととします。

	A	B	C	D	E
1	注文日	顧客ID	追加		
2	2014/10/10	4			
3					
4	商品コード	数量			
5	BR-01	3			
6	NS-01	1			
7	NS-02	1			
8					
9					

■ プログラムの大まかな構成

Accessデータベース「注文管理.accdb」に接続し、テーブルのレコードセットを開く処理は今回、前節と同様に、ブックを開く際に実行します。閉じる処理も前節と同様に、ブックを閉じる際に実行します。

今回は操作対象のテーブルが「T_注文」と「T_注文明細」の2つになります。そのため、レコードセットのRecordsetオブジェクト型の変数も2つ用います。前節同様に、Public型変数として用意し、ThisWorkbookやModule1といった複数のモジュールで使える共通の変数とします。

2つのテーブルにデータを新規レコードとして追加する処理は、Module1にSubプロシージャとして用意します。そして、そのSubプロシージャをワークシート上の［追加］ボタンにマクロとして登録します。

■ データベースとレコードセットを開く処理を作ろう

それでは、「注文管理.accdb」のテーブル「T_注文」と「T_注文明細」に、Excelブック「注文追加.xlsm」から注文データを追加する機能を作成しましょう。

まずはブックを開くと「注文管理.accdb」に接続し、テーブル「T_注文」と「T_注文明細」のレコードセットを開く処理を考えます。そのコードは、前節とほぼ同じプログラムになります。ThisWorkbookモジュールのイベントプロシージャ「Workbook_Open」の中に記述します。

データベース接続のConnection型変数は今回、変数名を「con」とします。ブックを閉じる際にデータベースを閉じる処理にも用いるので、モジュールレベル変数として宣言します。

```
Dim con As New ADODB.Connection
```

レコードセットのRecordsetオブジェクト型の変数の名前は今回、テーブル「T_注文」用を「rsC」、テーブル「T_注文明細用」を「rsM」とします。Module1でも使うので、Public型変数として宣言します。

```
Public rsC As New ADODB.Recordset
Public rsM As New ADODB.Recordset
```

変数rsCでテーブル「T_注文」のレコードセットを開くため、Openメソッドの引数Sourceには、テーブル名「T_注文」を指定します。

```
rsC.Open Source:="T_注文", ActiveConnection:=con, _
  CursorType:=adOpenKeyset, LockType:=adLockOptimistic
```

変数rsMでテーブル「T_注文明細」のレコードセットを開くため、Openメソッドの引数Sourceには、テーブル名「T_注文明細」を指定します。

```
rsM.Open Source:="T_注文明細", ActiveConnection:=con, _
  CursorType:=adOpenKeyset, LockType:=adLockOptimistic
```

以上を踏まえると、イベントプロシージャ「Workbook_Open」のコードは以下になります。絶対パスの部分はAccessデータベースファイルの保存場所に応じて適宜変更してください。

```
Private Sub Workbook_Open()
  Dim conStr As String

  conStr = "Provider=Microsoft.ACE.OLEDB.12.0;Data Source=C:¥注文管理¥注文管理.accdb"
  con.Open ConnectionString:=conStr
  rsC.Open Source:="T_注文", ActiveConnection:=con, _
    CursorType:=adOpenKeyset, LockType:=adLockOptimistic
  rsM.Open Source:="T_注文明細", ActiveConnection:=con, _
    CursorType:=adOpenKeyset, LockType:=adLockOptimistic
End Sub
```

上記のコードをExcelブックに記述しましょう。今回はブックを新規作成せず、本書ダウンロードデータに含まれる「注文追加.xlsx」を使います。このブックはワークシート「Sheet1」に見出しや計算、ボタンのみを作成したもので、VBAのコードはゼロの状態です。マクロなしのブックなので、VBAのコードを記述した後、マクロ有効ブックとして別名で保存することになります。

では、「注文追加.xlsx」を「注文管理」フォルダーにコピーし、開いたら、下記の手順でコードを追加してください。

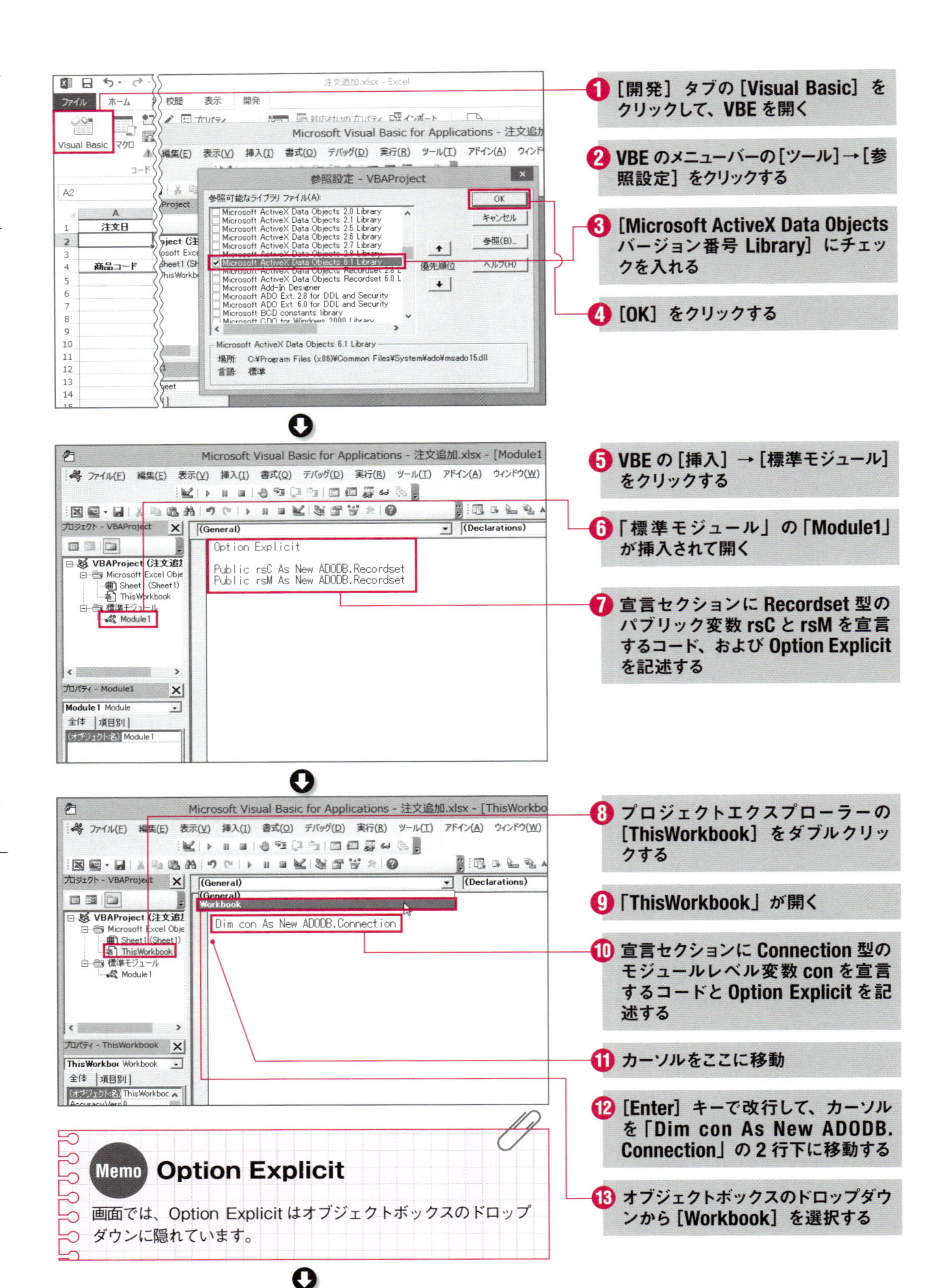

❶ ［開発］タブの［Visual Basic］をクリックして、VBE を開く

❷ VBE のメニューバーの［ツール］→［参照設定］をクリックする

❸ ［Microsoft ActiveX Data Objects バージョン番号 Library］にチェックを入れる

❹ ［OK］をクリックする

❺ VBE の［挿入］→［標準モジュール］をクリックする

❻ 「標準モジュール」の「Module1」が挿入されて開く

❼ 宣言セクションに Recordset 型のパブリック変数 rsC と rsM を宣言するコード、および Option Explicit を記述する

❽ プロジェクトエクスプローラーの［ThisWorkbook］をダブルクリックする

❾ 「ThisWorkbook」が開く

❿ 宣言セクションに Connection 型のモジュールレベル変数 con を宣言するコードと Option Explicit を記述する

⓫ カーソルをここに移動

⓬ ［Enter］キーで改行して、カーソルを「Dim con As New ADODB.Connection」の 2 行下に移動する

⓭ オブジェクトボックスのドロップダウンから［Workbook］を選択する

Memo Option Explicit

画面では、Option Explicit はオブジェクトボックスのドロップダウンに隠れています。

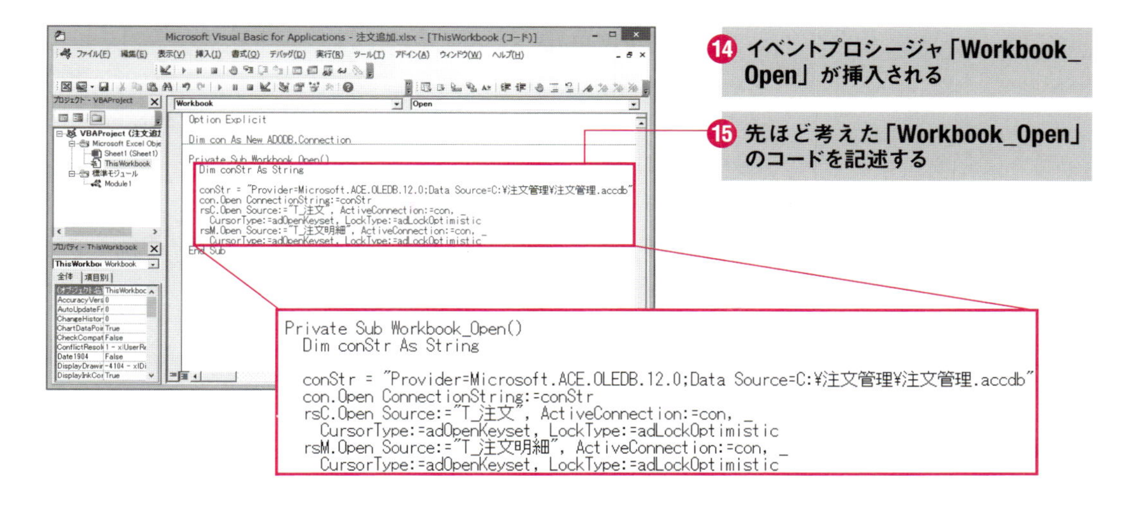

ブックを閉じる際の処理も作成しよう

ブックを閉じる際にデータベースとレコードセットを閉じる処理も作成しましょう。ブックを閉じる際に実行したいので、イベントプロシージャ「Workbook_BeforeClose」を用います。中身の処理は変数 con および変数 rsC と変数 rsM の Close メソッドで、データベースとレコードセットを閉じるコードになります。

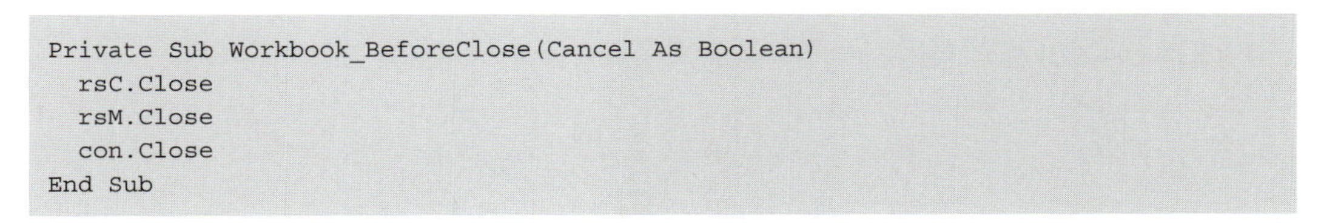

```
Private Sub Workbook_BeforeClose(Cancel As Boolean)
  rsC.Close
  rsM.Close
  con.Close
End Sub
```

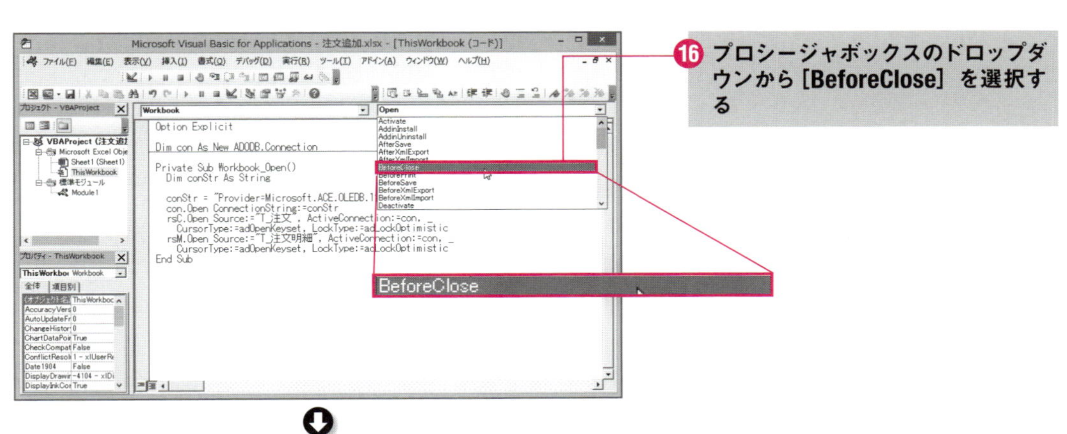

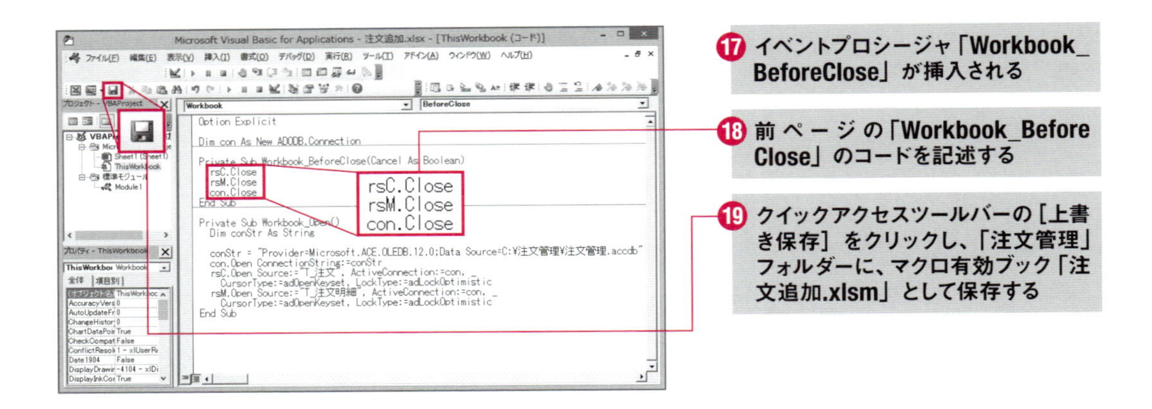

■ 注文データを追加する機能を作ろう

次に、注文データを追加する機能の本体を作成しましょう。その処理のSubプロシージャはModule1に記述します。Subプロシージャ名は今回、「注文データ追加」とします。

注文全体に関するデータを追加する処理

まずはテーブル「T_注文」に、A2セルの注文日、B2セルの顧客IDを新規レコードとして追加する処理が必要です。前節と同様に考えると、レコードセットの変数rsCを使い、次のようなコードを記述すればよいことになります。

```
With rsC
  .AddNew
  .Fields("注文日").Value = Range("A2").Value
  .Fields("顧客ID").Value = Range("B2").Value
  .Update
End With
```

最後にUpdateメソッドを実行すると、テーブル「T_注文」に反映されますが、その際にオートナンバー型のフィールド「注文ID」に連番が自動で入力されます。

連番が自動入力された後のフィールド「注文ID」のデータは､以下のコードで取得できます。レコード追加直後はカーソルがそのレコードにあるので、そのまま変数rsCを使い、FieldsプロパティとValueプロパティでデータを取得できます。

```
rsC.Fields("注文ID").Value
```

注文商品ごとのデータを追加する処理

テーブル「T_注文」とあわせて、テーブル「T_注文明細」に、A5セル以降の商品コード、B5セル以降の数量を新規レコードとして追加する処理も必要です。その処理のレコードセットには、変数

rsMを使います。もし、A5～B5セルの1行ぶんだけのデータを追加するなら、次のようなコードになります。

```
With rsM
  .AddNew
  .Fields("商品コード").Value = Range("A5").Value
  .Fields("数量").Value = Range("B5").Value
  .Update
End With
```

テーブル「T_注文明細」は加えて、外部キーであるフィールド「注文ID」のデータも追加する必要があります。追加すべきデータは、テーブル「T_注文」のフィールド「注文ID」です。そのデータは先ほど解説したように、変数rsCを使えば、「rsC.Fields("注文ID").Value」で取得できます。そのデータをテーブル「T_注文明細」のフィールド「注文ID」に代入して設定します。

```
rsM.Fields("注文ID").Value = rsC.Fields("注文ID").Value
```

このコードを先ほどのWithステートメント内に加えます。加える位置はUpdateメソッドの前ならどこでもよいのですが、今回はテーブル「T_注文明細」のフィールドの並びと揃えるよう、AddNewメソッドの直後とします。

```
With rsM
  .AddNew
  .Fields("注文ID").Value = rsC.Fields("注文ID").Value
  .Fields("商品コード").Value = Range("A5").Value
  .Fields("数量").Value = Range("B5").Value
  .Update
End With
```

注文商品の種類数だけレコードを追加する

さて、上記のコードだと、5行目（A5～B5セル）のデータしか追加されません。注文商品ごとのデータは、その注文における商品の種類の数だけレコード件数がありました。複数種類の商品が注文されれば、A5～B5セル以降にデータが複数行にわたって入力されます。それらをすべてテーブル「T_注文明細」に追加するには、A5～B5セルから件数ぶんだけ、1行ずつ順番にデータを新規レコードとして追加していけばよいことになります。

そのような処理を実現する方法は何通りか考えられますが、今回はA5～B5セルから順にループで行方向（下方向）に1行ずつ移動しながら、各行のセルのデータをテーブル「T_注文明細」へ順に追加していくこととします。たとえば、A5～B7セルの3行にわたってデータが3件入力されているなら、A5～B5セル、A6～B6セル、A7～B7セルの順に移動しながら追加していきます。

その方法の処理では、注文商品ごとのデータがワークシートの何行目まで格納されているのかを判別する必要があります。データが格納されている最終行のセルまで、データ追加処理をループで繰り返さなければならないからです。

その方法も何通りか考えられますが、今回はA列のセルで判別する方法を採用します。A5セルを起点として、行方向（下方向）へ順番にセルを移動し、データが空でないかどうかを見ていきます。もしセルのデータが空なら、注文商品ごとのデータが格納されているのは、そのセルの手前の行までと判別できます。

ループの構文は今回、Do While...Loopステートメントを用いるとします。指定した条件式が成立している間、繰り返す構文になります。

Do While...Loopステートメントの条件式には、A5セルを起点として、行方向（下方向）へ順番にセルのデータが空でないかどうか判定するための条件式を指定します。セルの操作にはCellsプロパティを用います。A5セルから行方向へ順に進んでいくため、Cellsプロパティの行には変数を指定します。変数は今回、Long型の「i」とします。Cellsプロパティの列には、A列なので1を指定します。

データが空でないかどうかは、セルの値が空の文字列「""」と等しくないかで判定できます。等しくないかの判定は、比較演算子「<>」で行えます。すると、条件式は下記になります。

```
Cells(i, 1).Value <> ""
```

A5セルを起点とするので、ループの前で変数iに5を代入しておき、ループで1行ずつ進むよう、繰り返しのたびに1ずつ増やしていきます。これでA5セルを起点に、1行ずつ進むことができます。

以上を踏まえると、ループのコードは次のようになります。

```
Dim i As Long

i = 5
Do While Cells(i, 1).Value <> ""
  i = i + 1
Loop
```

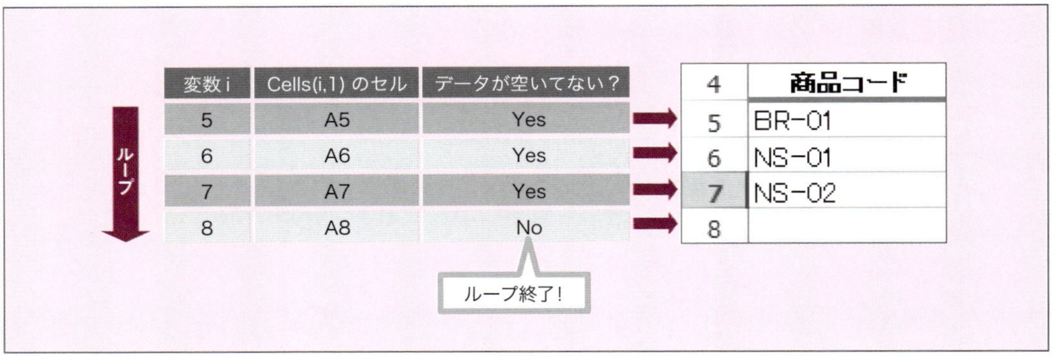

ループ

変数i	Cells(i,1)のセル	データが空いてない？
5	A5	Yes
6	A6	Yes
7	A7	Yes
8	A8	No

ループ終了！

4	商品コード
5	BR-01
6	NS-01
7	NS-02
8	

注文商品の種類数だけレコードを追加

このループの中に、テーブル「注文明細」のレコードを追加する処理を加えればよいことになります。各フィールドに代入するデータが格納されているセルは、A5～B5セルから行方向へ順に進んでいくため、Cellsプロパティの行に変数iを指定します。

Updateメソッドは繰り返しのたびに実行してもよいのですが、最後で1回だけ実行すれば済むので、ループが終わってから実行するよう、ループの後に記述します。

```
Dim i As Long

With rsM
  i = 5
  Do While Cells(i, 1).Value <> ""
    .AddNew
    .Fields("注文ID").Value = rsC.Fields("注文ID").Value
    .Fields("商品コード").Value = Cells(i, 1).Value
    .Fields("数量").Value = Cells(i, 2).Value
    i = i + 1
  Loop
  .Update
End With
```

以上を踏まえると、Subプロシージャ「注文データ追加」のコードは以下になります。1番目のWithステートメント内でテーブル「T_注文」、2番目のWithステートメント内でテーブル「T_注文明細」のデータを追加しています。

```
Sub 注文データ追加()
  Dim i As Long

  With rsC
    .AddNew
    .Fields("注文日").Value = Range("A2").Value
    .Fields("顧客ID").Value = Range("B2").Value
    .Update
  End With

  With rsM
    i = 5
    Do While Cells(i, 1).Value <> ""
      .AddNew
      .Fields("注文ID").Value = rsC.Fields("注文ID").Value
      .Fields("商品コード").Value = Cells(i, 1).Value
      .Fields("数量").Value = Cells(i, 2).Value
      i = i + 1
    Loop
    .Update
  End With
End Sub
```

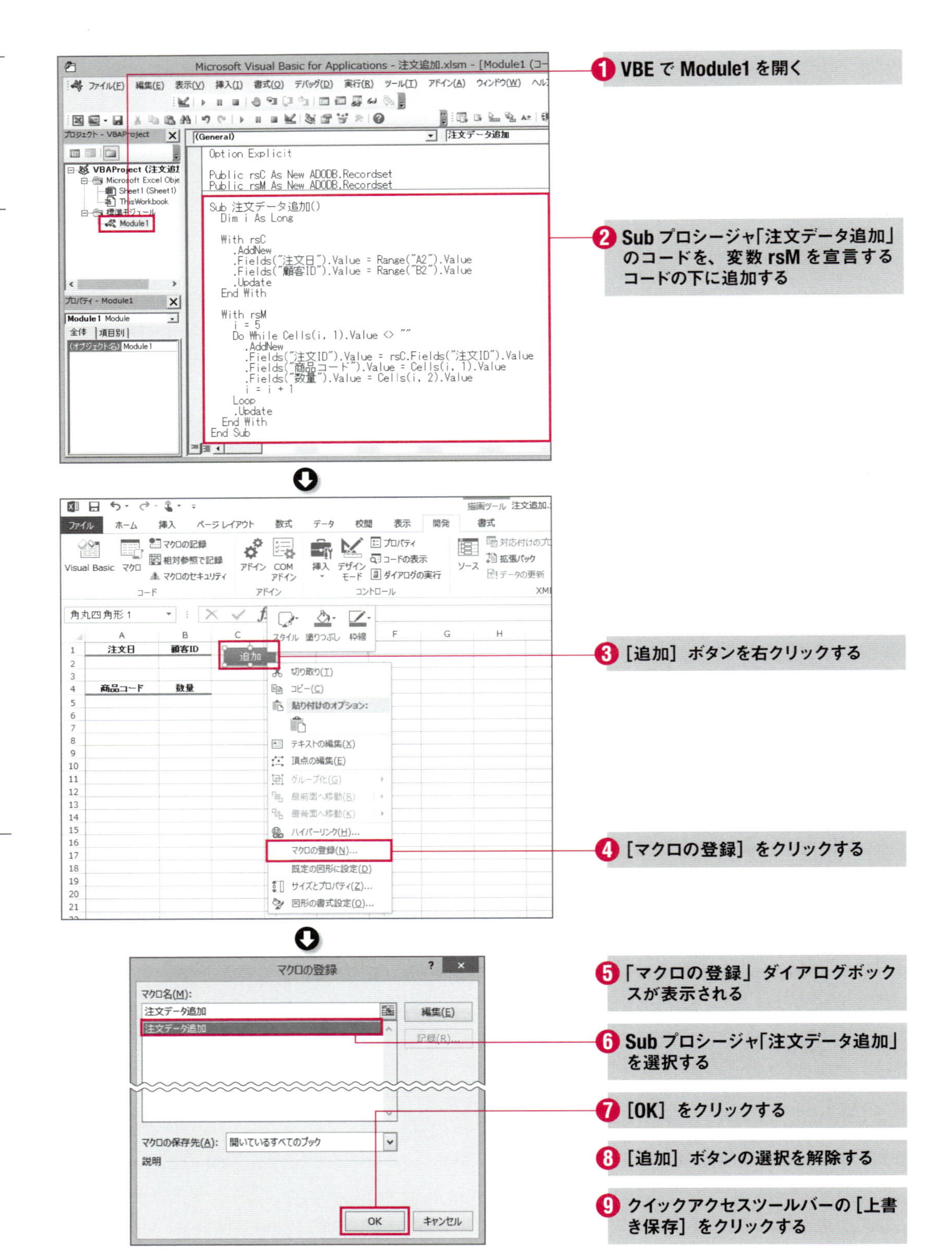

Microsoft Visual Basic for Applications - 注文追加.xlsm - [Module1 (コ
Option Explicit
Public rsC As New ADODB.Recordset
Public rsM As New ADODB.Recordset
Sub 注文データ追加()
Dim i As Long
With rsC
.AddNew
.Fields("注文日").Value = Range("A2").Value
.Fields("顧客ID").Value = Range("B2").Value
.Update
End With
With rsM
i = 5
Do While Cells(i, 1).Value <> ""
.AddNew
.Fields("注文ID").Value = rsC.Fields("注文ID").Value
.Fields("商品コード").Value = Cells(i, 1).Value
.Fields("数量").Value = Cells(i, 2).Value
i = i + 1
Loop
.Update
End With
End Sub
❶ VBEでModule1を開く
❷ Subプロシージャ「注文データ追加」のコードを、変数rsMを宣言するコードの下に追加する
❸ ［追加］ボタンを右クリックする
❹ ［マクロの登録］をクリックする
❺ 「マクロの登録」ダイアログボックスが表示される
❻ Subプロシージャ「注文データ追加」を選択する
❼ ［OK］をクリックする
❽ ［追加］ボタンの選択を解除する
❾ クイックアクセスツールバーの［上書き保存］をクリックする
マクロの登録
マクロ名(M):
注文データ追加
マクロの保存先(A): 開いているすべてのブック
説明
OK
キャンセル

動作確認してみよう

これで注文データを追加する機能は完成です。さっそく動作確認してみましょう。今回は以下のデータを追加します。3種類の商品が注文されたとします。

注文日	顧客 ID
2014/10/10	4

注文全体に関するデータ

商品コード	数量
BR-01	3
NS-01	1
NS-02	1

注文商品ごとのデータ

参考までに、顧客IDが4の顧客の氏名は「中鉢朋子」です。商品コードが「BR-01」の商品名は「OKZエール」、「NS-01」の商品名は「三河桜」、「NS-02」の商品名は「康生霞」です。

注文全体に関するデータをA2～B2セルに入力し、注文商品ごとの3件のデータをA5～B7セルに入力したら、［追加］ボタンをクリックしてください。

	A	B	C	D	E	F	G	H
1	注文日	顧客ID						
2	2014/10/10	4	追加					
3								
4	商品コード	数量						
5	BR-01	3						
6	NS-01	1						
7	NS-02	1						
8								
9								
10								
11								
12								

Memo 「実行時エラー '3704'」が表示されたら

「実行時エラー '3704'」のアラート画面が表示されたら、［終了］をクリックした後、ブックを保存して一度閉じてから、開き直してください。

Accessデータベース「注文管理.accdb」を開き、テーブル「T_注文」をデータシートビューで開くと、注文全体に関するデータが1件追加されたことが確認できます。注文IDは21になります。

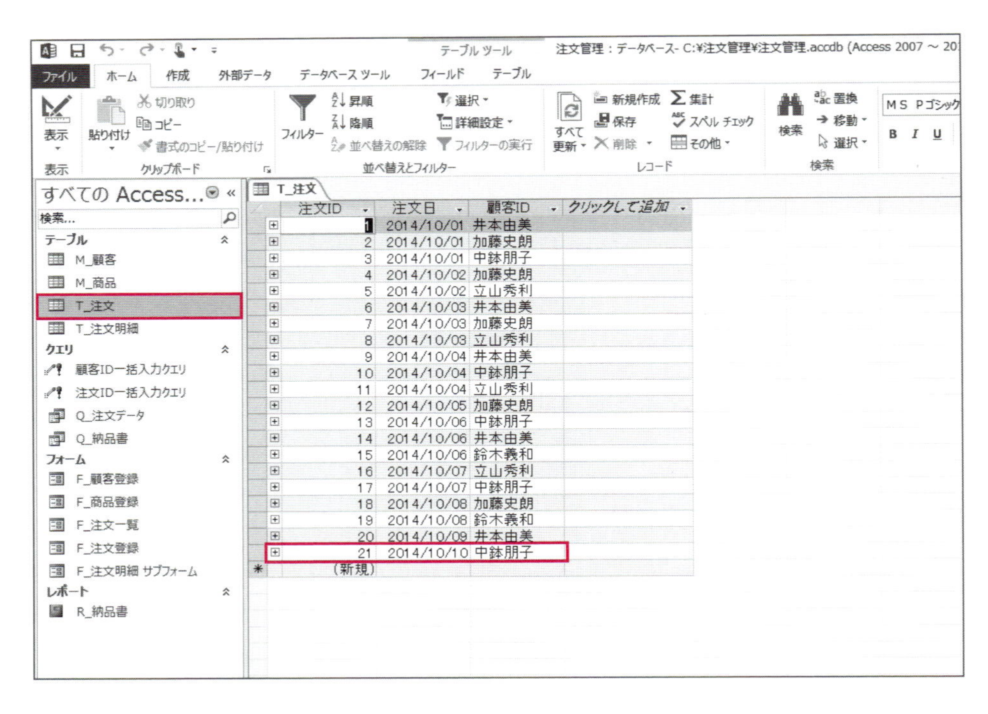

テーブル「T_注文明細」をデータシートビューで開くと、注文商品ごとのデータが3件追加されたことが確認できます。明細IDは33～35になります。

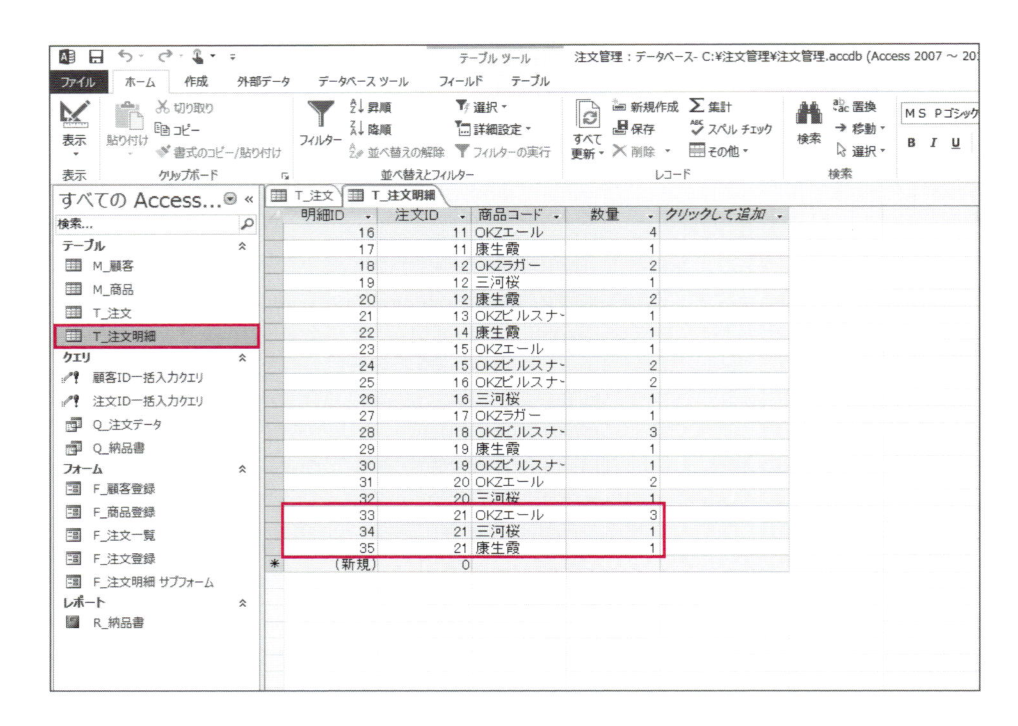

さらに、選択クエリ「Q_注文データ」を開くと、追加した3件の注文データが確認できます。

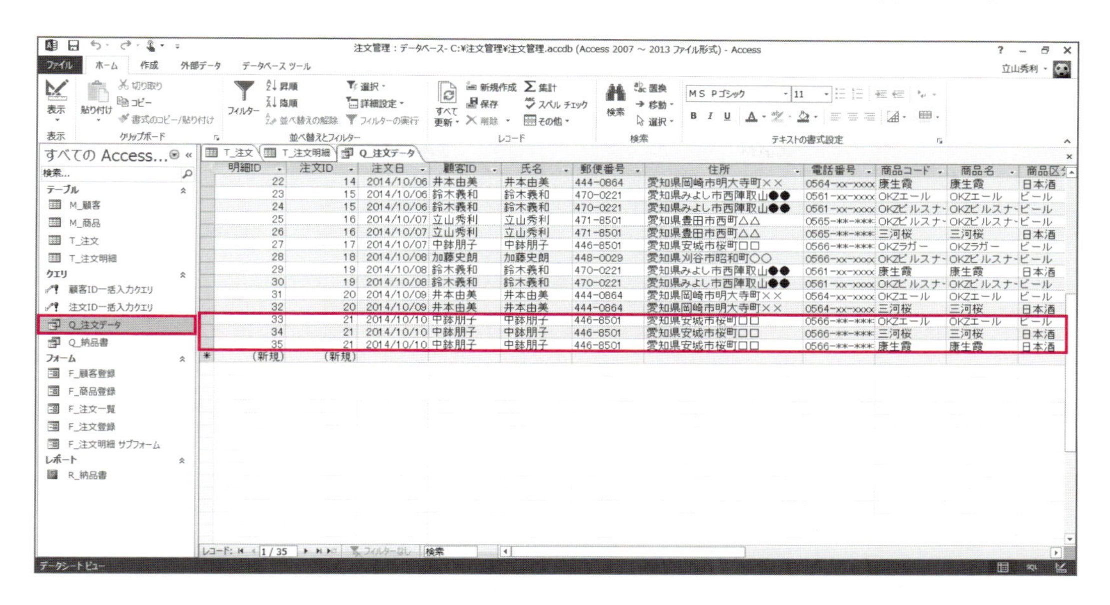

また、フォーム「F_注文一覧」を開くと、追加した1件の注文全体に関するデータが確認できます。

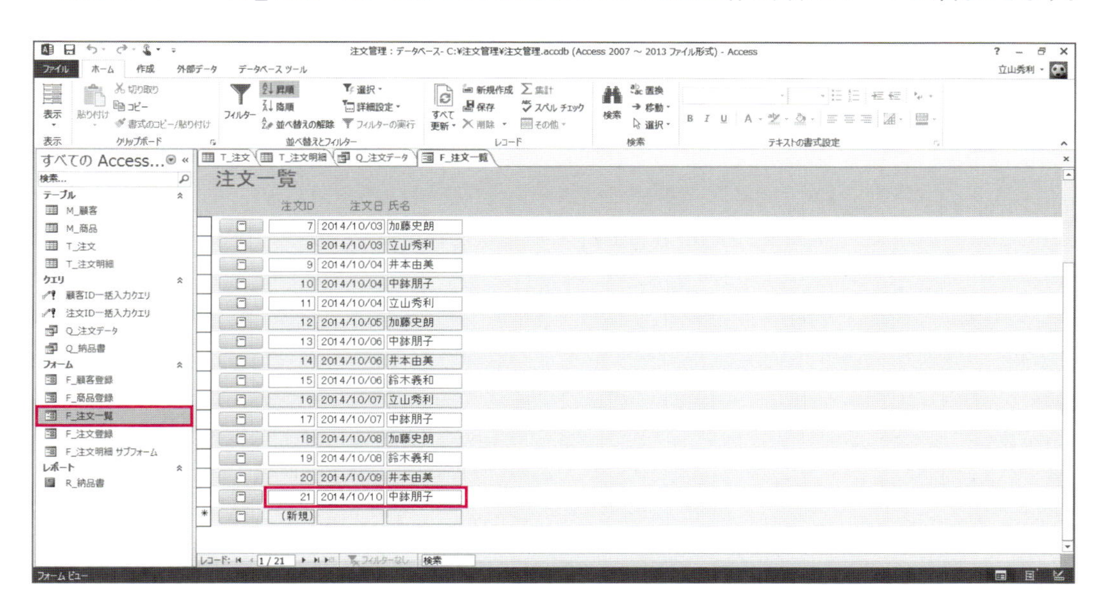

その注文のレポートのボタンをクリックすると、納品書が作成されます。

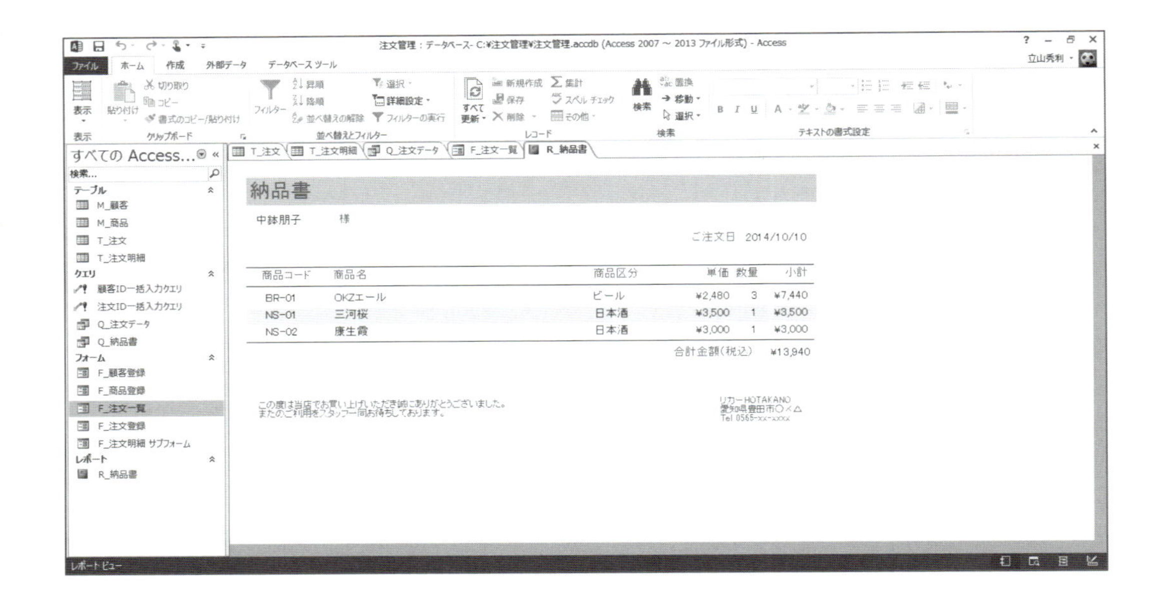

確認し終わったら、「注文管理.accdb」を閉じてください。

Memo トランザクション処理とエラー処理

本来はいずれかのテーブルでレコード追加に失敗したら、両方のテーブルでレコード追加をなかったことにして元に戻す処理が必要ですが、今回は割愛します。トランザクション処理には、Connection オブジェクトのBeginTrans メソッド、CommitTrans メソッド、RollbackTrans メソッドを用います。
加えて、データベースファイルの接続に失敗したなどのエラー発生時についても、On Error ステートメントなどによる処理が本来は必要ですが、今回は割愛しています。

index

著者プロフィール

立山 秀利（たてやま・ひでとし）

フリーライター。1970年生まれ。筑波大学卒業後、株式会社デンソーでカーナビゲーションのソフトウェア開発に携わる。退社後、Webプロデュース業を経て、フリーライターとして独立。現在はシステムやネットワーク、Microsoft Officeを中心に執筆中。著書に『Excel VBAのプログラミングのツボとコツがゼッタイにわかる本』、『Accessのデータベースのツボとコツがゼッタイにわかる本』（いずれも秀和システム）、『入門者のExcel VBA』（講談社）、『エクセルで極める 仕事に役立つウェブデータの自動取り込みと活用』（KADOKAWA/アスキー・メディアワークス）、『今日から使えるExcel VBA』（ソシム）など。
Excel VBAセミナーも開催中。
セミナー情報　http://tatehide.com/seminar.html

装丁・本文デザイン　FANTAGRAPH
人形およびイラスト作成　ごとうゆき
人形撮影　ディス・ワン　清水タケシ
DTP　BUCH+

現場で役立つ
Excel & Accessデータ連携・活用ガイド
2013/2010/2007対応

2015年 2月20日　初版第1刷発行
2018年12月20日　初版第4刷発行

著者　立山 秀利（たてやま・ひでとし）
発行人　佐々木 幹夫
発行所　株式会社 翔泳社（https://www.shoeisha.co.jp）
印刷・製本　株式会社 廣済堂

ISBN 978-4-7981-3906-7　　Printed in Japan